# Iberica Selecta
Die iberische Halbinsel bis 1000 n. Chr.

Herausgegeben von
Achim Arbeiter, Sabine Panzram, Felix Teichner, Markus Trunk

Wissenschaftlicher Beirat:
Dario Bernal Casasola, João Pedro Bernardes, Emmanuelle Boube, Laurent Brassous, Jonathan Edmondson, Christoph Eger, Manuel Fernández-Götz, Ricardo González Villaescusa, Sonia Gutiérrez Lloret, Manuel Justino Pinheiro Maciel, Ricardo Mar Medina, Carlos Márquez Moreno, José Miguel Noguera Celdrán

Band 2

www.steiner-verlag.de/brand/Iberica-Selecta

# Fluide Räume

*Schlaglichter auf Hispaniens Flusstäler*

Herausgegeben von
Jasmin Hettinger und Janine Lehmann

Franz Steiner Verlag

Umschlagabbildungen:
Vorderseite: „Dintel de los Ríos",
Mérida (Ausschnitt rechte Flussdarstellung, Barraeca)
© Archivo MNAR, Foto José Luís Sánchez Rodríguez,
Besitz Consorcio de la Ciudad Monumental de Mérida
Rückseite: Medaillon mit als Brustbild dargestellter Personifikation der Spania.
Aus dem Randstreifen eines kaiserzeitlichen Mosaikbodens aus Belkis /
Seleukeia am Euphrat (Türkei). Staatliche Museen zu Berlin –
Preußischer Kulturbesitz – Antikensammlung.
© bpk / Antikensammlung, SMB / Johannes Laurentius

Bibliografische Information der Deutschen Nationalbibliothek:
Die Deutsche Nationalbibliothek verzeichnet diese Publikation in der Deutschen
Nationalbibliografie; detaillierte bibliografische Daten sind im Internet über
dnb.d-nb.de abrufbar.

Dieses Werk einschließlich aller seiner Teile ist urheberrechtlich geschützt.
Jede Verwertung außerhalb der engen Grenzen des Urheberrechtsgesetzes
ist unzulässig und strafbar.
© Franz Steiner Verlag GmbH 2025
Maybachstraße 8, 70469 Stuttgart
service@steiner-verlag.de
www.steiner-verlag.de
Layout und Herstellung durch den Verlag
Satz: DTP + TEXT Eva Burri, Stuttgart
Druck: Beltz Grafische Betriebe, Bad Langensalza
Gedruckt auf säurefreiem, alterungsbeständigem Papier.
Printed in Germany.
ISBN 978-3-515-13829-1 (Print)
ISBN 978-3-515-13837-6 (E-Book)
DOI 10.25162/9783515138376

# Vorwort

Anfang des Jahres 2024 haben Parlament und Rat der Europäischen Union nach langen Debatten und zähen Verhandlungen ein Gesetz auf den Weg gebracht, das die sukzessive Renaturierung von geschädigten Ökosystemen in allen Mitgliedsstaaten zum Ziel hat (EU-Renaturierungsgesetz von 2024). Darunter sind gerade Flusssysteme von besonderer Relevanz, weil ihr Wasser sowohl städtische Zentren als auch ländliche Räume gleichermaßen durchfließt, und das über nationale Grenzen hinweg. Mit ein und demselben Fluss ist also in ganz unterschiedlichen nationalen, kulturellen und funktionalen Kontexten umzugehen, und auch sein Aussehen, sein Fließverhalten sowie die Flora und Fauna sind je nach Abschnitt unterschiedlich, doch ist alles gleichwohl auch Teil eines einzigen, zusammengehörigen Systems.

Mit dieser Komplexität mussten bereits vormoderne Gesellschaften immer wieder einen Umgang finden und insbesondere die Iberische Halbinsel, deren Flusssysteme sich schon allein klimatisch zwischen mediterranem und kontinentalem Einfluss teils sehr stark voneinander unterscheiden, brachte im Laufe der Geschichte ganz vielfältige Formen der Kultur-Fluss-Beziehung hervor: Die damals noch weitgehend naturnahen Flüsse markierten Grenzlinien, fungierten als Kommunikationswege, wurden in urbane Siedlungen integriert und wirtschaftlich genutzt. Allein für die Zeit zwischen der ersten Raumerschließung durch die Römer und der islamischen Herrschaft lassen sich all diese Aspekte, wie in diesem Sammelband nun geschehen, beispielhaft an hispanischen Flusstälern nachzeichnen und studieren – Die Erkenntnisse daraus mögen einst vielleicht als Inspirationsquelle und gar als Orientierungshilfe für künftige Umgangsformen mit Flüssen in den heutigen europäischen Staaten dienen.

Die konkrete Idee zur Erstellung des vorliegenden Bandes geht auf das Jahr 2022 zurück, in der wir als Herausgeberinnen dank eines sich zeitlich überschneidenden Fellowships am DFG-geförderten RomanIslam Center for Advanced Study an der Universität Hamburg genügend Zeit zum engen fachlichen Austausch und zur Planung einer ersten themenbezogenen Tagung in gemeinsamer Regie mit der Direktorin des Centers, Sabine Panzram, hatten.

Die Idee, historische Flussstudien (Jasmin Hettinger) mit der Erforschung antiker Urbanistik (Janine Lehmann) auf der Iberischen Halbinsel zusammenzuführen, war geboren und ein erster Call for Papers schnell veröffentlicht. Die Resonanz auf den

Call zum XIII. Toletum-Workshop „Hispaniens Flusstäler in diachroner Perspektive: Interdependenz von Mensch und Umwelt zwischen Republik und ‚long Late Antiquity' (3. Jh. v. Chr. – 9. Jh. n. Chr.) / Valles fluviales de Hispania en perspectiva diacrónica. Interdependencia entre hombre y medio ambiente desde la República hasta la ‚long Late Antiquity' (ss. III a. C. – IX d. C.)" übertraf dann aber doch – und trotz der offenkundigen Aktualität des Themas – all unsere Erwartungen. Zu verschiedenen Themenfeldern des Workshops wurden insgesamt dreiundzwanzig Forscher unterschiedlicher geistes-, sprach-, und kulturwissenschaftlicher Disziplinen mit einer zeitlichen Spezialisierung auf die Antike und Frühmittelalter und gar – mit einem Beitrag zur Antikenrezeption – auf die Frühe Neuzeit eingeladen. Abweichend zum Programm fanden die Beiträge folgender Personen aus unterschiedlichen Gründen keinen Eingang in die vorliegende Endpublikation: Francisco José Blanco Arcos, Álvaro Fonteseca Torralvo, Alicia Hernández-Tórtoles, Jasmin Hettinger, Lázaro Lagóstena Barrios, Janine Lehmann, Diana Morales Manzanares, Diego Romero Vera, Thomas Schattner sowie Eleonora Voltan. Auf Wunsch der Herausgeberinnen ist der Beitrag von Henry Clarke ergänzend hinzugekommen. An der Stelle möchten wir uns ganz herzlich bei allen Teilnehmenden, immerhin aus vier Ländern, Großbritannien, Deutschland, Portugal und Spanien bedanken, die Substanzielles zur Tagung und zum Band beigesteuert sowie letztlich zum Gelingen des vorliegenden Buchprojekts beigetragen haben. Die Verantwortung für Inhalt und Abbildungen liegen bei den jeweiligen Verfassern.

Ebenso möchten wir den Herausgebern der „Iberica Selecta", namentlich Sabine Panzram, Markus Trunk, Felix Teichner und Achim Arbeiter für die Bereitschaft danken, unseren Band in diese noch recht neue wissenschaftliche Reihe aufzunehmen. In dem Rahmen ist auch Frau Katharina Stüdemann unser Dank auszusprechen, für ihre Hilfsbereitschaft und Unterstützung von Seiten des Franz Steiner Verlags. Johanna Rett sei für die redaktionelle Vorbereitung des Manuskripts gedankt, deren Zuarbeit großzügig aus Mitteln des Gleichstellungsbudgets der CAU Kiel finanziert wurde.

Eines sei zum Schluss noch besonders herausgestellt: Ohne die Vehemenz, die Zielstrebigkeit und den organisatorischen Durchblick von Sabine Panzram wäre die Erstellung dieses Buches in der vorliegenden Form nicht möglich gewesen, zumal sie über Mittel des RomanIslam-Centers (DFG) dankenswerterweise für eine solide Finanzierung gesorgt hat. Ihr sei deshalb unser ganz persönlicher Dank ausgesprochen.

Juli 2024                                              Jasmin Hettinger (Neckargemünd)
                                                        Janine Lehmann (Kiel)

# Inhaltsverzeichnis

JASMIN HETTINGER / JANINE LEHMANN
Einleitung........................................................... 11

**Mensch und Umwelt**
*Fluss- und Küstenlandschaften im Wandel der Zeit*

MARÍA JUANA LÓPEZ MEDINA
Medio ambiente y poblamiento romano en el alto valle
del río Almanzora (Almería)
*Un análisis diacrónico*................................................. 27

JAN SCHNEIDER
Entwicklung ländlicher Siedlungsstrukturen an Ebro, Duero
und Guadalquivir im Vergleich ............................................. 57

HENRY H. B. CLARKE
Landscape Relationships in the *Durius* River Valley in the Late Iron Age
and Early Roman Period ................................................. 79

JUAN MANUEL MARTÍN CASADO
Un peligro infinito
*Depósitos de inundaciones marinas de alta energía, tsunamis y tormentas,
en los estuarios del golfo de Cádiz entre los siglos III–V d. C.*........................ 111

**Infrastruktur, Neuorganisation, Konnektivität**

PEPA CASTILLO PASCUAL
Los ríos navegables de Hispania
*Algunas puntualizaciones sobre el flumen Hiberus* ............................ 151

ENRIQUE ARAGÓN NÚÑEZ / PATRICIA ANA ARGÜELLES ÁLVAREZ
La bahía de Almería en el mundo romano
*Contribución al estudio de los espacios litorales y de ribera en relación con la conectividad y ocupación rural* .............................................. 177

ISABEL RONDÁN-SEVILLA
El asentamiento de Sierra Aznar-*Calduba*
*Control y gestión del agua en la cabecera de la cuenca fluvial del Guadalete (Arcos de la Frontera, Cádiz)* ..................................................... 195

GISELA RIPOLL / INMA MESAS / JOAN TUSET ESTANY / JELENA BEHAIM / RAMÓN JULIÀ / IVOR KRANJEC / SANTIAGO RIERA / ALEJANDRO VALENZUELA OLIVER / FRANCESC TUSET BERTRAN
Sant Hilari d'Abrera (Baix Llobregat, Barcelona)
*Una estación de aguas mineromedicinales y su transformación en iglesia (siglos II d. C.–XIV)* ............................................................... 215

## Flüsse und Flusstäler
*Adern der Wirtschaft*

ALMUDENA OREJAS / FRANCISCO JAVIER SÁNCHEZ-PALENCIA / BRAIS X. CURRÁS REFOJOS / INÉS SASTRE PRATS
Bergbaulandschaften im Nordwesten Hispaniens
*Zur Goldgewinnung in Flussgebieten* ............................................. 257

ISIS ALEXANDRA OATES
Das Potenzial von GIS und Fernerkundung für die Untersuchung von antiken (Fluss-)Landschaften auf der Iberischen Halbinsel ............................ 287

MIRIAM GONZÁLEZ NIETO / JOSÉ LUIS DOMÍNGUEZ JIMÉNEZ
Los pasos del sur hispano en Sierra Morena
*Los valles de Alcudia y del Guadiato como estructuradores del espacio socio-económico* ..................................................... 299

ANA CLÁUDIA SILVEIRA
El papel del valle del río Sado en la articulación y gestión del territorio a lo largo del tiempo
*Diálogos entre la Antigüedad y la Época Medieval* ............................. 319

**Flüsse im literarischen Diskurs**

VALERY A. BERTHOUD FRÍAS
Los ríos de la Península Ibérica
*Plinio el Viejo versus Claudio Ptolomeo*........................................... 357

GERO FASSBECK
Strom der Zeit, fließende Geschichte
*Zur Bedeutung des Flusses in der frühneuzeitlichen Dichtung Spaniens* .............. 369

# Einleitung

## JASMIN HETTINGER / JANINE LEHMANN

Das Thema „Wasser" ist ein in der altertumswissenschaftlichen Forschung zur Iberischen Halbinsel fest verankertes Thema,[1] seien es nun die Wasserversorgung der zahlreichen antiken Siedlungen,[2] die Bewässerungstechniken in der Landwirtschaft[3] oder darüberhinausgehende Themenkomplexe rund um den Umgang mit Wasser und Gewässern, z. B. Kulte,[4] Heilquellen,[5] oder die wasserbezogene Infrastruktur.[6] Insbesondere der Umgang mit dem saisonalen Wassermangel nimmt einen großen Raum in der Forschungsliteratur ein,[7] was angesichts des mediterranen Einflusses auf das Klima entscheidender Teilbereiche der Halbinsel wenig verwunderlich ist.

Ein paar denkwürdige Ereignisse aus der jüngsten Vergangenheit verdeutlichen, dass gerade das Thema des Wassermangels und der regulierten Wassernutzung nichts an Aktualität einbüßt und in den kommenden Jahren weiter an Brisanz gewinnen wird. So ist die Laguna de Santa Olalla die letzte ihrer Art im spanischen Nationalpark La Doñana im Ästuar des großen Flusses Guadalquivir. Sie ist – mittlerweile zum wiederholten Mal seit den 1980er Jahren – im September 2022 vollständig ausgetrocknet, verursacht durch klimatische Einflüsse, aber vor allem auch vorangetrieben durch anthropogene Eingriffe in den natürlichen Wasserhaushalt des Nationalparks, namentlich durch illegale Wasserentnahmen zur Bewässerung von Obstplantagen.[8]

---

1   Beispielhaft ist in Bost 2012 eine weite Bandbreite an wasserbezogenen Themen für den Norden der Iberischen Halbinsel und Südwest-Gallien vertreten.
2   Schattner et al. 2017; Lagóstena Barrios / Cañizar Palacios 2011; Mangas Manjarrés / Martínez Caballero 2007. Zu den zahlreichen Publikationen zu Aquädukten, bspw.: Ventura Villanueva 1996; Iglesias Gil 2002; Sánchez López / Martínez Jiménez 2016 (jüngere Zusammenstellung).
3   Willi 2021; Beltrán Lloris 2014; Del Pino García et al. 2011.
4   Martos Núñez / Martos García 2011; Blázquez Martínez 2007.
5   González Soutelo / Matilla Seiquer 2017.
6   Campos Carrasco / Bermejo Meléndez 2021; García Moreno 1999.
7   Z. B. Castro García 2016.
8   Im Sommer 2023 wiederholte sich dieses Ereignis, wiederum vorangetrieben durch Wasserentnahmen zur Bewässerung von Erdbeerfeldern, s. dazu die Pressemeldung des CSIC (Consejo Su-

Im September 2022 kam es allerdings noch zu einem weiteren denkwürdigen Ereignis, ebenfalls in Spanien und wieder bezogen auf ein spanisches Gewässer: Erstmalig wurde in Europa einem Gewässer eine Rechtspersönlichkeit zugestanden; das Mar Menor vor Murcia an der Mittelmeerküste wurde per Gesetz zur juristischen Persönlichkeit erklärt mittels der „Ley para el reconocimiento de personalidad jurídica a la laguna del Mar Menor y su cuenca".[9] Diese Grundsatzentscheidung ist bislang einzigartig in Europa und hat bereits erste Überlegungen in anderen europäischen Ländern angestoßen, zugunsten des Umwelt- und Gewässerschutzes ähnliche Maßnahmen zu ergreifen. So wurde daraufhin in den Niederlanden darüber diskutiert, auch der niederländischen Nordsee Persönlichkeitsrechte zu übertragen, um sie in Zukunft besser schützen zu können. Insofern kann Spanien in der Hinsicht als Vorreiter gelten. Die Tageszeitung „El País" verwies in ihrer Pressemeldung darauf, dass ähnliche Bestrebungen in Kolumbien und Neuseeland bereits in die Tat umgesetzt wurden und warf zugleich die Frage auf, ob das Mar Menor tatsächlich eigene Rechte nach dem Persönlichkeitsrecht erhalten kann: „¿Puede el Mar Menor tener derechos propios como las personas?"[10]

In den antiken Kulturen finden sich bereits ähnliche Konzepte, in denen Gewässern in gewisser Weise ein Persönlichkeitsrecht zugestanden wird. Man denke nur an eine Episode in Strabons geographischem Bericht über den Mäander in der Provinz Asien während der römischen Herrschaftszeit. Darin beschreibt er, wie die Stadtgemeinden entlang der Ufer den Fluss gerichtlich verurteilten, wenn er wieder einmal seinen Lauf verändert und dabei die Grenzverläufe zu den Nachbargemeinden verschoben hatte. Wurde er für schuldig befunden, hatte er als Strafe Bußgelder zu entrichten, die aus dem τέλος πορθμικόν, gemeint sind wohl Fähreinnahmen, genommen wurden.[11] Im Grunde handelte es sich dabei schließlich um Geld, das aus der Flussnutzung generiert wurde, oder anders ausgedrückt, um Geld, das der Fluss selbst „verdient" hatte.[12] In aktuellen geomorphologischen Modellierungen ist tatsächlich gut zu erkennen, wie sehr das Delta des Mäanders im Laufe der Jahrhunderte nach und nach vorgeschoben wurde und seine Form verändert hat.[13] Doch auch künstlerische Darstellungen in der

---

perior de Investigaciones Científicas) vom 10. August 2023: „Santa Olalla, la laguna más grande de Doñana, se seca por segundo año consecutivo."

9  Gesetz 19/2022 der spanischen Regierung vom 30. September 2022 zur Anerkennung der Lagune des Mar Menor und ihres Beckens als juristische Persönlichkeit nach spanischem Recht (Referenz: BOE-A-2022–16019), Permalink zum Gesetzestext: https://www.boe.es/eli/es/l/2022/09/30/19 (30.7.2024)
10  https://elpais.com/sociedad/2020-06-03/puede-el-mar-menor-tener-derechos-propios-como-las-personas.html#?prm=copy_link (30.7.2024)
11  Strab. 12,8,19 C 578.
12  Für eine Interpretation dieser Textstelle und weitere Überlegungen zur Identität der „Fährgelder" s. Hettinger 2022, 181–187. Zu den religionsgeschichtlichen Aspekten bieten Högemann/Oettinger 2006 eine ausführliche Analyse und kulturhistorische Herleitung.
13  Brückner et al. 2014.

Dichtung oder in den bildenden Künsten zeigen Flüsse oft als wilde Tiere oder anthropomorph, meist als auf der Seite lagernde Männer und lassen sie als solche auch eigenständig agieren.¹⁴ Diese Vorstellungen oder sogar Personifikationen von Flüssen als Gottheiten rühren sicherlich daher, dass sie in der Antike keine streng regulierten, künstlichen Wasserkanäle waren, sondern naturnahe, dynamische Fließgewässer, die beständig ihren Lauf, ihre Ausdehnung und ihr Aussehen veränderten. Naturnahe Flüsse scheinen so gesehen tatsächlich ihren eigenen Willen und somit eine eigene Persönlichkeit zu haben.¹⁵ Die Rolle von Flüssen als Bedeutungsträger und Gestalter vormoderner Siedlungsräume wird auf mehreren Ebenen evident, was sich zugleich in den vermehrten Publikationen zu Flussthemen in jüngster Zeit mit unterschiedlichem Fokus je nach Fachdisziplin und Untersuchungsgebiet widerspiegelt.¹⁶

Bezogen auf die Iberische Halbinsel bestimmen bis heute die Flüsse die Landschaft, auch wenn die Problematik der Wasserknappheit, besonders an dem Hauptstrom Andalusiens, dem Guadalquivir, mehr denn je allgegenwärtig ist. Die lang zurückreichende Verehrung iberischer Flussläufe spiegelt sich auch hier in den Schriftquellen, der Dichtung¹⁷ oder ihrer personifizierten Gestaltung als Gottheiten in der Kunst wider.¹⁸ Wiederum ein Beispiel aus jüngster Zeit lehrt, welchen Stellenwert Flüsse einnehmen – im konkreten Fall der Umgang mit Flüssen als Zeichen von Urbanität. Denn das kostspieligste Bauprojekt der spanischen Metropole „Madrid Río" der letzten Jahrzehnte beinhaltete die völlig neue und mehrere Milliarden verschlingende Umgestaltung jenes Flusses der spanischen Hauptstadt. Seit jeher ist der Manzanares ein vergleichsweise bescheidener und langsam fließender Fluss, der kaum mit der Seine, der Spree oder der Themse in Konkurrenz steht. Doch im Rahmen des Projekts wurden seine Ufer von den ihn flankierenden Autobahnen befreit, diese in den Untergrund verbannt und an ihrer Stelle eine artifiziell anmutende Uferpromenade mit zahlreichen Parks und Freizeitmöglichkeiten geschaffen, die ihrerseits zum Flanieren und Verweilen einlädt. Mit dieser großzügigen Maßnahme erhielt der Fluss eine würdevolle Erscheinung, womit er es mit den anderen europäischen Metropolen nun durchaus aufnehmen kann.

Bei der Betrachtung von Flüssen und Flusstälern auf der Iberischen Halbinsel im Altertum fällt auf, dass in der antiken geographischen Literatur oft auf deren Besonderheiten verwiesen wird: Die hispanischen Flüsse seien weniger torrentiell, flössen viel gemächlicher dahin und brächten noch dazu keinerlei Schaden mit sich. So äußerst sich etwa Justinus, womit er sich nur auf die großen Ströme beziehen kann, die in

---

14  Zu Flussdarstellungen siehe die zahlreichen Beispiele in: Ehling/Kerschbaum 2022.
15  Vgl. Hettinger 2022, 112–117.
16  Um nur einige Publikationen zu nennen: Campbell 2012; Knoll et al. 2017; Franconi 2017; Bernhardt et al. 2019; Berns/Huy 2021; Ehling/Kerschbaum 2022.
17  Zur Dichtung besonders G. Faßbeck im vorliegenden Band.
18  Z. B. zur Statue des *Iberus* (Ebro) s. P. Castillo im vorliegenden Band; zu gelagerten Flussgöttern: Klementa 1993.

den Atlantik münden und somit nicht die typischen Charakteristika der mediterranen Flüsse aufweisen.[19] Überhaupt sei das Klima Hispaniens viel angenehmer und gesünder, schon wegen der beständig wehenden Meeresbrise. Hier wird auf das ozeanische Klima im Norden sowie auf das ozeanisch-kontinentale Klima auf der Meseta angespielt, das mehr oder minder stark vom Atlantik beeinflusst wird. So stellten die klimatischen und geographischen Bedingungen auf der Iberischen Halbinsel in den Augen der antiken, an mediterrane Gegebenheiten gewöhnten Betrachter zahlreiche Besonderheiten und Vorzüge dar. Diese Eigenschaften wirkten sich auch auf Aussehen und Verhalten der großen Flüsse aus: Statt über kleine kompakte Einzugsgebiete verfügten sie über riesige Einzugsgebiete und über Flussläufe von mehreren hundert Kilometern Länge, sodass sie zur Hochwassersaison eher gemächlich und nicht torrentiell anstiegen und dabei also auch weniger Schaden anrichteten.

Neben diesen natürlichen Gegebenheiten der hispanischen Flüsse, die dem antiken Betrachter besonders ins Auge fielen, spielte ein bestimmter Fluss der Iberischen Halbinsel einst auch in politischer Hinsicht eine entscheidende Rolle – mit Auswirkungen nicht nur auf Hispanien, sondern letztlich auf das gesamte damalige Römische Reich. Gemeint ist hier der sogenannte Ebro-Vertrag zwischen Rom und den Puniern aus den Jahren um 226 v. Chr., demgemäß der Fluss *Iber* die Grenze der Einflusssphären zwischen den beiden Mächten auf der Iberischen Halbinsel markierte. Ironischerweise führte gerade dieser letzte Vermittlungsversuch wohl schließlich zur erneuten Zuspitzung des politischen Machtkampfs zwischen Rom und Karthago.[20] Flüsse, wie auch schon am Beispiel des Mäanders in Asien deutlich wurde, konnten also als Grenzlinien im politisch-rechtlichen Sinne fungieren.[21]

Flüsse sind aber zugleich wichtige Kommunikations- und Verbindungslinien sowie zentrale Begegnungsstätten von Kulturen. So siedelten auf der Iberischen Halbinsel bereits zu einem frühen Zeitpunkt die sog. Phönizier/Punier sowie Griechen in Mündungsgebieten der Flussläufe und machten sich diese als Wirtschafts- und Kontaktzone mit der dort lebenden Bevölkerung zu nutze. Von solch bestehenden Siedlungsstrukturen in den Flusstälern scheinen die römischen Invasoren auf besondere Weise im Süden profitiert zu haben. Dort lässt sich speziell im Guadalquivir-Tal, auch im Hinblick auf die gute Forschungslage, ein Ballungsraum in römischer Zeit mit einer bereits intensiven Besiedlung vor Ankunft der Römer fassen, die von den neuen

---

19  Iust. 44,1,7: *In hac cursus amnium non torrentes rapidique, ut noceant, sed lenes et vineis campisque inrigui.* – „Die Flußläufe darin [Hispanien] sind nicht so wild und reißend, daß sie Schaden täten, sondern sanft und so, daß sie die Weingärten und Felder schön bewässern [...]." Übersetzung: Otto Seel 1972; ähnlich bei Strab. 3,3,4 C 153. Zu diesen Textstellen s. auch Hettinger 2022, 138.

20  Zum Ebrovertrag und seiner Bedeutung für den Ausbruch des Zweiten Punischen Krieges zwischen Rom und Karthago sowie zur Identifikation des Flusses *Iber* s. Barceló 1994; Bringmann 2001; Matijević 2015.

21  Allgemeine Überlegungen zur Flussgrenze in der Antike s. Marzolff 1994; Montero Herrero 2012, 32 f.

Machthabern auf neue Weise kontrolliert und genutzt wurde, insbesondere in wirtschaftlicher Hinsicht.

Es verwundert somit nicht, dass römische Neugründungen bevorzugt in unmittelbarer Nähe zu Flüssen erfolgten. *Corduba* (Córdoba), als eine der wenigen Neugründungen im *Baetis*-Tal, oder die augusteische Planstadt *Augusta Emerita* (Mérida) am *Anas* können beispielgebend für die Nutzbarmachung der Flusslage stehen. Beide veranschaulichen im Zuge der Erschließung dieser Flusslandschaft das menschliche Eingreifen durch monumentale, höchst beeindruckende Brückenanlagen, die zur Überquerung der Flüsse ebenso wie zur Anbindung an wichtige Verkehrsrouten dienten.[22] Zugleich boten diese Bauwerke sich dem Besucher als technische Glanzleistung und ordnendes Element des Naturraums dar. Für Mérida wies Walter Trillmich zu Recht auf die Einbeziehung einer natürlichen Insel mit hierfür extra errichteter wellenbrechender Schutzmauer in die Planung hin, was nach seiner Auffassung eine zusätzliche Herausforderung war[23] und demzufolge die Ingenieurskunst und technische Finesse unter Beweis stellt. Dazu gesellten sich in *Augusta Emerita* die benachbarten Stauseen und Talsperren von Proserpina und Cornalvo, ein sehr ausgeklügeltes Bewässerungssystem samt zugehöriger Aquädukte.[24]

All diese Maßnahmen dienten zugleich einer wirtschaftlichen Nutzbarmachung der Regionen, wozu die Flüsse als solche schon einen wesentlichen Beitrag leisteten, betrachtet man nur die zahlreichen Fundstücke ebenso wie die hierüber rekonstruierbaren Austauschsysteme mit unterschiedlichen Regionen des Mittelmeerraumes. Vor allem der *Baetis* samt seinen Seitenarmen war eine zentrale Achse für Handelsströme, worüber einerseits massenhaft Öl,[25] aber auch die Erzeugnisse aus den Minen als Exportgüter verschifft wurden,[26] wie andererseits z. B. Marmorimporte ihren Weg ins Landesinnere fanden.[27]

Von all diesen zahlreichen Qualitäten iberischer Flüsse liefert der vorliegende Band einen umfassenden Einblick mit unterschiedlichen Schwerpunktsetzungen. Allen Beiträgen gemein ist jedoch, den Naturraum mehr in den Blick zu nehmen.[28] Letztlich sind

---

22  Die *Anas*-Brücke hat größtenteils ihren antiken Bestand bewahrt, während die Brücke in Córdoba mehrfach erneuert wurde: Ostos López 2014, 15–24 (Córdoba); Álvarez Martínez 1984 (Mérida). Zu der zweiten, den Nebenarm Albarregas überquerenden Brücke: Pizzo 2013, 1538. 1542. 1549.
23  Trillmich 1990, 302 f.
24  Grewe 2010, 19–24.
25  Monte Testaccio: Remesal Rodríguez 1998; Blázquez Martínez / Remesal Rodríguez 2014.
26  Schattner 2023 zur wirtschaftlichen Einbindung der erzreichen Stadt *Munigua* im Guadalquivir-Tal.
27  Beltrán Fortes et al. 2018.
28  Dieses starke Gefälle zwischen Bild- und Raumanalyse wurde bereits in Reaktion auf unseren Call for Papers im Frühjahr 2022 sichtbar. Allein ein Beitrag befasste sich auf dem Workshop mit der bildlichen Präsenz exotischer Flüsse (Nil, Euphrat, Acheloos) in Hispanien. Demgegenüber nimmt im jüngst erschienenen Sonderband der „Antiken Welt" die Bilderwelt zu Flüssen einen Schwerpunkt ein: Ehling/Kerschbaum 2022.

Flüsse und deren Täler zentrale Elemente unserer erfahrbaren Umwelt, mit ihnen treten wir in ein unauflösliches Wechselspiel, formen, beeinflussen und bestimmen uns gegenseitig. Die Vorteile und Risiken solcher Siedlungszonen sind allgegenwärtig, genauso wie die anthropogenen Eingriffe in jene Flusssysteme (Staudämme, Kanalisierung etc.) bis weit in die Antike zurückreichen. Die große Resonanz auf unseren Call lässt sich nicht zuletzt aus einem seit längerer Zeit verfolgten sog. *spatial turn* in den Geistes- und Kulturwissenschaften erklären, der den physischen und imaginären Raum in den Mittelpunkt des Interesses rückt.[29] Für die Raumanalyse sind Flüsse prädestiniert, sind sie doch weit mehr als ein geographischer Marker zur Definition und Grenzziehung von Untersuchungsregionen.[30] Ihre stetigem Wandel unterliegende physische Präsenz, ihre zeitimmanenten Zuschreibungen und Funktionen charakterisieren sie als höchst dynamische Gebilde mit zahlreichen Beziehungsgeflechten, die den Nährboden für eine interdisziplinäre Dechiffrierung liefern. Jene Dynamik von Räumen ist wichtige Prämisse und zugleich Denkansatz des *spatial turn*.[31] Der Titel des Bands „fluide Räume" rekurriert auf diese Eigenschaft von Flüssen, deren „Naturell" alles andere als statisch ist, sondern kontinuierlich fließend den Raum über die Zeit hinweg verändert.[32] In der Archäologie etablieren sich derzeit Begriffe wie *riverscape* oder *flowscape*,[33] um den heuristischen Unterschied zum lange Zeit eher arbiträr behandelten Untersuchungsgegenstand Flüsse bzw. Flusssysteme von der reinen *landscape archaeology* zu betonen. Die Hinwendung zu Flusstälern ist ein geeignetes Laboratorium, um die verschiedenen Ansätze der einzelnen, in dem Band vereinten Fachdisziplinen aufzuzeigen und ihr mögliches Zusammenwirken zu beleuchten. Der geographische Rahmen ist durch die Iberische Halbinsel gesetzt, der sich aus dem Forschungsschwerpunkt der beiden Herausgeberinnen ergibt und im Braudelschen Sinne einer *longue durée*[34] mit einem Spektrum von mehreren Jahrhunderten ausgehend von der Antike bis in das Mittelalter betrachtet wird. Das Ergebnis der einzelnen Beiträge ist ausgesprochen facettenreich und scheint den Beobachtungen von Döring und Thielmann zu entsprechen, wo nicht von „dem" *spatial turn* im Singular, sondern vielmehr von vielen *turns* die Rede ist.[35] Der interdisziplinär angelegte Band liefert verschiedene Perspektiven und Analysekatego-

---

29  Ausführlich zum Ansatz, der Forschungsgeschichte sowie den „Fallstricken" des *spatial turn* bzw. *(re)turn*, der seit den 1980er Jahren zahlreiche Disziplinen beschäftigt: Hofmann 2015. Zu den verschiedenen *turns*, ihrer Definition und Geschichte s. Bachmann-Medick 2014; bes. zum *spatial turn* jüngst Bachmann-Medick 2019; ferner zu römischen Städten Filippi 2022.
30  Brughmans et al. 2021, 34 sehen den *spatial turn* als zentralen Impuls für die Flussforschung.
31  Hofmann 2015, 29.
32  Vgl. Edgeworth 2011: Das Dynamische folgt zugleich im Titel „fluid pasts" und „archaeology of flow".
33  Z. B. der Titel „Following the River: Flowscapes as Clusters of Communication in the Ancient Mediterranean World" von Elisa Abbondanzieri und Mariachiara Franceschini zu ihrer Session auf der EAA in Rom 2024; z. B. „riverscape" des römischen Padua: Kreuz 2020, 25.
34  Braudel 1998.
35  Döring/Thielmann 2008, bes. 11.

rien, die teils geographische, teils archäologische, kulturwissenschaftliche und literarische Zugänge eröffnen und weniger ein allumfassendes Raumkonzept liefern können oder gar wollen. Auch wenn es inhaltlich mehrere Überschneidungen gibt, wurde versucht, die verschiedenen Schwerpunkte in einzelnen Kapiteln zusammenzufassen, die zugleich Spiegel der derzeitigen Forschungstrends und aktuellen methodischen Zugänge zur Flussforschung auf der Iberischen Halbinsel sind. Zu ihren Gunsten wurde die einstige Struktur des zugehörigen XIII. Toletum-Workshops[36] aufgelöst:

Im ersten Kapitel *Mensch und Umwelt: Fluss- und Küstenlandschaften im Wandel der Zeit* wird von allen Beitragenden eine diachrone Perspektive eingenommen und die Dynamik in den von ihnen betrachteten Zeitfenstern in einem spezifischen Raum analysiert, gewissermaßen eine chorologische Perspektive eingenommen. In den Beiträgen von María Juana López Medina und Jan Schneider stehen die Siedlungsstrukturen im Fokus des Interesses, wie sich die Lage von Orten über die Zeiten hinweg verändert oder eben konstant bleibt. Ausgangsbasis sind Daten von Prospektionen und Surveys, für deren Auswertungen Geoinformationssysteme herangezogen werden. Befasst sich López Medina mit Almería und dem Tal des Almanzora, mehr einem Nebenfluss, beschäftigt sich Schneider mit drei Hauptströmen der Halbinsel: Ebro, Guadalquivir und Duero. Letzterer Verfasser stellt einen Vergleich von Siedlungsräumen zwischen Küstenregionen und inneren, geschlossenen Siedlungskammern an und kommt zu dem Ergebnis, dass es keine größere Diskrepanz in der Präferenz solcher Siedlungsräume und deren Entwicklung gebe. López Medina nähert sich der Genese von Siedlungsstrukturen über die politischen Zäsuren und wirtschaftlichen Verhältnisse an. Beide kommen in ihren jeweiligen Untersuchungsräumen zu einem vergleichbaren Resultat für die Kaiserzeit, nämlich in der Summe eine Verdichtung des Siedlungsraums in der Ebene und zugleich in Flussnähe.

Auch Henry H. B. Clarke betrachtet in seinem Beitrag das Duero-Tal, aber mit einem literarischen Zugriff auf die Materie. Denn entgegen der Erzählung bei Strabon, die jene Einwohner als wild und isoliert brandmarkt, kann er eine auf mehreren Austauschmechanismen basierende, stark vernetzte Bevölkerung postulieren, deren wichtige Route der Kommunikation der Fluss Duero war. Das Denkmodell von spezifischen Zuschreibungen bzw. jenen „Container-Vorstellungen" von Kulturen ist in dieser ganz eigenen Dynamik von Flusssystemen demzufolge mehr als obsolet.

Naturereignisse bestimmen seitjeher unseren Lebensraum und können diesen einschneidend verändern. Juan Manuel Martín Casado widmet sich in seinem Beitrag

---

36 XIII. Toletum-Workshop im Oktober 2022: „Hispaniens Flusstäler in diachroner Perspektive: Interdependenz von Mensch und Umwelt zwischen Republik und ‚long Late Antiquity' (3. Jh. v. Chr. – 9. Jh. n. Chr.) / „Valles fluviales de Hispania en perspectiva diacrónica – Interdependencia entre hombre y medio ambiente desde la República hasta la ‚long Late Antiquity' (ss. III a. C. – IX d. C.)". Zum vollständigen Programm: https://www.toletum-network.com/workshops/xiii-workshop-2022 (30.7.2024)

dem Phänomen der Tsunamis und Wasserbeben (extreme wave events, kurz *EWE*) am Golf von Cádiz zwischen dem 3. und 5. Jh. n. Chr. Auch wenn die drastische Tragweite solcher Ereignisse ohne Zweifel ist, legt der Autor die Problematik in ihrer zeitlichen Präzisierung und ihrem Schweregrad offen, wozu er die Quellen (historiographisch, geologisch, archäologisch) einer kritischen Analyse unterzieht und zugleich auf ihr Zusammenspiel zugunsten einer Bewertung appelliert.

Die Beiträge im zweiten Kapitel *Infrastruktur, Neuorganisation, Konnektivität* legen den Fokus mehr auf die materielle Umwelt, jenem Nutzen und die Nutzbarmachung von Landschaft, in der Flüsse mehrere Qualitäten besitzen. Besonders in Umbruchsphasen, bedingt durch einen politischen Wandel, lassen sich die Übernahme, Kontrolle, Neustrukturierung sowie daraus folgend neue Beziehungsgeflechte aufzeigen. So legen die ersten drei Beiträge ihren Schwerpunkt auf die römische Zeit, der Machtergreifung Roms über die Iberische Halbinsel. Die Schiffbarkeit von Flüssen war eine Grundvoraussetzung für eine funktionierende, verkehrstechnisch geeignete Infrastruktur, womit sich der Beitrag von Pepa Castillo Pascual besonders anhand des *Iberus* (Ebro) auseinandersetzt. Als wichtige Route für Handel und Mobilität dieses verehrten Flusses, wie es eine Statue ihm zu Ehren verdeutlicht, kann die Autorin die große kulturelle Bedeutung jenes einzigen ins Mittelmeer mündenden Hauptstroms der Halbinsel herauskristallisieren.

Die Verflechtungen solcher Räume nicht nur wirtschaftlich, sondern auch sozial, versucht der Beitrag von Enrique Aragón Núñez und Patricia Ana Argüelles Álvarez mithilfe der *Social Network Analysis* an der Küste von Almería und dem zugehörigen Territorium zu beleuchten. Jene Betrachtungsweise ist sehr ergiebig, reflektiert sie doch die zahlreichen Konnektivitäten und Wechselbeziehungen mitsamt ihren Möglichkeiten für neue Vernetzungen und Beziehungen.

Mit dem antiken Ort *Calduba* (Sierra Aznar) am südspanischen Fluss Guadalete liefert Isabel Rondan-Sevilla ein Beispiel zu Wassernutzung und zugleich zur Kontrolle dieser wichtigen Ressource unter römischer Herrschaft. Auch wenn sich die Stätte und genaue Funktion derzeit noch nicht in allen Details erschließt, ist sie ein prägnantes Beispiel für das anthropogene Eingreifen in diesen Umwelt- und Kulturraum und manifestiert die Kenntnis und Vorgehensweise im Zuge der römischen Inbesitznahme, was einen gewissen (technischen) Wissenstransfer in die Region bedeutete und sich in Abstimmung auf die lokalen Bedingungen vollzog.

Gefolgt wird dieser Beitrag von der Untersuchung Sant Hilari d'Abrera in Katalonien am Fluss Llobregat durch das Forscherteam Gisela Ripoll et al. Sie tangieren einen weiteren grundlegenden Aspekt: Wasser und seinen heilenden Nutzen. Bereits in römischer Zeit scheint eine Heilquelle an jenem Ort bekannt gewesen zu sein, die baulich durch eine postulierte Therme gefasst[37] und in nachrömischer Zeit in einen

---

37  Laut Ripoll et al. gibt es derzeit keine Indizien für die Identifikation einer Villa an jenem Ort, sodass die These einer Therme bevorzugt wird. Es bleibt zu hoffen, dass künftige Studien die Annahme bestätigen.

Kirchenbau inkorporiert wurde. Der Bezugspunkt blieb die Heilquelle, aber die bauliche Form wandelte sich in Folge des neuen, christlichen Glaubens. Vielleicht fungierte diese Stätte auch als einer jener „Erinnerungsorte"[38] mit einer hierdurch beeinflussten Persistenz, was im Beitrag allerdings unberührt bleibt.

Im dritten Kapitel *Flüsse und Flusstäler: Adern der Wirtschaft* wird das Augenmerk auf die Flusstäler als bedeutende Wirtschaftsräume gelenkt. Bereits in einzelnen vorhergehenden Beiträgen klang diese Qualität von Flüssen an, in ihrer Rolle als wichtige Motoren der Wirtschaft, die als Verbindungslinien ein reges Netz an weiteren Kulturbeziehungen aufbauen können.[39] Der großen Ressourcenreichtum an Erzen der Halbinsel weckte schon früh das Interesse von Phöniziern/Puniern und Griechen und war sicherlich der zentrale Faktor, warum Rom nach dem Ende des Zweiten Punischen Krieges Hispanien vollständig für sich gewinnen wollte und hierfür letztlich zwei zähe Jahrhunderte andauernder kriegerischer Auseinandersetzungen in Kauf nahm.

Neben den Möglichkeiten des effektiveren Transports wurde Wasser auch für die Gewinnung des Erzes genutzt, wie es der Beitrag von Almudena Orejas et al. zu den Goldminen im Nordwesten der Halbinsel mit einem Fokus auf Las Médulas offenlegt. Anhand der schriftlichen Überlieferungen, v. a. bei Plinius, kombiniert mit den intensiven archäologischen Studien wird die Dimension der hier stark veränderten Landschaft in römischer Zeit durch die in den Berg getriebenen zahlreichen Kanalsysteme zum Ausschwemmen des Goldes mithilfe von Wasser mehr als deutlich.

Dieser einzigartigen Befundsituation von Las Médulas dient Isis Oates als geeignetes Laboratorium für ihre Fragestellung. Anhand von Satellitenbildern und Orthofotos kombiniert mit dem Ansatz der Fernerkundung sowie GIS möchte sie das Potential zur Nutzung dieser Datenlage sichtbar machen. Als Instrument des sog. *remote sensing*, einer nichtinvasiven Methode ohne jegliche Eingriffe in den Boden, birgt es zahlreiche Möglichkeiten zur Beurteilung der Beschaffenheit von Landschaften aus einer gewissen „Ferndiagnose" heraus. Auch wenn der Versuch im vorliegenden Fall fehlschlug, gibt es bereits positive Ergebnisse für andere Untersuchungsregionen, die ein effektives Zusammenwirken der Altertumswissenschaften und Geographie für die konkrete Raumanalyse untermauern.[40]

Einer nichtinvasiven Herangehensweise nähern sich ebenfalls Miriam González Nieto und José Luis Domínguez Jiménez zur Beschreibung eines Teils des erzreichen Wirtschaftsraums in der Sierra Morena an. Mithilfe von LiDAR, Photogrammetrie und geomagnetischer Prospektionen rekonstruieren sie die Landschaft zwischen den Tälern Alcudia und Guadiato.

---

38  Wichtiger Aspekt des *spatial turn*, hierzu: Hofmann 2015, 27. Zu der Betrachtung von „Erinnerungsorten" z. B. Assmann 1999; Stein-Hölkeskamp/Hölkeskamp 2006.
39  Z. B. Berns/Huy 2021.
40  Ergiebige Resultate wurden mit „Satellite Remote Sensing" z. B. für Mantineia erzielt: Donati/Sarris 2016.

Ana C. Silveira nimmt einen anderen Blick mit der Frage nach Konstanten eines derartigen Wirtschaftsraums am Beispiel des Sado-Flusstales ein. Sie zeigt auf, inwieweit die schriftlichen und archäologischen Zeugnisse aus dem Mittelalter Rückblicke auf die weit spärlichere Überlieferung der antiken Zeit erlauben können und so Kontinuitäten in der Nutzung dieses Territoriums, dem Handel und der Infrastruktur sichtbar machen.

Das letzte Kapitel *Flüsse im literarischen Diskurs* setzt sich in zwei Beiträgen mit Flüssen und Flusstälern in der schriftlichen Überlieferung auseinander. Diese Quellen sind wichtige Zeugnisse für die Wahrnehmung und Rezeption zu bestimmten Zeiten von Flüssen, ebenso wie sie zur Beleuchtung ihrer Funktionen beitragen, was in beiden Artikeln einen Schwerpunkt einnimmt. Hierzu wählt die Verfasserin Valery A. Berthoud Frías einen Ansatz aus den *Digital Humanities*, indem sie computergestützt die Nennung von hispanischen Flüssen in den Werken von Plinius dem Älteren und Claudius Ptolemäus vergleichend einander gegenüberstellt und auswertet. Sie kommt in ihrer Analyse zu dem Ergebnis, dass Plinius mehr Wert auf die strategische und kulturelle Bedeutung von Flüssen legt, während Ptolemäus eine größere Präzisierung in der geographischen Lokalisierung (Koordinaten) von Quellgebieten, Flussläufen und Mündungen aufzeigt. Der Romanist Gero Faßbeck kann mit seinem zeitlich vom Schwerpunktthema entkoppelten Blick in die frühneuzeitliche Dichtung Spaniens aufzeigen, dass jene Flüsse weit mehr als nur passive Elemente sind, sondern zahlreiche Zuschreibungen erhalten und Funktionen erfüllen, die sie als sehr reziproke und facettenreiche Gebilde erkennen und deren Eigenschaften sich nicht auf einzelne Dichotomien herunterbrechen lassen.

In der Summe zeigt sich an den einzelnen Beiträgen bedingt durch die verschiedenen Disziplinen und eingenommenen Blickwinkel ein sehr heterogenes Bild. Eine inhaltliche Synthese ist daher weder möglich noch angestrebt. Vielmehr ist es das erklärte Ziel des Bandes, dem und der interessierten Lesenden eine möglichst weit gefasste Zusammenschau momentan durchgeführter Forschungsprojekte sowie der aktuell vorherrschenden Forschungstrends anzubieten, deren Einschätzung und Auswertung letztlich dem Lesepublikum selbst überlassen bleibt und künftige Ergebnisse derzeit laufender Studien zu Flüssen auf der Iberischen Halbinsel schärfen mögen.[41]

---

41  Um nur einige aktuelle Projekte zu nennen: Speziell für den Südwesten der Iberischen Halbinsel werden an der Universität Cádiz, unter der Leitung von Lázaro Lagóstena Barrios, seit 2012 verschiedene auf Flüsse und Flusstäler fokussierte Forschungsprojekte durchgeführt; zunächst unter dem Namen RIPARIA mit zwei Projektphasen von 2012–2015 bzw. 2016–2019 und aktuell seit 2023 unter dem Titel „AQVIVERGIA: La interacción sociedad-medioambiente en cuencas fluviales de Hispania meridional. Conceptualización y praxis". Alle drei Forschungsvorhaben zeichnen sich durch ihre Interdisziplinarität und eine verstärkte Einbindung geoarchäologischer und geophysikalischer Fachbereiche aus, s. bspw.: Lagóstena Barrios 2015; Lagóstena Barrios 2019; Lagóstena-Barrios / Aragón-Núñez 2023. Ausgehend von dem antiken Ort *Carissa Aurelia* wird derzeit seine Einbettung im Guadalete-Tal auf mehreren Ebenen und mithilfe eines vielfältigen Methodenspektrums (u. a. Prospektion, Grabung, Survey) analysiert, s. vorab: Heinzelmann et al. 2022.

## Bibliographie

Álvarez Martínez 1984: J. M. Álvarez Martínez, El Puente romano de Mérida (Badajoz 1984)

Assmann 1999: A. Assmann, Erinnerungsräume. Formen und Wandlungen des kulturellen Gedächtnisses (München 1999)

Bachmann-Medick 2019: https://docupedia.de/zg/Bachmann-Medick_cultural_turns_v2_de_2019 (30.7.2024)

Bachmann-Medick 2012: D. Bachmann-Medick, Cultural turns. Neuorientierungen in den Kulturwissenschaften ⁵(Hamburg 2014)

Barceló 1994: P. Barceló, Die Grenze des karthagischen Machtbereichs unter Hasdrubal. Zum sogenannten Ebro-Vertrag, in: Eckart Olshausen / Holger Sonnabend (Eds.), Stuttgarter Kolloquium zur historischen Geographie des Altertums 4, 1990 (Amsterdam 1994) 35–55

Beltrán Fortes et al. 2018: J. Beltrán Fortes / Mª L. Loza Azuaga / E. Ontiveros Ortega (Eds.), Marmora Baeticae. Usos de materiales pétreos en la Bética romana. Estudios arqueológicos y análisis arqueométricos (Sevilla 2018)

Beltrán Lloris 2014: F. Beltrán Lloris, Irrigation Infrastructures in the Roman West: Typology, Financing, Management, in: Anne Kolb (Ed.), Infrastruktur und Herrschaftsorganisation im Imperium Romanum, Herrschaftsstrukturen und Herrschaftspraxis III. Akten der Tagung in Zürich 19.–20.10.2012 (Berlin 2014) 121–136

Bernhardt et al. 2019: J. C. Bernhardt / M. Koller / A. Lichtenberger, Mediterranean Rivers in Global Perspective, Mittelmeerstudien 19 (Paderborn 2019)

Berns/Huy 2021: Chr. Berns / S. Huy, The Impact of Rivers on Ancient Economies, Panel 2.2. Proceedings of the 19th International Congress of Classical Archaeology 4 (Heidelberg 2021)

Blázquez Martínez 2007: J. M. Blázquez Martínez, El agua en los santuarios fenicios de la Península Ibérica y sus prototipos mediterráneos, in: J. J. Justel Vicente / B. E. Solans / J. Pablo Vita / J. Á. Zamora (Eds.), Las aguas primigenias: el Próximo Oriente Antiguo como fuente de civilización (Zaragoza 2007) 531–556

Blázquez Martínez / Remesal Rodríguez 2014: J. M. Blázquez Martínez / J. Remesal Rodríguez, Excavaciones en monte Testaccio (Roma), Informes y Trabajos 11, 2014, 177–184

Bost 2012: J. P. Bost (Ed.), L'eau: Usages, risques et représentations. Dans le Sud-Ouest de la Gaule et le Nord de la Péninsule Ibérique, de la fin de l'âge du Fer à l'Antiquité tardive (IIe S. a. C.-VIe S. p. C.), Aquitania Supplement 21 (Bordeaux 2012)

Braudel 1998: F. Braudel, Das Mittelmeer und die mediterrane Welt in der Epoche Philipps II. (Frankfurt a. M. 1998, frz. Paris 1949)

Bringmann 2001: K. Bringmann, Der Ebrovertrag, Sagunt und der Weg in den Zweiten Punischen Krieg, Klio 83.2, 2001, 369–376

Brückner et al. 2014: H. Brückner / A. Herda / M. Müllenhoff / W. Rabbel / H. Stümpel, On the Lion Harbour and Other Harbours in Miletos: Recent Historical, Archaeological, Sedimentological, and Geophysical Research, in: R. Frederiksen / S. Handberg (Eds.), Proceedings of the Danish Institute at Athens 7 (Athen 2014) 49–103

Brughmans et al. 2021: T. Brughmans / T. Kinnaird / S. M. Kristiansen / A. Lichtenberger / R. Raja / I. Romanowska / E. Heldaas Seland / I. Simpson / D. Stott, Urbanization and Riverine Hinterlands. A Proposal for an Integrative High-Definition and Multi-Scalar Approach to Understanding Ancient Cities and their Dynamic Natural Resources, Journal of Urban Archaeology 4, 2021, 33–59

Campbell 2012: B. Campbell, Rivers. The Power of Ancient Rome (North Carolina 2012)

Campos Carrasco / Bermejo Meléndez 2021: J. M. Campos Carrasco / J. Bermejo Meléndez, Del Atlántico al Tirreno. Puertos hispanos e italicos, Hispania Antigua, Arqueológica 12 (Sevilla 2021)

Castro García 2016: Mª d. M. Castro García, La gestión del agua en época romana: casuística en las ciudades de la provincia Hispania Ulterior-Baetica (tesis doctoral, Québec/Cádiz 2016)

Del Pino García et al. 2011: J. L. del Pino García / J. Roldán Cañas / F. Moreno Pérez, El agua y el riego en la Península Ibérica, in: J. Roldán Cañas / R. Chipana Rivera (Eds.), Sistemas ancestrales de riego a ambos lados del Atlántico (Córdoba 2011) 63–232

Döring/Thielmann 2008: J. Döring / T. Thielmann, Einleitung: Was lesen wir im Raume? Der Spatial Turn und das geheime Wissen der Geographen, in: J. Döring / T. Thielmann (Eds.), Spatial Turn. Das Raumparadigma in den Kultur- und Sozialwissenschaften (Bielefeld 2008) 7–45

Donati/Sarris 2016: Evidence for Two Planned Greek Settlements in the Peloponnese from Satellite Remote Sensing, AJA 120, 2016, 361–398

Edgeworth 2011: M. Edgeworth, Fluid Pasts. Archaeology of Flow, Debates in Archaeology (Bristol 2011)

Ehling/Kerschbaum 2022: K. Ehling / S. Kerschbaum, Göttliche Größe und gezähmte Gewalt. Flüsse vom babylonischen Euphrat bis zum römischen Rhein, Sonderband Antike Welt (Darmstadt 2022)

Filippi 2022: D. Filippi, Rethinking the Roman City. The Spatial Turn and the Archaeology of Roman Italy (London 2022)

Franconi 2017: T. Franconi (Ed.), Fluvial landscapes in the Roman world, Suppl. JRA 104 (Portsmouth 2017)

García Moreno 1999: L. A. García Moreno, Atlantic Seafaring and the Iberian Peninsula in Antiquity, Mediterranean Studies 8, 1999, 1–13

González Soutelo / Matilla Séiquer 2017: S. González Soutelo / G. Matilla Séiquer, Inventario y revisión de los principales enclaves de aguas mineromedicinales en Hispania. Un estado de la cuestión, in: S. González Soutelo / G. Matilla Séiquer (Eds.), Termalismo antiguo en Hispania. Hacia un nuevo análisis del tejido balneario en época romana y tardorromana en la Península Ibérica, Anejos AEspA 78 (Madrid 2017) 495–560

Grewe 2010: K. Grewe, Meisterwerke antiker Technik (Mainz 2010)

Heinzelmann et al. 2022: Michael Heinzelmann / J. Lehmann / A. Schröder / J. Beltrán Fortes / D. Romero Vera, Neue siedlungsarchäologische Untersuchungen in Carissa Aurelia, KuBA 11–12, 2021–2022, 113–132

Hettinger 2022: Jasmin Hettinger, Hochwasservorsorge im Römischen Reich. Praktiken und Paradigmen (Stuttgart 2022)

Högemann/Oettinger 2006: P. Högemann / N. Oettinger, Eine hethitische Parallele zur Bestrafung des Flussgottes Mäander Bei Strabon?, in: M. Hutter / S. Hutter-Braunsar (Eds.), Pluralismus und Wandel in den Religionen im vorhellenistischen Anatolien. Akten des religionsgeschichtlichen Symposiums in Bonn 19.–20. Mai 2005 (Münster 2006) 55–64

Hofmann 2015: K. P. Hofmann, (Post)Moderne Raumkonzepte und die Erforschung des Altertums, Geographia antiqua 23–24, 2014–2015, 25–42

Iglesias Gil 2002: J. M. Iglesias Gil, La actividad edilicia en Hispania en el Alto Imperio romano y el acueducto de Segovia (Madrid 2002)

Klementa 1993: S. Klementa, Gelagerte Flussgötter des Späthellenismus und der römischen Kaiserzeit (Köln 1993)

Knoll et al. 2017: M. Knoll / U. Lubken / D. Schott (Eds.), Rivers lost – Rivers regained. Rethinking City-River-Relations, History of the Urban Environment (Pittsburgh 2017)

Kreuz 2020: P.-A. Kreuz, Water in Cities of Roman Northern Italy, in: N. Chiarenza / A. Haug / U. Müller (Eds.), The Power of Urban Water. Studies in Premodern Urbanism (Berlin 2020) 13–29

Lagóstena Barrios 2019: L. G. Lagóstena Barrios (Ed.), Prácticas sostenibles y aprovechamientos históricos, Instrumenta 68 (Barcelona 2019)

Lagóstena Barrios 2015: L. G. Lagóstena Barrios (Ed.), Qui lacus aquae stagna plaudes sunt … Estudios históricos sobre humedales en la Bética (Cádiz 2015)

Lagóstena-Barrios / Aragón-Núñez 2023: L. G. Lagóstena-Barrios / E. Aragón-Núñez, The Contribution of GPR to the Historical Research of Urban and Rural Landscapes of Antiquity, Land 12.6, 2023, 1165: https://doi.org/10.3390/land12061165

Lagóstena Barrios / Cañizar Palacios 2011: L. Lagóstena Barrios / Cañizar Palacios, Aqvam perdvcendam curavit. Captación, uso y administración del agua en las ciudades de la Bética y el Occidente romano (Cádiz 2011)

Mangas Manjarrés / Martínez Caballero 2007: J. Mangas Manjarrés / S. Martínez Caballero (Eds.), El agua y las ciudades romanas, Antigüedad 2 (Mósteles 2007)

Martos Núñez / Martos García 2011: E. Martos Núñez / A. Martos García, Memorias y mitos del agua en la Península Ibérica (Madrid 2011)

Marzolff 1994: P. Marzolff, Die Flussgrenze, in: E. Olshausen / H. Sonnabend (Eds.), Stuttgarter Kolloquium zur historischen Geographie des Altertums 4, 1990 (Amsterdam 1994) 347–362

Matijević 2015: K. Matijević, Der Ebrovertrag und die Verantwortlichkeit für den 2. Punischen Krieg, Gymnasium 122.5, 2015, 435–456

Montero Herrero 2012: S. Montero Herrero, El emperador y los ríos: religión, ingeniería y política en el Imperio Romano, Artes y humanidades 16 (Madrid 2012)

Ostos López 2014: I. Ostos López, Puentes romanos. Los puentes romanos del término municipal de Córdoba, Anahgramas 1, 2014, 3–107

Pizzo 2013: A. Pizzo, Análisis de detalles constructivos de los puentes romanos de la Lusitania, in: M. Bustamante Álvarez / M. García Cabezas (Eds.), VI Encuentro de Arqueología del Suroeste Peninsular (Villafranca de los Barros 2013) 1523–1550

Remesal Rodríguez 1998: J. Remesal Rodríguez, Baetican Olive and the Roman Economy, in: S. Keay (Ed.), The Archaeology of Early Roman Baetica (Rhode Island 1998) 183–199

Sánchez López / Martínez Jiménez 2016: E. Sánchez López / J. Martínez Jiménez, Los acueductos en Hispania. Construcción y abandono (Madrid 2016)

Schattner 2023: Th. G. Schattner, Zum Bau- und Wirtschaftsboom während der Kaiserzeit im Municipium Flavium Muniguense/Munigua, in: J. Lehmann / P. Scheding (Eds.), Explaining the Urban Boom. A Comparison of Regional City Development in the Roman Provinces of North Africa and the Iberian Peninsula, IA 22 (Wiesbaden 2023) 235–262

Schattner et al. 2017: Th. G. Schattner / F. Valdés Fernández (Eds.), Wasserversorgung in Toledo und Wissensvermittlung von der Antike ins Mittelalter. Akten der Tagung in Toledo vom 24. bis 25. September 2009 = El suministro de agua a Toledo y el saber hidráulico durante la antigüedad y la edad media. Actas del coloquio de Toledo del 24 al 25 de septiembre de 2009, Iberia Archaeologica 19 (Tübingen 2017)

Stein-Hölkeskamp / Hölkeskamp 2006: E. Stein-Hölkeskamp / K.-J. Hölkeskamp (Eds.), Erinnerungsorte der Antike. Die römische Welt (München 2006)

Trillmich 1990: W. Trillmich, Colonia Augusta Emerita, die Hauptstadt von Lusitanien, in: W. Trillmich / P. Zanker (Eds.), Stadtbild und Ideologie. Die Monumentalisierung hispanischer Städte zwischen Republik und Kaiserzeit. Kolloquium in Madrid vom 19. bis 23. Oktober 1987 (München 1990) 299–318

Ventura Villanueva 1996: Á. Ventura Villanueva, El abastecimiento de agua a la Córdoba romana 2. Acueductos, ciclo de distribución y urbanismo (Córdoba 1996)

Willi 2021: A. Willi, Irrigation in Roman Western Europe, Schriften der Deutschen Wasserhistorischen Gesellschaft 17 (Siegburg 2021)

## Antike Quellen

Justinus: O. Seel, Pompeius Trogus: Weltgeschichte von den Anfängen bis Augustus im Auszug des Justin, Bibliothek der alten Welt. Römische Reihe (Zürich 1972)

Strabon: S. L. Radt, Strabons Geographika: Prolegomena. Buch I–IV, Text und Übersetzung (Göttingen 2002).

**Jasmin Hettinger** studierte Geschichte und Altertumswissenschaften in Konstanz, Dresden und Salamanca (Spanien) und verfasste danach ihre Doktorarbeit zur „Hochwasservorsorge im Römischen Reich" an der Universität Duisburg-Essen. Im Anschluss daran absolvierte sie ein wissenschaftliches Volontariat in der Abteilung Bildung und Vermittlung am Deutschen Schifffahrtsmuseum / Leibniz-Institut für Maritime Geschichte in Bremerhaven mit inhaltlichen Schwerpunkten in der modernen Forschungsschifffahrt, der Sturmfluterinnerungskultur und dem aktuellen Meeres- und Küstenwandel sowie mit dem methodischen Schwerpunkt Partizipation und Citizen Science. Von 2021–2022 erforschte sie als Postdoc-Stipendiatin der Fritz Thyssen Stiftung an der Universität Leipzig die Wechselwirkung zwischen antiker Nasswirtschaft, Drainage und der Ausbreitung von Malaria. Mittlerweile leitet sie als Kulturreferentin das Stadtmuseum und die Stadtbücherei in Neckargemünd.

DR. JASMIN HETTINGER
Museum im Alten Rathaus Neckargemünd, Hauptstr. 25, 69151 Neckargemünd

**Janine Lehmann** studierte Klassische Archäologie, Alte Geschichte und Ägyptologie an den Universitäten Göttingen und Köln. Nach Abschluss ihrer Doktorarbeit zu frührömischer Architektur und Urbanistik in Hispanien war sie von 2015 bis 2018 Auslandsstipendiatin am Deutschen Archäologischen Institut, Abteilung Madrid. Im Anschluss arbeitete sie als wissenschaftliche Mitarbeiterin am Lehrbereich für Klassische Archäologie an der Universität Leipzig, worauf ein halbjähriger Fellowship im Jahr 2022 am DFG-finanzierten Roman-Islam-Center an der Universität Hamburg folgte. Seit Oktober 2022 ist sie wissenschaftliche Mitarbeiterin, Assistentin der Professur für Urban Archaeology, an der Universität Kiel.

DR. JANINE LEHMANN
Institut für Klassische Altertumskunde, Abteilung Klassische Archäologie,
Johanna-Mestorf-Straße 5, 24118 Kiel

# Mensch und Umwelt
*Fluss- und Küstenlandschaften im Wandel der Zeit*

# Medio ambiente y poblamiento romano en el alto valle del río Almanzora (Almería)*
## *Un análisis diacrónico*

MARÍA JUANA LÓPEZ MEDINA

**Abstract:** This contribution aims to show the territorial and population analysis of the High Almanzora region, which belongs to one of the most important fluvial valleys in the southeast of the Iberian Peninsula, that of the Almanzora river. This analysis is based on palaeoenvironmental reconstruction and involves a diachronic approach to its settlement from Republican to Late Roman times. To this end, aspects such as their integration into the Roman world, the exploitation of economic resources, the organisation of the settlement, economic dependencies or social relations and transformations throughout this period will be taken into account. Thus, the aim is to highlight the particularities of a specific area within the Empire, in this case the Southeast and especially the *civitas* of *Tagili* located in this valley.

**Keywords:** roman landscape, palaeoenvironmental reconstruction, southeast of the Iberian Peninsula, fluvial basin

**Resumen:** En esta contribución pretende mostrar el análisis territorial y poblacional de la comarca del Alto Almanzora, que pertenece a uno de los valles fluviales más importantes del sureste de la Península Ibérica, el del río Almanzora. Dicho análisis parte de la

---

\* En primer lugar, agradezco a "Toletum: Netzwerk zur Erforschung der Iberischen Halbinsel in der Antike", y especialmente a la Dra. Sabine Panzram, la oportunidad de publicar este trabajo. El presente trabajo está desarrollado dentro del Grupo de Investigación ABDERA (HUM 145 PAIDI), CEI·MAR y CEI·Patrimonium, formando parte de los Proyectos: "Aprovechamiento y uso del agua en contextos de ribera en el Sureste peninsular desde la Prehistoria a la Edad Media (AQVA)" (REF. UAL18-HUM-C010-A), convocatoria I+D+i UAL-FEDER 2018, IP. Mª Juana López Medina; y "AQVIVERGIA: La interacción sociedad-medioambiente en cuencas fluviales de Hispania meridional: conceptualización y praxis" (REF. PID2021–125967NB-I00), convocatoria 2021 de Proyectos de Generación de Conocimiento del Ministerio de Ciencia e Innovación, IPs. Lázaro G. Lagóstena Barrios y Mª Juana López Medina.

reconstrucción paleoambiental y supone un acercamiento diacrónico a su poblamiento desde época republicana a tardorromana. Para ello se tendrán en cuenta aspectos como su integración en el mundo romano, la explotación de los recursos económicos, la organización del poblamiento, las dependencias económicas o las relaciones sociales y las transformaciones a lo largo de este periodo. Así pues, tiene como fin poner de relieve las particularidades de una zona concreta dentro del Imperio, como es en este caso el Sureste y en especial la *civitas* de *Tagili* situada en este valle.

**Palabras clave:** paisaje romano, reconstrucción paleoambiental, sureste de la Península Ibérica, cuenca fluvial

## Introducción

En este trabajo pretendo analizar cómo en el alto valle del río Almanzora, donde se encuentra la *civitas* de *Tagili*, se aprovecharon los recursos por las poblaciones que en él habitaron desde la conquista romana hasta la disolución del Imperio romano de Occidente, dándole especial protagonismo al paleoambiente, al curso fluvial del Almanzora y a las transformaciones en el poblamiento.

Este estudio se centra en la comarca del Alto Almanzora situada en el sureste de la Península Ibérica (Fig. 1), donde empezamos nuestro estudio participando en el proyecto de prospección superficial "Estudio del proceso histórico durante la Prehistoria y la Antigüedad en la cuenca del Alto Almanzora", dirigido por las Dras. Catalina Martínez Padilla y María de la Paz Román Díaz.[1] En líneas generales en dicho proyecto se han localizado 78 yacimientos con niveles romanos de las 286 ocupaciones evidenciadas para la Prehistoria y la Antigüedad, por lo que el poblamiento romano en general supone un 27,62 % del total de ocupaciones, siendo el porcentaje más elevado, seguido del 22,03 % que conforman las ocupaciones de la Edad del Bronce.

En relación con las fuentes, a parte de las arqueológicas contamos con las epigráficas y las numismáticas, pues el topónimo *Tagili* no aparece en las fuentes literarias.

En cuanto al espacio geográfico, se trata de la cuenca alta del río Almanzora, situada en la zona centro-noroccidental de la actual provincia de Almería, que constituye un territorio de 1675 km² (Fig. 2). A grandes rasgos está formada por la Sierra de los Filabres al sur y la Sierra de las Estancias al norte, que tienen una dirección oeste-este, y que están separadas por el valle del río. Este comunica la costa y el mar Mediterráneo, donde se localizaba *Baria* (Villaricos, Cuevas de Almanzora, Almería), y la altiplanicie de Baza al interior, donde se encontraba *Basti* (Guadix, Granada), y que da paso hacia la Alta Andalucía.

---

1 Se trata de un proyecto del Plan Andaluz de Investigación de la Dirección General de Bienes Culturales de la Junta de Andalucía (BOJA 118, 06-10-93) que se desarrolló entre octubre de 1993 y diciembre de 2002.

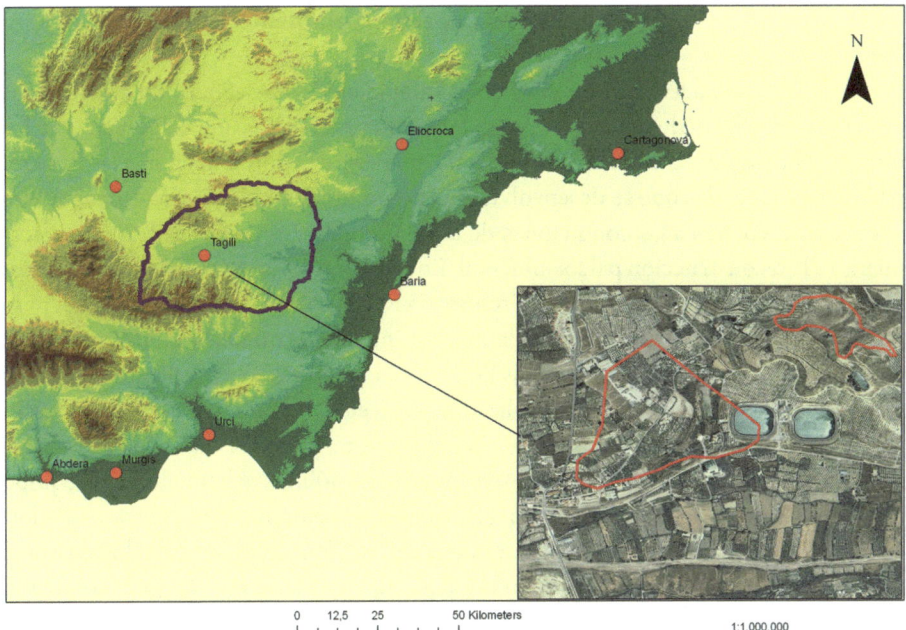

**Fig. 1** Situación de *Tagili* y principales núcleos de población romanos en el sureste peninsular. Imagen elaboración de Nicolás Suárez de Urbina Chapman.

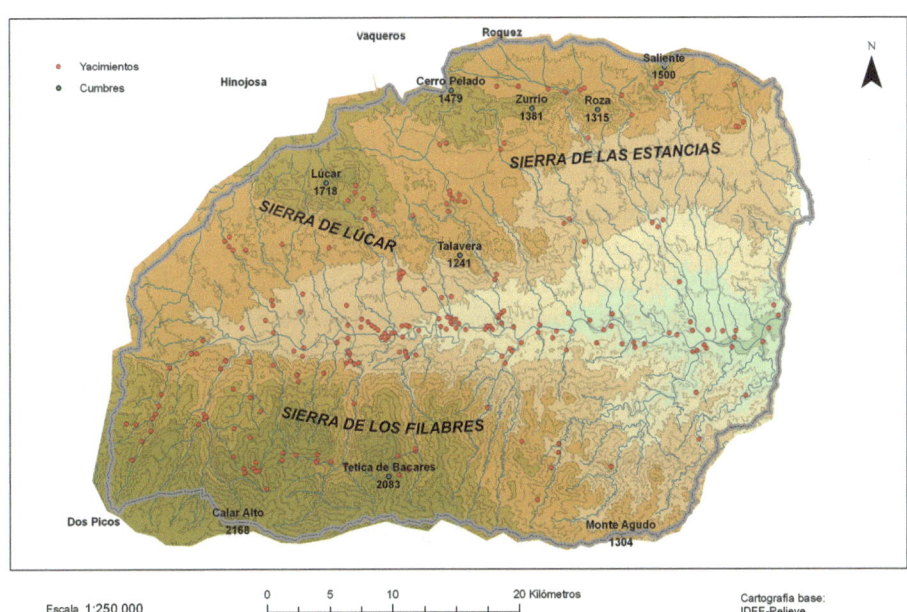

**Fig. 2** Principales accidentes geográficos y yacimientos localizados en el Proyecto Alto Almanzora durante las seis campañas de prospección.
Imagen elaboración de Nicolás Suárez de Urbina Chapman.

## El Alto Almanzora y el paleoambiente

Pero es necesario hacer una aproximación al medioambiente del periodo que estamos analizando con el fin de saber si los recursos económicos de los que disponían eran los mismos que los de estos momentos. Se trata de hacer una aproximación a las características básicas en las que se desenvolvieron las comunidades de época romana, y que eran muy diferentes a las condiciones de aridez actuales, es decir, realizar un acercamiento a la reconstrucción paleoambiental. En este sentido, la mayor parte de los datos proceden de estudios dedicados a la Prehistoria Reciente en el sureste peninsular, pero poco a poco contamos, aunque sea de manera indirecta, con análisis efectuados que contemplan niveles romanos en zonas limítrofes, como: los del yacimiento de Fuente Álamo en la Sierra de las Estancias realizados por el equipo de Angela von den Driesch; los de *Baria* en la desembocadura del río Almanzora, y la *villa* de Gabia (Granada) llevados a cabo por Oliva Rodríguez Ariza; el análisis polínico efectuado por el equipo de José S. Carrión García en una pequeña laguna en las cumbres de la Sierra de Gádor; o el análisis de una estalactita en la Cueva de la Sima Blanca de Sorbas realizado por el equipo de Fernando Gázquez que confirma que aquí también se sintió el denominado "Periodo Húmedo Romano".[2] A esto debemos unir el estudio de la documentación a partir de los siglos XIV–XV. Este apunta a la presencia frecuente de encinares al menos hasta el siglo XVIII, y una degradación de la cubierta vegetal en las sierras sobre todo a partir del siglo XIX, debido principalmente a la explotación minera de época contemporánea. Por último, en nuestro análisis contamos con algunos topónimos, como los fitotopónimos: así "Lúcar" hace referencia a un bosque sagrado o "Chercos" a la presencia de encinas, además de los hidrónimos y los zootopónimos. En total aquellos relacionados con la orografía (26 %), el agua (13 %) y la presencia de masa forestal (26 %) suponen los porcentajes más elevados, de un total de 268 topónimos analizados.

Todo ello nos ha ayudado a reconstruir unas características medioambientales para época romana muy diferentes de las actuales, donde se constata la presencia de una mayor cobertura vegetal, que además coincidiría en gran parte con el "Periodo Húmedo Romano", que se data aproximadamente entre el 200/100 a. C. y el 150/200 d. C.[3] Esta está caracterizada, por un lado, por la presencia de bosques galería en los cauces de los principales ríos y ramblas, principalmente en sus cabeceras, puesto que de los análisis polínicos de la Depresión de Vera se desprende que en los tramos finales del río este ya había desaparecido en época romana; y, por otro, por un bosque abierto típicamente mediterráneo en las áreas montañosas, que está documentado tanto en la Sierra de Gádor como en la Sierra de Almagro en época romana a través de las ana-

---

2   Sobre Fuente Álamo: Driesch et al. 1985, 39–40. Sobre *Baria:* Rodríguez Ariza et al. 1998, 64 s. Sobre Gabia: Rodríguez Ariza / Montes Moya, 2010. Sobre laguna de la sierra de Gádor: Carrión García et al. 2003, 843. Sobre Cueva de la Sima Blanca de Sorbas: Gázquez Sánchez et al. 2020.
3   McCormick et al. 2012, 174–191; Harper 2019, 59–76.

líticas, y a partir de la toponomía en la Sierra de los Filabres, y en la de Lúcar. En este sentido, los análisis del cercano yacimiento de Fuente Álamo han permitido establecer que los árboles de maquía y el bosque (lentiscos, pinos y en menor medida los *quercus*) representaban todavía entre el 30 y el 40 % de la leña en el siglo V d. C.; además, se documentan especies animales, como el lince (un animal forestal) o el ciervo, algunas de ellas extinguidas, y también la presencia de mayores recursos acuíferos.

Por consiguiente, a partir de la reconstrucción paleoambiental podemos saber que los recursos de esta zona eran mucho más diversificados que en la actualidad, que aparte de suelos más fértiles para la práctica de la agricultura contaban con pastos para la ganadería, y con otros productos del *saltus* como animales salvajes (entre ellos conejos, ciervos) para la caza o plantas silvestres (arómaticas y medicinales) y madera. Todos estos recursos constituyen un complemento para la dieta alimentaria, para la confección del vestido, la curación de enfermedades, el combustible y un largo etcétera. Aparte de estos recursos debemos contar con otras materias primas como los minerales de hierro y cobre, el mármol de la zona de Macael o el *lapis specularis* de Arboleas.[4] En cuanto a los recursos acuíferos, el agua en el sureste peninsular, y en nuestra zona de análisis, fue un recurso esencial, por lo que su control fue básico. Por lo tanto, hay que valorarla en relación, no sólo con el consumo humano, sino con las actividades agrícolas y ganaderas, desde una perspectiva de gestión integrada en lo que Ella Hermon ha definido como *riparia*.[5] Este recurso está caracterizado por numerosos manantiales y también vinculado al río y sus afluentes.

Por lo tanto, hay que tener en cuenta que el clima desde la Prehistoria Reciente no ha experimentado grandes cambios, puesto que las condiciones ambientales más áridas quedaron establecidas hace unos cuatro mil quinientos años, según el equipo de José Pantaleón-Cano.[6] Por consiguiente, esta zona se podría incluir dentro de aquéllas caracterizadas por la *penuria aquarum* a las que Pomponio Mela se refería al describir *Hispania*, o a las que hacía alusión Estrabón cuando manifestaba que la mayor parte del territorio de *Iberia* estaba deshabitada entre otras causas porque su suelo no estaba regado de manera uniforme.[7] Pero debemos tener en cuenta que en gran parte de este periodo se produjo un episodio más cálido y húmedo, el denominado "Periodo Húmedo Romano". En este clima podemos suponer que el río Almanzora y sus afluentes en los periodos que estamos tratando, presentaban un caudal mayor y estable, como indican la existencia en su recorrido de molinos de agua de época medieval y moderna y la presencia de serrerías que aprovechaban la fuerza hidráulica para cortar el mármol en

---

4    López Medina 2004; López Medina 2018.
5    Ella Hermon (Hermon 2010; Hermon 2014a; Hermon 2014b) ha llamado la atención sobre la utilización del término *riparia* en relación con la "gestión integrada" del agua de las orillas tanto continentales (ríos, humedales) como costeras por parte de la sociedad romana desde su dimensión económica, política, administrativa y jurídica.
6    Pantaleón-Cano et al. 1996, 31.
7    Mela 2, 86; Strab. 3, 1, 1.

el siglo XIX. No obstante, esto no llegaría a suponer la presencia de grandes caudales por lo que es imposible su navegabilidad, salvo en sus tramos finales, posiblemente, y en su antiguo estuario que se introducía aproximadamente un kilómetro.[8] Pese a todo esto, debemos tener presente que es difícil poder reconstruir el estado de la red fluvial en estos periodos.

## La *civitas* de *Tagili* y su valle

### El poblamiento tras la conquista romana

Una vez realizadas estas precisiones generales, vamos a centrarnos en el periodo romano donde el principal núcleo de población para época romana es *Tagili*. Aquí la II Guerra Púnica o II Enfrentamiento romano-cartaginés trajo como consecuencia la pérdida del poder cartaginés, tras la caída de *Carthago Nova* (Cartagena, Murcia) en el 209 a. C. y el posterior asedio durante tres días de *Baria*. Una vez sometidas, lo que supuso el control de todo el distrito minero de Cartagena, incluida Sierra Almagrera, y la desposesión a los cartagineses de sus principales fuentes de recursos económicos, Escipión pasó hacia la Alta Andalucía y el valle del Guadalquivir rápidamente sin ningún contratiempo, según las fuentes literarias. Para ello utilizaría entre otras la vía de comunicación que suponía el valle del Almanzora.[9] Por lo tanto, a partir del 208 a. C. esta zona, incluida gran parte de la Bastetania pasaría a formar parte del Imperio romano.

En consecuencia, lo más lógico es que la población ibera del alto valle del Almanzora se entregara al poder romano en *deditio*, para ser incluida poco después en una nueva delimitación administrativa, la *Provincia Hispania Ulterior* (197 a. C.).[10] En este sentido, *Tagili*, tras su rendición, tuvo que obtener el estatuto jurídico de *civitas stipendiaria*. Esto supuso que su territorio pasara a ser considerado *ager stipendiarius*, y sus habitantes *peregrini*, por lo que tan sólo disfrutaban de la *possesio* del *oppidum* y del territorio, tras el pago del tributo personal (*stipendium*) y el territorial (*tributum*), convirtiéndose en una comunidad tributaria del Estado romano.[11]

Frente a esta situación, la población mantuvo cierta autonomía interna en el plano político-administrativo, pues pudo conservar sus propias leyes, sus órganos de gobierno e, incluso, tuvo la facultad de acuñar moneda, a diferencia del *oppidum* de *Basti* que no lo hace. Así produce dos series monetales datadas entre los siglos II y I a. C. En cuanto a estas emisiones presentan tipos claramente feno-púnicos (*Tanit*, el delfín, la palmera sin frutos y el creciente con estrella de cuatro puntas) junto a la leyenda en

---

8   Hoffmann 1988, 29–36.
9   López Medina 1997; López Medina 2004; López Medina 2009.
10  Liv. 32, 27, 6–7; 32, 28, 2; 32, 28, 11–12.
11  Sobre las *civitates stipendiariae*: Marín Díaz 1988.

neopúnico.¹² Esto evidencia su clara relación con la cercana colonia fenicia de *Baria*, y posterior ciudad cartaginesa. Por consiguiente, al estar ubicadas ambas poblaciones en el curso del río Almanzora la coincidencia de dicha representación puede ser interpretada como una muestra de que sus contactos fueron frecuentes tanto a nivel social y político, como económico desde momentos iberos.¹³

La conquista coincide con dos transformaciones en el poblamiento de la comarca (Fig. 3). La primera es la ocupación de lugares con fines eminentemente estratégicos que hay que relacionar con el proceso de dominación romana. Se trata de puntos localizados en la Sierra de los Filabres (al sur), que tienen una posición dominante en el terreno, con gran visibilidad hacia el valle. Dos de ellos obedecen claramente a estas características, la Cerrá de Alcóntar-2 (Alcóntar) y el Castellón de Angosto (Serón). Ambos se encuentran situados en una zona de contacto entre el valle y la sierra, en los dos no parece haber asentamiento anterior y se documentan cerámicas de barniz negro, por lo que parecen asentamientos *ex novo*, creados con una finalidad fundamental en el periodo siguiente a la conquista romana.

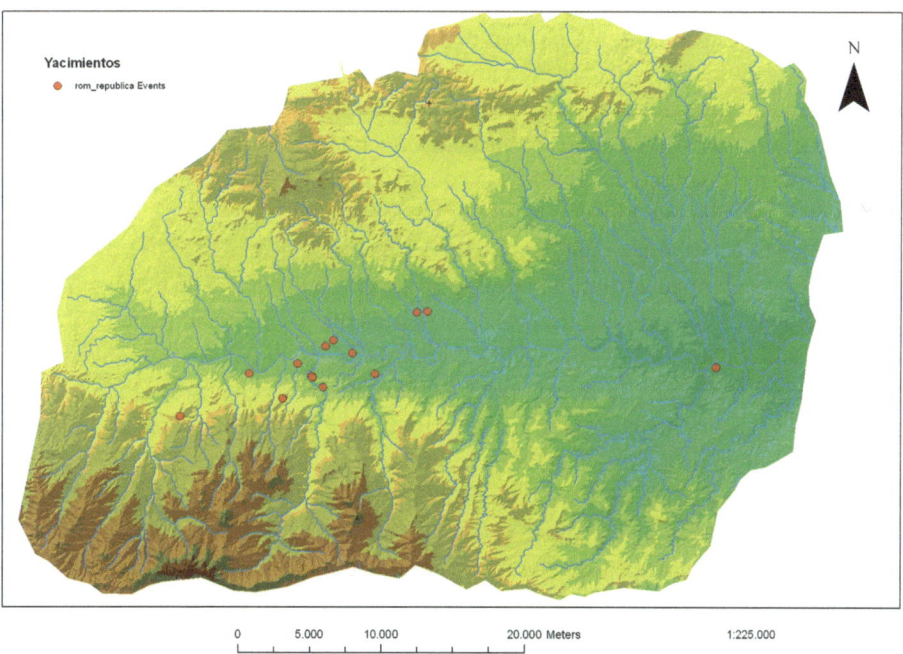

**Fig. 3** Poblamiento de época republicana en la comarca del Alto Almanzora. Imagen elaboración de Nicolás Suárez de Urbina Chapman.

---

12   Alfaro Asins 1993a; Alfaro Asins 1993b; Alfaro Asins 1997, 102 s; Alfaro Asins 2000; Mora Serrano 2021.
13   López Medina 2013; López Medina 2018; López Medina e. p.

Así, por ejemplo, la ubicación de la Cerrá de Alcóntar-2 (a 50 m de altura relativa), en una cerrada desde donde se controla el tramo final del río Almanzora y el paso hacia la Hoya de Baza, le otorga un claro valor estratégico en cuanto a su posición; máxime si tenemos en cuenta que esta vía debió de ser utilizada por el ejército romano para su paso hacia la Alta Andalucía, como ya hemos destacado. El mismo control sobre el espacio circundante presenta el Castellón de Angosto que presenta una visibilidad abierta en todas direcciones (a 100 m de altura relativa), especialmente interesante hacia la zona de concentración de minerales de hierro como son las Menas de Serón. De todas formas, pese a su morfología, es decir, en cerro, ambos están rodeados de tierras fértiles que permiten la práctica de la agricultura.

Sin abandonar la Sierra de los Filabres, los otros tres yacimientos documentados están relacionados o bien con la explotación minera, Los Callejones (Bayarque), o bien con fines rituales. El primero, a 100 m de altura relativa, se puede vincular con la intensificación de la explotación del hierro de la Sierra de los Filabres.[14] Su importancia se debe a que se han localizado restos de toda la cadena productiva desde la extracción (con dos bocas de mina) a la fundición (en las explanadas superiores). Su actividad se centra en los siglos II y I a. C., como demuestran las cerámicas finas formadas por campanienses y vasijas pintadas de tradición ibera. Junto a este material también se encuentran comunes de mesa (jarritas, jarra, cuencos) y de almacenamiento (grandes vasijas y ánforas romanas tardorrepublicanas). Así pues, especialmente en la Sierra de los Filabres se incrementa un ataque a la cobertura vegetal provocada por la intensificación de la producción minera.

Y con los fines rituales se documentan los grabados de la Edad de Hierro de Piedra Labrá (Chercos) vinculados con la presencia de vías pecuarias, y el hallazgo de una figurilla femenina desnuda de terracota en el yacimiento del Tesorillo (Chercos).[15] Esta está realizada con molde bivalvo e indica la entrada de tipologías típicamente romanas en contextos autóctonos, lo que se produce a partir del siglo II a. C. y que hay que relacionar posiblemente con el culto a la fecundidad.[16] Por consiguiente, se ha considerado un indicio de la presencia de un santuario, por la coincidencia con materiales de tradición ibera, como un borde de plato/tapadera, similares a los de Las Canatas (Serón), ya en el valle, y a los localizados en otros yacimientos del sureste peninsular, próximos al área estudiada, y que también han sido puestos en relación con la presencia de santuarios.[17]

---

14   López Medina et al. 2001, 25–29; Rovira Llorens et al. 2004.
15   Los estudios de José Ignacio Royo Guillén demuestran que algunos de estos grabados, en concreto los ecuestres, pueden ser considerados de esta época: Royo Guillén 2004, 64–66. 87; Royo Guillén 2006, 135.
16   Sobre estas figurillas y su tradición itálica: Blech 1999, 153–155. Sobre su relación con la fecundidad: García-Bellido 2003, 239; Prados Torreira 2007, 183 s.
17   Adroher Auroux / López Marcos 2004, 185–218; Adroher Auroux / Caballero Cobos 2008.

La segunda de las transformaciones es el abandono del *oppidum* del Alto de la Copa (Cantoria). Esta circunstancia se puede explicar por las transformaciones que estas comunidades tuvieron que realizar para adaptarse a la centralización que el Imperio impuso. Esto evidencia una mayor nuclearización en el territorio que en el periodo anterior, centrado en este caso en el *oppidum* de origen ibero de *Tagili* (Muela del Ajo, Tíjola).

Esta situación de relativa autonomía interna permite explicar las otras características poblacionales de la comarca que proceden de un momento anterior: la escasa ocupación de las sierras, en concreto en la Sierra de las Estancias no hemos documentado ningún yacimiento con materiales de este periodo, y la concentración del poblamiento en el valle, en torno al núcleo de *Tagili* (Figs. 3 y 4).

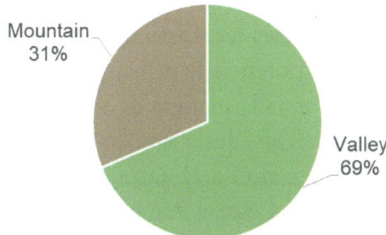

**Fig. 4** Porcentajes de ocupaciones en entornos de sierra y valle durante época republicana. Imagen propia.

Este se caracteriza por su nuclearización, se concentra en escasos asentamientos, que suponen sólo un 10 % del número de ocupaciones romanas; y por la jerarquización, pues existe un núcleo principal *Tagili*, de mayor entidad que los demás asentamientos y que es el centro organizador del territorio. Se trata de un modo de articulación del poblamiento que procede de momentos anteriores, pues al menos el 50 % de los asentamientos presentan una ocupación previa, anterior a la conquista. Este porcentaje es mayor en el valle en relación con los asentamientos destinados a la producción agrícola, mientras que desciende en la Sierra de los Filabres, donde prácticamente son *ex novo*, lo que ya hemos puesto en relación con las dos variables anteriores: una posición de dominio en el territorio y la intensificación de la explotación minera.

Así pues, los asentamientos secundarios localizados en el valle son de escasas dimensiones, pues no suelen superar la hectárea de extensión. Ejemplo de ello son Las Iglesias (Armuña del Almanzora), Cerro del Almirez (Bayarque), El Faz (Urrácal) o Barranco del Agua (Tíjola). Todos ellos presentan un conjunto de materiales cerámicos donde destacan las producciones autóctonas (ejs.: Barranco del Agua, Las Canatas), que en algunas ocasiones van acompañadas de importaciones de barniz negro o paredes finas (ejs. El Faz, Las Iglesias, Cerro del Almirez). Por consiguiente, en la comarca del Alto Almanzora, según el análisis de la distribución del poblamiento, este se concentraba en las tierras más fértiles del valle. Y en el caso de Las Canatas, además, se puede vincular con un santuario, pues aquí se ha hallado un fragmento de figurilla femenina similar a la del Tesorillo.

Por otro lado, debemos volver a las cuestiones políticas. El proceso de conquista debió de ser conflictivo entre los romanos y los iberos de la Bastetania, por lo que se obliga a la población tagilitana a trasladar su núcleo de población del antiguo emplazamiento de La Muela del Ajo, como hemos visto en una elevación a una altura relativa de 58 m sobre el río Almanzora, más difícil de controlar, al llano, en concreto al paraje de la Estación de Tíjola-Cela. Se trata de un lugar junto al río, y a una altura relativa sobre éste de 10 m. Esto facilita el sometimiento de la zona, pero además permite hacer frente a una mejor urbanización en relación con el modelo de *urbs* romana y a la centralización, que le permite ser el centro articulador del territorio con eminentes fines fiscales.

Esto es una de las evidencias a nivel territorial de que la población se va adaptando al modo de vida romano, proceso potenciado principalmente por las élites locales, que ven en su adecuación a este sistema la manera de mantenerse en el poder, proceso que dura aproximadamente dos siglos, desde su conquista a finales del siglo III hasta la época de Augusto a finales del siglo I a. C. Otra muestra de esta integración es su participación en la contienda entre César y Pompeyo, aunque no sabemos su nivel o intensidad. La guerra civil provocó la formación de clientelas hacia uno u otro bando, y que aquellos que estaban en el bando vencedor, el cesariano, se vieran recompensados. De esta forma, algunas familias llegaron a obtener la ciudadanía, como ocurre en *Tagili*, donde Augusto terminando con la labor de César concede la ciudadanía a la *gens Sempronia* que queda adscrita a la tribu *Galeria*, y uno de cuyos posteriores representantes será *Sempronius Fabianus*.[18]

El poblamiento altoimperial

A partir de época augustea la *civitas* de *Tagili* pasó a estar englobada dentro de la provincia Tarraconense. Así pues, la llegada al poder del *princeps* significó una amplia reforma administrativa caracterizada por una reorganización provincial (entre el 27 y el 2 a. C.), donde el territorio tagilitano, aunque no está mencionado en las fuentes literarias, pasó a pertenecer a la mencionada provincia imperial de la misma forma que sus vecinas *Basti* o *Urci*, pues el límite con la Bética si situaba en *Murgi*, y dentro

---

18    IRAL 62 (López Medina 2004, Ins. 67; IRPAL 107): *D(iis) · (hed) M(anibus) ·(hed) S(acrum) / [-S]EMPRONIVS L(ucii) [F(ilius)] / GALERIA FABIANVS / ANNORVM LXXXI / [H(ic)] S(itus) E(st) S(it) T(ibi) T(erra) [L(euis)]*.

de ésta posteriormente al *conventus Carthaginensis*.[19] La plena integración se produce con la promulgación del Edicto de Latinidad de Vespasiano (73–74 d. C.) cuando esta *civitas* debió de conseguir su promoción a *municipia civium latinorum*.[20] Lo que está constatado por ejemplo a través de la aparición en la epigrafía de *Tagili* de una familia que pertenece a la tribu *Quirina*.[21]

Durante este periodo, esta *civitas* siguió estando encabeza por el mismo núcleo urbano. En cuanto a su extensión los trabajos de prospección han delimitado un área de unas 14 hectáreas, lo que no difiere del resto de los núcleos urbanos romanos del sureste peninsular que están caracterizados por sus dimensiones modestas, pues oscilan entre las 10 y 15 hectáreas. En el yacimiento se ha localizado numeroso material de construcción (ej.: *tegulae*, ímbrices, ladrillos, muros de mampostería), cerámicas tanto comunes como finas (ejs.: *terra sigillata* hispánica, africana A), así como de almacenaje y transporte. Este contó con edificios propiamente romanos, como nos muestra una inscripción donde se documenta la construcción de unas termas por parte de una de las mayores evergetas del sureste peninsular, *Voconia Avita*, y cuya mención a la *res publica* también reafirma su carácter de *municipium*.[22] Al norte del núcleo urbano, en el paraje de Lúcar también localizamos un balneario, el de Cela, al que hay que vincular un ara dedicada a las Ninfas.[23]

En el Alto Imperio ya hemos avanzado que se constata un cambio en el patrón de asentamiento en la comarca del Alto Almanzora, que se caracteriza: por un aumento en el número de ocupaciones (de 18 se pasa a 51), representando el 38 % del número de ocupaciones romanas y siendo en su mayoría *ex novo* (40 del total); por su situación principalmente en el valle; y por una mayor dispersión del poblamiento, pues se hallan asentamientos no sólo en el entorno de valle, sino también en zonas de montaña, pese a que su ocupación sigue siendo escasa (Figs. 5 y 6).

En este sentido, la distribución del poblamiento reúne diferencias entre las sierras y el valle. En cuanto a las primeras, la Sierra de las Estancias muestra una ocupación *ex novo*, pues los cuatro yacimientos que se han localizado con materiales altoimperiales no presentan ocupación previa. De todas formas, sigue siendo un poblamiento muy escaso, formado principalmente por pequeños asentamientos, que parecen estar

---

19  Plin. nat. 3, 6.
20  Plin. nat. 3, 30.
21  Lázaro Pérez 1988, 123 (= López Medina 2004, Ins. 69; IRPAL 108): [-] FABIV[S] [---] / [QVIRI] NA · P[---] / [AN(norum)] · LX · H(ic) [· S(itus) · E(st)] / S(it) · T(ibi) · T(erra) · [L(euis)].
22  IRAL 48 (López Medina 2004, Ins. 64; IRPAL 106): VOCONIA Q(uinti) F(ilia) AVITA ·(hed) / THERMAS REI PVBLICAE ·(hed) / SVAE TAGILITANAE S(olo) S(uo) S(ua) P(ecunia) F(ecit) ·(hed) / EA[S]DEMQ(ue) CIRCENSIBVS ·(hed) / EDITIS ET EPVLO DATO DEDICAVIT / AT QVOT OPVS TVENDVM VSVMQ(ue) / PERPETVVM THERMARVM PRAEBEN / DVM R(ei) P(ublicae) TAGILITANAE X (denariorum) II (millia) D (quingentos) DEDIT.
23  IRAL 49 (López Medina 2004, Ins. 65; IRPAL 71): NIMPH[IS] / L(ucius) · F(abius) · ARGYR/INVS · V(otum) · S(oluit) ·. Sobre este balneario: López Medina 2014.

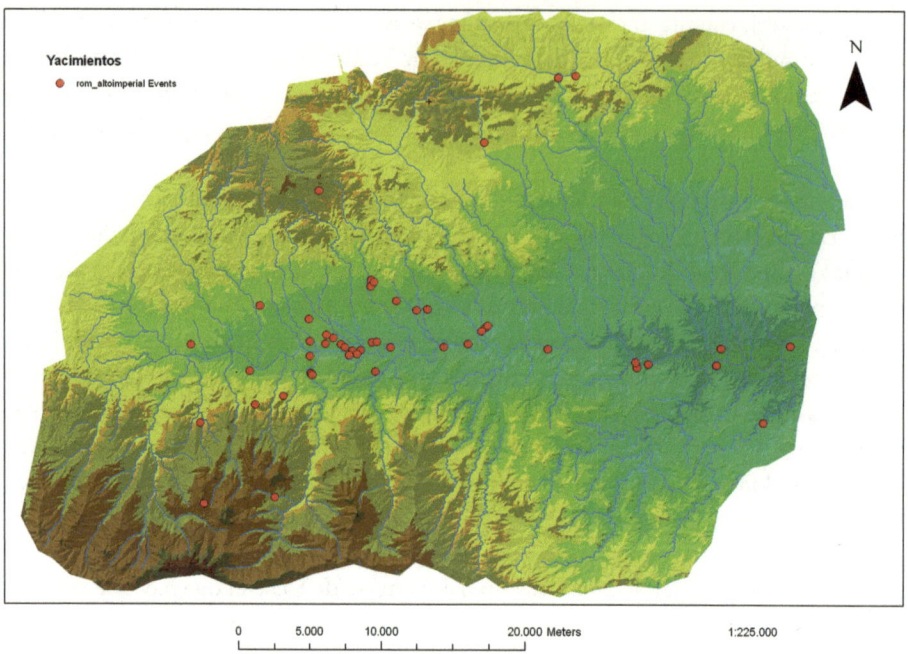

**Fig. 5** Poblamiento de época altoimperial en la comarca del Alto Almanzora. Imagen elaboración de Nicolás Suárez de Urbina Chapman.

vinculados a la actividad agrícola. Sólo uno de ellos se encuentra situado a más de 60 m de altura relativa, concretamente el Cortijo del Rito (Lúcar) en la Sierra de Lúcar, la coincidencia de ambos topónimos con fines rituales, así como la escasa ocupación, puede ser explicada por el uso continuado de este paraje como bosque sagrado. Se trata de una hipótesis en la que se está trabajando.

En relación con la Sierra de los Filabres, se documenta en primer lugar un aumento de las ocupaciones altoimperiales, pues de 5 pasamos a 9. Del poblamiento previo mantendría su uso ritual Piedra Labrá, que se podría relacionar con la pervivencia de las rutas pecuarias, y algún indicio de la presencia de actividades cultuales también la podemos encontrar en el topónimo "Luco". Por otro lado, sigue ocupada la explotación minera de Los Callejones al menos hasta los inicios del siglo I d. C., como expresa una muestra de TL realizada a un fragmento de cerámica a torno datado en el 19 d. C. (1982±198 BP). Así pues, se constata el mantenimiento de la extracción de minerales como el hierro, donde también hay que tener en cuenta el que se llevaba a cabo en el paraje de Las Menas de Serón. En este suelen aparecer restos dispersos de cerámicas romanas, y los análisis mediante el microscopio de barrido realizados a muestras de escorias de hierro de sangrado y de forja en el Calar del Gallinero (Bacares), situado en el nacimiento del barranco de las Menas, así como el hierro del Cortijo del Conde (Bacares) indican una actividad minera en esta amplia zona que presenta la concentración

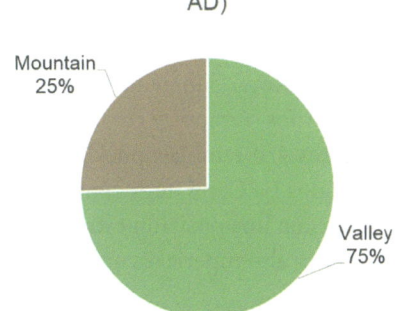

**Fig. 6** Porcentajes de ocupaciones en entornos de sierra y valle durante época altoimperial. Imagen propia.

de mineral de hierro más grande de la comarca y del sureste peninsular, en la que los trabajos de siglo XIX y XX han borrado prácticamente todo el registro anterior.[24] Esto es de suma importancia en la investigación, pues teníamos constatada la presencia romana en la zona, pero no así su relación con la producción minera de hierro, que se suponía.

Sin duda alguna su explotación debió de estar en relación, por ejemplo, con el inicio y mantenimiento del beneficio de las canteras de mármol en la comarca de Macael.[25] Se tiene conocimiento de que a finales del siglo XIX el conservador de la Alhambra, D. Rafael Contreras, visitó las canteras de Macael, en cuyas escombreras localizó restos de cornisas y fustes romanos. Pero sin duda los análisis que confirman su explotación en época romana son los petrológicos.[26] A partir de estos, podemos apreciar su difusión tanto en mercados locales como en los circuitos más amplios, por lo que estos datos apuntan la enorme dispersión que alcanzó este material dentro de la Península Ibérica, hacia la Tarraconense (provincia a la que pertenece *Tagili*), pero también hacia la Bética y la Lusitania, tanto como material constructivo como ornamental, ejs.: escultura de cariátide del foro municipal o cornisa con decoración de ovas y flores del *frons scaenae* del teatro de *Emerita*, columnas del teatro de *Italica*, retrato de Claudio de *Bilbilis*, o escultura y placa de revestimiento de las termas de la calle San Juan y San Pedro de *Caesaraugusta*.[27] A ello hay que sumar la explotación del *lapis specularis* en Arboleas entre los siglos I y II d. C.[28] La distribución de estos productos debió de ser fácil pues la

---

24  Los análisis metalográficos han sido efectuados por Salvador Rovira Llorens.
25  López Medina 2004; López Medina 2018.
26  Sobre el "mármol de Macael" y su caracterización: Lapuente Mercadal et al. 1988; Cisneros Cunchillos 1988; Lapuente Mercadal / Blanc 2002, 145 s. 148 s; Soler Huertas 2008; Navarro Domínguez et al. 2017; Martínez Fernández / Martín Peinado 2021.
27  López Medina 2004; López Medina 2009.
28  Bernárdez Gómez et al. 2015; Bernárdez Gómez / Guisado di Monti 2021.

vía de comunicación del río Almanzora permitió su llegada rápida a la costa y al puerto de embarque que suponía *Baria*.

En esta sierra, los asentamientos de carácter rural, como Cerro de las Pencas (Cantoria) y Meseta del Contador (Arboleas), son pequeñas estructuras que se encuentran alejados del valle del río, en entornos serranos y con difícil orografía, aunque siempre junto a recursos hídricos, fuentes y/o ramblas, pues no superan los 60 m de altitud relativa. Además, son abandonados La Cerrá de Alcóntar-2 y el Castellón de Angosto, que estaban puestos en relación con una posición estratégica y de control en la época anterior, lo que indica que la época altoimperial es un periodo menos conflictivo, donde el poder romano se ha asentado.

En cuanto al valle, el poblamiento se sigue concentrando en él (Figs. 5 y 6), como ocurre en el periodo anterior, presentando un 75 % de las ocupaciones, donde podemos observar una relevante disimetría entre el margen izquierdo y el derecho del río, siendo el primero el más ocupado. Esto está en relación con la propia orografía, puesto que la Sierra de los Filabres descansa casi directamente sobre el río Almanzora en su margen derecha, mientras que la Sierra de las Estancias deja entre su piedemonte y el río una serie de glacis, donde dominan las llanuras o en su defecto las pequeñas elevaciones, conocidas aquí por el nombre de "muelas". Es en esta zona donde, además, están los suelos más fértiles y, por lo tanto, más aptos para el cultivo. El poblamiento se articula siguiendo las ramblas principales como son la de Cela o la del Infierno, lo que está en clara relación también con el aprovechamiento de los recursos hídricos, y se caracteriza por una mayor dispersión que en el periodo anterior, pues de 11 pasamos a 38, y sólo en nueve casos presentan una ocupación anterior.

Sin embargo, estos asentamientos mantienen ciertas características del periodo republicano, nos referimos en concreto a su posición en pequeñas lomas que se encuentran en un porcentaje muy elevado a una altura relativa inferior a 60 m, concentrándose especialmente entre los 5 y 40 m de altura sobre los recursos hídricos más cercanos. Esto destaca la importancia que este recurso tuvo para la población, pero también su vinculación con la actividad agrícola.[29] En este sentido, la mayor parte de los yacimientos documentados en la zona mantienen una clara relación con esta actividad, exceptuando de nuevo el núcleo urbano de *Tagili*, el balneario de Cela y la explotación de cobre de la Cueva de la Paloma en la Cerrá de Tíjola.

En relación con los asentamientos vinculados a ésta se han documentado tanto *villae* como pequeños asentamientos rurales. Con respecto a las primeras, éstas ocupan generalmente lomas, a una escasa altura relativa (aproximadamente 20 m) junto a manantiales, y están rodeadas de tierras muy fértiles y su número (9) es menor que el de las pequeñas construcciones, suponiendo sólo un 28 % de los asentamientos rurales.

---

29   La relación de los recursos hídricos del valle con la agricultura y la ganadería se han analizado en: López Medina 2019.

Sin embargo, debemos tener en cuenta que éste valor siempre será inversamente proporcional a la extensión de tierras que explotaban. Éstas presentan una serie de rasgos propios de un emplazamiento romano de este tipo, siguiendo la recomendación de los agrónomos latinos. Como hemos señalado, están situadas en el margen izquierdo del Almanzora, ocupando las tierras más fértiles y generalmente sobre una rambla, por lo tanto, cerca de un curso de fluvial.[30] Además, se caracterizan por su cercanía a la vía de comunicación principal, que correría paralela al río y que las pondría en contacto con las ciudades, tal y como recomienda Columela, como puede ser el caso de *Tagili*, pero también el de otras de su entorno como *Basti* y *Baria*.[31] Por último, en relación con estas construcciones también se ha documentado la presencia de estructuras destinadas a un uso productivo distinto del agrícola, como pueden ser las escorias de Los Carrillos (Purchena-Somontín), que son evidencia de la práctica de la actividad metalúrgica; y el alfar situado en el mismo yacimiento, que se ha podido documentar en el sector norte junto a la rambla del Infierno mediante los restos de un horno, así como de un molde de una lucerna de disco del siglo II d. C. (Fig. 7).

**Fig. 7** Molde de lucerna del tipo Deneauve VII/5 de Los Carrillos. Imagen propia.

30   Sobre las tierras: Cato agri. 1, 2; Colum. 1, 4, 4. Sobre los cursos fluviales: Cato agri. 1, 1, 3; Varro rust. 1, 11, 2.
31   Colum. 1, 2, 1; 1, 5, 7.

En cuanto a los pequeños asentamientos rurales, en el caso del entorno de valle se han documentado 23, por lo que suponen una mayoría frente a las *villae*, en concreto un porcentaje del 72 %. En todos los casos aún se pueden localizar producciones de tradición autóctona junto a cerámicas comunes (ej.: La Muela del Pozo en Armuña del Almanzora), y algunos ejemplares de sigillatas o paredes finas altoimperiales, aunque escasos como ocurre en El Cañico (Arboleas). Así pues, según el grado de proximidad al núcleo urbano los más cercanos debieron de pertenecer a unidades domésticas campesinas que residían en este y que se podían desplazar fácilmente a sus parcelas durante el día. Sin embargo, los más alejados debieron de estar cultivados por unidades que vivían junto a la tierra en construcciones de dimensiones modestas y que sólo iban a la ciudad en momentos puntuales.

En las estructuras rurales se suelen documentar restos vinculados a construcciones hidráulicas relacionadas con el almacenamiento del agua. Estas presentan unas características comunes como el uso del *opus signinum* para impermeabilizar, lo que constata el uso de nuevos materiales. Están vinculadas en su mayoría a estructuras tipo *villa*, como ocurre en Cortijo Onega (Purchena) o Cementerio de Armuña, por su posición en altura dentro del yacimiento pueden ser catalogadas como *cisternae* para recoger el agua de lluvia y, por lo tanto, también actúan en la captación de este líquido.

Por lo tanto, en líneas generales en la comarca la arqueología permite constatar durante esta época un gran cambio en el patrón de asentamiento, que debió coincidir con la implantación de un catastro, y que se caracteriza por un considerable aumento en el número de yacimientos, especialmente en el valle, pues llegan a suponer un 75 % del poblamiento (Fig. 6). Por consiguiente, el aumento en el número de asentamientos en el valle nos indica que se tuvo que poner en explotación un mayor número de hectáreas para la práctica de la agricultura, principalmente de secano.[32] Además, hay que tener en cuenta que en el territorio tagilitano existió una yuxtaposición de hábitats que responde a la explotación de distintos recursos y a sistemas económicos diferentes, es decir, que corresponden a modelos productivos distintos (tributario, esclavista), aunque uno, el primero, sea el que dominaba.

## El poblamiento en la Tardoantigüedad

En este periodo en relación con el paleoambiente, hay que tener en cuenta que el Imperio romano se vio afectado por una mayor inestabilidad climática que debió tener sus consecuencias a nivel poblacional y a nivel económico, especialmente en producción agrícola. Esta situación es evidente sobre todo a partir del siglo III y hasta el final

---

32  López Medina 2019.

del Imperio romano, es lo que se denomina "Periodo de Transición Romano".[33] Éste se caracterizó por ser más frío y seco, aunque presentaba oscilaciones, así se sabe que el siglo IV está marcado por un calentamiento que no llegó a ser tan importante como en las fases anteriores. Las fuentes escritas confirman esta situación oscilante, por lo que registran con más frecuencia sequías y hambrunas, como se puede observar en las obras de Cipriano.[34] Pese a ello, en cuanto a *Tagili*, y en general toda la Península Ibérica, hay que destacar una recuperación de la cobertura vegetal principalmente en las sierras o áreas montañosas debido a una menor presión sobre el bosque, pese a que el paisaje sigue fuertemente antropizado, sobre lo que volveremos más adelante.

Desde el punto de vista político, a partir de finales del siglo II y principios del III, el sureste peninsular va a sufrir nuevos cambios como consecuencia de su plena integración en el Imperio, y de las transformaciones que se producen durante este periodo. Todo ello va unido a nivel del poblamiento a un proceso de redefinición de las *civitates*, cuyos núcleos urbanos perviven durante estos momentos, y que no significa su total decadencia y desaparición, sino la adaptación a un nuevo modelo de vida. En éstos va a seguir habitando la élite, redecorando y reconstruyendo sus casas. En el caso de *Tagili* poseemos abundante material cerámico de este momento entre el que destacan las formas de sigillatas africanas C y D, así como la sigillata hispánica tardía meridional, cocina africana y cerámica común, que indican la pervivencia del núcleo urbano.

A nivel de la distribución del poblamiento (Fig. 8), las ocupaciones de este periodo suponen un 30 % del total de las romanas, y se mantienen algunas pautas de fases anteriores, como, por ejemplo, que la mayor parte de los asentamientos se siguen localizando a una escasa altura relativa, inferior a 60 m, concentrada principalmente entre los 5 y 20 m. Esto se debe seguir poniendo en relación con la relevancia del aprovechamiento de los recursos hídricos. Por otro lado, la mayor parte del poblamiento se concentra en el entorno de valle, si bien proporcionalmente aumenta en relación con éste la ocupación en entornos de sierra (se pasa del 25 % de los siglos I–II al 32 % en los siglos III–IV) (Figs. 8 y 9). Pero, además, sigue siendo evidente la disimetría entre el margen izquierdo y derecho del río, con una concentración de la población en la orilla izquierda, como había sido habitual en los periodos precedentes.

En cuanto a los entornos de montaña, la Sierra de las Estancias continúa siendo una zona poco ocupada durante este periodo. Además, de los cuatro asentamientos documentados en época altoimperial son abandonados dos, por lo que perviven la mitad, a los que hay que sumar uno nuevo. Por otro lado, en relación con su tipo, lo que podemos observar es que en este momento la ocupación se concentra en torno a dos grandes *villae* (El Villar del Margen y Los Porteres, ambos en el actual término municipal de Oria). Por el contrario, la Sierra de los Filabres sigue presentando una mayor

---

33  Harper 2019, 164 s.
34  Cypr. mort. 2; demetr. 3, 7, 10; 3, 7, 20.

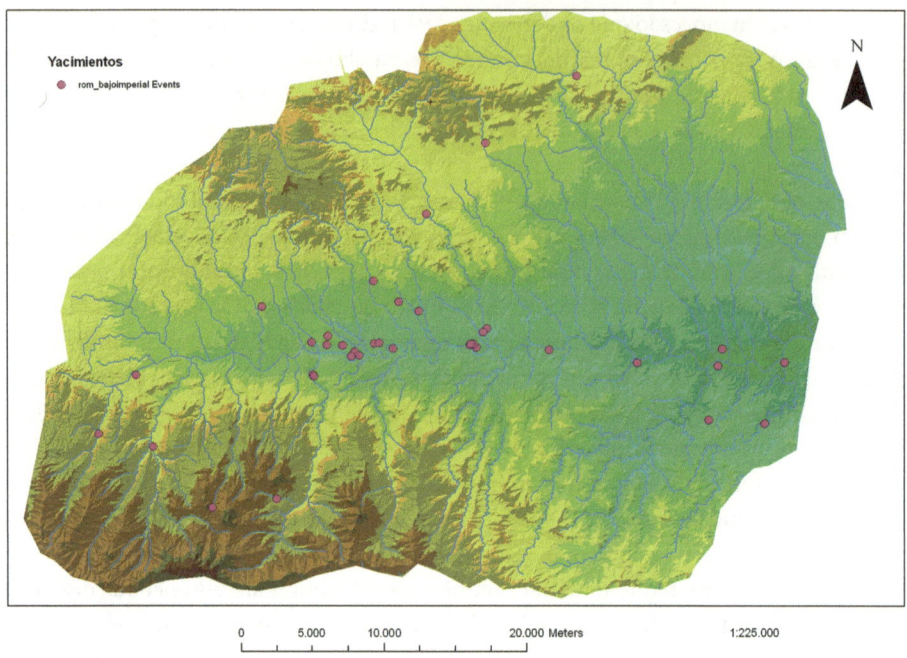

**Fig. 8** Poblamiento de época bajoimperial en la comarca del Alto Almanzora. Imagen elaboración de Nicolás Suárez de Urbina Chapman.

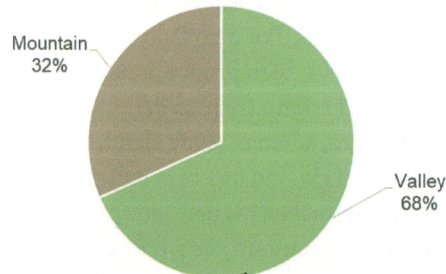

**Fig. 9** Porcentajes de ocupaciones en entornos de sierra y valle durante época bajoimperial. Imagen propia.

ocupación durante este periodo, de hecho, se mantiene el número de asentamientos (9 en total), lo que no quiere decir que pervivan todos los altoimperiales, pues sólo se conservan 3. Así pues, en esta sierra destacan: la ausencia de nuevo de estructuras rurales tipo *villae*; la presencia de pequeños asentamientos rurales, en total 5, que suponen un 83 % de las ocupaciones documentadas; y la documentación de una aldea, El Rascador (Bacares). Esta es una concentración de población, donde no se advierte ningún tipo de material constructivo relacionado con la decoración, como se puede localizar en las *villae*, y cuyos materiales cerámicos se caracterizan por un volumen importante de cerámicas a mano y a torneta.[35]

En relación con el valle del río Almanzora, es evidente que el poblamiento de la comarca se sigue concentrando aquí durante época bajoimperial, si bien experimenta un descenso, de 38 ocupaciones pasamos a 26. Pero, además, se caracteriza por la continuidad en los lugares de emplazamiento, pues de ellas 21 presentan niveles altoimperiales, y por la pervivencia de las construcciones situadas generalmente en los lugares más fértiles, lo que se observa claramente en el caso de las *villae*. Estas siguen siendo las mismas, entre ellas podemos destacar La Colorada (Cantoria), Cortijo Onega, Los Carrillos, La Loba (Urrácal). Por consiguiente, se mantiene su número, es decir, 9, si bien en términos relativos pasan a tener un porcentaje del 41 %, lo que supone un aumento significativo a nivel porcentual de 13 puntos, pues en el Alto Imperio suponían sólo un 28 %. Los Carrillos sigue siendo un gran establecimiento a juzgar por sus restos constructivos y el material asociado, como una moneda bajoimperial, una lucerna norteafricana con marca incisa *AVG(endi)* del siglo III d. C., y sigillatas norteafricanas C, D y TSHTM.[36] En cuanto al material de construcción las "clavijas" o "fijas" localizadas evidencian la presencia de unos baños particulares o *balneum*. En cuanto a los pequeños asentamientos, han experimentado un claro descenso, de 23 pasamos a 12, prácticamente la mitad, si bien en porcentaje suponen aún un 55 %. Algunos ejemplos son Cortijo en Cruz (Lúcar), Muela del Tío Félix (Tíjola), Cortijo del Prado (Tíjola), Las Retamas (Purchena), la Muela de Armuña, Pago Jorges Oeste (Purchena) o el Alto del Púlpito (Cantoria). A estos tipos de asentamientos rurales hay que unir la constatación de una aldea, en concreto La Venta del Judío (Purchena). Las características de este asentamiento son muy similares a las del Rascador, pues su material cerámico está formado principalmente por vasijas comunes, siendo muy escaso el material de importación, así como es inexistente los elementos de construcción que indiquen una rica ornamentación del lugar.

De todo ello podemos deducir que se inicia una tendencia hacia una concentración de la propiedad de la tierra, sobre todo en las zonas más fértiles, donde perviven las *villae*, aparejado al aumento del colonato. Este sistema está inserto en un nuevo modelo de producción, donde las rentas paulatinamente se van a ir imponiendo al pago de impuestos, lo que en última instancia es una de las causas del colapso del Imperio romano de Occidente.[37] Sin embargo, no podemos obviar que el mantenimiento del Imperio, incluida la época bajoimperial, se basaba en la tributación, y ésta cada vez es menor, pues tanto los grandes propietarios como los pequeños intentan evadir cada vez más el pago de los impuestos.

35   Pérez Martínez / López Medina 2018.
36   López Medina 2009.
37   Sobre este proceso: Wickham 1998; Wickham 2008.

Por consiguiente, en conjunto en la comarca del Alto Almanzora a nivel del poblamiento podemos observar una reorganización del territorio tagilitano, con un cambio en el patrón de asentamiento. Éste se caracteriza por un descenso en el número de asentamientos (de 51 pasamos a 38), representando un 30% de las ocupaciones romanas. Además de éstos sólo 13 son de nueva planta, concentrándose en su mayoría en la Sierra de los Filabres, lo que significa que en gran parte en el valle se produce la continuidad en los lugares de emplazamiento. Posiblemente la coincidencia del aumento de pequeños asentamientos rurales en lugares de altura en el entorno de sierra pueda obedecer a cambios estructurales, como es la constatación de un inicio de empobrecimiento de la población debido al aumento de los impuestos que obliga a abandonar las tierras más fértiles y su desplazamiento a lugares más inaccesibles, lo que coincide con el abandono de los pequeños asentamientos en el valle.[38] Aquí también debemos tener en cuenta cuestiones económicas como el retroceso en la explotación de ciertos recursos a partir del siglo III d. C., como el cese de la producción de *lapis specularis* o el descenso en el beneficio del mármol o de la minería, lo que provocó que las especies vegetales asociadas al monte se volvieran a recuperar, por lo que éste se regeneraría en las sierras a partir de este siglo y durante todo el periodo medieval, como prueban las fuentes de este último periodo y las de época moderna.[39]

En el siglo V se produjo en última instancia la caída de Roma y el desmembramiento del Imperio de Occidente, datado convencionalmente en el año 476 d. C. Paralelamente, en la Península Ibérica se produce la entrada de los pueblos germanos en el 409 y su primer establecimiento.[40] A partir de aquí, se origina un proceso en el que el Imperio romano va relajando su control en esta zona y favorece que las ciudades del sur aumenten su autonomía, por lo que élite local continuó acaparando el poder político y socioeconómico.[41] Pese a que la intervención visigoda consiguió establecer un reino unificado a mediados del siglo VI, la marginalidad de gran parte del sur peninsular, incluyendo la zona de estudio, dio lugar a que el control ejercido sobre este territorio no fuera intenso. Por otro lado, lo más probable es que la comarca del Alto Almanzora, junto a la Depresión de Vera, estuviera bajo dominio bizantino a partir del 555, cuando Justiniano ocupó una amplia franja de la costa mediterránea ibérica, aproximadamente desde el Estrecho de Gibraltar hasta Denia.[42] Posiblemente pasaría a formar parte de la zona fronteriza, entre la bizantina *Baria* y la visigoda *Basti*.[43] De hecho, en algunos yacimientos se han documentado cerámicas características de la zona oriental del Im-

---

38 López Medina 2004; López Medina 2009.
39 Sobre el paleoambiente y las fuentes medievales y modernas: López Medina 2004; García Latorre / García Latorre 2007.
40 Arce Martínez 2007, 55–72. 102–119.
41 Sobre la autonomía de estos aristócratas en general: Vallejo Girvés 1993, 83; Cameron 2001, 201.
42 Salvador Ventura 1990; Vallejo Girvés 1993, 118–121; Ramallo Asensio / Vizcaíno Sánchez 2002, 315.
43 Sobre la ocupación bizantina de *Baria*: Menasanch de Tobaruela / Olmo Enciso 1993, 28; Menasanch de Tobaruela 2003, 255. Sobre *Basti*: aunque fue conquistada en un primer momento por las

perio, *Late Roman C*, como pueden ser Era de la Umbría (Bayarque) y Huitar (Olula del Río). El final de este dominio se produce durante la tercera década del siglo VII, cuando el visigodo Suintila expulsa definitivamente a los bizantinos del sur peninsular en el año 621, por lo que esta zona también debió de pasar a formar parte del reino visigodo hasta el 713, cuando se produce la sumisión al control musulmán del sureste peninsular a cargo de Abd-al-Aziz.[44]

A lo largo de este periodo el núcleo urbano de *Tagili* experimenta un retraimiento, pues los materiales cerámicos localizados en las prospecciones descienden a partir del siglo V, por lo que la ocupación parece residual. Posiblemente esto sea indicio del progresivo abandono del lugar y el traslado a otras zonas más elevadas, como puede ser Tíjola la Vieja. Por consiguiente, poco sabemos sobre la situación de *Tagili* en este momento, si fue abandonada o no. Solamente las actividades de una excavación arqueológica sistemática en dicho núcleo nos podrían esclarecer este panorama.

En relación con el resto del poblamiento tardorromano de la comarca (Fig. 10), este está formado por un 22 % del número de ocupaciones romanas, y en él hay que tener en cuenta dos características que se vienen desarrollando desde periodos anteriores y que se mantienen, aunque con ciertos cambios. En primer lugar, las ocupaciones se siguen documentando principalmente en lugares con una altura relativa inferior a 60 m. Y, en segundo lugar, que el entorno de valle es el más recurrente. Sin embargo, aquí se produce un cambio en una de las tendencias anteriores, pues por primera vez durante los siglos que se han analizado el margen derecho del río presenta un mayor número de ocupaciones (15) que el izquierdo (12). Esta situación la podemos relacionar con el establecimiento de los asentamientos en entornos de sierra y sierra-valle. De la Sierra de las Estancias sólo se ha documentado la pervivencia de un yacimiento, en concreto la *villa* situada en el Villar del Margen, que además según el registro arqueológico se abandona a lo largo del siglo V d. C. En cuanto a la Sierra de Los Filabres, esta experimenta prácticamente la misma ocupación que en el periodo anterior, pues de 9 se pasa a 8 ocupaciones, siendo uno de ellos un indicio y otros dos *ex novo*. Esto muestra la pervivencia de los lugares de asentamiento y emplazamiento. De hecho, esta ocupación en altura, que se viene desarrollando desde época bajoimperial, a menudo coincide con ocupaciones previas prehistóricas. No se trata de una situación aislada dentro del territorio peninsular, sino que parece ser una constante en el sureste y en el levante, como producto de un contexto de inestabilidad social en general, que lleva a buscar patrones de asentamiento en los que prima la protección y el control del entorno, así como de las profundas transformaciones que se producen en las estructuras socio-

---

tropas bizantinas, sin embargo, en el 570 el rey visigodo Leovigildo la volvió a recuperar (Juan de Biclaro, *Chronica*, a.570, 2).

44  Sobre la conquista visigoda: Vallejo Girvés 1993, 290–296; García Moreno 1994, 574 s.

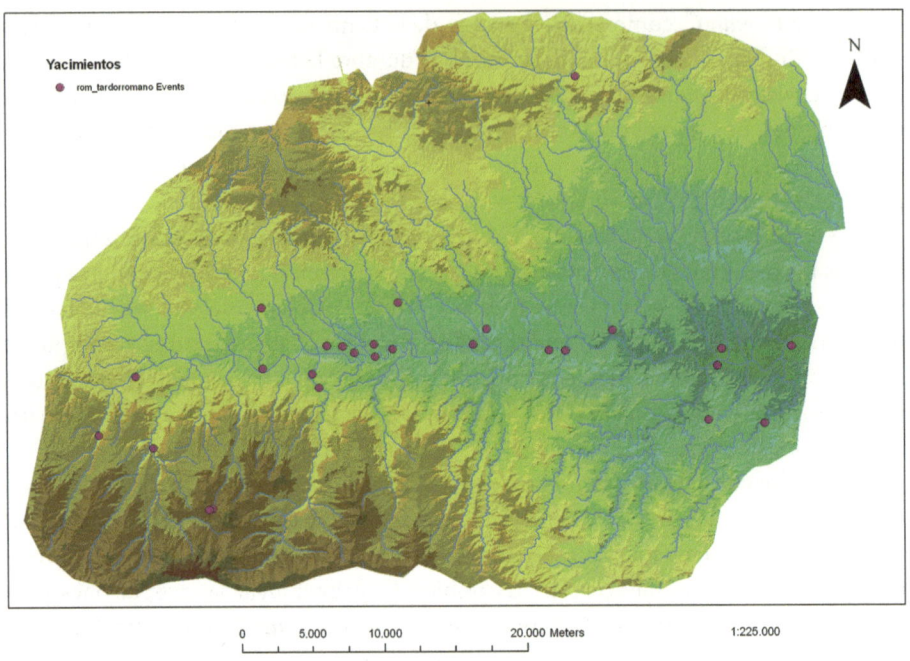

Fig. 10 Poblamiento de época tardorromana en la comarca del Alto Almanzora. Imagen elaboración de Nicolás Suárez de Urbina Chapman.

económicas del mundo tardorromano.⁴⁵ De nuevo, se observa que en ningún caso los establecimientos presentes en esta sierra se pueden vincular a una estructura rural tipo *villa*, sino que están asociados a pequeños asentamientos rurales o bien poblados en altura. Estos yacimientos presentan una altura relativa baja, sin embargo, se encuentran situados generalmente en cerros con una orografía acusada. En todos ellos son características las producciones de cerámicas a mano y a torneta, y en contadas ocasiones presentan algún material de importación, como alguna sigillata africana D o hispánica tardía meridional. Por lo tanto, el mayor volumen de las primeras se puede poner en relación con el aumento del autoconsumo y el patrón productivo doméstico, aunque las importaciones de cerámicas finas documentan el mantenimiento de las relaciones comerciales, si bien estas han disminuido considerablemente.⁴⁶ Entre los pequeños asentamientos podemos mencionar La Cerrá de Alcóntar-2 (Alcóntar), Los Checas (Alcóntar) o Los Canos (Serón). Además, en todos los casos parece que a lo largo del siglo V se van abandonando. Así pues, el poblamiento parece quedar concentrado en

---

45  Abad Casal / Gutiérrez Lloret 1997; Martínez Rodríguez 1996; Menasanch de Tobaruela 2005; Wickham 2008, 750–768; Reynolds 2015; Pérez Martínez / López Medina 2018.
46  Un ejemplo son las importaciones de *terra sigillata* hispánica tardía meridional: López Medina / Pérez Martínez 2020.

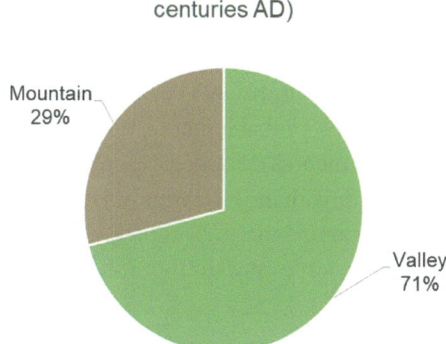

**Fig. 11** Porcentajes de ocupaciones en entornos de sierra y valle durante época tardorromana. Imagen propia.

las aldeas de altura que experimentan una mayor continuidad a lo largo de los siglos VI y VII d. C., como se constata en el caso del Rascador, mientras que en la Cueva del Collado del Conde (Bacares) su ocupación durante el siglo VII es dudosa.

En cuanto al valle del río Almanzora, es evidente que el poblamiento de la comarca se continúa concentrando aquí durante estos siglos (Figs. 10 y 11), si bien experimenta un descenso, de 36 ocupaciones pasamos a 22. Y se mantiene la continuidad en los lugares de emplazamiento, pues de ellas 16 presentan niveles del periodo anterior, y la pervivencia de las construcciones situadas generalmente en los lugares más fértiles, lo vemos muy claro en el caso de las *villae* (ejs. Los Carrillos, Cortijo Onega o La Colorada). Así pues, el proceso de concentración de la propiedad de la tierra continúa entre los siglos V–VII d. C., especialmente en el valle. Éste es más evidente a partir del siglo VI d. C. Sin embargo, esto no supone un vacío de poblamiento, pues las distintas campañas de prospección han ido poniendo de manifiesto la existencia de estructuras procedentes en su mayoría de periodos anteriores y que se mantienen durante éste, pues sólo seis son de nueva ocupación. Por otro lado, mientras que el número de *villae* ha sufrido un leve descenso (7 en total) y suponen un 41 % de las ocupaciones del valle, el número de pequeños asentamientos se mantiene (12,55 %). Algunos de estos yacimientos son Alto del Púlpito (Cantoria), Lugar Viejo (Fines), Cerrá IV (Tíjola). A ello hay que sumar el mantenimiento de la aldea de la Venta del Judío.

Por lo tanto, a nivel del poblamiento, en la comarca en su conjunto se sigue observando una continuidad en el territorio tagilitano de las tendencias del periodo precedente. Así prosigue el descenso en el número de asentamientos, pues de 38 se pasa a 31, y de ellos 18 perviven. La mayoría de los asentamientos *ex novo* se concentran en la Sierra de los Filabres, como se ha destacado, lo que indica que el valle se sigue caracterizando por la continuidad en los lugares de emplazamiento. Esto evidencia que el proceso anterior de ocupación de los entornos de sierra por pequeños asentamientos y poblados de altura obedece a los cambios estructurales que se iniciaron en el periodo anterior y que ya han sido comentados, unido al proceso de concentración de la tierra en el valle, mientras que en la sierra se siguen instalando pequeñas comunidades campesinas independientes que practican una economía basada principalmente en el autoconsumo. Estas comunidades, probablemente, tuvieron su origen en la población huida del control de los terratenientes durante el momento de incertidumbre que se produce con el colapso del Estado romano en la zona, un fenómeno propuesto por Sonia Gutiérrez Lloret para las zonas murciana y alicantina, y que estaría en relación con la extensión del "modo de producción campesino" propuesto por Chris Wickham.[47]

## Conclusiones

Para concluir queremos hacer constar, que hemos pretendido mostrar un modelo de análisis territorial para afrontar el estudio de una parte de una cuenca fluvial como es el Alto Almanzora desde su conquista hasta la ocupación musulmana, a partir de aspectos como la integración de la élite local en el mundo romano, la explotación de los recursos económicos, la organización del poblamiento, las dependencias económicas o las relaciones sociales y las formas productivas que definen. Todo ello tiene como finalidad poner de relieve las particularidades de una zona concreta dentro del Imperio, como es en este caso el sureste de la Península Ibérica y en especial de la *civitas* de *Tagili*.

En este sentido, en nuestro estudio ha sido de particular interés analizar el poblamiento distinguiendo entre las áreas de sierra y de valle. En este sentido, vemos cómo pese a la ocupación de prácticamente todos los nichos ecológicos, en su mayoría la presencia romana se concentra en el valle, con un 67 % de los yacimientos documentados en el periodo romano, lo que debemos poner en relación con la presencia de la mayor proporción de tierras fértiles para la práctica de la agricultura. Pero, además, se ha documentado una amplia diferenciación entre la ocupación en la Sierra de las Estancias, sólo un 8 %, en relación con la Sierra de los Filabres con un 29 %. Esta disimetría se puede explicar por varias razones:
– la diferencia en los recursos hídricos: la ladera sur de la Sierra de los Filabres en la zona de contacto entre filitas y calizas es rica en afloramientos de agua;
– la desigualdad de recursos mineros y de cantería: la Sierra de los Filabres es rica en minerales de hierro, que además afloran a la superficie por lo que de manera tradicional ha sido fácil su explotación, pero también aquí localizamos la mayor concentración de mármol de la zona. La única excepción es el *lapis specularis* que se localiza en el paraje de Limaria (Arboleas), cuya explotación fue relevante durante época altoimperial;

---

47  Gutiérrez Lloret 1996; Guitérez Lloret 1997; Wickham 2008, 750–768.

– y, una parte importante de la Sierra de las Estancias, en concreto la Sierra de Lúcar, a juzgar por su topónimo fue durante época romana, y posiblemente siguiendo una tradición anterior, un bosque sagrado cuya explotación debió de estar regulada por el Estado romano a partir de la administración de la *civitas* tagilitana.

Por otro lado, destaca el gran cambio que se produce en época altoimperial con un aumento considerable de ocupaciones, suponiendo un 38 % del total desde el siglo II a. C. hasta el VII d. C. Además, la importancia del acceso al agua en la comarca del Alto Almanzora durante época romana se constata en general en todo el poblamiento, ya que la altura relativa en relación con el cauce de agua más cercano suele ser inferior a 60 m, concentrándose especialmente entre los 5 y 20 m (28 %, en el caso del intervalo de 20–40 m el porcentaje es de 18 % y en el de 40–60 m es de 15 %). A ello hay que sumar las condiciones favorables que se dieron durante el "Periodo Húmedo Romano". En este sentido, aquí se cumplen las pautas dadas por los agrónomos latinos para el establecimiento de los grandes asentamientos rurales, pues para ellos era fundamental que una *villa* contara con manantiales naturales o corrientes de agua en sus inmediaciones.[48] Así Columela expresaba que los ríos y arroyos podían suministrar agua a los prados y huertos, lo que demuestra una clara relación entre éstos y la irrigación.[49]

## Bibliografía

Abad Casal / Gutiérrez Lloret 1997: L. Abad Casal / S. Gutiérrez Lloret, Iyih (El Tolmo de Minateda, Hellín, Albacete). Una ciuitas en el limes visigodo-bizantina, AntigCr 14, 1997, 591–600

Adroher Auroux / Caballero Cobos 2008: A. M. Adroher Auroux / A. Caballero Cobos, Los santuarios al aire libre en el entorno de *Basti* (Baza, Granada), en: A. M. Adroher Auroux / J. Blánquez Pérez (Eds.), 1er Congreso Internacional de Arqueología Ibérica Bastetana, Serie Varia 9 (Madrid 2008) 215–227

Adroher Auroux / López Marcos 2004: A. M. Adroher Auroux / A. López Marcos (Eds.), El territorio de las altiplanicies granadinas entre la Prehistoria y la Edad Media. Arqueología en Puebla de Don Fabrique (1995–2002) (Sevilla 2004)

Alfaro Asins 2000: C. Alfaro Asins, Nuevos datos sobre la ceca púnica de Tagilit, en: Actas del IV Congreso Internacional de Estudios Fenicios y Púnicos, Cádiz, 2 al 6 de octubre de 1995, T. I (Cádiz 2000) 433–437

Alfaro Asins 1997: C. Alfaro Asins, Las emisiones feno-púnicas, en: C. Alfaro Asins / A. Arévalo González / M. Campo Díaz / F. Chaves Tristán / A. Domínguez Arranz / P. P. Ripollès Alegre (Eds.), Historia monetaria de Hispania antigua (Madrid 1997) 50–115

Alfaro Asins 1993a: C. Alfaro Asins, *Tagilit*, nueva ceca púnica en la provincia de Almería, ActaNum 21–23, 1991–1993, 133–146

---

48  Cato *agr.* 1, 1, 3; Varro *rust.* 1, 2, 2; Colum. 1, 2, 3; 1, 5, 1–2; 1, 5, 4.
49  Colum. 1, 2, 4.

Alfaro Asins 1993b: C. Alfaro Asins, Una nueva ciudad púnica en Hispania: *TGLYT – Res Publica Tagilitana*, Tíjola (Almería), AEspA 66, 1993, 229–243

Arce Martínez 2007: J. Arce Martínez, Bárbaros y romanos en Hispania: 400–507 A. D. (Madrid 2007)

Bernárdez Gómez / Guisado di Monti 2021: M. J. Bernárdez Gómez / J. C. Guisado di Monti, El cristal de Hispania. La minería del lapis specularis, en: J. P. Díaz López / P. Martínez Gómez / B. Marzo López / A. Ruiz García (Eds.), Historia de Almería. T. 1. Prehistoria y Antigüedad. Primeros pobladores y colonizadores (Almería 2021) 340–341

Bernárdez Gómez et al. 2015: M. J. Bernárdez Gómez / M. Díaz Molina / J. C. Guisado di Monti, Las explotaciones mineras romanas de lapis specularis en la Hispania Citerior y su contexto arqueológico en el Imperio romano, en: Ch. Guarnieri (a cura di), Il vetro di pietra. Il lapis specularis nel mondo romano dall'estrazione all'uso (Faenza 2015) 19–30

Blech 1999: M. Blech, Exvotos figurativos de santuarios de tradición ibérica en la época romana en la Alta Andalucía, en: V. Salvatierra Cuenca / C. Rísquez Cuenca (Eds.), De la sociedad agrícola a la Hispania romana (Jaén 1999) 143–174

Cameron 2001: A. Cameron, El Bajo Imperio romano (284–430 d. de C.) (Madrid 2001)

Carrión Garcia et al. 2003: J. S. Carrión García / P. Sánchez Gómez / J. F. Mota Poveda / R. Yll / C. Chaín Navarro, Holocene vegetation dynamics, fire and grazing in the Sierra de Gádor, southern Spain, The Holocene 13.6, 2003, 837–849

Cisneros Cunchillos 1988: M. Cisneros Cunchillos, Mármoles hispanos. Su empleo en la España romana (Zaragoza 1988)

Driesch et al. 1985: A. von den Driesch / J. Boessneck / M. Kokabi / J. Schäffer, Tierknochenfunde aus der bronzezeitlichen Höhensiedlung von Fuente Alamo, en: Studien über frühe Tierknochenfunde von der Iberischen Halbinsel 9 (München 1985) 1–74

García-Bellido 2003: M. P. García-Bellido, Los gestos del poder divino en la imaginería ibérica, CuPaUAM 28–29, 2002–2003, 227–240

García Latorre / García Latorre 2007: J. García Latorre / J. García Latorre, Almería: hecha a mano (Almería 2007)

García Moreno 1994: L. A. García Moreno, La Andalucía de San Isidoro, en: Actas del II Congreso de Historia de Andalucía, Hª Antigua, Córdoba 1991 (Córdoba 1994) 555–579

Gázquez Sánchez et al. 2020: F. Gázquez Sánchez / T. K. Bauska / L. Comas-Bru / B. Ghaleb / J. M. Calaforra Chordi / D. A. Hodell, The potential of gypsum speleothems for paleoclimatology. Application to the Iberian Roman Human Period, Scientific Reports 10.1475, 2020, 1–13

Gutiérrez Lloret 1997: S. Gutiérrez Lloret, Tradiciones culturales y proceso de cambio entre el mundo romano y la sociedad islámica, en: Actas del XXIII Congreso Nacional de Arqueología 2 (Elche 1997) 317–334

Gutiérrez Lloret 1996: S. Gutiérrez Lloret, La Cora de Tudmīr de la Antigüedad Tardía al mundo islámico. Poblamiento y cultura material (Madrid 1996)

Harper 2019: K. Harper, El fatal destino de Roma. Cambio climático y enfermedad en el fin de un imperio (Barcelona 2019)

Hermon 2014a: E. Hermon, Concepts environnementaux et la gestión intégrée des bords de l'eau (riparia) dans l'Empire romain: une leçon du passé?, en: E. Hermon / A. Watelet, Riparia (Eds.), un patrimoine culturel. La gestion intégrée des bords de l'eau, BAR 2587 (Oxford 2014) 9–18

Hermon 2014b: E. Hermon, L'Empire romain: un paradigme du modèle de gestion intégrée de Riparia?, RIPARIA 0, 2014, 1–21

Hermon 2010: E. Hermon, Riparia dans l'Empire romain. Pour la définition du concept, en: E. Hermon (Eds.), Riparia dans l'Empire romain. Pour la définition concept, BAR 2066 (Oxford 2010) 3–12

Hoffmann 1988: G. Hoffmann, Holozänstratigraphie und Küstenlinienverlagerung an der Andalusischen Mittelmeerküste. Berichte aus dem Fachbereich Gowissenschaften der Universität Bremen 2 (Bremen 1988)

Lapuente Mercadal / Blanc 2002: M. P. Lapuente Mercadal / P. Blanc, Marbles from Hispania. Scientific approach based on chatololuminescence, en: J. J. Herrmann / N. Herz / R. Newman (Eds.), Asmosia 5, 2002, 143–151

Lapuente Mercadal et al. 1988: M. P. Lapuente Mercadal / M. C. Cisneros Cunchillos / M. Ortiga Castillo, Contribución a la identificación de mármoles españoles empleados durante la Antigüedad. Estudio histórico y petrológico, NotAHisp 30, 1988, 257–274

Lázaro Pérez 2019: R. Lázaro Pérez, Inscripciones romanas de la provincia de Almería (Almería 2019)

Lázaro Pérez 1988: R. Lázaro Pérez, Municipios romanos de Almería (Fuentes Literarias y Epigráficas), en: Homenaje al Padre Tapia, Almería 27 al 31 de octubre de 1986 (Almería 1988) 115–135

Lázaro Pérez 1980: R. Lázaro Pérez, Inscripciones romanas de Almería (Almería 1980)

López Medina e. p.: M. J. López Medina, *Tagili*: de *oppidum* bastetano a *civitas* romana. En Actas de las IX Jornadas de Historia Local: Bastetanos y Alto Almanzora, Tíjola, 2–5 agosto de 2022 (e. p.)

López Medina 2019: M. J. López Medina, El aprovechamiento agroganadero de la ribera del Alto Almanzora (Almería) durante el Alto Imperio romano, en: L. Lagóstena Barrios (Coord.), Economía de los humedales. Prácticas sostenibles y aprovechamientos históricos (Barcelona 2019) 47–70

López Medina 2018: M. J. López Medina, Territorio y traslados de población tras la conquista romana en el Sureste peninsular: de la *Tagili* ibera a la nueva *Tagili* romana, en: J. Cortadella i Morral / O. Olesti Vila / C. Sierra Martín (Eds.), Lo viejo y lo nuevo en las sociedades antiguas: homenaje a Alberto Prieto (Besançon 2018) 363–384

López Medina 2014: M. J. López Medina, El culto a las Ninfas y el aprovechamiento de las aguas termales en *Tagili*: un posible santuario en Cela, en: J. Mangas Manjarrés / M. A. Novillo López (Eds.), Santuarios suburbanos y del territorio en las ciudades romanas (Madrid 2014) 511–533

López Medina 2013: M. J. López Medina, *Tagili*, un *oppidum* ibero en el sureste peninsular, en: R. M. Cid López / E. García Fernández (Eds.), Debita verba, vol. I. Estudios en homenaje al profesor Julio Mangas Manjarrés (Oviedo 2013) 597–609

López Medina 2009: M. J. López Medina, Transformación del territorio y cambios sociales en el Sureste Peninsular: el caso de *Tagili*, en: B. Antela-Bernárdez / T. Ñaco del Hoyo (eds.), Transforming Historical Landscapes in the Ancient Empires, BAR 1986 (Oxford 2009) 191–211

López Medina 2004: M. J. López Medina, Ciudad y territorio en el Sureste peninsular durante época romana (Madrid 2004)

López Medina 1997: M. J. López Medina, Espacio y territorio en el sureste peninsular. La presencia romana (Tesis doctoral, Almería 1997)

López Medina / Pérez Martínez 2020: M. J. López Medina / F. Pérez Martínez, Caracterización de la distribución de *terra sigillata* hispánica tardía meridional en la comarca del Alto Alto Almanzora (Almería), Lucentum 39, 2020, 149–168

López Medina et al. 2001: M. J. López Medina / M. P. Román Díaz / C. Martínez Padilla / A. D. Pérez Carpena / P. Aguayo de Hoyos / S. Rovira Lloréns / N. Suárez de Urbina Chapman, Proyecto Alto Almanzora. Tercera campaña de prospección arqueológica superficial, AnArqAnd 1997.II, 2001, 20–29

Marín Díaz 1988: M. A. Marín Díaz, Emigración, colonización y municipalización en la Hispania republicana (Granada 1988)

Martínez Fernández / Martín Peinado 2021: G. Martínez Fernández / F. Martín Peinado, Las piezas marmóreas del Museo de Almería. Identificación de la materia prima, en: J. P. Díaz López / P. Martínez Gómez / B. Marzo López / A. Ruiz García (Coords.), Historia de Almería. T. 1. Prehistoria y Antigüedad. Primeros pobladores y colonizadores (Almería 2021) 386–387

Martínez Rodríguez 1996: A. Martínez Rodríguez, El poblamiento tardorromano en la comarca de Lorca, Alebus 6, 1996, 197–215

McCormick et al. 2012: M. McCormick / U. Buntgen / M. Cane / E. Cook / K. Harper / P. Huybers / T. Litt / S. W. Manning / P. A. Mayewski / A. M. More / K. Nicolussi / W. Tegel, Climate Change during and after the Roman Empire. Reconstructing the Past from Scientific and Historical Evidence, Journal of Interdisciplinary History 43.2, 2012, 169–220

Menasanch de Tobaruela 2005: M. Menasanch de Tobaruela, Los "poblados de altura". Centros de los nuevos espacios sociales en el sudeste peninsular (siglos V–VIII), en: J. M. Gurt Esparraguera / A. Ribera i Lacomba (Coords.), VI Reunió d'Arqueologia Cristiana Hispànica. Les ciutats tardoantigues d'Hispania: cristianització i topografia (Barceloona 2005) 375–384

Menasanch de Tobaruela 2003: M. Menasanch de Tobaruela, Secuencias de cambio social en una región mediterránea. Análisis arqueológico de la depresión de Vera (Almería) entre los siglos V y XI, BAR 1132 (Oxford 2003)

Menasanch de Tobaruela / Olmo Enciso 1993: M. Menasanch de Tobaruela / L. Olmo Enciso, El poblamiento tardorromano y altomedieval en la Cuenca Baja del río Almanzora (Almería). Cerro de Montroy (Villaricos, Cuevas de Almanzora): campaña de excavación 1991, AnArqAnd 1991.II, 1993, 28–35

Mora Serrano 2021: B. Mora Serrano, La moneda antigua en los territorios almerienses. Fenicios, iberos y romanos, en: J. P. Díaz López / P. Martínez Gómez / B. Marzo López / A. Ruiz García (Coords.), Historia de Almería. T. 1. Prehistoria y Antigüedad. Primeros pobladores y colonizadores (Almería 2021) 310–312

Navarro Domínguez et al. 2017: R. Navarro Domínguez / A. S. Cruz / L. Arriaga / J. M. Baltuille Martín, Caracterización de los principales tipos de mármol extraídos en la comarca de Macael (Almería, sureste de España) y su importancia a lo largo de la historia, Boletín Geológico y Minero 128.2, 2017, 345–361

Pantaleón-Can et al. 1996: J. Pantaleón-Cano / J. M. Roure Nolla / E. Yll i Aguirre / R. Pérez i Obiol, Dinámica del paisaje vegetal durante el Neolítico en la vertiente mediterránea de la Península Ibérica e Islas Baleares, Rubricatum 1–2, 1996, 29–34

Pérez Martínez / López Medina 2018: F. Pérez Martínez / M. J. López Medina, Una propuesta de caracterización del poblamiento en altura tardoantiguo en el Sureste peninsular a partir del Valle del Almanzora (Almería), FlorIl 29, 2018, 239–260

Prados Torreira 2007: L. Prados Torreira, Muerte y regeneración en el mundo ibérico, en: S. Celestino Pérez (ed.), La imagen del sexo en la Antigüedad (Barcelona 2007) 165–186

Ramallo Asensio / Vízcaíno Sánchez 2002: S. Ramallo Asensio / J. Vizcaíno Sánchez, Bizantinos en Hispania. Un problema recurrente en la arqueología española, AEspA 75, 2002, 313–332

Reynolds 2015: P. Reynolds, Material culture and the economy in the age of Saint Isidore of Seville (6th and 7th centuries), AntTard 23, 2015, 163–210

Rodríguez Arzia / Montes Moya 2010: M. O. Rodríguez Ariza / E. Montes Moya, Paisaje y gestión de los recursos vegetales en el yacimiento romano de Gabia (Granada) a través de la arqueobotánica, AEspA 83, 2010, 85–107

Rodríguez Arzia et al. 1998: M. O. Rodríguez Ariza / A. C. Stevenson / P. V. Castro / R. W. Chapman / S. Gili / V. Lull / R. Micó / C. Rihuete / R. Risch / M. E. Sanahuja Yll, Vegetation and its explotation, en: P. V. Castro / R. W. Chapman / S. Gili / V. Lull / R. Micó / C. Rihuete / R. Risch / M. E. Sanahuja Yll (Eds.), Aguas Project. Palaeoclimatic reconstruction and the dynamics of human settlement and land-use in the area of the middle Aguas (Almería), in the south-east of the Iberian Peninsula (Luxembourg 1998) 62–68

Rovira Llorens et al. 2004: S. Rovira Llorens / M. J. López Medina / M. P. Román Díaz / C. Martínez Padilla, Los Callejones. A Roman Republican iron mining and smelting centre in the southeast of the Iberian Peninsula, Historical Metallurgy 38.1, 2004, 1–9

Royo Guillén 2006: J. I. Royo Guillén, Chevaux et scènes équestres dans l'art rupestre de l'âge du Fer de la Péninsule ibérique, Anthropozoologica 41-2, 2006, 125–139

Royo Guillén 2004: J. I. Royo Guillén, Arte Rupestre de época ibérica. Grabados con representaciones ecuestres, Sèrie de Prehistòria i Arqueologia. Servei d'Investigacions Arqueologiques i Prehistòriques (Castelló 2004)

Salvador Ventura 1990: F. Salvador Ventura, Hispania meridional entre Roma y el Islam. Economía y sociedad (Granada 1990)

Schulten / Maluquer des Motes 1987: A. Schulten / J. Maluquer des Motes (Dirs.), *Fontes Hispaniae Antiquae*. Fascículo VII: Hispania Antigua según Pomponio Mela, Plinio el Viejo y Claudio Ptolomeo (Barcelona 1987)

Soler Huertas 2008: B. Soler Huertas, Los *marmora* de la Tarraconense y su difusión en *Carthago Nova*. Balance y perspectivas, en: T. Nogales Basarrate / J. Beltrán Fortes (Eds.), *Marmora Hispana*. Explotación y uso de los materiales pétreos en la Hispania Romana (Roma 2008) 121–165

Vallejo Girvés 1993: M. Vallejo Girvés, Bizancio y la España Tardoantigua, (SS. V–VIII). Un capítulo de historia mediterránea (Alcalá de Henares 1993)

Wickham 2008: C. Wickham, Una historia nueva de la Alta Edad Media. Europa y el mundo Mediterráneo, 400–800 (Madrid 2008)

Wickham 1998: C. Wickham, La transición en Occidente, en: J. Trias (Ed.), Transiciones en la antigüedad y feudalismo (Madrid 1998) 83–90

## Fuentes

Cato, Varro. On Agriculture, Translated by W. D. Hooper, H. Boyd Ash, Loeb Classical Library 283 (Cambridge 1934)

Cipriano, Obras completas, 2 vols. (Madrid 2013)

Columella, On Agriculture, T. I: Books 1–4, Translated by H. Boyd Ash, Loeb Classical Library 361 (Cambridge 1941)

Estrabón, Geografía. Libros III–IV, Traducción y notas de M. J. Meana y F. Piñero, Biblioteca Clásica Gredos 169 (Madrid 1992)

Livy, History of Rome, T. IX: Books 31–34, Edited and translated by J. C. Yardley. Introduction by D. Hoyos, Loeb Classical Library 295 (Cambridge 2017)

Mela (*vid.* en bibliografía Schulten / Maluquer des Motes 1987)

Plinio, Historia Natural. Libros III–VI, Traducción y notas de A. Fontá, I. García Arribas, E. Del Barrio y M. L. Arribas, Biblioteca Clásica Gredos 250 (Madrid 1998)

Pliny, Natural History, T. II: Books 3–7, Translated by H. Rackham, Loeb Classical Library 352 (Cambridge 1942)

Strabo, Geography, T. II: Books 3–5, Translated by H. L. Jones, Loeb Classical Library 50 (Cambridge 1923)

Tito Livio, Historia de Roma desde su fundación, Traducción de J. A. Villar Vidal, 9 vols., Biblioteca Clásica Gredos (Madrid 1990–1995)

## Abreviaturas

IRAL      vid. en bibliografía Lázaro Pérez 1980
IRPAL     vid. en bibliografía Lázaro Pérez 2019

**María Juana López Medina** es Dra. en Historia desde 1997 y Profesora Titular de Historia Antigua (Dpto. de Historia, Historia y Humanidades) en la Universidad de Almería y responsable del Grupo de Investigación ABDERA (HUM-145) del PAIDI-Junta de Andalucía. Su actividad investigadora se centra en el análisis del territorio de época romana en el sur de la Península Ibérica, incluyendo la reconstrucción paleoambiental y el control y gestión del agua en el sureste peninsular.

PROFESORA MARÍA JUANA LÓPEZ MEDINA

Dpto. Geografía, Historia y Humanidades de la Universidad de Almería, Facultad de Humanidades, Universidad de Almería, Ctra. Sacramento s/n., 04120-La Cañada de San Urbano (Almería, España), jlmedina@ual.es, Código ORCID 0000-0003-3123-3969

# Entwicklung ländlicher Siedlungsstrukturen an Ebro, Duero und Guadalquivir im Vergleich

JAN SCHNEIDER

**Abstract:** This study compares the development of rural settlement structures in the river valleys of the Ebro, Duero and Guadalquivir between the 3rd century BC and the 7th century AD. This is based on the results of surveys as well as existing studies on the territory of the local Roman cities, on which evaluations of the settlement locations are based in a diachronic perspective. The resulting observations are compared with the results of similar studies on the river valleys, but also in coastal regions and inland. This focuses on the question, if comparable developments in rural settlement structures in the regions of the major rivers of the Iberian Peninsula can be identified, which differ from other settlement areas such as coastal areas.
**Keywords:** Roman Hinterland, river valleys in Hispania, Surveys, landscape archaeology, Iberian Peninsula

**Zusammenfassung:** Die vorliegende Untersuchung stellt die Entwicklung ländlicher Siedlungsstrukturen in den Flusstälern des Ebro, Duero und Guadalquivir zwischen dem 3. Jh. v. Chr. und dem 7. Jh. n. Chr. einander gegenüber. Grundlage hierfür bilden vornehmlich Ergebnisse von Surveys und Begehungen sowie vorliegende Studien zum Umland der dortigen römischen Städte. Im Anschluss daran werden deren Siedlungsstandorte in diachroner Perspektive ausgewertet. Daraus resultierende Beobachtungen werden schließlich mit Ergebnissen ähnlicher Studien an den Flüssen, aber auch in Küstenregionen und dem Landesinneren verglichen. Es steht die Frage im Fokus, inwieweit sich in den Regionen der großen Flüsse der Iberischen Halbinsel miteinander vergleichbare Entwicklungen der ländlichen Siedlungsstrukturen feststellen lassen, die sich jedoch von anderen Siedlungsräumen wie beispielsweise Küstengebieten unterscheiden.
**Schlagwörter:** römisches Hinterland, Flusstäler Hispaniens, Siedlungsarchäologie, Surveys, Iberische Halbinsel

Die vorliegende Analyse geht sowohl in ihrer Grundidee, als auch in ihrem methodischen Rahmenkonzept auf einen ausführlichen Vergleich ländlicher Siedlungsstrukturen im Hinterland der römischen Städte *Tarraco* und *Baria* im Rahmen meines Dissertationsprojektes zurück.[1] Die Untersuchung dieser beiden vergleichsweise geschlossenen Siedlungskammern an der spanischen Ostküste erbrachte Erkenntnisse darüber, ob sich in der Antike vergleichbare Entwicklungen in den ländlichen Siedlungsstrukturen beider Regionen abzeichnen. Des Weiteren wurde untersucht, welche Faktoren für diese Entwicklung bedeutend sind, und ob es überregionale Prozesse gibt, die unabhängig von (mikro-)regionalen Gegebenheiten zu beobachten sind. Die Analysen wurden für den Zeitraum zwischen dem 3. Jh. v. Chr., und dem 7. Jh. n. Chr. durchgeführt, wobei der Fokus der Fragestellung auf den römischen Siedlungsphasen lag. Um die genannten Ziele zu erreichen, beinhalteten die Untersuchungen diachrone, synchrone und geographische Aspekte sowie solche, die Verkehr und Wirtschaft betreffen. Eine so eingehende Analyse samt anschließendem Vergleich war insbesondere deshalb möglich, weil beide Regionen aufgrund ihrer geographischen Gegebenheiten als vergleichsweise geschlossene Räume betrachtet werden konnten, die darüber hinaus intensiv durch Surveys und darauf aufbauende mikroregionale Analysen untersucht wurden. Die Ergebnisse zeigten vornehmlich zwischen dem 1. Jh. v. Chr. und dem 3./4. Jh. n. Chr. vergleichbare Entwicklungstendenzen, die sich vor allem in der intensivierten Anlage von Siedlungen in den Ebenen äußerten, insbesondere in der Nähe von Wasserläufen, Straßen oder Küstenlinien und somit in verkehrsgünstigen Lagen. Dennoch waren stets auch Einflüsse der lokal bedeutenden Wirtschaftsfaktoren (Bergbau, Weinbau usw.) auf die Siedlungsstruktur dieser Phasen zu beobachten. Dagegen fielen besonders in den späteren Phasen deutliche Unterschiede in der Entwicklung auf, beispielsweise in der Wahl der Standorte bzw. in deren Kontinuität. Diese gehen offenbar auf die unterschiedliche Sicherheitslage sowie die lokalen politischen bzw. administrativen Verhältnisse zurück.

Wie Küstenregionen boten auch Flusstäler als Siedlungslandschaften häufig vergleichbare Rahmenbedingungen. Vielfach fanden sich dort gute Klima- und Bodenverhältnisse für die Landwirtschaft und die Flüsse selbst dienten als Frischwasserlieferanten, Nahrungsquelle oder Verkehrswege. Außerdem traten ähnliche Herausforderungen wie Überschwemmungen und dergleichen auf. Es bot sich aus diesem Grund an, den geschilderten Vergleichsansatz[2] im Rahmen der Tagung auf die großen Flusstäler des Ebro, Duero und Guadalquivir zu übertragen und der Frage nachzugehen, ob die Entwicklung der dortigen Siedlungsstrukturen grundsätzliche Gemeinsamkeiten aufweist. Darüber hinaus stand im Fokus, inwieweit etwaige Vergleichbarkeiten spezifisch für die Flusstäler sind und sich etwa von den Küstenregionen unterscheiden.

1 Schneider 2017a.
2 Zum verwendeten Methodenkomplex für den Vergleich der Küstengebiete siehe Schneider 2017a; Schneider 2017b.

## Methodik und Datenbasis

Im Gegensatz zum Camp de Tarragona und dem Becken von Vera handelt es sich bei den hier vorgestellten Untersuchungsräumen am Ebro, Duero und Guadalquivir nicht um geschlossene Siedlungskammern und darüber hinaus um Gebiete, die in unterschiedlicher Intensität prospektiert und ausgewertet wurden. Die jeweiligen Untersuchungsgebiete waren daher nicht durch die topographischen Gegebenheiten begrenzt. Vielmehr konzentrieren sich die Auswertungen auf jene Gebiete an den Flüssen, die möglichst ausgiebig prospektiert wurden und zu welchen eine ausreichende Datenbasis zur Analyse einiger Grundaspekte der Siedlungsstrukturen vorliegt.

Am Ebro wurde eine Region südlich des Flusses nahe der Stadt Saragossa in den heutigen Gemeinden La Muela, Cuarte de Huerva, El Burgo de Ebro, Fuentes de Ebro, Vinaceite, Almochuel und Azaila gewählt. Aufgrund einer Vielzahl verschiedener Prospektionen zwischen 1995 und 2008[3] liegt hier ein gut untersuchtes zusammenhängendes Gebiet von etwa 838 km² Größe vor, in welchem 157 relevante Fundstellen in die Analyse einbezogen werden konnten.

Das Untersuchungsgebiet am Duero liegt in dessen mittlerem Tal und erstreckt sich südlich des Flussverlaufs innerhalb der Provinz Valladolid bis zu den im Süden gelegenen Sierra de Gredos und Sierra de Guadarrama. In diesem etwa 12.768 km² großen Gebiet, welches sich auch in die Provinzen Salamanca, Ávila, Segovia und Burgos erstreckt, konnten für diese Untersuchung 880 relevante Fundstellen berücksichtigt werden. Die Eingrenzung des Untersuchungsgebietes erfolgte angelehnt an eine Studie zur Landnutzung und Siedlungsentwicklung am Duero aus dem Jahre 2009, die bereits auf einer großen Datenbasis fußte.[4] Durch das heute frei zugängliche Fundstellenregister von Kastilien und León[5] war es überdies möglich, die Daten aus 2009 mittels des modernen Datenstandes zu aktualisieren, sodass nun sämtliche verfügbaren Daten aus archäologischen Maßnahmen als Datenbasis dienen konnten.[6] Mit Hilfe des Fundstellenregisters konnte darüber hinaus das Untersuchungsgebiet im Norden noch bis an den Duero heran ausgeweitet werden, sodass sowohl im Norden (durch den Fluss), als auch im Süden (durch die Zentralkordillere) eine topographische Eingrenzung des Gebietes möglich wurde.

---

3 La Muela 2008: Bea Martínez et al. 2010; Cuarte de Huerva 2007: Sáenz Preciado et al. 2007; Almochuel, Vinaceite, Azaila 2004–2007: Díaz Ariño et al. 2007; Díaz Ariño et al. 2004; Fuentes de Ebro y El Burgo de Ebro 1995–2002: Ferreruela Gonzalvo et al. 2003; Ferreruela Gonzalvo et al. 2002.
4 Blanco González et al. 2009.
5 Junta de Castilla y León 2023. Infraestructura de Datos Espaciales de Castilla y León – Yacimientos Arqueológicos de Castilla y León.
6 Ergänzend für den Verlauf römischer Straßen wurde des Weiteren eine Kartierung von J. F. Blanco García zum Territorium von *Cauca* (Coca) verwendet: Blanco García 2010, 247 Abb. 14.

Für den Guadalquivir dient sein unteres Tal, insbesondere die Region um die römische Stadt *Carmo* (Carmona), in der heutigen Provinz Sevilla, aufgrund des bereits intensiv untersuchten Territoriums als Ausgangsbasis.[7] Die Daten der entsprechenden mikroregionalen Untersuchungen gehen auf verschiedene Surveykampagnen zwischen 1982 und 2002 zurück.[8] Ergänzt wurde der Untersuchungsraum um das südwestlich angrenzende Gemeindegebiet von Alcalá de Guadaíra, welches 1987 prospektiert wurde.[9] In dem insgesamt etwa 1.622 km² großen Gebiet konnten für diese Untersuchung 279 relevante Fundstellen berücksichtigt werden.

Für die genannten Gebiete (Abb. 1) wurden im Rahmen der Analyse verschiedene Faktoren der Siedlungsplätze, wie Besiedlungsdauer, Höhenlage, Entfernung zu Wasserläufen, römischen Straßen und städtischen Zentren ausgewertet und miteinander verglichen.[10] Zunächst wurden dazu die Fundstellen anhand der genannten Quellen mit Informationen zur geographischen Lage sowie ihrer Datierung katalogisiert und kartiert.[11] Informationen zur Höhenlage waren nicht in allen Fällen vorhanden und basierten in den übrigen Fällen auf unterschiedlichen Höhensystemen und Messverfahren im Gelände. Um eine bessere Vergleichbarkeit der Werte zu gewährleisten, wurden daher für sämtliche Fundplätze Höhenwerte jedes Standortes aus frei verfügbaren SRTM Daten ermittelt.[12] Auf Grundlage dieser Informationen wurden sowohl statistische als auch geographische Veränderungen in der Siedlungsanzahl sowie Verschiebungen der Standorte zwischen dem 3. Jh. v. Chr. und dem 7. Jh. n. Chr. untersucht.

Als weitere Vergleichsfaktoren für die Standorte wurde deren Entfernung zu römischen Straßen und Städten sowie zu Wasserläufen ermittelt.

Der verwendete Verlauf römischer Straßen basiert grundsätzlich auf den Streckenverläufen aus dem Katalog des Miliario extravagante.[13] Wo es möglich war, wurden diese

---

7   Conlin Hayes / Jiménez Hernández 2012. Die bei Conlin Hayes / Jiménez Hernández 2012 kartierten römischen Straßenverläufe wurden für die vorliegende Untersuchung ebenfalls ergänzend verwendet.
8   Siehe dazu zusammenfassend Conlin Hayes / Jiménez Hernández 2012, 31–34.
9   Buero Martínez et al. 1989.
10  Eine Einbeziehung synchroner Aspekte (Größe, Status usw.) war aufgrund der vorhandenen Datenbasis nicht möglich, da entsprechende Informationen nicht oder nicht in ausreichendem Maße aus den Publikationen zu entnehmen waren. Auf die ausgeweitete Untersuchung geographischer Aspekte wie bspw. Hanglange und geologischer Untergrund, die beim Vergleich des Camp de Tarragona und des Beckens von Vera (Schneider 2017a) insbesondere zur Ermittlung landwirtschaftlichen Potentials im Siedlungsumfeld Verwendung fanden, wurde an dieser Stelle ebenfalls verzichtet. Für eine solche Detailanalyse der einzelnen Siedlungsstellen wäre ein deutlich größerer Untersuchungsumfang, bspw. im Rahmen eines Forschungsprojektes, notwendig.
11  Sowohl für die Datenverarbeitung als auch für die Kartierungen und Analysen wurde das Geoinformationssystem QGIS 3.16 verwendet.
12  Zur Datengrundlage und der Datengenauigkeit siehe Schneider 2017a, 54 f. und Fender / Salzmann 2016.
13  Arias Bonet 2006. Leider ist die ursprünglich im Internet veröffentlichte Kartierung zum Katalog heute nicht mehr zugänglich, liegt dem Verfasser jedoch noch vor.

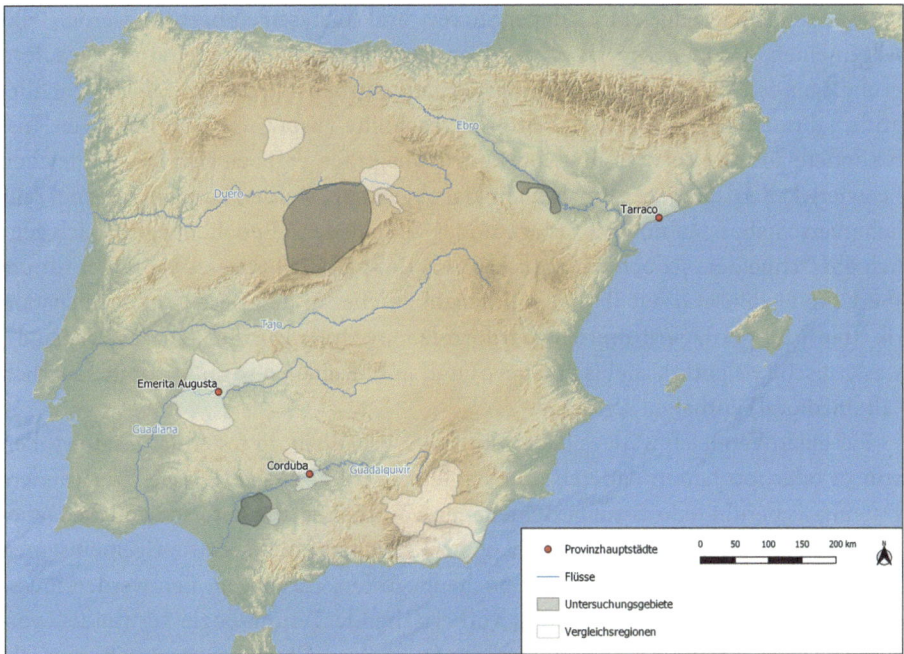

**Abb. 1** Übersichtskarte der Untersuchungsgebiete und Vergleichsregionen. Eigene Darstellung; © Datenquellen: European Union, Copernicus Land Monitoring Service 2023, European Environment Agency (EEA); Instituto Geográfico Nacional, Base Cartográfica Nacional 1:500.000 (BCN500)

durch lokale Untersuchungen korrigiert oder ergänzt. Es handelt sich somit jedoch zumeist um ungesicherte Verbindungswege oder zumindest um sehr theoretische und grob kartierte Verläufe, sodass die Ergebnisse der Entfernungsanalyse nur als grobe Richtwerte zur Angabe einer Tendenz und nicht als absolute Entfernung betrachtet werden dürfen. Dies gilt umso mehr, da zur Ermittlung der Entfernung von Fundstellen zu Straßen eine Messung der Luftlinie erfolgte.[14] Diese Methode kam gleichfalls für die Entfernungsmessungen zu den antiken Städten[15] und Flüssen[16] zur Anwendung.

Bei solchen vergleichenden Studien stellt der Umgang mit unterschiedlichen Datierungssystemen stets ein Problem dar, welches sich daraus ergibt, dass die Ergeb-

---

14   Siehe dazu auch Schneider 2017a, 7.
15   Als Datenbasis dienten hier die von Pieter Houten im Rahmen des Projektes „An Empire of 2000 Cities" aufgenommenen „self-gouverning communities". Für die Bereitstellung der Daten sei ihm an dieser Stelle herzlich gedankt.
16   Für die Berechnungen wurde auf die kartographischen Daten des Instituto Geográfico Nacional im Maßstab 1:200.000 (BCN200) zurückgegriffen. Da diese die moderne Hydrografie abbilden, wurde auf die Verwendung eines kleineren Maßstabes verzichtet. Es ist sicherlich zu erwarten, dass der Verlauf von (insbesondere kleineren) Wasserläufen in der Antike vom Heutigen abwich.

nisse aus einer Vielzahl verschiedener Surveys und Analysen einbezogen werden.[17] Im Allgemeinen, wie auch speziell in den hier verwendeten Vorarbeiten, treten insofern grundlegende Unterschiede bei den Datierungsangaben auf, da diese als Epochenbegriffe, Jahrhundertangaben oder feste Zeitabschnitte (bspw. 100 Jahre) erfolgen. Insbesondere aus der Verwendung von Epochenbegriffen ergeben sich bei Vergleichen Schwierigkeiten, da diese oftmals nicht klar abgegrenzt werden können, regional zeitliche Verschiebungen mit sich bringen oder verschiedene Epochenbegriffe sich zeitlich überschneiden, jedoch nicht decken. Als Beispiel für Letzteres kann hier für die Iberische Halbinsel das 5. Jh. n. Chr. dienen, welches in den Bezeichnungen spätantik (tardoantiguo), spätrömisch (tardorromano), frühchristlich (palaeocristiano), westgotisch (visigodo), suebisch (suevo) und in Einzelfällen sogar frühmittelalterlich (altomedieval) enthalten sein kann.[18]

Für einen Vergleich wäre es daher durchaus vorteilhaft, in festen Jahresintervallen von 50 oder 100 Jahren datieren und vergleichen zu können.[19] Die hier verwendete Datenbasis beruht jedoch auf verschiedenen Vorarbeiten, die unterschiedliche Datierungssysteme verwenden, sodass für den Vergleich auf den kleinsten gemeinsamen Nenner, also die Verwendung von Epochenbegriffen, zurückgegriffen werden musste. Es wurde dazu die darin zumeist vorherrschende Terminologie verwendet: vorrömisch (3./2. Jh. v. Chr.), republikanisch (2.–1. Jh. v. Chr.), kaiserzeitlich (1.–2. Jh. n. Chr.), spätrömisch (3.–5. Jh. n. Chr.) und nachrömisch (6.–7. Jh. n. Chr.). Wurden in einzelnen Arbeiten Angaben von Jahrhunderten und Jahresintervallen gemacht, so wurden diese in die Epochengliederung umgewandelt. Sofern möglich, wurden jedoch insbesondere in der deskriptiven Gegenüberstellung der Ergebnisse mit regionalen Vergleichen zumindest einzelne Jahrhunderte betrachtet, wenn entsprechende Informationen vorlagen. Es ist leider unvermeidlich, dass mit einer solch weiten und vergleichsweise starren Einteilung viele kleinere Entwicklungstendenzen nicht erfasst werden können. Es handelt sich bei der vorliegenden Analyse aufgrund dessen und wegen der sehr weiträumigen, nicht geschlossenen Untersuchungsräume um einen makroskopischen Blick auf größere Entwicklungen. Die Ergebnisse dürfen daher nur als Tendenzen angesehen werden, die es in detaillierter angelegten Studien zu überprüfen gilt.

---

17  Alcock 1989, 11; Alcock 1993, 36; Stone 2004, 138; Schneider 2017a, 4.
18  Zu einer Auseinandersetzung mit den Epochenbegriffen für die Zeit zwischen 300 n. Chr. und 850 n. Chr. auf der Iberischen Halbinsel siehe Mártinez Jímenez et al. 2018, 27–30.
19  Schneider 2017a, 4. 19 f.; Arrayás-Morales 2020, 72; Arrayás-Morales 2005, 148–153.

## Untersuchungsgebiete und Forschungsstand

### Ebro

Alle 157 aufgenommene Fundplätze des Untersuchungsgebietes am Ebro (Abb. 2) dürften zur Zeit der römischen Besiedlungsphasen vermutlich im Territorium der *Colonia Caesar Augusta* (Saragossa) gelegen haben.[20] Im Umfeld der Fundstellen befinden sich des Weiteren die römischen Städte *Contrebia Belaisca* (Botorrita) und *Celsa* (Velilla de Ebro).

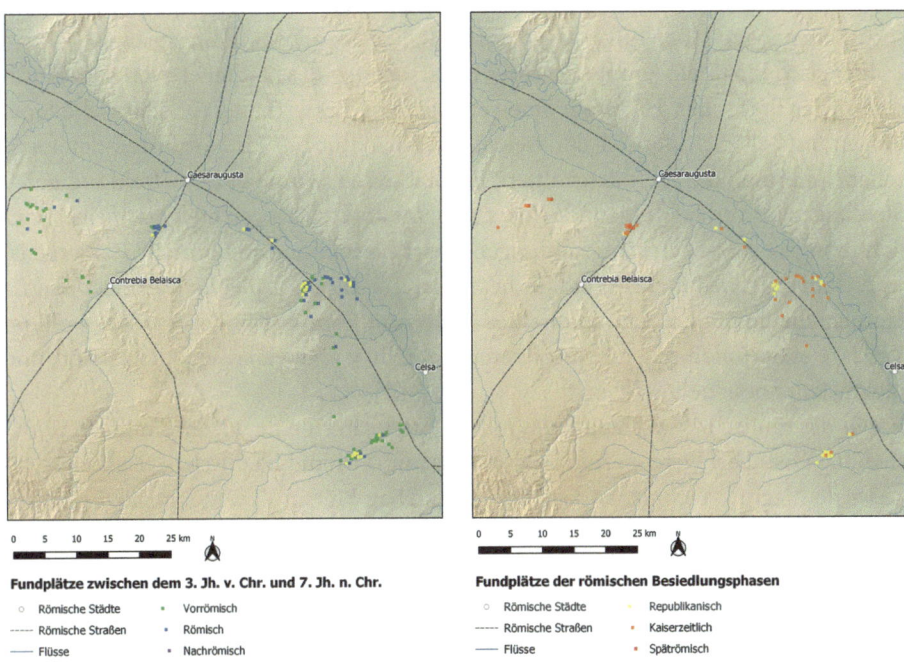

**Abb. 2** Untersuchungsgebiet im Ebrotal. Eigene Darstellung; © Datenquellen: European Union, Copernicus Land Monitoring Service 2023, European Environment Agency (EEA); Instituto Geográfico Nacional, Base Cartográfica Nacional 1:500.000 (BCN500); P. Houten, E2KC, self-gouverning communities

Betrachtet man die Siedlungs(be-)funde in den prospektierten Zonen des Ebrotals, so fällt zunächst auf, dass die Menge der Siedlungsplätze in republikanischer Zeit im Verhältnis zur vorrömischen Phase deutlich geringer ist. Anstelle von 99 Plätzen finden sich lediglich noch 22, wovon zwei keine vorrömische Besiedlung aufweisen und somit

---

20  Basierend auf der Rekonstruktion des Territoriums nach F. Beltrán Lloris: Beltrán Lloris 2016, 307 Abb. 1.

als römische Neugründungen zu betrachten sind. Hinzu kommen sieben weitere, deren römisches Fundmaterial nicht näher datiert werden konnte. Es ist also möglich, jedoch nicht sicher, dass sie ebenfalls in republikanischer Zeit neu erschlossen wurden.

In dieser Besiedlungsphase sind es vor allem Plätze in direkter Flussnähe, die eine Siedlungskontinuität aufweisen. Gleiches gilt auch für die wenigen Neugründungen. Dies schlägt sich in der Auswertung der Entfernung zu Wasserläufen nieder, die im Vergleich zur vorrömischen Besiedlung sehr stark sinkt.[21] Die veränderte Standortwahl schlägt sich zudem in der Höhenlage nieder. In der vorrömischen Phase liegen noch 25 % der Siedlungsplätze in über 350 m Höhe, in republikanischer Zeit befinden sich sämtliche Plätze in tieferen Lagen. Annähernd ein Viertel der Siedlungen befindet sich sogar unter 200 m Höhe, zuvor lagen dort lediglich 6 % aller Siedlungsplätze.

Francisco Pina Polo konnte in seiner Untersuchung des Städtenetzwerks im Nordosten[22] der Iberischen Halbinsel eine vergleichbare Entwicklung für städtische Siedlungen feststellen. Aufgrund der vielen Kriegshandlungen im Nordosten der Iberischen Halbinsel, die auch das mittlere Ebrotal trafen, wurde eine Vielzahl indigener Siedlungen im Verlauf des 2. und 1. Jhs. v. Chr. zerstört.[23] Dagegen findet sich eine deutlich geringere Anzahl an Neugründungen dieser Zeitstellung im Ebrotal.[24] Bemerkenswert ist die Feststellung, dass einige dieser Orte, so zum Beispiel La Cabañeta und La Corona, die im 2. Jh. v. Chr. in direkter Nähe zum Ebro gegründet wurden, wohl im Verlauf des Sertorianischen Krieges bereits im 1. Jh. v. Chr. verlassen oder zerstört und nicht wieder besiedelt wurden.[25]

Für die römische Kaiserzeit kann mit 38 Fundplätzen eine wiederum dichtere Besiedlung postuliert werden. Auffällig ist, dass nur die republikanischen Siedlungsplätze Val de Alegre I, Yacimiento de la Bovina und San Martin VI weiter genutzt wurden. Dagegen wurden 34 Plätze gänzlich neu erschlossen. Auch beschränkt sich ihre Lage nicht mehr nur auf die flussnahen Bereiche, auch wenn diese noch immer vornehmlich besiedelt wurden, sondern sie verteilen sich weiter in die Talebenen hinein. Wie der annähernd gleichbleibende Höhendurchschnitt verdeutlicht, wurden Höhenlagen aber weiterhin nur selten aufgesucht.[26] Zum Ende der Kaiserzeit wurden offenbar 32 Plätze nicht weiter genutzt. Weiterhin besiedelt blieben lediglich Zonen am Río Huerva und im Gebiet des heutigen La Muela. Inwieweit dies auf ein Problem in der Datenbasis bzw. der Abgrenzbarkeit des kaiserzeitlichen von spätrömischen Material zurückzuführen ist, oder tatsächlich einen massiven Einbruch in der Siedlungsanzahl

---

21  Die Entfernung zu Wasserläufen sinkt von rund 2004 m auf etwa 467 m.
22  Pina Polo 2007.
23  Pina Polo 2007, 31.
24  Pina Polo 2007, 41.
25  Pina Polo 2007, 35–36. 50.
26  Es finden sich zwar nun vereinzelte Siedlungen in Höhen über 350 m, dafür steigt der Anteil jener Plätze unter 300 m im Vergleich zur republikanischen Zeit deutlich an. Hier spiegelt sich die starke Erhöhung der Siedlungsdichte insgesamt, besonders aber in den niedrigeren Höhenlagen wider.

darstellt, lässt sich an dieser Stelle nicht entscheiden. Für die nachrömische Zeit können insgesamt 24 Plätze belegt werden. In vier Fällen lässt sich eine Kontinuität zur spätrömischen Phase feststellen.[27] Auch wenn sich die Siedlungen in dieser Phase besonders in den Bereichen von Río Huerva, Río Ginel und Río Aguasvivas befanden, wurden deutlich häufiger höher liegende Standorte am Rande der Flusstäler aufgesucht als während der römischen Besiedlungsphasen.

Duero

Aufgrund der Größe des Untersuchungsgebietes im mittleren Tal des Duero liegen die Fundplätze im Umland mehrerer römischer Städte (Abb. 3). Die Siedlungen befanden sich wohl im Hinterland von *Avila* (Ávila), *Cauca* (Coca) und *Segovia Carpetania* (Segovia), könnten im Osten des Untersuchungsgebietes aber schon in die Territorien von *Rauda* (Roa) und *Confluentia* (Duratón) gereicht haben.

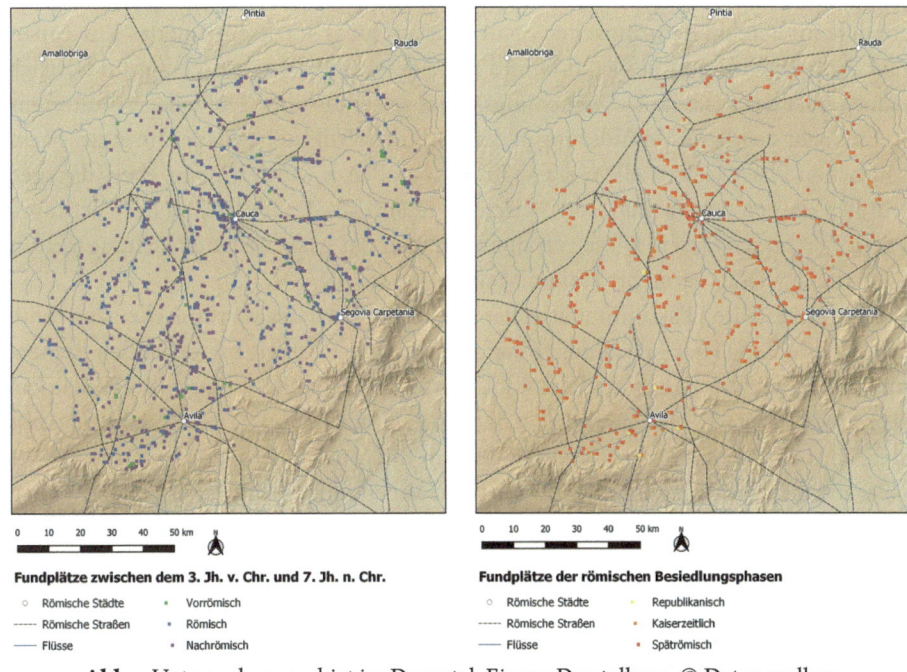

**Abb. 3** Untersuchungsgebiet im Duerotal. Eigene Darstellung; © Datenquellen: European Union, Copernicus Land Monitoring Service 2023, European Environment Agency (EEA); Instituto Geográfico Nacional, Base Cartográfica Nacional 1:500.000 (BCN500); P. Houten, E2KC, self-gouverning communities

27  An vier weiteren Fällen liegt Material der Kaiserzeit und der nachrömischen Zeit vor, spätrömische Funde fehlen jedoch. Führt man diese Diskontinuität schlicht auf ein Datenproblem zurück,

Innerhalb des weitläufigen Untersuchungsgebietes lassen sich 46 vorrömische Siedlungsplätze feststellen, die in aller Regel an höher gelegenen Standorten zu finden sind. Nur zwei von ihnen, San Cristóbal und Iglesia Vieja, lassen sich auch in republikanischer Zeit belegen, hinzu kommen drei weitere Gründungen dieser Phase[28]. Die wenigen Siedlungen dieser Zeit befanden sich, mit einer Ausnahme, im Hinterland der römischen Stadt *Avila* (Ávila) in einem Abstand von etwa 7 bis 10 km.

Eine intensive Nutzungsphase des Gebietes südlich des Duero lässt sich dagegen in der römischen Kaiserzeit feststellen. Es wurden 178 Plätze neu erschlossen, die sich über das gesamte Untersuchungsgebiet verteilten. Konzentrationen von Fundplätzen sind besonders entlang der Wasserläufe festzustellen. Des Weiteren zeigt sich die veränderte Siedlungsstruktur in der Höhenlage der Plätze. Während sich in vorrömischer Zeit nur etwa 15 % aller Siedlungen in den niedrigeren Lagen[29] bis 800 m befanden, waren es in der Kaiserzeit mehr als 30 %. Der überwiegende Anteil (86 %) aller kaiserzeitlichen Plätze lag unterhalb von 1000 m.[30]

In der spätrömischen Phase lässt sich erneut ein deutlicher Anstieg der Siedlungsplätze auf 340 feststellen. In 214 Fällen handelt es sich um Neugründungen, die insbesondere im Umfeld der römischen Stadt *Cauca* (Coca) sowie entlang des Río Zapardiel, Arroyo del Prado de Sequillo und nahe des Río Adaja auftreten, grundsätzlich jedoch über das gesamte Untersuchungsgebiet verteilt in allen Höhenlagen auftreten.

Eine sehr deutliche Veränderung in der Siedlungsstruktur ist wiederum in der nachrömischen Phase festzustellen. 214 spätrömische Plätze wurden aufgegeben, dagegen wurden 471 neu erschlossen, sodass sich insgesamt 584 Fundplätze in der nachrömischen Zeit finden lassen. Diese verteilen sich über das gesamte Untersuchungsgebiet, wobei auch wieder vermehrt Höhenlagen besetzt wurden.

Die festgestellte Diskontinuität vieler Siedlungsplätze der vorrömischen zur römischen Besiedlung lässt sich zudem offenbar auch in der östlich angrenzenden Region, im Umfeld des Río Riazza und des Río Aguisejo, durch eine weitere Studie aus dem Jahre 2009 belegen.[31] Dagegen wird in derselben Untersuchung darauf verwiesen, dass sich wohl am oberen Duero sowie in den am mittleren Duero, nördlich des Flusses gelegenen Regionen Aguilar de Campos und Valladolid, ein anderes Bild abzeichnet.

---

bleibt dennoch festzuhalten, dass die Siedlungsstruktur sich nach der römischen Zeit nochmals deutlich verändert (sinkende Anzahl von Plätzen, Verschiebung der Standorte).

28   Blasco Moro, Caserío de Gemiguel, Iglesia de San Miguel.
29   Wenn im Untersuchungsgebiet am Duero von geringen Höhenlagen gesprochen wird, handelt es sich jeweils um die relative Höhe. Da der Fluss von Osten kommend das Untersuchungsgebiet auf Höhen von 750 m bis etwa 660 m an dessen westlichem Ende durchfließt, sind Höhenlagen unterhalb von 800 m bereits als verhältnismäßig niedrig anzusehen.
30   Zum Vergleich: In der vorrömischen Phase befinden sich immerhin noch 35 % der Siedlungsplätze in über 1000 m Höhe.
31   López Ambite 2009, 114.

Hier wurden immerhin bis zu einem Drittel der vorrömischen Siedlungen weiter genutzt, oder es entstanden Neugründungen in deren unmittelbarer Nähe.[32]

Der sprunghafte Anstieg der Siedlungsanzahl in der römischen Kaiserzeit sowie die Verbreitung ländlicher Siedlungsplätze über das gesamte Untersuchungsgebiet, jedoch mit hohen Konzentrationen entlang der Wasserläufe, konnte ebenfalls in anderen Regionen am Duero, beispielsweise dem Süden der Provinz Burgos,[33] dem Campo de Gómara sowie dem Südwesten der Provinz Soria und dem Osten der Provinz Segovia, festgestellt werden.[34]

Doch gibt es auch Belege, die eine Verringerung der Siedlungen (Río Riazza und Río Aguisejo, Gemeinde Almazán und Zentralbereich von Soria) oder zumindest eine etwa gleichbleibende Siedlungsanzahl (Hochebene von Soria und obere Duero) in beiden Phasen zeigen.[35] Auch die Verteilung der Siedlungen in der gesamten Region, jedoch immer mit einem Fokus entlang der Flussläufe, lässt sich in anderen Gebieten (Río Riazza und Río Aguisejo, Provinz Soria und Süden der Provinz Burgos) am Duero nachweisen.[36] Im Umfeld der Flüsse Esla und Cea ist sogar eine fast ausschließliche Nutzung der flussnahen Zonen in der Kaiserzeit festzustellen.[37]

Die festgestellten Veränderungen der Siedlungsstruktur in der spätrömischen Phase, die sich insbesondere durch eine intensive Neugründungswelle zeigen, finden ebenso vergleichbare Entwicklungen. Ein ähnlich hohes Verhältnis von Neugründungen zu kontinuierlich besiedelten Plätzen ist ebenfalls im Süden der Provinz Burgos belegt.[38] Auch die Tendenz dabei vermehrt vorher ungenutzte Bereiche wie Moore und Höhenlagen zu besiedeln, ließ sich dort feststellen.[39] Eine Intensivierung der ländlichen Besiedlung ließ sich für diese Phase darüber hinaus in den Gebieten des Río Riazza und Río Aguisejo, Tierra de Almazán und im Zentralbereich von Soria aufzeigen.[40] Dagegen lässt sich im Hochland von Soria und dem Campo de Gómara eine abweichende Entwicklung beobachten, da hier die Siedlungsanzahl geringer wird.[41] In den Flusstälern von Esla und Cea konnte zwar ebenso ein Anstieg der Siedlungsanzahl

---

32   López Ambite 2009, 114.
33   Palomino Lázaro et al. 2012, 298.
34   López Ambite 2009, 114; Obwohl die absoluten Zahlen aufgrund des kleineren Untersuchungsgebietes und der etwa 13 Jahre älteren Datengrundlage noch bedeutend geringer ausfallen, konnte dieselbe Tendenz auch in der Analyse von 2009 bereits beobachtet werden (Blanco González et al. 2009, 279. Es wurde dort jedoch darauf hingewiesen, dass aufgrund der unterschiedlichen Intensität der Surveys noch große Lücken im Siedlungsbild bestehen und diese Beobachtungen somit noch ungesichert bleiben müssen (Blanco González et al. 2009, 279). Die aktuellen Daten schließen einige dieser Lücken bereits und belegen auch dort die festgestellten Entwicklungen.
35   López Ambite 2009, 114.
36   López Ambite 2009, 118; Palomino Lázaro et al. 2012, 298.
37   Martínez Fernández 2018, 453.
38   Palomino Lázaro et al. 2012, 299 f.
39   Palomino Lázaro et al. 2012, 301.
40   López Ambite 2009, 113.
41   López Ambite 2009, 113.

für die spätrömische Phase festgestellt werden, jedoch weisen die meisten Standorte eine Besiedlungskontinuität seit der Kaiserzeit auf.[42]

## Guadalquivir

Für den geschilderten Untersuchungsraum im Tal des Guadalquivir sind verschiedene römische Städte für die Analyse der Siedlungsstrukturen von Relevanz (Abb. 4). Während für die Stadt *Carmo* (Carmona) eine Rekonstruktion des (verhältnismäßig großen) Territoriums vorliegt, dem die entsprechenden Fundstellen zugeordnet wurden, ist für die Fundplätze in Alcalá de Guadaíra eine Zuweisung unsicher. Im Umfeld liegen die römischen Städte *Hispalis* (Sevilla), *Orippo* (Dos Hermanas), *Salpensa* (Utrera) und *Basilippo* (Arahal), in deren Territorien jeweils Teile der Region gelegen haben könnten.

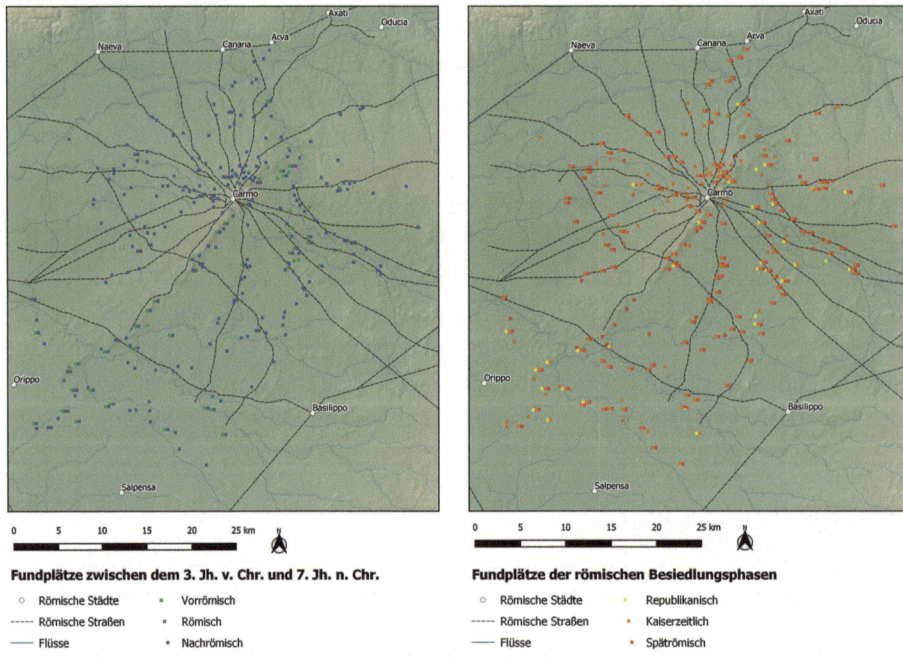

**Abb. 4** Untersuchungsgebiet im Guadalquivirtal. Eigene Darstellung; © Datenquellen: European Union, Copernicus Land Monitoring Service 2023, European Environment Agency (EEA); Instituto Geográfico Nacional, Base Cartográfica Nacional 1:500.000 (BCN500); P. Houten, E2KC, elf-gouverning communities

---

42  Martínez Fernández 2018, 454.

In vorrömischer Zeit lassen sich im Untersuchungsgebiet 50 Siedlungsplätze feststellen. Zu Beginn der republikanischen Zeit wurden davon 33 aufgelassen. Siedlungskontinuität weisen insbesondere Orte auf, die sich in der Nähe der Wasserläufe und in flachen Lagen befinden. Einige der 18 Neuerschließungen dagegen sind durchaus in höheren Lagen, abseits der Wasserläufe zu finden, sodass in republikanischer Zeit die Höhe der Siedlungsstandorte im Vergleich zur vorrömischen Phase, wenn auch nur leicht, zunahm.

In der römischen Kaiserzeit wurden 32 der 35 Siedlungen der vorherigen Phase weiterhin genutzt. Hinzu kamen 194 Neuerschließungen. Diese verteilten sich im gesamten Gebiet und verdeutlichen die intensive Nutzung des gesamten Hinterlandes der römischen Städte in dieser Region. Ballungen von Fundplätzen finden sich besonders nördlich von *Carmo* (Carmona) und insgesamt entlang von Wasserläufen oder römischen Straßen. Erstmals intensiv besiedelt wurden dabei die Terrassen des Guadalquivir und Teile der Auenlandschaft Carmonas. Die Erhöhung der Siedlungsdichte im gesamten Gebiet wird zudem dadurch verdeutlicht, dass sich keine signifikanten Veränderungen in Höhenlage oder durchschnittlicher Entfernung der Siedlungen zu Stadt, Straßen oder Wasserläufen feststellen lassen.

Die spätrömische Besiedlungsphase zeigt einen deutlichen Rückgang der Siedlungsanzahl. Aufgelassen wurden insbesondere Siedlungen im direkten Umfeld der Stadt *Carmo* (Carmona) sowie westlich auf den Terrassen im Bereich der heutigen Orte Camposol, Las Monjas und La Cierva. Unter den 166 spätrömischen Siedlungen sind 20 Neugründungen dieser Phase zu nennen, die sich ausschließlich in deutlicher Entfernung zu den römischen Städten finden lassen.

Zur nachrömischen Phase dagegen lassen sich nochmals gravierende Änderungen in der Siedlungsstruktur feststellen. Lediglich 18 Plätze zeigen eine Kontinuität bis in das 6. Jh. n. Chr. hinein, Neugründungen sind in dieser Zeit hingegen nicht festzustellen.

Der in den Ergebnissen ersichtliche, deutliche Standortwechsel ab republikanischer Zeit konnte offenbar in den ursprünglichen, auf das Territorium von *Carmo* (Carmona) bezogenen Untersuchungen nicht festgestellt werden. Dort ist von einer Kontinuität bei 70 % aller vorherigen Siedlungen in römische Zeit die Rede.[43] Darüber hinaus wird festgestellt, dass republikanische Neugründungen in vielen Fällen in unmittelbarer Nähe zur vorrömischen Besiedlung liegen,[44] was sich auch mit den hier untersuchten Daten deckt. Diese Wiederbesiedlung attraktiver Standorte scheint auch in angrenzenden Gebieten wie Fuentes de Andalucía und Marchena feststellbar zu sein.[45]

Im südöstlich an den Untersuchungsraum angrenzenden Gebiet der Gemeinde Marchena zeigten Analysen, dass die Siedlungsstruktur der republikanischen Phase

---

43 Conlin Hayes / Jiménez Hernández 2012, 45.
44 Conlin Hayes / Jiménez Hernández 2012, 44.
45 Conlin Hayes / Jiménez Hernández 2012, 44 f.

sich vornehmlich aus weiter genutzten Siedlungen der vorrömischen Epoche und nur wenigen Neugründungen zusammensetzt.[46] Im Gebiet der Stadt *Corduba* (Córdoba) treten dagegen zwar einige Neugründungen auf, die offenbar insbesondere mit dem Erzabbau und der Metallverarbeitung in Verbindung stehen, die Gesamtzahl der republikanischen Siedlungen ist allerdings dennoch gering.[47] Auch im nordwestlich von *Corduba* (Córdoba) gelegenen *Mellaria* (Fuente Obejuna), im Tal des Río Guadiato lässt sich die römische Präsenz in republikanischer Zeit sowohl im städtischen, wie ländlichen Bereich mit dem Erzabbau verbinden.[48]

Die starke Intensivierung der Hinterlandbesiedlung in der römischen Kaiserzeit, die sich insbesondere an Wasserläufen und Verkehrswegen konzentriert, konnte ebenfalls bereits um *Carmo* (Carmona) festgestellt werden.[49] Eine Verdopplung der Siedlungsanzahl mit einer Verteilung im gesamten Gebiet und einer Ballung an den Flussbereichen wurde auch in Marchena[50] und im Territorium von *Corduba* (Córdoba)[51] für die Kaiserzeit nachgewiesen.

Auf den Rückgang der Siedlungsanzahl in der spätrömischen Phase bezogen, konnte für das Territorium von *Carmo* (Carmona) in den Vorarbeiten dargelegt werden, dass zwischen dem 3. und 5. Jh. n. Chr. ein stetiger Siedlungsrückgang festzustellen ist.[52] Gleiches ist ebenfalls im Gebiet von Marchena[53] und dem Umland von *Corduba* (Córdoba) beobachtet worden.[54] Die Gesamtuntersuchung der spätantiken Siedlungsentwicklung südlich des Guadalquivir belegt dagegen zunächst noch eine Kontinuität fast aller Siedlungen vom 3. in das 4. Jh. n. Chr., nachfolgend jedoch einen deutlichen Einbruch der Siedlungsanzahl.[55]

Dieser Trend setzt sich dort in der nachrömischen Phase mit einem weiteren Einbruch der Siedlungsdichte fort,[56] wie sich auch in der vorliegenden Untersuchung zeigt. Diese Entwicklung konnte des Weiteren in den Einzeluntersuchungen für das Umland von *Carmo* (Carmona)[57] sowie für Marchena[58] belegt werden.

---

46    García Vargas et al. 2002, 316.
47    Ventura Villanueva / Gasparini 2017, 173; Rodríguez Sánchez 2010, 331.
48    Monterroso Checa et al. 2023, 84.
49    Conlin Hayes / Jiménez Hernández 2012, 46 f.
50    García Vargas et al. 2002, 318.
51    Ventura Villanueva / Gasparini 2017, 173.
52    Conlin Hayes / Jiménez Hernández 2012, 52–54.
53    García Vargas et al. 2002, 321.
54    Ventura Villanueva / Gasparini 2017, 174.
55    García Vargas / Vázquez Paz 2012, 240.
56    García Vargas / Vázquez Paz 2012, 240.
57    Conlin Hayes / Jiménez Hernández 2012, 55.
58    García Vargas et al. 2002, 330.

## Zusammenfassung und Vergleiche

Die Veränderung der Siedlungsstrukturen zwischen vorrömischer und republikanischer Phase zeigt in den drei untersuchten Regionen Unterschiede. Zwar lässt sich in allen Gebieten feststellen, dass viele der vorrömischen Siedlungen aufgelassen wurden und häufig besonders jene in tieferen Lagen und Flussnähe eine Siedlungskontinuität aufweisen. Doch nur im Untersuchungsgebiet am Ebro lassen sich in republikanischer Zeit, durch die römischen Neugründungen, klar Verlagerungen der Standorte in die Ebenen greifen. Am Guadalquivir im Umland von Carmo ändert sich die Höhenlage von vorrömischen zu römischen Standorten dagegen in dieser Phase kaum. Am Duero sind insgesamt nur sehr wenige Plätze dieser Phase zu belegen, was aber im Verhältnis nicht verwundern darf, da die römische Eroberung am Duero nicht nur bedeutend später begann, sondern auch später endete als es am Ebro und Guadalquivir der Fall ist.

In der römischen Kaiserzeit ist in allen Regionen ein sprunghafter Anstieg der Siedlungsanzahl feststellbar (Abb. 5). Die Neugründungen verteilen sich jeweils über die gesamten Untersuchungsgebiete und zeigen insbesondere eine intensive Landnutzung in den Tiefebenen in der Nähe von Wasserläufen und Verkehrswegen.

Ab dem 3./4. Jh. n. Chr. traten nun unterschiedliche Entwicklungen auf. Während am Ebro und Guadalquivir ein deutlicher Einbruch der Siedlungsanzahl zu beobachten ist, der sich über die folgenden Jahrhunderte fortsetzte, stieg am Duero in diesen Phasen die Siedlungsdichte nochmals beträchtlich an. Die Standorte verteilen sich demgemäß am Duero noch weiter innerhalb jeglicher topographischer Zonen. Die Siedlungsplätze am Ebro dagegen lagen wieder gehäuft in Höhenlagen und traten vielfach aus den direkten Flusszonen zurück. Am Guadalquivir lassen sich insgesamt kaum Veränderungen in der Lagehöhe feststellen, doch nahm im Vergleich zu den vorherigen Besiedlungsphasen die Entfernung zu den Städten deutlich zu.

Vergleiche mit Untersuchungen im Südosten der Iberischen Halbinsel, in der Hochebene von Granada[59] und im Süden der Provinz Almeria[60], zeigen, dass dort ähnliche Entwicklungstendenzen wie am Guadalquivir festzustellen sind. In republikanischer Zeit wurden teils, jedoch nicht flächendeckend, vorrömische Standorte aufgegeben. Es kam ebenfalls zu Neugründungen in dieser Phase, jedoch war die Siedlungsdichte insgesamt zumeist geringer als in der vorrömischen Zeit.[61] Für das 1. und 2. Jh. n. Chr. ist dagegen ein massiver Anstieg der Siedlungsanzahl festzustellen und die Siedlungs-

---

59 Salvador Oyonate 2012.
60 López Medina 2004; Schneider 2017a.
61 López Medina 2004, 122–125. 155 Abb. III.25; Schneider 2017a, 110–113. 38 Tab. 2. 107 Tab. 13; Salvador Oyonate 2012, 606. 607 Abb. 191.

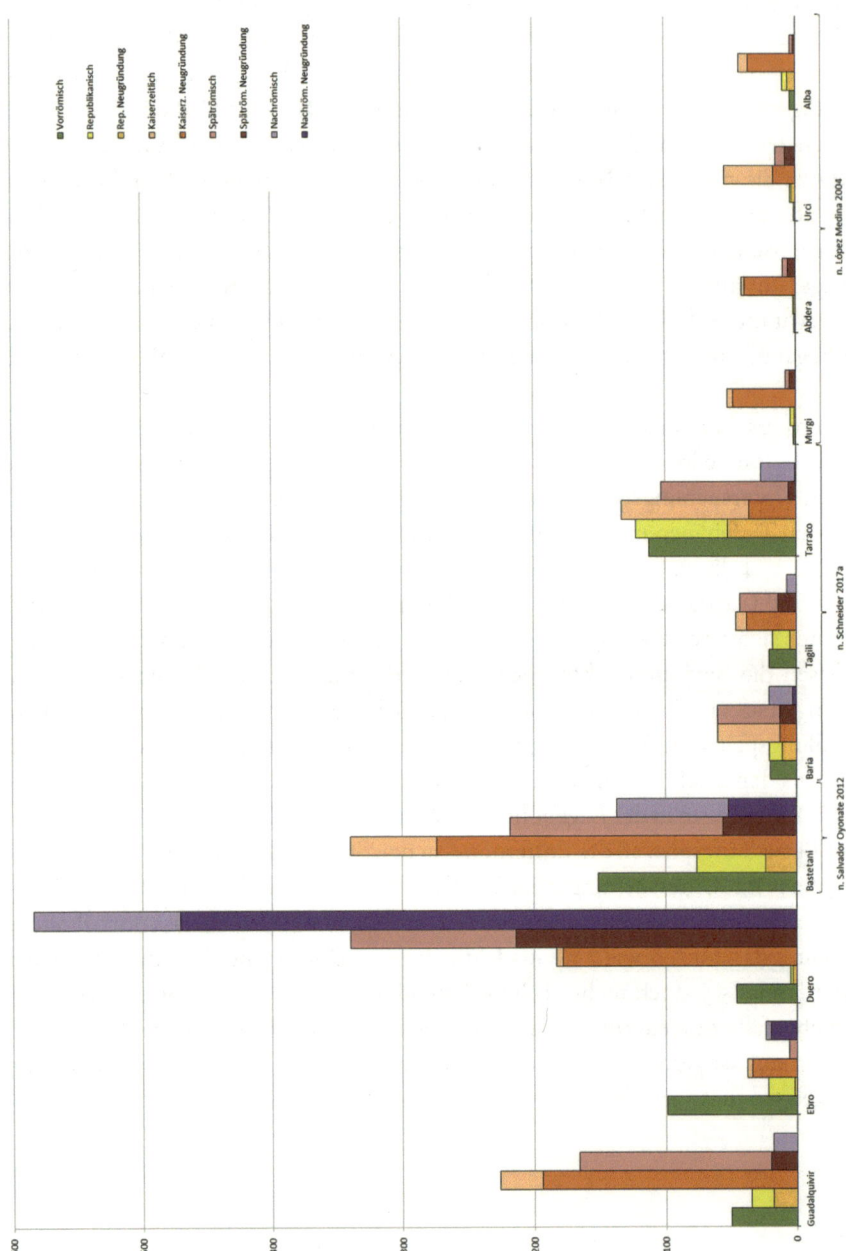

**Abb. 5** Anzahl der Fundplätze in Untersuchungs- und Vergleichsgebieten. Eigene Darstellung

dichte nahm in allen Regionen zu.⁶² Zwischen dem 3. und 5. Jh. n. Chr. wurden vielfach Siedlungen aufgelassen und standen nur verhältnismäßig wenigen Neugründungen gegenüber.⁶³ Im Anschluss findet sich wiederum eine Vielzahl an Auflassungen, sodass die Siedlungsanzahl im 6. und 7. Jh. n. Chr. erneut geringer ausfällt. Es ist außerdem zu beobachten, dass eine große Anzahl an Neugründungen dieser Phasen die Siedlungsstruktur insgesamt verändert. Zwischen einem Drittel und der Hälfte aller Siedlungen dieser Phasen wurden ab dem 6. Jh. n. Chr. neu gegründet.⁶⁴

Eine ähnliche Entwicklung der ländlichen Siedlungsstruktur lässt sich offenbar auch im Umland von *Emerita Augusta* (Mérida) am Fluss Guadiana beobachten. Auch hier ist eine Intensivierung der Gebietserschließung in der frühen Kaiserzeit zu verzeichnen, die insbesondere in den flussnahen Zonen auftritt.⁶⁵ Ebenfalls scheint bereits im 3. Jh. n. Chr. ein leichter Einbruch der Siedlungsanzahl feststellbar zu sein,⁶⁶ der im 4. und 5. Jh. n. Chr. deutlich zunimmt.⁶⁷ Im 6. und 7. Jh. n. Chr. lässt sich der Studie nach zwar eine Veränderung der Siedlungsstruktur in Form einer Konzentration beobachten, ein völliger Bruch mit der vorherigen Siedlungsstruktur blieb jedoch aus.⁶⁸

Das Hinterland der an der Nordostküste, etwa 55 km nordöstlich der Ebro-Mündung, gelegenen Stadt *Tarraco* (Tarragona) zeigt ebenfalls eine deutliche Veränderung der Siedlungsstruktur. In republikanischer Zeit wird eine Vielzahl vorrömischer Siedlungen, insbesondere an höher gelegenen Standorten aufgegeben. Im Gegensatz zu den übrigen Gebieten finden sich jedoch bereits in dieser ersten römischen Besiedlungsphase viele Neugründungen, zumeist in tieferen Lagen und in der Nähe der Wasserläufe.⁶⁹ Ein weiterer Siedlungsanstieg begann bereits im 1 Jh. v. Chr.⁷⁰ und wurde im 1. Jh. n. Chr. nochmals intensiviert.⁷¹ Der Rückgang der Siedlungen begann im Camp de Tarragona, dem Hinterland von *Tarraco* (Tarragona), bereits im 2. Jh. n. Chr.⁷² Inwieweit es sich hier tatsächlich um eine abweichende Entwicklung handelt, lässt sich jedoch nicht sicher beurteilen, da in den vorgestellten Untersuchungen die ersten beiden nachchristlichen Jahrhunderte als Kaiserzeit zusammengefasst betrach-

---

62  López Medina 2004, 156–161. 155 Abb. III.25; Schneider 2017a, 113. 38 Tab. 2. 107 Tab. 13; Salvador Oyonate 2012, 606. 607 Abb. 191.
63  López Medina 2004, 161–163. 155 Abb. III.25; Schneider 2017a, 113. 38 Tab. 2. 107 Tab. 13; Salvador Oyonate 2012, 606–607. 607 Abb. 191; Ventura Villanueva / Gasparini 2017, 174.
64  López Medina 2004, 122–125. 155 Abb. III.25; Salvador Oyonate 2012, 607. 607 Abb. 191.
65  Cordero Ruiz 2018, 456.
66  Cordero Ruiz 2018, 460.
67  Cordero Ruiz 2018, 463.
68  Cordero Ruiz 2018, 476 f. Zwar fehlen in der Beschreibung Zahlen zur Siedlungsanzahl dieser Jahrhunderte, doch deutet die Beschreibung darauf hin, dass auch hier eine ähnliche Entwicklung aus Auflassung, kontinuierlicher Weiterbesiedlung und Neugründungen vorliegt, wie in den zuvor geschilderten Fällen.
69  Schneider 2017a, 93.
70  Schneider 2017a, 95.
71  Schneider 2017a, 97.
72  Schneider 2017a, 99.

tet wurden. Während am Ebro, wie auch im Süden der Iberischen Halbinsel, vielfach Neugründungen in der nachrömischen Phase festgestellt wurden, die zu einer deutlichen Veränderung der Siedlungsstrukturen führten, lassen sich hier ab dem 4. Jh. n. Chr. kaum noch Neugründungen nachweisen.[73]

Ab etwa der Mitte des 5. Jh. n. Chr. lässt sich in einigen Regionen, insbesondere im Norden der Iberischen Halbinsel, offenbar gehäuft ein Zusammenbruch des römischen Villensystems feststellen,[74] der sich in einer Vielzahl von Auflassungen und einer Kontinuität einzelner Standorte bis in das 6. Jh. n. Chr. äußert, wie einige übergreifende Studien zeigen.[75] Es kam in der Folgezeit zur Herausbildung neuer Siedlungsstrukturen in Form kleinerer Gehöfte und insbesondere einer verbreiteten Entwicklung dörflicher Strukturen im 6. Jh. n. Chr.[76] Vergleichbar mit den beobachteten Entwicklungen in den Untersuchungsgebieten kann auch in anderen Regionen der Iberischen Halbinsel grundsätzlich festgestellt werden, dass es vielfach zu stark regional geprägten Entwicklungen kam, die jedoch meist die vorherige Siedlungsstruktur stark veränderten.[77]

### Fazit

In den Untersuchungsgebieten lässt sich für die römische Kaiserzeit insofern eine vergleichbare Entwicklung belegen, als dass eine Welle an Neugründungen festzustellen ist, die eine starke Verdichtung der Siedlungsmenge im Umland der Städte verursacht. Diese hat zwar eine Besiedlung verschiedenster topographischer Zonen zur Folge, eine Konzentration ist aber in den flachen Siedlungsbereichen in der Nähe der großen Flüsse oder kleinerer Wasserläufe zu beobachten. Wie Vergleiche mit anderen Regionen zeigen, handelt es sich hierbei jedoch nicht um spezifische Entwicklungen in den Tälern der großen hispanischen Flüsse. Eine intensive Besiedlung des städtischen Hinterlandes, und hier insbesondere fruchtbarer und verkehrsgünstiger Zonen, lässt sich in der Kaiserzeit vielerorts belegen.

---

73  Schneider 2017a, 113. 38 Tab. 2.
74  Auf der Meseta (Ariño Gil 2006, 332 f.), im oberen Ebrotal und in Kantabrien (Quirós Castillo 2009, 20) sowie in Galizien (Tejerizo García 2020, 165 f.).
75  Exemplarisch sei hier auf Chavarría Arnau 2007; Cordero Ruiz / Franco Moreno 2012; Fornel Muñoz 2005; Sánchez Ramos / Morín de Pablos 2017 verwiesen.
76  In den Regionen Madrid, Katalonien sowie Kastilien und León (Quirós Castillo 2009, 20); Blanco González et al. 2009 bringen die Veränderungen am Duero direkt mit einer planvollen Besetzung des Territoriums, ausgehenden von der toledanischen Herrschaft, in Verbindung. Mártinez Jímenez et al. 2018 verweisen darauf, dass es sich um eine grundsätzliche west- und zentraleuropäische Entwicklung handelt, die auf der Iberischen Halbinsel ebenso stattfindet und lediglich lokale Entwicklungsrichtungen genommen habe. Es wird jedoch ebenfalls dargelegt, dass beinahe alle Belege dafür aus dem Norden stammen (Mártinez Jímenez et al. 2018, 193. 202 f.).
77  Mártinez Jímenez et al 2018, 60–63.

Ebenfalls in allen drei Gebieten vergleichbar ist zwar, dass vielfach vorrömische Siedlungsplätze aufgegeben wurden, deren Folgen für die Siedlungsstruktur allerdings sehr unterschiedlich war. Auch in nachrömischer Zeit ist zumindest allen Gebieten gleich, dass sich die Siedlungsstruktur nochmals deutlich verändert, doch auch hier ist die Art dieser Entwicklung verschieden.

Es bleibt daher festzuhalten, dass Flüsse und deren Umland insbesondere in römischer Zeit zwar durchaus attraktive Siedlungszonen waren. Es konnte jedoch nicht festgestellt werden, dass die Siedlungsstrukturen in den großen Flusstälern eine spezifische Entwicklung nahmen, die sich von anderen Siedlungsräumen wie bspw. Küstenregionen deutlich unterscheidet.

## Bibliographie

Alcock 1993: S. E. Alcock, Graecia capta. The Landscapes of Roman Greece (Cambridge 1993)

Alcock 1989: S. E. Alcock, Roman Imperialism in the Greek Landscape, JRA 2, 1989, 5–34

Arias Bonet 2006: G. Arias Bonet, Catálogo de vías romanas y caminos milenarios de Hispania. Versión final recapitulativa de todo lo publicado en las cuatro épocas de „El Miliario extravagante" (1963–2004), El miliario extravagante 91, 2006, 25–72

Ariño Gil 2006: E. Ariño Gil, Modelos de poblamiento rural en la provincia de Salamanca (España) entre la Antigüedad y la Alta Edad Media, Zephyrus 59, 2006, 317–337

Arrayás-Morales 2020: I. Arrayás-Morales, Rez. zu J. Schneider, Ländliche Siedlungsstrukturen im römischen Spanien. Das Becken von Vera und das Camp de Tarragona – zwei Mikroregionen im Vergleich, Archaeopress Roman Archaeology 22 (Oxford 2017), Gnomon 92.1, 2020, 70–73

Arrayás-Morales 2005: I. Arrayás-Morales, Morfología histórica del territorio de Tarraco (ss. III–I a. C.), Instrumenta 19 (Barcelona 2005)

Bea Martínez et al. 2010: M. Bea Martínez / R. Domingo Martínez / F. Pérez-Lambán / I. Reklaityte / P. Uribe Agudo, Prospecciones arqueológicas en el término municipal de La Muela (Zaragoza), Salduie 10, 2010, 237–258

Beltrán Lloris 2016: F. Beltrán Lloris, Colonia Caesar Augusta. El impacto sobre el territorio y las comunidades indígenas, Revista de Historiografía 25, 2016, 301–315

Blanco García 2010: J. F. Blanco García, La ciudad de Cauca y su territorio, in: S. Martínez Caballero / J. Santiago Pardo / A. Zamora Canellada (Eds.), Segovia Romana II, Gentes y Territorio (Segovia 2010) 221–249

Blanco González et al. 2009: A. Blanco González / J. A. López Sáez / L. López Merino, Ocupación y uso del territorio en el sector centromeridional de la cuenca del Duero entre la Antigüedad y la alta Edad Media (siglos I–XI d. C.), AEspA 82, 2009, 275–300

Buero Martínez et al. 1989: S. Buero Martínez / C. Florido Navarro / F. M. Domínguez Mora, Prospección arqueológica superficial del término municipal de Alcalá de Guadaira, Sevilla. Campaña 1987, AnArqAnd 1987, 1989, 116–123

Chavarría Arnau 2007: A. Chavarría Arnau, El final de las villae en Hispania (siglos IV–VIII), Bibliothèque de l'antiquité tardive 7 (Turnhout 2007)

Conlin Hayes / Jiménez Hernández 2012: E. Conlin Hayes / A. Jiménez Hernández, Aproximación al mundo rural romano en el territorio de Carmo, Romula 11, 2012, 27–57

Cordero Ruiz 2018: T. Cordero Ruiz, Mérida y su territorio entre el Imperio Romano y la conquista islámica, in: J. C. López Díaz / F. Palma García / J. Jiménez Ávila (Eds.), Historia de Mérida. Tomo I (Mérida 2018) 445–488

Cordero Ruiz / Franco Moreno 2012: T. Cordero Ruiz / B. Franco Moreno, El territorio emeritense durante la Antigüedad Tardía y la Alta Edad Media, in: L. Caballero Zoreda / P. Mateos Cruz / T. Cordero Ruiz, Visigodos y omeyas. El territorio, Anejos de AEspA 61 (Mérida 2012) 147–169

Díaz Ariño et al. 2007: B. Díaz Ariño / R. L. Álvarez de Arcaya / A. Mayayo Catalán, Prospecciones arqueológicas en los términos municipales de Almochuel (Zaragoza), Vinaceite y Azaila (Teruel). Resultados de las campañas de 2005–2007, Salduie 7, 2007, 221–239

Díaz Ariño et al. 2004: B. Díaz Ariño / R. L. Álvarez de Arcaya / A. Mayayo Catalán, Prospecciones arqueológicas en los términos municipales de Vinaceite (Teruel) y Almochuel (Zaragoza). Informe de la campaña de 2004, Salduie 5, 2005, 271–293

Fender / Salzmann 2016: P. Fender / C. Salzmann, Digitale Geländemodelle für Archäologen: ASTER, SRTM1 und LiDAR im Vergleich, in: F. Teichner (Ed.), Aktuelle Forschungen zur Provinzialrömischen Archäologie in Hispanien, Kleine Schriften aus dem Vorgeschichtlichen Seminar Marburg 61, 42–48

Ferreruela Gonzalvo et al. 2003: A. Ferreruela Gonzalvo / J. A. Mínguez Morales / J. V. Picazo Millán, Prospecciones arqueológicas en los términos municipales de Fuentes de Ebro y El Burgo de Ebro (Zaragoza). Campañas de 2001 y 2002, Salduie 3, 2003, 373–393

Ferreruela Gonzalvo et al. 2002: A. Ferreruela Gonzalvo / J. A. Mínguez Morales / J. V. Picazo Millán, Prospecciones arqueológicas realizadas en los términos municipales de El Burgo de Ebro, Fuentes de Ebro y Zaragoza. Años 1995–2000. Memoria de las actuaciones, Salduie 2, 2002, 389–408

Fornel Muñoz 2005: A. Fornel Muñoz, Las „villae" romanas en la Andalucía Mediterránea y del Estrecho (Jaén 2005)

García Vargas / Vázquez Paz 2012: E. García Vargas / J. Vázquez Paz, El poblamiento rural en las campiñas al sur del Guadalquivir durante la Antigüedad Tardía (siglos IV–VI d. C.), in: L. Caballero Zoreda / P. Mateos Cruz / T. Cordero Ruiz (Eds.), Visigodos y omeyas. El territorio, Anejos de AEspA 61 (Mérida 2012) 235–261

García Vargas et al. 2002: E. García Vargas / M. Oria Segura / M. Camacho Moreno, El poblamiento romano en la campiña sevillana. El término municipal de Marchena, Spal 11, 2002, 311–340

Junta de Castilla y León 2023: Infraestructura de Datos Espaciales de Castilla y León – Yacimientos Arqueológicos de Castilla y León, <https://cartografia.jcyl.es/web/jcyl/Cartografia/es/Plantilla100Detalle/1200034565424/Noticia/1285175279118/Comunicacion> (02.01.2023)

López Ambite 2009: F. López Ambite, Continuidad y cambio en los asentamientos rurales romanos del nordeste de la provincia de Segovia, Lucentum 28, 2009, 111–146

López Medina 2004: M. J. López Medina, Ciudad y territorio en el sureste peninsular durante época romana (Madrid 2004)

Martínez Fernández 2018: J. Martínez Fernández, Dinámicas del poblamiento rural y del territorio en zonas del nordeste de la cuenca del Duero entre época romana y la Alta Edad Media a través de la arqueología del paisaje, in: N. Hernández Gutiérrez / J. Larrazábal Galarza / R. Portero Hernández, Arqueología en el valle del Duero. Del Paleolítico a la Edad Media, Jornadas de Jóvenes Investigadores del Valle del Duero 6 (Valladolid 2018) 441–463

Mártinez Jímenez et al. 2018: J. Martínez Jiménez / I. Sastre de Diego / C. Tejerizo García, The Iberian Peninsula between 300 and 850. An Archaeological Perspective, Late Antique and Early Medieval Iberia 6 (Amsterdam 2018)

Monterroso Checa et al. 2023, A. Monterroso Checa / M. Gasparini / J. Moreno Escribano, Corduba y el desarrollo de su aurífero conventus. Rural/urban boom en el Valle del Guadiato en época romana. in: J. Lehmann / P. Scheding (Eds.), Explaining the Urban Boom. A Comparison of Regional City Development in the Roman provinces of North Africa and the Iberian Peninsula, IA 22 (Wiesbaden 2023) 71–90

Palomino Lázaro et al. 2012: Á. L. Palomino Lázaro / I. M. Centeno Cea / J. M. Gonzalo González, Ciudad y territorio. Patrones de poblamiento en el valle del Duero burgalés entre la época romana y la alta edad media, in: C. Fernández Ibáñez / R. Bohigas Roldán (Eds.), In durii regione romanitas. Estudios sobre la presencia romana en el valle del Duero en homenaje a Javier Cortes Alvarez de Miranda (Palencia 2012) 295–303

Pina Polo 2007: F. Pina Polo, Kontinuität und Innovation im Städtenetzwerk der nordöstlichen Iberischen Halbinsel zur Zeit der Republik, in: S. Panzram (Ed.), Städte im Wandel. Bauliche Inszenierung und literarische Stilisierung lokaler Eliten auf der Iberischen Halbinsel, Geschichte und Kultur der iberischen Welt 5 (Hamburg 2007) 25–58

Quirós Castillo 2009: J. A. Quirós Castillo, Early Medieval Villages in Spain in the light of European experience. New approaches in peasant archaeology, in: J. A. Quirós Castillo (Ed.), The archaeology of early medieval villages in Europe, Documentos de Arqueología Medieval 1 (Bilbao 2009) 13–28

Rodríguez Sánchez 2010: M. C. Rodríguez Sánchez, El poblamiento rural del „Ager Cordubensis". Patrones de asentamiento y evolución diacrónica, AnCord 2, 2009–2010, 21–44

Sáenz Preciado et al. 2007: J. C. Sáenz Preciado / O. García Chocano / C. Godoy Expósito / N. Guinda Larraza / F. Lasarte Orna / M. P. Salas Meléndez, Prospecciones arqueológicas en el término municipal de Cuarte de Huerva (Zaragoza), Salduie 7, 2007, 207–218

Salvador Oyonate 2012: J. A. Salvador Oyonate, La Bastitania romana y visigoda. Arqueología e historia de un territorio (Granada 2012)

Sánchez Ramos / Morín de Pablos 2017: I. Sánchez Ramos / J. Morín de Pablos, La Antigüedad tardía y el final de las villae en la Comunidad de Madrid, Zona arqueológica 20/1, 2017, 175–188

Schneider 2017a: J. Schneider, Ländliche Siedlungsstrukturen im römischen Spanien. Das Becken von Vera und das Camp de Tarragona – zwei Mikroregionen im Vergleich, Archaeopress Roman Archaeology 22 (Oxford 2017)

Schneider 2017b: J. Schneider, Vergleich ländlicher Siedlungsstrukturen: Mikroregionale Analysen im römischen Spanien, in: S. Panzram (Ed.), Oppidum – civitas – urbs. Städteforschung auf der Iberischen Halbinsel zwischen Rom und al-Andalus, Geschichte und Kultur der Iberischen Welt 13 (Berlin 2017) 657–679

Stone 2004: D. L. Stone, Problems and Possibilities in Comparative Survey: A North African Perspective, in: S. E. Alcock / J. F. Cherry (Eds.), Side-by-Side Survey. Comparative Regional Studies in the Mediterranean World (Oxford 2004) 132–143

Tejerizo García 2020: C. Tejerizo García, El poblamiento en el interior de la Gallaecia entre el final del Imperio Romano y la Alta Edad Media. Nuevos datos, nuevas propuestas, Studia historica. Historia medieval 38.2, 2020, 155–187

Ventura Villanueva / Gasparini 2017: Á. Ventura Villanueva / M. Gasparini, El territorio y las actividades económicas, in: J. F. Rodríguez Neila (Ed.), La ciudad y sus legados históricos. Córdoba Romana (Córdoba 2017) 153–206

**Jan Schneider** studierte Klassische Archäologie und Alte Geschichte an der Justus-Liebig-Universität in Gießen, an welcher er im Anschluss zu ländlichen Siedlungsstrukturen im römischen Spanien promovierte. Er arbeitet seit seiner Promotion hauptberuflich in der privatwirtschaftlichen Archäologie in Deutschland und leitet archäologische Prospektionen sowie Ausgrabungen und ist als Gutachter tätig. Sein persönlicher Forschungsschwerpunkt liegt dennoch seit seinem Studium und bis heute auf der römischen Epoche der Iberischen Halbinsel. In beiden Tätigkeitsfeldern stehen computergestützte Arbeitsweisen (bspw. der Einsatz von Geoinformationssystemen), Prospektionsmethoden und damit verbundene Analysen im Fokus.

DR. JAN SCHNEIDER
SPAU GmbH, In den Hirschgärten 1, D-35516 Münzenberg, schneider.jan@gmx.net

# Landscape Relationships in the *Durius* River Valley in the Late Iron Age and Early Roman Period

HENRY H. B. CLARKE

**Abstract:** Strabo describes the landscapes and peoples of northern Iberia as wild, intractable and remote, thereby viewing humankind through the lens of environmental determinism. This perspective homogenises local experiences and overlooks topographical complexities. This chapter therefore challenges Strabo's perspective by exploring the interaction between local agency and the physical environment in one of the areas covered by his account – the *Durius* (Duero/Douro) River Valley – to achieve a more nuanced understanding of local landscape relationships. It compares settlement patterns, communication networks, and land use in the Upper and Lower Durius in the late Iron age and early Roman period. It demonstrates that local behaviours were not simply governed by the nature of the landscape, and that local communities were far more connected than Strabo suggests by human-made and natural routes, including the Durius itself. Despite the intensified exploitation of the natural environment under the Roman Empire, the chapter shows that landscape relationships were not always fundamentally different in the first two centuries AD from those of the late Iron Age. Finally, the chapter calls for more consideration to be given to the language used to describe landscape relationships to avoid simply presenting human behaviours as predetermined by the physical environment.
**Keywords:** settlements patterns, communication networks, land use.

**Resumen:** Estrabón describe el paisaje y las gentes del norte de Iberia como salvajes y distantes, observando a la humanidad desde el prisma del determinismo ambiental. Esta perspectiva homogeniza las experiencias locales e ignora las complejidades topográficas. Este artículo cuestiona esta perspectiva explorando la interacción entre intervenciones locales y el entorno físico en una de las áreas descritas en su relato – el valle del río *Durius* (Duero) – para adquirir un entendimiento más matizado de las relaciones con el paisaje local. Compara patrones de asentamiento, redes de comunicación, y uso de la tierra en el alto y bajo *Durius* a finales de la Edad del Hierro y principios de la época romana. Demuestra que los comportamientos locales no estaban solo regidos por la naturaleza del paisaje y que las comunidades estaban más conectadas de lo que Estrabón sugiere. A pesar de la intensa explotación del medio natural bajo el Imperio Romano, muestra que las relaciones con el paisaje no eran fundamentalmente diferentes en el siglo I y II d. C. y en finales de la Edad del Hierro. Finalmente, aboga por dar más consideración al lenguaje usado para describir las relaciones con el paisaje para evitar presentar comportamientos humanos como exclusivamente predeterminados por el entorno físico.

**Palabras clave**: patrones de asentamientos, redes de comunicación, uso de la tierra.

## Introduction

According to Strabo, the behaviour of the inhabitants of central and north-west Iberia was shaped by the nature of their landscape. In the Geography, he states that Iberia is incapable of containing many cities because of its poor soils, wildness and remoteness. He labels most Iberians as wild, especially those living in villages.[1] Strabo likewise describes those in the north, which includes the *Durius* River Valley, homogenously as simple, uncivilised mountaineers, linking their wildness, savagery, outlandishness and intractability to the remoteness of their landscape.[2] For Strabo, only the arrival of the Romans made these Iberians more civilised.[3] Given that Strabo enjoyed the patronage of and social relations with Roman elites, we can reasonably assume that these views reflect wider elite sentiments during the age of Augustus regarding Roman cultural superiority over supposed barbarians in places like Iberia.[4]

This chapter challenges Strabo's perceptions of the Iberians and their relationship with the physical environment by zoning in one area of the peninsula covered by the sections of the Geography described above: the *Durius* River Valley. It will analyse the evidence for the complex relationship between the inhabitants of this region and their environment to determine how far local activities were affected, enabled or hindered by the landscape. Were local behaviours in the *Durius* Valley truly bounded by their geographical context? What evidence can we use to reconstruct their experiences of navigating this riverine landscape? We will also reassess the impact of Roman power on local river ecologies. How far did local relationships with the landscape in the *Durius* Valley change under the Roman Empire? The next section will introduce the geographical landscape of this study, and will explore the theoretical perspectives underpinning this evaluation of the evidence for the relationship between humankind and the natural environment in that region. It will then establish the parameters of this analysis.

---

[1] Str. 3, 4, 13.
[2] Str. 3, 3, 7.
[3] Str. 3, 3, 8.
[4] Dueck 2000; Dueck 2010, especially 242–245.

## The Study Region and Methodological Approach

As Strabo suggests, the northern interior and north-west of Iberia do seem more isolated from continental Europe and the Mediterranean Sea than the coastline and southern territories by substantial mountain ranges and extremes of climate. These areas include the *Durius* River Valley. Indeed, the Lower *Durius* is situated in the most geographically distant part of Iberia from Rome, and is mountainous and peppered with steep, narrow and isolated canyons containing swift and potentially dangerous watercourses.[5] The Upper *Durius* is likewise a highly elevated region with rough valleys in the north-east of the Meseta, which again appears physically separated from the economic centres of the Mediterranean by the "sistema Central" and "sistema Ibérico" mountains (Fig. 1).[6] In fact, it is immediately after describing the uneven, rugged and river-washed lands of Celtiberia, which includes the Upper *Durius*, that Strabo makes his broader claim that Iberia is incapable of containing many cities due to its wildness, isolation and poor soil, which he directly aligns with the nature of its inhabitants.[7]

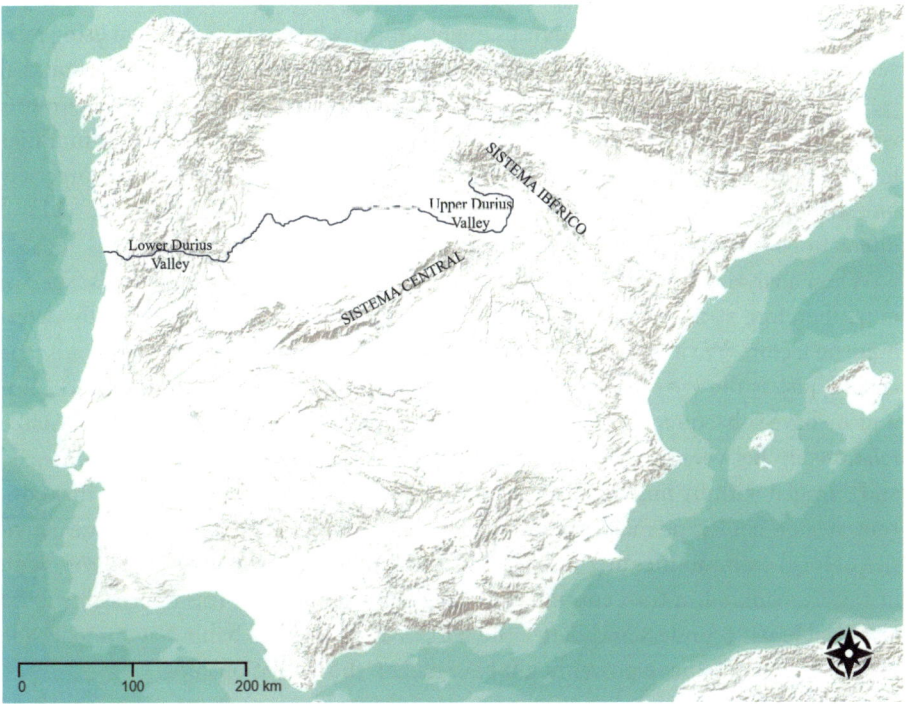

**Fig. 1** Map of the Iberian Peninsula (own image).

5   Alarcão 1988a, 1 f.; Queiroga 2003, 11–20; Parcero Oubiña / Criado Boado 2013; Morais 2018, 24–31.
6   Curchin 2004, 4–8; Jimeno Martínez 2011, 224 f.
7   Str. 3, 4, 12–13.

This perspective homogenises local behaviours based on the nature of their landscape. Moreover, Strabo underestimates how wildly topographies vary across the northern half of the peninsula. His views are ultimately in line with the concept of environmental determinism. This posits that the actions and cultures of ancient societies were shaped and constrained by the natural landscape, including its topography, climate and resources.[8] Strabo is not alone among Roman authors for espousing such notions, which we also see articulated by Livy and Vitruvius.[9] Strabo furthermore seems to underplay the active role of local people in determining how they use and navigate their multifaceted, living landscape. While the environment can restrict the possibilities open to local communities, human agency and choice have vital parts to play in enabling humankind to seize on the opportunities the landscape affords effectively. This might involve developing and deploying shared knowledge to ensure the successful use of the possibilities presented by the landscape and/or to overcome apparent constraints placed on their activities by the natural world. For example, while some landscapes might provide land suitable for agricultural exploitation, this cannot be realised without the generation and application of appropriate expertise. Land seemingly unsuited to agricultural activities might similarly be made productive using relevant expertise and industry. When examining river ecologies, therefore, it is vital that we acknowledge the capacity for humankind to change the landscape. Furthermore, wider economic, political and cultural factors can influence how local communities interact with the landscape over time.[10] The establishment of Roman power is precisely one such factor which is often considered to have had a fundamental impact on local interactions with the natural environment across the ancient world.[11]

When analysing humankind's historical activities within the natural landscape, we must therefore strike a balance between human agency and environmentally deterministic factors. We must also recognise that how people interact with their landscape is fluid, just as the environment itself is ever-changing. Martin Sterry and Alan Lambourne have subsequently argued that closer attention should be paid to the mutable relationship between people and their landscape, "actively understood, experienced and engaged with by individuals."[12] As such, a more balanced methodology that concentrates on landscape relationships can help us to understand better how the activities of local communities are both shaped and inhibited by the natural environment, just as humankind in turn continually changes the landscape. This approach should also enable us to understand better the nature of and agents behind any impact the establishment of Roman power might have had on those relationships.

---

8 Semple 1911.
9 Liv. 9, 13, 7; 38, 17, 10–18; Vitr. De arch. 6, 1, 2–4. 9.
10 Lambourne 2010, 2 f.; Thonemann 2011, 49.
11 Lambourne 2010, 8; Thonemann 2011, 99–177.
12 Sterry 2008, 34; Lambourne 2010, 1.

River valleys provide a fitting conceptual unit of landscape for demonstrating what can be gained from such an approach, as Peter Thonemann's study of the Maeander River Valley demonstrates.[13] Rivers dominated ancient Iberia and an intimate but diverse relationship between humankind and riverine landscapes existed.[14] The *Durius* River Valley, however, has been seriously underexplored in this regard. Site-by-site and localised studies focussing on narrower themes (such as the evolution of excavated population centres) are prevalent in the established scholarship, which often engages insufficiently in supra-regional synthesis in terms of landscape relationships.[15] Yet the varied geographies of the *Durius* Valley and the diversity of its communities present a model study region for evaluating the complexities of local landscape relationships in the context of expanding Roman power. Roman military activity in the valley began in the Upper *Durius* in the 190s BC, with the first major phase continuing through to approximately 178 BC.[16] There is uncertainty around precisely when Roman campaigns began in the Lower *Durius*, although the pursuit of a group of Lusitanians may have led Roman forces here in 140–139 BC during the rebellion of Viriathus.[17] The first confirmed major campaign in the Lower *Durius* was led by D. Iunius Brutus, governor of *Hispania Citerior*, in 138–136 BC.[18] The Upper and Lower *Durius* were both ultimately recognised as part of the provinces of the Roman Empire (most likely in 27 BC) during Augustus' campaigns in the North-West of the Iberian Peninsula during the Cantabrian War (29–19 BC).[19] The Lower *Durius* River itself, as a physical marker within the landscape, was from this point used to establish the boundary between the provinces of Hispania Tarraconensis and Lusitania.[20]

Given the geographical and cultural variation of the *Durius* Valley before the advent of Roman power here, this chapter will adopt a regional scale of analysis to situate the idiosyncrasies of individual sites within their wider context. For the sake of space, we will compare three central aspects of local landscape relationships – settlement patterns, communication networks, and land use – in the Upper and Lower *Durius* Valleys, the areas to which Strabo's views appear most applicable. We will first concentrate on the third and second centuries BC, before considering what impact Roman power had on local interactions with the landscape in the first and second centuries

13  Thonemann 2011.
14  See e.g. Campbell 2012, 22–24.
15  E.g. Silva 1986; Queiroga 2003; Sacristán 2005; Jimeno Martínez 2011; Martínez Caballero 2017.
16  See e.g.: App. Hisp. 40, 161–41, 170; 42, 171–174; 43, 175–179; Liv. 34, 19, 1–10; 35, 1, 1; 35, 7, 8; 39, 7, 6–7; 39, 21, 1–10; 39, 30–1; 39, 42, 1–4; 39, 56, 1; 40, 30, 1–33, 8; 40, 47, 1–50.5; Str. 3, 4, 13; Richardson 1986, 80–94, 101–117; Curchin 2004, 40–43; Burillo Mozota 2007, 270–281.
17  App. Hisp. 70, 296–300; Diod. Sic. 33, 1, 3; 33, 21; Alarcão 1988a, 8; Carvalho 2008, 209.
18  For more on this campaign, see e.g.: App. Hisp. 71, 301–310; Str. 3, 3, 2–4; Richardson 1986, 127, 131 f.; Morais 2007; Queiroga 2007, 172 f.; Fonte 2022, 30–32.
19  See see e.g.: App. Hisp. 102, 442–444; Dio 53, 12, 4–5; Richardson 1996, 133–136; Queiroga 2003, 99; Núñez Hernández / Curchin 2007, 480; Queiroga 2007, 173.
20  Dio 53, 12, 4; Str. 3, 4, 20; cf. Alarcão 1988a, 15–17; Queiroga 2003, 99.

AD. Focussing on these two time periods in detail will facilitate a direct comparison between landscape relationships of the late Iron Age before the establishment of Roman power, and of the early imperial period after all areas of the *Durius* Valley had been incorporated within the boundaries of the Empire.[21] The chapter will demonstrate how the balanced approach offered by the landscape relationships model can be applied effectively to achieve a more nuanced understanding of the lived experiences of local communities in their natural landscape. The study will draw upon archaeological, epigraphic and literary evidence, since we have little extant written material from local voices articulating their relationship with this fluvial landscape. How were the activities of humankind wrought and restricted by the different geographical conditions of the Upper and Lower *Durius*, and how did humankind respond to, navigate and transform the landscape in turn? Finally, what impact did the establishment of Roman power in both areas of the valley have on local landscape relationships?

## The *Durius* Valley in the Late Iron Age

### Settlement Locations

By the second century BC, before the advent of Roman power in the region in approximately the 190s BC, population centres in the Upper *Durius* Valley were generally located close to the *Durius* and its tributaries on naturally defensible elevations including hilltops and ridges (Fig. 2).[22] These sites offered access to proximate water courses (e. g. for drinking water and irrigation), rich highland pastures, mineral resources, and prime, low-lying fluvial agricultural lands. They also frequently afforded strategic visual command of local plains and communication routes. For example, the *Durius* River and its tributaries, the Tera and Merdancho, surrounded the hilltop of *Numantia*, along with mountains, woodlands and marshlands. This easily defended location offered oversight of a large plain, a crossing point over the *Durius* River, and major communication routes between the Ebro and *Durius* Valleys.[23] *Uxama* was similarly located on a sizeable twin-peaked hill beside the Abión, Sequillo and Ucero rivers (the latter being a tributary of the *Durius*, which was located nearby). The site likewise afforded extensive, commanding views north to the "sistema Ibérico" and south to the

---

21  The lived experiences of the inhabitants of the entire length of the *Durius* River Valley, including the relationship between humankind and the natural environment, from approximately the second century BC to the end of the second century AD will be considered in a forthcoming monograph by the author.
22  See e. g. Sacristán 2005; Martínez Caballero 2010; Martínez Caballero 2017, 27–29.
23  App. Hisp. 76, 323; Jimeno Martínez et al. 2002, 33 f.; Sillières 2007, 384 f.

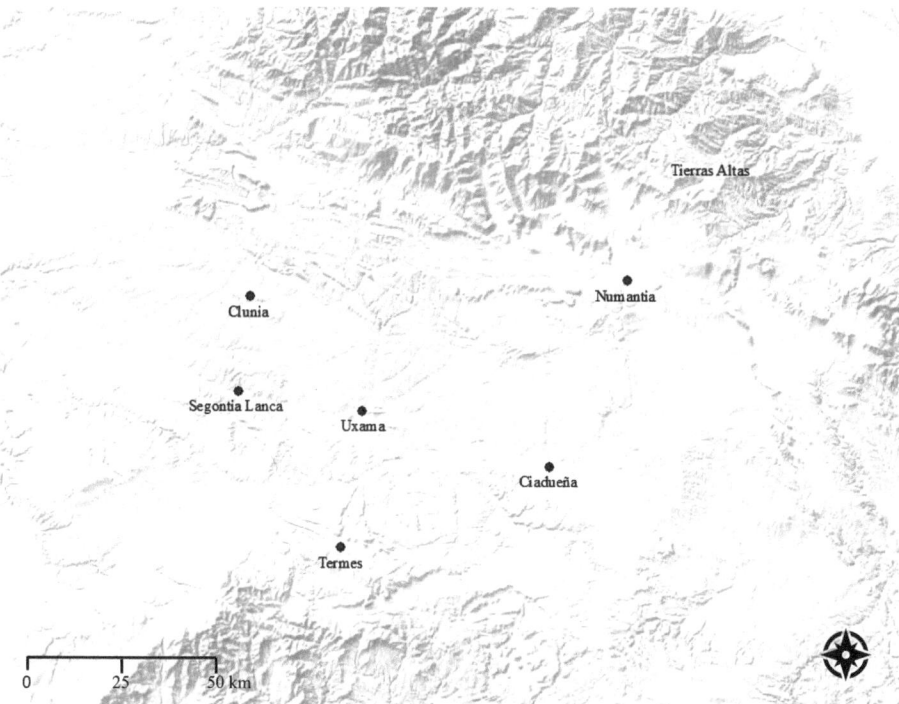

**Fig. 2** Map of the Upper *Durius*, showing the locations of the main sites mentioned in the text (own image).

"sistema Central". The name *Uxama* in fact probably derives from the superlative *\*ups-m-m-a* or "highest/very-high (place)" in proto-Celtic.[24]

The landscape of the Lower *Durius*, by contrast, is dominated by mountainous topographies and includes some distinct geographical contrasts, with deep valleys carved by local rivers (Fig. 3). We might therefore expect the relationship between humankind and the physical environment to be different here. Indeed, this is precisely the region Strabo claims was occupied by warlike, nomadic mountaineers, again attributing their wildness to their isolated, rugged landscape.[25] The archaeological record nonetheless enables us to challenge this environmentally deterministic account. Previous scholars have frequently applied the broad-brush label "cultura castreja" (*castro* culture) to the cultural patterns associated with the archetypal hillfort settlements found in the Lower *Durius* Valley.[26] While this can disguise local idiosyncrasies in much the same way as Strabo's homogenising account, it nonetheless provides a useful general term for

---

24  García Merino 1987; García Merino / Untermann 2002; García Merino 2005.
25  Str. 3, 3, 2–3. 3, 3, 6–8; cf. App. Hisp. 71, 302–303; Queiroga 2003, 7–10. 81 f.
26  Lourido 1993; Martins 1997; Queiroga 2003, 112–150; Parcero Oubiña / Cobas Fernández 2004; Lemos et al. 2011, 187–190.

**Fig. 3** The Lower *Durius* River. L. Clarke 2018.

the type of settlement present in the Lower *Durius* in the late Iron Age. The region is dominated by fortified settlements situated on elevated, prominent points in the landscape.[27] These are generally smaller and less complex than the population centres of the Upper *Durius*. Yet Strabo's assertion that local groups were largely nomadic is refuted by the fixed nature of these settlements.

In both areas, settlement locations were not simply governed by the local terrain. While the landscape provided suitable opportunities for communities to inhabit easily defended sites in both areas, human agency and choice were evidently required for them to be identified and occupied effectively. Communities in the Lower *Durius* took advantage of the local topography by selecting sites which provided good lines of sight and communication. Moreover, human expertise was also deployed to enhance many of these locations, depending on the priorities of each community. In the Upper *Durius*, the topography at sites including *Numantia* and *Termes* required natural defences to be supplemented by human-made fortifications, or rather the landscape negated the

27  Silva 1995, 268; Silva 1999; Queiroga 2003, 41–47; Parcero Oubiña / Cobas Fernández 2004, 7–25; Centeno 2011; González García et al. 2011; Lemos et al. 2011; Parcero Oubiña / Criado Boado 2013.

need for complete and consistent circuit walls.²⁸ In the Lower *Durius*, by contrast, the natural visibility of each settlement was typically enhanced by formidable ramparts, ditches and stone walls.²⁹ Walls therefore served a wider purpose beyond simply safeguarding the settlement and population they encircled, and boosting natural defences offered by the landscape. In the Lower *Durius*, walls were also designed to augment the natural visibility of these elevated settlements and to demarcate their boundaries, which in turn must have signalled the presence of an organised community and their permanent occupation of the landscape.³⁰ These walls were constructed from locally available stone and demonstrate the architectural expertise of community craftspeople. This aspect of local landscape relationships thus perfectly illustrates the interplay between the opportunities afforded by the landscape, and human agency in utilising and enhancing them effectively. Moreover, the physical appearance of the natural environment in the Lower *Durius* was transformed in turn, both by the quarrying of stone and the protrusion of the human-made structures surrounding *castros*.³¹

By the second century BC, the location of most *castros* demonstrates that visual control of and suitable access to the neighbouring landscape and its natural resources was prioritised. As such many *castros* were located in or near to productive agricultural zones, again demonstrating a close relationship between local communities and the physical environment.³² For example, Romariz (c.10–12 km south of the *Durius*) was positioned on a hillslope close to the fertile valley floor, enabling the community to access the resources required for growth (Fig. 4).³³ However, the settlement locations varied far more than the catch-all term "cultura castreja" implies. For instance, inland in the more precipitous Trás-os-Montes, smaller settlements with greater fortifications occupied major elevations and suggest a less important relationship to low-lying fertile lands. Instead, they seem geared towards mineral exploitation, indicating a particularly strong response to the natural resources in this area.³⁴ However, even this underplays idiosyncrasies in the Trás-os-Montes area. In the east and along the *Durius*, many *castros* are located closer to local rivers. Some occupy elevated sites with similar strategic views to other *castros* in the wider North-West of Iberia, but again without undermining

---

28　Jimeno Martínez et al. 2002, 52–55; Curchin 2004, 4; Jimeno Martínez 2011, 238; Martínez Caballero 2017, 111. 118.
29　Silva 1995, 264–269. 272; Martins 1997, 149 f.; Parcero Oubiña 2003; Queiroga 2003, 21–33; Parcero Oubiña / Cobas Fernández 2004, 25–29; Lemos et al. 2011, 189–192; Parcero Oubiña / Criado Boado 2013; Carvalho 2016, 53–55.
30　Lourido 1993, 97–102; Parcero Oubiña 2003, 282; González García et al. 2011; Parcero Oubiña / Criado Boado 2013; Lourido 2015, 124 f.
31　Martins 1997, 149 f.; Parcero Oubiña 2003, 284 f.; Parcero Oubiña / Cobas Fernández 2004, 27 f.; Centeno 2011.
32　Parcero Oubiña 2003, 285; Parcero Oubiña / Cobas Fernández 2004, 26–29; Lemos et al. 2011, 192; Parcero Oubiña / Criado Boado 2013; Carvalho 2016, 55–57.
33　Silva 1995, 272; Centeno 2011.
34　Lemos et al. 2011, 194.

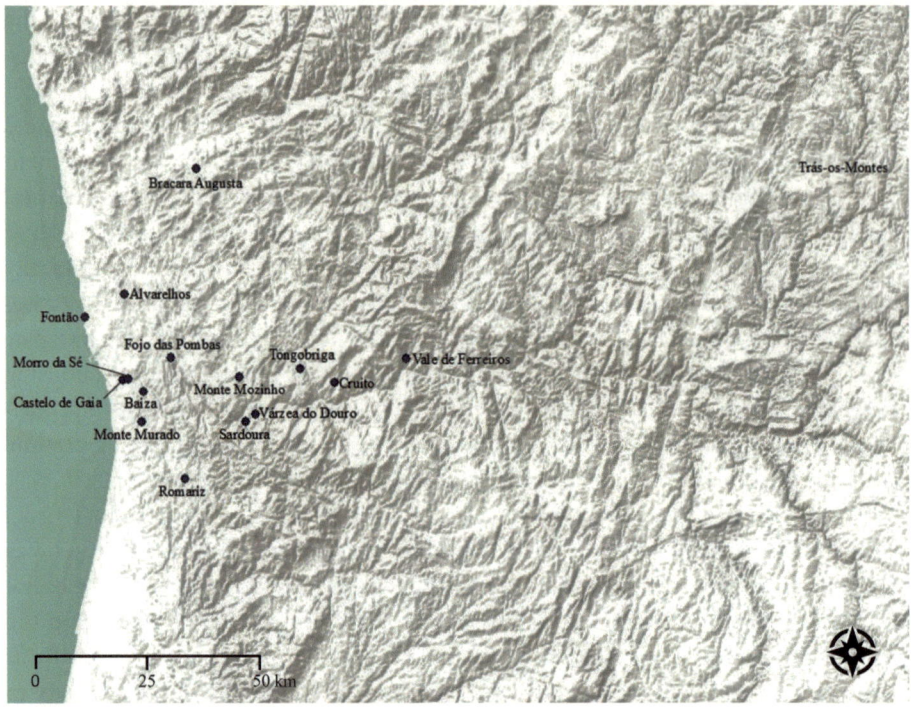

**Fig. 4** Map of the Lower *Durius*, showing the locations of the main sites mentioned in the text (own image).

access to suitable agricultural soils, while others seem to have elected visibility over access to cultivable land.[35]

In all, settlement sites in the Upper and Lower *Durius* Valleys were not solely determined by the nature of the local physical environment. The choices, priorities and expertise of local communities played a vital role in negotiating different and sometimes highly localised landscape relationships. Larger population centres in the Upper *Durius* thus demonstrate a shared understanding of the multitude of natural opportunities afforded by hilltop settlement locations. In the Lower *Durius*, the positioning of *castros* demonstrates that the priorities of local agents exercised substantial sway in determining how local groups occupied the landscape. Many communities here also developed effective methods for enhancing the advantages of particular sites, such as via the construction of impressive stone walls to augment the natural visibility and defensibility of certain sites using local resources. In both regions, the physical appearance of the landscape itself was transformed in the process of developing these settlements. Ul-

---

35  Parcero Oubiña 2003, 282; Queiroga 2003, 36 f.; Lemos et al. 2011, 189.

timately, the evidence explored in this section does not support Strabo's view of the inhabitants of either region as wild, isolated mountaineers.

## Connectivity and Settlement Interrelationships

The mutual understanding of how to occupy, adapt and transform a shared landscape must have created the potential for common lived experiences, particularly where several neighbouring communities adopted similar approaches, as in the Upper *Durius*. Natural guiding corridors provided by the landscape in this region, especially down valleys and along rivers, must have made this more likely. These facilitated movement, communication and exchange within and beyond the region. Brian Campbell and Peter Thonemann demonstrate that movement in the ancient world often followed longer rivers and valleys that crossed topographies and connected different groups, which is precisely the case with the *Durius* Valley.[36] As such, the Upper *Durius*, which several settlements were situated near, must have connected local communities, be that by waterborne transport or terrestrial routes that often followed rivers. Appian's reference to the Numantines purchasing food from the Vaccaei in the Middle *Durius* suggests the existence of a road between them and/or the supply of provisions via the river.[37] Appian also highlights this riverine connectivity more specifically when describing how the Numantines were able to secure supplies and dispatch troops on the *Durius* during Scipio Aemilianus' siege of *Numantia* (135–133 BC).[38] This indicates connectivity along the *Durius* Valley and the use of the river as a crucial means of transport and communication. These anecdotes similarly indicate that communities such as the Vaccaei had refined large-scale agriculture more than others, such that they were able to export surplus produce to their neighbours. Conversely, those acquiring this surplus may either have lacked the expertise to do the same, or their landscape may not have been sufficiently productive. While there is minimal extant archaeological evidence of roads and trackways between settlements, including alongside waterways and down natural corridors, the distribution of material culture in the region, the spatial distribution of settlements, and the evidence of the movement of people and goods along the *Durius* Valley from the Ebro Valley and beyond, implies their existence.[39] This partly explains the endurance of settlements like *Numantia*, positioned at the watershed between the *Durius* and Ebro valleys, and the Mediterranean beyond, at the confluence of several communication routes, which the Numantines were evidently able to exploit effectively.

---

36 Thonemann 2011, 147–151. 199; Campbell 2012, 218 f. 327; cf. Romero Carcinero 2010.
37 App. Hisp. 76, 323; 78, 332; 81, 352; 87, 377–380.
38 App. Hisp. 91, 398.
39 See e. g. Jimeno Martínez 2011, 227–231; Martínez Caballero 2017, 139–142. 157–162.

We might see this landscape-enabled connectivity evidenced in the Upper *Durius* epigraphically on a second century BC *tessera hospitalis* (hospitality token) from Ciadueña.[40] This document in Celtiberian script appears to memorialise the relationship between the individual *laiuikaino* and *lakai*, which may be Segontia Lanca, roughly 65 km downstream of Ciadueña on the *Durius*. It is possible that the named individual came from or represented the people at Ciadueña in receiving the friendship of Segontia Lanca, two communities who were in many ways connected by the *Durius*. Similar material culture has also been identified at *Numantia* and Ciadueña, which may point to further evidence of connectivity along the river.[41]

In the Lower *Durius*, a high proportion of *castros* were likewise located close to the *Durius* and other waterways.[42] This afforded access to and oversight of riverine communication routes. *Castros* along the coastline such as at Alvarelhos, Morro da Sé (Porto), Castelo de Gaia and Baiza (Villa Nova de Gaia) were ideally situated to control the Ave and *Durius* River estuaries and fluvial routes leading inland, and therefore the trade and communication these enabled.[43] Inland, the territories of *castros* including Sardoura and *Tongobriga* similarly enjoyed access to and visual control of riverine routes. This must have enabled such settlements to function as nodes of interaction between coastal and interior communications and exchange networks, benefiting directly from their access to fluvial corridors such as the *Durius*.[44] Indeed, Strabo claims that seafaring ships could navigate the *Durius* for c.800 stades inland (c.150 km), although this may underplay some of the (not insurmountable) navigational challenges outlined clearly by Rui Morais that such ships would have sometimes encountered including rocks, shallow sections and occasional sand banks at the river mouth.[45] Nonetheless, on balance the evidence suggests sites like Sardoura and *Tongobriga* were well connected to riverine and maritime routes. The material record certainly indicates vibrant long-distance maritime trade with the Mediterranean world long before the advent of Roman power, especially at sites near the *Durius* estuary including Castelo de Gaia and Morro da Sé.[46] Once again, Strabo's view of the north of Iberia as remote and isolated is largely refuted by such evidence for connectivity and exchange both locally and further afield.

---

40   Rodríguez Morales / Fernández Palacios 2011, 202–212.
41   Rodríguez Morales / Fernández Palacios 2011, 197–202.
42   Silva 1995, 264; Martins 1997, 149; Lemos et al. 2011, 191–194.
43   Sá/Paiva 1994; Queiroga 2003, 5; Núñez Hernández / Curchin 2007, 465–470; Queiroga 2007, 171; Morais 2018, 26–28; Silva 2018 49 f.
44   Martins 1997, 150; Núñez Hernández / Curchin 2007, 593–600; Lemos et al. 2011, 193–195; Rocha et al. 2015, 49 f.
45   Str. 3, 3, 4; cf. Parodi Álvarez 2001; Tereso et al. 2013, 2849 f.; Morais 2018, 24–29.
46   Silva 1986; Silva 1995, 264–274; Martins 1997, 146–151; Silva 2000; Blot 2003; Parcero Oubiña 2003, 288; Queiroga 2003 Fig. 51; Parcero Oubiña / Cobas Fernández 2004, 39 f.; Núñez Hernández / Curchin 2007, 465–470; Queiroga 2007, 171; Blot 2010; Lemos et al. 2011, 193 f.; Parcero Oubiña / Criado Boado 2013.

Certain communities sought to enhance the benefits of natural corridors by using systems of minor settlements within the influence area of larger population centres, situated strategically between and along river valleys. Evidence of these settlement systems exists around sites including *Uxama* and *Termes* in the Upper *Durius*.[47] These were presumably not only intended to facilitate management of riverine communication routes, but also to enable the control and exploitation of local resources in river valleys and adjacent highlands, thereby demonstrating a settlement system devised to work with the local landscape. Shared material culture and construction materials occasionally allow us to connect such minor settlements more confidently with larger population centres, including around *Numantia*, which appears to have stood at the top of a system of 3–6ha satellite farming settlements, located in elevated positions overseeing the adjacent landscape.[48] Similar settlement systems can be identified around *Clunia*, *Termes* and *Segontia Lanca*.[49]

By contrast, in the Lower *Durius* most *castros* were > 2ha in size, approximately 5–10 km apart and within view of one another, which does not immediately point to a hierarchical settlement system based on relative size and location. Nevertheless, some smaller settlements near larger *castros* may have supported the latter. South of the *Durius*, for example, Monte Murado and Sardoura both reached > 6ha in size and a range of smaller < 2ha coastal and riverside settlements are located nearby including Baiza, Mafamude and Castelo de Gaia (Vila Nova de Gaia).[50] This suggests a hierarchical settlement system based around larger *castros* here, although this cannot be proven without stronger evidence of a formal relationship between these sites. The less fragmented nature of the landscape in this area south of the *Durius* may help to explain this settlement pattern, whereas to the north, settlements tended to be smaller and more separated by deep valleys and mountains, therefore again illustrating how local communities adapted to the local topography. Nonetheless, we do not see the same sort of complex settlement systems in the Lower *Durius* as those observed in the Upper *Durius* during this period. The nature of the landscape perhaps limited the size of local communities, although the reality is likely to have been more complex than such an environmentally deterministic reading allows. The smaller size and therefore populations of *castros* in the Lower *Durius* more broadly might equally suggest that local communities did not squeeze resources sufficiently to necessitate a more complex settlement system for the exploitation of the landscape. However, the location of most *castros* on naturally defensible elevations, their impressive fortifications, and material finds of weapons and war-

---

47  García Merino / Untermann 2002, 141 f.; Martínez Caballero 2017, 137–139.
48  Romero Carcinero 1991, 423–425; Jimeno Martínez 2011, 247 f.
49  Abásolo Álvarez / García Rozas 1980, 32–4. 48 f. 94 f.; Pascual Díez 1991, 32–37. 216–218; Martínez Caballero 2010, 152; Jimeno Martínez 2011, 246–248; Rodríguez Morales / Fernández Palacios 2011, 197–202; Martínez Caballero 2017, 131–146.
50  Silva 1995, 268 f.; Silva 1999; Parcero Oubiña 2003, 273; Parcero Oubiña / Cobas Fernández 2004, 4; Lemos et al. 2011, 192.

rior statues suggests a context of local conflict.⁵¹ There may therefore have been more competition for fertile land and resources than we might presume from the shortage of complex settlement systems, particularly given that local communities must have had to work harder to make parts of this more rugged landscape sufficiently productive.

## Using the Land

When we set Strabo's description of most of Iberia as wild with poor soils against the evidence of local land use in the Upper and Lower *Durius*, it again unravels. In the Upper *Durius*, most settlements were located near the best agricultural land in low-lying areas along river valleys to facilitate intensive and vital farming activity.⁵² Dependence on nearby agricultural land is reflected in Appian's account of the siege of *Numantia*, where Scipio instructs his forces to collect grain and clear the green corn around the settlement to starve the Numantines into surrender.⁵³ An agricultural system centred on cereals at *Numantia* is also confirmed by archaeological evidence. This includes finds of farming tools, millstones and other milling tools, wheat/barley deposits and carbonised seeds, while osteological analysis from the necropolis suggests a mixed diet centred on cultivated crops and riverbank vegetation, augmented by fishing, hunting and foraging (e.g. for acorns).⁵⁴

Despite the more mountainous landscape of the Lower *Durius*, many settlements here were also located in or overlooking riverine landscapes which provided deeper, more fertile and more productive soils for cereals and garden crops (as indicated by the carpological record and carbonised seeds).⁵⁵ João Tereso *et al.* have demonstrated that hardy crops were preferred, including hulled wheats which would not exhaust soil productivity and were more resilient in the region's climate.⁵⁶ Elsewhere, local communities used terraces on hillslopes around settlements, which might indicate the need for marginal lands to be cultivated due to population pressure on the landscape.⁵⁷ As in the Upper *Durius*, the archaeological record indicates that the local diet was again supplemented by foraging for acorns, hunting and fishing, presumably to compensate for

---

51  González García et al. 2011; Lemos et al. 2011, 193.
52  Liceras-Garrido / Jimeno Martínez 2016.
53  App. Hisp. 87, 376–380.
54  Jimeno Martínez et al. 1994, 35, 41 f.; Jimeno Martínez et al. 2002, 35. 69 f.; Curchin 2004, 224; Jimeno Martínez et al. 2004, 434–451; Liceras-Garrido / Jimeno Martínez 2016; cf. Str. 3, 3, 7.
55  Martins 1997, 149 f.; Parcero Oubiña 2003, 276–288; Queiroga 2003, 52–55; Parcero Oubiña / Cobas Fernández 2004, 3. 25–27; Ayán Vila / Parcero Oubiña 2009; Parcero Oubiña / Criado Boado 2013.
56  Tereso et al. 2013.
57  Queiroga 2003, 52.

insufficient harvests.⁵⁸ *Castros* in this region were also organised internally into household units with integrated agricultural storage structures.⁵⁹ In all, this demonstrates a close agricultural relationship with the physical environment in both regions, and the ability of local communities both to adapt to limitations of the landscape, including the vicissitudes of local crop yields, and to enhance the opportunities it afforded for agricultural production.

Livestock rearing and seasonal transhumance were similarly crucial activities in both regions. In the Lower *Durius*, the archaeological and iconographical record indicate a focus on pigs, cattle, sheep and goats, with finds including spindle whorls throughout *castros* suggesting that wool was an important product from livestock rearing.⁶⁰ In the Upper *Durius*, there is even greater evidence for the importance of animal husbandry. This is suggested by tools and equipment recovered from Numantia and a low contribution of animal protein in local diets, which point to the rearing of sheep and cattle principally for wool and leather rather than meat.⁶¹ Indeed, some communities may have prioritised livestock over arable farming. At *Termes*, pollen analysis indicates more limited cereal farming.⁶² Once again, this signals the ability of local communities to adapt to the circumstances of their landscape, at *Termes* both in terms of its potential incompatibility with rigorous cereal farming and the suitability of the rough terrain for species such as sheep and goats. Osteological analysis of materials from *Termes* and its necropolis shows that such animals must again have been valued more for their wool and milk than their meat.⁶³ Animal husbandry was evidently an important economic activity across the Upper *Durius* linked closely with local exchange networks, as GIS analysis, archaeological evidence and literary sources suggest.⁶⁴ However, this does not indicate an economy solely based around livestock, and we should be cautious about connecting modern activities in the area (Fig. 5) with literary allusions to the centrality of animal husbandry to local societies.

The natural guiding riverine corridors of the Upper *Durius* would nevertheless have provided apposite routes and the required water supply for supporting the passage of livestock. Furthermore, the distribution of minor settlements considered in the previous section seem well positioned to enable larger population centres such as *Termes*

---

58 Silva 1995, 269; Queiroga 2003, 22 f. 49–58; Parcero Oubiña / Cobas Fernández 2004, 3; Ayán Vila / Parcero Oubiña 2009.
59 Parcero Oubiña 2003, 288; Parcero Oubiña / Cobas Fernández 2004, 32; Parcero Oubiña / Criado Boado 2013.
60 Str. 3, 3, 5–7; Silva 1986, 299; Queiroga 2003, 55–58. 68; cf. Str. 3, 4, 11.
61 Jimeno Martínez et al. 1994, 41 f.; Jimeno Martínez et al. 2002, 35. 46. 100 f.; Curchin 2004, 224; Jimeno Martínez et al. 2004; Jimeno Martínez 2011, 225. 231 f.; Liceras-Garrido 2014, 183–188; Liceras-Garrido / Jimeno Martínez 2016.
62 Cubero Corpas 1999; Jimeno Martínez et al. 2002, 46; Liceras-Garrido 2014; Martínez Caballero 2017, 15–20.
63 Argente Oliver et al. 2000.
64 Diod. Sic. 33.16; Liceras-Garrido 2014, 185 f.; Liceras-Garrido / Jimeno Martínez 2016.

**Fig. 5** Shepherding near *Termes* in 2015 (own image).

and Segontia Lanca to oversee local transhumance along riverine routes, extensive mountain pastures in the area, and the exchange of surplus produce, animals and other goods.[65] Evidence of road networks similarly signals local connectivity along river valleys and down other natural communication routes between the Henares and *Durius* Valleys.[66] Competition for control of these routes, the best agricultural land and other natural resources must have been fierce. This perhaps explains another purpose of the minor settlements discussed above and small, fortified settlements or *castillos* around Numantia and in the nearby Tierras Altas. These seem strategically located on elevated ground to guard natural lines of communication, including the watershed between the *Durius* and Ebro Valleys.[67] Once again, the opportunities afforded by the landscape, including its riverine corridors and defensible heights, in combination with the ingenuity and expertise of local communities, enabled these activities and related interaction via the shared landscape of the Upper *Durius* Valley.

65 Liceras-Garrido / Jimeno Martínez 2016; Martínez Caballero 2017, 144–146. 149–155.
66 Argente Oliver et al. 2000, 27; Jimeno Martínez 2011, 240.
67 Romero Carcinero 1991, 103–108; Morales Hernández 1995; Jimeno Martínez 2011, 232; Liceras-Garrido 2014.

In the Lower *Durius*, the variability of the landscape and its resources, and the priorities of different communities likewise created local idiosyncrasies in land use.[68] Inland *castros* in metal-rich and more mountainous areas, for example, were focussed on mining and related metalworking, as reflected by finds of metal jewellery, tools, and evidence of smelting and mining activity.[69] Strabo describes the whole of Iberia as full of metals, but unfertile in particularly metal-rich areas.[70] Such oversimplified passages again obscure the intricacies of the landscape and make no reference to the expertise of local people to work with and adapt to their natural environment. Furthermore, several settlements in the Lower *Durius* demonstrate that communities regularly pursued multiple activities, especially at settlements which occupied moderate altitudes overlooking riverine and agricultural lands.[71] Such sites enabled them to access wider communications networks, cultivable land, and metal resources. We should therefore not be too quick to categorise sites in this region as solely agricultural or mining settlements, for example. Evidence that certain communities pursued multiple different relationships with the landscape underscores the multifaceted responses of local groups to the opportunities offered by the landscape and to their expertise in seizing on those prospects effectively during the late Iron Age.

## Under the Empire

### Shifting Settlement Patterns

Strabo's Geography claims that the establishment of Roman power had a significant "civilising" effect on the peoples of Iberia, and especially on the wild mountaineers of northern Iberia.[72] We might therefore expect substantial changes in local landscape relationships in the *Durius* Valley to have followed under the Roman Empire. However, during the first two centuries AD the main urban centres of the Upper *Durius* continued to follow existing patterns, including overlooking strategic routes along valleys and agricultural land. A new urban centre was established at *Clunia*, for example, after the abandonment of the earlier settlement following the Sertorian War (80–72 BC), on an elevated plateau with commanding views over lands around the Arandilla river.[73] The plateau provided a sizeable, relatively level surface ideal for the construction of a new settlement largely drawing on Roman-style architecture, befitting *Clunia*'s new

---

68  Lemos et al. 2011, 193–195.
69  Silva 1995, 269; Queiroga 2003, 60–63. 66–68; Lemos et al. 2011, 194.
70  Str. 3, 2, 8–9; cf. Plin. HN 34, 47.
71  E. g. Silva 1995, 168.
72  Str. 3, 3, 8.
73  Sacristán 2005; Hernández Guerra 2007, 109–115; Jimeno Martínez 2011, 242.

role as *conventus* capital. Below the site was also a substantial aquifer which provided an abundant supply of fresh water. Opportunities afforded by the landscape therefore continued to sway the choice of where to site population centres, with the *Durius* and other local rivers continuing to attract local communities.

Settlements in the Lower *Durius* similarly continued to occupy sites providing visual command of the neighbouring landscape. Many, however, increased substantially in size during the first century AD, including *Tongobriga* (reaching > 32ha) and a new settlement at Monte Mozinho (peaking at c.20ha).[74] Nonetheless, local communities continued to invest in, maintain and in some cases upgrade stone fortifications around existing and new population centres, such as at Sardoura, Monte Murado, Porto, *Tongobriga* and Monte Mozinho.[75] This was perhaps partly intended to attract the attention of passing traffic, especially where these sites overlooked river valleys, as well as to impress visitors and local rivals. This reflects a consistent response to the characteristics of the local topography and the enduring importance of using local resources and expertise to ensure that certain settlements stood out from the adjacent rocky landscape.

## Upgraded Communications Network

The riverine network continued to provide essential communication, movement and exchange routes during the early Roman period. Although roads built in the Upper *Durius* under the auspices of the Roman administration undoubtedly upgraded the local communications network, these often adhered to existing routes between population centres and regularly continued to follow river valleys.[76] It is often difficult to disentangle travel by road and by river, particularly when travel by the latter leaves no trace. Consequently, a combination of modes of transport must have been deployed, especially after improvements to the road network. The latest modelling of the Roman road network indeed demonstrates strong connections between the major urban centres of the Upper *Durius*, including *Numantia*, *Uxama* and *Clunia*, with roads from *Uxama* and *Termes* linking the Upper *Durius* with the Henares, *Tagus* and Jalón Valleys (Fig. 6).[77] *Clunia* was at the heart of several roads, including the main route through the *Durius* Valley which connected it to *Tarraco* (capital of *Hispania Citerior*) on the

---

74 Silva 1986; Parcero Oubiña 2003, 273; Núñez Hernández / Curchin 2007, 595; Dias 2013, 118; Lourido 2015, 122 f.; Rocha et al. 2015, 5. 11.
75 Silva 1986, 310–314; Silva 1999; Queiroga 2003, 45–47; Parcero Oubiña / Cobas Fernández 2004, 42 f.; Queiroga 2007, 172–182; Silva 2010, 222–225; Dias 2013, 114–118; Rocha et al. 2015, 54–57.
76 Romero Carcinero 2010.
77 García Merino 1987, 80; Hernández Guerra 2007, 110. 128; Jimeno Martínez 2011, 270; Martínez Caballero 2017, 280–286; cf. Curchin 2004, 109–116. For the most recent digital modelling of the Roman road network in Iberia, see: Åhlfeldt 2020; De Soto 2024a; De Soto 2024b.

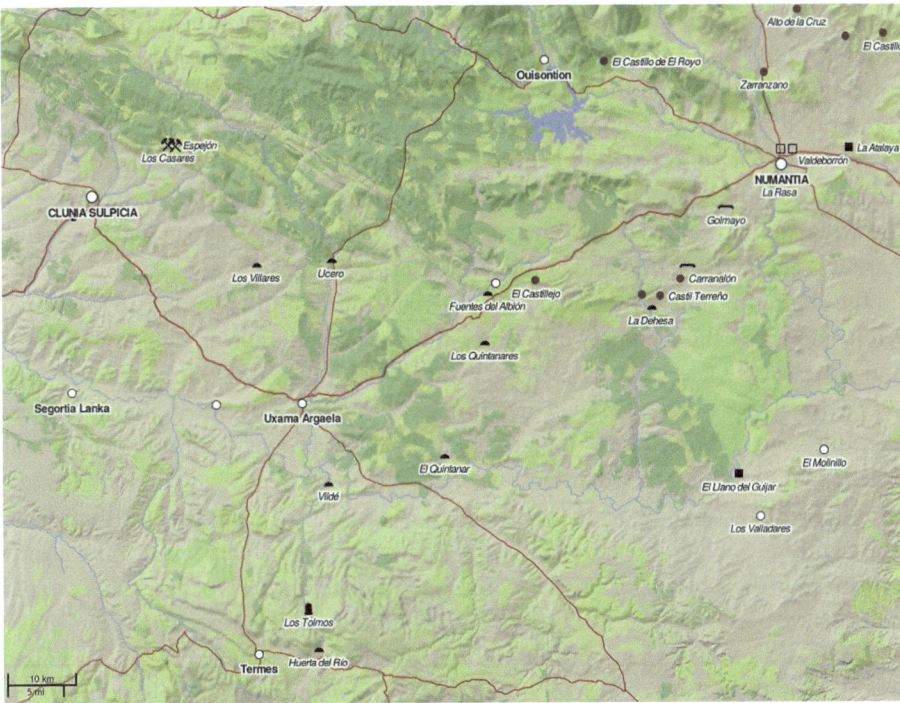

**Fig. 6** The main Roman road network in the Upper *Durius*. J. Åhlfeldt, Digital Atlas of the Roman Empire (DARE), 2020 <https://imperium.ahlfeldt.se/> (19.06.2024). Published under the Creative Commons Attribution-ShareAlike 3.0 (CC BY-SA 3.0) licence.

Mediterranean coast, underlining the new regional importance of *Clunia* as *conventus* capital. María Romero Carcinero rightly suggests that the development of several local settlements must be related to the advantages afforded by the upgraded road network.[78] The main route into the region from the Ebro Valley also passed by *Numantia* at the watershed of the Ebro and *Durius* Valleys, strengthening our impression of its role as a waypoint for traffic from the Mediterranean and Ebro Valley to *Clunia* and beyond to important mining, military and administrative sites in the North-West.[79] *Numantia* in fact remained the linchpin of several routes, as the modelling illustrates (Fig. 6). In all, roads were fundamental for communication and exchange within and crucially beyond this landlocked region.

The road network in the Lower *Durius* was similarly improved under the Roman Empire. While some existing routes were rejuvenated, many settlements, mines and more inaccessible areas were now far more connected, even though the region was

---

78  Romero Carcinero 2010.
79  Sillières 2007, 390 f.

not as isolated ahead of this period as Strabo suggests.[80] New or upgraded roads were often situated near new open settlements and villas, particularly in more isolated, elevated regions away from the river network.[81] This must have enabled produce to be transported from these secondary sites to larger population centres. The importance of certain population centres was likewise supported and underscored by their connection to major Roman highways. Monte Mozinho, for example, was connected to the new *conventus* capital of *Bracara Augusta* and *Tongobriga*, on a road that went from Lusitania across the *Durius* and ultimately to *Emerita Augusta*.[82]

The *Durius* must have remained a key riverine communications route in the Upper *Durius* alongside the road network, which the latter relied upon as a guiding corridor and water source, particularly since river transport would have generated lower costs than terrestrial.[83] Epigraphic evidence may even suggest movement along the river network. A first century AD funerary epitaph at Tardemézar (Zamora) for Valerius Elaesus, for example, who identifies his *origo* as *Uxama*, may highlight an individual whose journey at least in part followed routes alongside the *Durius* and its tributaries.[84] The significance of an integrated road and riverine transport network is more clearly evidenced in the Lower *Durius*. *Tongobriga*, for instance, and the road network around it must have been connected to the *Durius* by a crossing and *vicus* at Várzea do Douro, which likely served as an important berthing point for river traffic on the *Durius* and its tributary the Tâmega. Structural remains and inscriptions signal the importance of the site.[85] Indeed, the major road noted above, which connected two *conventus* districts, and this connection to the riverine (and therefore maritime) communications network partly explains the urban development of *Tongobriga* in the first two centuries AD.[86] The roads and rivers of this region clearly functioned as a system that connected mining and agricultural sites and larger population centres.[87] Via XVI of the Antonine Itinerary similarly connected the *conventus* capital at *Bracara Augusta* with the *Durius* estuary and a river crossing at Cale.[88] Given navigability issues on the Cávado river nearer Bracara Augusta, Cale thus provided a suitable alternative intermediary riverine and oceanic port on the *Durius*.[89] Ongoing investment in this road is demonstrated

---

80  Str. 3, 3, 7; Alarcão 1988a, 54; Rees 2013, 18.
81  Parcero Oubiña / Cobas Fernández 2004, 41; Rees 2013, 197.
82  Carvalho 2008.
83  Parodi Álvarez 2001; Carreras – de Soto 2013, 117–122.
84  AE 1999, 918.
85  E. g. AE 1962, 317, CIL II, 2376–2377; Blot 2003, 55; Dias 2010; Carvalho 2016, 67.
86  Núñez Hernández / Curchin 2007, 596 f.; Dias 2013; Rocha et al. 2015, 44; Carvalho 2016, 66.
87  Rees 2013, 194–196; Mantas 2015, 234.
88  For illustrations of this route, see Silva 2018 Fig. 1; Åhlfeldt 2020; De Soto 2024a; De Soto 2024b. See also Silva 2018, 45–48 on the location of Cale. For recent work on the milestones of the longer route from *Olisipo* to *Bracara Augusta*, see Mantas 2022.
89  Blot 2010; Mantas 2015, 232–235.

by remains from the Augustan period and milestones from the Hadrianic era.[90] The latter signposts specific renovations not in evidence on the road south of the *Durius*, thereby emphasising the value of this stretch of road for communication between Bracara Augusta and the harbour at Cale. This again underscores the importance of riverine and marine transport, which were far cheaper than land transport, especially for commercial journeys.[91] The relevance during the first two centuries AD of Cale and locations along the *Durius* in this respect, including for the organised supply of mining sites, is clear from extensive material evidence of exchange with the wider Mediterranean world (especially ceramics including Italian *terra sigillata* and various amphorae types), physical remains on both banks of the river, and epigraphic evidence.[92]

Cale must therefore have assumed a significant role at the intersection of maritime, riverine and terrestrial routes. While the connectivity enabled by the *Durius* and maritime trade was not new, the Roman period evidences the burgeoning importance of the Lower *Durius* in long distance communications networks. This significance may also be more visible in this period thanks to the epigraphic habit. For example, altars have been excavated in the Porto area dedicated to aquatic deities, including the *Lares Marini* and even possibly to the *Durius* itself.[93] Overall, the Roman road network in both the Lower and Upper *Durius* should not be viewed independently of the natural communications routes enabled by the landscape itself. While local agents may have used roads to overcome the limitations of or to enhance natural connectivity, the rivers of the region remained fundamental to local communication.

## Intensified Exploitation of the Landscape

The establishment of villa estates from the first century AD represents another significant transformation of the *Durius* Valley landscape, which enhanced the exploitation of agricultural land and other natural resources. Areas of the Numantine plain in the Upper *Durius* were filled with new villas and smaller farming settlements during this period, for instance, whose connection to *Numantia* is recommended by shared material culture.[94] The number of smaller sites around *Termes* also increased eightfold in the first two centuries AD, according to Santiago Martínez Caballero. These sites were primarily located near to agricultural lands suitable for the cultivation of

---

90  E. g. CIL II, 4735–4739. 4748. 4867; Alarcão 1988a, 51; Alarcão 1988b, 29; Carvalho 2008, 195; Mantas 2015; Mantas 2022; cf. Carvalho 2016, 44 f.
91  Carreras de Soto 2013, 117 f.
92  See e. g. Sá/Paiva 1995; Silva 2000, 95–99; Blot 2003, 115. 188–192; Silva 2010; Morais 2018, 35–39; Silva 2018, 50–57, 60–62.
93  AE 1973, 311; CIL II, 2370; Alarcão 1988a, 94. 102; Blot 2003; Silva 2010, 225 f. 232; Mantas 2015, 235; Morais 2018, 36.
94  Rodríguez Morales 1995, 305–308; Jimeno Martínez et al. 2002, 116; Curchin 2004, 105.

dryland, cereal and vegetable crops, and with access to water, main roads, forests and grasslands.[95] Local urban centres are likely to have relied on neighbouring villas, rural sites and farming settlements for their growth and development during this period, as much as villa owners required urban markets to sell their produce. Indeed, agricultural villa estates are often found organised relatively close to population centres where the demand for their produce was high, as the evidence around *Clunia*, *Numantia* and *Uxama* demonstrates.[96] Many villas around *Numantia* and *Uxama* are likewise located on major roads, which were required to distribute and sell produce.[97]

Economic and demographic growth placed additional pressure on local agriculture in the Lower *Durius* too. *Tongobriga* and its territory provides an illustrative example, particularly since it was situated at a lower altitude with a micro-climate suitable for agriculture. Changes to the local settlement pattern here seems to indicate a drive for more intensive cultivation, partly using farming settlements, villas and land parcelling.[98] This reflects wider trends in the region which demonstrate the abandonment of many Iron Age *castros* and the emergence at lower altitudes and on slighter inclines of open rural/agrarian settlements, *castros* of a distinctly agrarian character and villas in ideal agricultural land, especially in river valleys and near estuaries and the sea.[99] The most important factor for deciding where to locate settlements, now including villa estates, evidently remained access to productive land, an enduring priority from the late Iron Age in both regions. As such, most villa estates in the Upper *Durius* were situated near rivers or on fertile riverine plains. This is exemplified by the siting of villas near *Uxama* on fertile land beside the *Durius* and other local waters, such as at Ucero and Los Villares.[100] Pollen analysis from villas near *Numantia* also suggests channels from the river were used for irrigation.[101] The cultivation of commercial crops coveted elsewhere in the Roman Empire, including olives and grapes, is likewise in evidence in the Lower *Durius* at Fontão (Matosinhos), Cruito (Baião) and Monte Mozinho, and at villas where wine facilities have been discovered.[102] Sites where these crops were cultivated were generally situated on valley slopes where the climate was suitable and the river network enabled commercial exportation.[103]

---

95  Martínez Caballero 2017, 407–435. 438–441.
96  García Merino 1975, 306; Gorges 1979, 397; Curchin 2004, 101; Jimeno Martínez et al. 2018, 48 f.
97  Gorges 1979, 71; Curchin 2004, 103.
98  Dias 2006; Dias 2010, 37. 39–41; Dias 2013, 113–117; Rees 2013, 161–164; Rocha et al. 2015, 46–50; Carvalho 2016, 48; Morais 2018, 34.
99  Gorges 1979, 457 f.; Queiroga 2003, 22. 101 f.; Parcero Oubiña / Cobas Fernández 2004, 41 f. 52; Almeida 2006a; Antunes/Faria 2006; Dias 2013; Rees 2013, 105. 178 f. 189; Morais 2018, 32.
100  García Merino 1975, 310; Gorges 1979, 34.396 f.; Curchin 2004, 100–103.
101  Jimeno Martínez et al. 2002, 116; Curchin 2004, 98; Jimeno Martínez et al. 2018, 48 f.
102  Morais 1998; Almeida 2006a; Tereso et al. 2013, 2854; Morais 2018, 32 f.
103  Parcero Oubiña 2003, 276; Queiroga 2003, 54; Parcero Oubiña / Cobas Fernández 2004, 52; Rees 2013, 185–197; Tereso et al. 2013, 2854.

The cultivation of these crops and more broadly the construction of villas ostensibly recommends a strong Roman influence on local landscape relationships, and therefore the introduction of new, foreign methods for exploiting the landscape. Indeed, Lino Dias has shown that, as in the main urban centre itself, agricultural structures around *Tongobriga* including villas and farms (some of which sat on continuous estates of 100 ha) were built using Roman architectural units.[104] This demonstrates the deployment of Roman expertise as part of this picture of intensified cultivation, which overall must have had a substantial impact on the appearance of the local landscape, both in terms of the development of larger estates but also by the deforestation and stone quarrying required for developments at urban centres like *Tongobriga*. However, epigraphic evidence occasionally signals a more complex process of cultural interaction behind the construction of villas. For example, a funerary inscription associated with a villa 5 km from *Uxama* commemorates the Iulii Medutticorum family, who we can reasonably assume were the elite owners of the villa.[105] The onomastics of those named on the epitaph – C. Iulius Barbarus, Aemilia Acca and C. Iulius Labeo, son of Crastuno – hint at their local ancestry, while the *tria nomina* and the *nomina* Iulius and Aemilia signal Roman citizenship. Thus while the epitaph and the architecture/ownership of the villa indicate that the Iulii appear to have adopted broadly Roman customs and lifestyles, their ancestry underlines that agents of local origin were also heavily involved in the transformation of the landscape under the Roman Empire. Indeed, the local elite must have owned most villas in the Upper *Durius*, given the low levels of attested Italian immigrants in the area and the fact that elsewhere in the Empire villa owners were typically the descendants of Iron Age farmers.[106]

We should therefore avoid labelling the establishment of villa estates as an entirely Roman innovation, since this obfuscates the role of local agents in the process. Additionally, several villas in the Lower *Durius* were developed from existing farming settlements and do not entirely display the typical characteristics associated with the 'villa' label.[107] Agrarian *castros* had likewise begun to emerge before the establishment of Roman power. Moreover, the interrelationship between these sites and larger population centres does not fully adhere to typical Roman settlement systems. There is a high degree of local variation, from population centres with ancillary villas and farms, to small open settlements which appear focussed on subsistence farming rather than being part of a wider network.[108] Furthermore, some of these apparent changes were neither swift nor widespread. Grapes and olives were not extensively farmed and were not wholly new to the region, with some form of viticulture having been practiced here for several

---

104  Dias 2013, 116–120.
105  AE 1925, 22; García Merino 1987, 106; Curchin 2004, 133.
106  Curchin 2004, 103.
107  Pérez Losada 2000.
108  Pérez Losada 2000; Tereso et al. 2013, 2855 f.

centuries before the Romans arrived, while archaeobotanical evidence of cultivation practices similarly demonstrates minimal deviation from those in use before the establishment of Roman power.[109] Livestock rearing likewise seems to have continued along a similar trajectory, although there is evidence of an increase in the consumption of pig and a wider variety of animal species in the first two centuries AD.[110] The Upper *Durius* also reveals evidence of the endurance of landscape relationships from the late Iron Age at the fundamental level. The suitability of the region for the cultivation of cereal crops had been proven long before the advent of Roman power. At *Numantia*, for example, a recent archaeobotanical starch analysis has demonstrated that throughout the late Iron Age and into the first two centuries AD the local diet concentrated consistently on cereals and forest foodstuffs (including acorns, which were still most likely gathered seasonally during less productive seasons or to compensate for poor harvests).[111] The ongoing importance and even intensification of livestock farming also seems to be underscored by evidence including cowbells found around *Numantia*, the depiction of cattle on funerary *steles* north of *Numantia* and at *Clunia*, images of bulls on Clunian coinage, and a boost in the local textile industry during the Flavian era.[112]

Nevertheless, new mines were opened and operations at existing sites were intensified soon after Roman power was established in the Lower *Durius*, including at Fojo das Pombas, with many worked throughout the first two centuries AD.[113] Villas focussed on non-agricultural activities including mining were likewise developed from the early first century, such as in the Vale de Ferreiros, a reminder that villas were not solely associated with agricultural exploitation.[114] Mineral deposits were often more accessible near watercourses, which is why mining sites are habitually situated close by. The *Durius* and other navigable rivers must also have proved essential for lowering the costs of commercial transport associated with mining.

## Conclusion

The view espoused in Strabo's Geography that human behaviours in areas of the Iberian Peninsula including the *Durius* Valley were determined by the nature of the local landscape is misleading. This chapter has demonstrated that this ignores the complex-

---

109 Parcero Oubiña 2003, 276; Almeida 2006b; Rees 2013, 179; Tereso et al. 2013; Morais 2018, 32.
110 Fernández Rodríguez 2000; Tereso et al. 2013, 2856.
111 Aceituno Bocanegra et al. 2023.
112 See e.g. CIL II, 2970; RPC 452; Jimeno Martínez et al. 2002, 114; Curchin 2004, 107; Martínez Caballero 2017, 395–445, especially 441–445; Jimeno Martínez et al. 2018, 48 f.
113 Alarcão 1988a, 76 f.; Alarcão 1988b, 26 f.; Domergue 1990, 41 f. 198–206; Quieroga 2003, 61.; cf. Plin. HN 1.33.77–78.
114 Gorges 1979, 34–36; Alarcão 1988a, 72–79; Parcero Oubiña 2003, 276; Parcero Oubiña / Cobas Fernández 2004, 52.

ities of local topographies and that local agents actively negotiated their relationships with the landscape around them. Before the establishment of Roman power in the late Iron Age, we can identify subtle differences in land use and settlement systems in the Upper and Lower *Durius* Valleys. The wider settlement systems of the Upper *Durius* seem to contrast with the distribution of *castros* and other sites in the Lower *Durius*, each working to the advantages and resources of the local landscape. As such, mining and stone working seem more prominent in the Lower *Durius*, whereas transhumance was perhaps more significant in the Upper *Durius*. Crucially, local expertise and ingenuity enabled communities to build productive landscape relationships; this is not simply a case of being directed towards certain activities by the conditions of the local environment. The *Durius* nonetheless helped to facilitate interaction and movement by providing natural communication networks and exchangeable resources in both regions, which the inhabitants in both areas were able to use effectively. Local communities were evidently far more connected before the advent of Roman power than Strabo allows. In fact, the experience of living near or on the *Durius* or its tributaries is likely to have been recognised as one shared by several communities in the *Durius* Valley.

The establishment of Roman power ostensibly encouraged substantial changes to local landscape relationships, including the intensification of some activities and the introduction of innovative expertise for exploiting natural resources. Indeed, during the first two centuries AD, the enhancement of transportation networks, intensified farming systems and mining activities, new tools and expertise, the cultivation of new crops, and shifting settlement patterns are in evidence in both regions. However, there is ample evidence for continuing landscape relationships from the late Iron Age, even if at a basic level in some cases. This includes the overlaying of Roman roads on existing routes, the persistence of local agricultural approaches, the evolution of continuing settlements, and the enhancement of enduring communications and exchange networks. While there is clear innovation in terms of how local communities worked within and with their physical environment, there is also enough to suggest that existing local knowledge and memory of how to work with the landscape were crucial for influencing the evolution of landscape relationships under the Roman Empire. This can only be appreciated by adopting a diachronic approach.

In all, this chapter has demonstrated that a better balance can be struck between local agency and environmental factors when evaluating the fluid, dynamic interaction between humankind and the natural landscape. In particular, more consideration should be given to how we describe and conceptualise the relationship between humankind and the physical environment in our research in order to avoid (often implicitly or unintentionally) presenting human behaviours as pre-determined by the nature of the landscape around them.

## Bibliography

Abásolo Álvarez / García Rozas 1980: J. A. Abásolo Álvarez / R. García Rozas, Carta arqueológica de la provincia de Burgos. Partido judicial de Salas de los Infantes (Burgos 1980)

Aceituno Bocanegra et al. 2023: F. J. Aceituno Bocanegra / R. Liceras-Garrido / V. Lalinde Aguilar / S. A. Quintero Cabello / A. Jimeno, El uso de plantas en Numancia durante la II Edad del Hierro y época romana imperial (siglos III a. C.-II d. C.) a través del análisis de almidones, Spal 32.1, 2023, 165–188

Åhlfeldt 2020: J. Åhlfeldt, Digital Atlas of the Roman Empire (DARE), 2020 <https://imperium.ahlfeldt.se/> (19.06.2024)

Alarcão 1988a: J. de Alarcão, Roman Portugal I (Warminster 1988)

Alarcão 1988b: J. de Alarcão, Roman Portugal II (Warminster 1988)

Almeida 2006a: C. A. Brochado de Almeida, A villa do Castelum da Fonte do Milho. Uma antepassada das actuais quintas do Douro, Douro e Estudos & Documentos 21, 2006, 209–228

Almeida 2006b: C. A. Brochado de Almeida, Cultivo da vinha na Antiguidade Clássica, in: C. A. Brochado de Almeida (Ed.), História do Douro e do Vinho do Porto. História Antiga da Região Duriense 1 (Porto 2006) 348–405

Antunes/Faria 2006: J. M. V. Antunes / P. F. B. de Faria, O povoamento antigo, in: C. A. Brochado de Almeida (Ed.), História do Douro e do Vinho do Porto. História Antiga da Região Duriense 1 (Porto 2006) 188–283

Argente Oliver et al. 2000: J. L. Argente Oliver / A. Díaz Díaz / A. Bescós Corral, Tiermes V. Carratiermes Necrópolis celtibérica. Campañas de 1977, 1986–1991, Arqueología en Castilla y León 9 (Valladolid 2000)

Ayán Vila / Parcero Oubiña 2009: X. M. Ayán Vila / C. Parcero Oubiña, Almacenamiento, Unidades Domésticas y Comunidades en el Noroeste Prerromano, in: R. García Huerta / D. Rodríguez González (Eds.), Sistemas de Almacenamiento entre los Pueblos Prerromanos Peninsulares (Cuenca 2009) 367–422

Blot 2010: M. L. P. Blot, Seaports and fluvial harbours in Portuguese territory. The options for ancient harbour activities within a changing nautical landscape, in: C. Carreras Monfort / R. Morais (Eds.), The Western Roman Atlantic Façade. A Study of the Economy and Trade in the Mar Exterior from the Republic to the Principate, BAR 2162 (Oxford 2010) 81–90

Blot 2003: M. L. P. Blot, Os portos na origem dos centros urbanos. Contributo para a arqueologia das cidades marítimas e flúvio-marítimas em Portugal, Trabalhos de Arqueologia 28 (Lisbon 2003)

Burillo Mozota 2007: F. Burillo Mozota, Los Celtíberos: etnias y estados ²(Barcelona 2007)

Campbell 2012: B. Campbell, Rivers and the Power of Ancient Rome (North Carolina 2012)

Carreras – de Soto 2013: C. Carreras / P. de Soto, The Roman transport network: a precedent for the integration of the European mobility, Historical Methods 46, 2013, 117–133

Carvalho 2016: H. P. A. de Carvalho, The Roman Settlement Patterns in the Western Façade of the Conventus Bracarensis, BAR 2789 (Oxford 2016)

Carvalho 2008: H. P. A. de Carvalho, O povoamento romano na fachada ocidental do Conventus Bracarensis (Braga 2008)

Centeno 2011: R. M. S. Centeno, O Castro de Romáriz (Aveiro, Sta. Maria da Feira) (Santa Maria da Feira 2011)

Cubero Corpas 1999: C. Cubero Corpas, Agricultura y recolección en el área celtibérica a partir de datos palaeocarpológicos, in: F. Burillo Mozota (Ed.), IV simposio sobre los celtíberos: Economía (Zaragoza 1999) 47–61

Curchin 2004: L. A. Curchin, The Romanization of Central Spain. Complexity, diversity and change in a provincial hinterland (London 2004)

De Soto 2024a: P. De Soto, Mercator-e, 2024 <https://fabricadesites.fcsh.unl.pt/mercator-e/home-2/> (19.06.2024)

De Soto 2024b: P. De Soto, Viator-e, 2024 <https://viatore.icac.cat/the-project/> (19.06.2024)

Dias 2013: L. A. T. Dias, O momento e a forma de construir uma cidade no noroeste da Hispânia, periferia do Império romano e fronteira atlântica, Revista da Faculdade de Letras. Ciências e Técnicas do Património 12, 2013, 113–126

Dias 2010: L. A. T. Dias, Povoamento romano no bacia do Douro: a criação de cidades. Tongobriga e o territorium, in: M. Burón Álvarez / M. Areosa Rodrigues (eds.), Actas. Coloquio internacional. Patrimonio cultural y territorio en el Valle del Duero. Zamora, 28, 29 y 30 de marzo de 2007 (Valladolid 2010) 33–52

Dias 2006: L. T. Dias, Contributo para o estudo do povoamento no Vale do Douro, in: C. A. Brochado de Almeida (Ed.), História do Douro e do Vinho do Porto. História Antiga da Região Duriense 1 (Porto 2006) 285–331

Domergue 1990: C. Domergue, Les Mines de la Péninsule Ibérique dans l'Antiquité Romaine (Rome 1990)

Dueck 2010: D. Dueck, The geographical narrative of Strabo of Amasia, in: K. A. Raaflaub / R. J. A. Talbert (Eds.), Geography and Ethnography. Perceptions of the World in Pre-Modern Societies (Oxford 2010) 236–251.

Dueck 2000: D. Dueck, Strabo of Amasia. A Greek Man of Letters in Augustan Rome (London 2000)

Fernández Rodríguez 2000: C. Fernández Rodríguez, Los macromamíferos en los yacimientos arqueológicos del Noroeste peninsular. Un estudio económico, Doctoral Thesis, Universidade de Santiago de Compostela (Santiago de Compostela 2000)

Fonte 2022: J. Fonte, Late Iron Age and early Roman conflict and interaction in southern Callaecia (north-west Iberia), in: T. D. Stek / A. Carneiro (Eds.), The Archaeology of Roman Portugal in its Western Mediterranean Context (Oxford 2022), 27–46

García Merino 2005: C. García Merino, Uxama Argaela, in: A. Jimeno Martínez (Ed.), Celtíberos. Tras la estela de Numancia (Soria 2005) 177–182

García Merino 1987: C. García Merino, Desarrollo urbano y promoción política de Uxama Argaela, BSAA 53, 1987, 73–114

García Merino 1975: C. García Merino, Población y poblamiento en Hispania Romana. El Conventus Cluniensis (Valladolid 1975)

García Merino / Untermann 2002: C. García Merino / J. Untermann. Revisión de la lectura de la Tessera Uxamensis y valoración de las téseras en el contexto de la configuarción del poblamiento celtibérico en el siglo I a. C., BSAA 65, 2002, 133–152

González García et al. 2011: F. J. González García / C. Parcero Oubiña / X. M. Ayán Vila, Iron Age societies against the State. An account on the emergence of the Iron Age in the NW Iberian Peninsula, in: T. Moore / X.-L. Armada Pita (Eds.), Atlantic Europe in the first millennium BC. crossing the divide (Oxford 2011) 285–301

Gorges 1979: J.-G. Gorges, Les villas hispano-romaines (Paris 1979)

Hernández Guerra 2007: L. Hernández Guerra, El tejido urbano de época romana en la meseta septentrional (Salamanca 2007)

Jimeno Martínez 2011: A. Jimeno Martínez, Las ciudades celtibéricas de la Meseta Oriental, Complutum 22, 2011, 223–276

Jimeno Martínez et al 2018: A. Jimeno Martínez / R. Liceras-Garrido / A. Chaín Galán, La Numancia Romana, in: S. Martínez Caballero / J. Santos Yanguas / L. J. Municio González (Eds.), El urbanismo de las ciudades romanas del valle del Duero. actas de la I Reunión de Ciudades Romanas del Valle del Duero. Segovia, 20 y 21 de octubre de 2016 (Segovia 2018) 39–50

Jimeno Martínez et al. 2004: A. Jimeno Martínez / J. I. de la Torre Echávarri / R. Berzosa del Campo / J. P. Martínez Naranjo, La Necrópolis Celtibérica de Numancia (Salamanca 2004)

Jimeno Martínez et al. 2002: A. Jimeno Martínez / Mª. L. Revilla / J. I. de la Torre Echávarri / R. Berzosa del Campo / J. P. Martínez Naranjo, Numancia. Guía del Yacimiento (Valladolid 2002)

Jimeno Martínez et al. 1994: A. Jimeno Martínez / B. Robledo Sanz / F. Morales / G. J. Trancho Gayo / I. López-Bueis, Ritual y dieta alimenticia. la necropolis celtibérica de Numancia, Numantia, Arqueología en Castilla y León 6, 1993–1994, 31–44

Lambourne 2010: A. Lambourne, Patterning within the Historic Landscape and its Possible Causes: A Study of the Incidence and Origins of Regional Variation in Southern England, BAR 509 (Oxford 2010)

Lemos et al. 2011: F. S. Lemos / G. Cruz / J. Fonte / J. Valdez Tullett, Landscape in the Late Iron Age of Northwest Portugal, in: T. Moore / X.-L. Armada Pita (Eds.), Atlantic Europe in the first millennium BC. crossing the divide (Oxford 2011) 187–204

Liceras-Garrido 2014: R. Liceras-Garrido, Sobre el territorio de los numantinos, in: J. Honrado Castro, Investigaciones Arqueológicas en el valle del Duero 2 (Neolítico y Calcolítico en el valle del Duero) (León 2014) 177–190

Liceras-Garrido / Jimeno Martínez 2016: R. Liceras-Garrido / A. Jimeno Martínez, Aproximación al modelo de explotación de recursos en el territorio de Numancia, in: M. Mínguez García / E. Capdevila Montes (Eds.), Manual de Tecnologías de la Información Geográfica aplicadas a la Arqueología (Madrid 2014) 137–158

Lourido 2015: F. C. Lourido, Guerreiros e murallas para unha cultura pacificada, Portvgalia 36, 2015, 121–134

Lourido 1993: F. C. Lourido, A Cultura Castrexa (Porto Son 1993)

Mantas 2022: V G. Mantas, Notas sobre o eixo viário Olisipo – Bracara e a sua epigrafia, Conimbriga 61, 2022, 209–257

Mantas 2015: V. G. Mantas, Os Miliários de Adriano da Via Bracara-Cale, Portvgalia 36, 2015, 231–248

Martínez Caballero 2017: S. Martínez Caballero, El proceso de urbanización de la Meseta Norte en la Protohistoria y la Antigüedad. La ciudad celtibérica y romana de Termes (s. VI a. C.–193 p. C.), BAR 2850 (Oxford 2017)

Martínez Caballero 2010: S. Martínez Caballero, Segontia Lanca (Hispania Citerior). Propuesta para la identificación de la ciudad celtíbera y romana, Veleia 27, 2010, 141–172

Martins 1997: M. M. dos Reis Martins, The Dynamics of Change in Northwest Portugal during the First Millennium BC, in: M. Díaz-Andreu / S. Keay (Eds.), The Archaeology of Iberia. The Dynamics of Change (London 1997) 143–157

Morais 2018: R. M. L. S. Morais, Douro, um rio aquém do esquecimento, in: L. T. Dias / P. Alarcão (Eds.), Construir, Navegar, (Re)Usar o Douro da Antiguidade (Porto 2018) 21–43

Morais 2007: R. M. L. S. Morais, A Via Atlântica e o contributo de Gádir nas campanhas romanas na fachada noroeste da Península, Humanitas 59, 2007, 99–132

Morais 1998: R. M. L. S. Morais, Sobre a hegemonia do vinho e a escassez do azeite no Noroeste Peninsular nos inícios da romanização, CadA 14–15, 1997–1998, 175–182

Morales Hernández 1995: F. Morales Hernández, Carta arqueológica Soria. La Altiplanicie Soriana (Soria 1995)

Núñez Hernández / Curchin 2007: S. I. Núñez Hernández / L. A. Curchin, Corpus de ciudades romanas en el Valle del Duero, in: M. Navarro Caballero / J. J. Palao Vicente (Eds.), Villes et territoires dans le bassin du Douro à l'époque romaine. Actes de la table-ronde internationale (Bordeaux, septembre 2004) (Paris 2007) 429–636

Parcero Oubiña 2003: C. Parcero Oubiña, Looking Forward in Anger. Social and Political transformations in the Iron Age of the north-western Iberian Peninsula, European Journal of Archaeology 6, 2003, 267–299

Parcero Oubiña / Criado Boado 2013: C. Parcero Oubiña / F. Criado Boado, Social Change, Social Resistance. A Long-Term Approach to the Processes of Transformation of Social Landscapes in the Northwestern Iberian Peninsula, in: M. Cruz Berrocal / L. García Sanjuán / A. Gilman (Eds.), The Prehistory of Iberia. Debating Early Social Stratification and the State (New York 2013) 249–266

Parcero Oubiña / Cobas Fernández 2004: C. Parcero Oubiña / I. Cobas Fernández, Iron Age Archaeology in the Northwest Iberian Peninsula, e-Keltoi 6, 2004, 1–72

Parodi Álvarez 2001: M. J. Parodi Álvarez, Ríos y lagunas de Hispania como vías de communicación. La navegación interior en la Hispania romana (Ecija 2001)

Pascual Díez 1991: A. C. Pascual Díez, Carta Arqueológica de Soria. Zona Centro (Soria 1991)

Pérez Losada 2000: F. Pérez Losada, Poboamento e ocupación rural romana no noroeste peninsular (Núcleos agrupados romanos secundarios en Galicia), Doctoral Thesis, Universidade de Santiago de Compostela (Santiago de Compostela 2000)

Queiroga 2007: F. M. V. R. Queiroga, The Late Castro Culture of Northwest Portugal. Dynamics of Change, in: C. Gosden / H. Hamerow / P. de Jersey / G. Lock (Eds.), Communities and Connections. Essays in Honour of Barry Cunliffe (Oxford 2007) 169–182

Queiroga 2003: F. M. V. R. Queiroga, War and Castros. New approaches to the Northwestern Portuguese Iron Age, BAR 1198 (Oxford 2003)

Rees 2013: J. W. Rees, Settlement Patterns in Roman Galicia: Late Iron Age – Second Century AD (PhD, London 2013)

Richardson 1996: J. S. Richardson, The Romans in Spain (Oxford 1996)

Richardson 1986: J. S. Richardson, Hispaniae: Spain and the development of Roman imperialism, 218–82 B. C. (Cambridge 1986)

Rocha et al. 2015: C. Rocha / L. Tavares Dias / P. Alarcão, Tongobriga. Reflexões sobre o seu Desenho Urbano (Porto 2015)

Rodríguez Morales / Fernández Palacios 2011: J. Rodríguez Morales / F. Fernández Palacios, Una nueva tésera celtibérica, procedente de Ciadueña (Soria), Palaeohispanica 11, 2011, 197–215

Romero Carcinero 1991: F. Romero Carcinero, Los castros de le Edad del Hierro en el Norte de la provincia de Soria (Valladolid 1991)

Romero Carcinero 2010: Mª. V. Romero Carcinero, El proceso de urbanzación romano y su relación con el trazado viario, in: M. Burón Álvarez / M. Areosa Rodrigues (Eds.), Actas. Coloquio internacional. Patrimonio cultural y territorio en el Valle del Duero. Zamora, 28, 29 y 30 de marzo de 2007, (Valladolid 2010) 289–307

Sá/Paiva 1995: M. A. Sá / M. B. Paiva, Notas sobre o comércio romano na bacia do Douro. As ânforas do Castelo de Gaia e Monte Murado, Gaya 6 (1988–1994) (Vila Nova de Gaia 1995) 89–106

Sá/Paiva 1994: M. A. Sá / M. B. Paiva, Para uma carta arqueológica do concelho de Vila Nova de Gaia. O Castro de Baiza (Avintes / Vilar de Andorinho, V. N. Gaia), Gaya 6, 1994, 43–56

Sacristán 2005: J. D. Sacristán de Lama, Clunia. El confín de la Celtiberia, in: A. Jimeno Martínez (Ed.), Celtíberos. Tras la estela de Numancia (Soria 2005) 183–190

Semple 1911: E. C. Semple, Influences of Geographic Environment on the Basis of Ratzel's System of Anthropo-geography (New York 1911)

Sillières 2007: P. Sillières, Les communications routières et fluviales en Hispanie. l'exemple de l'axe Èbre-Douro, in: M. Navarro Caballero / J. J. Palao Vicente (Eds.), Villes et territoires dans le bassin du Douro à l'époque romaine. Actes de la table-ronde internationale (Bordeaux, septembre 2004) (Paris 2007) 383–394

Silva 2000: A. C. F. Silva, Proto-história e romanização do Porto, Al-Madan 9, 2000, 94–103

Silva 1995: A. C. F. Silva, Portuguese Castros. The Evolution of the Habitat and the Proto-Urbanization Process, Proceedings of the British Academy 86, 1995, 263–289

Silva 1986: A. C. F. Silva, A cultura castreja no Noroeste de Portugal (Paços de Ferreira 1986)

Silva 2018: A. M. S. P. Silva, Cale Callaecorum locus? Notas arqueológicas sobre a ocupação indígena e romana da Foz do Douro, in: L. T. Dias / P. Alarcão (Eds.), Construir, Navegar, (Re)Usar o Douro da Antiguidade (Porto 2018) 45–67

Silva 2010: A. M. S. P. Silva, Ocupação da época romana na cidade do Porto. Ponto de situação e perspectivas de pesquisa, Gallaecia 29, 2010, 213–262

Silva 1999: A. M. S. P. Silva, Aspectos territoriais da ocupação castreja na Região do Entre Douro e Vouga, Revista de Guimarãe, Volume Especial I, 1999, 403–429

Sterry 2008: M. Sterry, Searching for Identity in Italian Landscapes, in: C. Fenwick / M. Wiggins / D. Wythe (Eds.) TRAC 2007. Proceedings of the Seventeenth Annual Theoretical Roman Archaeology Conference, London 2007 (Oxford 2008) 31–43

Tereso et al. 2013: J. P. Tereso / P. Ramil-Rego / R. Almeida-da-Silva, Roman agriculture in the conventus Bracaraugustanus (NW Iberia), JASc 40, 2013, 2848–2858

Thonemann 2011: P. Thonemann, The Maeander Valley. A Historical Geography from Antiquity to Byzantium (Cambridge 2011)

## List of Sources

App. Hisp.: Appianus, L. Mendelssohn (Ed.), Iberica (Leipzig 1879)

Dio: Dio Cassius, E. Cary / H. B. Foster, Roman History, Volume VI: Books 51–55, Loeb Classical Library 83 (Cambridge, MA 1917)

Diod. Sic.: Diodorus Siculus, F. Vogel / C. Th. Fischer / L. Dindorf (Eds.), Bibliotheca Historica, Vol. 1–2 (Leipzig 1888–1890)

Liv.: Livius, R. Seymour Conway / C. Flamstead Walters (Eds.), Ab urbe condita (Oxford 1914)

Plin. HN: Plinius maior, K. F. T. Mayhoff (Ed.), Naturalis Historia (Leipzig 1906)

Strabo: Strabo, A. Meineke (Ed.), Geographica (Leipzig 1877)

Vitr. De arch.: Vitruvius, F. Krohn (Ed.), De Architectura (Leipzig 1912)

**Dr Henry Clarke** is a Lecturer in Roman History and Culture at the University of Leeds. Henry was awarded his PhD from the University of Leeds in 2018, having completed a BA in *Literae Humaniores* (Classics) at the University of Oxford (2007–2011) and an MA in Classics at the University of Leeds (2011–2012). Henry's research explores the effects of the establishment of Roman power on local identities, cultures, and landscape relationships in the ancient Iberian Peninsula and more broadly across the western provinces of the Roman Empire, with a particular focus on the *Durius* River Valley in Iberia.

DR HENRY H. B. CLARKE
University of Leeds, Woodhouse Lane, Leeds, LS2 9JT, H.H.B.Clarke@leeds.ac.uk, OrCiD: https://orcid.org/0000-0002-5767-3789.

# Un peligro infinito*
## *Depósitos de inundaciones marinas de alta energía, tsunamis y tormentas, en los estuarios del golfo de Cádiz entre los siglos III–V d. C.*

### JUAN MANUEL MARTÍN CASADO

**Abstract:** This contribution offers a review of the available data on extreme wave events, tsunamis and storms, on the coasts of the Gulf of Cádiz during the Late Roman period. The different available geological, archaeological and literary indicators are presented, paying special attention to analysing the origin and historiographical trajectory of a series of news that contain extremely precise dates. This will highlight the fact that research has contributed to the construction of a certain number of historiographical events, but that at the same time the possibility of a marine disaster is being strengthened by the appearance of new archaeological evidence.

**Keywords:** Gulf of Cádiz, Late Antiquity, natural disasters, tsunamis, historiography

**Resumen:** Esta contribución ofrece una revisión de los datos disponibles sobre eventos de oleaje extremo, tsunamis y tormentas, en las costas del golfo de Cádiz durante época tardorromana. Se exponen los distintos indicadores conocidos de carácter geológico, arqueológico y literario, prestando especial atención a analizar el origen y trayectoria historiográfica de una serie de noticias que contienen fechas extremadamente precisas. Esto pondrá de relevancia que la investigación ha contribuido a la construcción de una serie de eventos historiográficos, pero que a la vez la posibilidad de que se produjese un desastre marino está siendo potenciada por la aparición de nuevas evidencias de carácter arqueológico.

---

\* Trabajo realizado en el marco de un contrato predoctoral FPU del MIU vinculado al proyecto de investigación "Terremotos y tsunamis en la península ibérica en época antigua: respuestas sociales en la larga duración" (PGC2018-093752-B-I00 MCI/AEI/FEDER, UE). El texto fue redactado durante una estancia de investigación en el RomanIslam – Center for Comparative Empire and Transcultural Studies, bajo la supervisión de la profesora Sabine Panzram.

**Palabras clave:** golfo de Cádiz, Antigüedad Tardía, desastres naturales, tsunamis, historiografía

## Introducción

Hace ya más de 25 años Javier Arce abordó el papel de las catástrofes naturales en la Antigüedad Tardía. En su trabajo, pionero en la historiografía española sobre el tema, pese a no rechazar que estas pudieran haber influido en la transformación del mundo tardorromano, consideraba que, en cualquier caso, "desempeñaron un papel relativamente escaso en este problema de tan gran transcendencia histórica."[1] Es una postura precavida e intelectualmente honesta, ya que las noticias transmitidas por las fuentes literarias presentan importantes limitaciones, por lo que ponderar los efectos de los desastres naturales como causa de procesos de amplia escala basándose exclusivamente en ellas resultaba comprometido.

El interés por el papel histórico de los fenómenos naturales constituye una constante, fundamentada desde la más remota antigüedad en interrogantes en torno a la relación del medio ambiente con el ser humano.[2] Sin embargo, debido a la dificultad para la obtención de datos precisos, estas investigaciones han tendido tradicionalmente a compensar la falta de evidencias mediante el recurso a la especulación, lo que terminaba conduciendo a razonamientos reduccionistas poco o nada satisfactorios.[3] Esa era la situación todavía vigente cuando Javier Arce expuso sus reservas, pero creo que un cuarto de siglo después estamos en condiciones de revisar esta postura. Un hecho clave al respecto ha sido el enorme desarrollo experimentado en la capacidad de explotar la información contenida en los denominados "archivos naturales", como anillos de árboles, núcleos de hielo, glaciares alpinos, espeleotemas o depósitos sedimentarios lacustres y marinos, posibilitando un grado de detalle antes impensable y su aprovechamiento por parte de equipos interdisciplinares.[4] Sin ellos, por ejemplo, sería prácti-

---

[1] Arce Martínez 2017, 65, 1ª ed. 1997.
[2] Glacken 1967, vii–xvi.
[3] El arquetipo de planteamiento determinista lo encarna la obra de Ellsworth Huntington (1876–1947), geógrafo estadounidense interesado en la influencia ejercida por el clima sobre las sociedades humanas. Sobre su trayectoria vital e intelectual, véase Martin 1973. Huntington establecía una relación determinista entre la distribución de los diferentes climas y el potencial de progreso y civilización, Huntington 1907; Huntington 1915; Huntington 1924. Aplicó este razonamiento, por ejemplo, a los colapsos del mundo maya y del Imperio romano: Huntington 1917a; Huntington 1917b. La fundamentación racista y determinista climática de su, por otra parte, bien difundido trabajo, contribuyó a estigmatizar este tipo de enfoques, sobre los que ya existía debate en vida del autor Baynes 1943, 33 s. Al respecto ver Meyer/Guss 2017, 2 s., con bibliografía.
[4] Ejemplos representativos son McCormick et al. 2012; Manning 2013; García-Alix et al. 2013; Haldon et al. 2018; Izdebski et al. 2022.

camente imposible el estudio de los denominados eventos de oleaje extremo, tsunamis y tormentas, que abordaremos en este trabajo.

Como resultado, durante los últimos años hemos asistido al incremento de las líneas de investigación que ponen en relación los procesos históricos y los factores ambientales. El interés se ha proyectado preferentemente hacia el impacto que los fenómenos naturales extremos pudieron tener como desencadenantes o potenciadores de procesos de crisis,[5] así sucede con el ejemplo del Imperio romano de Occidente,[6] que se enmarca en un debate más amplio entre continuidad y ruptura.

Un caso regional al que conviene prestar atención es el de *Hispania*, habida cuenta de que hace ya algunos años está operando una renovación historiográfica en la lectura de los cambios que se constatan en el registro material. Autores como J. Andreu Pintado, P. Diarte Blasco, J. M. Macias Solé o D. Romero Vera han retomado la idea de crisis sistémica para describir los procesos de desarticulación urbana y de involución de las estructuras romanas apreciables desde finales del siglo II.[7] En este panorama los desastres naturales se están posicionando como mecanismos causales satisfactorios, incluyéndolos en una explicación solvente de esa crisis y desvinculándolos de los argumentos monocausales, especialmente invasionistas, que caracterizaron a la historiografía del siglo XX.[8] La línea por la que se decantan apunta hacia una retroalimentación entre factores de diversa índole, institucional, social o financiero, como parte de un proceso de larga duración. Entre ellos se incluyen posibles crisis ambientales y episodios puntuales de gran poder destructivo como los terremotos, cuya incidencia algunos de estos estudios ya se han abierto a contemplar.[9]

El presente trabajo aspira a sintetizar este panorama con el estudio de un caso en el que convergen los avances de la metodología interdisciplinar y la operatividad conceptual de los desastres naturales para contribuir a explicar una dinámica de crisis. Se trata del impacto de los eventos marinos de alta energía en los ambientes litorales del sur de *Hispania*, especialmente los del golfo de Cádiz.

---

5   Degroot et al. 2021. Quizás la explicación radique en la relación esencial que existe entre el presente y el pasado a la hora de orientar el interés de los historiadores hacia determinados temas, donde una sociedad atribulada por una *tormenta perfecta*, en palabras del secretario general de la ONU, de problemas ambientales, políticos y económicos, tiene clara sus prioridades: Guterres 2022. No obstante, existen otros puntos de vista centrados también en los procesos de adaptación y resiliencia, como Kaniewski et al. 2015 o el trabajo editado por Schwartz/Nichols 2010 dedicado a la regeneración de las sociedades complejas.
6   Martín Casado 2022a, con bibliografía.
7   Andreu Pintado 2014; Andreu Pintado / Blanco-Pérez (Eds.) 2019; Diarte-Blasco 2019; Macias Solé 2015; Romero Vera 2022. Una postura intermedia en Brassous 2019.
8   Peña Cervantes 2000, esp. 474–483.
9   Andreu Pintado 2014, 253; Mata Soler 2014, 227 (terremotos); Andreu Pintado / Delage González 2017, 366, nota 75 (crisis medioambiental); Andreu Pintado 2019, 29; Andreu Pintado / Blanco-Pérez 2019, 8 (cambio climático); Espinosa Espinosa 2019, 78–80, Guilabert Mas et al. 2019, 153; Melchor Gil 2018, 426–427 (una concatenación de estos).

## Tsunamis en la península ibérica: problemas y metodología

El protagonismo de la investigación sobre posibles tsunamis históricos en la península ibérica se ha incrementado de manera sostenida en los últimos años, con amplia participación de historiadores y arqueólogos que buscan comprender el impacto que estas catástrofes naturales tuvieron en el tejido social, desde el plano económico al ideológico, y su capacidad para desencadenar o exacerbar procesos de crisis de amplia escala.[10] Pero ¿pueden producirse tsunamis en la península ibérica? y ¿puede rastrearse un fenómeno de esta naturaleza en un tiempo histórico remoto, como es la Antigüedad? La respuesta es en ambos casos afirmativa y además radica ahí el vínculo con el presente volumen dedicado a los valles fluviales de *Hispania*.

Tsunami es un término de origen japonés, aunque en la actualidad se encuentra plenamente asentado en el ámbito internacional y ha sido incorporado al diccionario como voz propia del español.[11] Designa la perturbación de la columna de agua a través de ondas, manifestada en forma de ola, o conjunto de olas, de grandes dimensiones. Se trata de un fenómeno potencialmente catastrófico, por el poder destructivo de la inundación marina y por su carácter súbito, que dificulta la reacción de las poblaciones costeras. No obstante, el estudio de este fenómeno suele aparejar una noción más amplia, que incluye también la fuerza responsable de poner en movimiento la masa de agua. Al respecto, existen diferentes mecanismos capaces de perturbar la columna de agua marina y generar una ola de tales características. Se trata de terremotos, erupciones volcánicas, deslizamientos submarinos e incluso el impacto de meteoritos.[12]

El factor sísmico constituye la causa más común.[13] Así ocurre en el litoral atlántico de la península ibérica, compartido por España y Portugal, donde existe una zona potencialmente tsunamigénica, la denominada región sísmica de Azores-Gibraltar, localizada en el área de contacto entre las placas Euroasiática y Africana, capaz de generar olas de gran tamaño, aunque a intervalos muy largos de tiempo (Fig. 1).[14]

---

10  Véase Álvarez-Martí-Aguilar / Machuca-Prieto (Eds.) 2022.
11  También es admisible la forma simplificada sunami. https://www.fundeu.es/recomendacion/maremoto-y-tsunami/ (06/07/2024)
12  Bryant 2014, 3 s. 9–17. 103–194; Campos Romero 1992, 29 s; Cap 2006, 96–98; Dawson/Stewart 2007, 167–176; Levin/Nosov 2009, 2–5. 31–34. 153–156. 165–168. 171–174. 183–185. 189–192; Papadopoulos 2016, 1–37.
13  Vázquez-Garrido et al. 2022, 67.
14  Campos Romero 1992, 77–94; Costa et al. 2021, 105–109; Martínez Solares 2005; Vázquez-Garrido et al. 2022, 69–96.

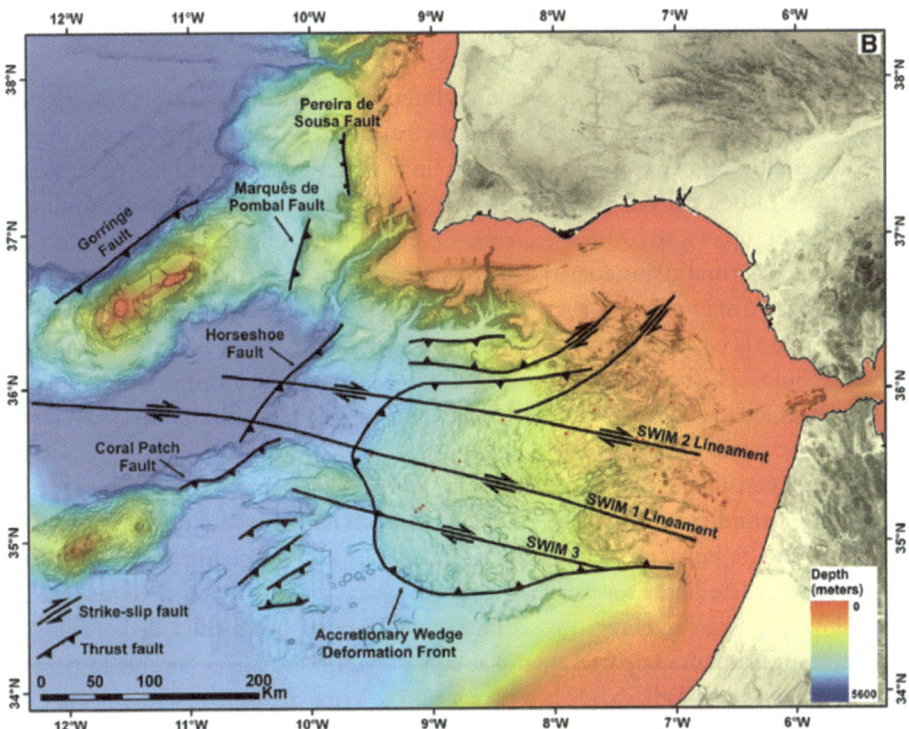

**Fig. 1** Caracterización tectónica del golfo de Cádiz. Tomado de Costa et al., 2022, 107.

Esa particularidad ha llevado a considerar esta como una zona de baja probabilidad tsunamigénica, al existir una horquilla de recurrencia entre eventos muy amplia. Sin embargo, no existe consenso en cuanto a fechas concretas. En general, la literatura científica refleja una distinción entre los partidarios de un intervalo menor, de aproximadamente 300 o 400 años,[15] y los defensores de una horquilla más extensa, aunque variable, de en torno a 1000 años o más.[16] Esta dualidad ha permanecido vigente en los estudios más recientes, pasando del periodo de recurrencia de ca. 400–800 años que Rodríguez-Ramírez et al. 2022 proponen a partir de los datos obtenidos por ellos en el estuario del Guadalquivir, al periodo de retorno de aproximadamente un milenio sugerido por Costa et al. 2022.[17] Algo que otros autores aumentan hasta los 1200–1500

---

15  Ruiz-Muñoz et al. 2005, 226; Ruiz-Muñoz et al. 2008a, 1; Cáceres-Puro et al. 2006, 3.
16  Gutscher et al. 2006 (1000–2000 años); Lario-Gómez et al. 2011 (1200–1500 años); Matias et al. 2013 (700 años); Ruiz-Muñoz et al. 2013 (700–1000 años).
17  Rodríguez-Ramírez et al. 2022, 144; Costa et al. 2022, 121.

años.[18] Esto contrasta, por ejemplo, con el mar Egeo, donde ese periodo es de 30 años, o el Mediterráneo oriental, donde es de en torno a 60.[19]

Pero, pese a estar separados por grandes intervalos de tiempo, estos eventos representan una amenaza cuya capacidad destructiva no debe ser minusvalorada. Así lo acredita el último gran episodio registrado en la región, el denominado terremoto y tsunami de Lisboa del 1 de noviembre de 1755, quizá la mayor catástrofe natural que ha sufrido Europa en su historia reciente. Pese al nombre que recibe, el área afectada abarcó todo el litoral atlántico peninsular y parte del norte de África, siendo percibido en lugares tan distantes como Hamburgo, el archipiélago de Cabo Verde o las islas Sorlingas, frente a la costa de Cornualles, lo que explica sus terribles y bien documentados efectos.[20] Solo en Lisboa, por ejemplo, la súbita sucesión de seísmo, incendio y tsunami destruyó la ciudad casi completamente, haciéndola inhabitable, causando la muerte de entre 20.000 y 30.000 personas.[21]

No debe considerarse este caso como un *unicum* sino como parte de una serie de eventos de periodicidad variable.[22] Es decir, como un fenómeno de baja probabilidad, pero de muy alto impacto. Para rastrearlos, la moderna investigación geológica se fundamenta en el estudio de sus huellas geomorfológicas en los paisajes costeros y de los depósitos que dejan en el registro sedimentario. La costa suratlántica de la península ibérica, especialmente la parte española, constituye un escenario apropiado para su estudio. Ello no es baladí, ya que la preservación de estos depósitos es un aspecto delicado, pues los ambientes litorales suelen presentar un bajo potencial de conservación, al estar sometidos a la erosión continua del mar.[23] Pero la costa atlántica andaluza, a diferencia de la costa del Algarve, más abundante en afloramientos rocosos,[24] ofrece unas condiciones muy propicias para la retención de los sedimentos dejados por estos eventos. Se trata de zonas marítimas llanas y de escasa altitud con presencia de ambientes que pueden funcionar como "trampas" sedimentarias: playas, lagunas costeras y, especialmente, marismas y estuarios,[25] situados en la desembocadura de los

---

18  Gutiérrez-Rodríguez et al. 2022, 269.
19  Kuran/Yalçiner 1993.
20  Foster et al. 1991; Martínez Solares 2001, 11–13. Los daños en España fueron recogidos a partir de una encuesta que el rey Fernando VI ordenó llevar a cabo el día 8 de noviembre entre las personas doctas de las capitales y pueblos de cierta importancia. Con estos datos la Real Academia de la Historia elaboró una síntesis presentada al rey con los daños. La documentación ha sido estudiada y transcrita por Martínez Solares 2001, cuya monografía constituye el estudio más completo y sistemático que se ha llevado a cabo hasta ahora.
21  Van Babel et al. 2020, 23. 27. 135.
22  Udías Vallina 2019.
23  Dawson/Stewart 2007, 166; La Selle et al. 2017; Levin/Nosov 2009, 229. 241–247; Szczucinski, 2012.
24  Andrade et al. 2016, 221–226. 234 s; Costa et al. 2021.
25  Dawson et al. 2020.

principales ríos entre las actuales provincias de Huelva y Cádiz (Guadiana, Piedras, Tinto-Odiel, Guadalquivir y Guadalete).

Como resultado, la costa atlántica andaluza ofrece uno de los mejores y más detallados registros sedimentarios de depósitos de tsunamis y tormentas del entorno europeo.[26] Sin embargo, aunque estos fenómenos implican mecanismos diferentes de generación, sus depósitos comparten muchas características, por lo que tienden a dejar huellas muy parecidas en la estratigrafía costera. De esta situación deriva la generalización del concepto de *evento* para definir de forma genérica los diferentes episodios

**Fig. 2** Evidencias sedimentaras del tsunami de Lisboa de 1755 obtenidas en la costa del Algarve: a) Boca do Rio, b) Martinhal, c) Alcantarilha, d) Salgados y e) Salgados. La escala vertical aproximada es de 1 m para (a), de 0,30 m para (e) y de 0.5 m para el resto. Tomado de Costa et al., 2022, 117.

[26] Costa et al. 2022, 121.

marinos de alta energía que depositaron los sedimentos.[27] En la historiografía española se han empleado diversos términos: evento catastrófico,[28] evento erosivo,[29] evento energético[30] o episodio de alta energía.[31] En 2010 Lario-Gómez y colaboradores realizaron una de las primeras revisiones del estado de la cuestión sobre estos depósitos.[32] A su juicio, distinguir entre tsunamis y tormentas implicaba asumir un grado muy alto de ambigüedad (Fig. 2), de modo que, para evitarlo, acuñaron el término *Extreme Wave Event* (comúnmente referido como *EWE*).[33]

## *EWEs* en la Antigüedad tardía: avances geológicos y problemas historiográficos en el arco suratlántico

Partiendo de esta situación, el principal interrogante es si disponemos de pruebas para eventos de esta naturaleza antes del mencionado de 1755. Al respecto, progresivamente han sido identificados depósitos de cronología anterior, definiendo una serie de horizontes temporales de particular interés. La Protohistoria, por ejemplo, ha recibido un importante grado de atención.[34]

El ámbito que nos compete, el de la tardoantigüedad, también ha incorporado posibles depósitos de alta energía con una cronología compatible con los siglos III–V. Las primeras aportaciones al respecto hay que buscarlas casi exclusivamente en el ámbito geológico.[35] Se trata de aparentes eventos erosivos identificados a nivel geomorfoló-

---

27  Einsele et al. 1996.
28  Rodríguez-Vidal 1987, 254; Lario-Gómez et al. 1995, 244.
29  Rodríguez-Ramírez et al. 1996.
30  Cáceres-Puro et al. 2006.
31  Lario-Gómez et al. 2001; Lario-Gómez et al. 2002; Ruiz-Muñoz et al. 2004; Ruiz-Muñoz 2005; Morales-González et al. 2008; Gutiérrez-Mas et al. 2009; Gutiérrez-Mas 2011.
32  Lario-Gómez et al. 2010.
33  Aunque existen otras denominaciones (Costa 2006, *abrupt marine invasions*; Costa 2012, *extreme marine inundations*; Shanmugam 2012, 21 *catastrophic inundation event*) el concepto de *EWE* es el que ha logrado mayor aceptación.
34  Martín Casado 2022b. En el golfo de Cádiz: finales del segundo milenio a. C.: Rodríguez-Ramírez et al. 2022; siglo VI a. C.: Celestino Pérez / López Ruiz; Álvarez-Martí-Aguilar 2023; siglo III a. C.: Gómez-Toscano et al. 2015. En el yacimiento fenicio de Cerro del Villar, en el mar de Alborán, durante el s. VII a. C.: Álvarez-Martí-Aguilar et al. 2022.
35  Existen excepciones, Pérez de Barradas 1934, 42 afirmaba haber identificado un maremoto a partir de un nivel de arena que cubría la basílica paleocristiana de Vega del Mar (Marbella, Málaga); mientras que J. Martínez Santa-Olalla aludía haber hallado en las excavaciones de la ciudad hispanorromana de *Carteia* huellas de un maremoto del siglo V d. C. y otro del año 526 d. C., Roldán Gómez et al. 2006, 40. Las afirmaciones fueron recogidas en la presa local, por lo que quizás se refería en ambos casos a un mismo evento, mencionado por error con dos fechas diferentes. No podemos asegurarlo porque la mayor parte de sus resultados no han sido publicados. Tal vez el juicio de Martínez Santa-Olalla al respecto se vio influido por los relatos populares que, de acuerdo con López Gil 1994, 63, existían entre la población de la zona según los cuales *Carteia* había sido destruida por un maremoto.

gico en barreras litorales de la costa atlántica, caso de Doñana en el estuario del río Guadalquivir o Valdelagrana en el Guadalete, interpretados como hiatos o vacíos entre fases de progradación.[36] La cronología resulta, no obstante, poco operativa para la elaboración de conclusiones históricas ya que se enmarca en horquillas poco precisas. La caracterización también resulta ambigua puesto que a mediados de los años 90 del siglo XX la terminología no se encontraba todavía asentada.[37] Por lo que las huellas del registro eran achacadas a un abanico impreciso de causas, como episodios de subida del nivel del mar, motivados por cambios en la circulación atmosférica y las corrientes marinas, o al deterioro de las condiciones climáticas, en forma, por ejemplo, de fuertes tormentas.

Hay que esperar a la década de los 2000 para que se plantee que los episodios erosivos marinos documentados pudieran corresponder a eventos de tipo tsunami. Esta evolución ha sido analizada por Álvarez-Martí-Aguilar y Machuca-Prieto,[38] quienes aprecian una interesante dualidad. Aunque las investigaciones adoptan una metodología cada vez más depurada, la popularización de la idea del tsunami en la historiografía hispano-portuguesa llegó impulsada por el interés mediático despertado a raíz de los casos registrados en el océano Índico en 2004, Chile en 2010 y Japón en 2011. Esto ocasionó en palabras de los citados investigadores "a tendency to employ insufficiently contrasted historical data of doubtful veracity".[39]

Mediante sondeos realizados en la flecha litoral de Valdelagrana, L. Luque y su equipo identificaron una secuencia sedimentaria anómala con indicios de erosión y presencia de fauna marina, que achacaron a un evento puntual y catastrófico, inclinándose por considerarlo un tsunami.[40] La edad calibrada obtenida a partir del análisis radiocarbónico de un ejemplar de bivalvo tomado por debajo del estrato, y por tanto ligeramente anterior a este, fue de 2140–1700 cal BP, es decir, ca. 190 a. C.–250 d. C.[41] Los autores se decantaron no obstante por adoptar una cronología temprana en 2300–2000 BP.[42] La presencia de una vía romana levantada sobre el depósito puede avalar un límite *ante quem* no demasiado avanzado, pero en ese caso la cronología dada a los niveles romanos, siglos I a. C.-II d. C., debe ser precisada. Es cuestionable adoptar una cronología más antigua para este evento tomando como referencia los supuestos tsunamis ocurridos en 218–210 y 60 a. C. mencionados en el catálogo sísmico de José Galbis, por los serios problemas metodológicos en los que esta obra incurre.[43] Así que,

---

36   Zazo-Cardeña et al. 1994; Rodríguez-Ramírez et al. 1996; Rodríguez-Ramírez et al. 1997.
37   Como excepción, Rodríguez-Vidal 1987, 254.
38   Álvarez-Martí-Aguilar / Machuca-Prieto 2022, 4–7.
39   Álvarez-Martí-Aguilar / Machuca-Prieto 2022, 6.
40   Luque-Ripoll et al. 2001, 207 s; Luque Ripoll et al. 2002, 624–629; Luque-Ripoll 2008, 145 s.
41   La fecha ha sido recalibrada por Costa et al. 2022 en ca. 2250–1710 cal BP. Hay que mencionar que la marisma en la que se realizó el estudio se encuentra alterada por el uso antrópico.
42   Luque-Ripoll et al. 2001, 208; Luque-Ripoll et al. 2002, 629.
43   Álvarez-Martí-Aguilar 2017a; Álvarez-Martí-Aguilar 2020; Álvarez-Martí-Aguilar 2022.

sin descartar otras alternativas, el horizonte tardorromano no puede dejar de ser considerado ya que entra en la horquilla cronológica radiocarbónica.

Sin abandonar la bahía de Cádiz, en el entorno del río San Pedro, Gutiérrez-Mas relacionó la presencia de una especie de molusco marino bentónico, la *Glycymeris Insubrica*, en una serie de depósitos de poca profundidad, con condiciones de alta energía, asociadas a un flujo hidrodinámico capaz de remover las conchas desde las profundidades y depositarlas en lugares a los que no llegan las mareas ni las olas de tormenta. Estos depósitos serían pues resultado de fenómenos de inundación excepcional, vinculándolos implícitamente, al menos en el caso de los depósitos más elevados, a la energía de las olas de tsunami.[44] Las dataciones obtenidas a partir de estas muestras son variadas, algo que el autor relaciona con una secuencia de eventos, si bien buena parte de las fechas incluyen la época tardorromana.[45]

Un dictamen similar al expresado por Rodríguez-Vidal y su equipo mediante el estudio de unos depósitos de sedimentos bioclásticos de procedencia marina que colmataban las grietas rocosas de los acantilados de Rosia Bay, en la costa suroeste del Peñón de Gibraltar. Los investigadores atribuyen la formación de estos depósitos a sucesivas olas de tipo tsunami datadas mediante $^{14}$C y relacionadas por ellos con las fechas recogidas en los catálogos sísmicos. Identifican un total de cinco episodios, de los cuales el más reciente antes del de 1755 ofreció una cronología de 1750–1500 cal. BP (siglos III y V).[46] No obstante, ya que los criterios de esta innovadora metodología no han sido verificados todavía, la consideración como huellas de antiguos tsunamis de los depósitos allí encontrados debe tomarse con precaución.

En Doñana, este mismo equipo ha propuesto fechar en ca. 1700 cal BP un posible evento de alta energía identificado a partir de ciertas características – incisiones erosivas y acumulación de fauna marina – presentes en la secuencia sedimentaria de la marisma.[47] Una reciente revisión de los datos asociados a estos sondeos confirmó la presencia de interrupciones en la secuencia deposicional vinculadas a características propias de un episodio de oleaje extremo.[48] No obstante, dicha revisión advierte la presencia de dos episodios distintos en lugar de uno solo. Uno de ellos es identificado explícitamente con un tsunami y fechado en 125–540 d. C.[49] El otro correspondería con una serie de grandes tormentas atlánticas desarrolladas durante un intervalo cro-

---

44 Gutiérrez-Mas 2011, 551–553; Gutiérrez-Mas / García-López 2015, 131–135.
45 648±108, 559±107, 313±119 para las muestras de depósitos emergidos y 251±161, 136±113 para los depósitos submareales Gutiérrez-Mas 2011, 549–551.
46 Rodríguez-Vidal et al. 2015a.
47 Rodríguez-Vidal et al. 2008, 140, reinterpretando datos previos de Ruiz-Muñoz et al. 2004, quienes asignaban a este evento una cronología anterior de ca. 2050 cal BP. Costa et al. 2022, 113 toman esta posibilidad con escepticismo, señalando que este posible tsunami no ha vuelto a ser mencionado en publicaciones posteriores.
48 Guerra et al. 2020a, 427.
49 Guerra et al. 2020a, 428.

nológico más amplio, de entre ca. 105 a. C. y 290 d. C. de acuerdo con una recalibración de la cronología original.[50]

Otras perforaciones efectuadas entre los *cheniers* de Vetalengua y Las Nuevas han advertido huellas de naturaleza similar. Estas corresponden a un estrato compuesto de limo y arcilla con presencia de arena y diferentes especies de malacofauna marina a una profundidad aproximada de 1 m., cuyo contacto con el nivel inferior resultaba claramente erosivo. Los responsables de la investigación interpretaron este depósito como un arrastre sedimentario muy intenso provocado por un evento de oleaje extremo. Las dataciones obtenidas a partir de conchas ofrecieron dos horquillas: 9 a. C.–300 d. C. y 105 a. C.–292 d. C. Pese a tratarse de un intervalo amplio, se optó por fecharlo en los siglos II–III d. C. apoyándose en la cronología aproximada de unas deformaciones morfológicas localizadas en los cordones dunares de La Marismilla y Las Nuevas, consideradas también producto de este episodio. La combinación de indicadores sedimentarios y geomorfológicos atribuidos a este evento llevó a los responsables del estudio a proponer que pudiese tratarse de un tsunami,[51] postura que han mantenido en posteriores revisiones de los datos, decantándose por una cronología calendárica de entre 100 y 300 d. C.[52]

Por último, en la desembocadura de los ríos Tinto y Odiel, varias estratificaciones de arena y conchas con indicios de erosión localizadas en niveles superficiales del estuario han sido vinculados con un momento de fuerte influencia marina en la ría, ya que la penetración del mar alcanzó áreas situadas fuera del alcance de las mareas. Morales et al. 2008 atribuyeron la génesis de estos niveles conchíferos de matriz arenosa a grandes olas de tipo tsunami, sosteniendo que solo este mecanismo habría liberado la energía suficiente para introducirlas en el estuario y transportarlas varios kilómetros al interior.[53] En su trabajo los autores distinguen una secuencia de varios eventos de alta energía a lo largo de los estratos que componían estos depósitos (HEL1-HEL5), las muestras de conchas procedentes del estrato HEL5 proporcionaron un rango de edad en 310–414 d. C.[54]

Trabajos posteriores en la isla de Saltés, localizada frente a la confluencia de los ríos Tinto y Odiel, han definido la existencia de niveles sedimentarios de alta energía en el espacio conocido como La Cascajera, uno de los cordones o ganchos formados por la acumulación de arena. Mediante la limpieza del corte natural y la excavación de trincheras verticales fue posible distinguir la secuencia estratigráfica holocena de los depó-

---

50   Guerra et al. 2020a, 428; Guerra et al. 2020b, 10–12.
51   Rodríguez-Ramírez et al. 2016, 115.
52   Rodríguez-Ramírez et al. 2022, 140 141.
53   Morales-González et al. 2008, 742.
54   Morales-González et al. 2008, 737–740, 742. 744. El rango de edad asignado a este evento aparece expresado mediante dos horquillas distintas, 362±52 y 407±70 d. C. El motivo de esta disparidad podría radicar en que la fecha de HEL5 procede de dos muestras distintas. Sin embargo, en tal caso, no se aporta la horquilla completa de cada muestra.

sitos emergidos, identificándose distintas facies sedimentarias cuyo número se ha ido incrementando hasta alcanzar un total de 8. En la facies 4, correspondiente a una capa bioclástica situada en la zona supramareal, lejos por tanto del alcance de las mareas, se identificó una base erosiva tapizada por valvas de moluscos abrasadas y fragmentadas. Este nivel ha sido interpretado como una sucesión de capas de tormentas (tempestitas) formadas por la acción acumulada de olas anormalmente energéticas.[55] Las dataciones radiocarbónicas determinaron que se trataba de un periodo amplio de gran inestabilidad hidrometeorológica entre mediados del I a. C. y mediados del II d. C.,[56] si bien podía extenderse hasta comienzos del siglo III d. C. (Fig. 3).[57]

En conjunto,[58] el primer elemento destacable de estos estudios es su carácter geológico, con estuarios y marismas como principales escenarios. Si bien, desde mediados de la década de los 2000 empieza a hacerse visible un creciente interés de los geólogos hacia lo que podríamos denominar la dimensión social del desastre, materializado en los primeros estudios en yacimientos arqueológicos llevados a cabo en la ciudad romana de *Baelo Claudia*.[59] Otra peculiaridad es la aparición de dificultades metodológicas, en forma de problemas con la identificación y datación de los eventos, resultando en una rápida acumulación de fechas dispares. No obstante, los problemas alcanzarán su mayor dimensión cuando los especialistas del campo de las ciencias naturales empiecen a manifestar la intención de dar a esos eventos una lectura histórica más precisa. Eso conecta con la tercera característica, el predominio de cronologías excesivamente holgadas, derivadas de la metodología geológica, acostumbrada a trabajar con escalas más amplias de tiempo,[60] ubicando los eventos de oleaje extremo documentados en el golfo de Cádiz durante el Holoceno en una secuencia de horizontes temporales:

---

55  Bermejo Meléndez et al. 2019; Cáceres-Puro et al. 2018; Gómez-Gutiérrez et al. 2017; Gómez-Gutiérrez et al. 2021; González-Regalado et al. 2019a; González-Regalado et al. 2019b; Rodríguez-Vidal et al. 2014; Rodríguez-Vidal et al. 2015b.
56  Bermejo-Meléndez et al. 2019, 17; Cáceres-Puro et al. 2018, 21. 24; Gómez-Gutiérrez et al. 2021, 173–174; Rodríguez-Vidal et al. 2015b, 78–79.
57  Gómez-Gutiérrez et al. 2017, 156; González-Regalado et al. 2019a, 102; González-Regalado et al. 2019b, 140. 142.
58  Estudios efectuados en las llanuras abisales al suroeste del cabo San Vicente, entre la falla del Marqués de Pombal y el banco de Gorringe (Vizcaíno et al. 2006; Grácia Mont et al. 2010) coinciden en identificar, entre otros, un posible *EWE* cuya cronología potencial puede incluir los primeros siglos de época imperial, pero no el Bajo Imperio. Algo que, a mi juicio, recuerda la conveniencia de tomar con precaución las fechas procedentes de los estudios geológicos y de disponer de datos arqueológicos.
59  Silva-Barroso et al. 2005; Silva-Barroso et al. 2009. Siguiendo la estela de los investigadores franceses que ya habían avanzado la hipótesis del tsunami en los años ochenta, Menanteau et al. 1983.
60  Como ponen de manifiesto Izdebski et al. 2016, la escala temporal supone un punto corriente de fricción en el trabajo interdisciplinar.

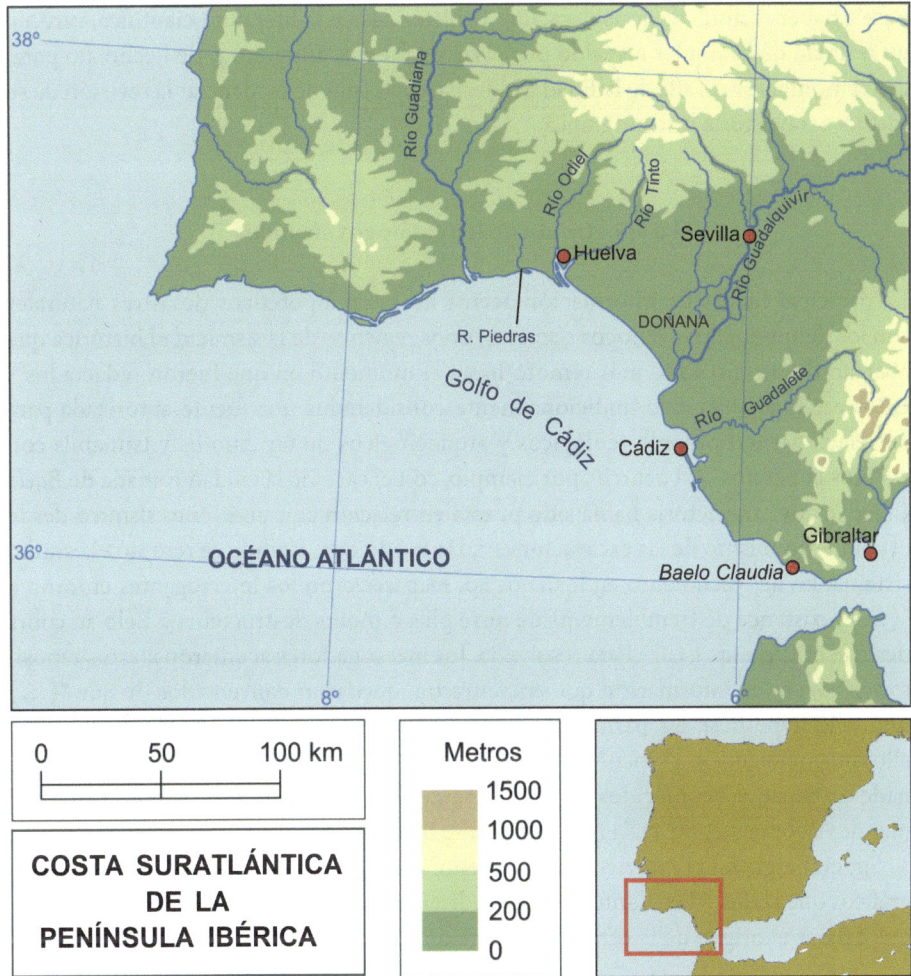

**Fig. 3** Mapa del litoral atlántico de Iberia. Elaboración propia.

ca. 7000 cal BP, ca. 5700–5300 cal BP, ca. 4500–4100 cal BP; ca. 3900–3700 cal BP, ca. 2700–2200 cal BP; ca. 1700–1500 cal BP y 1755 AD.[61]

Pero, en medio del despliegue, en esta primera etapa, de un enfoque tan alejado de la práctica común de los historiadores, se aprecia un hito sorprendente. Se trata de la aparición de fechas extremadamente precisas asociadas a dos presuntos tsunamis de 382 y 395 en la costa atlántica y otro de 365 en el Mediterráneo andaluz.[62] Estas fechas,

---

61  La primera síntesis de este panorama fue elaborada por Lario-Gómez et al. 2010; Lario-Gómez 2011. Una reciente actualización en Costa et al. 2022; Gracia-Prieto et al. 2022.

62  Fechas que empiezan a ser mencionadas de forma reiterada. 365: Campos Romero 1990, 91. 327; Campos Romero 1991, 88; Campos Romero 1992, 78–80; Martins / Mendes-Víctor 2001; Lu-

pese a haber recibido la consideración de históricas en la literatura científica, carecen en realidad de cualquier respaldo por parte de fuentes antiguas, y, de hecho, no parecen remontarse más allá de la Edad Moderna, como puede evidenciar la revisión de su tortuosa trayectoria historiográfica.

## La aportación de los catálogos sísmicos

La principal fuente de información acerca de estos hipotéticos desastres naturales son los denominados catálogos sísmicos, unos registros de la sismicidad histórica que abarcan desde el pasado más remoto hasta el momento en que fueron redactados[63]. Estos catálogos han sido tradicionalmente considerados una fuente autorizada para correlacionar indicadores geológicos y arqueológicos de terremotos y tsunamis con eventos concretos. Así ocurrió, por ejemplo, con el caso de la ciudad romana de *Baelo Claudia*, cuya trayectoria había sido puesta en relación con un evento sísmico desde el comienzo mismo de las excavaciones[64]. De modo que, cuando se retomó el estudio sistemático del yacimiento en los años 80, reaparecieron los interrogantes entorno a "(…) l'existence de tremblements de terre plus o moins destructeurs á Belo au cours des IIIe et IVe s. ap. J. C.".[65] Para resolverla, los investigadores acudieron a estos repositorios[66] y, con la información que encontraron, quedaron convencidos de que "(…) une telle hypothese est parfaitement plausible".[67] Esa información apuntaba, como ellos mismo recogen, a la ocurrencia de dos terremotos, que podrían haber desencadenado un tsunami, acontecidos respectivamente el 21 de julio de 365 con epicentro en el mar de Alborán y el 382 en la región del cabo San Vicente.

Sin embargo, tal como viene siendo denunciado, se trata de eventos más historiográficos que reales.[68] Pero, antes de profundizar en los problemas de esta tradición, hay que aclarar el origen de la otra fecha mencionada, la de 395. Esta alude en realidad al

que-Ripoll et al. 2001, 199; Martínez Solares 2005, 52; Rodríguez-Vidal et al. 2015a, 382: Mezcua Rodríguez / Martínez Solares 1983, 25. 123; Campos Romero 1990, 122. 327. 351. 356 s.; Campos Romero 1991, 88; Campos Romero 1992, 78–80. 102; Martins / Mendes-Victor 2001; Luque-Ripoll et al. 2001, 199; Silva-Barroso et al. 2005, 141; Ruiz-Muñoz et al. 2008b, 146; Morales-González et al. 2008, 742–744, quien lo menciona como 381; Baptista/Miranda 2009; Kaabouben et al. 2009, 1228; Gutiérrez-Mas 2011, 552; Grácia Mont et al. 2010, 1169; Ruiz-Muñoz et al. 2013, 102. 395: Morales-González et al. 2008, 742–744; Gutiérrez-Mas 2011, 552; Ruiz-Muñoz et al. 2013, 102 s.
63  Álvarez-Martí-Aguilar 2020; Udías Vallina 2015; Udías Vallina 2017.
64  Paris et al. 1923, 60.
65  Menanteau et al. 1983, 151.
66  Stahl 1971.
67  Menanteau et al. 1983, 151.
68  Álvarez-Martí-Aguilar 2017a; Álvarez-Martí-Aguilar 2017b; Álvarez-Martí-Aguilar 2020; Álvarez-Martí-Aguilar 2022; Andrade et al. 2016; Rodríguez-Ramírez et al. 2015; Rodríguez-Ramírez 2022; Udías Vallina 2015; Udías Vallina 2019.

mismo episodio atlántico de 382, incluso a veces aparecen mencionadas de forma conjunta.[69] La causa aparente de esta dislocación está en que la investigación arqueológica y arqueosísmica en el yacimiento había documentado dos episodios de destrucción abrupta, fechados respectivamente a mediados del siglo I y a finales del IV, proponiéndose para este segundo caso una cronología orientativa en 350–395.[70] La fecha final de la horquilla terminó por mezclarse con las que se habían extraído de los catálogos sísmicos y, pese a que la cronología del segundo horizonte de demolición y el desastre natural asociado fue revisada más tarde, pasando al siglo III,[71] la fecha de 395 siguió repitiéndose en publicaciones posteriores, añadiendo mayor confusión.

Volviendo a las fechas principales de los catálogos, 365 y 382, hay que hacer notar en primer lugar que ninguno de los autores que se hace eco de ellas menciona que el origen sea ningún autor antiguo. Al contrario, tanto el actual *Catálogo sísmico de la Península Ibérica (880 a. C.–1900)*,[72] como el anterior catálogo oficial sobre *Sismicidad del área Ibero Mogrebí*[73] o los trabajos de Campos Romero sobre el riesgo de tsunamis en España,[74] citan entre sus fuentes a catálogos anteriores. La cadena de transmisión de la información funciona por agregación, incorporando todos los datos de publicaciones anteriores. Pero hay un caso que se repite y al cual acuden como "(…) la fuente más importante (…) de donde hemos extraído la información básica sobre la ocurrencia y descripciones de este fenómeno".[75] Se trata del catálogo sísmico de José Galbis Rodríguez (1868–1952), obra publicada en dos volúmenes que aspiraba a recoger todas las referencias a terremotos y tsunamis ocurridos en la península ibérica.[76] Tremendamente ambicioso en comparación con recopilaciones anteriores,[77] su trabajo, el primer catálogo sísmico como tal realizado en España, ha sido la referencia durante muchos años, siendo considerado incluso en la actualidad "una fuente inagotable de información, trascendente e imprescindible para abordar de manera rigurosa los estudios de sismicidad histórica en nuestro país".[78]

Sin embargo, dado que la intención de Galbis era recopilar todas las noticias conocidas, pero no valorar su historicidad, sus registros no constituyen un testimonio histórico que pueda emplearse sin tratamiento crítico, especialmente las entradas más antiguas. Pensemos que, en su viaje al pasado, este geógrafo madrileño encontró mu-

---

69   Morales-González et al. 2008, 742; Ruiz-Muñoz et al. 2013, 102.
70   Menanteau et al. 1983; Silva-Barroso et al. 2005. Sin embargo, esta cronología no resultaba ajena a los datos de los catálogos sísmicos Galbis Rodríguez 1941, 11.
71   Silva-Barroso et al. 2009.
72   Martínez Solares / Mezcua Rodríguez 2002.
73   Mezcua Rodríguez / Martínez Solares 1983.
74   Campos Romero 1990; Campos Romero 1992.
75   Campos Romero 1990, 355.
76   Galbis Rodríguez 1932; Galbis Rodríguez 1940.
77   Compárense sus dimensiones con las de su antecesor, la *Lista de los terremotos más notables sentidos en la Península Ibérica* publicada por el malagueño Sánchez-Navarro Neumann en 1921.
78   Ruiz Morales 2021, 211.

chos problemas con las fuentes y con el manejo de la información. Así, incluye eventos totalmente fabulosos, algunos duplicados por error en fechas distintas u otros basados en fuentes de dudosa fiabilidad.[79] La entrada correspondiente al episodio de 382,[80] invoca la autoridad de dos trabajos anteriores. Se trata, respectivamente, de la recopilación de terremotos documentados en la península ibérica elaborada poco antes por Manuel M.ª Sánchez-Navarro Neumann,[81] y de un trabajo más antiguo, del que probablemente ambos tomaron la información, la *Historia universal dos terremotos* de Joachim Joseph Moreira de Mendonça, publicada en 1758 a raíz del interés despertado por el desastre de Lisboa de 1755.[82] Sin embargo, la fuente original de la que beben todos estos compiladores es una historia general de Portugal titulada *Monarchia Lusytana* elaborada por Fray Bernardo de Brito.[83]

Para dotar de contenido al pasado remoto de Portugal, este cronista no tuvo reparo en valerse de fuentes espurias y falsas, algunas directamente inventadas por él.[84] Como ha señalado Álvarez-Martí-Aguilar, en su Monarchia Brito se apoya en referencias a unas supuestas obras históricas desconocidas hasta entonces que había descubierto en la biblioteca del Monasterio de Santa María de Alcobaça.[85] Entre los libros mencionados destacan dos, un manuscrito sobre las antigüedades de Lusitania redactado por un tal Laymundo Ortega,[86] y un volumen de un cierto Pedro Aladio que contenía dos tratados, escritos en 1234, sobre el modo de vida de los portugueses antiguos. No son las únicas que menciona,[87] pero sí las que emplea como argumento de autoridad en la narración del presunto cataclismo de 382.[88]

El terremoto descrito en este fragmento, aunque es histórico, no guarda ninguna relación con la península ibérica. En primer lugar, hay un problema de interpretación. La fecha 382, que en los manuscritos aparece anotada en el margen de la página, ha sido identificada como la del terremoto, sin embargo, solo parece indicar la cronología de la muerte del emperador Valente, que Brito recoge de forma errónea en 382, en lugar de 378.[89] Brito no menciona la fecha del cataclismo en ningún momento, el cual,

---

79  Véase Álvarez Martí-Aguilar 2017a.
80  Galbis Rodríguez 1932, 7.
81  Sánchez-Navarro Neumann 1921, 12.
82  Moreira de Mendoça 1758, 26.
83  La obra fue publicada en dos volúmenes, el primero apareció en 1597 y abarcaba desde los orígenes hasta el nacimiento de Cristo, mientras que el segundo fue publicado en 1609 y se extendía hasta la época del Conde Don Henrique. Brito 1597; Brito 1609; Álvarez-Martí-Aguilar 2017b, 195–199; Glöel 2017.
84  El empleo de fuentes falsas no era algo extraño en la época, como ocurre con el caso del dominico Giovanni Nanni, más conocido por su nombre latinizado, *Annius Viterbensis*. Caballero-López 1998, 93–96; Caballero-López 2009, 198–205.
85  Álvarez-Martí-Aguilar 2017b, 189; Álvarez-Martí-Aguilar 2020; Álvarez-Martí-Aguilar 2022, 48–49.
86  Al respecto véase Glöel 2022, 104–108.
87  Álvarez Martí-Aguilar 2017b, 188 s.
88  Brito 1609, Segunda parte, libro quinto, f. 124 v.
89  Brito 1609, Segunda parte, libro quinto, ff. 124–124 v.

atendiendo al contexto del pasaje, parece tratarse del célebre terremoto y tsunami que afectó al Mediterráneo oriental en 365, episodio descrito con gran detalle en un conocido pasaje de Amiano Marcelino (26, 10, 15–19).[90]

Pero la credibilidad del pasaje presenta un problema adicional: su motivación propagandística. Brito instrumentaliza los hechos para abordar, en beneficio de Portugal, el debate en torno a la localización de Eritía, topónimo mítico asociado con el décimo trabajo Heracles y con *Gades*, pero que algunas fuentes antiguas ubican en la costa de Lusitana.[91] Ateniéndonos a los hechos, entre las islas hundidas por este episodio, extraído del "testimonio" de Laymundo, estaría la *Ilha Eritreia* portuguesa, desaparecida bajo el mar, pero histórica y más antigua que la ubicada en España. Reivindicar eso era el principal propósito del cronista, y para conseguirlo traslada a la costa portuguesa el célebre maremoto del Mediterráneo oriental del año 365, como herramienta en su argumento literario. Por este motivo, todo lo relativo a este evento debería descartarse.

Queda por analizar la noticia, recogida por diversos catálogos sísmicos, de que el terremoto y tsunami de 365 afectó a la costa andaluza.[92] La fuente de Galbis es ahora el relato de Amiano Marcelino, pero tomado de segunda mano.[93] La fuente última de la noticia, según se ha expuesto recientemente,[94] es Miguel Lafuente, historiador malagueño autor de una *Historia de Granada*, en la que incluye este singular testimonio.[95] Aunque Lafuente recoge la referencia al pasaje de Amiano en una nota, no ofrece ninguna indicación en el texto principal, donde mezcla este testimonio con datos de su propia autoría, en concreto las referencias a las costas de Málaga, Granada y Almería. Evidentemente nada de eso aparece en Amiano Marcelino, pero la impresión que obtiene el lector es que el antioqueno es la fuente de todo. Miguel Lafuente opera con el mismo mecanismo empleado por Brito, ante la ausencia de información suficiente sobre época romana en el territorio andaluz, llena el vacío reelaborando libremente. Algo que, por desventura, ha tenido una importante repercusión historiográfica.[96]

---

90   El pasaje de Amiano es el más extenso y detallado, pero las menciones al mismo son numerosas, véase Guidoboni 1994, 267–274; Kelly 2004; Kelly 2008, 88–101. Sobre el supuesto carácter universal del mismo, Borsch 2018, 300–313; Stiros 2001.
91   Plin. NH. 4.120. Mel. Chor. 3.47. Álvarez-Martí-Aguilar 2017b, 197 s.
92   Campos Romero 1990, 122; Campos Romero 1992; Soloviev et al. 2000, 4 s. 29.
93   Galbis Rodríguez 1932, 6.
94   Álvarez-Martí-Aguilar 2020; Álvarez-Martí-Aguilar 2022, 57.
95   Lafuente Alcántara 1843, 235–236.
96   Algunos catálogos mencionan otros dos terremotos en 309 y 346. El primero es producto de un error de Moreira de Mendonça 1758, 24, mientras que el segundo, que aparece recogido en Martínez Solares / Mézcua Rodríguez 2002, 23, deriva también de una confusión en la lectura de los datos. Álvarez-Martí-Aguilar 2017b, 199 nota 88.

## El giro arqueológico: hacia un nuevo paradigma

Estos graves problemas en el procesamiento de los registros históricos, derivados del uso acrítico de los datos contenidos en los catálogos sísmicos, demuestran la necesidad de una mayor colaboración entre disciplinas. Parece fuera de toda duda que, aunque las nuevas investigaciones se benefician de un abanico cada vez mayor de datos desde el campo de las ciencias naturales, el trabajo de los historiadores sigue resultando imprescindible para evitar caer en derivas reduccionistas o incurrir en lo que Carolina López Ruiz denomina una *methodological catastrophe*.[97] Partiendo de esto, la reflexión en torno a la posibilidad de que pudiera haberse producido algún episodio de alta energía marina en la costa atlántica de *Iberia* durante época tardorromana no ha sido abandonada, ya que la invalidez de las fechas transmitidas por la tradición de catálogos sísmicos no hace desaparecer los indicadores procedentes del registro geológico y arqueológico.

Para poder aprovechar correctamente esos indicadores se está produciendo una revisión integral de los principios metodológicos y conceptuales.[98] Empezando por el reconocimiento de uno de los grandes retos de estas investigaciones, la escasa precisión de las cronologías absolutas y la heterogeneidad de los métodos de calibración. Esta situación hace muy complicado emprender una correlación regional de los datos, a la vez que favorece una peligrosa falta de uniformidad, ya que depósitos de cronología aproximada aparecen descritos por unos autores como un tsunami en el estuario del río Guadalete y del Guadalquivir[99] y como tormentas en la desembocadura de los ríos Tinto y Odiel.[100] Como reconocen estudios recientes "In this situation, it is challenging to assess if these evidences correspond to the same or different events, and also, in the case of the tsunami hypothesis, it turns difficult to evaluate its extent".[101] En algunos casos la incertidumbre ha sido integrada con naturalidad como parte de la reflexión, reconociendo que carecemos de evidencias suficientes para argumentar la ocurrencia de un tsunami como responsable del abandono o destrucción de una localización costera. Así se ha expuesto recientemente para el caso de Monte Molião en el primer cuarto del siglo III[102] o con el cese repentino de la producción alfarera en Boca do Rio a principios de la misma centuria.[103]

El cambio más importante se está produciendo quizá en lo relativo a su inserción histórica, planteándose nuevos argumentos de carácter arqueológico. Hasta ahora, desde la arqueología se cuestionaba la capacidad de trazar un vínculo de causalidad

---

97  López-Ruiz 2022, 21.
98  Aunque existen excepciones. Cf. Silva-Barroso 2019.
99  Gutiérrez-Mas 2011; Rodríguez-Ramírez et al. 2016; Rodríguez-Ramírez et al. 2022.
100  González-Regalado et al. 2019a; González-Regalado 2019b.
101  Gutiérrez-Rodríguez et al. 2022, 272.
102  Arruda 2022, 212.
103  Hermann et al. 2022, 245.

entre las convulsiones inferidas en el registro material y los eventos de esta naturaleza. Por ejemplo, para Mayet y Silva, si bien un terremoto seguido de un tsunami podría ser el responsable de una discontinuidad en la ocupación de varios asentamientos costeros de Portugal (Tróia, Setubal, Sines, Pinheiro), España (*Baelo Claudia*) y el norte de África (*Cotta*), no tenían esperanzas en poder constarlo, ya que para ellos "(…) ce n'est qu'une hypothèse que l'on ne pourra sans doute jamais vérifier (…)".[104] Sin embargo, este enfoque elusivo va siendo superado a medida que se produce una mayor cooperación entre disciplinas, haciendo posible la verificación de los datos.

Como referencia de ello, tenemos el caso de un depósito de alta energía documentado en *Hispalis*. Durante las excavaciones del Patio de Banderas del Real Alcázar de Sevilla fue exhumado un nivel estratigráfico asociado al derrumbe de un inmueble perteneciente al puerto fluvial de la ciudad romana.[105] Gran parte de los muros del lado sur del edificio parecían haber sido desplazados, provocando de este modo el colapso de la estructura. Los restos del derrumbe, que afectó a más de un edificio a tenor de los materiales documentados, formaban parte de un depósito de 80 cm de grosor en el que se alternaban niveles de arena y lodo junto con abundantes conchas fragmentadas. Dado que el nivel de inundación pudo ser estudiado en un contexto arqueológico bien definido, fue posible atribuirle una cronología precisa de principios del siglo III (197–225 d. C.), la cual contrasta con la amplitud de la horquilla radiocarbónica (67–387 cal d. C.). Además, el análisis interdisciplinar, basado en la aplicación de la metodología de *microfacies*, ha permitido precisar el posible origen del *EWE*, sobre el que no existía consenso.[106] Así, el estudio sostiene que se trató de la combinación, durante una intensa tormenta, de olas altamente energéticas y una avenida del Guadalquivir.[107]

Pero, en lo que respecta al papel de la arqueología, el caso más relevante es sin duda el de *Baelo Claudia*. Debemos empezar mencionando una serie de abandonos registrados a finales del siglo II d. C. en varios edificios del barrio industrial, los cuales parecen vinculados a un proceso de sedimentación anómala, pero cuya adscripción a eventos marinos de alta energía resulta todavía insegura.[108] Al margen de esto, la principal evidencia imputable a un cataclismo natural de origen marino en época tardorromana corresponde a un potente nivel de relleno de matriz arcillosa que amortiza la secuencia bajoimperial en diferentes zonas de la ciudad, el cual por su coloración suele ser mencionado como "black level". La primera identificación de este estrato corresponde a unos sondeos realizados en el espacio localizado al sureste de la puerta de *Carteia*. Debido a su coloración fue interpretado como una acumulación de agua estancada. Los

---

104   Mayet/Silva 2010, 129.
105   Gutiérrez Rodríguez et al. 2022; Tabales Rodríguez / García Vargas 2021, 18–20.
106   Barral Muñoz / Borja Barrera 2015, 47 lo consideraron un evento fluvial mientras que para Alonso-Villalobos et al. 2015, 109 y Gutiérrez-Rodríguez 2018 se trataba de una inundación marina.
107   Gutiérrez-Rodríguez 2018, 337–338; Gutiérrez-Rodríguez et al. 2022; Tabales Rodríguez 2015, 165–186.
108   Bernal Casasola et al. 2007a, 451–453.

materiales cerámicos y numismáticos asociados aportaron un contexto de la segunda mitad del siglo IV d. C. (350–400).[109]

Este mismo estrato ha sido posteriormente identificado en el entorno del *decumanus maximus*, en las termas marítimas y sobre los restos del derrumbe del mausoleo T-31 junto a la Puerta de *Carteia*[110]. Se lo considera resultado de causas naturales, atribuyéndolo a un *EWE* con una altura de 8 metros y una penetración mínima de en torno a 200, fechado en el 400–450 d. C.[111] Sondeos recientes llevados a cabo en el entorno extramuros de la ciudad han identificado un depósito sedimentario con características típicas de los eventos de alta energía – base erosiva, secuencia granodecreciente, mezcla de sedimentos de alta mar y de playa –, proponiendo sus investigadores una correlación entre este nivel, denominado por ellos "tsunami event Ey", y el "black level".[112] Sin embargo, esta argumentación genera todavía ciertos interrogantes, ya que los depósitos de las Termas Marítimas han sido considerados exclusivamente antropogénicos,[113] mientras que la atribución original del nivel hallado sobre el mausoleo T-31 lo relacionó con una crecida del arroyo vecino.[114]

Más al oeste, en la costa de Huelva, una investigación centrada en las factorías costeras de El Terrón (Lepe), El Eucaliptal (Punta Umbría), el barrio industrial de *Onoba* y La Orden (Huelva) y Cerro del Trigo (Almonte), ha identificado dos posibles *EWEs* sucesivos en los siglos III y IV. Esta tesis está asociada al reconocimiento de sendos periodos de ruptura y discontinuidad en la secuencia de ocupación de dichos asentamientos.[115] Es decir, que los hipotéticos eventos de oleaje extremo sirven para articular una propuesta de reconstrucción diacrónica de la ocupación del litoral en la que los shocks medioambientales funcionan como explicación a los periodos de ruptura y regresión material. Se trata de un escenario particularmente interesante para valorar la interacción de factores, como la crisis de las explotaciones mineras del Andévalo a lo largo de los siglos III–IV, produciendo un descenso de la población y, por tanto, de la demanda de productos del litoral. Abriendo así la posibilidad de que esta situación y sus efectos derivados pudieran haberse retroalimentado con los posibles shocks medioambientales, contribuyendo en conjunto a la reestructuración y contracción del poblamiento.[116]

---

109 Bernal Casasola et al. 2007b, 456–466.
110 García Jiménez 2011; Röth 2014; Röth et al. 2015; Prados Martínez et al. 2020.
111 Röth 2014; Röth et al. 2015.
112 Reicherter et al. 2022.
113 Bernal et al. 2016, 80–90. Además, Bernal et al. 2015, 129 no apreciaron allí indicios de un tsunami sino solo un terremoto al cual asignaron una cronología posterior, de finales del siglo V o inicios del VI d. C.
114 Prados Martínez et al. 2020, 168.
115 Bermejo Meléndez et al. 2022; Campos Carrasco 2011, 178–179; Campos Carrasco et al. 2015.
116 O'Kelly Sendrós 2017, 424. 623–625. 955–957.

Si, como parecen indicar estos testimonios, asumimos que no se trata de episodios aislados o de efecto exclusivamente local, sino que se produjo un cataclismo marino en la costa del golfo de Cádiz, capaz de afectar a la economía de la franja litoral, entonces las huellas de este proceso deberían poder rastrearse también en el litoral lusitano.[117] Como mencionábamos antes, Mayet y Silva plantearon que solo una gran catástrofe natural, posiblemente un terremoto seguido de un tsunami, podía, a su juicio, explicar el horizonte de destrucción y abandono registrado entre los asentamientos de la línea de costa a comienzos del siglo III.[118] Entre estos encontramos, por ejemplo, el caso de Tróia, donde se tiene constancia del derrumbe de las denominadas fábricas I y II a comienzos del siglo III, las cuales no vuelven a reactivarse hasta finales de la centuria, pero ahora con una reducción del tamaño de las piletas e incluso albergando enterramientos sobre los antiguos espacios industriales.[119] Otro caso similar es el de la factoría de *Abul*, en el estuario del río Sado, que desde finales del siglo II e inicios del siglo III sufre las consecuencias de lo que se interpreta como un cambio en el nivel mareal, provocando el traslado de los alfares hacia el interior.[120] Este caso resulta además relevante porque tiene un posible paralelo en la factoría de El Terrón (Lepe), donde también se ha documentado el traslado de los espacios industriales hacia zonas alejadas de la línea de costa, huyendo quizás del arrasamiento de los sectores próximos al mar por la acción de las olas, aunque en este caso en un momento posterior ya en el siglo IV.[121]

La hipótesis de la catástrofe natural como responsable de un posible episodio traumático de escala regional encuentra respaldo también con la aparición de datos geo-arqueológicos compatibles con "a ocorrência de alguns eventos naturais excepcionais"[122] en distintos estuarios del Algarve. Un caso de particular relevancia corresponde al asentamiento de Cerro da Vila, en el estuario del río Quarteira, donde han sido localizadas huellas de una posible transgresión marina consistentes en una capa sedimentaria localizada en el denominado edificio J y en el espacio portuario del yacimiento conocido como estructura V. En el primer caso, la estratigrafía del inmueble resulta interrumpida entre mediados del siglo II y comienzos del III d. C. por un nivel de destrucción súbita caracterizado por una camada de sedimentos marinos a base de lodo y conchas, cuya génesis fue vinculada con una inundación de grandes dimensiones. Junto con esto, fueron también identificados daños estructurales en forma de grietas localizadas sobre los muros del edificio.[123]

117  Vaz Pinto et al. 2014, 151.
118  Mayet/Silva 2010, 122–129.
119  Etienne et al. 1994, 69–88; Mayet/Silva 2010, 122–123; Vaz Pinto et al. 2010, 140–141.
120  Mayet/Silva 2002, 80. 83–87. 224–225.
121  O'Kelly Sendrós 2017, 431–443.
122  Teichner et al. 2014, 155.
123  Teichner 2008, 383.

El otro espacio afectado es un posible muelle al oeste del yacimiento, donde una estructura muraria, interpretada como una posible escollera, fue parcialmente sepultada por una capa arenosa de sedimento marino. Dicho nivel fue fechado en la segunda mitad del siglo III d. C. de acuerdo con la cerámica hallada y a una fecha radiocarbónica de la que no se ofrecen más detalles.[124] Tras ello, la estructura original fue reforzada con un segundo tramo, en cuya construcción se empleó material decorativo reutilizado, como molduras marmóreas, de lo que puede deducirse algún grado de destrucción por parte de ese agente sedimentario marino. Los arqueólogos a cargo de las excavaciones descartan que se trate de una incidencia local, sino de una perturbación medioambiental que afectó a todo el frente costero de Cerro da Vila. La causa de tal destrucción se asocia con un fenómeno natural extraordinario, como una tormenta extrema o un tsunami provocado por un terremoto submarino, fechado primero en el siglo IV,[125] y luego adelantado al siglo III d. C.[126]

Sin embargo, los sondeos geoarqueológicos realizados por este equipo en el estuario del río Quarteira no hallaron huellas sedimentarias correspondientes a este episodio, ya que sólo fue identificado el tsunami de Lisboa de 1755.[127] Tampoco han sido localizadas señales de ningún episodio marino extraordinario de cronología tardorromana en otros estudios realizados posteriormente en distintas localizaciones costeras del Algarve, como Monte Molião (Lagos)[128] o Boca do Rio (Vila do Bispo, Faro),[129] o en las perforaciones *offshore* en este tramo de litoral.[130]

Para concluir, además de contribuir a la identificación y adscripción cronológica de posibles eventos marinos de alta energía, la arqueología puede también deparar datos ajenos al debate geológico. Un caso de enorme interés fue documentado en la ciudad romana de *Baetulo*, actual Badalona. Se trata de una transgresión marina, definida por los investigadores como un fenómeno litoral indeterminado, que afectó al barrio portuario de la ciudad a comienzos del siglo IV.[131] Este episodio ha permanecido hasta ahora desconectado del bloque principal de investigaciones sobre eventos marinos de alta energía en la península ibérica, cuya atención estaba concentrada en el litoral atlántico. Situación que ha mantenido a las reflexiones de *Baetulo* ajenas a la distorsión de los catálogos sísmicos. Aun así, de forma independiente a partir del registro arqueológico, los investigadores llegaron a esta conclusión, por lo que cobra especial relevancia.

---

124 Teichner 2016, 247; Teichner 2017a, 420. 423–424; Teichner/Wienkemeier 2023, 461.
125 Teichner 2005, 98.
126 Teichner 2006a, 216; Teichner 2006b, 80; Teichner 2007, 121; Teichner 2008, 377–402 esp. 383; Teichner 2016, 252; Teichner 2017a, 420. 423–424; Teichner 2017b, 287.
127 Teichner 2017a, 410.
128 Arruda 2022, 212.
129 Feist et al. 2019; Hermann et al. 2022, 243.
130 Feist et al. 2023.
131 Gurt Esparraguera et al. 2020, 132–134.

## Conclusiones

Salvando la todavía elevada provisionalidad de los datos disponibles y su variabilidad interpretativa, todas estas intervenciones arqueológicas y geoarqueológicas avalan la existencia de una dinámica litoral agresiva a partir de finales del siglo II d. C. que se vinculó a procesos de erosión e inundación, evidentemente dañinos para la ocupación humana. No faltan argumentos para ver en esto las consecuencias de eventos de oleaje extremo, pese a que el volumen de información resulta desigual en cuanto a la cronología de la inundación o serie de inundaciones. Esto ocasiona problemas de cara a su interpretación como parte de un proceso histórico unitario, algo que pasa por determinar la fecha y la cantidad de eventos, así como su origen. Gutiérrez-Rodríguez et al. 2022 han propuesto la posibilidad de que, en lugar de un episodio aislado, estuviésemos ante una secuencia de *EWEs* menores, provocados por temporales, entre los que destacaría uno de mucha más intensidad y poder destructivo, correspondiente con un tsunami en este litoral del suroeste peninsular, que ellos sitúan en los siglos II–III d. C.[132]

No obstante, no hay unanimidad en lo respectivo a la cronología que asignar al tsunami. La aceptación del siglo III como fecha del tsunami la recogen, por ejemplo, los investigadores que han trabajado en Doñana.[133] Sin embargo, otra parte de la investigación apunta al siglo IV, es el caso de los estudios de Huelva, antes mencionados, que adscriben como tal al segundo de los eventos identificados por ellos[134] y de *Baelo Claudia* donde, como hemos visto, se aboga por fechar el terremoto y tsunami a finales del siglo IV e incluso comienzos del V.

Al margen de eso, la propuesta permite explicar de forma flexible el carácter heterogéneo de los datos disponibles. Confirma, en primer lugar, la imagen del registro geológico, que viene advirtiendo la presencia de episodios de distinta naturaleza en la secuencia estratigráfica de Doñana[135] e isla de Saltés.[136] Favorece además una posible integración de los datos obtenidos en las perforaciones *offshore* frente a la costa del Algarve, los cuales no hallaron depósitos suficientemente nítidos como para ser atribuidos a un tsunami, pero sí niveles de pequeño grosor que podrían ser puestos en relación con un proceso deposicional energético equivalente al que conllevaría un fuerte temporal.[137] En segundo lugar, resulta compatible también con la realidad arqueológica, caracterizada por la existencia de dos horizontes de destrucción sucesivos

---

132   Gutiérrez-Rodríguez et al. 2022, 301.
133   Guerra et al. 2020, 428; Rodríguez-Ramírez et al. 2022, 140 s.
134   Campos Carrasco et al. 2015, 86 s; Bermejo Meléndez et al. 2022, 262.
135   Guerra et al. 2020a; Guerra et al. 2020b.
136   Gómez-Gutiérrez et al. 2017, 156; González-Regalado et al. 2019a, 102; González-Regalado et al. 2019b, 140. 142.
137   Feist et al. 2023, 16.

en lugares como las factorías de El Terrón (Lepe) y El Eucaliptal (Punta Umbría)[138] y quizás también en *Baelo Claudia*, si tenemos en cuenta que los primeros abandonos en el sector industrial ocurren en un momento avanzado del siglo II d. C. (175–200 d. C.),[139] mientras que los contextos de inundación relacionados con el *black level* han sido fechados entre la segunda mitad del siglo IV y principios del V.[140] Asimismo, confiere sentido a los niveles de destrucción en asentamientos costeros del litoral mediterráneo, como es el caso de *Baetulo*, los cuales por su lejanía geográfica con el golfo de Cádiz resultan difíciles de atribuir a un único tsunami sísmico.

¿Pero, hasta qué punto pueden estos fenómenos contribuir a explicar el cambio social, económico y político? ¿Pudieron favorecer el desgaste de ciertas estructuras esenciales para el territorio? Que la respuesta pueda considerarse satisfactoria y realmente innovadora dependerá de la capacidad para integrarlos en un contexto mucho más amplio, el de las convulsiones experimentadas por el poder romano en *Hispania* desde finales del siglo II. Es evidente que los eventos de oleaje extremo no pueden, como ningún otro fenómeno, ser analizados aisladamente, pues, pese a su gran poder destructivo, tienen un alcance limitado, que permite solo una explicación parcial. Muchos otros factores interactuaron en el proceso. Lo que debemos ver es cómo un conjunto concreto de factores, en este caso de carácter ambiental, se relaciona con el resto de las causas y con la sociedad coetánea, por medio de una serie de interrelaciones sistémicas. Interacciones mediante las cuales, fenómenos incapaces por sí mismos de desbordar el umbral de resistencia podrían, en conjunto, desencadenar procesos irreversibles.

## Bibliografía

Alonso-Villalobos et al. 2015: C. Alonso-Villalobos / F. J. Gracia-Prieto / S. Rodríguez-Polo / C. Martín-Puertas, El registro de eventos energéticos marinos en la bahía de Cádiz durante épocas históricas, Cuaternario y Geomorfología 29, 2015, 95–117

Álvarez-Martí-Aguilar et al. 2022: M. Álvarez-Martí-Aguilar / J. Suárez-Padilla / M. E. Aubet-Semmler / F. Machuca-Prieto / J. M. Martín Casado / L. Feist / C. Val-Peón / K. Reicherter, Archaeological and Geophysical Evidence of a High-Energy Marine Event at the Phoenician Site of Cerro del Villar (Malaga, Spain), en: M. Álvarez-Martí-Aguilar –F. Machuca-Prieto (Eds.), Historical Earthquakes, Tsunamis and Archaeology in the Iberian Peninsula (Singapore 2022) 179–201

Álvarez-Martí-Aguilar / Machuca-Prieto (Eds.) 2022: M. Álvarez-Martí-Aguilar / F. Machuca-Prieto (Eds.), Historical Earthquakes, Tsunamis and Archaeology in the Iberian Peninsula (Singapore 2022)

---

138 Bermejo Meléndez et al. 2022; Campos Carrasco et al. 2015.
139 Bernal Casasola et al. 2007a, 384–395. 426–453.
140 Bernal Casasola et al. 2007b, 457–458; Röth et al. 2015.

Álvarez-Martí-Aguilar / Machuca-Prieto 2022: M. Álvarez-Martí-Aguilar / F. Machuca-Prieto, Breaking the Waves: Earthquake and Tsunami Research in the Iberian Peninsula from a Historiographical Perspective, en: M. Álvarez-Martí-Aguilar / F. Machuca-Prieto (Eds.) 2022, 1–16

Álvarez-Martí-Aguilar 2023: M. Álvarez-Martí-Aguilar, A Major Earthquake and Tsunami in the Gulf of Cadiz in the Sixth Century B. C.? A Review of the Historical, Archaeological, and Geological Evidence, Seismol. Res. Lett. XX, 2023, 1–8, doi:10.1785/0220220377

Álvarez-Martí-Aguilar 2022: M. Álvarez-Martí-Aguilar, Earthquakes and Tsunamis in Ancient Iberia: The Historical Sources, en: M. Álvarez-Martí-Aguilar / F. Machuca-Prieto (Eds.) 2022, 37–62

Álvarez-Martí-Aguilar 2020: M. Álvarez-Martí-Aguilar, The Historicity of the Earthquakes Occurring in the Iberian Peninsula before A. D. 881 Recorded in Spanish and Portuguese Seismic Catalogs, Seismol. Res. Lett. XX, 2020, 1–10, doi: 10.1785/0220200168

Álvarez-Martí-Aguilar 2017a: M. Álvarez-Martí-Aguilar, La tradición historiográfica sobre catástrofes naturales en la Península Ibérica durante la Antigüedad y el supuesto tsunami del Golfo de Cádiz de 218–209 a. C., DialHistAnc 43, 2017, 117–145

Álvarez-Martí-Aguilar 2017b: M. Álvarez-Martí-Aguilar, Terremotos y tsunamis en Portugal en época antigua: el legado de Bernardo de Brito y su *Monarchia Lusytana* (1597–1609), Euphrosyne 45, 2017, 183–204

Andrade et al. 2016: C. Andrade / M. C. Freitas / M. A. Oliveira / P. J. M. Costa, On the Sedimentological and Historical Evidences of Seismic-Triggered Tsunamis on the Algarve Coast of Portugal, en: J. Duarte / W. Schellart (Eds.), Plate Boundaries and Natural Hazards (2019) 219–238

Andreu Pintado / Blanco Pérez (Eds.) 2019: J. Andreu Pintado / A. Blanco-Pérez (Eds.), Signs of Weakness and Crisis in the Western Cities of the Roman Empire (c. II–III AD). Potsdamer altertumswissenschaftliche Beiträge 68 (Stuttgart 2019)

Andreu Pintado / Blanco Pérez 2019: J. Andreu Pintado / A. Blanco Pérez, Editor's Note, en: J. Andreu Pintado / A. Blanco Pérez (Eds.) 2019, 7–9

Andreu Pintado / Delage González 2017: J. Andreu Pintado / I. Delage González, Diuturna atque aeterna ciuitas?: sobre la sostenibilidad de los municipia Latina hispanorromanos a partir de un caso paradigmático: Los Bañales de Uncastillo, en: J. Andreu Pintado (Ed.), Oppida Labentia. Transformaciones, cambios y alteración en las ciudades hispanas entre el siglo II y la tardoantiguedad (Zaragoza 2017) 345–373

Andreu Pintado 2019: J. Andreu Pintado, Challenges and Threats Faced by Municipal Administration in the Roman West During the High Empire: the Hispanic Case, en: J. Andreu Pintado / A. Blanco-Pérez (Eds.) 2019, 25–35

Andreu Pintado 2014: J. Andreu Pintado, *Rationes rei publicae uexatae y oppida labentia*. La crisis urbana de los siglos II y III d. C. a la luz del caso del municipio de Los Bañales (Uncastillo, Zaragoza, España), en: D. Vaquerizo Gil / J. A. Garriget Mata / A. León Muñoz (Eds.), Ciudad y Territorio. Transformaciones materiales e ideológicas entre la época clásica y el Altomedievo, Monografías de Arqueología Cordobesa 20 (Córdoba 2014) 251–264

Arce Martínez 2017: J. Arce Martínez, Las catástrofes naturales y el fin del mundo antiguo, en: *Scripta varia*. Estudios de Historia y Arqueología sobre la Antigüedad Tardía, Signifer Libros, Monografías y Estudios de la Antigüedad Griega y Romana 52 (Salamanca 2017) 55–65 = Originariamente publicado en: J. L. de la Iglesia Duarte (Dir.), VII Semana de Estudios Medievales. Nájera, del 29 de julio al 2 de agosto de 1996 (Logroño 1997) 27–36

Arruda 2022: A. M. Arruda, High-Energy Events and Human Settlements in the Bay of Lagos (Portugal) in the Iron Age and Roman Times, en: M. Álvarez-Martí-Aguilar / F. Machuca-Prieto (Eds.) 2022, 203–214

Baptista/Miranda 2009: M. A. Baptista / J. M. Miranda, Revision of the Portuguese catalog of tsunamis, Nat. Hazards Earth Syst. Sci. 9, 2009, 25–42

Barral Muñoz / Borja Barrera 2015: M. A. Barral Muñoz / F. Borja Barrera, Análisis geoarqueológico, en: M. A. Tabales-Rodríguez (Ed.), Excavaciones arqueológicas en el Patio de Banderas, Alcázar de Sevilla: memoria de investigación 2009–2014 (Sevilla 2015) 40–51

Baynes 1943: N. Baynes, The Decline of the Roman Power in Western Europe. Some Modern Explanations, JRS 33, 29–35

Bermejo Meléndez et al. 2022: J. Bermejo Meléndez / F. Ruiz Muñoz – J. M. Campos Carrasco / J. Rodríguez-Vidal / L. M. Cáceres Puro, The Impact of High-Energy Events on the Economy and Coastal Changes Along the Coast of Huelva in Ancient Times, en: M. Álvarez-Martí-Aguilar / F. Machuca-Prieto (Eds.) 2022, 251–266

Bermejo Meléndez et al. 2019: J. Bermejo-Meléndez / P. Gómez / M. L. González-Regalado / F. Ruiz / J. M. Campos / J. Rodríguez-Vidal / L. M. Cáceres / M. J. Clemente / A. Toscano / M. Abad / T. Izquierdo / M. I. Prudencio / M. I. Días / R. Marques / J. Tosquella / M. I. Carretero / G. Monge / V. Romero, A New Roman Fish-Salting Workshop in the Saltés Island (Tinto-Odiel Estuary, SW Spain): La Cascajera and its Archaeological and Geological context, Cuaternario y Geomorfología 33,3.4, 2019, 9–24

Bernal Casasola et al. 2016: D. Bernal Casasola / J. J. Díaz Rodríguez / J. A. Expósito Álvarez / A. Arévalo González / J. M. Vargas Girón / M. Lara Medina / M. Bustamante Álvarez / M. Pascual Sánchez / M. C. Gómez Bueno, Arquitectura y fases de ocupación de las Termas Marítimas de Baelo Claudia, en: D. Bernal Casasola / J. A. Expósito Álvarez / J. J. Díaz Rodríguez / A. Muñoz Vicente (Eds.), Las Termas marítimas y el Doríforo de Baelo Claudia (Cádiz 2016) 18–97

Bernal Casasola et al. 2015: D. Bernal Casasola / J. A. Expósito / J. J. Díaz / M. Bustamante / M. Lara / J. M. Vargas / R. Jiménez-Camino / M. Calvo / M. Luaces / M. A. Pascual / E. Blanco / L. Hoyo / J. A. Retamosa / A. Durante / N. Muñoz / A. Bellido, Evidencias arqueológicas de desplomes paramentales traumáticos en las Termas Marítimas de Baelo Claudia, Reflexiones arqueosismológicas, Cuaternario y Geomorfología 29, 2015, 119–136

Bernal Casasola et al. 2007a: D. Bernal Casasola / A. Arévalo / I. Lorenzo / A. Cánovas, Abandonos en algunas *insulae* del barrio industrial a finales del siglo II d. C., en: A. Arévalo / D. Bernal (Eds.), Las cetariae de Baelo Claudia. Avance de las investigaciones arqueológicas en el barrio meridional (2000–2004), (Sevilla 2007) 383–453

Bernal Casasola et al. 2007b: D. Bernal Casasola / A. Arévalo / J. A. Expósito / J. J. Díaz, Reocupaciones del espacio y continuidad habitacional en el Bajo Imperio (ss. III y IV d. C.), en: A. Arévalo / D. Bernal (Eds.), Las *cetariae* de *Baelo Claudia*. Avance de las investigaciones arqueológicas en el barrio meridional (2000–2004), (Sevilla 2007) 455–487

Borsch 2018: J. Borsch, Erschütterte Welt. Soziale Bewältigung von Erdbeben im östlichen Mittelmeerraum der Antike (Tübingen 2018)

Brassous 2019: L. Brassous, Changes in the City Network in Roman Hispania, en: J. Andreu Pintado / A. Blanco-Pérez (Eds.) 2019, 191–205

Brito 1609: B. Brito, Segunda parte da Monarchia Lusytana em que se continuão as historias de Portugal, desde o Nacimento de nosso Salvador Iesu Christo até ser dado em dote ao Conde dom Henrique (Lisboa 1609)

Brito 1597: B. Brito, Monarchia Lusytana. Composta por Frey Bernardo de Brito, Chronista geral & Religioso da ordem de S. Bernardo, professo no Real mosteiro de Alcobaça. Parte primeira que contem as historias de Portugal desde a criação do mundo te o nacimento de nosso senor Iesu Christo (Alcobaça 1597)

Bryant 2014: E. Bryant, Tsunami. The Underrated Hazard (Berlin 2014)

Caballero-López 2009: J. A. Caballero López, Beroso y Giovanni Nanni (Annius Viterbensis): modelos para el relato de los tiempos míticos en la historiografía española, REA 111, 2009, 197–215

Caballero-López 1998: J. A. Caballero López, El mito en las historias de la España primitivas, Excerpta Philologica: Revista de filología griega y latina de la Universidad de Cádiz 7–8, 1997–1998, 83–100

Cáceres Puro et al. 2018: L. M. Cáceres Puro / P. Gómez / M. L. González-Regalado / M. J. Clemente / J. Rodríguez-Vidal / A. Toscano / G. Monge / M. Abad / T. Izquierdo / A. M. Monge Soares / F. Ruiz / J. M. Campos / J. Bermejo / A. Martínez-Aguirre / G. I. López, Modelling the Mid-Late Holocene Evolution of the Huelva Estuary and its Human Colonization, South-Western Spain, Marine Geology 406, 2018, 12–26

Cáceres Puro et al. 2006: L. M. Cáceres Puro / J. Rodríguez-Vidal / F. Ruiz / A. Rodríguez-Ramírez / M. Abad, El registro geológico Holoceno como instrumento para establecer periodos de recurrencia de tsunamis. El caso de la costa de Huelva, en: V Asamblea Hispano Portuguesa de Geodesia y Geofísica (Sevilla 2006) 1–4

Campos Carrasco et al. 2015: J. M. Campos Carrasco / J. Bermejo Meléndez / J. Rodríguez-Vidal, La ocupación del litoral onubense en época romana y su relación con eventos marinos de alta energía, Cuaternario y Geomorfología 29, 2015, 75–93

Campos Carrasco 2011: J. M. Campos Carrasco, *Onoba Aestuaria*. Una ciudad portuaria en los confines de la *Baetica* (Huelva 2011)

Campos Romero 1992: M. L. Campos Romero, El riesgo de tsunamis en España. Análisis y valoración geográfica, Instituto Geográfico Nacional, Monografías 9 (Madrid 1992)

Campos Romero 1991: M. L. Campos Romero, Tsunami hazard on the Spanish coasts of the Iberian Peninsula, Science of the Tsunami Hazards 9, 1991, 83–90

Campos Romero 1990: M. L. Campos Romero, Sismicidad de la costa suroccidental de España. Análisis y valoración geográfica de los posibles riesgos como consecuencia de los tsunamis en la zona, tesis doctoral, Universidad Complutense de Madrid (Madrid 1990)

Cap 2006: F. Cap, Tsunamis and Hurricanes. A Mathematical Approach (Wien 2006)

Celestino Pérez / López Ruiz 2016: S. Celestino Pérez / C. López Ruiz, Tartessos and the Phoenicians in Iberia (New York 2016)

Costa et al. 2022: P. J. M. Costa / J. Lario Gómez / K. Reicherter, Tsunami Deposits in Atlantic Iberia: A Succinct Review, en: M. Álvarez-Martí-Aguilar / F. Machuca-Prieto (Eds.) 2022, 105–126

Costa et al. 2021: P. J. M. Costa / S. Dawson / R. S. Ramalho / M. Engel / F. Dourado / I. Bosnic / C. Andrade, A review on onshore tsunami deposits along the Atlantic coasts, Earth-Science Reviews 212, 2021, DOI https://doi.org/10.1016/j.earscirev.2020.103441 (30.11.2023)

Costa 2012: P. J. M. Costa, Sedimentological Signatures of Extreme Marine Inundations (PhD Lisboa 2012)

Costa 2006: P. J. M. Costa, Geological Recognition of Abrupt Marine Invasions in two Coastal Areas of Portugal (MA degree Brunel University 2006)

Dawson et al. 2020: S. Dawson / P. J. M. Costa / A. Dawson / M. Engel, Onshore archives of tsunami deposits, en: M. Engel / J. Pilarczyk / S. Matthias May / D. Brill / E. Garrett (Eds.), Geological Records of Tsunamis and Other Extreme Waves (Amsterdam 2020) 95–111

Dawson / Stewart 2007: A. G. Dawson / I. Stewart, Tsunami Deposits in the Geological Record, Sedimentary Geology 200, 2007, 166–183

Degroot et al. 2021: D. Degroot / K. Anchukaitis / M. Bauch / J. Burnham / F. F. Carnegy / J. Cui / K. de Luna / P. Guzowski / G. Hambrecht / H. Huhtamaa / A. Izdebski / K. Kleemann / E. Moesswilde / N. Neupane / T. Newfield / Q. Pei / E. Xoplaki / N. Zappia, Towards a rigorous understanding of societal responses to climate change, Nature 591, 2021, 539–550

Diarte-Blasco 2019: P. Diarte-Blasco, Modelling the Late Antique Urban Crisis: the Ebro Valley Explored, en: J. Andreu Pintado / A. Blanco-Pérez (Eds.) 2019, 118–130

Einsele 1996: G. Einsele / S. K. Chough / T. Shiki, Depositional events and their records-an introduction, Sedimentary Geology 104, 1996, 1–9

Espinosa Espinosa 2019: D. Espinosa Espinosa, From *municipia Latina* to *oppida labentia*. Bases for a Model of Ideological and Institutional Causes Behind the Crisis of the Latin Municipal System in Hispania, en: J. Andreu Pintado / A. Blanco-Pérez (Eds.) 2019, 71–80

Etienne et al. 1994: R. Etienne / Y. Makaroun / F. Mayet, Un Grand Complexe Industriel a Tróia (Portugal) (Paris 1994)

Fabião 2017: C. Fabião, Cerro da Vila (Compartimento J 42) (Loulé, Portugal), RAMPPA, Red de Excelencia Atlántico-Mediterránea del Patrimonio Pesquero de la Antigüedad), 13 febrero 2017 http://ramppa.uca.es/cetaria/cerro-da-vila-compartimento-j-42 (30.11.2023)

Feist et al. 2023: L. Feist / P. J. M. Costa / P. Bellanova / I. Bosnic / J. I. Santisteban / C. Andrade / H. Brückner / J. F. Duarte / J. Kuhlmann / J. Schwarzbauer / A. Vött / K. Reicherter, The M152 Shipboard Scientific Party, Holocene Offshore Tsunami Archive – Tsunami Deposits on the Algarve Shelf (Portugal), Sedimentary Geology 448, 2023, https://doi.org/10.1016/j.sedgeo.2023.106369 (31.11.2023)

Feist et al. 2019: L. Feist / S. Frank / P. Bellanova / H. Laermanns / C. Cämmerer / M. Mathes-Schmidt / P. Biermanns / D. Brill / P. J. M. Costa / F. Teichner / H. Brückner / J. Schwarzbauer / K. Reicherter, The sedimentological and environmental footprint of extreme wave events in Boca do Rio, Algarve coast, Portugal, Sedimentary Geology 389, 2019, 147–160

Foster et al. 1991: I. Foster / A. Albon / K. Bardell / J. Fletcher / T. Jardine / R. Mothers / M. Pritchard / S. Turner, High Energy Coastal Sedimentary Deposits; an Evaluation of Depositional Processes in Southwest England, Earth Surface Processes and Landforms 16, 1991, 341–356

Galbis Rodríguez 1940: J. Galbis Rodríguez, Catálogo Sísmico de la Zona comprendida entre los meridianos 5 E y 20 W de Greenwich y los paralelos 45 y 25 N, Tomo II (Madrid 1940)

Galbis Rodríguez 1932: J. Galbis Rodríguez, Catálogo Sísmico de la Zona comprendida entre los meridianos 5 E y 20 W de Greenwich y los paralelos 45 y 25 N, Tomo I (Madrid 1932)

García-Alix et al. 2013: A. García Alix / F. J. Jiménez-Espejo / J. A. Lozano / G. Jiménez-Moreno / F. Martinez-Ruiz / L. García Sanjuán / G. Aranda Jiménez / E. García Alfonso / G. Ruiz-Puertas / R. Scott Anderson, Anthropogenic Impact and Lead Pollution Throughout the Holocene in Southern Iberia, Science of the Total Environment 449, 2013, 451–460

García Jiménez 2011: I. García Jiménez, Informe preliminar Excavación Arqueológica Puntual *Decumanus Maximus Baelo Claudia*. Memoria inédita depositada en la Delegación Territorial de Educación, Cultura y Deporte de Cádiz (Cádiz 2011)

Glacken 1967: C. J. Glacken, Traces on the Rhodian Shore. Nature and Culture in Western Thought from Ancient Times to the End of the Eighteenth Century (Los Angeles 1967)

Gloël 2022: M. Gloël, Laymundo Ortega: la fuente y su uso en la obra de Bernardo de Brito, Historia 396, 2022, 101–120

Gloël 2017: M. Gloël, Bernardo de Brito: A Misunderstood Portuguese Chronicler, e-Journal of Portuguese History 15.2, 2017, 30–44

Gómez-Gutiérrez et al. 2021: P. Gómez-Gutiérrez / A. Toscano / J. Rodríguez-Vidal / L. M. Cáceres / M. L. González-Regalado / M. Abad / T. Izquierdo / F. Ruiz / G. Monge / J. M. Campos / J. Bermejo, Comparativa de dataciones radiométricas en muestras de conchas marinas tardi-holocenas: El ejemplo de las tempestitas del estuario de Huelva, Cuaternario y Geomorfología 35.1.2, 2021, 165–177

Gómez-Gutiérrez et al. 2017: P. Gómez-Gutiérrez / J. Rodríguez-Vidal / M. L. González-Regalado / M. J. Clemente / L. M. Cáceres-Puro / A. Toscano / M. Abad / T. Izquierdo / F. Ruiz-Muñoz, Caracterización sedimentaria de facies tempestíticas en barreras arenosas del estuario de Huelva (SO España), en: A. Gomes / C. Gonçalves / L. André / N. Bicho / T. Boski (Eds.), Mudanças em Sistemas Ambientais e sua Expressão Temporal (2017) 155–156

Gómez-Toscano et al. 2015: F. Gómez-Toscano / A. M. Arruda / J. Rodríguez-Vidal / L. M. Cáceres / F. Ruiz, Eventos marinos de alta energía y cambios traumáticos en los asentamientos costeros del Suroeste de la Península Ibérica, Cuaternario y Geomorfología 29, 2015, 57–74

González-Regalado 2019a: M. L. González-Regalado / P. Gómez / F. Ruiz / L. M. Cáceres / M. J. Clemente / J. Rodríguez-Vidal / A. Toscano / G. Monge / M. Abad / T. Izquierdo / J. M. Campos / J. Bermejo / A. Martínez-Aguirre / M. I. Prudencio / M. I. Días / R. Marques / J. M. Muñoz, Facies Analysis, Foraminiferal Record and Chronostratigraphy of Holocene Sequences from Saltés Island (Tinto-Odiel estuary, SW Spain): The Origin of High-Energy Deposits, Estuarine, Coastal and Shelf Science 218, 2019, 95–105

González-Regalado 2019b: M. L. González-Regalado / P. Gómez / F. Ruiz / L. M. Cáceres / M. J. Clemente / J. Rodríguez-Vidal / A. Toscano / G. Monge / M. Abad / T. Izquierdo / A. M. Monge Soares / J. M. Campos / J. Bermejo / A. Martínez-Aguirre / G. I. López, Holocene palaeoenvironmental evolution of Saltés Island (Tinto and Odiel estuary, SW Spain) During the Roman Period (1st century BC–5th century AD), Journal of Iberian Geology 45, 2019, 129–145

Grácia Mont et al. 2010: E. Grácia Mont / A. Vizcaino / C. Escutia / A. Asioli / A. Rodés / R. Pallàs / J. García-Orellana / S. Lebreiro / C. Goldfinger, Holocene Earthquake Record Offshore Portugal (SW Iberia): Testing Turbidite Paleoseismology in a Slow-Convergence Margin, Quaternary Science Reviews 29, 2010, 1156–1172

Gracia-Prieto et al. 2022: F. J. Gracia Alonso / C. Alonso / J. A. Aparicio, The Record of Extreme Wave Events in the Bay of Cadiz During Historical Times, en: M. Álvarez Martí Aguilar / F. Machuca-Prieto (Eds.) 2022, 151–176

Guerra et al. 2020a: L. Guerra / C. Veiga-Pires / M. L. González-Regalado / M. Abad / A. Toscano / J. M. Muñoz / F. Ruiz / J. Rodríguez-Vidal / L. M. Cáceres / T. Izquierdo / M. I. Carretero / M. Pozo / G. Mongue / J. Tosquella / M. I. Prudencio / M. I. Días / R. Marques / P. Gómez / V. Romero, Late Holocene benthic foraminífera of the Roman *Lacus Ligustinus* (SW Spain): a paleoenvironmental approach, Ameghiniana 57, 2020, 419–432

Guerra et al. 2020b: L. Guerra / C. Veiga-Pires / M. L. González-Regalado / M. Abad / A. Toscano / J. M. Muñoz / F. Ruiz / J. Rodríguez-Vidal / L. M. Cáceres / T. Izquierdo / M. I. Carretero / M. Pozo / G. Mongue / J. Tosquella / P. Gómez / V. Romero / M. Arroyo / G. Gómez, El contraste micropaleontológico de la Historia: el Lacus Ligustinus romano, Estudios Geológicos 76.2, 2020, 1–15 https://doi.org/10.3989/egeol.43851.585 (30.11.2023)

Guidoboni 1994: E. Guidoboni, Catalogue of ancient earthquakes in the Mediterranean area up to the 10th century, Instituto Nazionale di Geofisica (Roma 1994)

Guilabert Mas et al. 2019: A. Guilabert Mas / M. Olcina Doménech / E. Tendero Porras, en: J. Andreu Pintado / A. Blanco-Pérez (Eds.) 2019, 143–161

Guterres 2022: A. Guterres, Discurso del Secretario General ante la Asamblea General de la Naciones Unidas, 20 de septiembre de 2022. Consultado en https://www.un.org/sg/es/content/sg/speeches/2022-09-20/secretary-generals-address-the-general-assembly (30.11.2023)

Gutiérrez-Mas et al. 2009: J. M. Gutiérrez-Mas / C. Juan / J. A. Morales, Evidence of High-Energy Events in Shelly Layers Interbedded in Coastal Holocene Sands in Cadiz Bay (south-west Spain), Earth Surf. Process. Landforms 34, 2009, 810–823

Gutiérrez-Mas / García-López 2015: J. M. Gutiérrez-Mas / S. García-López, Recent Evolution of the River Mouth Intertidal Zone at the Río San Pedro Tidal Channel (Cádiz Bay, SW Spain): Controlling Factors of Geomorphologic and Depositional Changes, Geologica Acta 13.2, 2015, 123–136

Gutiérrez-Mas 2011: J. M. Gutiérrez-Mas, Glycymeris Shell Accumulations as Indicators of Recent Sea-Level Changes and High-Energy Events in Cadiz Bay (SW Spain), Estuarine, Coastal and Shelf Science 92, 2011, 546–554

Gutiérrez Rodríguez et al. 2022: M. Gutiérrez Rodríguez / J. N. Pérez-Asensio / F. J. Martín Peinado / E. García Vargas / M. A. Tabales / A. Rodríguez Ramírez / E. Mayoral Alfaro / P. Goldberg, A Third Century AD Extreme Wave Event Identified in a Collapse Facies of a Public Building in the Roman City of Hispalis (Seville, Spain), en: M. Álvarez-Martí-Aguilar / F. Machuca-Prieto (Eds.) 2022, 267–311

Gutiérrez Rodríguez 2018: M. Gutiérrez Rodríguez, Geoarqueología de los espacios cívicos y monumentales de las ciudades de la *Baetica*: procesos de transformación, usos secundarios y abandono en su tránsito hacia la Antigüedad Tardía (Tesis doctoral Granada 2018)

Gutscher et al. 2006: M. A. Gutscher / M. A. Baptista / J. M. Miranda, The Gibraltar Arc Seismogenic Zone (Part 2): Constraints on a Shallow East Dipping Fault Plane Source for the 1755 Lisbon earthquake Provided by Tsunami Modeling and Seismic Intensity, Tectonophysics 426, 2006, 153–166

Gurt Esparraguera et al. 2020: M. Gurt Esparraguera / P. Padrós Martí / J. Sánchez Gil de Montes, De los *decuriones baetulonenses* a *sancte marie bitiluna* retícula e itinerarios en la ciudad romana de *Baetulo*, en: J. M. Noguera Celdrán / J. Olcina Doménech (Eds.), Ruptura y continuidad: el callejero de la ciudad clásica en el tránsito del Alto Imperio a la Antigüedad Tardía, 2020, 127–144

Haldon et al. 2018: J. Haldon / L. Mordechai / T. P. Newfield / A. Chase / A. Izdebski / P. Guzowski / I. Labuhn / N. Roberts, History meets Palaeoscience: Consilience and Collaboration in Studying Past Societal Responses to Environmental Change, PNAS 115, 2018, 3210–3218

Hermann et al. 2022: F. Hermann / L. Feist / F. Teichner / J. P. Bernardes / K. Reicherter / H. Brückner, At the Mercy of the Sea – Vulnerability of Roman Coastal Settlements in the Algarve (Portugal). Boca do Rio as an Emblematic Example of a Key Maritime Industry, en: M. Álvarez-Martí-Aguilar / F. Machuca-Prieto (Eds.) 2022 215–249

Huntington 1924: E. Huntington, The Character of Races. As Influenced by Physical Environment, Natural Selection and Historical Development (New York 1924)

Huntington 1917a: E. Huntington, Maya Civilization and Climate Change, en: Proceedings of the 19th Congress of Americanists (Washington D. C. 1917) 150–164

Huntington 1917b: E. Huntington, Climatic Change and Agricultural Exhaustion as Elements in the Fall of Rome, The Quarterly Journal of Economics 31, 1917, 173–208

Huntington 1915: E. Huntington, Civilization and climate (Boston 1915)

Huntington 1907: E. Huntington, The Pulse of Asia. A Journey in Central Asia Illustrating the Geographic Basis of History (London 1907)

Izdebski et al. 2022: A. Izdebski / K. Bloomfield / W. J. Eastwood / R. Fernandes / D. Fleitmann / P. Guzowski / J. Haldon / F. Ludlow / J. Luterbacher / J. M. Manning, A. Masi / L. Mordechai / T. Newfield / A. Stine / Ç. Senkul / E. Xoplaki, L'émergence d'une histoire environnementale interdisciplinaire. Une approche conjointe de l'Holocène tardif, Annales. Histoire, Sciences Sociales 77, 2022, 11–58

Izdebski et al. 2016: A. Izdebski / K. Holmgren / E. Weiberg / S. R. Stocker / U. Büntgen / A. Florenzano / A. Gogou / S. Leroy / J. Luterbacher / B. Martrat / A. Masi / A. M. Mercuri / P. Montagna / L. Sadori / A. Schneider / M. A. Sicre / M. Triantaphyllou / E. Xoplaki, Realising Consilience: How Better Communication Between Archaeologists, Historians and Natural

Scientists Can Transform the Study of Past Climate Change in the Mediterranean, Quaternary Science Reviews 136, 2016, 5–22

Kaabouben et al. 2009: F. Kaabouben / M. A. Baptista / A. Iben Brahim / A. El Mouraouah – A. Toto, On the Moroccan Tsunami Catalogue, Nat. Hazards Earth Syst. Sci. 9, 2009, 1227–1236

Kaniewski et al. 2015: D. Kaniewski / E. Van Campo / K. Van Lerberghe / T. Boiy / G. Hans / J. Bretschneider, The Late Bronze Age Collapse and the Early Iron Age in the Levant: The Role of Climate in Cultural Disruption, en: S. Kerner / R. Dann / P. Bangsgaard (Eds.), Climate and Ancient Societies, (Copenhagen 2015) 157–176

Kelly 2008: G. Kelly, Ammianus Marcellinus. The allusive historian (Cambridge 2008)

Kelly 2004: G. Kelly, Ammianus and the Great Tsunami, JRS 94, 2004, 141–167

Kuran/Yalçiner 1993: U. Kuran / A. C. Yalçiner, Crack Propagations, Earthquakes and Tsunamis in the Vicinity of Anatolia, en: S. Tinti (Ed.), Tsunamis in the World, Fifteen International Tsunami Symposium (Heidelberg 1993) 159–171

Lafuente Alcántara 1843: M. Lafuente Alcántara, Historia de Granada, comprendiendo la de sus cuatro provincias Almería, Jaén, Granada y Málaga. Desde remotos tiempos a nuestros días, Tomo I (Granada 1843)

La Selle et al. 2017: S. P. La Selle / B. D. Lunghino / B. E. Jaffe / G. Gelfenbaum / P. J. M. Costa, Hurricane Sandy Washover Deposits on Fire Island, New York, en: W. H. Werkheiser, Acting Director, U. S. Geological Survey (Reston 2017) 1–30, <https://doi.org/10.3133/ofr20171014> (30.11.2023)

Lario-Gómez et al. 2011: J. Lario-Gómez / C. Zazo / J. L. Goy / P. G. Silva / T. Bardají / A. Cabero / C. J. Dabrio, Holocene Palaeotsunami Catalogue of SW Iberia, Quaternary International 242, 2011, 196–200

Lario-Gómez et al. 2010: J. Lario-Gómez / L. Luque / C. Zazo / J. L. Goy / C. Spencer / A. Cabrero / T. Bardají / F. Borja / C. Dabrio / J. Civis / J. A. González-Delgado / C. Borja / J. Alonso-Azcárate, Tsunami vs. Storm Surge Deposits: A Review of the Sedimentological and Geomorphological Records of Extreme Wave Events (EWE) During the Holocene in the Gulf of Cadiz, Spain, Zeitschrift für Geomorphologie 54, 2010, 301–316

Lario-Gómez et al. 2002: J. Lario-Gómez / C. Spencer / A. J. Plater / C. Zazo / J. L. Goy / C. Dabrio, Particle Size Characterisation of Holocene Back-Barrier Sequences from North Atlantic Coasts (SW Spain and SE England), Geomorphology 42, 2002, 25–42

Lario-Gómez et al. 2001: J. Lario-Gómez / C. Zazo / A. J. Plater / J. L. Goy / C. Dabrio / F. Borja / F. J. Sierro / L. Luque, Particle Size and Magnetic Properties of Holocene Estuarine Deposits from the Doñana National Park (SW Iberia): Evidence of Gradual and Abrupt Coastal Sedimentation, Zeitschrift für Geomorphologie 45, 2001, 33–54

Lario-Gómez et al 1995: J. Lario-Gómez / C. Zazo / C. Dabrio / L. Somoza / J. L. Goy / T. Bardají / P. G. Silva Record of Recent Holocene Sediment Input on Spit Bars and Deltas of South Spain, Journal of Coastal Research, Special Issue 17, 1995, 241–245

Levin/Nosov 2009: B. Levin / M. Nosov, Physics of Tsunamis (Heidelberg 2009)

López Gil 1994: E. López Gil, Las fuentes antiguas sobre Carteia, Almoraima: revista de estudios campogibraltareños 12, 1994, 55–64

López Ruiz 2022: C. López-Ruiz, Not Exactly Atlantis: Some Lessons from Ancient Mediterranean Myths, en: M. Álvarez-Martí-Aguilar / F. Machuca-Prieto (Eds.) 2022, 19–36

Luque-Ripoll et al. 2002: L. Luque-Ripoll / J. Lario / J. Civis / P. G. Silva / C. Zazo / J. L. Goy / C. Dabrio, Sedimentary record of a tsunami during Roman times, Bay of Cadiz, Spain, Journal of Quaternary Science 17, 2002, 623–631

Luque-Ripoll et al. 2001: L. Luque-Ripoll / J. Lario / C. Zazo / J. L. Goy / C. Dabrio / P. G. Silva, Tsunami deposits as paleoseismic indicators: examples from the Spanish coast, Acta Geológica Hispánica 36, 2001, 197–212

Luque-Ripoll 2008: L. Luque-Ripoll, El impacto de eventos catastróficos costeros en el litoral del Golfo de Cádiz, RAMPAS 10, 2008, 131–153

Macias Solé 2015: J. M. Macias Solé, Querer y no poder: la ciudad en el *conuentus tarraconensis* (siglos II–IV), en: L. Brassous / A. Quevedo (Eds.), Urbanisme civique en temps de crise. Les espaces publics d'Hispanie et de l'Occident romain entre le iie et le ive siècle (Madrid 2015) 29–46

Manning 2013: S. W. Manning, The Roman World and Climate: Context, Relevance of Climate Change, and Some Issues, en: W. Harris, (Ed.), The Ancient Mediterranean Environment between Science and History (New York 2013) 103–170

Martin 1973: G. Martin, Ellsworth Huntington. His life and thought (California University 1973)

Martín Casado 2022a: J. M. Martín Casado, Explicaciones ambientales a la crisis del Imperio romano. Apuntes historiográficos y metodológicos, en: J. J. Martínez García / P. D. Conesa Navarro (Eds.), Crisis y muerte en la Antigüedad. Reflexiones desde la historia y la arqueología (Oxford 2022) 17–38

Martín Casado 2022b: J. M. Martín Casado, Tsunamis en la Iberia prerromana. Reflexiones desde lo interdisciplinar, en: E. García Alfonso / S. Becerra Martín (Eds.), Las sociedades íberas: historia y arqueología, I Simposio de Historia en el territorio del Guadalteba (Cádiz 2022) 381–402

Martínez Solares / Mezcua Rodríguez 2002: J. M. Martínez Solares / J. Mezcua Rodríguez, Catálogo sísmico de la Península Ibérica (880 a. C.–1900) (Madrid 2002)

Martínez Solares 2005: J. M. Martínez Solares, Los tsunamis en el contexto de la Península Ibérica, Enseñanzas de las Ciencias de la Tierra 13, 2005, 52–59

Martínez Solares 2001: J. M. Martínez Solares, Los efectos en España del terremoto de Lisboa (1 de noviembre de 1755) (Madrid 2001)

Martins / Mendes-Victor 2001: I. Martins / L. A. Mendes-Victor, Contribution to the Study of Seismicity in the West Margin of Iberia. IGIDL Pub 25 (Lisboa 2001)

Mata Soler 2014: J. Mata Soler, Crisis ciudadana a partir del siglo II en *Hispania*: un modelo teórico de causas y dinámicas aplicado al *Conventus Carthaginensis*, CuadNavarra 22, 2014, 219–251

Matias et al, 2013: L. M. Matias / T. Cunha / A. Annunziato / M. A. Baptista / F. Carrilho, Tsunamigenic Earthquakes in the Gulf of Cadiz: Fault Model and Recurrence, Nat. Hazards Earth Syst. Sci. 13, 2013, 1–13

Mayet/Silva 2010: F. Mayet Mayet / C. T. Silva, Production d'amphores et production de salaisons de poisson: rythmes chronologiques sur l'estuaire du Sado, Conimbriga 49 2010, 119–131

Mayet/Silva 2002: F. Mayet / C. T. Silva, L'atelier d'amphores d'Abul (Portugal) (Paris 2002)

McCormick et al. 2012: M. McCormick / U. Büntgen / M. A. Cane / E. Cook / K. Harper / P. Huybers / T. Litt / S. W. Manning / P. A. Mayewski / A. More / K. Nicolussi / W. Tegel, Climate Change During and After the Roman Empire: Reconstructing the Past from Scientific and Historical Evidence, Journal of Interdisciplinary History 43, 2012, 169–220

Melchor Gil 2018: E. Melchor Gil, Las élites municipales y los inicios del urbanismo monumental en el Occidente romano: algunas consideraciones, con especial referencia a Hispania, Latomus 77.2, 2018, 416–444

Ménanteau et al. 1983: L. Ménanteau / J. R. Vanney / C. Zazo, Belo II: Belo et son environment (Detroit de Gibraltar), Etude physique d'un site Antique, Casa de Velazquez, Serie Archeologie 4 (Paris 1983)

Meyer/Guss 2017: W. Meyer / D. Guss, Neo-Environmental Determinism. Geographical Critiques (Cham 2017)

Mezcua Rodríguez / Martínez Solares 1983: J. Mezcua / J. M. Martínez-Solares, Sismicidad del área Ibero-Mogrebí, Instituto Geográfico Nacional (Madrid 1983)

Morales-González et al. 2008: J. A. Morales-González / J. Borrego / E. G. San Miguel / N. López-González / B. Carr, Sedimentary Record of Recent Tsunamis in the Huelva Estuary (Southwestern Spain), Quaternary Science Reviews 27, 2008, 734–746

Moreira de Mendoça 1758: J. J. Moreira de Mendonça, Historia universal dos terremotos, que tem havido no mundo, de que ha noticia, desde a sua creaçaõ até o seculo presente (Lisboa 1758)

O'Kelly Sendrós 2017: J. O'Kelly Sendrós, Alfares onubenses: producción y comercio cerámico en el occidente de la *Baetica* (Tesis doctoral Huelva 2017)

Papadopoulos 2016: G. Papadopoulos, Tsunamis in the European-Mediterranean region. From Historical Record to Risk Mitigation (Amsterdam 2016)

Paris et al. 1923: P. Paris / G. Bonsor / A. Laumonier / R. Ricard / C. Mergelina, Fouilles de Belo (Bolonia, province de Cadix) (1917 1921), La ville et ses dépendances I (Paris 1923)

Peña Cervantes 2000: Y. Peña Cervantes, La „crisis" del siglo III en la historiografía española, EspacioHist 13.2, 2000, 469–492

Pérez de Barradas 1934: J. Pérez de Barradas, Excavaciones en la necrópolis visigoda de Vega del Mar (San Pedro Alcántara, Málaga), Memorias de la Junta Superior de Excavaciones y Antigüedades 128 (Madrid 1934)

Prados-Martínez et al. 2020: F. Prados-Martínez / H. Jiménez-Vialás / L. Abad-Casal, Primeros avances de la intervención arqueológica en los mausoleos de la puerta sureste de *Baelo Claudia*: el monumento de *Iunia Rufina*, Zephyrus 85, 2020, 163–184

Reicherter et al. 2022: K. Reicherter / F. Prados-Martínez / H. Jiménez-Vialás / I. García-Jiménez / L. Feist / C. Val-Peón / N. Höbig / M. Mathes Schmidt / J. A. López-Sáez / J. Röth / S. Alexiou / P. G. Silva-Barroso / C. Cämmerer / L. Borau / S. M. May / W. Kraus / H. Brückner / C. Grützner, The *Baelo Claudia* Tsunami Archive (SW Spain) – Archaeological Deposits of High-Energy Events, en: M. Álvarez Martí-Aguilar / F. Machuca-Prieto (Eds.) 2022, 313–344

Rodríguez-Ramírez et al. 2022: A. Rodríguez-Ramírez / J. J. R. Villarías-Robles / S. Celestino-Pérez / J. A. López-Sáez / J. N. Pérez-Asensio / A. León, Extreme-Wave Events in the Guadalquivir Estuary in the Late Holocene: Paleogeographical and Cultural Implications, en: M. Álvarez Martí-Aguilar / F. Machuca-Prieto (Eds.) 2022, 127–150

Rodríguez-Ramírez et al. 2016: A. Rodríguez-Ramírez / J. J. R. Villarías-Robles / J. N. Pérez-Asensio / A. Santos / J. A. Morales / S. Celestino-Pérez / A. León / F. J. Santos-Arévalo, Geomorphological record of extreme wave events during Roman times in the Guadalquivir estuary (Gulf of Cadiz, SW Spain): An Archaeological and Paleogeographical Approach, Geomorphology 261, 2016, 103–118

Rodríguez-Ramírez et al. 1997: A. Rodríguez-Ramírez / J. Rodríguez-Vidal / L. M. Cáceres / L. Clemente / M. Cantano / G. Belluomini / L. Manfra / S. Improta, Evolución de la costa atlántica onubense (SO España) desde el máximo flandriense a la actualidad, Boletín Geológico y Minero 108, 1997, 465–475

Rodríguez-Ramírez et al. 1996: A. Rodríguez-Ramírez / J. Rodríguez-Vidal / L. Cáceres / L. Clemente / G. Belluomini / L. Manfra / S. Improta / J. R. de Andrés, Recent coastal evolution of the Doñana National Park (SW Spain), Quaternary Science Reviews 15, 1996, 803–809

Rodríguez-Vidal et al. 2015a: J. Rodríguez-Vidal / L. M. Cáceres / M. L. González-Regalado / P. Gómez / M. J. Clemente / F. Ruiz / A. Toscano / T. Izquierdo / M. Aba, Las grietas de acantilado como un nuevo tipo de registro de tsunamitas: ejemplo en la costa de Gibraltar, XIV Reunión Nacional del Cuaternario (Granada 2015) 31–32

Rodríguez-Vidal et al. 2015b: J. Rodríguez-Vidal / M. Abad / L. M. Cáceres / M. L. González-Regalado / M. J. Clemente / P. Gómez / A. Toscano / T. Izquierdo / F. Ruiz / A. M. M. Soares, Registro de tempestitas en llanura de cheniers durante los siglos I a. C./d. C. (estuario de Huelva), Geotemas 15, 2015, 77–80

Rodríguez-Vidal et al. 2014: J. Rodríguez-Vidal / M. Abad / L. M. Cáceres / M. L. González-Regalado / M. J. Clemente / F. Ruiz / T. Izquierdo / A. Toscano / P. Gómez / J. Campos / J. Bermejo / A. Martínez-Aguirre, Relleno morfosedimentario y poblamiento humano del estuario de los ríos Tinto y Odiel (Huelva) durante la segunda mitad del Holoceno, en: XIII Reunión Nacional de Geomorfología, 2014, 604–607

Rodríguez-Vidal et al. 2008: J. Rodríguez-Vidal / F. Ruiz / L. M. Cáceres / M. Abad / M. I. Carretero / M. Pozo, Morphosedimentary Features of Historical Tsunamis in the Guadalquivir Estuary (SW of Spain), en: 2$^{nd}$ international tsunami field symposium IGCP Project 495 quaternary land-ocean interactions: driving mechanisms and coastal responses. Ostuni and Ionian Islands 22–28 September 2008, 139–141

Rodríguez-Vidal 1987: J. Rodríguez-Vidal, Modelo de evolución geomorfológica de la flecha litoral de Punta Umbría, Huelva, España, Cuaternario y Geomorfología 1, 1987, 247–256

Roldán Gómez et al. 2006: L. Roldán Gómez / M. Bendala Galán / J. Blánquez Pérez / S. Martínez Lillo, Estudio histórico-arqueológico de la ciudad de *Carteia* (San Roque, Cádiz) 1994–1999 (Madrid 2006)

Romero Vera 2022: D. Romero Vera, Entre la plenitud y la decadencia. Un balance historiográfico sobre la vitalidad y el desarrollo urbano de las ciudades hispanorromanas durante el siglo II d. C., Revista de Historiografía 37, 2022, 155–175

Röth et al. 2015: J. Röth / M. Mathes-Schmidt / I. García Jiménez / F. Rojas Pichardo / C. Grützner / P. G. Silva / K. Reicherter, The *Baelo Claudia* Tsunami Hypothesis: Results from a Multi-Method Sediment Analysis of Late-Roman Deposits (Gibraltar Strait, Southern Spain), 6th International Inqua meeting on Paleoseismology, Active Tectonics and Archaeoseismology. Miscellanea INGV 27, 2015, 418–422

Röth 2014: J. Röth, Investigating Roman Sediments in *Baelo Claudia* (Southern Spain) with Sedimentological and Geophysical Methods. Bachelor Thesis, Neotectonics and Geohazards group (Aachen 2014)

Ruiz Morales 2021: M. Ruiz Morales, Terremotos, sus primeros estudios en España (Granada 2021)

Ruiz-Muñoz et al. 2013: F. Ruiz-Muñoz / J. Rodríguez-Vidal / M. Abad / L. M. Cáceres / M. Carretero / M. Pozo / J. Rodríguez-Llanes / F. Gómez-Toscano / T. Izquierdo / E. Font / A. Toscano, Sedimentological and Geomorphological Imprints of Holocene Tsunamis in Southwestern Spain: An Approach to Establish the Recurrence Period, Geomorphology 203, 2013, 97–104

Ruiz-Muñoz et al. 2008a: F. Ruiz-Muñoz / M. Abad / J. Rodríguez-Vidal / L. M. Cáceres / M. I. Carretero / M. Pozo, The Holocene Record of Tsunamis in the Southwestern Iberian Margin: Date and Consequences of the Next Tsunami, en: VI Asamblea Hispano Portuguesa de Geodesia y Geofísica, (Tomar 2008) 1–2

Ruiz-Muñoz et al. 2008b: F. Ruiz-Muñoz / M. Abad / J. Rodríguez-Vidal / L. M. Cáceres / M. L. González-Regalado / M. I. Carretero / M. Pozo / F. Gómez-Toscano, The Geological Record of the Oldest Historical Tsunamis in Southwestern Spain, Rivista Italiana di Paleontologia e Stratigrafia 114, 2008, 145–154

Ruiz-Muñoz et al. 2005: F. Ruiz-Muñoz / A. Rodríguez-Ramírez / L. M. Cáceres / J. Rodríguez-Vidal / M. I. Carretero / M. Abad / M. Olías / M. Poz, Evidence of High-Energy Events in the Geological Record: Mid-Holocene Evolution of the Southwestern Doñana National Park (SW Spain), Palaeogeography, Palaeoclimatology, Palaeoecology 229, 2005, 212–229

Ruiz-Muñoz et al. 2004: F. Ruiz-Muñoz / A. Rodríguez-Ramírez / L. M. Cáceres / J. Rodríguez-Vidal / M. I. Carretero / L. Clemente / J. Muñoz / C. Yañez / M. Abad, Late Holocene Evolution of the Southwestern Doñana National Park (Guadalquivir Estuary, SW Spain): a Multivariate Approach, Palaeogeography, Palaeoclimatology, Palaeoecology 204, 2004, 47–64

Sánchez-Navarro Neumann 1921: M. M. Sánchez-Navarro Neumann, Lista de los terremotos más notables sentidos en la Península Ibérica desde los tiempos más remotos hasta 1917, inclusive, con ensayo de agrupación en regiones y períodos sísmicos, en: La estación sismológica y el Observatorio Astronómico y Meteorológico de Cartuja (Granada), (Granada 1921) 11–51

Schwartz/Nichols 2010: G. M. Schwartz / J. J. Nichols (Eds.), After Collapse. The Regeneration of Complex Societies (Tucson 2010)

Shanmugam 2012: G. Shanmugam, Process-Sedimentological Challenges in Distinguishing Paleo-Tsunami Deposits, Nat Hazards 63, 2012, 5–30

Soloviev et al. 2000: S. Soloviev / O. Solovieva / C. Go / K. Kim / N. Shchetnikov, Tsunamis in the Mediterranean Sea 2000 B. C.–2000 A. D. (2000)

Stiros 2001: S. Stiros, The AD 365 Crete earthquake and possible seismic clustering during the fourth to sixth centuries AD in the Eastern Mediterranean: a review of historical and archaeological data, Journal of Structural Geology 23, 2001, 545–562

Silva-Barroso et al. 2009: P. G. Silva-Barroso / K. Reicherter / C. Grüntzner / T. Bardají / J. Lario / J. L. Goy / C. Zazo / P. Becker-Heidmann, Surface and Subsurface Palaeoseismic Records at the Ancient Roman City of Baelo Claudia and the Bolonia Bay Area, Cádiz (south Spain), Palaeoseismology: Historical and Prehistorical Records of Earthquake Ground Effects for Seismic Hazard Assessment, Geological Society of London / Special Publications 316, 2009, 93–121

Silva-Barroso et al. 2005: P. G. Silva-Barroso / F. Borja / C. Zazo / J. L. Goy / T. Bardají / L. Luque / J. Lario / C. J. Dabrio, Archaeoseismic record at the ancient Roman City of Baelo Claudia (Cádiz, south Spain), Tectonophysics 408, 2005, 129–146

Silva-Barroso 2019: P. G. Silva-Barroso, Fuentes históricas y geológicas de los terremotos antiguos en la Península Ibérica, Revista de la Sociedad Geológica de España 32, 2019, 43–64

Stahl 1971: P. Stahl, La séismicité de Tanger et de sa région. In: Mémoire explicatif de la Carte géotechnique de Tanger au 1/25 000. Contribution à la connaissance du Tangérois. Notes et Memoires du Service Geologique du Maroc (Rabat 1971) 101–109

Szczucinski 2012: W. Szczucinski, The Post-Depositional Changes of the Onshore 2004 Tsunami Deposits on the Andaman Sea Coast of Thailand, Nat Hazards 60, 2012, 115–133, DOI 10.1007/s11069-011-9956-8

Tabales Rodríguez / García Vargas 2021: M. A. Tabales Rodríguez / E. García Vargas, Las estructuras portuarias del Patio de Banderas del Alcázar de Sevilla y el emporium de Hispalis, AEspA 94, 2021, 1–26

Tabales Rodríguez 2015: M. A. Tabales Rodríguez, Destrucción e inundación. Siglo III D. C., en: M. A. Tabales Rodríguez (Ed.), Excavaciones arqueológicas en el Patio de Banderas, Alcázar de Sevilla: memoria de investigación 2009–2014 (Sevilla 2015)

Teichner et al. 2014: F. Teichner / R. Mäusbacher / G. Daut / D. Höfer / H. Schneider / C. Trog, Teichner, Investigações geo-arqueológicas sobre a configuração do litoral algarvio durante o Holoceno, Revista portuguesa de arqueologia 17/1, 2014, 141–158

Teichner/Wienkemeier 2023: F. Teichner / A. Wienkemeier, Cerro da Vila (Portugal). An example of a harbour infrastructure typical of the rural maritime economy of Roman Lusitania, en: A. Facella / M. Pasquinucci (Eds.), Porti antichi e retroterra produttivi. Strutture, rotte, merci (Pisa 2023) 457–466

Teichner 2017a: F. Teichner, Cerro da Vila: A rural commercial harbour beyond the Pillars of Hercules, en: J. M. Campos Carrasco / J. Bermejo-Meléndez (Eds.), Los puertos romanos Atlánticos Béticos y Lusitanos y su relación comercial con el Mediterráneo (Roma 2017) 403–435

Teichner 2017b: F. Teichner, O estabelecimento portuário do Cerro da Vila (Vilamoura): De Aglomerado romano a Aldeia islâmica, en: Loulé: territórios, memórias, (Lisboa 2017) 278–291

Teichner 2016: F. Teichner, A Multi-Disciplinary Approach to the Maritime Economy and Palaeo-Environment of Southern Roman Lusitania, en: I. Vaz Pinto / R. R. Almeida / A. Martin (Eds.), Lusitanian Amphorae: Production and distribution (2016) 241–255

Teichner 2008: F. Teichner, Entre tierra y mar. Zwischen Land und Meer. Studien zur Architektur und Wirtschaftsweise ländlicher Siedlungen im Süden der römischen Provinz Lusitanien, Studia Lusitana 4 (Mérida 2008)

Teichner 2007: F. Teichner, Casais Velho (Cascais), Cerro da Vila (Quarteira) y Torreblanca del Sol (Fuengirola): ¿Factorías de transformación de salsas y salazones de pescado o de tintes?, en: J. Hedges / E. Hedges (Eds.), CETARIAE 2005 salsas y salazones de pescado en occidente durante la Antigüedad: actas del congreso internacional. Cádiz, 7–9 noviembre de 2005 (Madrid 2007) 117–125

Teichner 2006a: F. Teichner, „De lo romano a lo árabe". La transición del sur de la provincia de Lusitania a al-Gharb al-Andalus. Nuevas investigaciones en los yacimientos de Milreu y Cerro de Vila, Anejos de AEspA 39, 2006, 207–220

Teichner 2006b: F. Teichner, Cerro da Vila: paleo-estuário, aglomeração secundária e centro de transformação de recursos marítimos, Setúbal Arqueológica 13, 2006, 69–82

Teichner 2005: F. Teichner, Cerro da Vila – aglomeração secundária e centro de produção de tinturaria no sul da Província Lusitânia, XELB 5, 2005, 85–100

Udías Vallina 2019: A. Udías Vallina, Large Earthquakes and Tsunamis at Saint Vincent Cape before the Lisbon 1755 Earthquake: A Historical Review, Pure Appl. Geophys., 2019, https://doi.org/10.1007/s00024-019-02323-z (30.11.2023)

Udías Vallina 2017: A. Udías Vallina, Terremotos de la Península Ibérica antes de 1900 en los catálogos sísmicos, Física de la Tierra 29, 2017, 11–27

Udías Vallina 2015: A. Udías Vallina, Historical Earthquakes (before 1755) of the Iberian Peninsula in Early Catalogs, Seismological Research Letters 86, 2015, 999–1005

Van Babel 2020: B. Van Babel / D. R. Curtis / J. Dijkman / M. Hannafod / M. de Keyzer / E. van Onacker / T. Soens, Disasters and History. The Vulnerability and Resilience of Past Societies (2020) DOI: 10.1017/9781108569743

Vázquez-Garrido et al. 2022: J. T. Vázquez-Garrido / G. Ercilla / B. Alonso / J. A. Peláez / D. Palomino / R. León / P. Bárcenas / D. Casas / F. Estrada / M. Fernández-Puga / J. Galindo-Zaldívar / J. Henares / M. Llorente / O. Sánchez-Guillamón / E. d'Acremont / A. Ammar / M. Chourak / L. M. Fernández-Salas / N. López-González / S. Lafuerza, Triggering Mechanisms of Tsunamis in the Gulf of Cadiz and the Alboran Sea: An Overview, en: M. Álvarez Martí-Aguilar / F. Machuca Prieto (Eds.) 2022, 65–104

Vaz Pinto et al. 2014: I. Vaz-Pinto / A. P. Magalhães / P. Brum, An overview of the fish-salting production centre at Tróia (Portugal), en: E. Botte / V. Leich (Eds.), Fish & Ships. Production and Commerce of Salsamenta During Antiquity, Bibliothèque d'archéologie méditerranéenne et africaine 17, 2015, 145–157

Vaz Pinto et al. 2010: I. Vaz Pinto / A. P. Magalhães / P. Brum, Sondagem junto ao poco da oficina de salga 1 de Tróia, Conimbriga 49, 2010, 133–159

Vizcaino et al. 2006: A. Vizcaino / E. Gràcia / R. Pallàs / J. García-Orellana / C. Escutia / D. Casas / V. Willmott / S. Diez / A. Asioli / J. Dañobeitia, Sedimentology, Physical Properties and Age of Mass Transport Deposits Associated With the Marquês de Pombal Fault, Southwest Portuguese Margin, Norsk Geologisk Tiddsskrift 86, 2006, 177–186

Zazo-Cardeña et al. 1994: C. Zazo-Cardeña / J. L. Goy / L. Somoza / C. Dabrio / G. Belluomini / S. Improta / J. Lario / T. Bardají / P. G. Silva, Holocene Sequence of Sea-Level Fluctuations in Relation to Climatic Trends in the Atlantic-Mediterranean Linkage Coast, Journal of Coastal Research 10, 1994, 933–945

## Fuentes antiguas

Amiano Marcelino, Historia, Edición de M. L. Harto Trujillo, Akal (Madrid 2002)

Plinio el Viejo, *Historia Natural*, Libros III–VI, Traducción y Notas de A. Fontán / I. García Arribas / E. del Barrio / M. L. Arribas, Gredos (Madrid 1998)

Pomponio Mela, *Corografía*, Traducción de C. Guzmán Arias, Universidad de Murcia (Murcia 1989)

**Juan Manuel Martín Casado** es graduado en Historia por la Universidad de Málaga (2017) y Máster en Patrimonio Histórico y Literario de la Antigüedad por la misma universidad (2019). Actualmente es contratado FPU en la Universidad de Málaga, donde escribe una tesis sobre el impacto de las catástrofes naturales en la península ibérica durante la antigüedad. Su línea de investigación aborda el estudio de los shocks naturales, caso de terremotos, tsunamis y cambios climáticos, con el objetivo de comprender el papel que pudieron haber tenido como desencadenantes de procesos de cambio de amplia escala, especialmente en el caso de la crisis del Imperio romano.

JUAN MANUEL MARTÍN CASADO
Campus Universitario de Teatinos, Blvr. Louis Pasteur, 27, 29010 Málaga,
JuanMMCasado@uma.es

Infrastruktur, Neuorganisation, Konnektivität

# Los ríos navegables de Hispania
## *Algunas puntualizaciones sobre el* flumen Hiberus

PEPA CASTILLO PASCUAL

**Abstract:** This paper focuses on two issues related to the navigability of the river Ebro in the first centuries of the Roman Empire, from the pedestal of a statue dedicated to this river in the 2nd century AD. Firstly, it is analyzed which stretch or stretches were navigable taking into account the classical sources (Pliny the Elder), the orographic characteristics of the basin, the river-road relationship and, finally, the location of the main settlements in the valley. The second question attempts to explain the importance of fluvial trade in this river based on the pottery production of *Tritium* (Tricio), which reached its zenith between the end of the 1st century and the beginning of the 2nd century. The rise of this industry would explain Pliny's statement that the Ebro was rich due to its fluvial trade as well as the statue dedicated to him as a benefactor god.
**Keywords:** Ebro River, fluvial trade, *Tritium*, *Vareia* (Varea-Logroño).

**Resumen:** A partir del pedestal de una estatua dedicada al río Ebro en el siglo II d. C., este artículo se centra en dos cuestiones en relación con la navegabilidad de este río en los primeros siglos del Imperio romano. En primer lugar, qué tramo o tramos eran navegables teniendo en cuenta las fuentes clásicas (Plinio el Viejo), las características orográficas de la cuenca, la relación río – calzada y, por último, la ubicación de los principales asentamientos del valle. En segundo lugar, explicar la importancia del comercio fluvial en este río a partir de la producción alfarera de *Tritium* (Tricio), que alcanzó su apogeo entre finales del siglo I y comienzos del siglo II. El auge de esta industria explicaría la afirmación de Plinio de que el Ebro fue rico por su comercio fluvial, así como la estatua que se le dedicó en calidad de dios benefactor.
**Palabras clave:** Ebro, comercio fluvial, *Tritium* (Tricio), *Vareia* (Varea-Logroño).

En el Museo Arqueológico de Tarragona se conserva un fragmento del pedestal de una estatua en el que se puede leer la inscripción *Flumen Hiberus* (Fig. 1). De la figura solo queda el pie derecho y a su izquierda se ve lo que podría ser agua fluyendo.[1] El hecho de que aparezca descalzo nos está indicando que estaríamos ante una divinidad, en este caso ante la personificación divina del río Ebro, cuyo nombre aparece en la inscripción. Este hallazgo, datado en el siglo II d. C., sitúa al Ebro a la altura de otros ríos que, por ser de gran interés para Roma, como el Tíber, el Nilo o el Baetis (Guadalquivir), fueron considerados dioses o espíritus benefactores. Los dos primeros han sido representaban como ancianos con barba, tendidos sobre un costado, con una cornucopia llena de frutas.[2] Del Guadalquivir no tenemos ninguna representación de este tipo, pero sí una inscripción que recoge la dedicatoria de una estatua de bronce al *genius Baetis*, posiblemente por los barqueros del río.[3] En este caso, el río es considerado un "genio", una especie de espíritu protector y generador de vida.[4]

**Fig. 1** Pedestal de estatua dedicada al río Ebro (*Flumen Hiberus*).
Fuente: Alföldy 1975, n° 22.

En relación con este pedestal, es evidente que el Ebro no aparecería recostado, como el Tíber o el Nilo, sino de pie, aunque también podría estar sentado o apoyado sobre

1    CIL II 4075 = RIT 22 = EDCS 05503107. Se desconoce el lugar del hallazgo.
2    En la numismática es habitual encontrar al Nilo no solo reclinado, como en la estatuaria, sino también sentado (dracma de Trajano, RPC III, n° 4417) o de pie (dracma de Trajano, RPC III, n° 4689).
3    CIL II 1163; = CILA II, 1025 = HEp 5, 1995, 728.
4    El culto al *genius* como espíritu protector estuvo muy arraigado en la Bética romana, otros ejemplos en Rodríguez Cortés 1991, 56–62.

algo. Con todo, no creemos que lo más importante aquí sea cómo estaría representada la personificación del río, sino que en el siglo II el Ebro fue considerado una divinidad benefactora que proporcionaba vida y sustento a la región por la que fluía, asemejándose así al Tíber, al Nilo y al Guadalquivir. El primero fue visto como tal por ser la principal puerta de entrada de las mercancías que llegaban a la ciudad de Roma. El Nilo, por su parte, no solo hacía fértil la tierra de Egipto con sus controladas crecidas, sino que por él se transportaba el cereal que llegaba a la capital del Imperio, tan importante para el sustento de sus habitantes y para los repartos gratuitos de trigo. Por último, por el Guadalquivir se transportaba el tan apreciado aceite de la Bética, que también llegaba a Roma. A esta trilogía de ríos benefactores debemos añadir el Ebro.

El propósito de esta contribución es doble. Por un lado, definir el río Ebro en términos de navegabilidad, presentado los indicios que hemos tenido en cuenta para determinar qué tramo o tramos eran navegables, lo que nos va a ofrecer un panorama de la navegación fluvial muy diferente al que se ha asumido tradicionalmente. Por otro, explicar por qué en el siglo II el río Ebro fue considerado una divinidad y se le dedicó una estatua.

## El Ebro, el río navegable de la costa mediterránea

El panorama de la navegación fluvial en la Antigüedad en la península ibérica era muy diferente al de ahora. Apiano afirma en la introducción de su Iberiké que este territorio era surcado por muchos ríos navegables.[5] En la fachada atlántica, por ejemplo, eran navegables los ríos Miño (*Bainis* o *Minius*), Limia (*Lethes*), Duero (*Durius*), Vouga (*Vacua/Vagia*), Mondego (*Munda*), Tajo (*Tagus*), Guadiana (*Anas*), Guadalquivir (*Baetis*), además de los esteros y canales de la Bahía de Cádiz.[6] En el entorno del estrecho de Gibraltar, las fuentes clásicas mencionan tan solo tres ríos, pero nada dicen

---

5   App. Ib. 1.
6   Estrabón refiere que el Miño era navegable a lo largo de 800 estadios (150 km), aproximadamente hasta su confluencia con el Sil (3.3.4). En este mismo pasaje alude a la navegabilidad del Limia, del Duero, del que dice que grandes navíos remontaban su curso a lo largo de 800 estadios (150 km). Plinio señala sobre este río que era uno de los más grandes de Hispania, pero nada dice de su navegabilidad (nat. 4.112). El Vouga y el Mondego eran según Estrabón navegables durante un corto trayecto (3.3.4). Del Tajo, el geógrafo de Amasia refiere que debido a la anchura y profundidad de su cauce podía ser remontado por embarcaciones con capacidad para mil ánforas (ca. 260 toneladas) (3.3.1). Sobre el Guadiana solo Estrabón alude a su navegabilidad, pero sin apenas dar detalles al respecto, solo que era navegable durante un tramo más corto que el Guadalquivir y por barcos de menos tonelaje (3.2.3). Por último, el Guadalquivir es el río navegable por excelencia y así lo recogen Estrabón (3.2.3–6), Mela (2.96), Plinio (nat. 3.10), Apiano (Ib. 65) y Avieno (ora 261–265; 304–306). Sobre los esteros y canales de la Bahía de Cádiz, Estrabón señala que gracias al fenómeno de las mareas las condiciones de navegabilidad eran óptimas (3.2.4). Plinio menciona, además, la navegabilidad del Genil (*Singilis*), uno de los afluentes del Guadalquivir, que era navegable hasta *Astigi* (Écija), es decir, entre unos 40–50 km (nat. 3.10).

sobre su navegabilidad.⁷ Sobre los ríos del litoral mediterráneo, el único río navegable que mencionan como tal los autores grecolatinos es el Ebro, proporcionando de los demás una descripción muy vaga que dificulta su identificación con los cursos fluviales actuales.⁸ Por último, sobre los ríos del norte y noroeste, caracterizados por un curso breve y torrencial a causa de la orografía, tampoco las fuentes nos informan sobre si eran o no navegables.⁹

Sobre el Ebro sabemos que era navegable desde la Antigüedad hasta el siglo XV sin apenas modificaciones. La continua intervención del hombre sobre el río, sus orillas y el paisaje de su valle ha ido modificando de tal manera este curso fluvial que sus condiciones de navegabilidad empeoraron. Y cuando a mediados del siglo XIX llegó el ferrocarril, unido a la construcción de presas y la mejora de las comunicaciones terrestres, se puso punto final a la navegación comercial por este río.¹⁰ Sin embargo, hoy en día las ciudades ribereñas vuelven a mirar hacia el río, lo vuelven a integrar en la cotidianeidad de su vida ciudadana, pero ya no es el *Hiberus* de los romanos. La ocupación de la llanura de inundación, la construcción de canales de desvío o la deforestación han afectado tanto a este curso fluvial que, con seguridad, en la Antigüedad tendría un cauce más amplio y un caudal más abundante y regular. Un ejemplo de esta evolución del río es que el delta del Ebro no existía hace dos mil años, teniendo la desembocadura en *Dertosa* (Tortosa, Tarragona) una anchura de 3 km, un verdadero estuario.¹¹ Tales dimensiones explicarían que Mela se refiera al Ebro como "el ingente *Hiberus* que baña *Dertosa*".¹²

Tras este preámbulo, tal y como hemos anunciado al comienzo, nos centraremos en las dos cuestiones que hemos planteado y que son el objetivo de nuestra contribución. Primero, demostrar, a partir de una serie de indicios, que este río era navegable en época romana a lo largo del tramo comprendido entre Logroño y La Zaida (Zaragoza). Segundo, que la *terra sigillata* hispánica de *Tritium* (Tricio, La Rioja) fue el producto que contribuyó a dinamizar el transporte fluvial por este río, y, posiblemente, la explicación para que en el siglo II el Ebro fue considerado una divinidad y honrado con una estatua.

---

7  Se trata de los ríos *Baelo, Baesilus* y *Cilbus*. Sobre estos ríos y su identificación, vid. Schulten 1963, 46; Parodi Álvarez 2001, 135 s.
8  Son corrientes fluviales que o bien fluyen torrencialmente, o bien su caudal es escaso y estacional. Sobre estos ríos, vid. Parodi Álvarez 2001, 95–87 (costa catalana), 107–109 (costa levantina) y 123 s. (costa andaluza).
9  Entre el golfo de Vizcaya y el río Miño, las fuentes literarias mencionan unos veinticinco ríos, sin dar más información que su nombre, vid. Parodi Álvarez 2001, 227–232.
10  Una visión general de la navegación en el Ebro a lo largo de la historia, en Beltrán Martínez 1999, 21–62; Gallego Arnedo 2008; Marcuello Calvín 1999a, 63–75; Marcuello Calvín 1999b, 77–85; Marcuello Calvín 1999c, 87–102.
11  Dupré 1987, 32.
12  Mela 2.90. El término *ingens* hace referencia a algo que es grande en exceso, desmesurado (Traducción de la autora)

## Una vía fluvial desde *Vareia* (Varea, Logroño)

El primer indicio que demuestra que el Ebro no era navegable hasta su desembocadura es un texto de Plinio en el que este autor menciona que es un río rico (*dives*) por su comercio fluvial, que nace en *Iuliobriga* (*ca*. Retortillo, Cantabria) y que fluye a lo largo de 450 millas (666 km), la longitud que proporciona este autor hasta la desembocadura. A continuación, y este es el dato que nos interesa, afirma que era navegable desde el *oppidum Vareia* a lo largo de 260 millas (385 km).[13] Es evidente, a partir de este testimonio, que la navegabilidad del Ebro estaba limitada a un tramo, y que no se prolongaba hasta su desembocadura, como se ha sostenido tradicionalmente.[14]

Este testimonio de Plinio, el único que tenemos sobre la navegabilidad del Ebro, se puede considerar fiable, incluso podríamos afirmar que tuvo conocimiento directo del comercio fluvial en el Ebro ya que fue procurador de la Hispania citerior en torno al año 73.[15] Pero, además, nuestra propuesta de una navegabilidad limitada para el Ebro se sustenta en otros indicios que no contradicen a Plinio, sino todo lo contrario.

El primero de ellos es la orografía de la cuenca. Si bien a día de hoy estamos muy lejos de extraer conclusiones en relación con la trayectoria del río en época romana, el estudio del relieve de esta cuenca nos ha llevado a la evidencia de que el tramo conocido como Ebro medio, desde Logroño hasta La Zaida, debido a su baja pendiente reunía en la Antigüedad las condiciones propicias para la navegación.[16] Es casi una llanura fluvial y eso explica que el río fluya más libremente, formando meandros libres o divagantes, lo que significa que el curso del Ebro aquí ha variado mucho a lo largo de la historia, como lo prueba la evolución de los meandros que se observa en el paisaje.[17]

En la actualidad la longitud del Ebro entre Logroño y La Zaida es de 346 km, una cifra que se aproxima más a la que proporciona Plinio para el tramo navegable del Ebro,

---

13   Plin. Nat. 3.21: *regio ilergaonum, hiberus amnis, navigabili commercio dives, ortus in cantabris haut procul oppido iuliobrica, per [cccl] p. fluens, navium per [cclx] a Vareia oppido capax* (…). Cálculo en kilómetros a partir de la equivalencia más admitida de la milla: 1480 m.

14   A partir de este texto, Beltrán Martínez afirma, erróneamente, la navegabilidad del río hasta *Vareia*, y no desde *Vareia*, si bien su traducción del texto de Plinio es "siendo navegable en un trayecto de 260.000 pasos a partir de *Vareia*" (Beltrán Martínez 1961, 72 s). Años más tarde, el error continúa, *vid*. Beltrán Martínez 1999, 47; Parodi Álvarez 2001, 67 s. Mínguez Morales sigue esta misma interpretación, pero va mucho más allá cuando, sin indicios, define la navegabilidad de este río en los mismos términos que utiliza Estrabón para el Guadalquivir (Str. 3.2.3): sitúa el puerto principal en *Dertosa*, que equipara a *Hispalis* (Sevilla); después estaría el de *Caesaraugusta* (Zaragoza), que sería otra *Corduba* (Córdoba) y, por último, *Vareia*, a donde, al igual que a *Castulo* (ca. Linares, Jaén) llegarían naves de menor calado (Mínguez Morales 2008, 172).

15   Sobre esta procuratela, *vid*. Syme 1969, 215–218.

16   En este tramo la pendiente media es de 0,67 por mil (Ollero Ojeda 1993, 297).

17   Sobre la pendiente en el Ebro medio y los meandros libres, vid. Ollero Ojeda 1990, 73–84; Ollero Ojeda 2005, 35–37; Ollero Ojeda 2009, 36. Como ejemplo, en el curso del Ebro entre Mendavia (Navarra) y Alfaro (La Rioja) se han detectado cuarenta y cuatro meandros, vid. Martín Escorza, 2022, 135–144.

385 km, que a la de 606 km, la longitud del río desde Logroño-Varea (*Vareia*) hasta Tortosa (*Dertosa*), donde estaba su desembocadura hace 2000 años.[18] Una diferencia de 39 km es más fácil de explicar que una de 221 km, tanto por la evolución de los meandros libres como por la actual precisión en el cálculo de distancias en comparación con la Antigüedad. Con todo, hay otro aspecto de la orografía de esta cuenca que apoya todavía más la identificación del tramo Logroño – La Zaida con las 260 millas navegables de Plinio.

A partir de La Zaida, concretamente a mitad de camino entre los municipios de La Zaida y Alforque (Zaragoza), comienza un canal de meandros encajados que se prolonga hasta Mequinenza (Zaragoza) (Fig. 2).

Se trata de un tramo de 138 km de meandros muy sinuosos y estables por los que el río discurre encajonado en un desfiladero, y que no ha sufrido variaciones desde su formación.[19] Este paisaje ya era una realidad para el *flumen Hiberus*, que serpenteaba ininterrumpidamente a lo largo de 138 km en un valle con un relieve cortado en profundidad por el río. Por su longitud, su sinuosidad y sus características, este trayecto sería visto como un obstáculo para un transporte rápido y seguro.[20] Además, a los pocos kilómetros del final de esta sucesión de meandros, a partir de Mequinenza, comienza el Bajo Ebro, que fluye encajado entre las sierras prelitorales catalanas, hasta que se abre en la cubeta tectónica de Móra, para nuevamente volver a fluir encajado entre Miravet y Xerta hasta la cubeta tectónica de Val de Tortosa, la antesala de la llanura litoral y el delta, donde la pendiente es muy baja.

No solo la orografía de la cuenca aclara la información que nos proporciona Plinio sobre la navegabilidad del Ebro, también lo hace la relación río – calzada. Tener en cuenta esta asociación es muy útil a la hora de determinar qué tramo o tramos de un río fueron navegables. En realidad, esta relación traduce la interconexión entre el transporte fluvial y el terrestre, y convierte al río navegable en un importante eje de ordenación del territorio en lo relativo al trazado de las vías, bien porque estas corren paralelas al río o bien porque confluyen en él. En el primer caso, son una solución cuando las condiciones climatológicas dificultaban la navegación o la hacían imposible, sobre todo aguas arriba, lo que ocurría durante la sequía estival o las riadas invernales. En el segundo caso, la navegación fluvial se abría a las regiones alejadas del valle, que gracias a estas calzadas podían llevar sus mercancías hasta el río para después transportarlas a lo largo de su curso.

La calzada que nos interesa es la *Via de Italia in Hispanias*, un desvío a la altura de *Tarraco* (Tarragona) de la *Via Augusta* que recorría el litoral mediterráneo peninsular

---

18  Estas distancias, calculadas sobre fotografía aérea del año 1982, han sido tomadas de la tesis doctoral de Ollero Ojeda, no publicada, pero proporcionadas por su autor (Ollero Ojeda 1992, 40).
19  Julián Andrés / Chueca Cía 1991, 126–136.
20  En línea recta, la distancia entre el punto donde comienzan los meandros y Mequinenza es de 57 km.

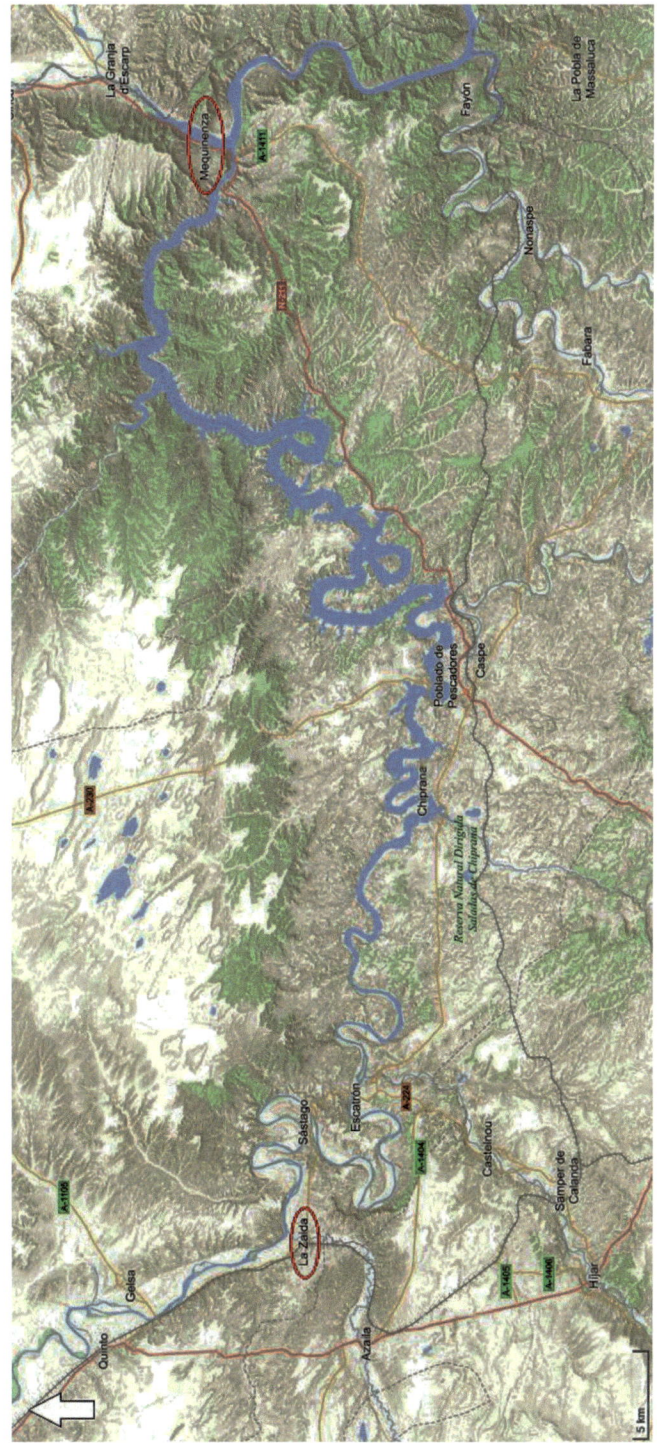

**Fig. 2** Canal de meandros entre La Zaida (Zaragoza) y Mequinenza (Zaragoza). Mapa elaborado a partir de Geamap.com (España).

desde los Pirineos hasta la ciudad de *Gades* (Cádiz).[21] Esta vía Augusta del interior iba desde *Tarraco* hasta *Ilerda* (Lleida) y de allí a *Caesaraugusta*, pasando por *Osca* (Huesca). Desde *Caesaraugusta* la calzada transcurría junto al Ebro hasta *Vareia*, el último puerto del Ebro, alejándose en este punto del río para dirigirse a *Tritium*, un importante centro de producción de *terra sigillata* hispánica al que nos referiremos más adelante (Fig. 3).

**Fig. 3** Recorrido parcial de la *via de Italia in Hispanias* a partir de *Tarraco*.
Fuente: Beltrán Lloris / Marco Simón 1987, nº 59.

Con todo, antes de que se fundase *Caesaraugusta* (15 o 14 a. C.) y de que la nueva colonia se convirtiese en el principal nudo de comunicaciones del valle del Ebro, se ha documentado la existencia de una calzada que iba de *Ilerda* a *Celsa* (Velilla de Ebro, Zaragoza).[22] Se trata de una vía que no aparece registrada en el Itinerario de Antonino y de la que tampoco dice nada Estrabón cuando menciona el puente de piedra que había en *Celsa* para cruzar a la margen derecha del Ebro,[23] un puente que estaría vinculado a esta vía. Sin embargo, los restos de calzada que se han hallado en el término municipal de Fraga y en el entorno de Velilla de Ebro, donde estaba la antigua *Celsa*, son evidencias claras de su existencia (Fig. 4).[24]

21  Se corresponde con dos rutas del Itinerario de Antonino: la *via de Italia in Hispanias* (vía 1), Anton. Aug. p. 387.4–395.4; y la *via Ab Asturica Terracone* (vía 32), Anton. Aug. p. 448.2–452.5. Ambas rutas aparecen explicadas y desarrolladas con cartografía en Roldán Hervás / Caballero Casado 2014, 10–22. 174–183. En realidad, se trataba de una única calzada que recorría el valle del Ebro de este a oeste. Sobre la polémica en torno a la duplicidad o no estas vías, *vid*. Roldán Hervás 1975, 38–43. 95 s; Magallón Botaya 1987, 60–66.
22  En *Ilerda* la calzada se dividía en otras dos, una iba en dirección *Osca* (Huesca) para continuar hacia *Pompaelo* (Pamplona) y *Oiasso* (Irún), y la otra bajaba por el actual municipio de Aitona (Lleida) en dirección *Celsa*. Para la vía hacia *Oiasso*, vid. Amela Valverde 2001, 201–208.
23  Str. 3.4.10.
24  Sobre la constatación arqueológica de esta calzada desde Velilla de Ebro (Zaragoza) hasta Torrente de Cinca (Huesca), *vid*. Cebolla et al. 1996, 233–259.

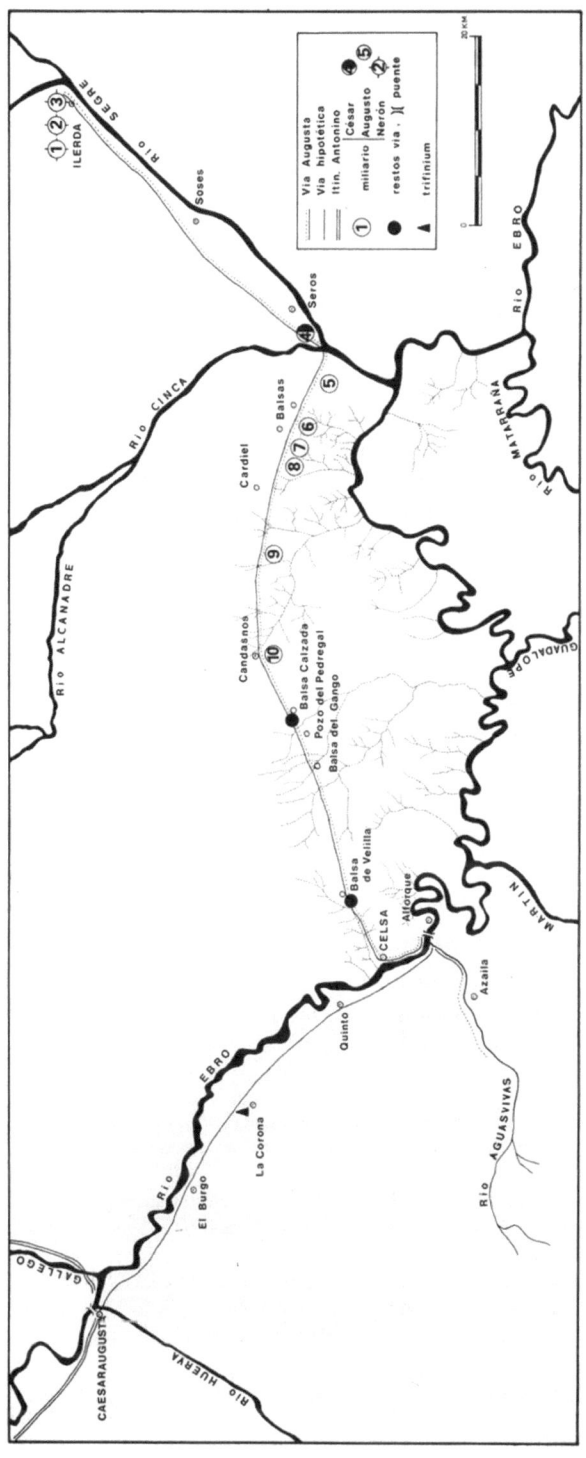

**Fig. 4** Vía Augusta entre *Ilerda* y *Celsa*. Fuente: Beltrán Lloris 1984, Fig. 9, p. 36.

La vía entre *Ilerda* y *Celsa* pudo tener su origen en un antiguo camino ilergete cuya existencia propuso Pita Mercé y que conectaría *Iltirta*, capital de los ilergetes y futura *Ilerda*, con *Kelse*, el enclave prerromano que dio el cognomen de *Celsa* a la colonia y que no estaría muy alejado de esta.[25] Este mismo autor sugiere que el mencionado camino salvaría el río con un puente de barcas y que, incluso, pudo haber un pequeño puerto fluvial.[26] Los dos miliarios hallados entre *Ilerda* a *Celsa*, el de Masalcorreig y el de Torrente de Cinca,[27] que corresponden al procónsul *Q. Fabius Labeo* y se han datado en los últimos veinte años del siglo II a. C., posiblemente entre 124–114 a. C., podrían ser un indicio de la existencia de este antiguo camino ilergete, que sería el precursor de la calzada acondicionada y amojonada por *Fabius Labeo*, cuya finalidad era establecer un corredor desde la capital de la Citerior y los cuarteles del litoral al corazón de la Celtiberia.[28] Sin duda, las ventajosas condiciones topográficas y estratégicas de esta ruta serían conocidas por los ejércitos romanos desde sus primeros enfrentamientos con los ilergetes en el año 206 a. C., por eso es aprovechada por *Fabius Labeo* y más tarde, cuando a orillas del Ebro y en el entorno de esa ruta se fundó *Celsa*, se acondicionaría de nuevo la calzada y el puente de barcas sería sustituido por el puente de piedra que menciona Estrabón.[29] Se ha planteado también una vía hipotética entre *Celsa* y *Caesaraugusta* que iría junto al Ebro, pero por el momento no se ha encontrado ningún vestigio que pruebe su existencia, aunque el hecho de que el río fuese navegable en este tramo podría ser un indicio.[30]

Es evidente que el trazado de la calzada se ha hecho en función de la navegabilidad del río, por eso corre junto a él en el tramo navegable. Lo mismo ocurre con los principales asentamientos del valle, puesto que todos ellos están ubicados junto al río o muy cerca de él. Parece, por lo tanto, que podemos hablar de un modelo fluvial de ordenación del territorio y designar como "ciudades fluviales" a aquellas que están ubicadas a lo largo del curso navegable. Estos núcleos tendrían la función de centros administrativos y/o la de ser puntos de recepción y distribución de mercancías, desempeñando un importante papel en este modelo fluvial de ordenación territorial tan necesario para una política de conquista económica a través del río.[31]

---

25   Pita Mercé 1976, 77. El topónimo *Kelse* se conserva en el municipio de Gelsa, situado en la margen izquierda, a unos 4 km. río arriba de Velilla de Ebro, donde está localizada *Celsa*.
26   Pita Mercé 1976, 77.
27   Lostal Pros, 1991, 15–16 n$^{os}$ 5 y 6. Sobre las propuestas cronológicas para estos dos miliarios, vid. Magallón Botaya 1987, 235–236; Lostal Pros 1991, 15; Cebolla et al. 1996, 247; Solana Sainz / Sagredo San Eustaquio 2008, 19.
28   Numancia ya había caído (133 a. C.) pero no por ello habían concluido los conflictos en la Celtiberia, de hecho, se puede afirmar que hasta que en el año 93 a. C. *Valerius Flaccus* no sofocó una rebelión de celtíberos, no finalizó la conquista romana del valle del Ebro.
29   Str. 3.4.10.
30   Beltrán Lloris et al. 1984, Fig. 9.
31   En relación con estos enclaves tan solo haremos referencia a su año de fundación o promoción, y a su ubicación geoestratégica en el curso de Ebro.

El primer enclave romano a orillas del Ebro medio fue la *Colonia Victrix Iulia Lepida*, más tarde *Celsa*, fundada en el año 44 a. C. por Marco Emilio Lépido, procónsul de la Hispania citerior (48–47 y 44–42 a. C.), siguiendo las disposiciones de Julio César.[32] El lugar elegido para su emplazamiento fue una suave pendiente en la orilla izquierda del Ebro, cerca de la desembocadura del Aguasvivas, que formando terrazas descendía hasta la orilla de este río. Por su ubicación junto al Ebro y en las cercanías del único vado que había para atravesarlo,[33] esta colonia se convirtió en el centro administrativo romano en el valle del Ebro y de redistribución de mercancías.[34] A causa de su posición geoestratégica en el valle, Agripa ubicó allí en 19 a. C. la ceca imperial que acuñaba moneda de oro y de plata para pagar a las tropas, el traslado de las legiones a Germania, la infraestructura viaria del nordeste y el programa urbanístico de una nueva colonia, *Caesaraugusta*.[35]

La conquista y pacificación definitiva de la península ibérica con el fin de las guerras cántabras (19 a. C.) supuso la organización del territorio conquistado, y, en el caso del valle del Ebro, la necesidad de fundar una colonia en la orilla izquierda de este río, en una posición mucho más céntrica y desde la que fuese más fácil acceder a la Meseta, a los territorios al norte del Ebro y del alto Ebro, a las Galias y al *Mare Externum*. El lugar elegido para fundar *Caesaraugusta* en 14–13 a. C. fue el solar de la ibérica *Salduuie*, donde confluían caminos naturales y los ríos Huerva, Gállego, Ebro y muy cerca el Jalón. A partir de este momento, *Celsa* empezó a quedar eclipsada por la colonia de Augusto que había recibido la *inmunitas* y que se convirtió en el nuevo centro administrativo y económico del valle,[36] donde convergían varias calzadas ya en fechas muy tempranas (9–4 a. C.),[37] y que contaba, además, con un puerto fluvial.[38]

Siguiendo el Ebro aguas arriba y la vía Augusta del interior, se siguió una política de promoción municipal de aquellos asentamientos que por su situación geoestrátegica

---

32  Caes. Civ. 1.51. A partir del estudio de las emisiones monetales de *Kelse*, el asentamiento prerromano, y *Celsa*, García-Bellido adelanta la fundación a los años 48–47 a. C. (García-Bellido 2003, 278 s). En el año 36 a. C., cuando Lépido cayó en desgracia y fue desterrado a Circei (Suet. Aug. 16.4), la colonia tomó el nombre latinizado del asentamiento prerromano, vid. García-Bellido 2003, 277.

33  Nos referimos aquí al paso del Ebro que utilizaría el mencionado camino ilergete y, después, la calzada amojonada por *Fabius Labeo* a los que nos hemos referido antes.

34  Beltrán Lloris señala que a *Celsa* llegaban productos de Italia y del sur de la Galia, vino del litoral catalán y salazones béticos, cerámicas de Tarso y del norte de África; mármoles tunecinos, itálicos, griegos; fayenzas egipcias, etc. (Beltrán Lloris 1997, 32).

35  García-Bellido 2003, 277. 283–285. La ceca imperial se cerró en 18 a. C. pero *Celsa* siguió acuñando monedas de bronce para los campamentos del noroeste peninsular y de Germania, hasta que entre 2 a. C. y 4 d. C. este papel de "ceca militar" pasó a *Calagurris Iulia* (Calahorra), García-Bellido 2003, 288.

36  *Celsa* fue abandonada definitivamente bajo los reinados de Nerón o de Galba, Beltrán Lloris 2000, 60.

37  Para estas calzadas remitimos a Beltrán Lloris / Magallón Botaya 2007, 105 s.

38  Posiblemente estaría ubicado cerca del foro, al nordeste de la ciudad, vid. Aguarod Otal / Erice Lacabe 2003, 144. Sobre posibles restos de los muelles, *vid*. Beltrán Lloris 2007, 34.

fueron enclaves apropiados para distribuir los productos que llegaban por el Ebro o por la calzada que lo recorría, y, por supuesto, para recepcionar los que llegaban desde otros puntos del valle. Estos nuevos municipios fueron *Cascantum* (Cascante), *Gracurris* (Alfaro) y *Calagurris* (Calahorra), a los que, como veremos más adelante, habría que añadir el *oppidum Vareia*, el último puerto fluvial del Ebro y el punto en el que la calzada se alejaba de este río.

Los habitantes de *Cascantum* y *Gracurris* aparecen en Plinio como *latini veteres*,[39] dato que lleva a Abascal Palazón a situar su promoción a municipio en el segundo viaje de Augusto a Hispania (27–24 a. C.),[40] aunque para Beltrán Lloris no hay indicios para una promoción anterior al año 15 a. C.[41] Por otra parte, el hecho de que Casio Dion afirme que en su tercer viaje (15–13 a. C.) Augusto colonizó numerosas ciudades en Galia y en Iberia (i. e. Hispania) podría inclinar la balanza hacia la cronología propuesta por Beltrán Lloris.[42]

El primero de estos municipios, *Cascantum*, estaba ubicado en la margen izquierda del río Queiles, a unos 10 km. de la ribera derecha del Ebro, y controlaba un valle de gran riqueza agrícola, que empezó a explotarse sistemáticamente tras la promoción municipal, como lo demuestra el surgimiento de nuevos enclaves tipo *villae* o *vici* cuya finalidad era explotar la capacidad productiva de esta región (Fig. 5).[43] Es muy posible, además, que el río Queiles fuese navegable desde *Cascantum* hasta el Ebro, al igual que en la Bética lo era el Genil desde *Astigi*.[44]

*Graccurris* estaba ubicada sobre una pequeña elevación desde la que se dominaba la desembocadura en el Ebro del Aragón, al nordeste, y del Alhama, al suroeste. Debido a su ubicación, Tiberio Sempronio Graco convirtió a este enclave indígena en un baluarte defensivo en el marco de la política de conquista militar del Ebro.[45] Cuando concluyó la conquista, *Graccurris* estaba situada en un paraje muy apropiado para que la ciudad se convertirse en un centro de redistribución de las mercancías a partir del Ebro y sus afluentes. Tal circunstancia explicaría su promoción a municipio latino bajo Augusto, que a partir de entonces su urbanismo experimentase profundos cambios y que Tiberio le concediese el privilegio de acuñar moneda. En estos años también fue dotada de una red catastral junto al Ebro, al igual que *Calagurris*.

---

39 Plin. nat. 3.24.
40 Abascal Palazón 2006, 76.
41 Beltrán Lloris 2017, 533.
42 Dio 54.23.7. Aunque utiliza el verbo ἀποικίζω ("colonizar"), algunos de estos lugares fueron colonias, pero otros eran comunidades estipendiarias que entonces fueron promocionadas a municipios, como *Dianium* (Denia), *Oretum* (en Granátula de Calatrava, Ciudad Real), *Alaba* (sin identificar) o *Mentesa Bastitanorum* (La Guardia, Jaén), *vid*. Abascal Palazón 2006, 70–78.
43 Gómara Miramón et al. 2022, 101–108.
44 La navegabilidad del Genil desde *Astigi* es afirmada por Plinio (nat. 3.10).
45 Sobre la fundación de *Graccurris*, *vid*. Hernández Vera 2002, 173–182.

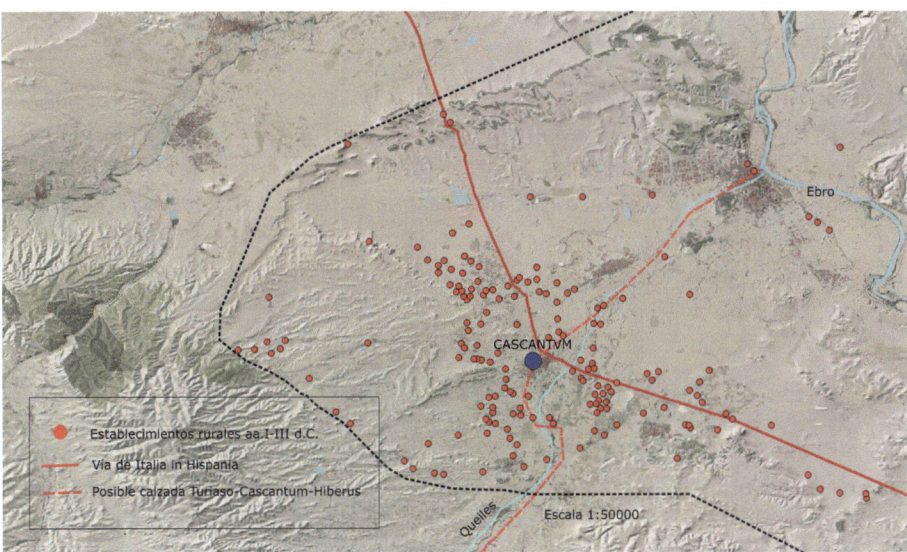

**Fig. 5** Yacimientos altoimperiales tipo *villa* o *vici* en el territorio de *Cascantum*.
Fuente: Gómara Miramón et al. 2022, 106.

En el caso de *Calagurris*, su promoción a municipio romano tuvo lugar durante el segundo viaje de Augusto a Hispania, cuando en el año 27 a. C. llegó a este enclave en su viaje hacia el frente septentrional para asumir la dirección de la guerra contra cántabros y astures.[46] *Calagurris* estaba situada sobre una meseta natural, desde el que se dominaba la desembocadura del Cidacos en el Ebro. Nuevamente un lugar excepcional para la política de "conquista económica a través del río".

El último enclave junto al Ebro y la calzada romana que recorría este río es *Vareia*, situado en una pequeña elevación desde la que se controlaba la desembocadura del Iregua en el Ebro. Por el momento desconocemos su estatuto jurídico,[47] pero el hecho de que todos los enclaves de la ribera del Ebro desde *Celsa* hasta *Calagurris* disfrutasen de la condición romana o latina nos lleva a pensar que el *oppidum Vareia* no tuvo que ser una excepción. Quizá ocurrió más tarde, cuando su actividad portuaria fue lo suficientemente importante como para que sus ciudadanos reclamasen la promoción a municipio, cuestión sobre la que volveremos más adelante.

---

46 Las primeras emisiones monetales de la ciudad que no registran todavía el sobrenombre de Augusto confirman esta cronología. Para estas acuñaciones remitimos a Ripollés Alegre 2010, 1–14. Sobre la fundación de este municipio, *vid*. Espinosa Ruiz 2011, 76–78.

47 Aparece como *mansio* en el Itinerario de Antonino (393.2) y Plinio utiliza el término *oppidum* para este enclave que fue el límite superior de la navegabilidad del Ebro (nat. 3.3.21).

## Un río al servicio de *Tritium Magallum*

La ciudad de *Tritium Magallum* estaba emplazada en el mismo solar que la actual localidad de Tricio (La Rioja), en un cerro elevado desde el que se domina un amplio valle delimitado por los ríos Najerilla y Yalde, afluente del primero. El espacio delimitado por estos dos ríos y el Barranco de Sandices, que formaría parte del territorio y área de influencia de *Tritium*, vio surgir a partir de mediados del siglo I d. C. un elevado número talleres de alfarería (*officinae*), que convirtieron a este enclave en un verdadero complejo alfarero (Fig. 6).[48]

*Tritium* "La Grande" se transformó en uno de los centros de producción de *terra sigillata* hispánica más importante de Occidente, llegando a su apogeo entre finales del siglo I y comienzos del siglo II d. C.[49] La existencia allí de excelentes arcillas, de cursos fluviales que proporcionaban el agua necesaria para estos talleres, así como de abundante madera, unido a que *Tritium* era una *mansio* de la *via de Italia in Hispanias*,[50] y a su cercanía a *Vareia*, último puerto fluvial del Ebro, explican sobradamente la producción en serie en este territorio de una cerámica de mesa que se exportó a toda la península ibérica, Mauritania, sur de la Galia, península itálica, Britania y Germania.[51] La producción y comercialización que, como hemos indicado antes, se inició a mediados del siglo I d. C. explicaría las reparaciones de la calzada en esta zona bajo el emperador Claudio o bajo Vespasiano, así lo prueba el miliario de Arenzana de Arriba (La Rioja).[52] Fuese bajo uno u otro emperador, en ambos casos se trató de un acondicionamiento de la calzada al servicio de los alfares tritienses.

Esta producción alfarera a gran escala hizo surgir en *Tritium* una elite ciudadana muy poderosa y que, como consecuencia de esto, el enclave fuese promocionado a municipio bajo los Flavios, momento en el que esta ciudad alcanzó su apogeo como centro productor y exportador de *terra sigillata* hispánica.[53] La presencia en esta ciudad de una escuela pública de gramática en la que trabajaba *L. Memmius Probus*, un

---

48  Los hallazgos de esta industria alfarera se extienden por los términos municipales de Tricio, Arenzana de Arriba, Arenzana de Abajo, Bezares, Camprovín, Baños de Río Tobía, Manjarrés y Nájera. Esta zona tiene de norte a sur una extensión de 10 km y de este a oeste ca. 6 (Romero Carnicero / Ruiz de Montes 2005, 185).

49  Una historia de la investigación sobre esta zona alfarera en Romero Carnicero / Ruiz de Montes 2005, 185 s., con bibliografía comentada en página 196 s.; Novoa Jaúregui 2009, 53–59.

50  Anton. Aug. p. 394.1.

51  Garabito Gómez 1978, 582; Sáenz Preciado 1998, 135. Actualmente se han localizado más de trescientos productores, que aparecen recogidos en Sáenz Preciado / Sáenz Preciado 1999, 87–134. Un estudio onomástico de estos alfareros en Simón Cornago 2017.

52  La titulatura imperial conservada podría corresponder tanto a Claudio como a Vespasaino, *vid*. Espinosa Ruiz / Castillo Pascual 1997, 105–107.

53  Esa es la conclusión de Espinosa Ruiz y Pérez Rodríguez (1982), que consideramos muy acertada. El término de *res publica* con el que se designa este enclave en algunas inscripciones (CIL II 289; 4227) podría ser considerado un indicio de esta promoción municipal (Espinosa Ruiz / Pérez Rodríguez 1982, 69).

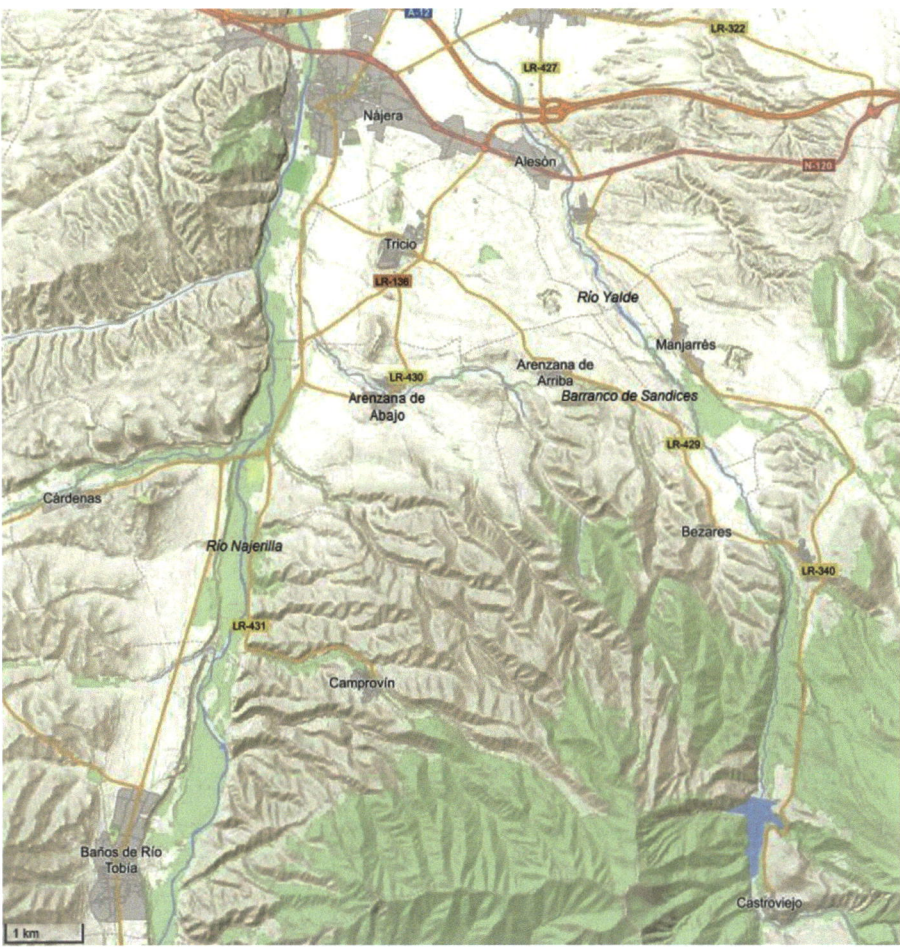

**Fig. 6** Zona de hallazgos de la industria alfarera de *Tritium*. Mapa elaborado a partir de Geamap. Com (España).

*grammaticus* originario de *Clunia* (Coruña del Conde, Burgos) a quien el municipio le pagaba por sus servicios 1100 denarios, es un indicio del desarrollo económico, social y cultural que alcanzo este complejo alfarero.[54] Y, por supuesto, de la existencia de una elite plenamente integrada en la romanidad, que deseaba para sus hijos una educación

---

54   Habitualmente estos gramáticos estaban muy mal pagados (Iuv. 7.240–241; Suet. gramm. 9.1–2), pero algunos tenían un sueldo excelente, como *Remmius Palaemon*, un gramático privado que bajo los Julio-Claudios ganaba 400.000 sestercios anuales (Suet. gramm. 23). El sueldo de 1100 denarios (4400 sestercios) de la nueva lectura de Espinosa Ruiz, que contradice la de Hübner (1100 sestercios), puede ser posible. Sobre esta inscripción y la nueva interpretación, *vid*. Espinosa Ruiz 1998, 117 s. Alonso Alonso, por su parte, mantiene la lectura de Hübner (2015, 300).

en historia, literatura, lengua latinas y en el arte de hablar correctamente.[55] Seguramente albergaba para sus descendientes una carrera política con proyección extralocal, como ocurrió con la *gens Mamilia*, dedicada durante cuatro generaciones al negocio de la alfarería, uno de cuyos miembros, *Titus Mamilius Praesens*, después de desempeñar todas las magistraturas locales en *Tritium* (*omnibus honoribus in re publica sua functus*), representó a su ciudad en el *concilium provinciae* de la Hispania citerior, donde fue elegido *flamen provinciae Hispaniae citerioris* bajo Marco Aurelio.[56]

De su urbanismo no sabemos mucho, pero las columnas que separan las tres naves de la Ermita de Santa María de los Arcos son indicios de la existencia de un templo romano en el foro de la ciudad, e indican un proceso monumentalización que se iniciaría al mismo tiempo que su despegue económico y su nueva situación jurídica (Fig. 7).[57]

**Fig. 7** Interior de la Ermita de Santa María de los Arcos (Tricio). Imagen propia.

Otro aspecto más a destacar de este centro alfarero es la presencia allí de un destacamento permanente de la *legio VII Gemina*, de la que dan testimonio cinco epígrafes localizados en *Tritium* y en su entorno. Se trata de *tituli sepulchrales* en los que se hace

---

55  En relación con las materias que enseñaba el gramático, *vid*. Cic. de orat. 1.187; Quint. inst. 1.4; 1.8–9.
56  CIL II 4227. Sobre los *Mamili*, *vid*. Espinosa Ruiz 1988.
57  Gutiérrez Behemerid ha datado estos capiteles en el siglo II d. C. (Gutiérrez Behemerid 1992, 105); Espinosa Ruiz y Pérez Rodríguez precisan esta cronología bajo los Antoninos (Espinosa Ruiz / Pérez Rodríguez 1982, 86).

referencia a ocho soldados de este legión: tres *milites* muertos en activo, *C. Valerius Flavus, Aurelius Capito* y *Didius Marcellus*; dos centuriones, *Iulius Germanus* y *Restitutus*, bajo cuyo mando sirvieron en *Tritium* los dos últimos fallecidos; y tres soldados veteranos, *C. Valerius Flavus*, originario de *Toletum* (Toledo), *Flaminius Aemilianus* y *C. Valerius Firmanus*.[58] Además de estos personajes, aparece un *eques, C. Valerius Flavinus*, que podría haber servido también en esta misma legión, como su padre, el veterano originario de *Toletum*, y su hermano, el soldado *C. Valerius Flavus*.[59] Estos indicios sitúan a este destacamento en *Tritium* a partir de finales del siglo I d. C., cronología propuesta para la inscripción de *C. Valerius Flavus*, padre e hijo, y *Claudia Rufina*, esposa y madre, a partir del tratamiento artístico de sus bustos, que figuran sobre el campo epigráfico.[60] Por otra parte, los apelativos de la legión, *felix* y *pia*, indican que este destacamento estaría aquí, al menos, hasta finales del siglo II.[61] Un amplio periodo de tiempo en el que la misión de esta guarnición no solo sería el control militar sobre la calzada del Ebro, como propone Navarro Caballero,[62] ya que, de haber sido así, la ubicación geoestratégica de *Vareia*, último puerto fluvial sobre el Ebro, era mucho más adecuada para destinar allí esta unidad. Sobre todo si tenemos en cuenta que es posible que desde esta *mansio* de la calzada del Ebro partiesen otras vías,[63] como la que remontaría el Ebro hasta enlazar en Puente Arce (Miranda de Ebro) con la vía *Ab Asturicam Burdigalam*;[64] la que iría en dirección *Pompaelo*, lo que suponía enlazar con el puerto marítimo de *Oiasso*; y, por último, la que recorría el río Iregua por su ribera derecha en dirección al puerto de Piqueras y que suponía el acceso a la Meseta.[65] Por lo tanto, tuvo que ser el auge que la industria alfarera tritiense experimentó bajo los Flavios y durante el siglo II lo que explicaría la presencia en *Tritium* de esta guarnición. En este sentido, Palao Vicente señala que los trabajos arqueológicos llevados a cabo en *Legio* (León) demuestran que *Tritium* era el principal centro de abastecimiento de *terra sigillata* hispánica de la *legio VII Gemina*, de manera que era explicable que esta legión dispusiese allí algunos efectivos para controlar la producción y el envío.[66]

Parece evidente, por lo tanto, que la presencia de un destacamento militar de forma permanente durante el arco temporal en el que la producción alfarera de *Tritium* experimenta su mayor expansión, se debe explicar a partir de las labores de protección y

---

58  CIL II 2887, 2888, 2889, 2890 y 2901. Sobre la presencia de este destacamento en *Tritium* a partir de estos indicios epigráficos, vid. Navarro Caballero 1990; Palao Vicente 2006, 301–303.
59  CIL II 2889 y 2890. Palao Vicente 2006, 167 s.
60  Elorza Guinea 1975, 66; Elorza Guinea et al. 1980, 39. Es mantenida por Espinosa Ruiz (1986, 42)
61  *Felix* en CIL II 2887 y 2901; *pia* y *felix* en CIL 2888 y 2891. Septimio Severo concedió a esta legión el apelativo de *pia* por su apoyo en la revuelta de Albino, concluida en el año 197 d. C., vid. Palao Vicente 2006, 85–88.
62  Navarro Caballero 1989–1990, 222; Palao Vicente 2006, 302.
63  Anton. Aug. p. 393.2.
64  Martín Bueno / Moya Valgañón 1972, 165–182; Espinosa Ruiz 1994, 142 s.
65  Espinosa Ruiz 1994, 143 s.
66  Palao Vicente 2006, 302 s.

control de la producción cerámica, sobre todo en lo relativo al transporte por la calzada del Ebro, pero no solo en dirección *Asturica Augusta* (Astorga), hacia los campamentos de la legión, sino también en sentido contrario, hacia *Vareia*, una *mansio* que era *caput viae* y puerto fluvial, lo que la convertía en un importante centro de redistribución de la *terra sigillata* hispánica fabricada en *Tritium*. Por esto mismo, otra de sus tareas de esta guarnición sería el mantenimiento del buen estado de la calzada e, incluso, la apertura de ramales y caminos desde las *figlinae* hasta la vía principal, como el *diverticulum* con dos ramales de acceso de una milla de longitud que llegaban hasta *Tritium*, mientras que la calzada del Ebro continuaba su trazado en dirección oeste al norte de este enclave (Fig. 8).[67]

**Fig. 8** *Via de Italia in Hispanias* a su paso por *Tritium* y *diverticulum* con dos ramales. Mapa elaborado a partir de Geamap. Com (España) con los datos sobre su trayecto de Ariño Gil / Magallón Botaya 1991–1992, 445.

Este interés por asegurar el transporte de la producción alfarera, tanto a los campamentos del noroeste como a otros puntos de la geografía del Imperio, pudo tener su ex-

---

67  Ariño Gil / Magallón Botaya 1992, 445.

plicación en las producciones del taller de la Cereceda, un taller que inició su actividad en la segunda mitad del siglo I y alcanzó su apogeo a finales de esta centuria y comienzos de la siguiente.[68] Nos referimos a su *terra sigillata* hispánica con decoraciones monetiformes de bustos masculinos y femeninos de miembros de la *domus Flavia*, cuyo punzón se elaboraría a partir del numerario circulante o de entalles. En su momento se recuperaron dos fragmentos de molde y cuatro fragmentos decorados que corresponden a cuencos de las formas Hispánicas 29 y 37, que pertenecen al estilo metopado con un motivo central formado por círculos lisos, sogueados o segmentados, que enmarcan los bustos de algunos miembros de la familia Flavia. En estos fragmentos han sido identificados Julia, hija de Tito y Domiciano (Fig. 9).[69]

**Fig. 9** Fragmento de molde de *terra sigillata* hispánica con retratos de algunos miembros de la familia Flavia, procedente del yacimiento de La Cereceda (Arenzana de Arriba, La Rioja). Fuente: Museo Najerillense, nº MN 3276.

68   La Cereceda es un centro alfarero localizado en 1991 en el término municipal de Arenzana de Arriba, en el que hasta el momento no se ha realizado ninguna excavación sistemática, de manera que el material recuperado proviene de prospecciones. Fue recogido por la Asociación de Amigos de la Historia Najerillense y está depositado en el Museo Municipal de Nájera. Ha sido estudiado por Pilar y Carlos Sáenz Preciado, vid. Sáenz Preciado 1997; Sáenz Preciado / Sáenz Preciado 2006.
69   Sáenz Preciado 1997, 551; dibujo y fotografías en pp. 559–562.

No creemos que estas producciones de la Cereceda, que se han encontrado en otros puntos de la geografía peninsular,[70] fuesen una iniciativa de los alfareros, sino que más bien se trataría de un encargo oficial por parte de la nueva dinastía que había puesto fin al año de los cuatro emperadores y podía asegurar la continuidad del Imperio porque, aunque el nuevo emperador no tenía un prestigioso origen, sí que tenía dos hijos legítimos, Tito y Domiciano, para garantizar una sucesión sin sobresaltos. De esta manera, la *terra sigillata* hispánica se convirtió en manos de la nueva *domus* en un vehículo de propaganda que llegaba a las mesas de la elite provincial y de los mandos del ejército.

En este contexto, la navegación por el río Ebro y *Vareia* con su puerto fluvial, por el momento no localizado, tuvieron que experimentar el mismo auge que *Tritium*. En lo relativo a la primera, el hecho de que Estrabón no la mencione, pero sí Plinio, es un indicativo de que cuando el geógrafo de Amasia publicó su obra, primeros años del siglo I, este río no prestaba a Roma el mismo servicio que, por ejemplo, el Guadalquivir, del que no solo refiere los tramos que eran navegables, sino también el tipo de barco que se empleaba en ellos.[71] Por el contrario, el hecho de que Plinio sí que mencione la importancia de este río en el comercio fluvial y la distancia que se podía recorrer en barco a lo largo del mismo,[72] sitúa la primera mención a la navegación en el Ebro después de su procuratela en la Citerior (ca. 73) y antes de su muerte (79). Es decir, cuando las *fliginae* de *Tritium* iniciaban su etapa de apogeo, convirtiéndose el río a partir de *Vareia* en la ruta que garantizaba una mayor seguridad para la carga, rapidez y capacidad de transporte para la producción de estos alfares a lo largo del Ebro en dirección a *Caesar-*

---

70 *Augusta Emerita* (Mérida): retratos de Domiciano y Julia en Hispánica 37 (Bustamante Álvarez 2010, 43–45 Fig. 1.1–5; Bustamante Álvarez 2011, 103 s., figs. 101.102; Bustamante Álvarez 2013, 164 lám. 193. 2–4), un posible retrato de Vespasiano (Bustamante Álvarez 2010, 43 Fig. 1.1; Bustamante Álvarez 2013, 164) y un busto femenino sin identificar (Bustamante Álvarez 2010, 43 Fig. 1.5; Bustamante Álvarez 2011, 103 s. figs. 102; Bustamante Álvarez 2013, 164 lám. 193.5). *Clunia*: retratos de Domiciano en Hispánica 37 (Palol i Salellas 1957, 210. 213; Balil Illana 1978, Fig. 1.4 lám. 1.4). *Laminium* (Alhambra, Ciudad Real): retrato de Domiciano en Hispánica 29 (Fuentes Sánchez 2019). *Contributa Iulia Ugultunia* (Medina de las Torres, Badajoz): retrato de Domiciano en Hispánica 37 (Bustamante Álvarez et al. 2017, 43 Fig. 1.2–5; 2011, 103–104 figs. 101/102; 2013, 164 lám. 193.2–4). *Numantia* (Numancia, Garray-Soria): retrato de Domiciano en Hispánica 29 o 37 (Romero Carnicero, 1985, 171 Fig. 66 nº 655 Tab. 12 nº 22). Axta (Álava): retratos de Domiciano y Julia (Gil Zubillaga 1995, Fig. 68, A15/7). Aguasal (Valladolid): posible retrato de Julia, aunque también ha sido identificada con Domicia, la esposa de Domiciano, en Hispánica 37 (Mañanes Pérez 1979, 66 Fig. 17). El Convento (Mallén, Zaragoza): retrato de Julia en Hispánica 37 (Beltrán Lloris 1977, 164 s. Fig. 7 nº 36). *Tarraco* (Tarragona): posible retrato de Tito en Hispánica 37 en la necrópolis paleocristiana de *Tarraco* (Mayet 1984, 92 s., CCI, 2488). Herrera del Pisuerga (Palencia): retrato sin identificar en Hispánica 37 (Pérez González 1989, 353 Fig. 42 nº 2).

71 Estrabón (3.2.3) indica que este río era navegable durante casi 1200 estadios (ca. 222 km) desde la desembocadura hasta *Corduba*, incluso un poco más allá. Desde la desembocadura partían grandes barcos hasta *Hispalis*, lo que era un tramo no menor de 500 estadios (ca. 92 km.); de *Hispalis* a *Ilipa Magna* (Alcalá del Río) sólo podían navegar barcos menores; y de aquí a *Corduba*, pequeñas embarcaciones. Añade que el tramo superior hasta *Castulo* ya no era navegable.

72 Plin. nat. 3.21.

*augusta*, capital del *conventus caesaraugustanus* y el más importante centro de comunicaciones del valle.[73] La deificación del río atestiguada por el fragmento de pedestal del Museo Arqueológico de Tarragona fechado en el siglo II, refuerza, en nuestra opinión, la relación entre el auge de la producción alfarera tritiense y el Ebro como importante vía comercial a partir de entonces.

El despegue económico de *Vareia* estaría vinculado a su papel como puerto fluvial, además de ser una *mansio* de la calzada que recorría el Ebro. Este *oppidum* se convirtió en el paso obligado para la exportación de una parte importante de la cerámica tritiense, circunstancia que supuso el enriquecimiento de una elite de comerciantes que gestionaría este tráfico fluvial. La nueva realidad económica llevó a una nueva realidad social, con un mayor número de individuos romanizados y un mayor número de familias acomodadas. Ahora el patriciado urbano de *Vareia* podía exigir una promoción jurídica acorde con su nueva situación económica y su integración en las formas de vida romanas, puesto que empezaba a reunir las condiciones que aconsejaban la promoción a municipio. En definitiva, al igual que en el caso de *Tritium*, se trataba de consagrar una situación ya existente e impulsar, aun más, la vida portuaria de la ciudad. Lamentablemente, el estado actual de la investigación arqueológica no permite tener una idea global de la trama urbanística de *Vareia* en los dos primeros siglos del Imperio, ni constatar con certeza una monumentalización del enclave bajo los Flavios o en las primeras décadas del siglo II, pero sí un crecimiento urbano hacia el sur, en dirección a la calzada.[74]

## Conclusión

El testimonio de Plinio sobre la navegabilidad del río Ebro limitada a un tramo de 260 millas desde *Vareia* es confirmado por las características orográficas de la cuenca, la estrecha relación entre el río en su tramo navegable y la calzada que lo recorría de este a oeste y, por último, la ubicación de los principales asentamientos del valle junto al río o en su entorno más inmediato. Por lo tanto, la visión tradicional de que el río Ebro era navegable desde *Vareia* hasta la desembocadura debes ser revisada, al menos para época romana.

A lo anterior hay que añadir que este comercio fluvial por el Ebro alcanzó un gran dinamismo cuando este río se convirtió en la vía más segura y rápida para distribuir la

---

73   Sáenz Preciado ha calculado tres días para el trayecto *Vareia – Caesaraugusta* por vía fluvial, y siete días por la calzada del Ebro (Sáenz Preciado 2005, 66).
74   La deficiente calidad de la planimetría arqueológica, cuando existe, los incompletos inventarios del material exhumado, o que la mayor parte de las campañas arqueológicas hayan sido campañas de urgencia al ritmo del desarrollo urbanístico del barrio logroñés de Varea, son los principales hándicaps para tener una visión de conjunto de *Vareia*. Sobre este yacimiento remitimos a los estudios de síntesis publicados en *Historia de la ciudad de Logroño*, entre los que destacamos las aportaciones de Espinosa Ruiz 1994; Martínez Clemente / Gallego Puebla 1994.

producción de los alfares de *Tritium*, en su mayor parte formada por cerámica de mesa. El propio Plinio, en su calidad de procurador de la Citerior, tuvo que ser testigo de este comercio y por eso afirma que este río era *navigabili commercio dives*.[75] La importancia que entonces adquirió este río como "un camino que andaba" se ve reflejada en que en algún momento del siglo II se le erigió una estatua y se le consideró una divinidad benefactora. Por supuesto, no quedaron al margen de los ventajosos efectos de este dinamismo comercial ni *Tritium*, centro productor, ni *Vareia*, puerto fluvial. En el caso del primero es segura su promoción a municipio bajo los Flavios; en el caso del segundo no tenemos, por el momento, ningún indicio, pero es muy posible que también alcanzase el estatuto municipal.

## Bibliografía

Abascal Palazón 2006: J. M. Abascal Palazón, Los tres viajes de Augusto a Hispania y su relación con la promoción jurídica de ciudades, Iberia 9, 2006, 63–78

Aguarod Otal / Erice Lacabe 2003: Mª C. Aguarod Otal / R. Erice Lacabe, El puerto de Caesaraugusta, en: G. Pascual Berlanga / J. Pérez Ballestrer, Puertos fluviales antiguos: ciudad, desarrollo e infraestructuras (València 2003) 143–155

Alonso Alonso 2015: Mª Á. Alonso Alonso, Profesionales de la educación en la Hispania romana, Gerión 33, 2015, 285–310

Amela Valverde 2001: L. Amela Valverde, La vía Tarraco-Oiasso (Str. 3.4.20), Pyrenae, 31–32, 2000–2001, 201–208

Ariño Gil / Magallón Botaya 1992: E. Ariño Gil / Mª Á. Magallón Botaya, Problemas de trazado de las vías romanas en la provincia de La Rioja, Zephyrus 43–44, 1991–1992, 423–455

Balil Illana 1978: A. Balil Illana, Un fragmento de terra sigillata hispánica y el uso de tipos monetales en la decoración de cerámica, BSAA 44, 1978, 404–406

Beltrán Lloris 2017: F. Beltrán Lloris, Augusto y el valle medio del Ebro, Gerión 35, 2017, 525–540

Beltrán Lloris 2000: F. Beltrán Lloris, La vida en la frontera, en: F. Beltrán Lloris et al. (Eds.), Roma en la Cuenca Media del Ebro. La Romanización en Aragón (Zaragoza 2000) 45–62

Beltrán Lloris 2007: M. Beltrán Lloris, Topografía y evolución urbana, en: F. Beltrán Lloris (Ed.), Zaragoza. Colonia Caesar Augusta (Zaragoza 2007) 29–42

Beltrán Lloris 1997: M. Beltrán Lloris, Colonia Celsa (Madrid 1997)

Beltrán Lloris 1977: M. Beltrán Lloris, Novedades de arqueología zaragozana, Caesaraugusta 41–42, 1977, 151–202

Beltrán Lloris / Magallón Botaya 2007: F. Beltrán Lloris / Mª Á. Magallón Botaya, El territorio, en: F. Beltrán Lloris (Ed.), Zaragoza. Colonia Caesar Augusta (Roma 2007) 97–108

Beltrán Lloris et al. 1984: M. Beltrán Lloris / M. Mostalac Carrillo / A. Lasheras Corruchaga, Colonia Victrix Ivlia Lepida-Celsa (Velilla de Ebro, Zaragoza). Vol. I: La arquitectura de la Casa de los delfines (Zaragoza 1984)

Beltrán Martínez 1999: A. Beltrán Martínez, El Ebro en la Antigüedad. A modo de introducción. Unidad y variedad, en: HIBERVS flumen. El río Ebro y la vida (Zaragoza 1999) 21–62

---

75 Plin. nat. 3.21.

Beltrán Martínez 1961: A. Beltrán Martínez, El río Ebro en la Antigüedad Clásica, Caesaraugusta 17–18, 1961, 65–79

Bustamante Álvarez 2013: M. Bustamante Álvarez, La terra sigillata hispánica en Augusta Emerita. Estudio tipocronológico a partir de los vertederos del suburbio norte (Mérida 2013)

Bustamante Álvarez 2011: M. Bustamante Álvarez, La cerámica romana en Augusta Emerita en la época Altoimperial. Entre el consumo y la exportación (Mérida 2011)

Bustamante Álvarez 2010: M. Bustamante Álvarez, Representaciones imperiales en pequeño formato: el caso de la terra sigillata hispánica hallada en Emerita Augusta, Bulletino di Archeologia OnLine 1, 2010, 42–47

Bustamante Álvarez et al. 2017: M. Bustamante Álvarez / P. Pizzo / F. Sánchez, Un nuevo ejemplar de terra sigillata hispánica de serie 'busto de emperadores' localizado en Contributa Iulia Ugultunia (Medina de las Torres, Badajoz), Boletín Ex Officina Hispana 8, 2017, 65–68

Cebolla et al. 1996: J. L. Cebolla / S. Melguizo / J. Rey, Una aproximación a la Vía Augusta interior: hallazgos, entorno histórico y modos de construcción. De Velilla de Ebro (Zaragoza) a Torrente de Cinca (Huesca), Any 6, 1996, 233–259

Dupré 1987: N. Dupré, Évolution de la ligne de rivage à l'embouchure de l'Ebre (Espagne), en: P. Trousset (dir.), Déplacements des lignes de rivage en Méditerranée d'après les dones de l'archéologie. Colloque International du CNRS Aix-en-Provence 1985 (Paris 1987) 25–34

Elorza Guinea 1975: J. C. Elorza Guinea, Esculturas romanas en La Rioja (Logroño 1975)

Elorza Guinea et al. 1980: J. C. Elorza Guinea / Mª Albertos Firmat / A. González Blanco, Inscripciones romanas en La Rioja (Logroño 1980)

Espinosa Ruiz 2011: U. Espinosa Ruiz, La fundación del municipio *Calagvrris Ivlia Nassica*, en: J. L. Cinca Martínez / R. González Sota (Eds.), Historia de Calahorra (Calahorra 2011) 76–79

Espinosa Ruiz 1998: U. Espinosa Ruiz, El sueldo de los gramáticos en la antigüedad romana, Contextos educativos, Revista de educación 1, 1998, 115–124

Espinosa Ruiz 1994: U. Espinosa Ruiz, Ordenación territorial, en: U. Espinosa Ruiz (Eds.), Historia de la ciudad de Logroño, Antigüedad 1 (Logroño 1994) 115–146

Espinosa Ruiz 1988: U. Espinosa Ruiz, Riqueza nobiliaria y promoción política: los Mamili de Tritium Magallum, Gerión 6, 1988, 263–272

Espinosa Ruiz 1986: U. Espinosa Ruiz, Epigrafía romana de La Rioja (Logroño 1986)

Espinosa Ruiz / Castillo Pascual 1997: U. Espinosa Ruiz / Mª J. Castillo Pascual, Novedades epigráficas en el Medio Ebro (La Rioja), Lucentum 14–16, 1995–1997, 101–112

Espinosa Ruiz / Pérez Rodríguez 1982: U. Espinosa Ruiz / A. M. Pérez Rodríguez, Tritium Magallum. De ciudad peregrina a municipio romano, AEspA 55, 1982, 65–88

Fuentes Sánchez 2019: J. L. Fuentes Sánchez, Nuevo punzón de la serie busto de emperadores hallado en *Laminium* (Alhambra, Ciudad Real), Ex Officina Hispana 10, 2019, 38–43

Gallego Arnedo 2008: C. Gallego Arnedo, La navegación y el transporte fluvial en el Ebro, en: P. Bernad Esteban (Eds.), La cultura del agua en Aragón: Usos tradicionales (Zaragoza 2008) 150–159

Garabito Gómez 1978: T. Garabito Gómez, Los alfares romanos riojanos. Producción y comercialización (Madrid 1978)

García-Bellido 2003: Mª P. García-Bellido, La historia de la colonia Lepida-Celsa según sus documentos numismáticos: su ceca imperial, AEspA 76, 2003, 273–290

Gil Zubillaga 1995: E. Gil Zubillaga, Atxa: Memoria de las excavaciones arqueológicas 1982–1988 (Vitoria-Gasteiz 1995)

Gómara Miramón et al. 2022: M. Gómara Miramón / O. Bonilla Santander / E. Rojas Pascual, Modelos de ocupación territorial en el valle del Queiles: el territorio de Kaskaita/Cascantum entre los siglos III a. C. y III d. C., CuadNavarra 30, 2022, 91–114

Gutiérrez Behemerid 1992: Mª A. Gutiérrez Behemerid, Capiteles romanos de la Península Ibérica (Valladolid 1992)

Hernández Vera 2002: J. A. Hernández Vera, La fundación de Graccurris, en: A. Ribera i Lacomba / J. L. Jiménez Salvador (Eds.), Valencia y las primeras ciudades romanas de Hispania (Valencia 2002) 173–182

Julián Andrés / Chueca Cía 1991: A. Julián Andrés / J. Chueca Cía, Características y secuencia evolutiva de las acumulaciones cuaternarias del río Ebro en el sector de La Zaida – Mequinenza (prov. Zaragoza), Geographicalia 28, 1991, 123–144

Lostal Pros 1991: J. Lostal Pros, Los miliarios de la provincia tarraconense (Zaragoza 1991)

Magallón Botaya 1987: Mª Á. Magallón Botaya, La red viaria romana en Aragón (Zaragoza 1987)

Mañanes Pérez 1979: T. Mañanes Pérez, Arqueología vallisoletana. La Tierra de Campos y el Sur del Duero (Valladolid 1979)

Marcuello Calvín 1999a: J. R. Marcuello Calvín, El Ebro medieval. Los albores de la Edad Media, en: en: HIBERVS flumen. El río Ebro y la vida (Zaragoza 1999) 63–75

Marcuello Calvín 1999b: J. R. Marcuello Calvín, La entrada a la Modernidad, en: HIBERVS flumen. El río Ebro y la vida (Zaragoza 1999) 77–85

Marcuello Calvín 1999c: J. R. Marcuello Calvín, El Ebro contemporáneo (1808–1939), en: HIBERVS flumen. El río Ebro y la vida, (Zaragoza 1999) 87–102

Martín Bueno / Moya Valgañón 1972: M. Martín Bueno / J. G. Moya Valgañón, El puente Mantible, Estudios de Arqueología Alavesa 5, 1972, 165–182

Martín Escorza 2022: C. Martín Escorza, Antiguos meandros del río Ebro en el término de Calahorra (La Rioja), Kalakorikos 27, 2022, 135–144

Martínez Clemente / Gallego Puebla 1994: J. Martínez Clemente / R. Gallego Puebla, Morfología del enclave vareyense, en: U. Espinosa Ruiz (Coord.), Historia de la ciudad de Logroño, Antigüedad 1 (Logroño 1994) 159–178

Mayet 1984: F. Mayet, Les céramiques sigillées hispaniques. Contribution a l'histoire économique de la Peninsule Iberique sous l'Empire Romain (Paris 1984)

Mínguez Morales 2008: J. A. Mínguez Morales, Puertos fluviales y navegación histórica, en: P. Bernad Esteban (coord.), La cultura del agua en Aragón. Usos tradicionales (Zaragoza 2008) 168–181

Navarro Caballero 1990: M. Navarro Caballero, Una guarnición de la legión VII Gémina en Tritium Magallum, Caesaragusta 66–67, 1989–1990, 217–226

Novoa Jáuregui 2009: C. Novoa Jáuregui, Arqueología del paisaje y producción cerámica: los alfares romanos del valle del Najerilla (La Rioja) y su distribución espacial (Tesis doctoral, Salamanca 2009)

Ollero Ojeda 2009: A. Ollero Ojeda, El río Ebro, columna vertebral de Aragón: su valor ambiental y amenazas, Foresta 43–44, 2009, 36–41

Ollero Ojeda 2005: A. Ollero Ojeda, El río Ebro, en: M. Vázquez Astorga / M. Hermoso Cuesta (Eds.), Comarca de Ribera Alta del Ebro (Zaragoza 2005) 35–45

Ollero Ojeda 1993: A. Ollero Ojeda, Los elementos geomorfofógicos del cauce en el Ebro de meandros libres y su colonización vegetal, Geographicalia 30, 1993, 295–308

Ollero Ojeda 1992: A. Ollero Ojeda, Los meandros libres del río Ebro (Logroño – La Zaida): geomorfología fluvial, ecogeografía y riesgos (Tesis doctoral, Zaragoza 1992)

Ollero Ojeda 1990: A. Ollero Ojeda, Pendiente, sinuosidad y tipos de canal en el Ebro medio, Cuadernos de Geografía 16, 1990, 73–84

Palao Vicente 2006: J. J. Palao Vicente, LEGIO VII GEMINA (PIA) FELIX. Estudio de una legión romana (Salamanca 2006)

Palol i Salellas 1957: P. Palol i Salellas, Un dato cronológico para la sigillata hispánica, IV Congreso Nacional de Arqueología (Zaragoza 1957) 209–214

Parodi Álvarez 2001: M. J. Parodi Álvarez, Ríos y lagunas de Hispania como vías de comunicación. La navegación interior en la Hispania romana (Sevilla 2001)

Pérez González 1989: C. Pérez González, Cerámica romana de Herrera del Pisuerga (Palencia-España). La terra sigillata (Santiago de Chile 1989)

Pita Mercé 1976: R. Pita, Los Celcenses y la ciudad romana de Celsa, Ilerda 37, 1976, 69–90

Ripollés Alegre 2010: P. P. Ripollés Alegre, Las acuñaciones romanas de Hispania (Madrid 2010)

Rodríguez Cortés 1991: J. Rodríguez Cortés, Sociedad y religión clásica en la Bética romana (Salamanca 1991)

Roldán Hervás 1975: J. M. Roldán Hervás, Itineraria hispana: fuentes antiguas para el estudio de las vías romanas en la Península Ibérica (Valladolid 1975)

Roldán Hervás / Caballero Casado 2014: J. M. Roldán Hervás / C. Caballero Casado, Itinera hispana. Estudio de las vías romanas en Hispania a partir del Itinerario de Antonino, el Anónimo de Rávena y los Vasos de Vicarello (Madrid 2014)

Romero Carnicero 1985: Mª V. Romero Carnicero, Numancia I. La Terra Sigillata, EAE 146 (Madrid 1985)

Romero Carnicero / Ruiz Montes 2005: Mª V. Romero Carnicero / P. Ruiz Montes, Los centros de producción de T. S. H. en la zona septentrional de la península Ibérica, en: M. Roca / M. I. Fernández (Eds.), Introducción al estudio de la cerámica romana. Una breve guía de referencia (Málaga 2005) 183–223

Sáenz Preciado 2005: Mª P. Sáenz Preciado, Últimas investigaciones sobre los alfares de Terra Sigillata en La Rioja, en: J. Coll Conesa / P. Espona Andreu, Recientes investigaciones sobre producción cerámica en Hispania (Valencia 2005) 61–73

Sáenz Preciado 1998: Mª P. Sáenz Preciado, El complejo alfarero de Tritium Magallum (La Rioja). Alfares altoimperiales, en: Mª I. Fernández García (Ed.), Terra sigillata hispánica: Estado actual de la investigación (Jaén 1998) 125–163

Sáenz Preciado 1997: Mª P. Sáenz Preciado, Retratos de la familia Flavia como motivos decorativos en la terra sigillata hispánica, Annals de l'Institut d'Estudis Gironins 36, 1996–1997, 549–563

Sáenz Preciado / Sáenz Preciado 2006: J. C. Sáenz Preciado / Mª P. Sáenz Preciado, El centro alfarero de la Cereceda (Arenzana de Arriba, La Rioja). Las producciones del alfarero de las hojas de trébol y del alfarero de los bastoncillos segmentados, Saldvie 6, 2006, 195–211

Sáenz Preciado / Sáenz Preciado 1999: Mª P. Sáenz Preciado / C. Sáenz Preciado, Estado de la cuestión de los alfares riojanos. La terra sigillata hispánica altoimperial, en: M. Roca Roumens / Mª I. Fernández García (Eds.), Terra sigillata hispánica. Centros de fabricación y producciones altoimperiales. Homenaje a Mª Ángeles Mezquíriz (Jaén 1999) 61–136

Schulten 1963: A. Schulten, Geografía y Etnografía antiguas de la Península Ibérica (Madrid 1963)

Simón Cornago 2017: I. Simón Cornago, Los alfareros de Tritium Magallum, REA 119, 2017, 485–520

Solana Sáinz / Sagredo San Eustaquio 2008: J. Mª Solana Sáinz / L. Sagredo San Eustaquio, La política viaria en Hispania, siglos I – II d. C. (Valladolid 2008)

Syme 1969: R. Syme, Pliny the Procurator, HarvStClPhil 73, 1969, 201–236

## Ediciones fuentes clásicas

Itinerario de Antonino Augusto. Roldán Hervás / Caballero Casado 2014: J. M. Roldán Hervás / C. Caballero Casado, Itinera hispana. Estudio de las vías romanas en Hispania a partir del Itinerario de Antonino, el Anónimo de Rávena y los Vasos de Vicarello (Madrid 2014)
Apiano, Historia Romana. Sobre Iberia. Libro VI, Traducción y notas de A. Sancho Royo, Biblioteca Clásica Gredos 34 (Madrid 1980) Horace White, Harvard University Press (Cambridge, Massachusets, 1972–1982)
Avieno, Ora marítima. Traducción y notas de J. Mangas y D. Plácido, Testimonio Hispaniae Antiqua I, Ediciones Historia (Madrid 2000)
César, Guerra Civil. Introducción y notas de P. J. Quetglas; traducción de J. Calonge y P. J. Quetglas, Biblioteca Clásica Gredos 342 (Madrid 2005)
Cicerón, Sobre el orador. Introducción, traducción y notas de J. J. Iso, Biblioteca Clásica Gredos 300 (Madrid 2002)
Casio Dion, Roman History. Books 51–55, English translation by E. Cary, Loeb classical library (London 1970)
Estrabón, Geografía. Libros III–IV, Traducción y notas de M. J. Meana y F. Piñero, Biblioteca Clásica Gredos 169 (Madrid 1992)
Juvenal, Sátiras. Traducción de R. Cortes Tovar, Cátedra (Madrid 2007)
Mela, Corografía. Traducción y notas de C. Guzman Arias, Universidad de Murcia (Murcia 1988)
Plinio el Viejo, Historia natural. Libros III–V, Traducción y notas de Antonio Fontán, Biblioteca Clásica Gredos 250 (Madrid 1998)
Quintiliano, Intitutio oratoria. Livre I, Texte etabli et traduit par J. Cousin, Les Belles Lettres (Paris 1976–1980)
Suetonio, Vida de los doce Césares (Augusto). Volumen I (Lib. I–II), Texto revisado y traducido por M. Bassols de Climent, Alma Mater Colección de autores griegos y latinos (Madrid 2007)
Suetonio, De Grammaticis et Rhetoribus. Edited with a translation, introduction, and commentary by Robert A. Kaster, Oxford Clarendon Press (Oxford 1995)

**Pepa Castillo Pascual** is Professor in Ancient History at the University of La Rioja in Logroño (Spain). She completed her studies in Seminar für Alte Geschichte at the University of Heidelberg (1991–1992) and visited among other research centres: the Hardt Foundation (Vandoeuvres, Geneve), Archäologisches Institut at the University of Hamburg and the Free University of Berlin (Topoi Project). She is graduate in Classical Philology (2013) and has a doctorate in this discipline (2022). Her research topics are the spatial planning in Roman times, the navigability of the rivers in Hispania and the Classical Reception.

PROFESORA PEPA CASTILLO PASCUAL
Universidad de La Rioja, Facultad de Letras y Educación, Departamento de Ciencias Humanas, Edificio Vives, Luis de Ulloa 2, 26004-Logroño, mariajose.castillo@unirioja.es

## La bahía de Almería en el mundo romano*
### *Contribución al estudio de los espacios litorales y de ribera en relación con la conectividad y ocupación rural*

ENRIQUE ARAGÓN NÚÑEZ /
PATRICIA ANA ARGÜELLES ÁLVAREZ

**Abstract:** In the following paper, we present an update on the study of the settlement of Almeria concerning the organization and communication between the interior spaces with those of the riverside and the coast to interpret new data obtained from a new transdisciplinary methodology based on historical, archaeological, and geographical sciences incorporating new technologies with the use of GIS and SNA. This paper also highlights the lack of attention given to secondary geographic spaces, such as dry wadis, whose association with archaeological remains and geoarchaeological studies would allow us to define their role as a dynamic trigger of landscapes such as those found in the south-east of the Iberian Peninsula.

**Keywords:** Landscape, territory, Social Network Analysis (SNA), connectivity, Rome, Almería

**Resumen:** En el siguiente trabajo presentamos una actualización del estudio del poblamiento almeriense en relación con la organización y comunicación entre los diversos espacios de interior con los de ribera y la costa, para interpretar nuevos datos obtenidos desde una nueva metodología interdisciplinar basada en las ciencias históricas, arqueológicas y geográficas incorporando las nuevas tecnologías con el uso del SIG y el ARS. Este artículo además pone de manifiesto la poca atención dedicada a espacios geográficos secundarios,

---

\* Co-first. Todos los autores han participado de manera equitativa en este trabajo. Este trabajo ha sido realizado dentro del marco del proyecto *"AQVIVERGIA: La interacción sociedad – medioambiente en cuencas fluviales de Hispania meridional: conceptualización y praxis"* (REF. PDI2021-125967NB-I00), 2021 Convocatoria de Proyectos de Generación de Conocimiento del Ministerio de Ciencia e Innovación de España. IPs Lázaro G. Lagóstena Barrios y Mª Juana López Medina.

como son las ramblas secas cuya asociación con vestigios arqueológicos y estudios geoarqueológicos permitirían definir su rol como dinamizador de los paisajes como el caracterizado para el sureste de la Península Ibérica.

**Palabras clave:** Paisaje, territorio, Análisis de redes sociales (ARS), conectividad, Roma, Almería

## Introducción

En las siguientes páginas proponemos un trabajo que pretende identificar la propia identidad del paisaje histórico, en base a las características culturales romanas analizadas en el territorio almeriense. Exponemos, por tanto, un estudio del territorio a través del análisis de la ocupación poblacional y la relación de los ejes viarios en el territorio durante cronologías romanas y es que, la identidad del paisaje histórico se define por las características culturales realizadas por la propia intervención humana en dicho territorio. De este modo, la presencia romana en la actual bahía almeriense habría colaborado a concebir la organización espacial en cronologías posteriores, hasta llegar a lo que es la ciudad contemporánea. Este estudio es fruto de una propuesta multidisciplinar en la que abordamos el análisis no solo de las fuentes históricas, sino también arqueológicas y geográficas, incluyendo el uso del Análisis de Redes Sociales (ARS), y es que a pesar de que el Análisis de Redes Sociales (ARS) es un método bien establecido en las ciencias sociales, su aplicación teórica y práctica a la arqueología, es todavía incipiente. Mediante una metodología histórico-arqueológica y la citada aplicación ARS, pretendemos definir las principales características que dibujaron este territorio tanto en el ámbito terrestre como en el costero a través de los casos de estudio seleccionados. De este modo, podremos analizar qué rasgos romanizadores, de un espacio ya de por sí único como es la provincia almeriense (dividida por las provincias Tarraconense y Bética), se perpetuaron posteriormente hacia la transición de cronologías medievales, siendo clave para la configuración territorial contemporánea.

## Ocupación romana Almería

El dominio del Imperio Romano llegó a Almería durante la 2ª Guerra Púnica a partir del año 209 a. C. Fue cuando Publio Cornelio Escipión controló el territorio tras tres días de asedio en *Qart Hadash*, más tarde *Carthago* (Cartagena), y luego *Baria* (Villaricos), información que nos ha transmitido entre otros, Aulo Gelio.[1]

---

1  Aulio Gelio, NA, 6,1,7–11.

Las fuentes clásicas escritas principalmente por autores como Ptolomeo, Plinio, Pomponio Mela y Estrabón nos describen el territorio almeriense para época romana. De este modo, nos ayudan a dibujar la dispersión del paisaje poblacional. Las ciudades mencionadas por Plinio como *oppida* en su Historia Natural,[2] por Pomponio Mela,[3] Ptolomeo,[4] y Estrabón,[5] son *Baria, Albam, Urci* y su golfo, *Murgi, Tagili* y *Abdera*. Todos estos asentamientos tienen una posición privilegiada dentro de lo que serían las principales vías de comunicación. Tito Livio nos informa cómo de este modo, tras la conquista romana, Almería quedó integrada en la provincial de la Hispania Ulterior.[6] La falta de detalles sobre batallas y conflictos entre romanos y población indígena, hacer pensar en la posibilidad de que estas poblaciones asumieron bajo la fórmula de *deditio*, el dominio romano. Así fue como los núcleos de población que citan los autores clásicos, pasaron a ser las *civitates stipendiariae* (Fig. 1).[7]

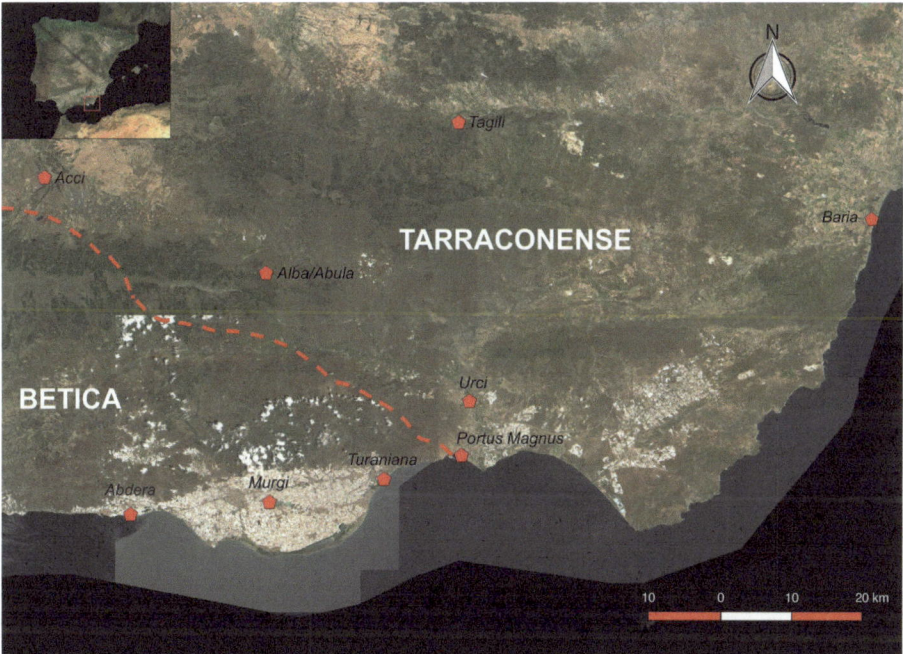

**Fig. 1** Subdivisión territorial para época romana del territorio ocupado por la actual provincia de Almería. (Fuente: Grupo ABDERA)

2    Plinio, NH, 3, 7, 17–20.
3    Pomponio Mela, Ch, 2, 92–96.
4    Ptolomeo, Geo, 3,5.
5    Estrabón, HR, 32,27,6–7; 32,28,2; 32,28,11–12.
6    Tito Livio, Ab Urbe Condita, 32,27,6–7; 32,28,2; 32,28,11–12.
7    López-Medina 1997; López-Medina 2004, 107–127; López-Medina 2018, 363–384.

Parece entonces que, durante este proceso de adaptación al nuevo poder romano, la población se adaptó gradualmente al estilo de vida romano, impulsado principalmente por las élites locales, que verían en su adaptación a este nuevo sistema, la forma de mantenerse en el poder. Se mantuvo así el rasgo identitario de los pueblos prerromanos con sus propias estructuras y régimen organizativo a nivel administrativo.[8]

Por tanto, los primeros siglos de romanización serán suaves sin cambios socio-políticos. Muchos viejos *oppida* ibéricos en los ss. II–I a. C. pasarán a ocupar zonas más bajas para tener más control por parte de Roma, y re urbanizar el territorio. El fin de la República traerá alguna ocupación estratégica como Fuente Álamo o el abandono de Villavieja en Berja, o el Cerrón de Dalias, en este caso a favor de la ocupación de *Murgi*. Es decir, pequeños cambios, pero no realmente sustanciales.

Por ello, la ocupación romana puede resumirse en seis principales *civitates Alba, Abdera, Urci, Baria, Tagili, Murgi* para el territorio almeriense. Pese a las pocas *civitates* existentes en comparación con otras zonas cercanas, éstas tuvieron cierta relevancia pues incluso se acuñaron monedas en las cecas de *Abdera, Tagili* o *Urci*.[9] El resto del territorio también hubo de tener poblamiento, aunque sería una población marginal en ámbitos rurales en relación con explotaciones agrícolas o mineras como las del plomo de Gádor, vinculada por ejemplo a la *civitas* de *Urci*, ya explotada desde tiempos prerromanos. Como es lógico pensar, no solo la gente viviría en torno a una urbe, sino que el poblamiento rural sin duda fue importante, estructurado sobre a los principales ejes viarios. Actualmente se documentan 109 *villae* en el territorio de estudio,[10] *villae* que controlarían los espacios agropecuarios, así como también existieron los asentamientos rurales o en altura. De todos ellos, más de 270 estaría asociados a explotaciones mineras, de salazones, cantería etc. ... En total, a falta de nuevos descubrimientos se han podido documentar 516 yacimientos de cronología romana dispersos por el territorio, y asociados por su ubicación, a cada una de las citadas *civitates,* además, de los hallazgos urbanos de Almería capital asociados con el *Portus Magnus*. A nivel económico *Baria* y *Abdera* tuvieron peso relevante en el comercio gracias a su posición costera, pero también hubo de ser importante el *Portus Magnus*, puerto principal para el comercio de la zona en relación con la *civitas* de *Urci* (Fig. 2).

Sin duda, debemos mencionar la interesante evolución de la ocupación territorial con las Guerras Civiles de César y Pompeyo narradas por Cicerón,[11] la obtención de ciudadanía y adscripción de individuos a la tribu *Galeria y Sergia* documentada en *Tagili, Urci y Villavieja*, mencionadas por Dion Casio.[12] Igualmente, para el Alto Imperio se observan epígrafes con nombre indígenas y también poco a poco la adopción de

---

8   Roldán 1984, 30.
9   López-Medina 2004, 60.
10  López-Medina 2004, 370–385.
11  Ciceron, Ad Atticum 16.4.2.
12  Dión Casio, Historia romana 43,39,5.

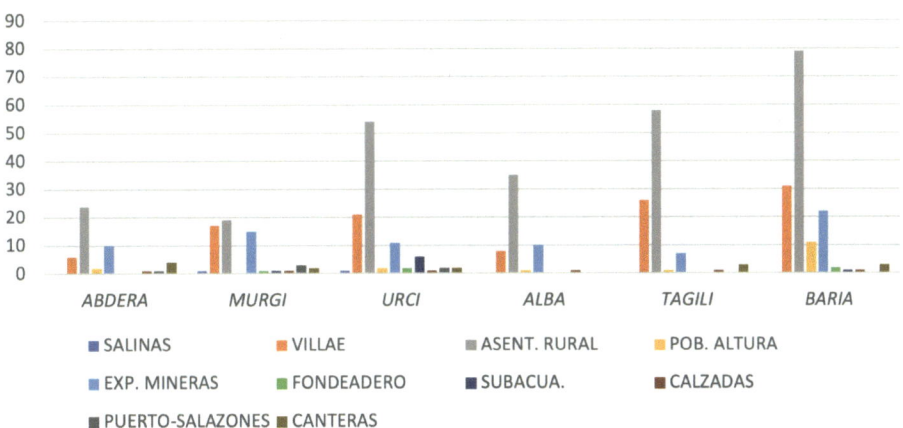

Fig. 2 Análisis de tipo de asentamiento en el territorio objetos de estudio.
(Fuente: Grupo ABDERA).

*nomina* romanos como es el caso de *Aemilius*,[13] por lo que la lengua local aún no se habría perdido durante el Alto Imperio.

A modo de resumen de la evolución de cada una de estas *civitas*, éstas se adaptaron al modelo de ciudad romana a inicios de I d. C. con florecimiento económico, y viéndose favorecidas con el Edicto de Latinidad de Vespasiano, aunque realmente eran una *civitas stipendiaria*s hasta época Flavia que promocionaron a *municipium civium latinorum*.[14] A esta organización poblacional debemos añadir el caso de *Vergi*[15] y *Portus Magnus*, enclaves de menor entidad que no sería *civitates*, junto a las mansiones de *Turaniana* y *Ad Morum*.

Las reformas de Augusto en relación con la administración tuvieron lugar del 27 al 2. a. C., por lo cual el actual territorio almeriense quedó dividido en dos provincias, Bética y Tarraconense, división en torno a la zona de *Murgi* (El Ejido) mencionado como el *limes murgitano* por Plinio.[16] Zona cercana a la que alude Ptolomeo como el *Portus Magnus* (Almería),[17] zona portuaria asociada a la *civitas* de *Urci* de la que distaba unos 9 kilómetros.

En relación con las comunicaciones terrestres, la costa almeriense estaba comunicada por la primitiva vía Heraklea que se reutilizaría en tiempos romanos. De este modo, desde *Malaca* llegaba a Almería la vía y zona de paso de la vía *Item a Castulone*

---

13   López-Medina 2004, 65.
14   López-Medina 2004, 71.
15   López-Medina 2004, 126, nota 42.
16   Plinio, HN, 3,6.
17   Ptolomeo, Geo, 2,4,7.

*Malacam*[18] por *Abdera,* pasando por *Murgi* hacia la *mansio* de *Turaniana* (Ribera de la Algaida)[19] y el enclave de *Portus Magnus*.[20] Posteriormente dirección norte iba a *Urci*. Igualmente, la relevancia de *Urci*,[21] nexo central del territorio, ofrecía el acceso hacia el interior del Andarax por una vía que conectaba hacia Guadix, antigua *Acci* pasando por *Alba*.[22] También desde *Urci*, se conectaba el territorio este de la provincia de Tarraconense, así la vía podría tomar dirección por los campos de Níjar hacia *Baria* para salir por la zona actual de Águilas a *Carthago Nova*. El Almanzora también tenía su eje de comunicaciones penetrando al interior desde *Baria* a *Tagili* para llegar a *Basti*. Igualmente, de Guadix hacia el este partía por territorio granadino una vía a *Eliocroca* que cruzaba la ya citada *mansio* de *Ad Morum*, próxima a Chirivel; era un ramal del Itinerario de Antonino que desde Narbona se dirigía a Cástulo, siendo el que nos interesa, el que pasaba por *Carthagine Spartaria, Eliocroca, Ad Morum, Basti, Acci, Acatucci, Viniolis, Mentesa Bastia, Castulone*.[23]

## Estado de la cuestión

Hemos tomado como punto de partida de este trabajo los estudios previos realizados sobre poblamiento antiguo en nuestra zona de estudio, para poder hacer una interpretación de su evolución gracias a los datos extraídos con los análisis de datos espaciales. Por ello, también nos ha resultado fundamental el conocer las publicaciones existentes tanto desde el prisma histórico – arqueológico y también geográfico.

En el caso de la red hidrográfica de Almería es importante recordar que junto al río Andarax, el Almanzora, el Adra, el Nacimiento, el Antas … entre otros, discurren una serie de ramblas y también la depresión de Vera. Al sur y este, la costa delimita de forma del particular el espacio de la región al verse bañada por el Mediterráneo, siendo característica la entrada del mar de una legua de tierra a partir de Aguadulce. También destaca en la orografía almeriense el Golfo de Almería, al oeste del Parque Natural de Cabo de Gata. Los relieves montañosos hacen que más del 70 % de la región esté por encima de los 600 metros; nos referimos a la sierra de Gádor, Filabres, Estancias, Alhamilla entre otras. Las zonas rocosas más destacadas serán las del valle de Almanzora y también el famoso mármol de Macael con explotaciones documentadas en la antigüedad.[24] Los

---

18   It. Ant. 405.1, en Cuntz 1929.
19   García López 2000, 83–94.
20   Argüelles Álvarez, 2024, 125–144.
21   Aragón Nuñéz, López Medina, Argüelles Álvarez, 2023, 553–565.
22   Sillières 1990, 346; López-Medina 1997, 378.
23   López Cordero, Escobedo Molinos 2019, 263; Fornell Muñoz 1996, 128.
24   López-Medina 2004, 23.

minerales también enriquecen la provincia con extracciones de plomo, como el ya citado caso de Gádor, cobre, plata y oro.[25]

Este territorio que acabamos de describir presenció durante el periodo romano cambios significantes respecto al clima actual. Así, gracias a estudios de paleo paisaje sabemos de la existencia de una masa boscosa existe incluso antes del periodo romano, con una base de explotación agrícola de un 10 %.[26] Por tanto, también han sido fundamentales los estudios de cambios climáticos realizados para cronologías romanas, en un contexto general,[27] al igual que para el caso específico de Almería,[28] para poder comprender la adaptación al territorio y sus recursos, y los cambios de localizaciones de la población romana.

## Caso de estudio: Análisis de Redes Sociales aplicadas al territorio del SE peninsular

El término "redes sociales" se ha popularizado gracias a herramientas como Facebook y Twitter, que permiten a los usuarios conectar unos otros en un entorno virtual. Esta noción de "redes" ha influido por tanto no sólo nuestra vida cotidiana, sino también en la ciencia. En la actualidad, el enfoque de redes sociales abarca una serie de campos interdisciplinarios tan diversos como las ciencias informáticas,[29] la física[30] y las ciencias sociales.[31] En este sentido ARS se ha definido como una especialidad interdisciplinaria de las ciencias del comportamiento. Se fundamenta en la observación de que los actores sociales son interdependientes y que los vínculos entre ellos tienen consecuencias importantes para cada individuo.[32] Como resultado, una red puede definirse de forma más amplia como "un conjunto de elementos … con conexiones entre ellos".[33]

Una red de relaciones, por tanto, consistiría en información adicional, que puede mostrarse gráficamente.[34] Los conceptos de red pueden utilizarse para abstraer los fenómenos investigados; por ejemplo, los vínculos entre actores permiten el flujo de bienes materiales, información, poder, influencia, apoyo y control sociales.[35]

---

25  Artero García 1981, 63.
26  López-Medina 2004, 64.
27  Harper 2017.
28  Hoffmann 1987; Carrión García 2012.
29  Pham et al. 2011.
30  Hunt-Manzoni 2015.
31  Lazega-Snijders 2015.
32  Freeman 2000, 350.
33  Newman 2003, 168.
34  De Nooy et al. 2018.
35  Freeman 2000, 350.

Por último, la aplicación de los métodos y la teoría de la ciencia de redes a la arqueología ha aumentado espectacularmente en los últimos años. Ya en la década de 1960, los arqueólogos utilizaban incipientes métodos de redes; por ejemplo, las teselaciones de Voronoi (polígonos de Thiessen) se utilizaban para modelizar zonas de influencia ya en la década de 1970.[36] Sin embargo, solo en la última década se ha generalizado la aplicación del análisis de redes con el uso de modelos complejos.[37] Una de las ideas más potentes de la teoría de redes sociales es la noción de que los individuos están inmersos en densas conexiones de relaciones e interacciones sociales[38] y que, por lo tanto, ARS proporciona un puente conceptual entre los agentes individuales y los sistemas complejos que tiene aplicaciones obvias para la arqueología.[39] En la obra de Irad Malkin[40] "A Small Greek World: Networks In The Ancient Mediterranean (Greeks Overseas)" el autor especifica un buen ejemplo de cómo un enfoque de redes puede cambiar la interpretación de los contextos arqueológicos:

> Imagina llenar las líneas costeras de puntos (o "nodos" en el lenguaje de redes), que representan todas las ciudades marítimas griegas. Imagina las líneas de conexión ("lazos") entre ellas, así como algunos contenidos que se mueven a lo largo de esas líneas ("flujos").

Malkin no creó un modelo visual en su trabajo, pero al recurrir a un enfoque de análisis de redes en su estudio arqueológico le permitió ofrecer una "visión de gran angular sobre el Mediterráneo antiguo".[41] Los conceptos que introdujo, como similitudes, relaciones sociales, interacciones y flujo, proporcionaron el marco para definir las relaciones entre los actores de un sistema de redes. Las interacciones se producen en el contexto de las relaciones sociales, y los flujos son aquellos elementos intercambiables – tangibles o intangibles – que resultan de las interacciones. En el comercio, por ejemplo, los comerciantes (relaciones sociales) llegan a un acuerdo (interacciones) para intercambiar productos. La abstracción en modelos holísticos permite revelar nuevas percepciones de los datos arqueológicos, a partir de las cuales son posibles nuevas interpretaciones que antes quedaban fuera del análisis arqueológico convencional.[42]

La aplicación del ARS se propone en este articulo como una metodología acertada para el examen no solamente del territorio terrestre sino igualmente marítimo adscrito a las civitates principales identificadas y bien descritas en los apartados anteriores (*Urci*, *Murgi*, etc.). Siguiendo este planteamiento el examen de contextos arqueológicos puede utilizarse principalmente como enfoque para explorar la conectividad de los espacios marítimos y costeros. Sin embargo, estos modelos están abiertos a un amplio

---

36  Renfrew 1975.
37  Collar et al. 2015, 2; Mills 2017.
38  Borgatti 2009, 1.
39  Brughmans 2013, 625.
40  Malkin 2011, 17.
41  Malikin 2011, 19.
42  Knappett 2011.

abanico de aplicaciones que van más allá del ejemplo mostrado en este artículo. Este artículo utiliza un contexto basado en los asentamientos de época romana de diversa naturaleza y centrados en el amplio espectro temporal que va desde época republicana a la tardoantigüedad como "unidad básica de estudio", para ser considerado desde la perspectiva marítima y terrestre (Fig. 3). El modelo de ARS nos permite analizar de forma rápida la generación de "Clusters" o agrupaciones de asentamientos en base a su dependencia con los ejes viarios principales que se distribuyen en el territorio almeriense. Estas vías de comunicación representan los vínculos entre los diferentes tipos de nodos creando entre ellos conexiones de afinidad o "links".

Para el análisis del territorio que examinamos se ha generado lo que se llama *two-mode network*, esto es un modelo que correlaciona dos tipos diferentes de datos. Para nuestro caso vías y asentamientos. Este modelo se aplica para visualizar las interacciones territoriales a escala interregional. El modelo ARS desarrollado por lo tanto ayuda en el proceso de revelar participantes y mecanismos de intercambio dentro de esferas económicas complementarias.

El desarrollo de este modelo ha utilizado la publicación y los datos proporcionados en la obra "Espacio y territorio en el sureste peninsular: la presencia romana"[43] siendo hasta la actualidad uno de los estudios más completos de la ocupación para el territorio objeto de estudio. Igualmente se ha contado con el sistema de información del patrimonio histórico de Andalucía[44] como base de datos sobre la que desarrollar el análisis presentado. El modelo ARS en base a la correlación – vías/asentamientos – permiten interrogar el conjunto de datos y presentar la información en una estructura visualmente accesible e intuitiva. Para crear e identificar patrones y tendencias en la gestión del territorio o como veremos mas adelante la existencia de vacíos sobre los que expondremos la discusión (Fig. 4).

Para generar el modelo de ARS se utilizó el software Gephi 0.9.2 que permite crear gráficos de red a partir de la utilización de archivos .csv. El análisis expuesto en este articulo no se centra en el uso de las diversas funciones estadísticas y matemáticas que pueden ser explotadas de softwares especializados en ARS, sino que en esta ocasión se han utilizado las operaciones gráficas de Gephi para producir representaciones visuales de las conexiones y estructuras dentro de los datos. El análisis de ARS se ha basado por lo tanto, en aspectos como la centralidad (el grado de centralidad asignado es el número de enlaces que un nodo concreto tiene con otros nodos) y la intermediación (el número de veces que un nódulo actúa como puente en el camino más corto en su conexión entre otros dos nódulos).[45] Este análisis básico se aplicó con el objetivo de agrupar vértices de fuerza similar, mejorando la disposición de los datos para la inspección visual o la interrogación estadística. De la misma manera este tipo de medidas

---

43   López-Medina 1997.
44   Muñoz Valle 2006.
45   Sobre este tipo de análisis ver Hanneman/Riddle 2005.

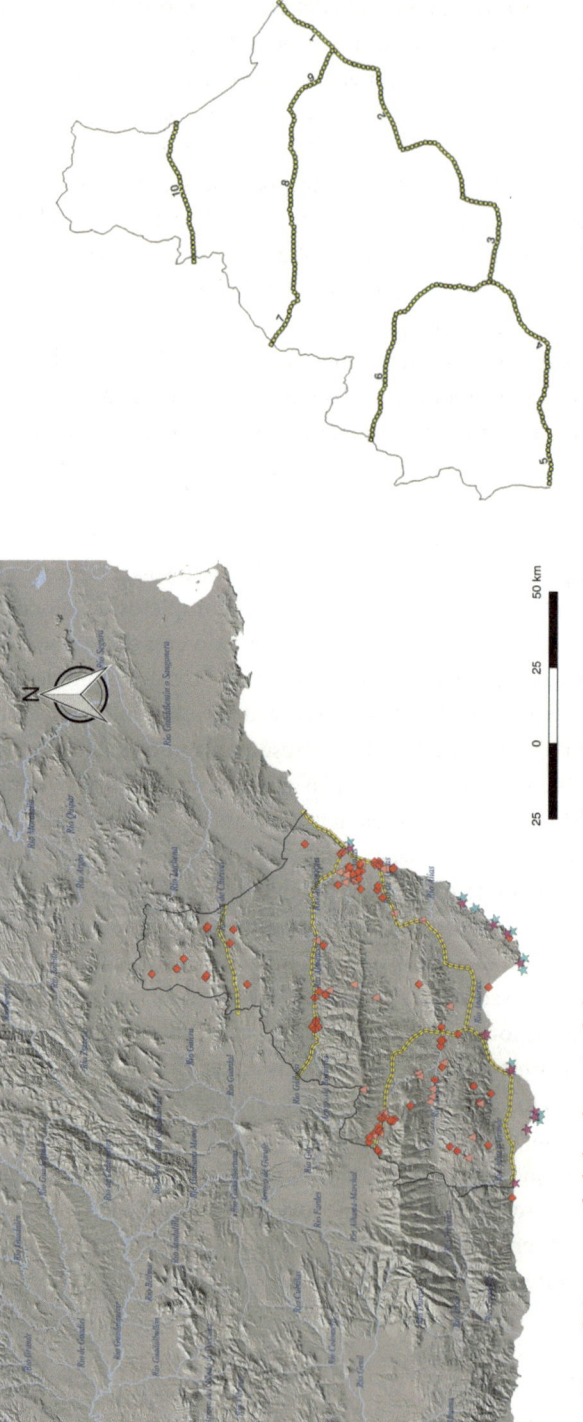

**Fig. 3** GIS mostrando la localización de los asentamientos objeto de estudio para época romana y ejes viarios principales para época romana. Marcas Rojas: Asentamientos Alto Imperiales; Marcas Rosas: Asentamientos Romanos-Tardíos; Estrellas: Yacimientos Subacuáticos, Púrpura: Alto Imperiales; Azul: Romanos-Tardíos. (Fuente: Grupo ABDERA).

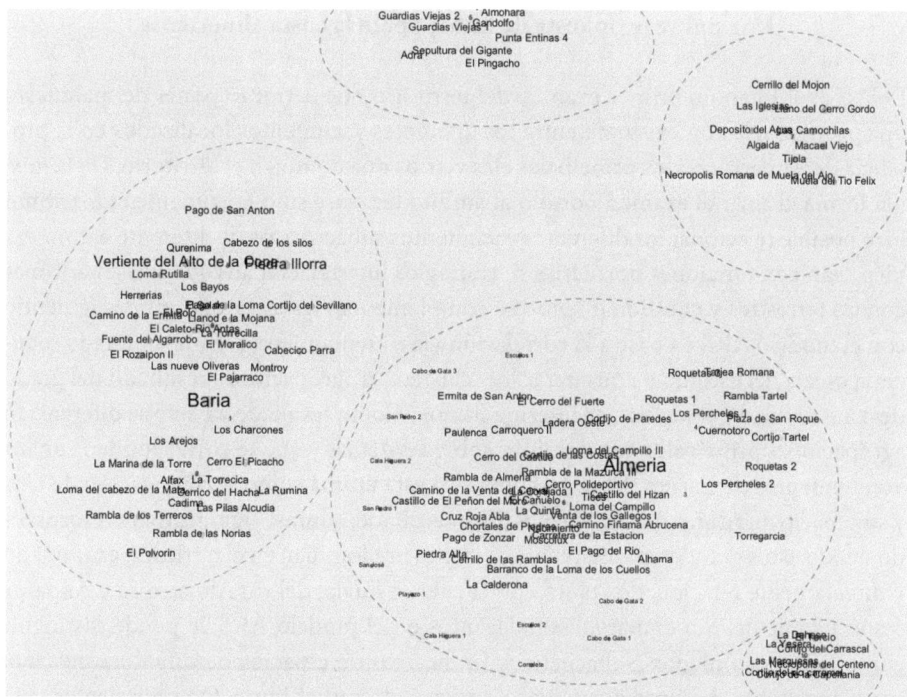

**Fig. 4** Modelos de Análisis de Redes Sociales aplicado a la correlación asentamiento y vías de comunicación. Nódulos representan los asentamientos mientras que las conexiones representan su vinculación a través del uso de un mismo eje de comunicación. El *cluster* o agrupación se ha basado en el análisis de centralidad mientras que el ranking o tamaño del nódulo se basa en su grado de intermediación. (Fuente: Grupo ABDERA)

permite generar un ranking de relevancia de los diferentes asentamientos examinados. El fundamento de este tipo de análisis se basa en la hipótesis de que cuanto mayor sea el numero de conexiones de un asentamiento, mejor comunicado estará y en consecuencia se presupone un mayor poder sobre asentamientos secundarios o terciarios.[46] La relación entre diferentes yacimientos. En este sentido el cálculo de correlación por vías de comunicación da como resultado una red que puede considerarse un indicador indirecto de las interacciones sociales y la gestión del territorio que ocupan. Cuando por otro lado, examinamos las posiciones estructurales de los actores dentro de la red creada puede llevarnos a revelar información sobre el desarrollo de las relaciones en un momento episodio concreto.

46   Peeples/Roberts 2013.

## Una nueva propuesta de trabajo para la costa almeriense

El uso de GIS en un primer examen del territorio nos permitió poner de manifiesto una primera relación existente entre los diferentes yacimientos localizados en la provincia de Almería con los principales ejes viarios que dominan el territorio. De la misma forma el abrir el examen no solo al ámbito terrestre sino igualmente al marítimo hizo posible relacionar los diferentes yacimientos subacuáticos de diferente naturaleza bien sean con funciones portuarias o naufragios interrelacionando las vías marítimas con las terrestres y cuestionar como se complementan las unas a las otras. Siguiendo con el modelo ARS en base a la correlación vías/asentamientos, ha posibilitado reducir la escala del estudio y considerar los "clusters" o agrupaciones resultado del grado de conectividad y el ranking de intermediación. Como resultado directo se diferencian agrupaciones principales que dominan sobre las demás y que se corresponden con los asentamientos de *Baria* y Almería, entendida esta última como la conjugación de *Urci* y su espacio marítimo *Portus Magnus*. Este resultado, aunque significativo no sorprende siendo estos grandes asentamientos quienes predominan en el territorio examinado y directamente relacionados tanto con la cuenca fluvial del rio Almanzora y Andarax respectivamente. Sin embargo, si indagamos en el modelo ARS se puede distinguir como tanto yacimientos subacuáticos (indicativo de espacios de difícil navegación, pero igualmente de zonas portuarias de carga y descarga) junto con yacimientos costeros significativos como el de la denominada *officina purpuraria* del yacimiento de Torregarcía (que implica la necesidad de una conectividad viaria mínima a la vista de su capacidad productiva)[47] quedan completamente inconexos de cualquier eje viaria primario (Fig. 5).

De igual forma el modelo ARS evidencia un vacío ocupacional entre los *clusters* formados por *Baria* y el conjunto *Urci–Portus Magnus*. Este vacío se centra en el área del campo de Níjar y el pasillo de Tabernas que conecta el interior con una zona de relevancia como la costa de Cabo de Gata, por su explotación de recursos como la extracción de roca volcánica,[48] siendo además su extensión a la costa hacia levante una de las principales salidas marítima de los recursos minerales de la región.[49] Las actuaciones recientes que se han ido desarrollando en este espacio parece indicar que el vacío evidenciado en el modelo ARS se corresponde más a una ausencia de examen arqueológico del espacio en cuestión más que una desocupación voluntaria[50]. En este sentido desde las líneas de investigaciones que se proponen en la actualidad van dirigidas a entender mejor la conexión costera con el interior para la zona de Cabo de Gata-Nijar a través de la valorización del modelo de ocupación del territorio y del uso

---

47  López-Medina 2023.
48  Haro Navarro et al. 2006.
49  Hernández Ortíz 2007, 1–10.
50  López-Medina et al. 2022.

La bahía de Almería en el mundo romano 189

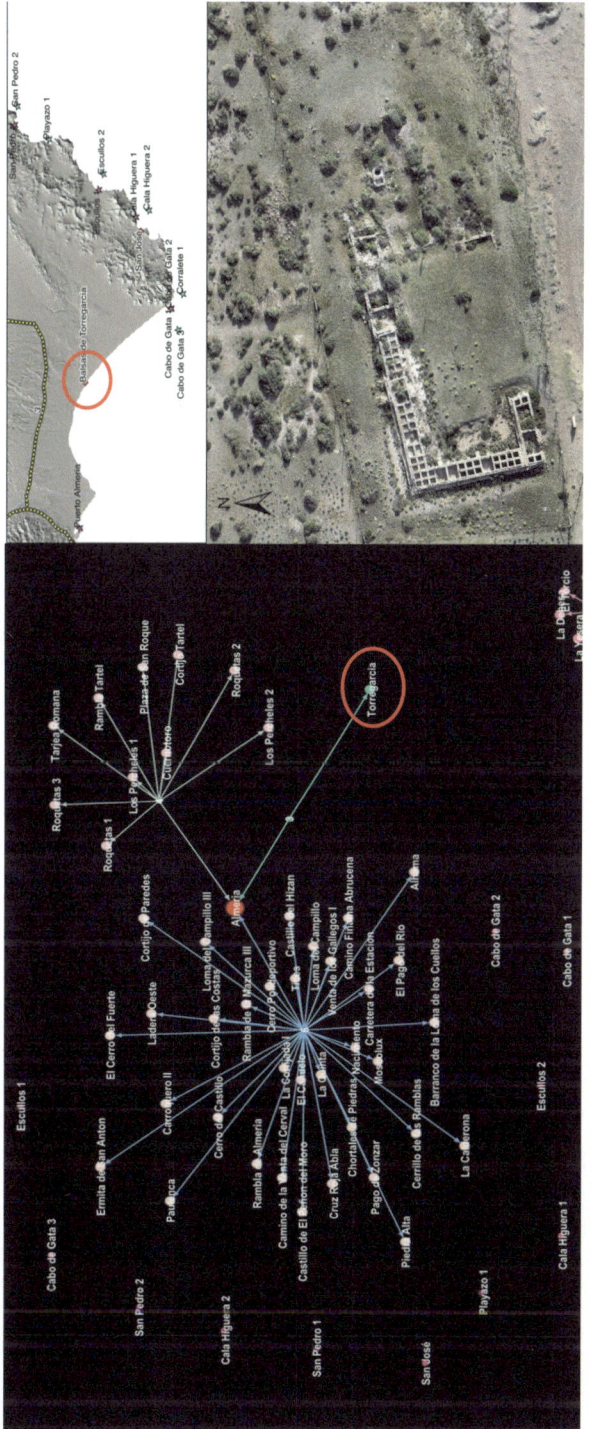

**Fig. 5** Detalle dentro del modelo ARS y posición estructural desconectada de yacimientos marítimos y yacimiento costero de Torregarcía. (Fuente: Grupo ABDERA)

de espacios geográficos que hasta ahora se han tratado de forma marginal como son los espacios de ramblas (cursos fluviales de flujo espasmódico típicos de entornos áridos y semiáridos)[51] pero que sin duda juegan, incluso en la actualidad un papel dinamizador y de conectividad en un territorio como el que tratamos[52] (Fig. 6). Sin embargo, surgen preguntas al tratar de implementar análisis específicos dentro de este planteamiento; a saber, cómo encontrar contextos arqueológicos adaptados a las evidencias del papel de las ramblas como vías naturales de comunicación o su transformación a lo largo del tiempo en respuesta a la dinámica geológica del territorio. La respuesta es doble: en primer lugar, a través de una evaluación geo-arqueológica que evidencien su relación con los diferentes asentamientos a los que se asocian y en segundo lugar a partir de una evaluación de los contextos de naufragios y las zonas portuarias con el fin de revelar los espacios y mecanismos de intercambio dentro de estas esferas económicas complementarias.

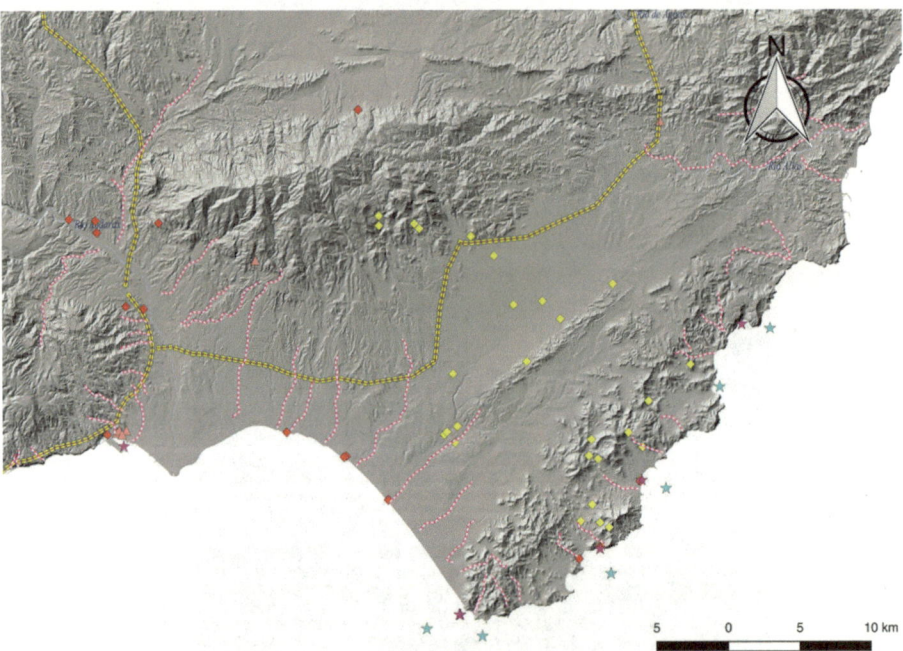

**Fig. 6** Localización GIS de los diferentes espacios de Ramblas que se proponen como ejes de comunicación dentro del territorio en relación con los yacimientos para época romana ubicados en su entorno (rojo) y aquellos incluidos (amarillo) como resultado de los trabajos realizados recientemente en la zona. (Fuente: Grupo ABDERA)

51 Sánchez Escolano / Toro Sánchez 2020.
52 Sánchez Escolano / Toro Sánchez 2020, 82–85.

## Conclusiones

Con los datos obtenidos en este trabajo, no cabe duda de que existe una necesidad de ahondar en el estudio del territorio almeriense para cronologías romanas desde una visión multidisciplinar y abordando diversas temáticas. Si bien este artículo, pretende ser un punto de partida para futuros trabajos, consideramos de interés la propuesta de completar la visión de los condicionantes y valores del medio natural, el origen, el desarrollo y la evolución, hasta períodos más recientes, del poblamiento sobre el territorio Almeriense. Especialmente hacemos hincapié, en zonas aun poco abordadas por la investigación, y que quedan infra-evaluadas por la propia historiografía como el caso del espacio litoral Níjar-Cabo de Gata.

Igualmente, proponemos continuar el trabajo sobre la relación de las redes de comunicación tanto en el paisaje terrestre como marítimo que permita entender la pervivencia en el tiempo de asentamientos clave en el desarrollo de la Historia de Almería y las relaciones socio- económicas de sus habitantes. Este estudio no se entenderá en su visión de conjunto sin el uso de nuevos métodos de análisis que ayuden con nuevos datos, a reevaluar yacimientos y hallazgos arqueológicos y sus contextos históricos asociados al espacio litoral almeriense.

## Bibliografía

Aragón Núñez / López-Medina / Argüelles Álvarez 2023: E. Aragón Nuñez / M. J. López-Medina / P. Argüelles Álvarez, El abastecimiento de agua a la ciudad romana de Urci (El Chuche, Benahadux, Almería), en: XI Simposio del Agua en Andalucia (Granada 2023) 553–565

Argüelles Álvarez 2024: P. A. Argüelles Álvarez, La ciudad de Almería y sus caminos históricos, en: E. Aragón Nuñez / P. Argüelles Álvarez / F. J. Díaz Macilla (Eds.), Tierra y Mar. Paisaje del Mediterráneo durante el mundo romano y medieval (Almería 2024) 125–144

Artero García 1981: J. M. Artero García, Síntesis geológico-minera de la Provincia de Almería, Boletín del Instituto de Estudios Almerienses 6, 1986, 57–79

Borgatti 2009: S. P. Borgatti / A. Mehra / D. J. Brass / G. Labianca. Network analysis in the social sciences, Science 323.5916, 2009, 892–895

Brughmans 2013: T. Brughmans, Thinking Through Networks: A Review of Formal Network Methods in Archaeology. Journal of Archaeological Method and Theory, 20.4, 623–662

Carrión García 2012: J. S. Carrión García (Ed.), Paleoflora y paleovegetación de la Península Ibérica e islas baleares Paleoflora y paleovegetación de la Península Ibérica e Islas Baleares: Plioceno-Cuaternario (Murcia 2012)

Collar et al. 2015: A. Collar / F. Coward / T. Brughmans / B. J. Mills, Networks in Archaeology: Phenomena, Abstraction, Representation, Journal of Archaeological Method and Theory 22.1, 2015, 1–32

Cuntz 1929: O. Cuntz, Itineraria romana: Antonini Augusti et Burdigalense, v. I. (Lipsiae 1929).

De Nooy et al. 2018: W. De Nooy / A. Mrvar / V. Batagelj, Exploratory Social Network Analysis with Pajek: Revised and Expanded Edition for Updated Software $^3$(Cambridge 2018)

Sánchez Escolano / Toro Sánchez 2020: L. M. Sánchez Escolano / F. J. Toro Sánchez, Las ramblas del Sureste español como medio de vida, Cuadernos de geografía 105, 2020, 75–96

Fornell Muñoz 1996: A. Fornell, Las vías romanas entre Castulo y Acci, Florentia II.7, 1996, 125–140

García López 2000: J. L. García López, Informe final sucinto de la intervención efectuada en el BIC de la zona arqueológica del paraje denominado Ribera de la Algaida-Turaniana (Roquetas de Mar-Almería), Farua 3.20, 2000, 83–94

Freeman 2000: L. C. Freeman, Social network analysis: definition and history. Encyclopedia of Psychology 6, 2000, 350–351

Harper 2017: K. Harper, The fate of Rome. Climate, disease and the End of an Empire (New Jersey 2017)

Haro Navarro et al. 2006: M. Haro Navarro / F. Carrión Méndez / D. García González, Territorio y georrecursos en el cabo de Gata (Níjar, Almería) durante la Edad del Cobre, en: G. Martínez Fernandez / A. Morgado Rodríguez / J. A. Afonso Marrero (Eds.), Sociedades prehistóricas, recursos abióticos y territorio (Granada 2006) 315–326

Hanneman/Riddle 2005: R. A. Hanneman / M. Riddle, Introduction to Social Network Methods (Riverside 2005)

Hoffmann 1987: G. Hoffmann, Holozänstratigraphie und Küstenlinienverlagerung an der andalusischen Mittelmeerküste, Berichte aus dem Fachbereich der Universität Bremen 2 (Bremen 1988)

Hunt/Manzoni 2015 A. G. Hunt / S. Manzoni, Networks on Networks. The Physics of Geobiology and Geochemistry (Bristol 2015)

Knappett 2011: C. Knappett, An archaeology of interaction. Network perspectives on material culture and society (Oxford 2011)

Lazega/Snijders 2015: E. Lazega / T. Snijders, Multilevel network analysis for the social sciences. Theory, methods and applications (Heidelberg 2015)

López Cordero / Escobedo Molinos 2019: J. A. López Codero / E. Escobedo Molinos, La vía Augusta en la Bética. Una hipótesis sobre la ubicación del Ianus Augustus, en: A. López / M. Cabrera (Eds.), VI Congreso virtual sobre Historia de las Vías de Comunicación. Asociación Orden de la Caminería de La Cerradura, Asociación de Amigos del Archivo Histórico Diocesano de Jaén, Jaén 15 al 30 de septiembre de 2018 (Jaén 2019) 257–274

López-Medina 2023: M. J. López-Medina (Ed.), Torregarcía, Purpura y Agua. Aplicación Histórica de Metodología No Invasiva en una Officina Purpuraria en el Litoral Almeriense (España), BAR 3123 (Oxford 2023)

López-Medina 2018: M. J. López-Medina, Territorio y traslados de población tras la conquista romana en el Sureste peninsular: de la *Tagili* ibera a la nueva *Tagili* romana, en: J. Cortadella / O. Olesti Vila / C. Sierra Martín (Eds.), Lo viejo y lo nuevo en las sociedades antiguas: homenaje a Alberto Prieto, (Besançon 2018) 363–384

López-Medina 2004: M. J. López-Medina, Las *civitates* del sureste peninsular entre el Alto y el Bajo Imperio: un modelo de análisis territorial, en: J. Mangas / M. A. Novillo (Eds.), El territorio de las ciudades romanas (Madrid 2004) 107–127

López-Medina 1997: M. J. López-Medina, Espacio y territorio en el sureste peninsular: la presencia romana (Almería 1997)

López-Medina et al. 2022: M. J. López-Medina / M. P. Román Díaz / M. García Pardo / M. Berenguel, Yacimientos litorales del parque natural Cabo de Gata-Níjar (Almería, España) y cambios en la línea de costa, Arqueología Iberoamericana 14.49, 2022, 85–96

Malkin 2011: I. Malkin, A Small Greek World. Networks in the Ancient Mediterranean (New York 2011)

Mills 2017: B. J. Mills, Social Network Analysis in Archaeology, Annual Review of Anthropology 46.1, 2017, 379–397

Muñoz Valle 2006: C. Muñoz Valle, El sistema de información del patrimonio histórico de Andalucía (SIPHA), Berceo 151, 2006, 117–132

Newman 2003: M. Newman, Analysis of weighted networks, Physical Review 70.5, 2003, 56–131

Hernández Ortíz 2007: F. Hernández Ortíz, La minería en la Sierra del Cabo de Gata (Almería). De re metallica (Madrid): revista de la Sociedad Española para la Defensa del Patrimonio, Geológico y Minero 8, 2007, 1–10

Peeples/Roberts 2013: M. A. Peeples / J. M. Roberts Jr., To Binarize or Not to Binarize: Relational Data and the Construction of Archaeological Networks, JASc 40.7, 2013, 3001–3010

Pham et al. 2011: M. C. Pham / R. Klamma / M. Jarke, Development of computer science disciplines: a social network analysis approach, Social Network Analysis and Mining 1.4, 2011, 321–340

Renfrew 1975: C. Renfrew, Trade as Action at a Distance: Questions of Integration and Communication, en: J. A. Sabloff / C. C. Lamberg-Karlovsky (Eds.), Ancient Civilization and Trade (Albuquerque 1975) 3–59

Roldàn Hervás 1984: J. M. Roldán Hervás, Historia de España 6 (Madrid 1984)

Sillères 1990: P. Sillères, Les voies de communication de l. Hispanie méridionale (Paris 1990)

## Fuentes históricas

Dion Cassio. Roman History, Volume IV: Books 41–45. Traducido por E. Cary, H. B. Foster. Loeb Classical Library 66 (Cambridge 1916)

M. T. Cicerón. Letters to Atticus, Volume I. Editado y traducido por D. R. Shackleton Bailey. Loeb Classical Library 7 (Cambridge 1999)

A. Gelio. Attic Nights, Volume II: Books 6–13. Traducido por J. C. Rolfe. Loeb Classical Library 200, MA: Harvard University Press, (Cambridge 1927)

Itinerarium Antonini Avgvsti et burdigalense. A. Birckman (Ed.), Officina Birckmannica sumptibus Arnoldi Mylil, (Colonia Agrippinae 1600)

T. Livio. History of Rome, Volume IX: Books 31–34, en: J. C. Yardley (ed. y trad.), D. Hoyos (introducción) Hoyos. Loeb Classical Library 295 (Cambridge 2017)

P. Mela. Hispania Antigua en el tratado de chorographia, en: E V. Bejarano (ed.), Prólogo J. Maluquer de Motes, Hispania Antigua según Pomponio Mela, Plinio el Viejo y Claudio Ptolomeo). Instituto Arqueología y Prehistoria de Barcelona, (Barcelona 1987) 103–111

Plinio el Viejo. Natural History, Volume II: Books 3–7, Traducido por H. Rackham. Loeb Classical Library 352 (Cambridge 1942)

C. Ptolomeo. Hispania Antigua la Geographías Hyphégesis, en V. Bejarano (ed.), y Prefacio por J. Maluquer de Motes, Hispania Antigua según Pomponio Mela, Plinio el Viejo y Claudio Ptolomeo) (Barcelona 1987) 183–200

**Enrique Aragón** posee un doble doctorado en la especialización de Historia y Arqueologia Marítima por la Flinders University of South Australia y la Universidad de Cádiz. Actualmente disfruta de un contrato postdoctoral con la Universidad de Almería y forma parte del grupo de investigación "ABDERA". Su perfil investigador se destaca por seguir una experiencia multidisciplinar con base en la arqueología intermareal, arqueología marítima y patrimonio cultural costero, así como subacuático. Su desarrollo investigador le ha llevado a la aplicación de métodos métodos analíticos innovadores tales como la aplicación de análisis de redes sociales a contextos arqueológicos

ENRIQUE ARAGÓN NÚÑEZ
Universidad de Almería, Departamento de Geografía, Historia y Humanidades. Carretera de Sacramento, 04120. Almería, enrique.aragon@ual.es, Grupo de investigación ABDERA, CEI.MAR, CEI Patrimonio.

**Patricia Argüelles Álvarez** es doctora en Historia por la Universidad Nacional de Educación a Distancia. Patricia ha realizado estancias en la Universidad Católica de Lovaina, el Museo de Bellas Artes de Houston o la Universidad de Catania. Patricia ha impartido docencia en diversas universidades nacionales. Ha disfrutado de un contrato postdoctoral en la Universidad de Salamanca, otro en la Universidad de Almería siendo miembro del grupo de investigación "ABDERA". Actualmente, disfruta de un contrato postdoctoral en la Universidad de Santiago de Compostela. Patricia se ha especializado en el análisis histórico-arqueológico de las comunicaciones terrestres en *Hispania* durante cronologías tardo antiguas y alto medievales.

PATRICIA ANA ARGÜELLES ÁLVAREZ
Universidad Almería, Departamento de Geografía, Historia y Humanidades. Carretera de Sacramento, 04120. Almería, pargal@ual.es, Grupo de investigación ABDERA, CEI.MAR, CEI Patrimonio.

# El asentamiento de Sierra Aznar-*Calduba*
## *Control y gestión del agua en la cabecera de la cuenca fluvial del Guadalete (Arcos de la Frontera, Cádiz)*

ISABEL RONDÁN-SEVILLA

**Abstract:** The Sierra Aznar site, hypothetically identified as the *municipium Caldubense* quoted by the Greek geographer Ptolomeo, is located on a hill in Arcos de la Frontera, Cádiz. We propose integrated inclusive research for the site to offer a global perspective that allows us to understand the historical mechanisms for territorial and cultural control that ancient societies implemented over a landscape and natural unit, the river basins. In this case, we are developing this model in the upper basin of the Guadalete river in the interfluve between two river basins.

**Keywords:** Sierra Aznar-*Calduba*; Guadalete river; River Basin; Historic Landscape.

**Resumen:** El yacimiento de Sierra Aznar, identificado presumiblemente como el *municipium Caldubense* citado por el geógrafo griego Ptolomeo, se localiza en un promontorio serrano en Arcos de la Frontera, Cádiz. Plantemos un marco explicativo integrador sobre el yacimiento para ofrecer una perspectiva global sobre este que permita comprender los mecanismos históricos para el control, territorial y cultural, que las sociedades antiguas implementan sobre una unidad, paisajística y natural, las cuencas fluviales. En este caso desarrollamos este modelo en la cuenca alta del río Guadalete en el interfluvio entre dos cuencas vertientes.

**Palabras clave:** Sierra Aznar-*Calduba*; Guadalete; Cuenca Fluvial; Paisaje Histórico.

### Presentación

El yacimiento de Sierra Aznar-*Calduba*, se encuentra en el municipio de Arcos de la Frontera, Cádiz. Se localiza en el denominado cerro del Moro y Sierra Aznar, alzándose la mayor parte de las estructuras arqueológicas emergentes en estos cerros sobre las planicies y campiñas que lo rodean. Sierra Aznar alcanza una altura máxima de unos

405 m frente a los 200 m de altura de las llanuras circundantes. La localización del yacimiento en este promontorio le habría ofrecido unas evidentes ventajas sobre el control del territorio, y atendiendo al tema que nos ocupa, la gestión de la cabecera del principal río de la provincia gaditana, el Guadalete.

Desde la perspectiva del Paisaje natural Sierra Aznar está ocupada por una formación boscosa, donde en la actualidad se impone el acebuche, helechos y acantos, que habrían desplazado la tradicional presencia del alcornoque. Las características geológicas de la sierra, con suelos compuestos por margas arcillosas y calcarenita, habrían favorecido la presencia de aguas subterráneas. Es este rasgo uno de los principales del yacimiento, el agua manante, las estructuras arqueológicas emergentes y otras documentadas en el subsuelo, están relacionadas principalmente con la contención, la gestión o el circuito del agua.

Siguiendo esta última idea, y situando el caso en el tema que aquí nos ocupa, la localización de Sierra Aznar en relación con las cuencas fluviales, el yacimiento se encuentra en la cabecera media de la cuenca del río Guadalete. Concretamente, en el contexto geográfico donde confluyen este río y su principal tributario, el río Majaceite o Guadalcacín. También en esta zona se encuentra el principal acuífero de la provincia de Cádiz, el denominado Arcos-Bornos-Espera. Como vemos, se encuentra en un contexto donde el agua, al menos desde un perspectiva paisajística y natural, y a continuación analizaremos si también histórica y cultural, juega un papel relevante. Destacamos en este sentido la perspectiva del control de las cuencas, localizándose Sierra Aznar prácticamente en el interfluvio entre dos subcuencas vertientes, al norte la del Guadalete y al sur la del Majaceite (Fig. 1).

El yacimiento de Sierra Aznar está caracterizado por un conjunto de estructuras, principalmente hidráulicas, localizadas en la ladera oeste de la composición serrana: cono de captación, sima natural, un gran *lacus*, cisternas, *piscinae limariae*, fuentes y acueductos son los protagonistas en este yacimiento, sin obviar otros elementos como restos de cerramientos y muralla, pero la inmensa mayoría de estructuras guardan relación funcional con la gestión y el control del agua. Sin duda, la presencia de este tipo de arquitectura frente a otra de tipo habitacional reafirma la importancia del control de las aguas en el rol de Sierra Aznar-*Calduba*.

A nuestro parecer la plasmación de esta gestión hídrica del yacimiento no es ajena a su vinculación con las cuencas y subcuencas fluviales. Nuestro grupo de investigación ha iniciado un Proyecto, *AQUIVERGIA*, donde se estudia las cuestiones sobre las estrategias de ocupación poblacional en época antigua de las cuencas, sus acondicionamientos, los aprovechamientos económicos o la adecuación al medio y la resiliencia de estos procesos, entre otras cuestiones históricas vinculadas también con la ecología. Precisamente Sierra Aznar se trata de un caso de estudio óptimo para el análisis de uno de los tramos de las cuencas fluviales, la cabecera del río Guadalete, y su confluencia con el principal afluente, el Majaceite.

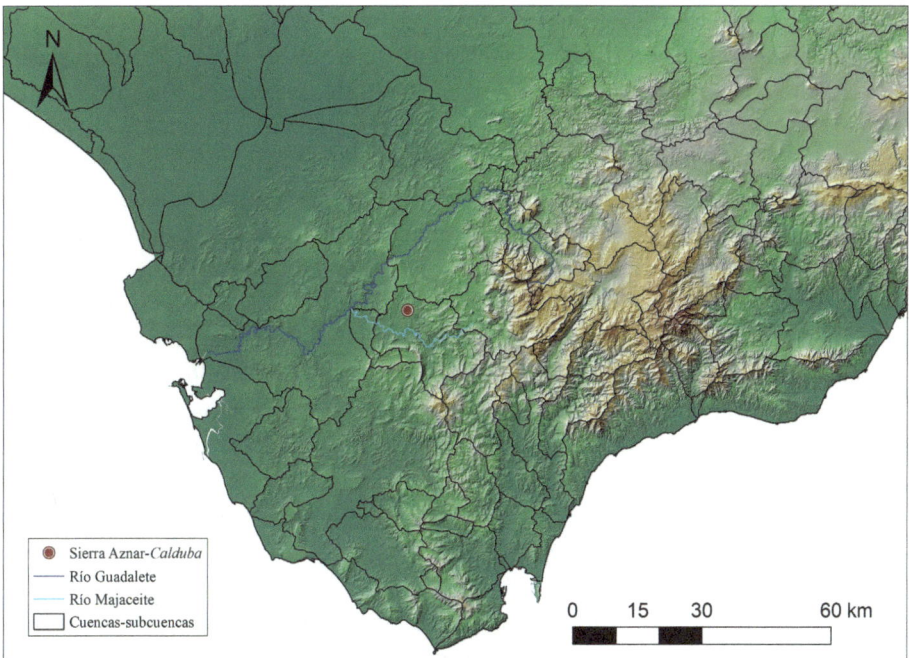

**Fig. 1** Localización de Sierra Aznar en relación con los ríos Guadalete y Majaceite y las cuencas fluviales. Imagen propia.

## Síntesis historiográfica y arqueológica en Sierra Aznar

Sierra Aznar aparece en la historiografía andalusí a través de la descripción que el geógrafo Yaqut hace del *iqlim al-Asnam*, traducido como "Ídolos" o "Columnas", y su cercanía a Tempul es uno de los argumentos por el que se relaciona este origen de la toponimia de la sierra. En época moderna el historiador Pedro de Gamaça, en su *Descripción de la Muy Noble y Leal ciudad de Arcos de la Frontera*,[1] hace alusión en diversas ocasiones a las ruinas. A finales del siglo XIX y principios del XX, autores como Miguel Mancheño[2] y Fidel Fita[3] aluden a Sierra Aznar y se comienza a esgrimir el argumentario que lo identificaría con la *Calduba* de Ptolomeo.[4]

A finales de los años 80 del pasado siglo es incorporado el yacimiento en la Carta Arqueológica de Arcos de la Frontera.[5] Este hito inicia un aumento de las investigaciones

---

1 De Gamaça 1634.
2 Mancheño y Olivares 1898; 1901; 1923.
3 Fita Colomé 1896a; 1896b.
4 Richarte García 2002, 50–53.
5 Perdigones Moreno 1987.

arqueológicas en Sierra Aznar, aunque no se han realizado excavaciones extensivas. El proyecto *Ruta Arqueológica de los Pueblos Blancos*, desarrollado desde 1997 a 2003, incentivó el estudio historiográfico del lugar, su limpieza, adecuación y puesta en valor a través de intervenciones puntuales en diferentes espacios del yacimiento.[6] Recientemente se ha iniciado un proyecto, liderado por el investigador Francisco Zuleta que reúne un equipo multidisciplinar de profesionales interesados en el patrimonio desarrollando una actividad arqueológica puntual de documentación gráfica, denominada "Actuaciones para la valorización patrimonial del yacimiento arqueológico de Sierra Aznar".

La última iniciativa de investigación sobre el yacimiento se inicia en 2019, con la colaboración entre el Ayuntamiento de Arcos de la Frontera y la Unidad de Geodetección del Patrimonio de la Universidad de Cádiz que ha trabajado de forma faseada en el yacimiento, haciendo uso de metodologías y técnicas no invasivas. Se han desarrollado fotogrametrías aéreas mediante dron para la caracterización del entorno y la obtención de modelos topográficos, fotogrametría y uso de escáner terrestres de las estructuras para la creación de modelos tridimensiones que permitan la caracterización de calidad de los elementos emergentes y su integración en otros modelos, así como prospecciones superficiales y protecciones geofísicas, mediante georradar, en diferentes contextos, que han permitido documentar elementos soterrados desconocidos y argumentar sobre las posibles conexiones entre las estructuras visibles. Los primeros resultados han sido objeto de actividades de difusión local, así como de desarrollo de publicaciones científicas.[7] El argumentario que en esta contribución se expone es resultado, al menos en parte, de estos estudios mediante técnicas no invasivas.

Por otro lado, y para cerrar con este apartado, nos resulta conveniente detenernos al menos brevemente, en los planteamientos que definirían la posible identificación de Sierra Aznar con *Calduba*, En este sentido, si se tratarse de un *municipium*, nos parece esencial comprender el rol que desarrollaría en parte del control y la gestión de la subcuenca fluvial en el tramo de cabecera del río Guadalete. Tres son los argumentos esgrimidos que apoyarían esta identificación: el significado etimológico del término, la aparición de un bronce epigráfico jurídico y su posición geográfica relativa.[8]

Desde una perspectiva etimológica, la palabra *Calduba*, estaría compuesta por dos lexemas de origen indoeuropeo con vinculación significativa con la hidronimia: -*Cal*, referido al barro o lodo; y -*Uba*, apelativo referido al agua.[9] El significado sería algo así como "agua turbulenta", lo que queda bien reflejado en las principales estructuras del yacimiento, especialmente en el conjunto de piscinas limarias allí documentadas. En segundo lugar, el descubrimiento de un bronce epigráfico a escasos kilómetros del yacimiento, para

---

6   Gener Basallote 1999; Guerrero Misa 1999; Guerrero Misa 2001; Gener Basallote 2011; Montañés Caballero, inédito; Richarte García 2002; Richarte García 2003; Richarte García 2004.
7   Rondán-Sevilla et al. 2022.
8   Lagóstena Barrios 2015, 149–151.
9   Villar Liébana 2000.

el que se ha defendido su descubrimiento original en Sierra Aznar. El estudio de José Antonio Abásolo y Armin Stylow, argumenta que por las características del fragmento debe tratarse de un documento legal, restos de una ley municipal probablemente.[10] Y en último lugar, la localización relativa de *Calduba*: Ptolomeo en su descripción, la sitúa entre poblamientos romanos bien conocidos, *Carissa Aurelia* en el término municipal de Espera, y *Saguntia* en San José del Valle, al norte y suroeste de Sierra Aznar (Fig. 2).[11]

**Fig. 2** Bronce epigráfico (Stylow 2007, Abb. 2); *piscinae limariae*; localización relativa de *Calduba*. Imagen propia.

10   Stylow 2007, 257–266.
11   Ptol. Geogr. 2,4,13.

De tratarse del municipio de *Calduba*, en este destacaría el control y la gestión del agua, no solo dentro del asentamiento, sino por su contexto en relación con las subcuencas fluviales y las fuentes del Guadalete. Si bien es cierto que otras funcionalidades se les han otorgado a las estructuras que componen el yacimiento, como la posible vinculación con la explotación minera de hierro,[12] argumentos que no nos parecen excluyentes con otros planteamientos funcionales.

## Desarrollo de un marco explicativo para el estudio de Sierra Aznar

El conocimiento histórico del yacimiento de Sierra Aznar no puede ni debe limitarse a la caracterización de las estructuras que lo conforman y/o a las posibles adscripciones funcionales otorgadas. Sin duda son elementos de suma importancia para proponer argumentos coherentes de carácter histórico que amplifiquen la calidad y cantidad de datos manejados para el conocimiento de las sociedades antiguas. Además, el estudio riguroso de las comunidades serranas gaditanas, como es en este caso, ha sido desfavorecido frente al tratamiento, desde la historiografía y la arqueología, del poblamiento litoral.

Por ello, afrontamos el análisis del caso proponiendo un marco explicativo de estudio integrado por diferentes perspectivas y a escalas diversas. El objeto, por tanto, es el de aportar una visión integradora del yacimiento. En este sentido, trataremos al menos tres dimensiones de la problemática de estudio que nos parecen base fundamental para proponer de forma eficiente conclusiones y nuevas perspectivas de estudio.

En primer lugar, el control y gestión del territorio. Es un elemento sustancial a la temática presentada. Sierra Aznar se encuentra en el tramo de cabecera de la cuenca del Guadalete, en un espacio de potencial interés por situarse en un promontorio en el entorno inmediato del interfluvio entre dos cuencas vertientes. Además, estamos en la zona de contacto entre las campiñas y la serranía gaditana, donde se localizan las principales fuentes hídricas del río Guadalete, gestionadas y explotadas desde época antigua. Sin duda el contexto geográfico de Sierra Aznar le aporta un valor territorial estratégico.

En segundo lugar, hemos reseñado en varias ocasiones la importancia del control y gestión del agua en el yacimiento. En este segundo nivel reducimos la escala de análisis al entorno inmediato del yacimiento y sus estructuras. La arquitectura responde a dos rasgos principalmente, uno es el funcional, estructuras en su mayoría, al menos en la zona estudiada, relacionadas con lo hidráulico; y, por otro lado, la monumentalidad del programa arquitectónico.

---

12   Mata Almonte et al. 2010, 269; Zuleta Alejandro et al. 2022.

Por último, y relacionando los dos anteriores, a qué características responde este asentamiento, y según esto, a qué categoría dentro del agro romano podemos asemejarlo según los datos de los que disponemos. En este sentido reflexionamos sobre la categoría de municipio del asentamiento, si lo relacionamos con el posible *municipium Caldubense*, se le presuponen una serie de elementos que habría que identificar.

Estas tres dimensiones de una misma problemática de estudio las hemos ido desarrollando según los fundamentos básicos de la interacción sociedad-medioambiente en el mundo clásico. En este sentido, nos parece interesante demostrar la eficiencia de nuestra disciplina como banco de saberes transferidos, por ejemplo, para la aplicación de los Objetivos de Desarrollo Sostenible marcados por Naciones Unidas. En este caso en concreto aludiendo por ejemplo al concepto de GIRE (Gestión Integrada de los Recursos Hídricos) desde una visión ecosistémica.

En definitiva, y sin perder la perspectiva histórica, nos hemos apoyado en los postulados de la profesora Ella Hermon[13] sobre el análisis del Paisaje Histórico y Cultural, los espacios conocidos, los espacios construidos y los espacios percibidos, representados respectivamente en las tres dimensiones de la problemática descrita y en los que entraremos en detalle a continuación.

## Control y gestión del territorio

Comenzamos analizando las razones que argumentan la condición favorable de Sierra Aznar para ejercer cierto control y gestión de la zona transitoria entre la campiña y la serranía. Volvemos a incidir en su disposición en torno a la confluencia entre las cuencas vertientes de los ríos Guadalete y Majaceite. El siguiente nivel sería el de integrar esta disposición de los agentes naturales mencionados y parte del poblamiento romano conocido para el momento en este territorio (Fig. 3).

El primer rasgo para destacar es que queda representada una organización de la disposición del poblamiento en relación con las subcuencas fluviales y sus vertientes. Lo que podría esgrimirse como un argumento más en la asimilación de Sierra Aznar con *Calduba*, o al menos, debía encontrarse en este espacio geográfico. De ser identificada con *Calduba* esta se encontraría en la cabecera media del Guadalete, a cierta distancia de poblaciones vinculados estricta y geográficamente con el nacimiento del río, como son *Iptuci* (Prado del Rey), *Ocuri* (Ubrique) y *Lacilbula*.[14]

Continuando con el análisis del posible control ejercido sobre la cuenca, nos parece conveniente detenernos al menos brevemente sobre algunos aspectos de la toponimia en este territorio, y especialmente, por el tema tratado, de la hidronimia. Más allá del

---

13    Hermon 2010; Hermon/Watelet 2014; Hermon 2020.
14    Fornell Muñoz 2004, 92.

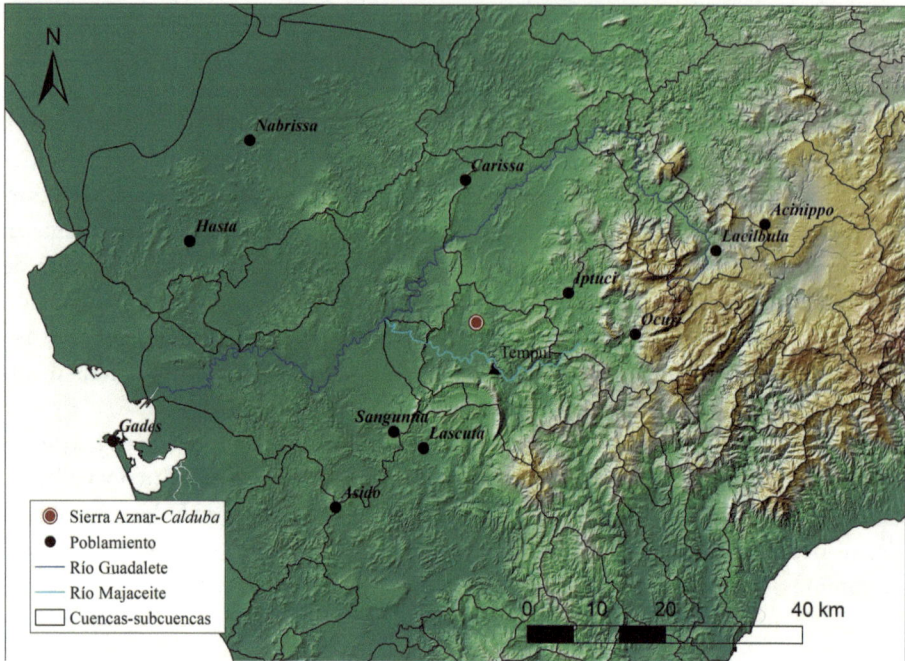

**Fig. 3** Sierra Aznar y parte del poblamiento del territorio integrados con las cuencas hidráulicas. Imagen propia.

análisis mencionado del término *Calduba*, hacemos referencia a los dos ríos. En el caso del Guadalete, ha sido asimilado como *Lacca*,[15] aunque no es la única interpretación. Este habría pervivido hasta el mundo islámico como *Wadi Lacca*, también daría nombre a una ciudad, referenciada tradicionalmente en la confluencia entre los dos ríos, en el actual Cortijo de Casinas, aunque se trata de una hipótesis sin conclusiones contundentes en relación con esa asimilación.

Por otro lado el afluente Majaceite posee una terminología que denota el potencial del caudal con una tradición de molinos desde su nacimiento en Benahoma. Este imponente caudal al menos en este tramo, donde se ubica Sierra Aznar, incluso superpone el río tributario sobre el principal. Precisamente es en este curso donde se ubica otro hidrónimo, Tempul, en Algar, a escasos kilómetros de Sierra Aznar. El manantial de Tempul es el *caput aquae* del acueducto de *Gades*, elemento que no podemos obviar en relación con la gestión del agua en Sierra Aznar y que trataremos más adelante.

Por otro lado, se ha documentado en la zona más alta del yacimiento, que no podemos olvidar que se trata de un promontorio situado 200 m por encima de las llanuras circundantes, según las evidencias arqueológicas, por el material en superficie y algu-

---

15   Chic García 1980, 263 s. 267.

nos elementos estructurales emergentes, así como por las características topográficas, un posible fortín o *praesidium* de cronologías tardorrepublicanas.[16] La interpretación de base es que durante un primer periodo de ocupación las comunidades romanas se estableciesen en esta zona más alta, favorecida por la posibilidad de control del territorio (Fig. 4), para posteriormente producirse un movimiento hacia la ladera suroeste del yacimiento, donde se ubican la mayor parte de estructuras.

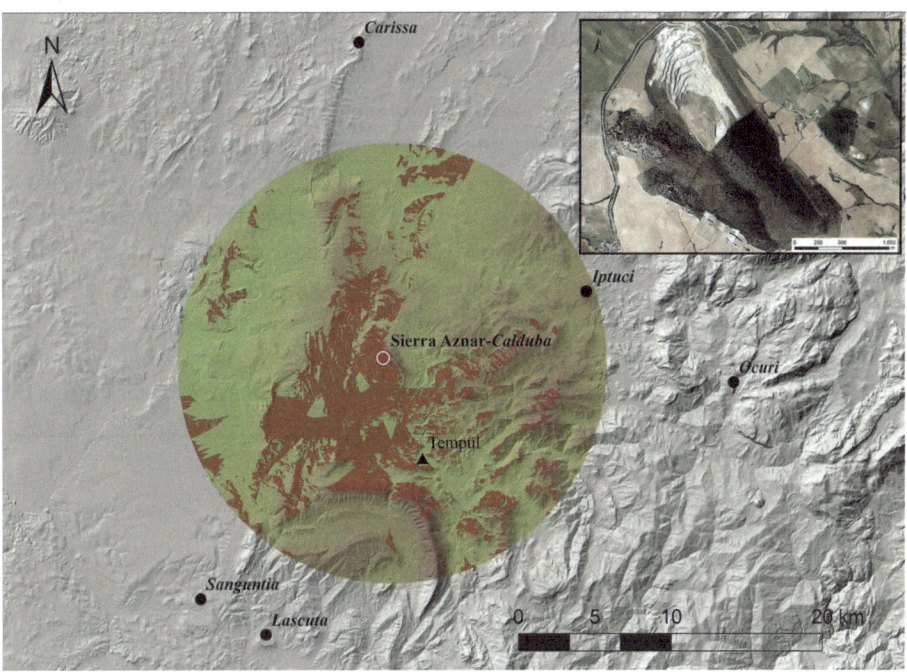

**Fig. 4** Representación de un cálculo de visibilidad de 15 km desde el fortín. Imagen propia.

La cuarta referencia, tras las referencias al poblamiento, la toponimia y los elementos originales, de interés en relación con el análisis de la gestión y control territorio, es el de la epigrafía. Desgraciadamente no tenemos indicios certeros del hallazgo de epigrafía en contexto en el yacimiento, aunque sí testimonios. Sin embargo, nos resulta igualmente interesante señalar alguna epigrafía documentada y bien analizada del territorio. Es el caso de un *hospitium* o pacto de hospitalidad hallado en el Cortijo de Clavijo en el siglo XVIII, en la sierra de Ronda, muy cerca del nacimiento del río Guadalete. El campo epigráfico está compuesto por trece líneas de una inscripción legal:

---

16   Rondán-Sevilla et al. 2022, 439.

Anno Cn(ei) Cinnai Magn[i L(ucii) Mestallae Volesi co(n)s(ulum) / XV K(alendas) Novembris [---] / Q(uintus) Marius Balbus hosp[itium fecit cum] / senatu populoque [---] / liberisque eoru[m eosque liberos] / posterosque eor[um in fidem] / clientelamqu[e suam liberorum] / posterorumq[ue suorum recepit] / Eg[erunt] / M(arcus) Fabius [---] / M(arcus) Manilius [---] / P(ublius) Cornelius [---] / C(aius) Fabius [---][17]

El *hospitium* se realiza entre Quinto Mario Balbo y el pueblo y el senado de *Lacilbula* (Grazalema) para así formar parte de la clientela de este patrono, de sus hijos y descendientes. El pacto, fechado en el 5 d. C., evidencia que había alcanzado un estatuto jurídico privilegiado, aunque la promoción municipal no llegaría hasta época de Vespasiano, en el 73–74 d. C.[18] Por cierto, de nuevo un topónimo relacionado con el agua, y también con el posible nombre del río, *Lacilbula*.

Otros dos ejemplos similares representados en la epigrafía serían el pacto de hospitalidad en *Iptuci* o la *amicitia* bien conocida y estudiada en *Asido* entre miembros de familias aristocráticas de distintas ciudades, en este caso *Asido* y *Gades*.[19]

En definitiva, lo que queremos reflejar a través de esta sutil representación de pactos a través de la epigrafía, son los mecanismos de relación clientelar entre unas *gentes* y otras, entre unas comunidades y otras. Posiblemente entre *Gades* y los territorios del interior serrano, relación, a nuestro criterio, no exenta de transferencia a Sierra Aznar-*Calduba*.

## Control y gestión del agua

En este apartado en el estudio dimensional de la problemática reducimos la escala hasta los límites del asentamiento y las estructuras que lo componen. Resulta evidente que el agua es el elemento integrador y dominante, funcional y cultual, en el yacimiento. La gran mayoría de estructuras emergentes están destinadas a la acumulación, al recorrido, la limpieza y la representación del agua.

A su vez, esta articulación y gestión del agua en el yacimiento está vinculada a la adecuación, adaptación e intervención a la topografía de un espacio natural abrupto. Siguiendo el recorrido lógico del agua a través de estas estructuras y elementos, comenzaría en la zona alta de la sierra con una estructura de captación, descendería hasta un gran *lacus*, posteriormente hacia las *piscinae limariae* y finalmente hasta su distribución en una fuente presumiblemente monumental. Sin obviar otras cisternas y la red de canalizaciones y acueductos (Fig. 5).

---

17   CIL II, 1343.
18   González Fernández 1982, 259; Fornell Muñoz 2004, 86.
19   Lagóstena Barrios 2011, 149. 177–180.

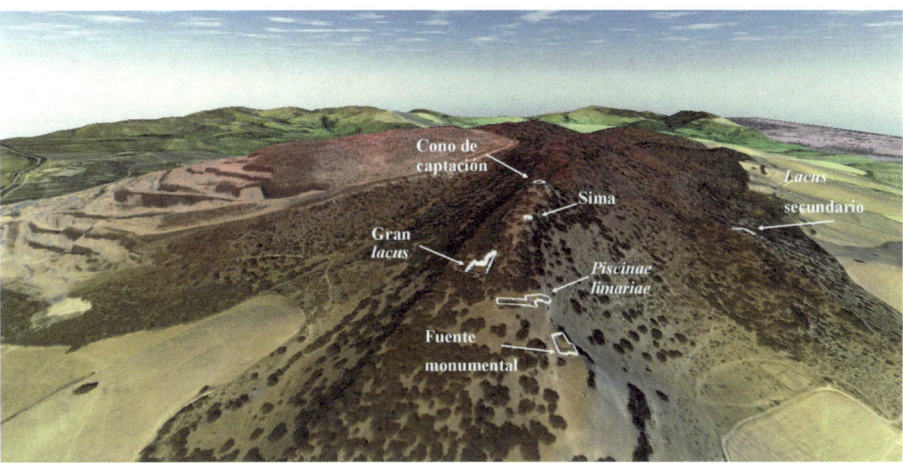

**Fig. 5** Representación sobre la topografía de las principales estructuras hidráulicas (Rondán-Sevilla et al., 2022, 437).

La arquitectura de este complejo estructural evidencia, a nuestro parecer, un programa único preconcebido, con una resolución técnica compleja y de calidad representada por lo monumental de la obra. Esta monumentalidad encuentra su mejor y más claro exponente en el gran *lacus*: posee unas dimensiones casi cuadrangulares de unos 20 m de lado y en torno a los 5 m de alto; está construido sobre el afloramiento rocoso y también mediante mampuestos, conservando el enlucido a base de *opus signinum*; y destaca en su morfología un entrante semicircular en su flanco suroriental en cuya parte superior podría haber aparecido en algún momento una surgencia en la pared rocosa.

La primera y más clara cuestión es para qué esta monumental obra con tal capacidad de contención. El gran *lacus* ha sido objeto de diferentes estudios usando técnicas y metodologías no invasivas como la documentación mediante fotogrametría aérea, la documentación tridimensional mediante fotogrametría terrestre y escaneo láser y prospección geofísica con georradar (Fig. 6). Esto ha permitido obtener un modelo de alta resolución y calidad a partir del cual estudiar y mensurar en laboratorio el *lacus*, y, en el caso de la exploración con georradar, analizar las posibles salidas y circuito del agua desde el *lacus* hasta otras estructuras, actualmente en fase de estudio.

Este se trata del ejemplo más significativo de la monumentalidad del programa arquitectónico, pero no es el único. Hacemos referencia al conjunto de piscinas de limpieza y decantación del agua, compuesto por diez piletas cuadrangulares y dos recintos rectangulares, estas recorren una longitud de unos 51 m. También, a poco más de 30 m descendiendo en la ladera, al suroeste desde las *piscinae limariae*, hay otra estructura de gran envergadura de planta trapezoidal y de unos 18 m y 15 m de lado, interpretada

**Fig. 6** Aplicación de técnicas no invasivas en el gran *lacus*. Imagen propia.

como una posible cisterna de distribución.[20] En el entorno de esta estructura, con muros de unos 2 m de ancho, y a pesar del intenso expolio que ha sufrido y sufre el yacimiento, se siguen documentando en superficie restos marmóreos que han posibilitado argumentar otras interpretaciones, como la que defendemos, y es que se trate de una gran fuente monumental.

El planteamiento formulado sobre la creación de un programa arquitectónico único no es una idea banal, la arquitectura atestiguada en la mayor parte de estructuras y las evidencias de pocas remodelaciones, analizando el enlucido hidráulico de las estructuras, lo refuerzan. En este sentido, el desarrollo de este programa supondría el movimiento del núcleo del asentamiento desde las zonas más altas, el fortín de cronologías tardorrepublicanas mencionado, hasta esta ladera oeste, con materiales de cronologías del I d. C. La hipótesis es que este nuevo núcleo, representado por el complejo hidráulico, podría haber tenido una corta vida, no sabemos exactamente qué podría haber provocado la pérdida del control y la gestión del agua, si movimientos telúricos u otros desastres. Como consecuencia de esta pérdida se habría intentado crear nuevos circuitos de abastecimiento, actualmente en estudio gracias a nuevos hallazgos y a la posibilidad que nos ofrecen las técnicas actuales de integrar datos de distinta naturaleza en una topografía cambiante y compleja.

## Caracterización funcional del asentamiento

Por último, dentro del planteamiento de estudio desarrollado, la perspectiva sobre a qué características dentro de la diversidad romana responde el yacimiento de Sierra Aznar. Tradicionalmente se han defendido diferentes funcionalidades identificando por tanto el yacimiento con diferentes categorías según se le ha dado más o menos importancia a un elemento u otro.

Por un lado, su interpretación como un espacio principalmente habitacional, basado en la existencia de edificios, organización urbana, recinto amurallado o espacios de necrópolis. En parte esta asignación ha buscado la relación de Sierra Aznar con la *Calduba* de Ptolomeo, desde su identificación por el cronista local Miguel Mancheño. Más allá de esta asignación, la realidad arqueológica es que, aunque sí que hay restos de muralla y de necrópolis, a falta de un estudio más pormenorizado los espacios estrictamente habitacionales no son evidentes en el yacimiento. Lo que no quiere decir que no existan, sino que no parecen encontrarse en el espacio conocido actualmente, donde se desarrolla la monumental obra de ingeniería. En este sentido, las últimas prospec-

---

20   Gener Basallote 1999, 130.

ciones geofísicas en las zonas más bajas apuntarían a la existencia de posibles espacios habitacionales, al igual que en las zonas de cultivo de los cortijos situados al otro lado de la carretera,[21] aunque aún se encuentran en fase de estudio.

Por otro lado, se ha identificado como un posible *castellum aquae*.[22] Según esta interpretación el *castellum aquae* de Sierra Aznar habría sido utilizado para abastecer el propio núcleo urbano. Aunque también se ha buscado su vinculación al acueducto a *Gades*. Como se ha mencionado a escasos seis kilómetros se encuentra Tempul, el *caput aquae* del acueducto de *Gades*. Sin embargo, no resulta verosímil, en primer lugar, por la ausencia de restos de conducciones de Sierra Aznar al acueducto. Pero especialmente, porque el acueducto está bien estudiado,[23] no hay evidencias de la necesidad de caudal de refuerzo y tampoco se han atestiguado en sus más de 80 km de recorrido indicios de otras canalizaciones de abastecimiento secundarias. Además, en el marco del Proyecto AQVA DVCTA[24] se realizaron mediciones geoquímicas de las aguas en Sierra Aznar y Tempul, arrojando las primeras valores muy altos de Magnesio que habría dejado concreciones en las paredes del acueducto si efectivamente lo hubiese abastecido.[25]

Otras interpretaciones apuestan por la finalidad de abastecer de agua al ámbito agropecuario del entorno.[26] O también a la asignación y el uso del agua con fines extractivos, como es el caso de la minería de hierro ya mencionado anteriormente. Y, por otro lado, la vinculación de este proyecto arquitectónico en torno al agua con lo cultural y lo simbólico. Es decir, la creación de un paisaje cultural que debe responder a unos fines concretos y que es lo que estamos tratando de analizar de forma coherente. A pesar de esta variabilidad funcional de Sierra Aznar, a nuestro parecer, y teniendo en cuenta las razones expuestas, algunas de ellas no nos resultan en absoluto excluyentes.

Si aceptamos la identificación de Sierra Aznar con el *municipium Caldubense*, teniendo en cuenta la falta de un documento certero que lo certifique, apostaríamos por la caracterización de la ciudad como lo que las fuentes clásicas denominan *parva oppida*[27] o la historiografía actual define como *Small Town*.[28] A grandes rasgos, pequeñas *urbes* cuya característica principal es el protagonismo del ámbito público frente al privado, donde además los espacios de monumentalidad juegan un rol importante en la integración comunitaria. En el caso de *Calduba*, el agua, su gestión, y la arquitectura consecuente, resultarían los elementos de vertebración comunitaria.

21   Unidad de Geodetección, informe inédito.
22   Perdigones Moreno 1987.
23   Lágostena Barrios, Zuleta Alejandro 2009.
24   Proyecto AQVA DVCTA El ingenio del agua (2013–2015). L. Lagóstena Barrios (Investigador Principal).
25   Zuleta Alejandro et al 2022, 30.
26   Richarte García 2002, 48.
27   Andreu Pintado 2020.
28   Mateos Cruz et al. 2022.

La integración de los resultados individuales, en zonas y por técnicas, de la investigación no invasiva, refuerzan la idea de la adecuación de esta compleja obra civil al entorno paisajístico y natural. Se ha documentado la organización de las estructuras en un sistema de terrazas, desde las zonas más altas y de captación de las aguas hacia la ladera suroeste con varios circuitos. La monumental obra y el circuito hídrico está adecuado a través del aterrazamiento y la construcción de muros de sostén que habrían creado una integración de los estructural y artificial con lo paisajístico y natural (Fig. 7).

Todo ello nos lleva a plantearnos a qué intereses responde este programa arquitectónico. No existe, al menos en *Baetica*, conjuntos similares, en cuanto a su monumentalidad, y en este sentido retornamos a una idea ya lanzada: la cercanía al *caput aquae* de la capital del *conventus*. Es decir, los intereses de *Gades* sobre la gestión y el control del agua en las fuentes del Guadalete, principalmente del Tempul, nos parece un elemento clave a la hora de comprender tal obra en una pequeña comunidad como parece esta. En definitiva, consideramos que no podemos obviar las relaciones de interés con ciudades hegemónicas como fórmula de captación y control. Esto, evidentemente, a falta de otra documentación, como la epigrafía señalada anteriormente que representa esos mecanismos de hospitalidad entre comunidades.

La continuación de esta hipótesis nos llevaría a buscar referentes y homólogos en la Bética mejor conservados y estudiados, como es el caso del municipio de *Mulva* o *Munigua*.[29] En *Munigua* se ha defendido un modelo lacial. Destaca el denominado Templo de las Terrazas, se habría desarrollado de nuevo una adecuación al entorno físico con rellenos del poblado ibérico para el aterrazamiento del lugar sacro. Como elemento vertebrador de esta comunidad encontramos la explotación metalúrgica frente al control y gestión del agua en *Calduba*. Como en nuestro caso, *Munigua* también se encuentra en una zona de conexión entre subcuencas fluviales, la del río Huéznar, afluente del Guadalquivir, como el caso del Majaceite y el Guadalete. Y, también responde a las características y elementos atribuidos a los *Small Towns*.[30]

---

29 Schattner et al. 2012.
30 Schattner 2022, 425–434.

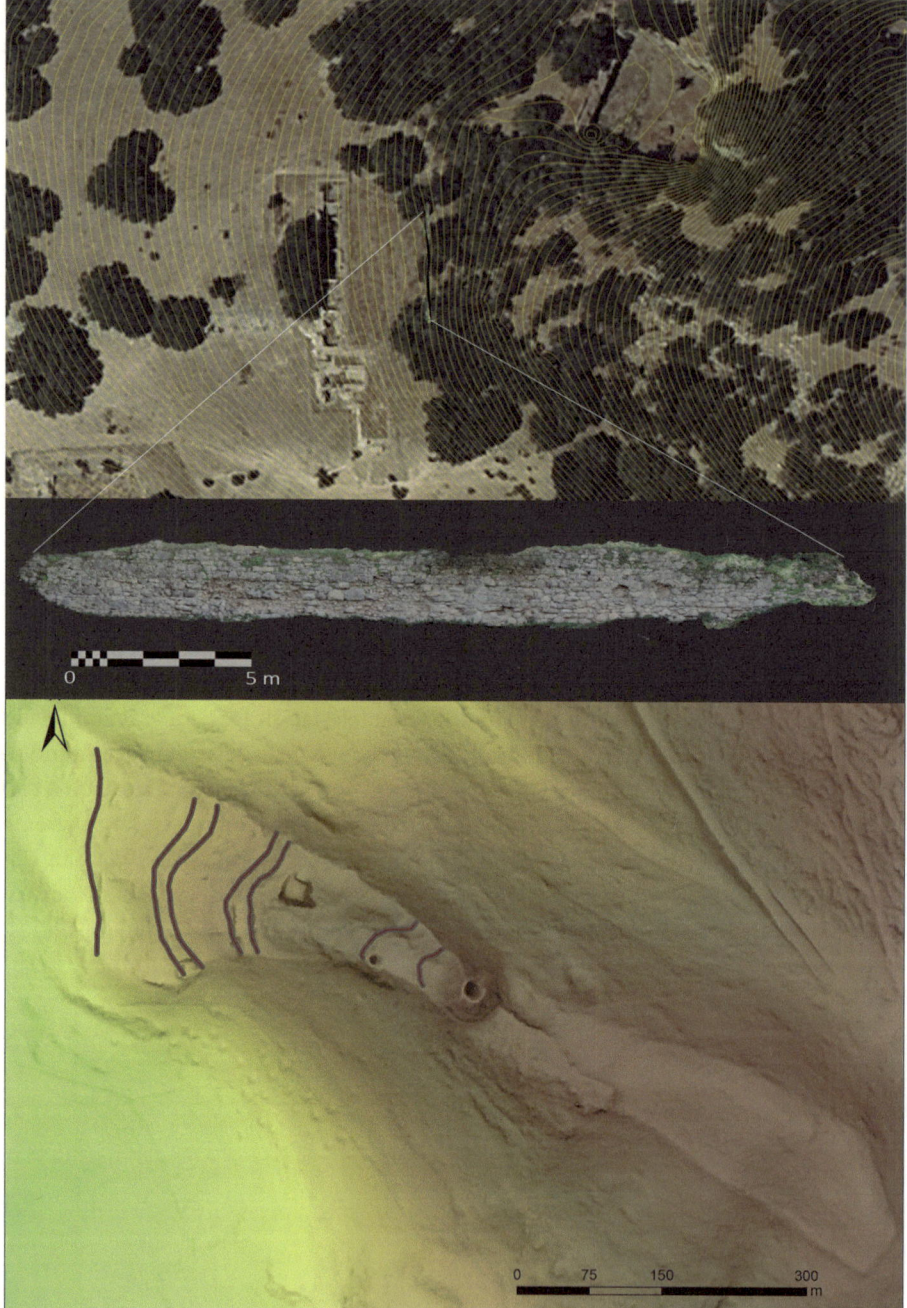

**Fig. 7** Resultados obtenidos mediante la aplicación de investigación no invasiva para la caracterización de las terrazas. Imagen propia.

## Conclusiones y perspectivas

El estudio del uso, gestión y explotación de los valles fluviales por parte de las sociedades antiguas sin duda se trata de un tema de interés en la investigación histórica actual por las diferentes dimensiones o perspectivas de análisis que ofrece: control y gestión de los recursos naturales, como el agua o la explotación minera; espacios de control territorial a través de las vías de comunicación; control del espacio desde una perspectiva geoestratégica como zonas de división y límites administrativos; o la importancia del ámbito simbólico a través de la adecuación a los mecanismos paisajísticos y culturales autóctonos.

Sin duda el caso de Sierra Aznar-*Calduba* ofrece esta variabilidad de análisis. El marco explicativo planteado nos ha permitido desarrollar diferentes perspectivas de un yacimiento en la cabecera media del río Guadalete, en la confluencia entre dos subcuencas fluviales vertientes, en un espacio donde el rol del agua como elemento vertebrador comunitario nos parece clave.

La posibilidad de trabajar a diferentes escalas, desde el manejo de la cuenca o subcuenca, como unidad natural y paisajística, hasta el análisis concreto y de alta resolución de elementos del propio yacimiento, consideramos que será esencial en estudios de este tipo. Por ello, el empleo de la investigación histórica no invasiva, desde mediciones geofísicas, uso de fotogrametrías y LiDAR terrestres y aéreos, según nuestra experiencia, denotan eficiencia. Especialmente en el estudio del agro romano por su capacidad de integrar resultados a diferentes escalas que permiten ser analizados e interpretados en clave territorial y paisajística desde una perspectiva histórico-cultural[31]. Todo ello sustentado en el estudio coherente de la literatura clásica y las fuentes historiográficas.

Además, hemos defendido el análisis de este tipo de estudios poniendo en el centro del análisis la interacción sociedad-medioambiente en el mundo clásico como marco de control de las cuencas fluviales. En este sentido hemos reflexionado sobre los postulados de la profesora Ella Hermon desde tres perspectivas o dimensiones.

En primer lugar, lo que denomina el espacio conocido, para el que hemos argumentado el control y posición geoestratégica de Sierra Aznar, desde la caracterización de un fortín tardorrepublicano hasta el análisis de intereses de comunidades superiores, como *Gades*, en el interior serrano. En segundo lugar, el espacio construido, se ha detallado el conjunto hidráulico que defendemos como un programa arquitectónico preconcebido y único, posiblemente con una corta vida, donde el rasgo predominante es la monumentalidad. Y, en tercer lugar, el espacio percibido, de identificarse con *Calduba*, encajaría en las características de los *Small Towns*, una amplia mayoría de las ciudades en Hispania, en las que destaca una excesiva monumentalidad de lo sacro y

---

31  Rondán-Sevilla 2022.

público,[32] y en nuestro caso defendemos la parte conocida de Sierra Aznar como un espacio cultual de cohesión comunitaria, donde lo artificial se adecúa a lo natural y paisajístico, y el agua es el hilo conductor de este discurso simbólico.

En definitiva, el estudio de Sierra Aznar como posible agente articulador de parte de la subcuenca fluvial en la cabecera del río Guadalete, ofrece elementos extrapolables a otros entornos similares, tanto desde la visión metodológica como las conclusiones alcanzadas. La interpretación de los paisajes relictos, desde un enfoque holístico, el medio ambiente estudiado, la acción de las sociedades antiguas sobre este y la percepción histórica de los mismos,[33] nos resultan elementos de enorme interés a la hora de plantear el estudio sobre la cuenca fluvial como unidad geográfica histórica.

## Bibliografía

Andreu Pintado 2020: J. Andreu Pintado (Ed.), Parva Oppida. Imagen, patrones e ideología del despegue monumental de las ciudades en la Tarraconense hispana (siglos I a. C.-I d. C.) (Tudela 2020)

Chic García 1980: G. Chic García, "Lacca", Habis 10–11, 1979–1980, 255–276

Fita Colomé 1896a: F. Fita Colomé, Antiguos epígrafes de Tánger, Jerez y Arcos de la Frontera, BAcRHist 29, 1896, 355–363

Fita Colomé 1896b: F. Fita Colomé, Arcos de la Frontera. Excursión epigráfica, BacRHist 29, 1896, 427–451

Fornel Muñoz 2004: A. Fornell Muñoz, Poblamiento romano en el valle del Guadalete (Cádiz), Florentia Iliberritana 15, 2004, 73–113

De Gamaça 1634: P. de Gamaça, Descripción de la Muy Noble y Leal ciudad de Arcos de la Frontera. Virtud y esfuerzo de sus Pobladores (Cádiz 1634)

Gener Basallote 2001: J. M. Gener Basallote, Puesta en valor del yacimiento arqueológico de Sierra Aznar (Arcos de la Frontera). Limpieza, consolidación y documentación, AnArqAnd 1997.3, 2001, 44–52

Gener Basallote 1999: J. M. Gener Basallote, Limpieza, consolidación y puesta en valor del yacimiento arqueológico de Sierra Aznar, Papeles de Historia 4, 1999, 127–141

González Fernández 1982: J. González Fernández, Inscripciones romanas de la provincia de Cádiz (Cádiz 1982)

Guerrero Misa 2001: L. Guerrero Misa, Intervención arqueológica de urgencia en la ciudad romana de "Sierra de Aznar", Arcos de la Fra. (Cádiz), AnArqAnd 1998, 3.1, 2001, 31–37

Guerrero Misa 1999: L. Guerrero Misa, Arqueología e Historia Local. Estado actual en la Sierra de Cádiz, Papeles de Historia 4, 1999, 115–126

Hermon 2020: E. Hermon, La colonie romaine: espace, territoire, paysage. Les Gromatici entre histoire et droit pour la gestion des ressources naturelles, Presses universitaires de Franche-Comté (Besançon 2020)

---

32   Mateos Cruz et al. 2022.
33   Lagóstena Barrios 2021, 244.

Hermon 2010: E. Hermon (Ed.), Riparia dans l'Empire romain pour la définition du concept. Actes des Journées d'étude de Québec, BAR 2066 (Oxford 2010)

Hermon/Watelet 2014: E. Hermon / A. Watelet (Eds.), Riparia, un patrimoine culturel. La gestion intégrée des bords de l'eau, BAR 2587 (Oxford 2014)

Lagóstena Barrios 2021: L. Lagóstena Barrios, Aproximación a la problemática y el paisaje de las salinas de Gades, Gratia Tibi Agimus, Homenaje al profesor Cristóbal González Román (Granada 2021) 243–269

Lagóstena Barrios 2015: L. Lagóstena Barrios, La obra hidráulica romana en la cuenca del río Guadalete, en: F. Olmedo Granados (Ed.), Río Guadalete (España 2015) 148–156

Lagóstena Barrios 2011: L. Lagóstena Barrios, *Asido Caesarina*: la antigüedad romana de Medina Sidonia, en: D. Caro Cancela / A. M. Niveau de Villedary y Mariñas (Eds.), Historia de Medina Sidonia (Cádiz 2011) 122–196

Lagóstena Barrios / Zuleta Alejandro 2009: L. Lagóstena Barrios / F. Zuleta Alejandro, Gades y su acueducto: una revisión, en: L. Lagóstena Barrios / F. Zuleta Alejandro (Eds.), La captación, los usos y la administración del agua en *Baetica*. Estudios sobre el abastecimiento hídrico en comunidades cívicas del *Conventus Gaditanus* (Cádiz 2009) 115–169

Mancheño y Olivares 1923a: M. Mancheño y Olivares, Antigüedades del partido judicial de Arcos de la Frontera y los pueblos que existieron en él (Arcos de la Frontera 1923)

Mancheño y Olivares 1923b: M. Mancheño y Olivares, Apuntes para una historia de Arcos (Arcos de la Frontera 1923)

Mancheño y Olivares 1901: M. Mancheño y Olivares, Riqueza y Cultura de Arcos de la Frontera (Arcos de la Frontera 1901)

Mancheño y Olivares 1898: M. Mancheño y Olivares, Riqueza y Cultura de Arcos de la Frontera (Arcos de la Frontera 1898)

Mata Almonte et al. 2010: E. Mata Almonte / F. Zuleta Alejandro / L. Lagóstena Barrios / L. Cobos Rodríguez, Sierra Aznar ¿Castellum aquae o caput aquae?, en: L. Lagóstena Barrios / J. L. Cañizar / L. Pons (Eds.), Aquam perducendam curavit: captación, uso y administración del agua en las ciudades de la Bética y el occidente romano (Cádiz 2010) 261–270

Mateos Cruz et al. 2022: P. Mateos Cruz / M. Olcina Doménech / A. Pizzo / T. Schattner (Eds.), Small Towns, una realidad urbana en la Hispania romana, Mytra 10 (Mérida 2022)

Montañés Caballero, inédito: M. Montañés Caballero, Informe. Intervención arqueológica de urgencia. Ciudad romana de Sierra de Aznar. Arcos de la Frontera, Cádiz. Sondeo en el interior de la cisterna de almacenaje y distribución del castellum aquae (inédito)

Perdigones Moreno 1987: L. Perdigones Moreno, Carta arqueológica de Arcos de la Frontera (inédito, Universidad de Sevilla 1987)

Richarte García 2004: M. J. Richarte García, Informe sobre la actividad arqueológica realizada en el yacimiento ibero-romano de Sierra Aznar, AnArqAnd 2001.2, 2004, 72–82

Richarte García 2003: M. J. Richarte García, Evolución del poblamiento en el yacimiento de Sierra de Aznar, Almajar 1, 2003, 74–93

Richarte García 2002: M. J. Richarte García, Informe sobre la actividad arqueológica realizada en el yacimiento ibero-romano de Sierra Aznar, AnArqAnd 1999, 3.1, 2002, 48–55

Rondán-Sevilla 2022: I. Rondán-Sevilla, Investigación histórica no invasiva de los establecimientos rurales romanos en el litoral meridional hispano (Tesis doctoral, Universidad de Cádiz 2022)

Rondán-Sevilla et al. 2022: I. Rondán-Sevilla / L. Lagóstena Barrios / P. Trapero Fernández / J. A. Calvillo Ardila / J. A. Ruiz Gil, Innovación metodológica para la problemática histórica del singular yacimiento de Sierra Aznar, presunto *Municipium Caldubense*, en: P. Mateos Cruz /

M. Olcina Doménech / A. Pizzo / T. Schattner (Eds.), Small Towns, una realidad urbana en la Hispania romana, Mytra 10 (Mérida 2022) 435–444

Schattner 2022: T. G. Schattner, Por ejemplo, Munigua. El estudio de small towns como una nueva vía de comunicación, en: P. Mateos Cruz / M. Olcina Doménech / A. Pizzo / T. Schattner (Eds.), Small Towns, una realidad urbana en la Hispania romana, Mytra 10 (Mérida 2022) 425–434

Schattner et al. 2012: T. G. Schattner / G. Ovejero Zapino / J. A. Pérez Macías, Munigua, ciudad y territorio, en: J. Beltrán Fortes / S. Rodríguez de Guzmán Sánchez, La arqueología romana de la provincia de Sevilla: actualidad y perspectivas (Sevilla 2012) 237–244

Stylow 2007: A. Stylow, "Zu einem neuen Gesetzestext aus der Baetica und zur öffentlichen Präsentation von Rechtsordnungen", en: R. Haensch / J. Heinrichs (Eds.), Herrschen und Verwalten. Der Alltag der römischen Administration in der Hohen Kaiserzeit. Akten eines Internationalen Kolloquiums an der Universität zu Köln, 28.–30. Januar 2005 (Colonia 2007) 357–366

Villar Liébana 2000: F. Villar Liébana, Indoeuropeos y no indoeuropeos en la Hispania prerromana: Las poblaciones y las lenguas prerromanas de Andalucía, Cataluña y Aragón según la información que nos proporciona la toponimia (Salamanca 2000)

Zuleta Alejandro et al. 2022: F. Zuleta Alejandro / E. Mata Almonte / A. López Rodríguez / J. Aguilera García / J. Aguilera García, Hierro y Agua. Estudio sobre las evidencias mineras y el yacimiento romanos de Sierra Aznar, Arcos de la Frontera (Cádiz), De Re Metallica 38, 2022, 27–38

**Isabel Rondán-Sevilla** es investigadora postdoctoral contratada en la Universidad de Cádiz. Desarrolla su especialización en la aplicación de metodologías no invasivas para la caracterización de asentamientos romanos en contextos rurales. Esta contribución está enmarcada en la estrategia de trabajo del Proyecto AQUIVERGIA, La Interacción Sociedad-Medioambiente en cuencas fluviales de Hispania Meridional: Conceptualización y praxis (2023–2026). Ref: PID2021–125967NB-I00.

ISABEL RONDÁN-SEVILLA
Área de Historia Antigua, Laboratorio de Historia (IVAGRO), Departamento
de Historia, Geografía y Filosofía, Facultad de Filosofía y Letras, Universidad de Cádiz,
Av. Dr. Gómez Ulla, 1, 11003 Cádiz, isabel.rondan@uca.es

# Sant Hilari d'Abrera (Baix Llobregat, Barcelona)*
## *Una estación de aguas mineromedicinales y su transformación en iglesia (siglos II d. C.–XIV)*

GISELA RIPOLL / INMA MESAS /
JOAN TUSET ESTANY / JELENA BEHAIM /
RAMÓN JULIÀ / IVOR KRANJEC /
SANTIAGO RIERA /
ALEJANDRO VALENZUELA OLIVER /
FRANCESC TUSET BERTRAN[1]

**Abstract:** The site of Sant Hilari d'Abrera, next to the River Llobregat, located at a key position in close proximity to the Via Augusta and at the boundary between the *territoria* of *Barcino* and *Tarraco*, developed as an important economic and religious centre from the early Roman Empire until the late Middle Ages. Special hydrological conditions led to the presence of waters whose mineral composition favoured the installation here of a settlement linked to the exploitation of the salubrious as well as healing waters in the form of a monumental complex of baths with all the facilities of a medicinal bathing establishment. The processes of transformation and Christianisation of the site led to the construction of a church dating to at least the early 9th century, which was later decorated with paintings

---

\* Los trabajos se inscriben en la investigación del proyecto ECLOC [*Ecclesiæ, cœmeteria et loci (sæc. VIII–XI). Sidilianum, Sancti Hilarii de Breda, Olerdola,* Projectes quadriennals de recerca en matèria d'arqueologia i paleontologia 2022–2025, Generalitat de Catalunya (Núm. exp.: CLT/2022/ARQ001SOLC/125)], en el marco del ERAAUB [Equip de Recerca Arqueològica i Arqueomètrica de la Universitat de Barcelona (2021 SGR 00696) financiado por el AGAUR de la DIEU de la Generalitat de Catalunya] y del IAUB/Institut d'Arqueologia de la Universitat de Barcelona. El Ajuntament d'Abrera y su Regidoria de Patrimoni Cultural i Memòria Històrica están directamente implicados en estos trabajos, igual que la Diputació de Barcelona, con sus subvenciones. Nuestro agradecimiento a la Profa. Dra. Sabine Panzram (Universität Hamburg), la Dra. Jasmin Hettinger (Universität Leipzig) y la Dra. Janine Lehmann (Universität Kiel), organizadoras de este taller sobre valles fluviales, *Toletum XIII*, por darnos la posibilidad de presentar los primeros resultados de Sant Hilari d'Abrera.

1 *In memoriam Agustín Gamarra (1966-2024) magister et amicus omnium*

in the second half of the 12th century. The healing waters and church formed the core of a settlement that lasted until the 15th century.

**Keywords:** River Llobregat, *Rubricatus*, healing waters, water therapy, paintings, sculpture, privileged grave

**Resumen:** El yacimiento de Sant Hilari d'Abrera, junto al río Llobregat, muy cerca de la *Via Augusta*, en el límite entre el *territorium* de *Barcino* y *Tarraco*, ocupa una posición privilegiada y se eleva como un establecimiento de significativa importancia económica y cultual desde época romana imperial hasta la Baja Edad Media. La caracterización hidrogeológica indica una surgencia de aguas cuya composición mineral, sugiere un establecimiento vinculado a las aguas salutíferas y/o curativas, al que da respuesta el monumental conjunto arquitectónico termal que dispone de todos los elementos de un balneario mineromedicinal. Un proceso de transformación y cristianización dará como resultado la construcción de una iglesia que se remonta, como mínimo, a inicios de siglo IX y fue cubierta con una decoración pictórica en la segunda mitad de siglo XII. La presencia de aguas curativas y la iglesia generaron una aglomeración que perduró hasta siglo XV.

**Palabras clave:** río Llobregat, *Rubricatus*, aguas curativas, hidroterapia, pintura, escultura, tumba privilegiada

## Preliminar

En este texto se presentan los primeros avances de los trabajos que estamos llevando a cabo en Sant Hilari d'Abrera, en la comarca del Baix Llobregat, con un equipo interdisciplinar compuesto por especialistas en arqueología, geología, arquitectura, pintura y consolidación y restauración. El entorno paisajístico del lugar, junto con los elementos patrimoniales, una reconstrucción hidrogeológica, crono-estratigráfica e histórica del yacimiento, donde el agua juega un papel primordial, permiten ahora ofrecer unos resultados preliminares.

De forma breve: la investigación en curso cuestiona la previa identificación como *villa*, y orienta la interpretación hacia un establecimiento en estrecha relación con el paso del río y con la surgencia de aguas. El yacimiento está dotado de un complejo termal de dimensiones importantes. Todo el conjunto experimentará un proceso de transformación y cristianización durante la Antigüedad tardía, la 'long Late Antiquity' y la época medieval, que dará como resultado la construcción de un pequeño edificio eclesiástico y funerario y una aglomeración instalada directamente sobre la construcción romana y en su entorno, que tendrá continuidad hasta bien entrado el siglo XIV (Fig. 1).

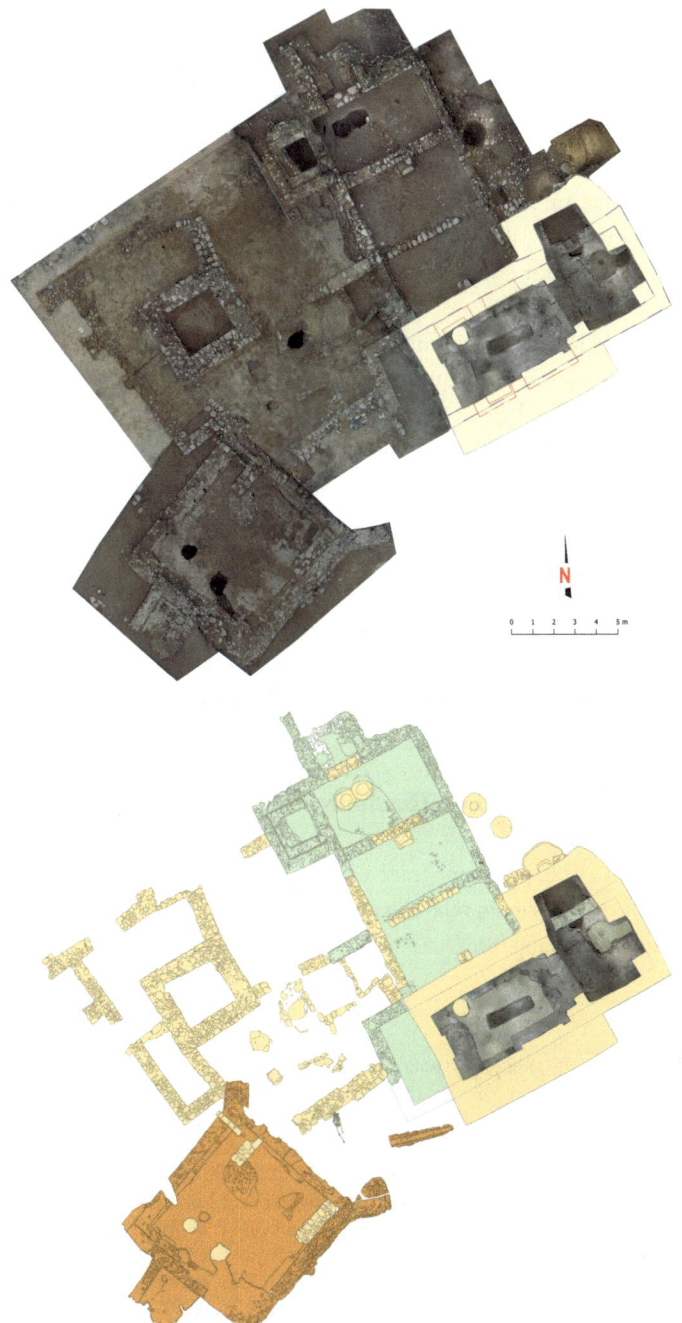

**Fig. 1** Sant Hilari d'Abrera. Planta ortofotográfica del conjunto de estructuras localizadas (J. Behaim, I. Kranjec, I. Mesas) y planta del conjunto de estructuras construidas y en uso en la 'long Late Antiquity' y época medieval (I. Mesas, F. Tuset, G. Ripoll).

Los resultados son fruto de diversas intervenciones arqueológicas ejecutadas entre 2017 y 2022, que estuvieron precedidas por una extensa prospección.[1] Dado que el yacimiento ocupa cerca de 12 ha, el enfoque de las actuaciones ha priorizado una primera evaluación general de los restos arquitectónicos visibles y del potencial estratigráfico, tanto geológico como antrópico (sondeos de 10 × 2 m; columnas estratigráficas de 12 m de profundidad). Después se ha intervenido en extensión en el interior de la iglesia y en su entorno inmediato (al norte y al oeste). El comportamiento hidrogeológico del yacimiento es capital y por ello los estudios geomorfológicos se han imbricado con los arqueológicos.

La parcialidad de las intervenciones y la alta densidad de reocupación del sitio, que conlleva una recuperación de pequeñas cantidades de material arqueológico, aunque altamente significativo, obliga a buscar métodos analíticos para obtener toda la información posible. Se han realizado análisis radiocarbónicos de restos humanos y faunísticos, dataciones por OSL/Luminiscencia Óptica Estimulada de morteros, analíticas de isótopos de estroncio, nitrógeno y carbono y también de las aguas.[2] Por último, pero no menos importante, se ha procedido a la consolidación de las estructuras para su protección y preservación, a la espera de las importantes decisiones que han de regir la puesta en valor, presentación y musealización del conjunto del yacimiento.[3]

Pasamos a presentar las primeras evidencias que dan respuesta al qué, cómo, cuándo y porqué de Sant Hilari d'Abrera, apelando a las cuestiones de más interés y relevancia.

## Localización y contexto

La primera cuestión que queremos traer a colación es la situación junto al *Rubricatus* y las características de este río en relación al poblamiento romano, la 'long Late Antiquity' y la época medieval (Fig. 2).

---

1   La prospección fue dirigida por R. Sala de la empresa SOT Prospecció Arqueològica, SL. Las intervenciones arqueológicas han sido dirigidas entre 2017 y 2020 por I. Mesas y X. Esteve, con la empresa Tríade, Serveis Culturals, y a partir de 2021 por I. Mesas con la empresa Arqueòlegs.Cat, siempre bajo la supervisión de Magí Miret, arqueólogo de los Serveis Territorials d'Arqueologia i Paleontologia de la Direcció General de Patrimoni Cultural de la Generalitat de Catalunya.
2   Para los diferentes análisis hemos recurrido a los siguientes laboratorios: Beta Analytic ($^{14}$C); Serveis Cientificotècnics de la Universitat de Barcelona (Unitat de Medi Ambient) (agua); Unidad de Geocronología, Centro de Apoyo a la Investigación de Ciencias de la Tierra y Arqueometría de la Universidad Complutense de Madrid (isótopos); Laboratory of Archaeometry, University of Peloponnese, bajo la dirección N. Zacharias (OSL) y el ERAAUB/Equip de Recerca Arqueològica i Arqueomètrica de la Universitat de Barcelona (arqueometría). Agradecemos a E. Tsantini (ERAAUB) su implicación en el análisis OSL y de los morteros.
3   Los trabajos de consolidación, preservación y decapado de las pinturas han sido realizados por la empresa Gamarra & García, Conservació i Restauració, SL. La Diputació de Barcelona es la responsable del Plan Director redactado por su Servei de Patrimoni Arquitectònic Local.

**Fig. 2** Sant Hilari d'Abrera. Localización sobre el curso del río *Rubricatus* (según *TIR/Tabula Imperii Romani* 1997).

El Llobregat, *Rubricatus*, debe su nombre al color rojizo, *rubrica*, de sus aguas, citado por diversos textos latinos ya desde el siglo I d. C.[4] Ese color rojizo es debido a que contiene rocas arcillosas con óxido de hierro del Eoceno y Oligoceno continentales que favoreció – y favorece – las explotaciones agrícolas y animales. Estas explotaciones, poco conocidas para la época romana, sabemos que tienen un gran desarrollo a partir del siglo X.[5]

Se trata de un río de 170 km de longitud que nace en el Prepirineo, en Castellar de n'Hug (comarca del Berguedà, extremo septentrional de la provincia de Barcelona). Después de atravesar la Cordillera Prelitoral, en el estrecho del Cairat, cruza la Depre-

---

4   Pomponio Mela, *De Chorographia* II.80; Plinio, *Nat. Hist.* III.21; Ptolomeo, *Geographia* II.5.
5   Soler 2002; Soler 2003; Soler 2016.

sión neógena del Vallés, donde se localiza Sant Hilari, ya cerca del estrecho de Martorell, donde el río cruza la Cordillera Litoral.

El río puede llegar a ser muy caudaloso y ha provocado importantes inundaciones a lo largo de la historia. Después de contornear el imponente macizo de Montserrat, su caudal pasa de 18,6 m$^3$/s a 21,6 m$^3$/s al llegar a Martorell (aunque puede llegar a los 32,4 m$^3$/s) y en su desembocadura en el Prat de Llobregat alcanza los 22,4 m$^3$/s. Los registros existentes de estas inundaciones (fiables a partir del siglo XVIII), demuestran que algunas de ellas fueron 'extraordinarias' y 'catastróficas', llegándose a documentar un caudal de 3.080 m$^3$/s que superó los márgenes del lecho del río en 10/12 m de altura.[6]

Sant Hilari d'Abrera se sitúa en el extremo de un espolón sobre la orilla derecha del río en una posición privilegiada sobre el curso fluvial, a escasos 200 metros del cauce actual, donde hay un vado (Latitud: 41.52082 / Longitud: 1.91161 / UTM Este (X): 409188 / UTM Norte (Y): 4597147). Durante la Antigüedad, el río fue navegable en muchos sectores, y era una importante vía de penetración hacia el interior de la Cataluña central. El movimiento de mercancías, como por ejemplo el material cerámico romano, está bien constatado. Otros bienes preciados como la sal y la madera, localizados río arriba, también fueron transportados por el Llobregat. Es bien sabido que es uno de los ríos más industrializados de época moderna y contemporánea de toda la Península. Por último, vale la pena recalcar que a unos 10 km de Sant Hilari d'Abrera, remontando el río, se encuentra La Puda, un establecimiento termal en uso en el siglo XIX y principios del XX, también sobre el Llobregat, al pie de la montaña de Montserrat, al norte de Olesa.[7]

El vado de Sant Hilari d'Abrera puede estar en relación con la *via Augusta*, a escasos 5 km hacia el sur, que cruzaba el río por el llamado 'Pont del Diable' de la época augustea en *Ad Fines* (Martorell)[8], permitiendo la conectividad y el paso de mercancías entre el *territorium* de *Barcino* y el de *Tarraco*, y donde se hace patente la envergadura del cauce del *Rubricatus* en época romana y medieval.

El territorio en época romana y medieval debió presentar una densa ocupación, especialmente en el valle bajo y en las cercanías del delta. De hecho, no existe un estudio pormenorizado y una cartografía georreferenciada con los diversos emplazamientos de la zona estudiada. Localizar los sitios con ocupación en la cuenca media, *grosso modo* entre Sant Boi y Esparreguera (el municipio latino de *Asparragus*), al norte de Sant Hilari y al pie del macizo de Montserrat, es algo absolutamente necesario para contextualizar el yacimiento que nos ocupa.

En el siglo XI, Sant Hilari estaba integrado en el *pagus, territorio Barchinonense* o *comitatum Barcinona*, lo que significa que estaba bajo del dominio de la casa condal

---

6   Plana Castellví 1978.
7   Estrada i Planell 1987.
8   Gurt Esparraguera / Rodà de Llanza 2005; De Soto / Carreras 2006–2007, 186–188; Vives Tort 2007; De Soto 2013.

de Barcelona.[9] Tanto Abrera y su núcleo medieval alrededor de la iglesia parroquial de Sant Pere[10], como Sant Hilari y el castillo de Voltrera[11], al otro lado del río, pertenecían a la baronía de los Castellvell, cuyo linaje está en relación directa – por enlaces matrimoniales – con la familia condal de Barcelona. Los feudatarios de Voltrera pertenecen a la misma familia que los Castellvell hasta inicios de siglo XIII. Guillema de Castellvell, que fue propietaria de estas posesiones, era nieta de Mafalda de Barcelona (hija del conde de Barcelona Ramon Berenguer III) y estaba casada con Guillem Ramon I de Montcada, vizconde de Bearn. Al morir Guillema en 1228, su hijo Guillem de Montcada incorporó la baronía de los Castellvell a la de los Montcada, entroncando directamente con los Bearn y Foix, hasta que pasó a la corona muy a finales de siglo XIV.[12]

## Resultados

Las intervenciones arqueológicas han puesto de relieve varios conjuntos arquitectónicos que determinan dos grandes fases cronológicas, con sus diferentes momentos, a los que se suman las evidencias materiales de los sondeos efectuados en las zonas sur, oeste y norte del yacimiento.

### Época romana y Antigüedad tardía

A las evidencias materiales y arquitectónicas de época romana imperial, se agregan las de la Antigüedad tardía. Los resultados de todas ellas permiten proponer una reconstrucción secuencial argumentada. Resalta el hallazgo de contextos cerámicos romanos de época imperial, uno de los cuales contenía en estado fragmentario un cráneo y mandíbula de oso pardo, el conjunto arquitectónico termal y los depósitos para almacenaje y uso del agua.

---

9 Cf. algunas notas sobre el territorio medieval, aunque no de forma directa sobre Abrera, en Mauri 2006, 104–126, cf. también anexo toponímico.
10 Soler 2000.
11 La recuperación patrimonial, histórica y arqueológica del conjunto del Castell de Voltrera se ha iniciado en 2021 bajo la dirección de M. Soler (UB), cf. https://www.ajuntamentabrera.cat/serveis/accio-cultural/patrimoni-castell-de-voltrera.htm. (6.7.2024)
12 Pedemonte i Falguera 1929; Garí 1985; Shideler 1987; Bolòs i Masclans / Pagès i Paretas 1986; Pagès i Paretas 1992.

## Oso pardo – *Ursus arctos*

La primera cuestión que queremos destacar, por su singularidad y excepcionalidad es el hallazgo de restos esqueléticos de oso pardo (*Ursus arctos*), que corresponden a parte de un cráneo y una mandíbula (Fig. 3). Fueron localizados en una de las trincheras de evaluación del potencial estratigráfico geológico y antrópico realizadas en el sector sur del yacimiento (nº 1000, 2017). No se realizó, por tanto, una excavación extensiva que podría proporcionar más partes del animal, pero sí se documentó la estratigrafía romana. Estos fragmentos de cráneo y mandíbula de oso formaban parte del contexto de colmatación de un drenaje y estaban acompañados por un conjunto cerámico de los siglos II y III d. C., con un importante volumen de importaciones, principalmente norteafricanas, que atestiguan la circulación y consumo de productos, en el valle bajo del *Rubricatus*.[13]

En concreto, la porción craneal conserva el hueso frontal y parte de los parietales y occipital, y la mandíbula un fragmento parcial con el molar $M_3$. Aunque los dos elementos son parciales y no se halló ninguna conexión anatómica, se asume que corresponden a un único individuo adulto.

La datación directa por $^{14}C$ del fragmento del cráneo sitúa, con un 94,4 % de probabilidades, la muerte del animal entre el año 120 y el 249 (1850 ± 30 BP)[14], confirmando, a su vez, la cronología aportada por el contexto cerámico.

El hábitat natural del oso es el paisaje boscoso, montañoso, con ríos y fuentes. Es un animal grande y pesado (un macho adulto puede llegar a pesar entre 150 y 200 kg) pero aun así puede recorrer grandes distancias. En el pasado, la distribución del oso pardo en el noreste peninsular se extendía por toda Cataluña[15], hasta que en el siglo XVIII desapareció, como en la mayor parte de Europa[16], de las principales llanuras. Aun así, siguió siendo una especie habitual en el Prepirineo y Pirineo.[17]

En el registro arqueozoológico del noreste peninsular, el oso pardo se documenta, de manera prioritaria, en yacimientos prehistóricos y protohistóricos, como la cueva del Toll (Moià), *ca.* 2300 BP[18], Can Roqueta / Can Revella (Vallès Occidental) (700–550 a. C.)[19] y

---

13  Tuset et al. 2024. El conjunto de materiales cerámicos estudiados y en proceso de publicación procede de las zonas 200, 700, 800, 900 y 1000, y son todos ellos homogéneos en cronología. El contexto del oso es la zona 1000.
14  Beta-528469; 1850 ± 30 BP; CN 3.2. Calibrada con la versión 4.4 del programa OxCal (ver Bronk Ramsey, 1995; https://c14.arch.ox.ac.uk/oxcal/OxCal.html (7.6.2024) y usando la curva de calibración IntCal 2020 (Reimer et al. 2020) se ubica, con una probabilidad del 95,4 %, entre el 120–249 cal AD (94,4 %) y el 298–306 cal AD (1 %). A un sigma (1σ), el intervalo temporal es de 132 a 236 cal AD, lo que representa un nivel de confianza del 68,2 %.
15  Alonso/Toldrà 1993.
16  Kempf 1990.
17  Maluquer i Sostres 1992.
18  Petit/Surroca 1996.
19  Albizuri et al. 2009.

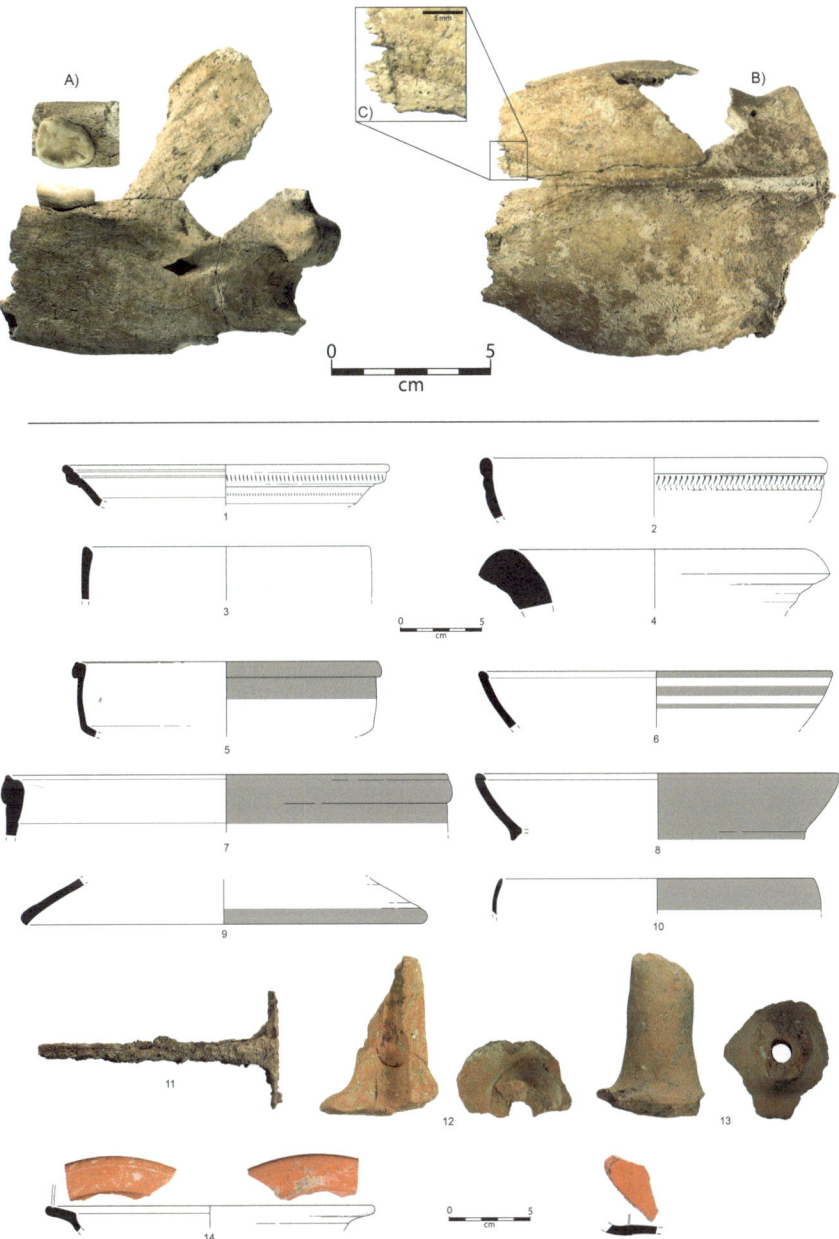

**Fig. 3** Sant Hilari d'Abrera. Restos óseos de *Ursus arctos* de A) Mandíbula B) Fragmento de cráneo. C) Detalle de la marca de corte (Fotos R. Àlvarez). Materiales de época romana. 1 a 10: muestra de los siglos II y III d. C. (sondeos sector sur) (Tuset et al. 2024). 11 a 13: materiales de la *concameratio* de las termas, (11) clavo en forma de T; (12 y 13) *clavi coctiles*. 14 y 15: fragmentos de TSA procedentes del mortero de las estructuras del edificio termal (Dibujos: J. Tuset. Fotos: R. Àlvarez).

l'Esquerda (les Masies de Roda, Osona) (s. III a. C.).[20] Sin embargo, junto con el caso de Sant Hilari d'Abrera, un reciente hallazgo en la zona portuaria de *Tarraco* (Castaños 1) confirma la presencia puntual de este animal en época romana.[21]

El fragmento craneal presenta un corte tangencial en su frontal que indica con claridad que el animal fue desollado con el fin de obtener la piel. El hecho de encontrar sólo la cabeza, aun teniendo en cuenta que el hallazgo procede de un sondeo y que no es imposible que se encuentren más restos, plantea la posibilidad de que el animal fuera cazado en un lugar remoto y que, por tanto, sólo se transportaran hasta Abrera aquellas partes más preciadas como son la cabeza y la piel. Partes que, por otra parte, vienen siendo históricamente seleccionadas como trofeos de caza.

Si a ello se le suman otras fuentes de información como los textos, la mitología, la escultura y la iconografía, sólo hace falta recordar los mosaicos de *villa* Fortunatus (Fraga), la imagen que proyectaba el oso en época romana era muy relevante, incluyendo en ocasiones incluso la vestimenta militar. No en vano, en el mundo romano, el oso era el 'rey', sólo destronado en época medieval por el león[22], aún a pesar de la abundante iconografía existente en época romana de este último.

Una de las cuestiones planteadas es confirmar o desmentir que el oso hubiese sido cazado lejos del yacimiento y transportados únicamente la cabeza y la piel, quizá como trofeo. Para responder a esta pregunta, se realizaron análisis de isótopos que permiten inferir el entorno donde el animal habría vivido antes de ser cazado. Los datos obtenidos ($\delta 15N$ de +4.5 ‰ i de $\delta 13C$ -19.00 ‰) apuntan una dieta omnívora de marcado carácter herbívoro.[23] Esto excluye de forma clara que el animal hubiera vivido en cautividad y reafirma la hipótesis de que fue cazado.[24] Se analizaron también las señales isotópicas de estroncio del entorno a partir de tres muestras de hojas de árboles actuales de la zona (almez, roble y encina), de dos ovejas del mismo estrato que el oso (UE 1003), y de un individuo de época medieval, localizado en la fachada oeste de la iglesia. Todos los valores son coincidentes excepto el del oso, lo que significa que, con toda probabilidad, el animal no procede de este ámbito geográfico (quizá de la zona de Montserrat o el Montseny), como sí indican el resto de las muestras referenciales.

20  Ollich/Rocafiguera 1994.
21  K. Tardio, colaboradora del ICAC, junto con L. Colominas, están estudiando la fauna de "Castaños 1" (zona portuaria de Tarragona), donde se halló un metacarpo de oso fechado, por contexto arqueológico, entre siglo I y III d. C.
22  Pastoureau 2007.
23  Véanse los casos estudiados al norte de los Pirineos: Bocherens et al. 2004.
24  Valores coincidentes con los registrados en otras muestras de sedimentos del Pleistoceno y Mioceno, cf. Valenzuela-Lamas et al. 2018; Voerkelius et al. 2010.

## El espacio termal

De época romana es un conjunto termal de considerables dimensiones, con una superficie de al menos 175 m² (19,5 m × 14,2 m), del que se conocen varias salas: *caldarium* con su *alveus*, *tepidarium* y *frigidarium* y dos *praefurnia*. Los paramentos encofrados están construidos con piedras trabadas con mortero, y tienen una anchura de entre 0,50 m y 0,65 m. Estas estructuras, las documentadas hasta el momento, muestran una disposición clásica en la arquitectura termal, manteniendo un eje longitudinal en sentido norte-sur que configura y organiza la circulación y el uso de los espacios (Fig. 4).

**Fig. 4** Sant Hilari d'Abrera. Planta del conjunto de estructuras termales y depósitos de época romana y Antigüedad tardía (I. Mesas, F. Tuset, G. Ripoll).

En el extremo norte se emplaza un *praefurnium*, abierto al *caldarium*. Esta sala, de planta prácticamente cuadrada al estar formada por dos ámbitos, presenta unas dimensiones de 8,5 m × 7,8 m y 67 m² de superficie. El espacio norte, está rematado por un *alveus*, una piscina de agua caliente para inmersión de 10 m² (2,9 m × 3,6 m), que debió estar seguida de otra hacia el sur, de iguales dimensiones, incluso de una tercera, ya en el *tepidarium*, si nos atenemos a la organización prácticamente modular de los espacios. Sólo en este punto, en el *alveus*, se conservan restos de la *suspensura*, con el propio pavimento de *opus signinum* de la piscina, y fragmentos e improntas de los *bipedales* que lo soportaban. La *suspensura* del *alveus*, a 0,80 m de altura, con un grosor de *opus signinum* importante (más de 20 cm), se sostendría mediante 8 *bipedales* soportados por dos alineaciones de 5 *pilae* de *besales*. Todos los *besales* de las *pilae* han sido reutilizados en las construcciones posteriores, pero sus improntas se conservan en el pavimento de *opus signinum* del *hypocaustum*, tanto en el *alveus*, como en el *caldarium* y *tepidarium*.

Es importante resaltar el hallazgo de *clavi coctiles* en diferentes puntos que están indicando la presencia de una *concameratio*, el sistema de calefacción parietal y vertical que facilitaba el paso de aire caliente por una doble cámara (cf. Fig. 3: 11, 12 y 13).

La sala consecutiva, en sentido sur, corresponde al *tepidarium*. Tiene una longitud igual a la del *caldarium* (8,5 m) pero es más estrecha (2,85 m), de ahí que su superficie sea de 26 m². El espacio del *tepidarium* es muy probable que estuviese rematado también por un tercer *alveus*, hecho que se desprende de los indicios visibles y el eje de simetría axial. En el extremo opuesto, al este, se constata la presencia de un segundo *praefurnium*, que quedó cegado por las construcciones posteriores.

La organización axial del conjunto termal se completa, en el lado sur, por el *frigidarium*, que sólo documentamos de forma parcial dado que sobre esta estructura se construyó directamente la iglesia, ocultando la sala de agua fría. Según los datos disponibles, las dimensiones de este espacio son considerables, con 14 m de largo y 5 m de ancho, y una superficie de más de 71 m². La excavación en el interior, en la cabecera, ha puesto al descubierto la piscina del *frigidarium* con restos de mosaico. En la nave se conserva todavía el *opus signinum* y su preparación. El *frigidarium* cerraba por el costado oeste mediante un muro que se encuentra en el exterior de la fachada de la iglesia y se alinea con el resto de salas termales.

## Los depósitos

En el sector oeste del gran conjunto termal, en la zona adyacente a la fachada de la iglesia, se sitúan dos depósitos de agua. Uno, de pequeñas dimensiones (8 m², 2,70 m × 3 m) con idéntica caracterización constructiva que las termas, es decir piedra y mortero encofrado (cf. Fig. 4).

Junto a este depósito de menor tamaño y capacidad, se construye, con posterioridad, otro de grandes dimensiones (57,75 m², 7,5 m × 7,7 m), de planta cuadrangular y con una fábrica distinta, pero de excelente ejecución. Los paramentos de este gran depósito son encofrados de mampostería de piedra ligada con mortero con hiladas o verdugadas que reutilizan material cerámico constructivo, todo él fragmentado, procedente de las termas: *tegulae*, *bipedales* y *besales* de las *pilae*. El espacio interior está dotado de un revestimiento de *opus signinum*, de gran calidad, que presenta en todo el perímetro un zócalo de media caña, muy característico de los depósitos hidráulicos romanos. Las esquinas exteriores de los muros están reforzadas por contrafuertes que contrarrestan los efectos de la presión que el cuerpo de la estructura sufría cuando el depósito estaba lleno de agua. Un cálculo a mínimos, indica unos 100 m$^3$.

El gran depósito está en relación con una canalización, que discurre en sentido oeste/este. Está formada por un cajón de mortero, piedras y material constructivo cerámico reutilizado, con revestimiento hidráulico en el interior. El *specus* está ligeramente inclinado en sentido este, de 76.34 a 76.24 en el tramo documentado de 3 m de longitud, por lo que se infiere que servía para la evacuación de aguas del gran depósito, situado a una cota más alta.

## La datación del conjunto

La intensa reocupación del conjunto termal en época posterior, junto con las numerosas refacciones en el interior de la iglesia, hace que exista muy poco material asociado, lo que dificulta la datación de las estructuras romanas. No obstante, disponemos de algunos elementos que permiten establecer un abanico cronológico amplio. Por un lado, en prácticamente todos los sectores del yacimiento donde se ha intervenido se localiza material cerámico de época ibérica de carácter residual, que indica una actividad intensa en la zona en época prerromana, entre los siglos V y II a. C. En cambio, en gran parte del yacimiento, y de forma especial, en la zona sur del conjunto, existen numerosos contextos cerrados con materiales cerámicos de los siglos II y III d. C.[25], como el ya mencionado que acompaña los restos óseos del oso (cf. *supra* y Fig. 3: 1 a 10).

Por el contrario, en los diferentes espacios termales, y debido a esa intensa reocupación, no disponemos de estratigrafía y materiales que permitan establecer una secuenciación cronológica de la construcción y uso de las termas, a excepción de dos fragmentos cerámicos que por su localización son de capital importancia. El primero se halló completamente trabado dentro del mortero del muro de encofrado del cierre oeste del *frigidarium*. Se trata de un fondo de un plato de TSA D$^1$ (cf. Fig. 3: 15). La identificación de la producción es clara, pero su clasificación tipológica no lo es tanto, ya que sólo se conserva una parte del fondo. Se trata de un plato de las series de D$^1$ con un fondo muy ligeramente retranqueado en el punto de apoyo, como las

---

25  Tuset et al. 2024.

formas de la 58 a 63 de J. W. Hayes[26] o 1 a 7 de El Mahrine.[27] Proponemos, con dudas, que pueda tratarse de un plato de la forma Hayes 61 por el surco que presenta y por la gran difusión que tiene esta forma. La datación de estas producciones se ubica entre la primera mitad/mediados del siglo IV y mediados del V.[28] Vista la poca evidencia con la que contamos no puede precisarse más la cronología de este fragmento, que viene proporcionada, sobre todo, por su producción en D¹. En cualquier caso, esta datación establece un *terminus post quem* para la construcción del muro y, por ende, del complejo termal, de primera mitad o mediados del siglo IV d. C.

El otro fragmento cerámico que destacamos se recuperó dentro de la preparación del pavimento de *opus signinum* del *frigidarium* en el sector que pavimenta la nave de la iglesia (cf. Fig. 3: 14). Se trata de un borde de TSA que comparte características de las producciones de TSA A y D. La fábrica presenta un engobe bien adherido, de color naranja intenso y lustroso de textura levemente granulosa, y una pasta fina y compacta. El conjunto de evidencias parece indicar una producción del norte de Túnez. La forma es de difícil clasificación tipológica. El borde con surco es similar a la forma Hayes 6B o C, pero la orientación, que no genera dudas, no se corresponde con la de este bol, y no dispone de una fábrica clara de TSA A. Es también semejante a la familia de la forma Hayes 59, pero el diámetro de este ejemplar (20–21 cm) es reducido, la orientación dista relativamente y la fábrica no es fácil de adscribir a la D¹. No se trata de encasillar el fragmento a una producción o tipo concretos, pudiendo tratarse de una forma diferente, poco conocida, difundida y estandarizada, de una fábrica del norte de Túnez que oscila entre la TSA A y la D, y fechable tal vez en un momento de transición entre los siglos III y IV d. C.

Las cronologías proporcionadas por estos materiales van de acuerdo con una muestra analizada por OSL (M1B), que da un resultado de 425 AD [1595±167 (1σ)] (cf. Fig. 9: tabla). La muestra procede del núcleo del mortero del muro de cierre norte de la piscina del *frigidarium*, localizado en el interior de la iglesia, en el subsuelo y entre el santuario y la cámara lateral norte. Los materiales cerámicos y la datación OSL no plantean dudas; el *frigidarium* se construyó a finales de siglo IV o inicios del V. Es una fecha importante porque confirma, por primera vez, que la construcción es de la Antigüedad tardía.

La datación del complejo de estructuras al oeste de las termas es difícil. Por técnica constructiva, los depósitos parecen posteriores a la construcción del complejo termal, ya que reaprovechan materiales de la *suspensura*, a excepción del más pequeño de ellos. Por otra parte, el *opus signinum* que pavimenta los depósitos está recortado por silos, similares o iguales a los que aparecen en la reutilización y transformación del *caldarium*. La secuencia que aportan los diferentes elementos da a entender una cronología

---

26  Hayes 1972, 91–110.
27  Mackensen 1993.
28  Hayes 1972; Bonifay 2016.

necesariamente posterior a las fechas de la construcción del *frigidarium* de finales de siglo IV-inicios del V.

### 'Long Late Antiquity' y época medieval

A inicios del período medieval, la 'long Late Antiquity', corresponde la edificación de un edificio eclesiástico de pequeñas dimensiones construido directamente sobre el *frigidarium*, de las termas, que acabará generando una aglomeración alrededor de la iglesia, reocupando, en buena parte, las estructuras romanas (Fig. 1). Esta aglomeración, como se ha dicho, se extiende hacia el oeste y norte del solar del yacimiento, y dispone de un abanico cronológico amplio que denota la intensa actividad del lugar en plena época medieval. La constante presencia de silos para el almacenamiento de excedentes es el claro síntoma de que la iglesia y las estructuras adyacentes están en relación a una explotación. De hecho, la masía, el denominado Mas de Sant Hilari, construido en torno al siglo XVII, es la muestra de la continuidad en la Baja Edad Media y época moderna.

### Iglesia

La iglesia de Sant Hilari es un edificio de una sola nave rectangular, de 11,50 m de longitud total y 6,65 m de ancho, cubierta con bóveda de cañón, a una altura de 5 m. Ocupa una superficie de *ca.* 74 m². El ábside trapezoidal exento es ligeramente más estrecho que el ancho de la nave (5,17 m × 4,50 m). La separación entre el santuario y la nave está enfatizada por un doble arco triunfal, siendo asimétrico el que toca a la nave. En los dos lados del arco triunfal se emplazan unos capiteles/impostas que se proyectan en el interior del ábside y sirvieron para asentar la bóveda de cañón (Fig. 5, cf. también Fig. 10).

El edificio presenta dos particularidades de carácter constructivo. En el lado norte, se adosa al santuario una cámara, de planta cuasi cuadrangular (4,92 m × 3,57 m), cubierta con bóveda de cuarto de cañón. La comunicación entre ambos espacios se hace por medio de un arco, arco que se repite en el vano sur, pero en este caso es ciego. La otra especificidad de la iglesia se encuentra en los muros perimetrales de la nave, que por el interior están dotados de cuatro arcos, dos en el norte y dos en el sur, que son asimétricos y no tienen las mismas dimensiones. Con toda probabilidad, estos arcosolios son refacciones modernas, igual que algunos de los reacondicionamientos que se documentan en el nivel de circulación del santuario y entre éste y la nave. Es significativo resaltar que el altar se posicionó directamente sobre la piscina del *frigidarium*. Su última remodelación ha de ser de como mínimo de siglo XIX, sin embargo, al desmontarlo, se recuperaron diferentes elementos del altar bajomedieval.

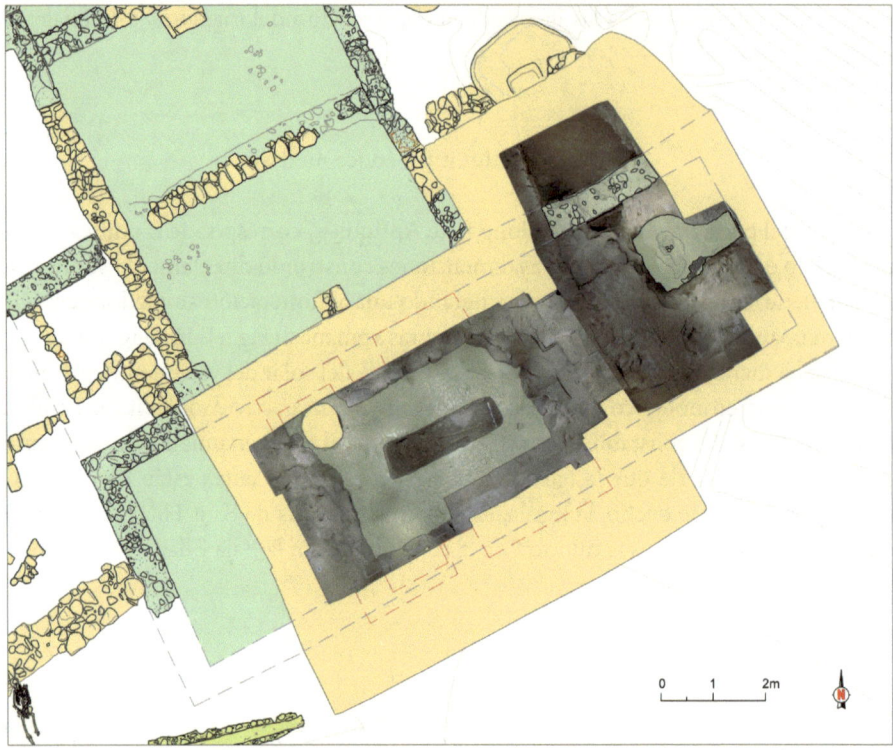

**Fig. 5** Sant Hilari d'Abrera. Planta y secciones longitudinal y transversal de la iglesia (I. Mesas, J. Behaim, I. Kranjec, F. Tuset, G. Ripoll).

La nave, que ha sufrido diversas remodelaciones en plena época medieval y bajomedieval, conserva buena parte del *opus signinum* original del *frigidarium*. Un *signinum* deteriorado por el intenso uso y circulación.

Una cuestión importante es que los paramentos de la cabecera de la iglesia, identificados tanto por el exterior como el interior, pertenecen al menos hasta unos 2 m de altura, a la fábrica romana de las termas. El resto del edificio eclesiástico se construye con mampostería irregular, con abundantes cantos de río de cierto diámetro, reutilización de material constructivo romano, especialmente grandes fragmentos de *opus signinum* y de *pedales* o *bipedales*, todo ligado con mortero. Y, si bien la iglesia se construye directamente sobre la estructura del *frigidarium*, es importante recordar que el muro de cierre oeste de la estancia termal, no se corresponde con el de la fachada de la iglesia, ligeramente más corta.

La bóveda del santuario y el muro de cierre del ábside fueron ornamentados con pinturas parietales en la segunda mitad del siglo XII.

Por último, destaca el hallazgo en el centro de la nave y alineada con el eje de la iglesia, de una sepultura. El espacio que ocupa se recorta directamente en el *opus signinum* del *frigidarium* termal. A cerca de 80 cm de profundidad se disponen los restos óseos de un individuo masculino de mediana edad, entre 40 y 50 años, que fue inhumado en decúbito supino dentro de una caja de madera, claveteada y revestida de cal. La datación de $^{14}$C da como resultado pleno siglo XIV (Fig. 6).[29]

Y también es importante poner de relieve la presencia de un silo, en el extremo noroeste de la nave, en cuya colmatación se documentaron diversas piezas de vidrio, de una garrafa y candiles, que proporcionan cronologías entre el siglo XII y el siglo XIV.[30]

En resumen, de este pequeño edificio eclesiástico son remarcables varios elementos. Por un lado, su construcción sobre el *frigidarium*, con el santuario ubicado en el lugar de la piscina. En segundo lugar, la decoración pictórica de la segunda mitad del siglo XII, tanto en la bóveda del santuario como en el muro de cierre del ábside. Finalmente, la conservación del *opus signinum* termal en la superficie de la nave, que es recortado en pleno siglo XIV para emplazar una tumba privilegiada. Todo ello, pone de manifiesto la continuidad constante e intensa de uso del edificio, con diferentes remodelaciones. Aun tratándose de un edificio pequeño, la complejidad constructiva, la intensidad de uso a la que hemos aludido en varias ocasiones, las constantes refacciones y la práctica ausencia de materiales, ha hecho que optásemos por hacer análisis de OSL de algunos de los morteros en el interior del complejo eclesiástico (cf. *infra*).

---

29   Beta 651181: 95.4 % prob.: (48.4 %) 1278–1325 cal AD (672–625 cal BP), (47 %) 1352–1394 cal AD (598–556 cal BP) / 68.2 % prob.: (36.6 %) 1361–1387 cal AD (589–563 cal BP), (31.6 %) 1286–1310 cal AD (664–640 cal BP), CN 3.2. Nuestro agradecimiento a T. Piza Ruíz de Arqueòlegs.Cat, que está realizando el estudio antropológico.

30   Agradecemos a J. M. Coll, la clasificación preliminar del conjunto de materiales vítreos.

**Fig. 6** Sant Hilari d'Abrera. Interior de la iglesia (de oeste a este). En primer plano, el pavimento del *frigidarium* donde se recorta la tumba privilegiada (12.2022) (Foto G. Ripoll).

## Aglomeración

En un momento cronológico indeterminado, posterior a la construcción del *frigidarium* de inicios de siglo V, y probablemente en relación con la construcción de la iglesia a inicios de siglo IX, el conjunto termal fue amortizado y reutilizado. Se levantaron nuevas estructuras arquitectónicas con materiales sencillos, piedra y tierra, encima y/o dentro de las construcciones romanas (cf. Figs. 1 y 5). Los espacios exteriores se organizan en ámbitos definidos con muros de piedra, y se crean zonas dedicadas al almacenamiento de excedentes, como son las pequeñas concentraciones de silos, que revelan la continuidad del uso de los espacios y, al mismo tiempo, el cambio de su funcionalidad originaria.

Del conglomerado de estructuras medievales destacan dos en pleno centro del conjunto excavado, a la espera de agotar la estratigrafía. Una de planta cuadrangular de 16 m² (4,40 m × 4 m) a la que se entrega un espacio de planta rectangular (4,52 m × 2,69 m) y otras alineaciones de muros. Su uso y función es, por el momento, algo que no acertamos a concretar, como tampoco si existió un vínculo con los dos depósitos ya mencionados. Es posible que tenga que ver con distintos itinerarios y el lugar de aprovisionamiento y distribución del agua, dada su ubicación en el punto más alto del yacimiento.

Asimismo, la localización de nuevos indicios constructivos y habitacionales (cimentaciones murarias, silos) en los campos situados en el oeste y norte del yacimiento, muestran de forma fehaciente la prolongación del establecimiento, más allá del límite que se suponía inicialmente. Aunque la monumentalidad y singularidad de los restos arquitectónicos construidos en época romana no se mantienen en épocas posteriores, la profunda reutilización de los espacios, así como la expansión de la ocupación, afianzan la importancia que tuvo el conjunto en plena época medieval.

Los materiales medievales, aun siendo escasos, permiten perfilar la cronología de uso de la aglomeración que se despliega alrededor de la iglesia, con la que, sin lugar a dudas, convive (Fig. 7). Las dataciones OSL de inicios de siglo IX para la construcción de la iglesia, están indicando que, con toda probabilidad, es a partir de ese momento cuando se intensifica la ocupación. En el caldario hay silos ya amortizados a mediados de siglo XI, para lo que disponemos de una datación de $^{14}$C de un cerdo.[31] Sin embargo, en los siglos XII y XIII sigue habiendo una actividad intensa. La segunda mitad del siglo XII es el momento de las pinturas, y es importante recordarlo. Además de los vidrios citados y de los materiales cerámicos que se dilatan en cronología, destaca una moneda, un vellón de Jaime I, acuñado en Barcelona en 1270 (cf. Fig. 7).[32] No obstante, por el momento, las fechas no van mucho más allá del siglo XV.

---

31  Beta 596668: 95.4 % prob.: (95.4 %) 1025–1159 cal AD (925–791 cal BP) / 68.2 % prob.: (55.5 %) 1082–1150 cal AD (868–800 cal BP), (12.7 %) 1034–1048 cal AD (916–902 cal BP), CN 3.2.
32  Agradecemos a M. Clua Mercadal, conservadora del Gabinet Numismàtic de Catalunya (MNAC), su ayuda en la clasificación del material numismático.

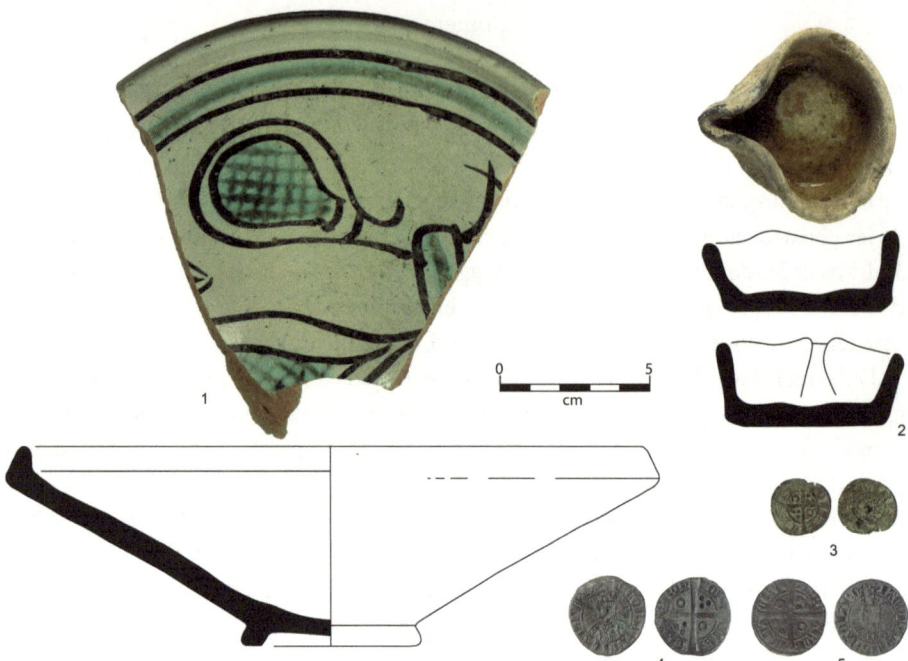

**Fig. 7** Sant Hilari d'Abrera. Materiales de época medieval. 1: fragmento de plato de pisa catalana decorada en verde y morado. 2: lucerna de pico vidriada. 3: vellón de Jaime I. 4–5: croats de Jaime II (Dibujos y fotos J. Tuset y R. Àlvarez).

## Interpretación de los resultados

### El conjunto termal y su continuidad

Los resultados de las diversas actuaciones presentados hasta aquí necesitan de una explicación. Sin duda es una interpretación preliminar dado que estamos en el inicio del conocimiento del lugar de Sant Hilari, pero se cuestiona la previa identificación como *villa* y la datación del edificio eclesiástico en el siglo X.[33] A día de hoy, la hipótesis de trabajo se orienta hacia la identificación de un establecimiento en estrecha relación con el paso del río y con la surgencia de aguas con propiedades curativas y salutíferas. Las estructuras termales, pero también el gran depósito, construido con posterioridad, sirvieron para hacer inmersiones. Con el fin de ahondar en esta hipótesis era necesario contrastar la hidrogeología del yacimiento y hacer analíticas de las aguas (cf. *infra*).

---

33   Ainaud 1962; Menéndez/Solías 1989; Solías 1990; Barral i Altet 1981, 244; Pagès i Paretas 1983, 135–149.

Los resultados de estos análisis permiten acotar con mejor precisión la presencia de esta estación balnearia romana y su continuidad en época medieval, como se verá más adelante.

## Los análisis hidrogeológicos

La creta, documentada en el subsuelo de una parte de la zona occidental de Sant Hilari, es una roca blanquecina, poco densa, de grano fino y textura microporosa, formada por carbonato cálcico. Corresponde, en la clasificación de las rocas carbonatadas, a calcilutita.[34] Se trata de una caliza en la que el tamaño de las partículas de calcita es inferior a 63 micras (tamaño de los limos y barros). Las cretas de Sant Hilari contienen gasterópodos que viven en ambientes acuáticos, tales como *Radix* sp. o *Succinea oblonga*, y presencia de gasterópodos terrestres (*Chondrinidae, Pupilla* sp.).[35] La presencia de oogonios de carofitas, *Pisidium* y ostrácodos corroboran el medio húmedo y carbonatado asociado a la creta.

En la zanja 1200, se extrajeron del perfil 4 muestras de creta separadas entre sí 10 cm que fueron desecadas y analizadas mediante difracción de rayos-X.[36] Las 4 muestras evidencian una composición mineralógica muy similar, caracterizada por la presencia de silicatos tipo clorita, moscovita e illita con cuarzo, calcita y dolomita. El mineral dominante es el cuarzo ($SiO_2$) seguido por la calcita ($CaCO_3$) y en mucho menor cantidad, por la dolomita ($CaMgCO_3$). Tres muestras de la zanja 1200 fueron disueltas y analizadas mediante espectrometría de masas.

Las cretas del entorno de Sant Hilari forman parte de los sedimentos depositados sobre las gravas de la terraza 2 (ICGC). Las gravas de esta terraza constituyen un acuífero colgado sobre el lecho del río Llobregat. De este acuífero se han analizado dos muestras de agua extraídas de un pozo y un sondeo geotécnico. Estos resultados se han comparado con una tercera muestra de agua procedente del acuífero de la cubeta de Abrera, analizada por la Agencia Catalana del Agua (Masa de agua 4051A11) y con los del agua termal procedente del balneario de La Puda, al que hemos aludido al inicio y que funcionó en el siglo XIX y principios del XX, anteriormente publicados.[37]

Los resultados de los análisis hidrogeológicos indican que las aguas de Sant Hilari son similares entre ellas y corresponden a aguas sulfatadas y cloruradas cálcicas magnésicas. Si se compara su composición con las aguas de La Puda, las de Sant Hilari presentan menor mineralización que las de La Puda, que son aguas cloruradas sódicas

---

34  Grabau 1904.
35  Vicenç Bros, comunicación oral.
36  Los análisis fueron realizados en los Serveis Cientificotècnics de la Universitat de Barcelona (Unitat de Medi Ambient).
37  Almela/Llopis 1947; Albert 1976; Corominas Blanch 1980; Estrada i Planell 1989.

útiles para tratar las afecciones de la piel, asma, catarros pulmonares, sistema linfático, hemorragias, amenorreas, reuma, gota y sífilis.[38] Probablemente, tanto las aguas de La Puda como las de Sant Hilari tienen el mismo origen hidrogeológico y las diferencias entre unas y otras radican en su mayor o menor mineralización, que depende de la profundidad y recorrido en el acuífero.

Estas aguas son similares a las de balnearios actuales de la Península Ibérica, sulfatadas, cálcicas, magnésicas, cloruradas y sódicas, así como de balnearios de época romana.[39]

Parte de los limos que constituyen la creta pudieron ser acumulados en un espacio para su almacenaje y posterior uso, sirviendo para prácticas y tratamientos hidroterapéuticos. En la trinchera 1200, apareció un muro en sentido oeste-este, que podría estar en relación con uno de estos depósitos de creta. Cabe destacar que estas cretas no corresponden a limos aportados por el río, sino a una precipitación natural del carbonato cálcico, tal y como ocurre en la formación de travertinos, también presentes en la zona.[40]

A pesar de la complejidad geomorfológica de la terraza donde se ubica el yacimiento, todos los resultados indican que desde época romana se está haciendo una gestión de los recursos hídricos.

## La estación balnearia de aguas salutíferas y curativas

Los resultados que acabamos de mencionar son de absoluta relevancia y explican ahora mucho mejor las estructuras romanas, sus dimensiones y monumentalidad, y su posición aislada, en relación directa con el río, dado que responden a una estación de aguas mineromedicinales de carácter curativo y salutífero. El requisito para la construcción de un establecimiento balneario reside en dos factores. Uno, la presencia de aguas, acuíferos o surgencias. Otro, la dotación de las infraestructuras necesarias. Un balneario es como una pequeña ciudad cerrada en sí misma, ensimismada, que da servicio de acogida, tratamientos y alojamiento para los enfermos y peregrinos. La presencia de aguas termales a las que se les otorgan propiedades curativas y salutíferas obliga disponer de un equipamiento para su uso. No sólo el de acogida y albergue, también las infraestructuras de baños y piscinas para la inmersión y espacios para prácticas y tratamientos hidroterapéuticos, incluida la fangoterapia. En el yacimiento de Sant Hilari tenemos constancia, hasta el momento, de las estancias termales, los depósitos de creta y las estructuras para el almacenamiento de aguas. No obstante, en el sector sudeste, se realizó una intervención exploratoria que permitió documentar una serie de muros

---

38  Estrada i Planell 1989, 21.
39  Martín Escorza 2017.
40  Luque/Julià 2007.

que podrían definir esos espacios de acogida. Las futuras excavaciones constatarán su uso y funcionalidad, y en algún momento esperamos tener las evidencias epigráficas, a pesar de la intensa ocupación posterior.

Establecimientos balnearios y centros de culto a las aguas cercanos permiten contrastar la importancia de estas estructuras en época romana y la Antigüedad tardía. Sólo hace falta recordar los bien conocidos casos de *Aquae Calidae*, Caldes de Montbui (Vallés Oriental), con inscripciones votivas, aguas medicinales a una temperatura muy alta de 74 °C, fechadas en el siglo I a. C.; y el de la supuesta *Aquae Voconiae* o *Aquae Calidae*, Caldes de Malavella (La Selva, Girona), un establecimiento con aguas curativas de mediados siglo I d. C.[41] También debe mencionarse el caso de las termas de una *villa* en el actual centro urbano de Sant Boi de Llobregat, en el Baix Llobregat, antes de que se abra el delta del río. Se trata de unas termas de grandes dimensiones y en un excelente estado de conservación, que serían de uso privado. Fechadas a finales siglo II d. C. y en uso hasta el siglo V, cuentan con una interesante transformación parcial en iglesia.[42] De lo que no cabe duda es que cada edificio es singular, a pesar de sus posibles similitudes, y se adapta a los condicionantes geográficos, hidrogeológicos y topográficos de cada surgencia/fuente y su territorio.[43]

## La iglesia

De todos los resultados de las actuaciones que estamos llevando a cabo en Sant Hilari, destaca el descubrimiento, todavía parcial, de las pinturas parietales figurativas en seco, localizadas en el muro de cierre y la bóveda del ábside, y en el arco de la cámara lateral norte. Estas pinturas son un antes y un después en Sant Hilari, porque obligan a trabajar de forma muy ajustada y proyectar una musealización que las ponga en valor.

Dado el poco material documentado en relación a la construcción de la iglesia y las frecuentes controversias en el seno de la historia del arte respecto a las cronologías de los diferentes estilos y programas iconográficos, consideramos de absoluto interés utilizar las técnicas de análisis de morteros, el OSL/Luminiscencia Óptica Estimulada, con el fin de afinar la datación y facilitar una interpretación más acertada de los diferentes paneles que componen la decoración pictórica de la iglesia.

---

41 Peréx Agorreta / Miró i Alaix 2017; Miró i Alaix / Peréx Agorreta 2017.
42 Para las termas de Sant Boi de Llobregat, cf. las excavaciones arqueológicas en Puig 1986 y Puig et al. 1989. La consolidación y musealización dieron lugar a los trabajos de López Mullor 1998 y López Mullor / Fierro 2002.
43 González Soutelo 2013; González Soutelo 2020.

## Secuencia crono-constructiva, decoración pictórica y resultados de los análisis OSL/Luminiscencia Óptica Estimulada

Los resultados de los análisis OSL[44] de los morteros son de vital importancia para secuenciar cronológicamente las evidencias constructivas y arqueológicas fruto de las diferentes intervenciones que hemos llevado a cabo en los últimos años, porque para la construcción de la iglesia no tenemos materiales que permitan afinar la cronología. A modo de resumen: los resultados de los análisis de morteros proporcionan una cronología entre inicios de siglo IX y la segunda mitad de siglo XII, con algunas intervenciones puntuales ya de siglos XIV y XV (cf. Fig. 9: tabla).

El resultado de las muestras, de más antiguo a más moderno, se ordena cronológicamente según una secuencia con diversas fases constructivas y diferentes horizontes cronológicos que significan el conocimiento del edificio a partir de la interpretación de los datos (cf. Fig. 9: tabla).

El primer momento constructivo de la iglesia viene determinado por dos dataciones, las más antiguas. Disponemos de dos muestras. La primera corresponde al tramo sur de la bóveda: 835 AD [1190 ± 130 (1σ)] (M3A). La segunda es la de un mortero del muro de cierre del ábside, con una datación de 910 AD [1110 ± 130 (1σ)] (AM1D). Estas dos fechas son de capital importancia porque ponen de relieve que el edificio, tanto los alzados sobre el *frigidarium*, como la bóveda, la escultura en piedra de las impostas y las pinturas son un único proyecto constructivo, que se sitúa entre la primera mitad de siglo IX (M3A) e inicios de siglo X (AM1D).

Sabemos por una de las muestras tomada en el muro de cierre este del ábside que existió una primera decoración pictórica de mediados de siglo XI. Esta muestra (M2A) arroja una cronología de 1050 AD [970 ± 130 (1σ)] (M2A), lo que significa que esta preparación inicial, con su pintura correspondiente, quedó cubierta por el gran momento pictórico-decorativo de segunda mitad de siglo XII.

Si bien el proyecto constructivo se inicia, al menos y con las dataciones que tenemos, en la primera mitad de siglo IX, dos muestras de cronología posterior indican que se hizo una importante refacción a nivel pictórico en la segunda mitad de siglo XII, que cubrió todas las superficies de los paramentos y bóveda del santuario. Este nuevo proyecto pictórico viene determinado por las dataciones que proporcionan dos muestras. La muestra de mortero tomada por encima de la imposta que sostiene la bóveda es del 1150 AD [870 ± 100 (1σ)] (AM3D). La otra corresponde al mortero que cubre el muro de cierre del ábside y es del 1180 AD [840 ± 95 (1σ)] (AM2D). Las nuevas pinturas, a pesar de que se extienden sobre diferentes morteros, rebozados, enlucidos, fases

---

44  Los análisis OSL han sido ejecutados por Nikolas Zacharias, director del Laboratory of Archaeometry, University of Peloponnese (Kalamata, Grecia), y han sido gestionados por E. Tsantini del ERAAUB, al igual que la toma de muestras, en la que colaboró también A. Gamarra de Gamarra & García.

de muros y reparaciones, al realizarse en seco proporcionan un aspecto relativamente homogéneo.

Con el transcurso del tiempo, la decoración del ábside y de la bóveda se fue deteriorando y necesitó pequeñas intervenciones de restauración, retoque y embellecimiento. La muestra de mortero tomada en el muro lateral sur de la bóveda, con una cronología de 1380 AD [652 ± 70 (1σ)] (M4B), es ejemplo de estas actuaciones.

Por último, el arco norte, que comunica el santuario con la cámara lateral norte, presenta una figura masculina nimbada, barbada y con vestimenta militar, que ofrece la datación más tardía, muy entrada la segunda mitad de siglo XV: 1470 AD [550±65 (1σ)] (AM4D). Esta intervención nada tiene que ver con el proyecto iconográfico bien concebido de la segunda mitad de siglo XII. Con toda probabilidad es sólo una acción puntual de alguien que quiere dejar 'marca' en Sant Hilari, pero es interesante porque indica que la iglesia todavía se utiliza, o al menos es frecuentada, a finales de siglo XV.

## Interpretación preliminar del programa iconográfico

Si bien estamos lejos de poder proponer una interpretación global y una lectura iconográfica bien contrastada, a la espera de acabar los trabajos de recuperación total de las pinturas, que necesitan obligados protocolos para su conservación, sí planteamos a continuación algunas propuestas que más que soluciones argumentadas plantean dudas y preguntas.

Destacamos desde buen principio la técnica en seco y los colores de los pigmentos, siempre en la gama de los blancos, amarillentos, marrones (terrosos) y rojo púrpura.

El ciclo de pinturas se organiza en dos paneles: el muro de cierre del ábside y la bóveda.

En el muro este de cierre del ábside, la decoración pictórica se sitúa por encima de la ventana, en el epicentro del santuario, y por ende del edificio, y por encima de la posición original del altar. La composición no plantea dudas en la interpretación: es una crucifixión (Fig. 8). La cruz, latina, presenta en la parte alta un travesaño horizontal, inciso y pintado. Y, en el punto más alto, a cada lado de la cruz, se dispone un círculo, también inciso y pintado. Jesús crucificado con la cabeza ligeramente inclinada dotada de un nimbo. A la izquierda, una figura prácticamente entera, en pie y mirando hacia Jesús, vestida con túnica larga. El brazo derecho flexionado lleva un objeto, más oscuro y no identificable. A la izquierda de Jesús crucificado, otra figura de la que sólo queda el nimbo.

Si bien la escena de la crucifixión es muy común en época medieval y existen numerosos ejemplos, resulta difícil identificar los dos personajes a cada lado de la cruz. La lógica es que la figura de la izquierda corresponda a la Virgen María, y la de la derecha a san Juan. En este caso de Sant Hilari, la escena iconográfica se presenta algo reducida, ya que a cada lado de Jesús se encuentra sólo una figura. En ambos personajes, el

**Fig. 8** Sant Hilari d'Abrera. Decoración pictórica del muro de cierre del ábside de la iglesia (Ortofotografía Arqueòlegs.Cat).

nimbo indica que se trata de los santos que en muchos casos suelen estar acompañados por san Dimas (el Buen Ladrón) o Estefaton (el soldado que ofreció una esponja con vinagre y vino) o Longinus (el soldado que le perforó el costado con una lanza). Sin embargo, dado que los únicos atributos visibles e identificables son los nimbos, las conclusiones sobre su posible identificación son todavía parciales y se apoyan sólo en ejemplos análogos con su correspondiente iconografía. En cambio, los círculos por encima de la cruz, son el sol y la luna que se asimilan con el Antiguo y Nuevo Testamento, o el sol con el cristianismo y la luna con el judaísmo.[45]

El estudio de la decoración pictórica de la bóveda es difícil, porque todavía hay muchas partes que no están completamente decapadas y limpias, a la espera de un proyecto firme de consolidación (Figs. 8 y 9).

El espacio central, sobre fondo blanco, está ocupado por un círculo, o casi un círculo, con dos cenefas o franjas, una continua, rectilínea, y otra sinuosa, a modo de festón ondulado en rojo púrpura. Se trata de una mandorla. Alrededor de ella, en los ángulos se posicionan tres figuras identificables gracias a su estado de conservación. Una cuarta se infiere a partir de las otras tres. Las figuras se corresponden con los símbolos de los Evangelistas: el león de Marcos, el buey de Lucas, el águila de Juan y la cuarta debió corresponder al ángel personificando a Mateo. Fuera del espacio delimitado por la mandorla, y rellenando los campos libres dejados por los Evangelistas, se ubica, en el lado sur de la bóveda, una cruz floreada. La escena de la mandorla y de los Evangelistas en los ángulos se separa del resto de la decoración, la que toca al arco triunfal, mediante una doble franja roja y blanca. En el ángulo noroeste se emplaza la representación de un personaje alado, justo al lado de una elipse.

La presencia de la mandorla indica claramente que es la *Maiestas Domini*, el Cristo en Majestad, aunque a Cristo sentado en el centro sólo lo intuimos. La escena yuxtapuesta, sobre fondo rojo, y separada por esa doble franja blanca y roja, se corresponde con mucha probabilidad a la escena del *Agnus Dei* (el cordero) flanqueado por dos ángeles, de los que uno es claramente visible. Es del todo previsible que el ángel se repitiese igual al otro lado, afrontados ambos al círculo elíptico.

Por último, la pintura del personaje, con vestimenta militar junto a una escalera, que se ha mencionado con anterioridad, dispuesta en el arco norte, que separa el santuario de la cámara al norte, está sobredibujada con trazos negros a modo de carboncillo. La datación de esta imagen, es la más tardía de todo el conjunto, de finales de siglo XV.

---

45  La bibliografía sobre estas cuestiones iconográficas es extensa y bien conocida. Indicamos unos títulos básicos a la espera de desarrollar el estudio en profundidad. Cf. Hall 1974, 81–86; Medianero Hernández / Labrador González 2004; Rodríguez Peinado 2010.

| Código muestra mortero | Dosis Arqueológica (Gy) | Tasa dosis (mGy/a) | Datación OSL BP | Datación media AD | Código Laboratorio |
|---|---|---|---|---|---|
| M1B | 4.32±0.27 | 2.71±0.19 | 1595±167 (1σ) | 425 | LUM 404/22 |
| M3A | 4.00±0.37 | 3.35±0.30 | 1190±130 (1σ) | 835 | LUM 406/22 |
| AM1D | 3.27±0.24 | 2.94±0.23 | 1110±130 (1σ) | 910 | LUM 378/21 |
| M2A | 2.96±0.16 | 3.05±0.23 | 970±130 (1σ) | 1050 | LUM 405/22 |
| AM3D | 2.86±0.07 | 3.28±0.27 | 870±100 (1σ) | 1150 | LUM 379/21 |
| AM2D | 2.34±0.11 | 2.78±0.17 | 840±95 (1σ) | 1180 | LUM 377/21 |
| M4B | 1.80±0.20 | 2.75±0.15 | 652±70 (1σ) | 1380 | LUM 407/22 |
| AM4D | 1.50±0.10 | 2.73±0.15 | 550±65 (1σ) | 1470 | LUM 380/21 |

**Fig. 9** Sant Hilari d'Abrera. Decoración pictórica de la bóveda del ábside de la iglesia (Ortofotografía Arqueòlegs.Cat) y tabla con los resultados OSL/Luminiscencia Óptica Estimulada de morteros del interior de la iglesia (Laboratory of Archaeometry, University of Peloponnese, Kalamata, Grecia).

## Decoración escultórica: las impostas

Por último, es necesario un último apunte respecto a la decoración escultórica, dado que las impostas conservadas han supuesto uno de los caballos de batalla respecto a la datación de la iglesia. M. Pagès consideraba que la iglesia era de los siglos IX y X, pero sospechaba que podía ser anterior por la presencia de unas impostas, enmarcando el doble arco triunfal y los ángulos de cierre del muro del ábside. Pagès considera dos de las impostas de época visigoda y las otras dos imitaciones medievales.[46]

Todo el trabajo llevado a cabo en la zona del santuario de la iglesia, las intervenciones en el subsuelo y el decapado de la bóveda contradicen esta hipótesis. Ahora sabemos que no son fragmentos o impostas individualizadas. Es una única imposta, una en el norte y otra en el sur, en las que se apoya el peso de la bóveda y que en un momento determinado fueron repicadas, probablemente por deterioro o para ejecutar la decoración pictórica global (Fig. 10). Numerosos fragmentos de las impostas han sido localizados en la estratigrafía del subsuelo.

Sin duda, atrae la atención, a la vez que genera dudas, la superficie vista de la imposta sur, al frente del arco triunfal. Está decorada con tres rostros frontales enmarcados por tres arcuaciones. Lo inusual de la decoración obliga a un estudio que resuelva las dudas de la producción y el taller de procedencia[47], y de la escultura altomedieval en Cataluña en general. Será necesario llevar a cabo un estudio más exhaustivo y profundo para poder proponer las dataciones precisas. La otra imposta, la del costado norte del arco triunfal, presenta trazos geométricos cuyo carácter genérico tampoco permite conclusiones específicas.

---

[46] Pagès i Paretas 1983, 135–149.
[47] Se mencionan de forma habitual los paralelos de Sant Pau del Camp en Barcelona o de São Pedro de Balsemão en Lamego (Portugal) (Ainaud 1962, 41; Pagès i Paretas 1983, 147 s.), pero, a nuestro parecer, no son comparables. X. Barral i Altet (Barral i Altet 1981, 111) alude a dos ejemplos franceses similares, pero de cronología más tardía.

**Fig. 10** Sant Hilari d'Abrera. Restitución y fotos de las impostas que decoran los vanos norte y sur de la bóveda del ábside y de los capiteles/impostas del arco triunfal (Fotos y restitución G. Ripoll e I. Kranjec).

La sepultura privilegiada

Si el hallazgo de las pinturas parietales es significativo, no lo es menos el de la sepultura privilegiada en el centro de la nave con un individuo masculino de mediana edad (cf. Figs. 5 y 6). La revisión preliminar de las fuentes textuales respecto a los linajes de los Castellvell, los Voltrera, como feudatarios, y de los Montcada, no permite atribuirles a unos u otros la sepultura y el individuo que contiene. La documentación existente es muy parca y poco alusiva, pero de lo que no cabe duda es que en un momento como es el pleno siglo XIV, el lugar de enterramiento de un personaje destacado es una decisión de capital importancia, igual como lo son los preparativos y las ceremonias fúnebres, las del momento preciso, pero también las que tienen lugar después y que recuerdan y glorifican al personaje enterrado. Cuanto más elevado es el rango del difunto, más complejos son los rituales en torno a la muerte.[48] El lugar escogido para ubicar esta sepultura es indudable que contempla una escenografía rigurosa, pensada y proyectada para la notoriedad y su prevalencia, como es habitual desde época temprana en los espacios destinados al culto funerario.[49]

## A modo de conclusiones

Los resultados expuestos hasta aquí apelan directamente a que Sant Hilari es un establecimiento de significativa importancia cultural y económica en la cuenca baja del Llobregat. Disponemos de escasa información sobre la densidad de ocupación y demografía poblacional en este territorio previo al delta, tanto para época romana como para época medieval y bajomedieval, algo que resulta capital para caracterizar en toda su dimensión el yacimiento de Sant Hilari. Los altos y bajos debieron ser importantes, y episodios de crisis agrarias sumados a la peste negra de siglo XIV diezmaron profundamente los entornos rurales. Sin embargo, la suma de datos obtenidos gracias a las diferentes actuaciones e intervenciones ponen en evidencia que el yacimiento se ubica en un lugar idóneo para una estación balnearia.

Por un lado, destaca el emplazamiento sobre la terraza más alta del valle fluvial, junto a un vado y cruce de caminos, un punto de parada o *statio* al que llegan productos cerámicos importados, que ahondan en el sentido del *Rubricatus* como corredor de conectividad. Por otro, la presencia de aguas mineromedicinales caracterizadas y analizadas a partir de tres captaciones de un mismo acuífero. Un lugar con surgencias de aguas curativas y salutíferas es un emplazamiento que en uno u otro momento será frecuentado, ocupado y construido. En Sant Hilari, la envergadura y monumentalidad

---

48   Cingolani 2019, 9.
49   Barral i Altet 2014.

de las estructuras termales, no dejan lugar a dudas, son las idóneas para las hidro- y fangoterapias.

El espacio balneario en uso en época imperial y Antigüedad tardía se transformó en una iglesia en época medieval. La iglesia trajo consigo una aglomeración y, tanto una como otra, se construyen sobre las estructuras romanas.[50] Se puede afirmar que la ocupación medieval amortiza la construcción anterior. 'Literalmente', la limpia, barre y compartimenta. La transformación de espacio termal en iglesia no hace más que perpetuar, en cierto modo, la sacralidad del espacio.

Quizá vale la pena aquí, poner de relieve las cuestiones del topónimo del lugar, Sant Hilari que debe tener relación con la advocación de la iglesia. No obstante, por el momento no disponemos de documentos anteriores al siglo XIV que lo confirmen.

Una cuestión significativa es que en el *Libri de virtutibus sancti Hilarii*, que Venancio Fortunato dedicó para ensalzar a Hilario de Poitiers, le confiere capacidades/propiedades curativas (6.17). El relato explica que estando en la iglesia de San Martín de Tours, curó a un hombre de su ceguera.[51]

A falta de reunir y trabajar las fuentes en profundidad, por el momento cabe reflexionar sobre si Sant Hilari, topónimo y advocación, tiene algo que ver con la presencia de las aguas mineromedicinales y quizá de la representación, entonces, de los santos Cosme y Damián, a ambos lados de la cruz. La cercana población, también llamada Sant Hilari, en este caso Sant Hilari Sacalm, en el Montseny, cuenta con más de cien fuentes en su entorno inmediato que construyen un paisaje balneario de aguas termales curativas y salutíferas (las aguas bicarbonatadas cálcicas con bajo contenido de sodio, nitratos y sulfatos son consideradas aptas para tratar obesidad, litiasis renal, litiasis biliar, litiasis úrica, gota o reumatología). Quizá como dato anecdótico pero interesante cabe recordar que la tradición afirma que Recesvinto afectado de litiasis renal, fue a tomar aguas, consideradas curativas, al manantial natural de Baños, localizado junto a la iglesia de San Juan, que todo parece indicar la ofreció el propio rey (652 o 661).[52]

Por último, destacamos el descubrimiento de las pinturas, excepcionales por ser las primeras documentadas en el Baix Llobregat, por la calidad de su ejecución. Las crono-

---

50   Existen algunos ejemplos de este tipo de transformación: la basílica de siglo V de Empúries se construye sobre el espacio termal; lo mismo que la de siglo VI de la *villa Fortunatus*/Fraga, sobre el sector de residencia; una iglesia medieval se levanta sobre las termas de Alhama de Murcia; en Sant Valentí de les Cabanyes (Les Cabanyes del Penedès) la iglesia se construye sobre la *villa*; en Sant Boi, las termas públicas también se verán transformadas parcialmente en una iglesia. Y, se puede citar el caso emblemático, entre otros, de Djebel Oust (Túnez), santuario dedicado a Esculapio y las aguas, que pasó a ser ocupado por una basílica cristiana.

51   Venantius Fortunatus, Libri de virtutibus sancti Hilarii 6.17: *Nec illud quidem praeterire convenit, quod caeco felici post vita successit. Nam cum ad beati Martini limina pro recipiendo lumine properaret, in sancti Hilarii praeteriens templum ingressus est. Quo dum vigilias officio solito celebrarent, mane facto apertis oculis ipse diem coepit aliis nuntiare, qui semper egebat audire.*

52   Velázquez/Ripoll 1992. AEHTAM 15; IHC 143; IHC 148; ICERV 314; ICERV 314a; CLE 322; AE 2000, 766; HEp 10, 404; HEp 17, 101. Cf. también: Del Hoyo 2006.

logías obtenidas – inicios de siglo IX y segunda mitad del XII para el gran momento de la decoración pictórica – las ponen en relación con los Voltrera, feudatarios, y los Castellvell, propietarios y linaje que estuvo estrechamente unido a la familia de los condes de Barcelona. Respecto al individuo inhumado en la sepultura privilegiada de siglo XIV, obtener respuestas acerca de su identidad y las causas de su muerte será clave para clarificar la continuidad de Sant Hilari d'Abrera en época bajomedieval y moderna.

## Bibliografía

Ainaud 1962: J. Ainaud, La capilla de Sant Hilari en Abrera, San Jorge 47, 1962, 40–43

Albert 1976: J. F. Albert, Estudio geotérmico preliminar de Cataluña (Barcelona 1976)

Albizuri/Terrats/Oliva 2009: S. Albizuri / N. Terrats / M. Oliva, L'aprofitament d'animals salvatges en l'assentament adscrit a la primera edat del ferro de Can Roqueta / Can Revella (Sabadell i Barberà del Vallès, Vallès Occidental): les restes d'ós bru (*Ursus arctos*), Arraona: revista d'història 32, 2009, 116–123

Almela/Llopis 1947: A. Almela / N. Llopis, Mapa Geológico de España, Escala 1:50.000, Explicación de la Hoja nº 392, Sabadell (Madrid 1947)

Alonso/Toldrà 1993: M. Alonso / L. Toldrà, El oso pardo en Cataluña, en: J. Naves / G. Palomero (Eds.), El oso pardo (*Ursus arctos*) en España (Madrid 1993) 339–350

Barral i Altet 2014: X. Barral i Altet, La escenografía de la tumba. Lugares de la muerte en la iglesia medieval: ritos y atrevimientos, Codex Aquilarensis 30, 2014, 13–36

Barral i Altet 1981: X. Barral i Altet, L'art pre-romànic a Catalunya: segles IX–X (Barcelona 1981)

Bocherens et al. 2004: H. Bocherens / A. Argant / J. Argant / D. Billiou / E. Crégut-Bonnoure / B. Donat-Ayache / M. Philippe / M. Thinon, Diet reconstruction of ancient brown bears (*Ursus arctos*) from Mont Ventoux (France) using bone collagen stable isotope biogeochemistry ($^{13}$C, $^{15}$N), Canadian Journal of Zoology 82.4, 2004, 576–586, DOI: https://doi.org/10.1139/z04-017 (6.7.2024)

Bolòs i Masclans / Pagès i Paretas 1986: J. Bolòs i Masclans / M. Pagès i Paretas, El castell i la baronia de Castellví de Rosanes (Baix Llobregat), Acta Historica et Archaeologica Mediaevalia 3, 1986, 113–151

Bonifay 2016: M. Bonifay, Annexe 1. Élements de typologie des céramiques de l'Afrique romaine, en: D. Malafitana / M. Bonifay (Eds.), La cerámica africana nella Sicilia Romana, Tomo 2 (Catania 2016) 507–575

Bronk Ramsey 1995: C. Bronk Ramsey, Radiocarbon Calibration and Analysis of Stratigraphy: The OxCal Program, Radiocarbon 37.2, 1995, 425–430, DOI: https://doi.org/10.1017/S0033822200030903 (6.7.2024)

Cingolani 2019: S. M. Cingolani, L'infant Pere i la comtessa Joana de Foix. Rituals i política al voltant de la mort (Barcelona 2019)

Corominas Blanch 1980: J. Corominas Blanch, Les deus sulfhídriques de Catalunya. Estudi hidrogeològic previ, Ausa 9.93, 1980, 25–37

De Soto 2013: P. De Soto, Anàlisi de la distribució i la mobilitat en el territori del riu *Rubricatum*, en: C. Carreras / A. López Mullor / J. Guitart (Eds.), Barcino II: Marques i terrisseries d'àmfores del Baix Llobregat, Corpus International des Timbres Amphoriques (Barcelona 2013) 297–308

De Soto / Carreras 2007: P. De Soto / C. Carreras, Anàlisi de la xarxa de transport a la Catalunya romana: alguns apunts, RAPon 16–17, 2006–2007, 177–191

Del Hoyo 2006: J. Del Hoyo, A propósito de la inscripción dedicatoria de San Juan de Baños, en: C. Fernández Martínez / J. Gómez Pallarés (Eds.), Temptanda via est. Nuevos estudios sobre la poesía epigráfica latina (Bellaterra 2006) 1–22

Estrada i Planell 1989: G. Estrada i Planell, La Puda: un balneari als peus de Montserrat (Barcelona 1989)

Garí 1985: B. Garí, El linaje de los Castevell de Rosanes en los siglos XI y XII, Medievalia, Monografías 5 (Bellaterra 1985)

González Soutelo 2020: S. González Soutelo, Descubriendo las *Aquae*: 40 años de investigación sobre los baños romanos de aguas mineromedicinales en la península ibérica, en: J. M. Noguera Celdrán / V. García Entero / M. Pavía Page (Coords.), Termas públicas de Hispania. Actas del Congreso Internacional. Monografías Arqueología XXXIII (Sevilla 2020) 211–234

González Soutelo 2013: S. González Soutelo, Los balnearios romanos en Hispania. Puesta al día de los principales enclaves de aguas mineromedicinales en España, Anales de Arqueología Cordobesa 23–24, 2012–2013, 175–200

Grabau 1904: A. W. Grabau, On the classification of sedimentary rocks, American Geologist 33, 1904, 228–247

Gurt Esparraguera / Rodà de Llanza 2005: J. M. Gurt Esparraguera / I. Rodà de Llanza, El Pont del Diable: el monumento romano dentro de la Política territorial augustea (Madrid 2005)

Hall 1974: J. Hall, Dictionary of Subjects and Symbols in Art (Nueva York 1974)

Hayes 1972: J. W. Hayes, Late Roman Pottery (Londres 1972)

Kempf 1990: C. Kempf, Los señores del bosque. Conservación del lobo, el lince, el oso y el bisonte en Europa (Barcelona 1990)

López Mullor 1998: A. López Mullor (Ed.), Sant Boi de Llobregat (Baix Llobregat) 1989–1998. Restauració de les termes romanes (Barcelona 1998)

López Mullor / Fierro 2002: A. López Mullor / X. Fierro, Les darreres intervencions a les termes romanes de Sant Boi de Llobregat. Datació i tipologia, Empúries 53, 2002, 261–296

Luque / Julià 2007: J. A. Luque / R. Julià, U/Th dating of Quaternary travertines at the middle River Llobregat (NE Iberian Peninsula, Northwestern Mediterranean). Correlation with sea-level changes, Geologica Acta 5.1, 2007, 109–117

Mackensen 1993: M. Mackensen, Die Spätantiken Sigillata- und Lampentöpfereien von El Mahrine (Nordtunisien), MünchBeitrVFG 50 (Múnich 1993)

Maluquer i Sostres 1992: J. Maluquer i Sostres, Notícia de la fauna de Catalunya i d'Andorra al final del segle XVIII, Butlletí de la Institució Catalana d'Història Natural 60, 1992, 5–21

Martín Escorza 2017: C. Martín Escorza, Aspectos geológicos de las aguas termales y minerales relacionadas con la Antigüedad en la Península Ibérica, en: M.ª J. Peréx Agorreta / C. Miró i Alaix (Eds.), VBI AQVAE IBI SALVS. Aguas mineromedicinales, termas curativas y culto a las aguas, en la Península Ibérica (desde la Protohistoria a la Tardoantigüedad) (Madrid, 2017) 16–36

Mauri 2006: A. Mauri, La configuració del paisatge medieval: el comtat de Barcelona fins el segle XI, Tesis Doctoral, Universitat de Barcelona (Barcelona 2006)

Medianero Hernández / Labrador González 2004: J. M. Medianero Hernández / I. Labrador González, Iconología del sol y la luna en las representaciones de Cristo en la cruz, Laboratorio de Arte 17, 2004, 73–92

Menéndez / Solías 1989: X. Menéndez / J. M. Solías, La villa romana de Sant Hilari (Abrera), en: I Jornades Arqueològiques del Baix Llobregat, Castelldefels 1989, Pre-Actes, vol. I, Comunicacions (Castelldefels 1989) 399–400

Miró i Alaix / Peréx Agorreta 2017: C. Miró i Alaix / M.ª J. Peréx Agorreta, Las termas medicinales en época romana. Arquitectura al servicio de la salud, y el culto, en: M.ª J. Peréx Agorreta / C. Miró i Alaix (Eds.), VBI AQVAE IBI SALVS. Aguas mineromedicinales, termas curativas y culto a las aguas, en la Península Ibérica (desde la Protohistoria a la Tardoantigüedad) (Madrid 2017) 152–168

Ollich/Rocafiguera 1994: I. Ollich / M. Rocafiguera, L'*oppidum* ibèric de l'Esquerda. Campanyes 1981–1991. (Les Masies de Roda de Ter, Osona), Memòries d'Intervencions Arqueològiques a Catalunya 7 (Barcelona 1994)

Pagès i Paretas 1992: M. Pagès i Paretas, Art romànic i feudalisme al Baix Llobregat (Barcelona 1992)

Pagès i Paretas 1983: M. Pagès i Paretas, Les esglésies pre-romàniques a la comarca del Baix Llobregat (Barcelona 1983)

Pastoureau 2007: M. Pastoureau, L'Ours. Histoire d'un roi déchu (París 2007) = trad.: El oso. Historia de un rey destronado (Barcelona 2008)

Pedemonte i Falguera 1929: B. Pedemonte i Falguera, Notes per a la Història de la Baronia de Castellvell de Rosanes. Martorell, Abrera, Castellví de Rosanes, Castellbisbal, Sant Andreu de la Barca i Sant Esteve Sasrovires (Barcelona 1929)

Peréx Agorreta / Miró i Alaix 2017: M.ª J. Peréx Agorreta / C. Miró i Alaix (Eds.), VBI AQVAE IBI SALVS. Aguas mineromedicinales, termas curativas y culto a las aguas, en la Península Ibérica (desde la Protohistoria a la Tardoantigüedad) (Madrid 2017)

Petit/Surroca 1996: M. A. Petit / J. Surroca, La Prehistòria del Moianès: els nostres orígens (Moià 1996)

Plana Castellví 1978: J. A. Plana Castellví, Una aportación al estudio hidrológico del Llobregat, Revista de geografia 12.1, 1978, 29–44

Puig 1986: F. Puig, Les termes romanes de Sant Boi de Llobregat, Fonaments 6, 1986, 61–94

Puig/Molist/Melián 1989: F. Puig / N. Molist / R. Melián, El carrer de la Pau (Sant Boi de Llobregat). L'evolució històrica d'un edifici, Baix Llobregat I, 1989, 443–457

Reimer et al. 2020: P. Reimer / W. Austin / E. Bard / A. Bayliss / P. Blackwell / C. Bronk Ramsey et al., The IntCal20 Northern Hemisphere radiocarbon age calibration curve (0–55 cal kBP), Radiocarbon 62(4), 2020, 725–757, DOI: https://doi.org/10.1017/RDC.2020.41 (6.7.2024)

Rodríguez Peinado 2010: L. Rodríguez Peinado, La Crucifixión, Revista Digital de Iconografía Medieval 2.4, 2010, 29–40

Shideler 1987: J. C. Shideler, Els Montcada: una família de nobles catalans a l'Edat Mitjana (1000–1230) (Barcelona 1987) = trad. del original inglés: The Montcadas 1000–1230: The History·of a Medieval Catalan Noble Family (Berkeley-Los Angeles 1983)

Soler 2016: M. Soler, Diversidad de cultivos y GIS. Los Sistemas de Información Geográfica en el estudio del paisaje agrícola del condado de Barcelona (siglos IX–XII), en: Old and New Worlds: the Global Challenges of Rural History|International Conference, Lisbon, ISCTE-IUL, 27–30 January 2016, 1–14

Soler 2003: M. Soler, Feudalisme i nucleació poblacional. Processos de concentració de l'hàbitat al comtat de Barcelona entre els segles X i XIII, Acta Historica et Archaeologica Mediaevalia 23–24, 2003, 69–101

Soler 2002: M. Soler, Medieval topographical urban models: development and morphological evolution of the villages in Barcelona's county between the 10th and 13th centuries, en: Centre, Region, Periphery. III International Conference of Medieval and Later Archaeology 2 (Basilea 2002) 573–579

Soler 2000: M. Soler, L'església de Sant Pere d'Abrera. Estudi sobre la seva evolució històrica (Abrera 2000)

Solías 1990: J. M. Solías, El poblament ibèric i romà del curs inferior del Llobregat, Tesis Doctoral, Universitat de Barcelona (Barcelona 1990)

TIR 1997: *Tabula Imperii Romani*, Hoja K/J-31: Pyrenées Orientales-Baleares, Tarraco / Baleares (Madrid 1997)

Tuset et al. 2024: J. Tuset / G. Ripoll / F. Tuset / I. Mesas, La circulación de productos cerámicos entre los siglos II y III d. C. en Sant Hilari d'Abrera (Abrera, Baix Llobregat, Barcelona), en: VI Congreso Internacional, Los cursos fluviales en Hispania, vías de comunicación, Sociedad de Estudios de la Cerámica Antigua en Hispania (SECAH) (Zaragoza 2024) 525–532

Valenzuela-Lamas et al. 2018: S. Valenzuela-Lamas / H. A. Orengo / D. Bosch / M. Pellegrini / P. Halstead, Shipping amphorae and shipping sheep? Livestock mobility in the north-east Iberian peninsula during the Iron Age based on strontium isotopic analyses of sheep and goat tooth enamel, PloS One 13/10, 2018, DOI:https://doi.org/10.1371/journal.pone.0205283 (6.7.2024)

Velázquez/Ripoll 1992: I. Velazquez / G. Ripoll, Pervivencias del termalismo y el culto a las aguas en época visigoda hispánica, EspacioHist 2.5, 1992, 555–580

Vives Tort 2007: M. Vives Tort, Evolució històrica de la xarxa viària entre el Llobregat i el Foix. Des de l'època romana fins al tercer decenni del segle XX, Tesis Doctoral, Universitat de Barcelona (Barcelona 2007)

Voerkelius et al. 2010: S. Voerkelius / G. D. Lorenz / S. Rummel / C. R. Quétel / G. Heiss / M. Baxter / C. Brach-Papa / P. Deters-Itzelsberger / S. Hoelzl / J. Hoogewerff, Strontium isotopic signatures of natural mineral waters, the reference to a simple geological map and its potential for authentication of food, Food Chemistry 118.4, 2010, 933–940, DOI: https://doi.org/10.1016/j.foodchem.2009.04.125 (6.7.2024)

**Gisela Ripoll** es catedrática de Arqueología de la Antigüedad tardía de la Universitat de Barcelona. Miembro del grupo de investigación *ERAAUB-Equip de Recerca Arqueològica i Arqueomètrica de la Universitat de Barcelona* (2021 SGR 00696) y del *Institut d'Arqueologia de la Universitat de Barcelona*. Investigadora Principal del proyecto *ECLOC* (2014–2025). Profesora invitada en diversas universidades europeas y *Senior Research* en el *Institute for Advanced Study* de Princeton. Editora de la revista *Pyrenae, Journal of Western Mediterranean Prehistory and Antiquity* (UB). Recibió el premio a los hispanistas Prix Raoul Duseigneur (*Institut de France, Académie des Inscriptions et Belles Lettres*).

PROF.ª DRA. GISELA RIPOLL
Universitat de Barcelona. Facultat de Geografia i Història. Departament d'Història i Arqueologia, C/Montalegre 6, 08001 Barcelona/España, giselaripoll@hotmail.com/ giselaripoll@ub.edu

**Inma Mesas** es arqueóloga profesional. Licenciada en Historia por Universitat Rovira i Virgili (Tarragona). Colaboradora del *ERAAUB-Equip de Recerca Arqueològica i Arqueomètrica de la Universitat de Barcelona* (2021 SGR 00696) e investigadora adscrita al proyecto *ECLOC* (2016–2025). Responsable de las intervenciones arqueológicas de Sidillà (Girona), Pla dels

Albats-Olèrdola (Penedès) y Sant Hilari d'Abrera (Barcelona). De su trayectoria profesional destaca la empresa CODEX (2001–2015) y sus trabajos en *Tarraco* ciudad y su entorno y el castillo de Miravet. Experta en *Museumplus*, colabora con el Museu d'Arqueologia de Catalunya y el Inventario de la Dirección General de Patrimonio Cultural (Generalitat de Catalunya).

INMA MESAS
C/ Natzaret 10, 08913 Badalona/España, immamesas@yahoo.es

**Joan Tuset Estany** es investigador contratado postdoctoral en el *Österreichisches Archäologisches Institut*, donde trabaja en el estudio de las dinámicas comerciales de época romana y la Antigüedad tardía en el Egeo a partir del estudio de la cerámica. Adscrito al proyecto *ECLOC* como investigador en formación desde 2015, y como miembro del Equipo Investigador desde 2018. Su investigación se centra en las dinámicas económicas, comerciales y urbanas en la Antigüedad tardía a partir del estudio ceramológico y en la estratigrafía arqueológica. Ha participado en diversos proyectos de investigación nacionales e internacionales en España, Francia, Grecia y Turquía.

DR. JOAN TUSET ESTANY
Österreichisches Archäologisches Institut. Dominikanerbastei 16, 1010 Wien/Austria, joantusetestany@gmail.com

**Jelena Behaim** es investigadora postdoctoral Juan de la Cierva en la Universidad de Barcelona, adscrita al *ERAAUB-Equip de Recerca Arqueològica i Arqueomètrica de la Universitat de Barcelona* (2021 SGR 00696), al *Institut d'Arqueologia de la Universitat de Barcelona* y al proyecto *ECLOC* (2014–2025). Ha participado en proyectos nacionales e internacionales y ha sido becaria en centros de investigación de Reino Unido, Francia, España, Portugal, Italia, Estados Unidos, Croacia y Grecia. Fruto de su investigación es su participación en congresos internacionales y publicaciones en diversas revistas. Docente en el Máster de Humanidades Digitales y en el Grado de Arqueología de la Universitat de Barcelona.

DRA. JELENA BEHAIM
Universitat de Barcelona. Facultat de Geografia i Història. Departament d'Història i Arqueologia, C/Montalegre 6, 08001 Barcelona/España, jelenabehaim@gmail.com

**Ramón Julià** es Profesor de Investigación honorario del Institut de Ciències de la Terra *Jaume Almera* del Consejo Superior de Investigaciones Científicas (hoy Geociencias Barcelona/GEO3BCN). Actualmente miembro colaborador de los grupos de investigación de la Universitat de Barcelona: *FluvAlps-Fluvial Variability, Climate and Land Use Interactions in Alpine Environments* y *SERP-Seminari d'Estudis i Recerques Prehistòriques de la Universitat de Barcelona*.

Es colaborador científico del proyecto de investigación *ECLOC* (2018–2025) y de *PaleoBarcino*, centrado en la evolución holocena del sector litoral de Barcelona.

PROF. DR. RAMÓN JULIÀ
SERP-Seminari d'Estudis i Recerques Prehistòriques, Universitat de Barcelona, C/Montalegre 6, 08001 Barcelona/España nomar.ailuj@gmail.com

**Ivor Kranjec** es becario predoctoral en el Departamento de Historia del Arte de la Facultad de Humanidades y Ciencias Sociales de la Universidad de Zagreb (Croacia). Investigador adscrito al proyecto *ECLOC* (2022–2025) Tras obtener su Máster en Historia del Arte y Sociología, participa en varios proyectos de investigación en Croacia, España e Italia, centrados en las transformaciones del paisaje mediterráneo y la arquitectura tardoantigua y medieval. Experto en la implementación de aplicaciones digitales al proceso de documentación del patrimonio cultural. Participa activamente en congresos nacionales e internacionales y ha publicado varios artículos y capítulos en libros.

IVOR KRANJEC
University of Zagreb, Faculty of Humanities and Social Sciences. Ul. Ivana Lučića 3, 10000, Zagreb/Croacia, kranjec.ivor@gmail.com

**Santiago Riera** es Catedrático de Prehistoria de la Universitat de Barcelona. Miembro del grupo de investigación *SERP-Seminari d'Estudis i Recerques Prehistòriques de la Universitat de Barcelona*, del *Institut d'Arqueologia de la Universitat de Barcelona* y colaborador científico del proyecto *ECLOC* (2022–2025). Entre otros, dirige el proyecto de investigación *PaleoBarcino*. Es Investigador Principal de numerosos proyectos nacionales e internacionales sobre paleoambiente, paleopaisaje y arquebotánica para analizar las interacciones hombre-medio en sectores litorales mediterráneos. Su docencia se focaliza en la Arqueología del Paisaje y la Arqueobotánica.

PROF. DR. SANTIAGO RIERA
Universitat de Barcelona. Facultat de Geografia i Història. Departament d'Història i Arqueologia, C/Montalegre 6, 08001 Barcelona/España, rieram@ub.edu

**Alejandro Valenzuela Oliver** es Arqueólogo. Investigador Ramón y Cajal del *Institut Mediterrani d'Estudis Avançats (UIB-CSIC)*, miembro del *Institut d'Arqueologia de la Universitat de Barcelona* y colaborador científico del proyecto *ECLOC* (2022–2025). Licenciado en Historia (2006), Máster en Arqueología Prehistórica (Universidad Autónoma de Barcelona 2010) y Doctor en Arqueología por la Universitat de Barcelona (2015) con una tesis sobre el registro arqueozoológico de las Baleares. Ha dirigido varias campañas arqueológicas en Mallorca y participado en otras como técnico especialista. Ha realizado estancias postdoctorales y colaboraciones con varios centros de investigación de Reino Unido, Italia, Francia y Portugal.

ALEJANDRO VALENZUELA OLIVER
Institut Mediterrani d'Estudis Avançats (UIB-CSIC). Carrer de Miquel Marquès 21, 07190 Esporles, Illes Balears/España, avalenzuela@imedea.uib-csic.es

**Francesc Tuset Bertran** es Profesor Titular honorario de Arqueología de la Universitat de Barcelona. Miembro colaborador del grupo de investigación *ERAAUB-Equip de Recerca Arqueològica i Arqueomètrica de la Universitat de Barcelona* (2021 SGR 00696), del *Institut d'Arqueologia de la Universitat de Barcelona* e Investigador Principal Sustituto del proyecto *ECLOC* (2014–2025). Pionero en estudios cerámicos arqueométricos y en el urbanismo y arquitectura romanas y de la Antigüedad tardía. De sus proyectos destaca el conjunto episcopal de *Egara* (iglesias de Terrassa). Lidera, junto con M. Á. de la Iglesia y D. Álvarez, el proyecto de la *Colonia Clunia Sulpicia*.

PROF. DR. FRANCESC TUSET BERTRAN
Universitat de Barcelona. Facultat de Geografia i Història. Departament d'Història i Arqueologia, C/Montalegre 6, 08001 Barcelona/España, francesctuset1954@gmail.com

Flüsse und Flusstäler
*Adern der Wirtschaft*
_____

# Bergbaulandschaften im Nordwesten Hispaniens*
## Zur Goldgewinnung in Flussgebieten

ALMUDENA OREJAS /
FRANCISCO JAVIER SÁNCHEZ-PALENCIA /
BRAIS X. CURRÁS REFOJOS / INÉS SASTRE PRATS

**Abstract:** Systematic researches on ancient gold mining in the Hispanic Northwest began in the last third of the 20th century. The first studies made it possible to identify the main mining sectors, the techniques applied and the morphology of the mines and the population related to the mines. From these former contributions it is possible to delve into several complementary aspects, some of which are synthesized in this paper. Firstly, in a better characterization of the mines and their hydraulic networks; secondly, in a more refined historical understanding of the role of Hispanic gold for the Empire; thirdly, in specific investigations on the organization of indigenous communities after the conquest, which reveal the crucial role of the rural civitates implanted by Rome.
From the methodological point of view, there are two keys: adopting the perspective of Landscape Archaeology, and considering all the available sources without ranking them. Geographically, knowledge of this mining and its context is increasingly broad, with projects developed in Castilla y León, Asturias and Galicia in Spain, and in the north of Portugal.
**Keywords:** Archaeo-mining, rural civitas, metalla publica, Pliny the Elder

---

\* Der Beitrag entstand in Zusammenarbeit mit Damián Romero Perona und Juan Luis Pecharromán Fuente. Die Autoren sind Mitglieder der Forschungsgruppe „Estructura social y territorio. Arqueología del Paisaje" (Sozialstruktur und Territorium. Landschaftsarchäologie) des Consejo Superior de Investigaciones Científicas, Instituto de Historia (CSIC, IH). Dieser Beitrag verdankt seine Realisierung folgenden Projekten: „Economías locales, economía imperial: el occidente de la Península Ibérica (siglos II a. C.-II d. C.) (LOKI)" (PID2019–104297 GB-I00) finanziert von MCIN/AEI/10.13039/501100011033/; „Paisajes y territorios: arqueología y patrimonio en el Noroeste peninsular (PATEAR)" (PIE CSIC 202410E064); „AVRARIA: el oro de Hispania" (2019-T1/HUM-14288); „Registros ambiguos: comunidades locales y poblamiento indígena en los metalla publica del noroeste hispano (INDIGENAE)" (PID2020–114248GA-I00).

**Zusammenfassung:** Im letzten Drittel des 20. Jahrhunderts begann die systematische Erforschung des antiken Goldbergbaus im Nordwesten Spaniens. In den ersten Studien konnten die wichtigsten Bergbaubereiche, die dort angewandten Techniken, die Morphologie der Minen sowie der mit dem Bergbau verbundenen Siedlungen identifiziert werden. Darauf aufbauend ist es möglich, verschiedene Aspekte zu ergänzen bzw. zu vertiefen. Einige davon werden in diesem Beitrag zusammengefasst: Zunächst erfolgt eine genauere Charakterisierung der Minen und ihrer Wasserleitungsnetze, zweitens wird das historische Verständnis der Rolle des hispanischen Goldes für das Imperium verfeinert und drittens wird, durch spezifische Untersuchungen zur Organisation der einheimischen Gemeinschaften nach der römischen Eroberung, die entscheidende Rolle der von Rom gegründeten ländlichen *civitates* hervorgehoben.

Aus methodischer Sicht sind zwei Punkte von zentraler Bedeutung: Die Einnahme einer landschaftsarchäologischen Perspektive und die gleichwertige Berücksichtigung aller verfügbaren Quellen. In geografischer Hinsicht wird die Kenntnis über den Bergbau im Nordwesten der Hispania und seiner Kontexte durch Forschungsprojekte in Kastilien und León, Asturien und Galicien in Spanien und im Norden Portugals immer profunder.

**Schlagwörter:** Montanarchäologie, rurale civitas, metalla publica, Plinius der Ältere

## Einführung

Die Goldminen im Nordwesten Spaniens werden zumeist in Abhängigkeit von Flussgebieten betrachtet. Man könnte meinen, dies geschehe aus rein pragmatischen Gründen, man ziehe diese aufgrund ihrer leicht wiedererkennbaren und kartografisch gut darstellbaren topografischen Einheiten als Hilfsmittel heran. Tatsächlich sind die Flussgebiete in diesem Falle jedoch sehr viel mehr als ein bloßes Instrumentarium, denn die Entstehung von Goldvorkommen steht in engem Zusammenhang mit fluvialen Erosions- und Sedimentationsprozessen und diese ziehen wiederum die unterschiedlichen Formen von Minen und die jeweils dort angewandten Techniken nach sich.

Die Zahl der in Hispanien entdeckten antiken Minen steigt unaufhörlich, so dass ihre kartografische Darstellung ein immer dichteres Bild ergibt (Abb. 1).[1] Zu verorten sind sie in den drei *conventūs* des Nordwestens der *Hispania Citerior* (mit den Hauptstätten *Asturica Augusta*, *Lucus Augusti* und *Bracara Augusta*) sowie im Norden der Lusitania – aus geografischer Sicht also in dem Gebiet, das vom Tajo (in den antiken Quellen *aurifer Tagus* genannt) bis zur kantabrischen Küste und an den östlichen Rand der Iberischen Halbinsel reicht.

---

1   Currás Refojos et al. 2021.

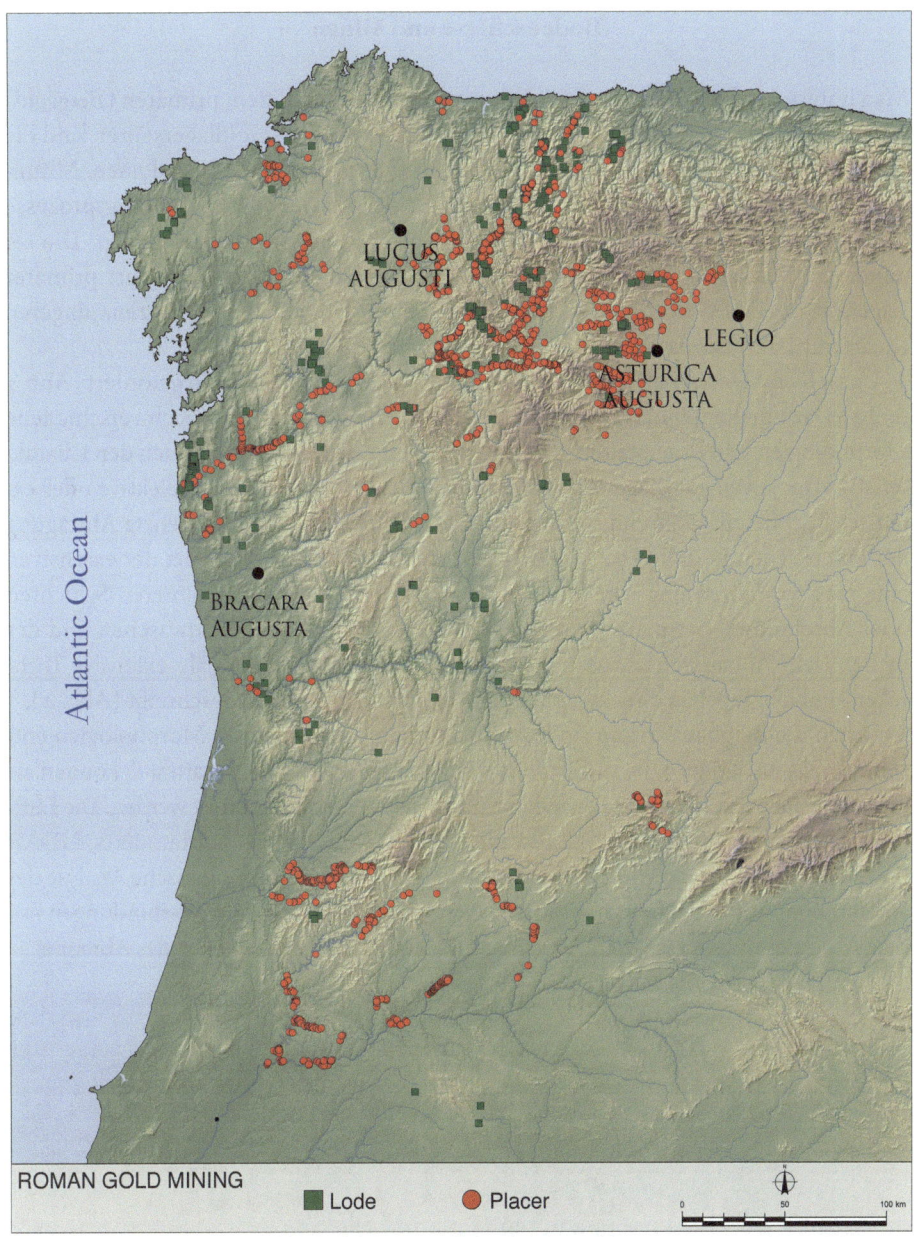

**Abb. 1** Übersichtskarte des spanischen Nordwestens mit Verteilung der wichtigsten Goldminen des 1. und 2. Jahrhunderts n. Chr. (© EST-AP, CSIC)

## Bodenschätze und Minen

Man unterscheidet zwischen zwei Haupttypen von Lagerstätten: primären (*Berggold*) und sekundären Lagerstätten (*Seifengold*). Bei den primären Goldlagerstätten sind die Goldpartikel in den Gesteinsmassen, häufig in Quarzgängen, eingeschlossen. Mitunter ist das Gestein in den oberflächlicheren Schichten durch Verwitterungsprozesse stark beeinträchtigt, teilweise ist ein geringfügiger Materialtransport erfolgt. Die sekundären Goldlagerstätten sind das Ergebnis von Erosion und Transport primärer Lagerstätten. Das Gold findet sich in sedimentären Umfeldern wie Flözen, jüngeren (quartären) Terrassensedimenten oder (tertiären) Festsedimenten.

Unter Roms Herrschaft wurde sowohl Berggold als auch Seifengold gefördert (Abb. 2 und 3) Dazu bediente man sich verschiedener Techniken, durch die sich verschiedene Morphologien von Lagerstätten ausgeformt haben (Abb. 2 und 3). Je nach den Charakteristika der jeweiligen Lagerstätte und ihres Reichtums nutzte man selektive oder extensive Techniken. Während bei der selektiven Gewinnung eine begrenzte Abtragung der Oberflächen in den gehaltvolleren Sektoren stattfindet, erfolgt bei der extensiven eine massive Entfernung von Material auf der Suche nach interessanteren Schichten oder Abschnitten. Beispiele für selektive Gewinnung sind das Goldwaschen und der hydraulische Abbau mittels zusammenlaufender Wasserleitungskanäle, extensive Techniken sind der Tagebau oder auch die *ruina montium*, die Plinius beschreibt (Abb. 4).

Durch die Bergbauarbeiten sind auf dem Gelände verschiedene Morphologien entstanden. Da nach dem 3. Jh. n. Chr. kein signifikanter Abbau mehr stattfand, können sie in vielen Fällen mit Hilfe von Fernerkundungssystemen dokumentiert werden. Die Luftbildfotografie der Flüge der US-Luftwaffe (USAF) Mitte des 20. Jahrhunderts, LiDAR und Drohnenbilder sind von essenzieller Bedeutung für die morphologische Analyse der antiken Bergwerke und liefern Informationen zu ihrem Ausmaß, den Verbindungen mit den Wasserleitungsnetzen, den Abbaubereichen oder dem Abtransport des Abraums.

**Abb. 2** Abbau in der Primärlagerstätte von Tresminas (Vila Pouca de Aguiar, Vila Real, Portugal) (© EST-AP, CSIC)

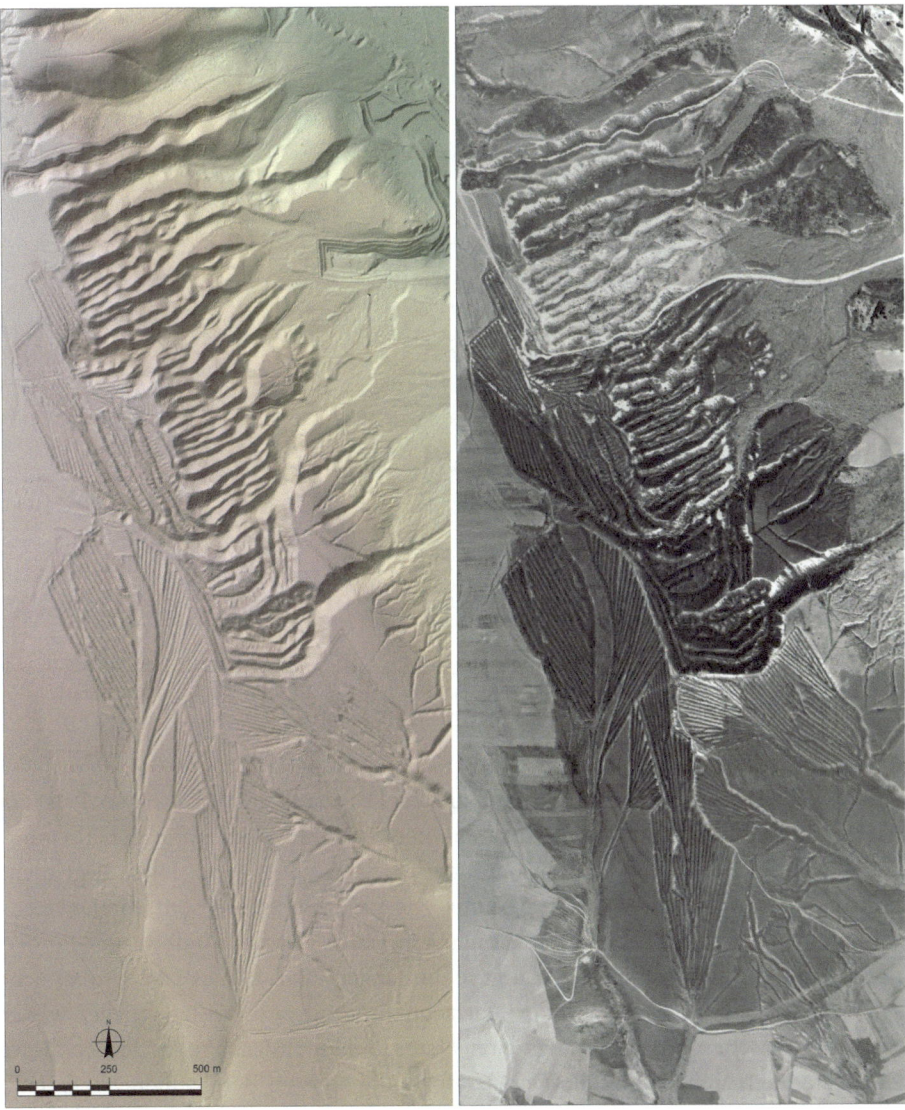

**Abb. 3** Selektiver Abbau in der Seifenlagerstätte Las Omañas (León): LiDAR-Topografie und Luftbild (© EST-AP, CSIC)

Es wurden diverse Nomenklaturen und Klassifikationen vorgeschlagen,[2] um diese Informationen zu systematisieren, wir beginnen jedoch zunächst mit den Beschreibungen und Benennungen, die Plinius der Ältere im Buch XXXIII der Naturalis Historia

---

2   Domergue 1990; Sánchez-Palencia Ramos / Orejas Saco del Valle 1994.

**Abb. 4** Las Médulas (León), die größte römische Tagebau-Goldmine, bei der die Technik der *ruina montium* am deutlichsten sichtbar ist. 1997 zum Weltkulturerbe erklärt
(© EST-AP, CSIC)

(66–78) bereitstellt. Unterstützend kann die von D. Plácido und F. J. Sánchez-Palencia übersetzte und kommentierte Textausgabe herangezogen werden,[3] in der die montanarchäologische Dokumentation besonders berücksichtigt wird. Diese liegt nicht nur für andere Goldminen des Imperiums, wie La Bessa im Piemont, die Dolaucothi-Goldminen in Wales oder Roşia Montană in Transsilvanien, sondern auch für den nordwestlichen Quadranten der Halbinsel umfänglich vor. Plinius ist in Anbetracht seiner direkten Kenntnis der Provinz Tarraconensis eine zuverlässige Quelle,[4] war er dort doch zwischen den Regierungszeiten Neros und Vespasians Prokurator. Zu dieser Zeit waren den archäologischen Daten zufolge die meisten Bergbaubereiche bereits aktiv.

Zu Beginn seines Textes nimmt Plinius Bezug auf mythische Formen der Goldgewinnung – die indischen Ameisen und die skythischen Greifen – und widmet, bevor er den Bergbau in Hispanien beschreibt, einige Seiten den Beschaffenheiten des Goldes (58–62): *estriges* ist die Bezeichnung für kleinere Goldmengen in Hispanien und das Gold kommt in *massae* oder in *ramenta* (Partikel) vor. Außerdem hebt er als Be-

[3] Plácido Suárez / Sánchez-Palencia Ramos 2014.
[4] Ciprés Torres 2017.

sonderheit des Goldes hervor, dass es sich als eben solches schon in der Natur finde (ohne irgendwelche metallurgischen Prozesse durchlaufen zu müssen wie der Großteil der Metalle). Plinius nennt dies die *inventio naturalis*. Sie umfasst drei Verfahren, auf die im Folgenden noch eingegangen wird. Andererseits spricht er aber auch von einer *inventio coacta* (79), was wiederum eine Bearbeitung des Minerals impliziert.

Die drei Verfahren der Goldgewinnung (*interventiones*) sind folgende: das Gold, das man im Schwemmland findet (*aurum fluminum*), in den Flusssedimenten, ein sehr pures Gold, das bereits durch die Strömungen von Flüssen wie dem Tajo, dem Po, dem Mariza, dem Paktolos oder dem Ganges verfeinert ist; das Gold, das man den Stollenschächten entnimmt (*aurum canalicium* oder *canaliense*; Untertagebau); und schließlich das Gold, das man im Tagebau gewinnt (*aurum arrugiae*). Abschließend geht er auf die Methode der Lokalisierung von Goldvorkommen ein, die wir heute als Prospektion bezeichnen.

Die Prospektion setzte eine gute Kenntnis der goldhaltigen Flussläufe voraus, die man wohl zunächst über die Berichterstattung lokaler Gemeinschaften erlangte, und erforderte eine großräumige Kontrolle des Territoriums. Die Prospektions-Arbeiten wurden ohne Unterlass durchgeführt und erfolgten parallel zum Abbau in anderen Bereichen. Die Kenntnis der Goldseifen, des *aurum fluminum*, stellte die Grundlage für die anschließende Durchführung von Erkundungstouren dar, bei denen man die Flüsse und Nebenflüsse nach verfestigten Sekundär- und Primärlagerstätten absuchte. Laut Plinius nehmen die Goldsucher durch Goldwaschen zunächst eine Probe (*indicium* bzw. *segullum*). Aus deren Ergebnis wird eine Schätzung (*coniectura*) zum Goldgehalt abgeleitet. Die Prospektion kann entlang der Berghänge fortgesetzt werden, um das *aurum alutium* zu lokalisieren: nach Plinius finde sich das Gold zum Teil direkt an der Oberfläche, und auch der Bereich darunter sei goldhaltig. Prospektionsarbeiten dieser Art haben in der Landschaft oberflächlich oder auch als tiefe Gräben vielfach Spuren hinterlassen. Sie werden häufig entdeckt, weil sie von den ausgebeuteten Gebieten isoliert liegen und keine Verbindung zum Wassernetz haben.

In verschiedenen Bergbaugebieten des hispanischen Nordwestens haben wir experimentelle Goldwaschprospektionen durchgeführt. Um die goldhaltigeren Bereiche zu eruieren, stieg man dazu, wie bei den antiken Prospektionen, Stück für Stück die Flussläufe hinauf, und wertete das in den Flussbetten und seinen Zuflüssen gewaschene Gold aus.

Die einfachste Form der Gewinnung ist die aus rezenten, lockeren Seifenlagerstätten. Das Gold ist rein und kommt, verfeinert durch die fluviatile Erosion, durch die Reibung zwischen den Sedimenten sowie durch den Sand, der von den Flüssen mitgeschwemmt wird (*flumium ramentis*), in Form von Partikeln (*ramenta*, Splitter, Stückchen) vor. Als Technik diente das Goldwaschen. Das Goldwaschen war nicht nur eine Prospektionsmethode, was die Durchführung einiger sehr umfangreicher Arbeiten zur Vereinfachung der damit verbundenen Abläufe zeigt: Um die Ablagerung der goldhaltigen Sedimente zu verstärken, erfolgte eine partielle Umleitung der Flussströmung in den Flussbiegungen. Flussbiegungen sind Bereiche, in denen die Strömung abnimmt, weshalb sich in diesen Bereichen vermehrt Sedimente ablagern. Sobald das Flussbett teilweise austrocknet – womit freilich eher in den Sommermonaten zu rechnen ist – wird der Zugang zu diesen Seifen erleichtert. Um dies zu erreichen, ging man teilweise dazu über, Tunnel oder Gruben in den Isthmus der Mäander zu graben und so einen Kanal zu kreieren, über den zumindest ein Teil der Strömung abgeleitet werden konnte. Die Technik ist an Orten wie Montefurado am Fluss Sil (Lugo) (Abb. 5), O Couço do Monte Furado am Coura (Portugal) oder in Pena Tallada am Navia (zwischen Asturien und Lugo) gut dokumentiert.

**Abb. 5** Experimentelle Goldwaschprospektionen im Ibias-Tal (Navia-Becken) (© EST-AP, CSIC)

Neben der Gewinnung des Schwemmgolds aus den Seifen mittels Goldwäsche gibt es laut Plinius noch zwei weitere Verfahren, bei denen wiederum verschiedene Techniken zur Anwendung kommen: *aurum arrugiae* und *aurum canalicium*. Das *aurum arrugiae* bezeichnet Gold, das mit Hilfe von Wasserkraft gewonnen wird. Nach Plinius übertrifft diese Technik die Werke der Giganten[5]. Der Autor konzentriert sich auf die spektakulärste Technik, die *ruina montium*, bei der lange, dunkle Stollen in die Berge

---

5   *Tertia ratio opera vicerit Gigantum. Cuniculis per magna spatia actis cavantur montes lucernarum ad lumina; eadem mensura vigiliarum est, multisque mensibus non cernitur dies* (Pl., NH, XXXIII, 70).

gegraben werden. Bis heute geben die Überreste dieser Form des Bergbaus, wie wir sie beispielsweise in Las Médulas bestaunen können, wohl das beeindruckendste Bild ab. Plinius beschreibt die Gefahren und die Mühsal, die mit der Arbeit in den Stollen einhergingen: die Dunkelheit, das Risiko von Erdrutschen (derentwegen man Sicherheitsbögen stehen ließ), die Härte des Gesteins (das Agglomerat, *gangadia*) oder die Gewalt des Bergesturzes, der *ruina montium*, die von einem Wächter zuvor zur Warnung ausgerufen wird.

Die *ruina montium* ist eine extensive Bergbautechnik, bei der ein bedeutender Teil Sedimentschicht abgetragen wird, um zu den gehaltreicheren Schichten zu gelangen. Dies erklärt den Hauptbereich der Minen von Las Medulas, den bekanntesten, in dem eine bis zu 100 m dicke, nahezu sterile (10–20 mg Au/m$^3$) Masse der Formation Las Medulas auf diese Art und Weise abgebrochen wurde, um zur goldhaltigeren Formation Santalla (20–100 mg Au/m$^3$ und bis zu 60–300 mg Au/m$^3$ am Übergang zur Formation Orellán) zu gelangen.

Die für diese Landschaft so charakteristischen Spitzen und vertikal aufragenden, vielzackigen Felswände zeugen von dem massiven Bergbau mittels verschiedener *ruina montium*-Verfahren, die das Land Stück für Stück aushöhlten. Die relative Abfolge der Verfahren ist heute nachvollziehbar, so dass man in diesem Hauptsektor über 40 klar differenzierbare Untersektoren identifizieren konnte; jeder dieser Teilbereiche geht auf eine oder mehrere *ruina montium*-Operationen zurück.[6]

Wasserkraft wurde bei vielen anderen Verfahren und sowohl bei primären als auch bei sekundären Lagerstätten verwendet: beim Abbau im Tagebau – beim Ausschwemmen, Abtragen oder beidem –, bei den zusammenlaufenden Wasserrinnen, den Kanalgräben oder bei den oberflächlichen Erzwäschen. Plinius vervollständigt seine Beschreibung, indem er auf das hydraulische Netz verweist, das für die Ausbeutung der *arrugiae* und für die Aufbereitung des zerkleinerten Sediments erforderlich war.

Entwurf und Bau des Wasserleitungsnetzes waren enorm kostspielig: Im gesamten Nordwesten gibt es Tausende Kilometer von Kanälen und hunderte Stauseen (Abb. 6). Um die Wassereinzugsgebiete (Oberläufe, Quellen, Gletscher) mit den Ortsbrüsten zu verbinden, wo das Wasser unerlässlich war, mussten oftmals schluchtenreiche Topografien überwunden werden. Durch Archäologische Fernerkundung und Feldforschung ist es möglich, die vielfältigen Lösungen, die an die jeweilige Bodenbeschaffenheit und die Bedürfnisse des Bergbaus angepasst sind, nachzuverfolgen. Die Kanäle weisen ein leichtes Gefälle (im Durchschnitt 0,2 %) auf, was die Zirkulation des Wassers ohne die Gefahr von Überschwemmungen gewährleistete. Wie Erosionsspuren in mehreren ausgegrabenen Kanälen belegen, wurden sie von einer etwa 8–10 cm hohen Wasserschicht durchflossen. Je nach der Beschaffenheit des zu durchquerenden Geländes schlug man Kanalrinnen in die Felsen, grub Tunnel oder errichtete Stützmauern,

---

6 Sánchez-Palencia Ramos 2000.

**Abb. 6** Kanal des hydraulischen Systems des Bergwerks von La Debesa de Corporales (Truchas, León) (© EST-AP, CSIC)

um die Entfernungen zu überbrücken. In Las Médulas gibt es Kanäle von über 100 km Länge, was zeigt, dass eine präzise Kenntnis und topografische Bestandsaufnahme der Landschaft unverzichtbar waren, um das Wasser über derart lange Strecken und unregelmäßige Reliefs hinweg auf das entsprechende Niveau zu befördern. Im Fall von Las Médulas konnte man 32 Kanäle identifizieren. Insbesondere in der Nähe der Überreste der letzten Ortsbrüste sind die Amortisation und Zerstörung von Teilen des Wassernetzes aus früheren Phasen, die während der nachfolgenden Bergbauarbeiten beseitigt wurden, nachgewiesen.[7]

Abgesehen von Kanälen waren Wasserspeicher notwendig – *piscinae* oder *stagna* nach Plinius.[8] Sie erfüllten unterschiedliche Funktionen: Zum Teil handelte es sich um Sammelbecken, von denen aus das Wasser umverteilt wurde. Zumeist wurde das Wasser jedoch bereits direkt dort gespeichert, wo es später auch zur Anwendung kam. Die kurzen Kanäle, die die Wasserspeicher mit den Ortsbrüsten verbanden, werden von Plinius *emissaria* genannt.

---

7   Sánchez-Palencia Ramos / Pérez-García 2000a.
8   Pl., NH, XXXIII, 75.

In sämtlichen hispanischen Bergbaugebieten, aus denen Rom Gold bezog, hat man derartige Systeme, in mehr oder weniger vollständig erhaltener Form, entdeckt. Ihre Überreste bestätigen, dass Plinius mit seiner Behauptung, dass „es eine andere Arbeit gibt, die ähnlich teuer oder sogar noch kostspieliger ist (als die *ruina montium*)",[9] nicht übertrieb. Mit Hilfe der Fernerkundung war es zum Teil möglich, wichtige Bereiche dieser Netzwerke zu identifizieren. Durch archäologische Interventionen in einigen Kanälen und Speicherbecken – darunter einige noch in Betrieb befindlich – konnten wertvolle Informationen, zum einen zu den beim Bau verwendeten Techniken, zum anderen zu ihrer Funktionsweise, gewonnen werden. Die Geschichte ihrer Nutzung und Aufgabe, die man aus der Stratigraphie der Ablagerungen ablesen kann, liefert zudem Informationen zu Chronologie und Umweltbedingungen.

Mit dem Abbruch und dem Transport des goldhaltigen Materials war die Funktion des Wassers keineswegs erschöpft. Das Sediment wurde durch das Wasser durch hölzerne, in ausgehobene Gräben eingepasste Waschrinnen geleitet, sog. *agogae*. Der goldhaltige Schlamm floss durch sie hindurch. Zuvor befreite man ihn von großen Felsbrocken und befestigte am Kanalboden riffelförmig Heidekraut, um die Ablagerung des schwereren Materials, inklusive des Goldes, zu erleichtern; anschließend verbrannte man das Heidekraut und wusch die Asche auf einem Stück Rasen (als wäre es ein Sieb), um das Gold zu separieren. Das taube Sediment, so schreibt Plinius, wurde bis ins Meer weitergeschwemmt. Seine letzte Aufgabe erfüllte das Wasser somit in den Ableitungskanälen und Waschrinnen, in denen sich der Abraum sammelte.[10]

Plinius erwähnt noch eine weitere Form des Goldes: *aurum canalicium*. Die sogenannten „Goldadern" sind im Gestein eingeschlossen und bilden in Verbindung mit der Gangart verschieden ausgerichtete Kanäle. Hier kann der Abbau zum einen unterirdisch erfolgen, zum anderen aber durch Tagebau-Gräben, die den Flözen von der Oberfläche aus folgen, und gegebenenfalls in Form von Stollen in das Erdreich eindringen. Der umgangssprachliche Begriff „Goldader" bezieht sich weniger auf die Art des Abbaus als vielmehr auf die aderartige Formation des Goldminerals. Das goldhaltige Mineral wurde mittels mechanischer Methoden oder auch durch abrupte Temperaturänderungen, die das Gestein zum Bersten brachten, gelöst. In den Felslagerstätten war der Goldgehalt meist höher. In El Bierzo, das in der gleichen Region wie Las Médulas liegt, gibt es in römischer Zeit beispielsweise primäre Lagerstätten, die vereinzelt einen Gehalt von bis zu 2 g Gold pro Tonne aufweisen. Vergleichbare Lagerstätten wurden in Zamora (Zona Minera de Pino del Oro) und im Norden Portugals (Tresminas) ausführlich untersucht.[11] Die Gruben machten eine andere Art von Infrastruktur erforderlich, wie z. B. hölzerne Streben, wie sie in den Minen der asturischen Sierra de Begega dokumentiert sind.[12]

---

9   Pl., NH, XXXIII, 74.
10  Sánchez-Palencia Ramos / Pérez García 2000b.
11  Sánchez-Palencia Ramos 2014; Carvalho / Sánchez-Palencia Ramos 2016.
12  VillaValdés 2010.

Die Goldadern liegen nicht als freie Partikel vor, weshalb das abgebaute Erz zunächst bearbeitet – zerkleinert, gewaschen, geröstet und gemahlen – werden muss. Das Resultat sah schließlich aus wie Mehl (*escude*). Vielfach belegt ist der Gebrauch fester oder beweglicher Mörser, die dazu dienten, das Mineral zu reiben: z. B. durch die Stücke, die in Aufschlüssen von Granit im Bergbaugebiet von Pino de Oro in Zamora zum Einsatz kamen, oder die beweglichen Stücke, die man an verschiedenen Orten in León, Asturien oder Tresminas identifizieren konnte (Abb. 7).

**Abb. 7** Granitaufschluss mit Strukturen zum Brechen von goldhaltigem Erz aus dem Bergbaugebiet von Pino del Oro (Zamora) (© EST-AP, CSIC)

Aus heutiger Perspektive ist der immense Aufwand der Arbeiten, die in einem Zeitraum von etwa zweihundert Jahren verrichtet wurden, kaum für sinnvoll zu erachten. Dies zeigen die folgenden Schätzungen: In Las Médulas wurden etwa 93.550.000 m³ Erde abgetragen, mit einem durchschnittlichen Goldgehalt von ca. 50 mg/m³. In der Zeit, in der die Mine in Betrieb war (von den ersten Jahrzehnten des 1. Jh. n. Chr. bis zum Ende des 2. Jh. bzw. frühen 3. Jh. n. Chr., einem Zeitraum von etwa 160 bis 190 Jahren also) wurden zwischen 4.500 und 5.000 kg Gold gewonnen.[13] Zwar ist in anderen Abbaugebieten der Goldgehalt zum Teil höher, insbesondere in den Primärlagerstätten, doch auch dort kann von stattlichen Zahlen wie Hunderten von Tonnen Gold, wie sie zum Teil ohne jegliche empirische Grundlage behauptet wurden, keine Rede sein. Was war nun also der Grund dafür, dass man die Minen trotz einer verhältnismäßig geringen Ausbeute auf derart hohem Niveau betrieb?

13  Pérez García / Sánchez-Palencia Ramos 2000.

## Roms Interesse am Gold

In Anbetracht des Ausmaßes der über zwei Jahrhunderte hinweg geleisteten Arbeit stellt sich unweigerlich die Frage, warum das Interesse Roms am hispanischen Gold so groß war. Was veranlasste Rom zu einem derart umfangreichen Aufbau von Infrastruktur und zu einer so intensiven Form der Ausbeutung, die derart massiv in die Landschaft eindrang? Um dies zu verstehen, ist es nötig, den Blick ein wenig zu weiten und auf die Veränderungen zurückzublicken, die Octavian/Augustus in Rom durchsetzte und die über mindestens zwei Jahrhunderte hinweg die Grundlage des Imperiums darstellten. Zu den zahlreichen seitens des ersten Princeps angestoßenen Reformen gehört auch die des Währungssystems. Sie umfasste verschiedene Maßnahmen und hatte weitreichende Auswirkungen: die Vereinheitlichung und Stabilisierung des Systems im gesamten Imperium, die Fixierung der Wechselkurse und die Etablierung der Goldmünze, des *aureus*, als Referenz.[14] Zuvor hatte der Denar als Referenzmünze gegolten, während die Prägung von Goldmünzen selten und unregelmäßig war. Der Aureus wird zu einem Symbol der Stabilität Roms und zu einem Medium der politischen Propaganda, sowohl durch Ikonographie und Botschaften der Münzen als auch durch den Materialwert des Goldes. Während der Denar, was Gewicht und Zusammensetzung anbetrifft, starke Schwankungen aufwies, blieb der Aureus bis Anfang des 3. Jahrhunderts äußerst stabil.[15]

Gold hatte damit nicht nur einen wirtschaftlichen, sondern auch einen politischen Wert. Bald wurde der Aureus nur noch in Rom geprägt, und um eine geregelte Produktion der Münze zu sichern, musste die kaiserliche Kasse die konstante Versorgung mit dem Metall gewährleisten. Das Ende der Eroberung der Iberischen Halbinsel im Jahr 19 v. Chr. erweiterte das Einflussgebiet Roms um die Regionen *Asturia*, *Gallaecia* und den Norden der *Lusitania*. Dort begann man zwei oder drei Jahrzehnte später auf regelmäßiger Basis einen beachtlichen Teil des benötigten Goldes zu fördern. Die Minen blieben *metalla publica*, standen also unter direkter Kontrolle des Fiscus, der wiederum von den *procuratores* sowie deren *officinae* und Militärkommandos repräsentiert wurde.[16] Dies bezeugen die epigrafischen Quellen insbesondere aus *Asturica Augusta* und einigen nahegelegenen Bergbaugebieten. Die Herrschaft Roms über diesen Teil der Hispania Citerior gewährleistete eine weitreichende territoriale Kontrolle und lieferte die erforderlichen Kenntnisse für die Durchführung von Bergbauarbeiten und den Bau von Wassersystemen. Die Bedingungen, unter denen dieser Bergbau betrieben wurde, erklären zudem das Fehlen indirekter Abbauregelungen (Konzessionen), wie

---

14   Orejas Saco del Valle / Sánchez-Palencia Ramos 2016.
15   Zubiaurre Ibáñez 2017.
16   Domergue 1990; Hirt 2010; Sánchez-Palencia Ramos et al. 2017; Rodríguez Fernández 2019; Orejas Saco del Valle / Zubiaurre Ibáñez 2021.

sie für den spanischen Südwesten durch die Gesetze von *Vipasca* dokumentiert sind.[17] Der gesamte Prozess, von der Gewinnung des Goldes bis zur Prägung des Aureus, lag also in den Händen des Fiscus. Dies kommt auch in der *Consolatio ad Claudium Etruscum*, der dritten *Silva* des Statius, zum Ausdruck, in der die Zuständigkeiten des *procurator a rationibus*, des Leiters der kaiserlichen Schatzkammer, genannt werden: Steuererhebung, Kontrolle des Geldwesens (Silv. 3, 3, 104–105), Verwaltung der *metalla publica*, einschließlich des Goldes von Hispania (Silv. 3, 3, 89–90).[18]

Zwar gab es in den unterworfenen Provinzen zwischen dem Ende der Republik und dem 1. Jahrhundert n. Chr. noch andere Goldabbaugebiete, vor allem in Gallien und Wales, der Nordwesten Hispaniens war jedoch zweifellos die größte Goldabbauregion innerhalb der Reichsgrenzen. Die Eroberung des hispanischen Nordwestens unter Augustus und die Eingliederung in eine kaiserliche Provinz ermöglichten die Kontrolle über Verwaltung und Armee bis hin zur Unterwerfung der Bevölkerung. Über die Minen in anderen Regionen, wie z. B. im Illyricum, liegen indes nur sehr wenige Daten vor. Zu Beginn des 2. Jahrhunderts ermöglichte die Eroberung Dakiens, zumindest für einen gewissen Zeitraum dieses Jahrhunderts eine Diversifizierung der Metallquellen. Nichtsdestotrotz blieben die hispanischen Minen noch mindestens bis zum Ende des Jahrhunderts in Betrieb.

## Goldminen und *civitates*
### Siedlungen in Bergbaugebieten

Die Verbindung zwischen den Asturiern und dem Bergbau wird in einigen antiken Texten reflektiert, nicht nur in der bereits erwähnten Beschreibung von Plinius, sondern auch bei Florus oder Schriftstellern wie Silius Italicus, Lucan im ersten Jahrhundert und Claudius Claudianus am Ende des vierten Jahrhunderts. Florus beendet seine Gedanken zum Krieg gegen die Asturier mit der Feststellung, dass Augustus die Ausbeutung des Bodens anordnete und die Asturier sich ihres Reichtums erstmals bewusstwurden, als sie ihr Gold zu Gunsten anderer ans Tageslicht beförderten.[19] Dies entwickelte sich zu einem literarischen Bild, auf das man später im ganzen Imperium rekurrierte. Silius Italicus spricht vom „gierigen Asturier", der „sich in die Tiefen der zerrissenen Erde stürzt und elend und bleich wie das Gold, das er ihr entriss, zurückkehrt".[20] Für Lucan ist die Arbeit in den Minen der Asturier Symbol für qualvolle

---

17  Domergue 1990, 279–316; Hirt 2010; Orejas Saco del Valle et al. 2012.
18  Kłodziński 2017.
19  *Itaque exerceri solum iussit. Sic astures nitentes in profundo opes suas atque divitias, dum aliis quaerunt, nosse coeperunt* (Flor., Epit. II, 33, 60).
20  *Hic omne metallum:/ electri gemino pallent de semine venae,/ atque atros chalybis fetus humus horrida nutrit./ Sed scelerum causas operit deus. Astur avarus/ visceribus lacerae telluris mergitur imis/ et redit infelix effosso concolor auro* (Sil. It, Punica 1, 231).

Schufterei: „Weder steigt er so tief hinab, noch lässt er das Licht des Tages so weit hinter sich, der blasse asturische Goldgräber".[21] Deutlich später greift Claudius Claudianus das Bild wieder auf: „Auch der bleiche Asturier streift nicht durch die zerklüfteten Berge: das an heiligen Geburtstagen dargebrachte Gold wird reichlich ausgespuckt".[22]

Tatsächlich zeigen die archäologischen Forschungen, dass viele asturische, galicische und lusitanische Gemeinschaften eine enge Beziehung zum Goldbergbau hatten. Für die wichtigsten untersuchten Bergbaugebiete ist eine deutliche Erhöhung der Siedlungsdichte im Vergleich zu der Zeit unmittelbar vor der Eroberung nachgewiesen. Alles deutet darauf hin, dass sie auf Umsiedlungen aus der nahen Umgebung, das heißt lokaler bzw. regionaler Art, zurückzuführen ist; es kam zu einer Neuordnung der Bevölkerung als Reaktion auf die Anforderungen Roms, die rasch die Herausbildung eines neuen Siedlungsmusters nach sich zog. Der Bergbau war dabei zweifellos ein wichtiger, jedoch nicht der einzige Grund, war er doch eine Reaktion auf die Intensivierung und Diversifizierung der Produktion (des Bergbaus, aber auch von Ackerbau und Viehzucht),[23] der Hierarchisierung der Siedlungen und der Vielfalt von Gestaltungsformen und Größen. Dies stellte einen radikalen Wandel gegenüber dem vorrömischen Modell (*Castrokultur*) dar, das sich durch einen einzigen Siedlungstyp (*castro*) in einer nicht hierarchischen, autarken Siedlungsstruktur auszeichnete.[24] In einigen der am intensivsten ausgebeuteten Abbaugebiete zeigt sich der Wandel besonders deutlich.[25] Das Tal von Cabrera (León) war in der Zeit vor der römischen Eroberung schwach besiedelt: Die zerklüftete Topografie, die steilen Hänge und die begrenzten Anbauflächen machten einen bedeutenden Teil des Tals für die Nutzung durch autarke bäuerliche Gemeinschaften ungeeignet. Der Beginn der Bergbauarbeiten und die Anlage eines engmaschigen Wasserversorgungsnetzes zur Speisung der Minen von Las Médulas an den Talhängen führte zu einer radikalen Veränderung der Siedlungsverteilung. Ähnliches lässt sich auch für das Gebiet von Las Médulas selbst beobachten, wo in den ersten beiden Jahrhunderten unserer Zeit fast 50 Orte besiedelt wurden.

Dabei ist allerdings zu berücksichtigen, dass besagte Siedlungen nicht alle gleichzeitig entstanden und auch keineswegs alle gleichwertig waren: So gibt es bescheidenere Siedlungen in den Gebieten mit dem größten landwirtschaftlichen Potenzial (La Igrexilía), Siedlungen, die in ihren Gestaltungsmerkmalen zum Teil den Castros der vorrömischen Eisenzeit entsprechen (La Cárquiba), Orte, an denen metallurgische Aktivitäten ausgeübt wurden (Orellán), die in der Nähe der Ortsbrüste lagen (Chaos

---

21  *Non se tam penitus, tam longe luce relicta merserit asturii scritator pallidus auri* (Luc., *Farsalia* IV, 298).
22  *Effosis nec pallidus astur oberrat montibus: oblatum sacris natalibus aurum vulgo vena vomit* (Claud. Claud., *Laudes Serenae*, b77–82, 27).
23  López-Merino et al. 2010.
24  Currás/Sastre 2020; Fernández-Ochoa 2019.
25  Sánchez-Palencia / Fernández-Posse 1985; Fernández-Posse / Sánchez-Palencia 1988; Orejas 1996; Sánchez-Palencia 2000; Romero-Perona 2015; López-González 2021.

de Mourán) oder in Verbindung mit dem Wasserleitungsnetz standen (Corona de Yeres), oder auch Zentren, die sich in ihrer Größe (Chao de Villaseca) oder auch durch die offensichtliche Übernahme römischer Gestaltungsmerkmale deutlich abheben (*domus* von Las Pedreiras).

Weitere wichtige Beispiele finden sich in den Flussläufen des nordwestlichen Duero-Beckens, die durch den Bergbau an den Ausläufern des Teleno und der Montes de León geprägt sind (Abb. 8 u. 9).[26] In Eria, Duerna, Jerga oder Turienzo liegen Dutzende Siedlungen in den wichtigsten Bergbaubereichen verteilt und gehören zu den Abbausystemen oder Wasserleitungsnetzen. In manchen Regionen liegen nur wenige hundert Meter zwischen ihnen. Viele sind durch Gräben, Böschungen oder Dämme klar abgegrenzt, was an die Formen vorrömischer Castros zu erinnern scheint. Tatsächlich handelt es sich jedoch auch hierbei vielmehr um Elemente, die den Bergbauaktivitäten zuzuordnen sind bzw. in manchen Fällen aus dem Vortrieb bzw. der

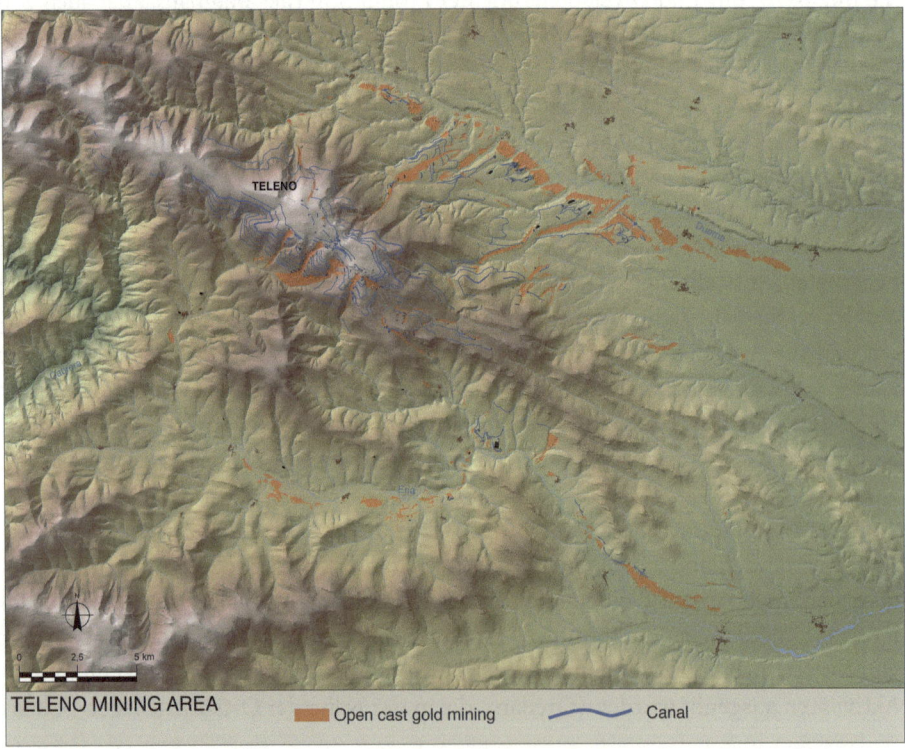

**Abb. 8** LiDAR-Topografie mit den wichtigsten Bergbausektoren, Wasserleitungssystemen und Siedlungen in der Sierra del Teleno und in den oberen und mittleren Tälern von Duerna (Nordhang) und Eria (Südhang).

26  Domergue/Hérail 1978; Orejas Saco del Valle 1996.

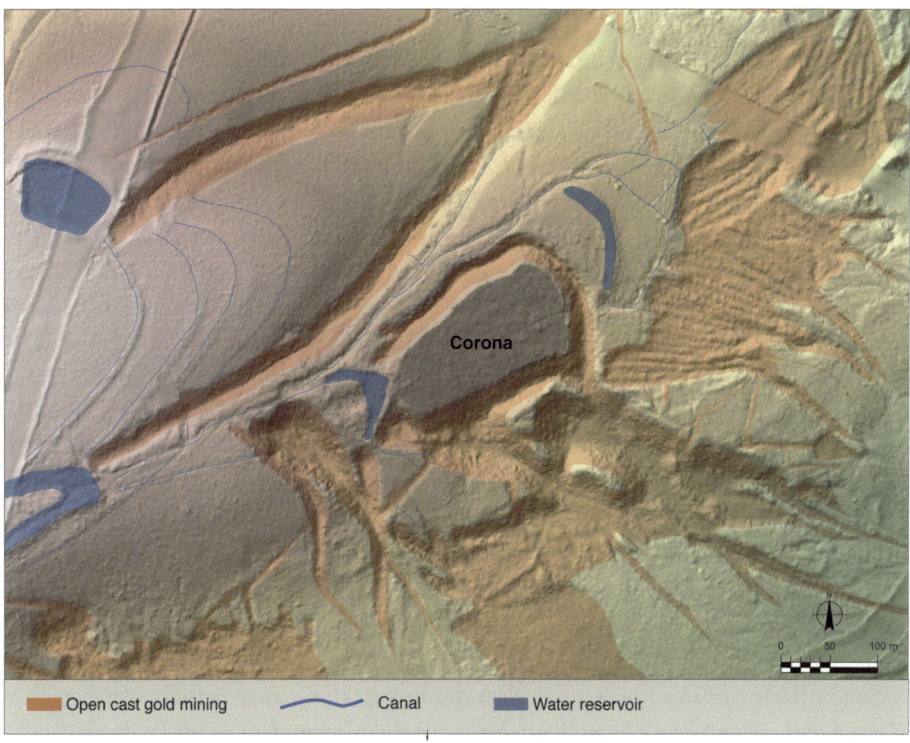

**Abb. 9** Bergbausiedlung von Corona de Luyego 2 (León).
LiDAR-Topographie (© EST-AP, CSIC).

Verlagerung der Ortsbrüste oder der Anlage von Kanälen resultieren. Auch dienen sie nicht dazu, die Siedlungsfläche abzugrenzen, die sich auch außerhalb dieser Einfriedungen erstrecken kann und deren Oberflächen sehr variabel sind. Ausgrabungen und Sondierungen konnten zeigen, dass lokale Bautechniken und lokal produziertes Material (wie beispielsweise einheimische Keramik) mit Produkten externer Produktion (*terra sigillata*, römische Gebrauchskeramik etc.) und einer Ordnung des privaten und öffentlichen Raums koexistiert, die sich radikal von der vorrömischer Castros unterscheidet.[27] Wie bereits für das Beispiel von Las Médulas gezeigt wurde, kamen zu diesen Niederlassungen in den Flussbecken jedoch auch Siedlungen von anderer Gestalt und Größe hinzu und zudem kann man auch in den tieferen Tälern, wo sich weniger und weniger ergiebige Goldlagerstätten finden, einen deutlichen Anstieg der Zahl der Siedlungen beobachten, der vor allem damit zusammenhängt, dass die Flächen dort besser für die Landwirtschaft geeigneten waren.

27   Menéndez Llorente 2016.

Weitere Fallbeispiele stellen das Tal des Rio Miño, die Gebirgsregionen von O Courel und Ancares, die asturischen Becken von Navia oder Narcea, Teile Süd-Asturiens oder Nord-Lusitaniens (in Spanien und Portugal) dar – sie alle weisen individuelle Merkmale auf und doch sind sie alle Teile eines gemeinsamen historischen Prozesses.[28]

Besagte Veränderungen, die sich anhand der materiellen Hinterlassenschaften nachweisen lassen, gehen auf die Entstehung neuer lokaler Organisationseinheiten zurück, die die Grundlage für die Ordnung des Territoriums und der einheimischen Gemeinschaften unter dem Dach der Provinz bildeten: die *civitates*.[29] Das Edikt von El Bierzo beweist ihre frühe Entstehung, kurz nach der Eroberung, und macht ihre Funktion als territorialer, steuerlicher und außerdem bevölkerungspolitischer Rahmen deutlich.[30] Der letzte Aspekt steht im Zusammenhang mit einem Text von Plinius, der die Daten für die drei *conventus* im Nordwesten der Hispania Citerior zusammenfasst (Pl. NH, III, 28). So entstand ein Netz ländlicher *civitates*, die die unterworfenen Gemeinschaften als *peregrini* führten und es ermöglichten, Tribut zu erheben und die Forderungen Roms so zu kanalisieren. Innerhalb der *civitates* gibt es keine Städte (*oppida, urbes*); im gesamten Nordwesten Spaniens können nur die drei *conventūs*-Hauptstädte (*Asturica Augusta, Lucus Augusti, Bracara Augusta*), *Legio* (entstanden aus einer militärischen Enklave) und vielleicht noch *Aquae Flaviae* als Städte bezeichnet werden. Dies bedeutet jedoch weder, dass es zwischen den ländlichen Siedlungen keine hierarchischen Differenzierungen gab, noch dass die Entwicklung aller *civitates* gleich verlief. Zwei Aspekte der materiellen Überlieferung verdeutlichen soziale und wirtschaftliche Ungleichheiten: Erstens Bauwerke und Gegenstände, die man mit einer größeren Erwerbsfähigkeit und Kaufkraft in Verbindung bringt, und zweitens die Epigraphik. Zu den ersteren gehört die Adaption eines für Stadtkontexte typischen römischen Bautypus, im ländlichen Raum: die reich und schmuckvoll ausgestattete *domus*, mit ihren säulengerahmten Atrien, Brunnen, malerischen Wanddekorationen, Flachglas: Zwei hervorragende Beispiele dafür sind die *domus* von Chao Samartín (Grandas de Salime, Asturien) (Abb. 10) und die *domus* von Las Pedreiras (Carucedo, León), erstere im Navia-Tal, die zweite in Las Médulas.[31] Archäologisch lassen sich in erster Linie Unterschiede ablesen: die ungleiche Einführung importierter Keramik-, Glas- oder Schmuckwaren, die Übernahme inschriftlicher Traditionen durch die lokalen Eliten (Grab- und Votivinschriften), die Veränderungen in der Verarbeitung und Lagerung von Lebensmitteln (Verbreitung von Drehmühlen, kollektive Vorratsspeicher) oder

---

28 Villa Valdés 2016a; Currás Refojos 2019; Álvarez González 2021; López González 2021.
29 Orejas Saco del Valle / Sastre Prats 1999; Orejas Saco del Valle et al. 2005; Currás Refojos et al. 2016; Redentor/Carvalho 2017; Orejas Saco del Valle / Sastre Prats 2020; Sastre Prats et al. 2017; Sastre Prats / Orejas. 2018; Sastre Prats et al. 2019a; Sastre Prats et al. 2019b; Orejas Saco del Valle / Olesti Vila 2022; Carvalho et al. 2022; Villa Valdés 2022.
30 Sánchez-Palencia Ramos / Mangas Manjarrés, 2000.
31 Montes López / Villa Valdés 2015; Villa Valdés 2016b; Villa Valdés 2016c; Sastre Prats / Orejas Saco del Valle 2000.

**Abb. 10** Säulenhof der *domus* der Siedlung von Chao Samartín (Grandas de Salime, Asturien (mit freundlicher Genehmigung des Autors: Dr. Ángel Villa-Valdés).

auch die Ernährung. Im Regelfall ist es nicht möglich, einen einzigen Nukleus auszumachen, der in der *civitas* als eine Art Hauptstadt fungiert hätte. Vielmehr lassen sich bei der Analyse der Siedlungsmerkmale meist mehrere ländliche Einheiten (in den Inschriften zum Teil als *castella* bezeichnet) mit unterschiedlicher Größe und unterschiedlicher Funktion ausmachen,[32] die hierarchische Züge aufweisen, wie sie weiter oben erwähnt wurden. Entsprechende Hinweise können jedoch sowohl in einem einzigen Nukleus als auch in mehreren erkannt werden und sich sowohl durch ein zentriertes wie auch ein verstreutes Erscheinungsbild auszeichnen. Die *civitas* wird so zum Rahmen für die Schaffung neuer sozialer Beziehungen und neuer Formen der Kontrolle über das Land und die Bevölkerung, die von den Interessen Roms in jenen Bergbaugebieten stark beeinflusst waren.

Während die Eroberung des Landes die Kontrolle über die goldreichen Gebiete sicherte, diente die Organisation der Bevölkerung in *civitates* dazu, die Arbeitskraft der unterworfenen Einheimischen, die innerhalb der beherrschten Gemeinden die jeweiligen von Rom geforderten Tributzahlungen zu entrichten hatten, in die Minen zu lenken. Die Annahme, dass es sich um tributpflichtige Arbeitskräfte, *operae*, handelte, steht im Einklang mit dem oben erwähnten Text von Florus und der Bezeichnung,

---

32  Orejas Saco del Valle / Ruiz del Árbol Moro 2010.

die Plinius für die in den Bergwerken arbeitenden *operati* (Pl., NH, XXXIII, 70) oder direkt *operae* (Pl., NH, XXXIII, 73) verwendete. Die Bergleute waren *peregrini*, die an ihre *civitates* gebunden waren und mit ihrer Arbeit die steuerlichen Verpflichtungen der *civitas* gegenüber Rom erfüllten.[33]

Die Auflagen Roms lassen sich auch an Phänomenen wie der Rekrutierung für Hilfstruppen ablesen, die durch mehrere Beispiele von *alae* und *cohortes* belegt ist, deren Benennungen sich auf den hispanischen Nordwesten beziehen (*asturum, callaecorum, lucensium, bracaraugustanorum*), sowie der Rekrutierung von Hispaniern aus dem Nordwesten in anderen militärischen Einheiten.[34]

Obwohl es offensichtlich Siedlungen gab, die räumlich und funktional mit den Bergwerken in Verbindung standen (eingebettet in Bergbaugebiete, umgeben von Gruben, verbunden mit dem Wasserleitungsnetz), muss man sich vor Augen führen, dass diese Siedlungen nicht als isolierte Entitäten zu verstehen sind, sondern als Teile der *civitates*, die die Aktivität in der *metalla publica* erst ermöglichten. Deshalb sind die so genannten Bergbausiedlungen oder -castros auch nicht als die Folge einer auf diesen Sektor beschränkten Tätigkeit zu interpretieren, sondern als Konsequenz spezialisierter Arbeit im Kontext ländlicher Agrargemeinschaften, die von der engen organisatorischen und physischen Verflechtung zwischen den lokalen Entitäten und den vom Fiscus kontrollierten Minen zeugen.

Weder die lokalen Gemeinschaften noch andere Akteure konnten sich also, z. B. mittels Konzessionen (*locatio-conductio*-Systeme) am Gold des spanischen Nordwestens direkt bereichern. Dies bedeutet indes nicht, dass der Bergbau keine Auswirkungen auf die sozialen Verhältnisse hatte. Zweifellos spielte die Organisation der Bergbautätigkeit durch die *civitates* eine wichtige Rolle für die Artikulation von Machtverhältnissen und die Konsolidierung einer einheimischen Aristokratie, die mit Rom Verhandlungen führte. Das vereinzelte Vorkommen von Inschriften und die bereits erwähnten, im archäologischen Material manifestierten Differenzen sind ein guter Beweis dafür.[35] Wie unterschiedlich die Beziehungen der Besiegten zu Rom seit der Eroberung sein konnten, hält Siculus Flaccus in *De condicionibus agrorum* (Th. 119, 212) fest: „Doch nicht alle Besiegten sahen sich ihres Landes beraubt; vielmehr haben die Würde (*dignitas*) einiger, die Dankbarkeit (*gratia*) oder die Freundschaft (*amicitia*) den siegreichen Feldherrn veranlasst, ihnen ihr eigenes Land zu gewähren". Mit anderen Worten: Kollaboration und Loyalität gegenüber den Eroberern bestimmen die neuen Regeln des sozialen Aufstiegs. Dies zeigt sich deutlich im Edikt von El Bierzo, in dem denjenigen, die Rom treu geblieben waren, nicht nur steuerliche Vorrechte, sondern auch

---

33   Orejas Saco del Valle 2017.
34   Holder 1980; Le Roux 1985; Le Roux 2009; Spaul 1994; Spaul 2000; Pitillas Salañer 2006; Orejas Saco del Valle et al. 2020.
35   Sastre Prats et al. 2014; Sastre Prats / Orejas Saco del Valle 2000; Sastre Prats 2002; Villa Valdés 2016b.

Immunität (*immunitas*) zugestanden wurde. Die römische Eroberung markierte den Beginn der Zerstörung des bisherigen Sozialgefüges und Gleichgewichts der vorrömischen Gemeinschaften. Den Rahmen für die Erlangung von Privilegien, sei es innerhalb der einheimischen Gemeinschaft oder den römischen Mächten gegenüber, boten nun die *civitates*. Im Laufe des 1. Jahrhunderts n. Chr. zeigen sich Veränderungen wie die Annahme lateinischer Namen und onomastischer Formeln und gegen Ende des 1. Jahrhunderts hatten einige bereits das Bürgerrecht erlangt. Die Arbeit in den Bergwerken muss von entscheidender Bedeutung für die Beziehungen zwischen den Eliten dieser *civitates* und Rom gewesen sein.

## Konklusion

Der im 1. und 2. Jahrhundert n. Chr. in Hispanien unter der Kontrolle des römischen Fiscus betriebene Goldbergbau ist ein herausragendes Beispiel für die Mittel, die Rom zur Ausbeutung der Ressourcen der Provinzen entwickelte. Besonders deutlich zeigt sich das Ausmaß der prospektierten und ausgebeuteten Territorien, die enormen Infrastrukturen, die dafür nötig waren, sowie die Kapazität zur Erschließung und Kontrolle des Terrains in den von den Bergbauarbeiten gezeichneten Flusslandschaften, den von Wasserleitungssystemen zerfurchten Hängen, den schroffen Reliefs und den oft nur schwer zugänglichen Landschaften.

Die Epigraphik und die archäologischen Forschungen in den Bergbaugebieten im Nordwesten der Iberischen Halbinsel belegen das rasche Eingreifen Roms direkt nach der Eroberung.[36] Dieses schuf die Grundlage für eine effiziente Kontrollausübung und ermöglichte die systematische Ausbeutung der durch die Okkupation zugänglich geworden Ressourcen: des Landes mit all seinen Reichtümern sowie der Menschen und deren Arbeitskraft im Kontext der neuen Sozialgefüge, die in den *civitates* der *peregrini* entstanden.

Die für die frühe und mittlere Kaiserzeit nachgewiesenen Siedlungsmuster spiegeln die Struktur ländlicher Gemeinschaften wider, die auf die Anforderungen des Imperiums reagieren mussten, das vor allem an der Gewinnung von Gold aus *Asturia*, *Gallaecia* und *Lusitania* interessiert war. Damit in Zusammenhang steht die wachsende Zahl von Siedlungen in den Bergbaugebieten, die auf die enge Verbindung zwischen lokaler Bevölkerung und der Arbeit in den Minen zurückzuführen ist.

Die geologische Geschichte des Goldes und seine heutige Verbreitung hängen unmittelbar mit den fluvialen oder glazialen Talungen und Paläotälern zusammen und so überlagert sich die Karte der römischen Goldminen (und der zugehörigen Siedlungen) im Nordwesten Spaniens mit der der Flusstäler im Nordwesten des Duero,

---

36 Sastre Prats et al. 2014.

des Miño und des Sil, des Tajo sowie der kürzeren Flussläufe, die in den Golf von Biskaya oder den Atlantik münden. Das Interesse an Gold führte zur Besetzung und Erschließung von Berglandschaften, die laut Plinius (NH XXXIII, 67) zwar aride und unfruchtbar, dafür aber reich an Metallen waren.[37]

Die Wechselwirkungen zwischen der *metalla publica* und den *civitates* der *peregrini* sind von entscheidender Bedeutung, sowohl um zu verstehen, wie die Bergwerke etwa zweihundert Jahre lang in Betrieb sein konnten, als auch um die Sozialgeschichte jener indigenen Gemeinschaften zu begreifen, die sich unter dem Dach der übergeordneten Provinzen neu organisierten. Innerhalb dieses allgemein festgelegten Rahmens war der Spielraum groß: Die Bergbaubereiche durchliefen unterschiedliche Entwicklungen, die Relevanz der verschiedenen *civitates* variierte und in ihnen formierten sich Interessens- und Machtgruppen, die sowohl Abhängigkeitsbeziehungen innerhalb ihrer Gemeinschaften als auch die Einbindung und den Einfluss außerhalb der eigenen *civitas* initiierten. Das Verständnis dieser historischen Prozesse ist nur durch eine ständige Verbindung aller Forschungsebenen möglich: von der exakten Analyse und Dokumentation der materiellen und schriftlichen Überlieferung bis hin zur Untersuchung der geopolitischen Rahmenbedingungen des Imperiums und seiner Instrumente der Kontrolle und Verwaltung der Provinzen.

## Bibliographie

Álvarez González 2021: Y. Álvarez González, Espacios y paisajes castreños en la cuenca media del Miño desde sus orígenes hasta la dominación romana, Bibliotheca Praehistorica Hispana 37 (Madrid 2021)

Carvalho / Sánchez-Palencia Ramos 2016: P. C. Carvalho / F. J. Sánchez-Palencia Ramos / O Ouro de Tresminas (Vila Pouca de Aguiar, Portugal) / The Gold ot Tresminas (Vila Pouca de Aguiar, Portugal) (Porto 2016)

Carvalho et al. 2022: P. C. Carvalho / L. Fernandes / S. Lacerda, Towns and small towns in the north of Lusitania. Singular images of the city as a symbol of power, in: P. Mateos Cruz / M. Olcina Domenech / A. Pizzo / T. G. Schattner (Eds.), Small Towns, una realidad urbana en la Hispania romana, Mytra 10 (Mérida 2022) 177–194

Ciprés Torres 2017: P. Ciprés Torres (Ed.), Plinio el Viejo y la construcción de la Hispania Citerior, Anejos de Veleia 14 (Vitoria-Gasteiz 2017)

Currás Refojos 2019: B. X. Currás Refojos, Las sociedades de los castros entre la Edad del Hierro y la dominación de Roma: estudio del paisaje del Baixo Miño, Bibliotheca Praehistorica Hispana 34 (Madrid 2019)

Currás Refojos / Sastre Prats 2020: B. X. Currás Refojos / I. Sastre Prats, Egalitarianism and resistance: A theoretical proposal for Iron Age Northwestern Iberian archaeology, Anthropological Theory 20.3, 2020, 300–329

---

37  *Cetero montes Hispaniarum, aridi sterilesque et in quibus nihil aliud gignatur, huic bono fertiles esse coguntur* (Pl., NH, XXXIII, 67).

Currás Refojos et al. 2021: B. X. Currás Refojos / A. Orejas Saco del Valle / F. J. Sánchez-Palencia Ramos / L. F. López González / Y. Álvarez González, Las zonas mineras auríferas del noroeste de Hispania: procesos comunes y adaptaciones locales (Teleno y cuenca noroccidental del Duero, área meridional lucense, Bajo Miño, Lusitania), in: M. D. Dolores Dopico Caínzos / M. Villanueva Acuña (Eds.), Aut oppressi serviunt … La intervención de Roma en las comunidades indígenas, Philtaté 5 (Lugo 2021) 413–435

Currás Refojos et al. 2016: B. X. Currás Refojos / I. Sastre Prats / A. Orejas Saco del Valle, Del castro a la *civitas*: dominación y resistencia en el Noroeste hispano, in: R. Morais / M. Bandeira / M. J. Sousa (Eds.), Celebração do Bimilenário de Augusto. Ad nationes. Ethnous (Braga 2016) 125–135

Domergue 1990: C. Domergue, Les mines de la Péninsule Ibérique dans l'antiquité romaine, Collection de l'École française de Rome 127 (Roma 1990)

Domergue/Hérail 1978: C. Domergue / G. Hérail, Mines d'or romaines d'Espagne. Le district de la Valduerna (Toulouse 1978)

Fernández Ochoa 2019: C. Fernández Ochoa, Los castros asturianos: certezas e incertidumbres en vísperas de la conquista romana. Breve reflexión sobre un legado que nos identifica, in: A. Villa Valdés / F. Rodríguez del Cueto (eds.), Arqueología castreña en Asturias. Contribuciones a la conmemoración del Día García y Bellido (Oviedo 2019) 97–120

Fernández-Posse Arnáiz / Sánchez-Palencia Ramos 1988: M. D. Fernández-Posse Arnáiz / F. J Sánchez-Palencia Ramos, La Corona y El Castro de Corporales II. Campaña de 1983 en La Corona y Prospecciones en la Cabrera y la Valdería (León), EAE 153 (Madrid 1988)

Hirt 2010: A. M. Hirt, Imperial Mines and Quarries in the Roman World: Organizational Aspects 27 BC-AD 235 (Oxford 2010)

Holder 1980: P. A. Holder, The auxilia from Augustus to Trajan, BAR 70 (Oxford 1980)

Kłodziński 2017: K. Kłodziński, The office of a rationibus in the Roman administration during the Early Empire, Eos 104, 2017, 159–167

Le Roux 1985: P. Le Roux, Provincialisation et recrutement militaire dans le N. O. hispanique au Haut-Empire romain, Gerión 3, 1985, 283–308

Le Roux 2009: P. Le Roux, Soldados hispanos en el ejército imperial romano, in: J. Andreu Pintado / J. Cabrero Piquero / I. Rodà de Llanza (Coords.), Hispaniae. Las provincias hispanas en el mundo romano (Tarragona 2009) 283–292

López González 2021: L. F. López González, Castros y territorio: evolución del poblamiento castreño y de los procesos de territorialización en la sierra oriental gallega y sector meridional lucense (Tesis doctoral, Madrid 2021) https://eprints.ucm.es/id/eprint/65028/ (1.7.2024)

López Merino et al. 2010: L. López Merino / L. Peña Chocarro / M. Ruiz Alonso / J. A. López Sáez / F. J. Sánchez-Palencia Ramos, Beyond nature: The management of a productive cultural landscape in Las Médulas area (El Bierzo, León, Spain) during pre-Roman and Roman times, Plant Biosystems 144.4, 2010, 909–923

Menéndez Llorente 2016: A. Menéndez Llorente, La cerámica *sigillata* en las cuencas mineras del suroeste del „*Conventus Asturum*", Tesis doctoral Universidad de Vigo (Vigo 2016). http://www.investigo.biblioteca.uvigo.es/xmlui/handle/11093/724 (1.7.2024)

Montes López / Villa Valdés 2015: R. Montes López / Á. Villa Valdés, Una domus altoimperial en el castro de Chao Samartín (Asturias): quién, cómo y porqué, Férvedes 8, 277–284

Orejas Saco del Valle 2017: A. Orejas Saco del Valle, Minatori durante l'Impero Romano: schiavi e lavoratori dipendenti, in Spartaco. Schiavi e padroni a Roma (Roma 2017) 101–117

Orejas Saco del Valle 1996: A. Orejas Saco del Valle, Estructura social y territorio. El impacto romano en la Cuenca Noroccidental del Duero, Anejos de AEspA 15 (Madrid 1996)

Orejas Saco del Valle / Olesti Vila 2022: A. Orejas Saco del Valle / O. Olesti Vila, Estrategias territoriales y de poblamiento, in: P. Mateos Cruz / M. Olcina Domenech / A. Pizzo / T. G. Schattner (Eds.), Small Towns, una realidad urbana en la Hispania romana, Mytra 10 (Mérida 2022) 529–548

Orejas Saco del Valle / Ruiz del Árbol Moro 2010: A. Orejas Saco del Valle / M. Ruiz del Árbol Moro, Los castella y la articulación del poblamiento rural de las *civitates* del noroeste peninsular, in: C. Fornis Vaquero / J. Gallego / P. López Barja de Quiroga / M. Valdés Guía (Eds.), Dialéctica histórica y compromiso social. Homenaje a Domingo Plácido 2 (Zaragoza 2010) 1091–1127

Orejas Saco del Valle / Sánchez-Palencia Ramos 2016: A. Orejas Saco del Valle / F. J. Sánchez-Palencia Ramos, Del final de la conquista al inicio de la explotación minera: Augusto y el control del Noroeste hispano, in: M. D. Dopico Caínzos / M. Villanueva Acuña (Eds.), *Clausus est Ianus*. Augusto e a transformación do noroeste hispano (Lugo 2016) 341–397

Orejas Saco del Valle / Sastre Prats 2020: A. Orejas Saco del Valle / I. Sastre Prats, Paisajes y territorios, urbes y civitates en la Hispania romana, in: F. Sabaté i Curull (Ed.), Ciutats mediterrànies: l'espai i el territory / Mediterranean towns: space and territory (Barcelona 2020) 39–47

Orejas Saco del Valle / Sastre Prats 1999: A. Orejas Saco del Valle / I. Sastre Prats, Fiscalité et organisation du territoire dans le Nord-Ouest de la Péninsule Ibérique: *ciuitates*, tribut et *ager mensura comprehensus*, DialHistAnc 25.1, 159–188

Orejas Saco del Valle / Zubiaurre Ibáñez 2021: A. Orejas Saco del Valle / E. Zubiaurre Ibáñez, *Metalla publica* en el occidente hispano. Las minas de oro del noroeste, in: H. González Bordas / A. Alvar Ezquerra (Eds.), Gestión y trabajo en las propiedades imperiales durante el reinado de Adriano: cinco casos de estudio (Alcalá de Henares 2021) 13–40

Orejas Saco del Valle et al. 2020: A. Orejas Saco del Valle / I. Sastre Prats / F. J. Sánchez-Palencia Ramos, Los Astures de los textos y de la arqueología, in: L. Berrocal-Rangel / A. Mederos Martín (Eds.), Docendo discimus. Homenaje a la profesora Carmen Fernández Ochoa 4 (Madrid 2020) 201–210

Orejas Saco del Valle et al. 2012: A. Orejas Saco del Valle / I. Sastre Prats / E. Zubiaurre Ibáñez, Organización y regulación de la actividad minera hispana altoimperial, in: M. Zarzalejos Prieto / P. Hevia Gómez / L. Mansilla Plaza (Eds.), Paisajes mineros antiguos de la Península Ibérica. Investigaciones recientes y nuevas líneas de trabajo. Homenaje a Claude Domergue (Madrid 2012) 31–46

Orejas Saco del Valle et al. 2005: A. Orejas Saco del Valle / M. Ruiz del Árbol Moro / I. Sastre Prats, L'*ager mensura comprehensus* et le sol provincial: l'Occident de la Péninsule Ibérique, in: D. Conso / A. Gonzales / J.-Y Guillaumin (Eds.), Les vocabulaires techniques des arpenteurs latins (Besançon 2005) 193–199

Pérez García / Sánchez-Palencia Ramos 2000: L. C. Pérez García / F. J. Sánchez-Palencia Ramos, El yacimiento aurífero de Las Médulas: situación y geología, in: F. J. Sánchez-Palencia Ramos (Ed.), Las Médulas (León): un paisaje cultural en la Asturia Augustana (León 2000) 144–157

Pitillas Salañer 2006: E. Pitillas Salañer, Soldados auxiliares del ejército romano originarios del NW de Hispania (s. I d. C.), HispAnt 30, 2006, 21–34

Plácido Suárez / Sánchez-Palencia Ramos 2014: D. Plácido Suárez / F. J. Sánchez-Palencia Ramos, La explicación de la minería de oro romana hispana en la *Historia Natural* de Plinio el Viejo, párrafos 66 a 78 del libro XXXIII, in: F. J. Sánchez-Palencia Ramos (Ed.), Minería romana en zonas interfronterizas de Castilla y León y Portugal (Asturia y NE de Lusitania) (Valladolid 2014) 17–34

Redentor / Carvalho 2017: A. Redentor / P. C. Carvalho, Continuidade e mudança no Norte da Lusitânia no tempo de Augusto, Gerión 35, 2017, 417–441

Rodríguez Fernández 2019: A. Rodríguez Fernández, Fiscalidad y ordenación del territorio en el occidente romano: su impacto social en el noroeste de Hispania (ss. I a. C.-II d. C.) (Tesis doctoral, Madrid 2019) https://eprints.ucm.es/id/eprint/51749/ (1.7.2024)

Romero Perona 2015: D. Romero Perona, Territorio y formaciones sociales en la zona astur-lusitana del Duero (Tesis doctoral, Valencia 2015) https://www.educacion.gob.es/teseo/imprimir FicheroTesis.do?idFichero=ggSgO8kVMUI%3D (1.7.2024)

Sánchez-Palencia Ramos 2000: F. J. Sánchez-Palencia Ramos (Ed.), Las Médulas (León). Un paisaje cultural en la *Asturia Augustana* (León 2000)

Sánchez-Palencia Ramos 2014: F. J. Sánchez-Palencia Ramos (Ed.), Minería romana en zonas interfronterizas de Castilla y León y Portugal (Asturia y NE de Lusitania) (Valladolid 2014)

Sánchez-Palencia Ramos / Fernández-Posse Arnáiz 1985: F. J. Sánchez-Palencia Ramos / M. D. Fernández-Posse Arnáiz, La Corona y el Castro de Corporales I. Truchas (León). Campañas de 1978 a 1981 (Madrid 1985)

Sánchez-Palencia Ramos / Mangas Manjarrés 2000: F. J. Sánchez-Palencia Ramos / J. Mangas Manjarrés (Coords.), El Edicto del Bierzo. Augusto y el Noroeste de Hispania (Ponferrada 2000)

Sánchez-Palencia Ramos / Orejas Saco del Valle 1994: F. J. Sánchez-Palencia Ramos / A. Orejas Saco del Valle, La minería del oro en el Noroeste peninsular. Tecnología, organización y poblamiento, in: D. Vaquerizo Gil (Coord.), Minería y Metalurgia en la España prerromana y romana (Córdoba 1994) 147–233

Sánchez-Palencia Ramos / Pérez-García 2000a: F. J. Sánchez-Palencia Ramos / L. C. Pérez-García, La infraestructura hidráulica: canales y depósitos, in: F. J. Sánchez-Palencia Ramos, Las Médulas (León): un paisaje cultural en la *Asturia Augustana* (León 2000) 189–207

Sánchez-Palencia Ramos / Pérez-García 2000b: F. J. Sánchez-Palencia Ramos / L. C. Pérez-García, El lavado del oro y la evacuación de estériles, in: F. J Sánchez-Palencia Ramos, Las Médulas (León): un paisaje cultural en la *Asturia Augustana* (León 2000) 208–226

Sánchez-Palencia Ramos et al. 2017: F. J. Sánchez-Palencia Ramos / I. Sastre Prats / A. Orejas Saco del Valle / M. Ruiz del Árbol Moro, Augusto y el control administrativo y territorial de las zonas mineras del Noroeste hispano, Gerión 35, 2017, 863–874

Sastre Prats 2002: I. Sastre Prats, Onomástica y relaciones políticas en la epigrafía del *Conventus Asturum* durante el Alto Imperio, Anejos de AEspA 25 (Madrid 2002)

Sastre Prats / Orejas Saco del Valle 2018: I. Sastre Prats / A. Orejas Saco del Valle, Pervivencia y cambio en el proceso de dominación romana del Occidente de Hispania, in: Lo viejo y lo nuevo en las sociedades antiguas. Actas XXXVI Congreso GIREA (Barcelona 2013) (Besançon 2018) 325–343

Sastre Prats / Orejas Saco del Valle 2000: I. Sastre Prats / A. Orejas Saco del Valle, Las aristocracias locales y la administración de las minas, in: F. J. Sánchez-Palencia Ramos (ed.), Las Médulas (León): un paisaje cultural en la *Asturia Augustana* (León 2000) 284–306

Sastre Prats et al. 2019a: I. Sastre Prats / A. Rodríguez Fernández / B. X. Currás Refojos, El mundo rural en el sistema provincial romano: una reflexión historiográfica para el Noroeste hispano, in: A. Alvar Nuño (ed.), Historiografía de la esclavitud. GIREA XXXIX, Anejos de Revista de Historiografía 10 (Madrid 2019) 449–478

Sastre Prats et al. 2019b: I. Sastre Prats / A. Rodríguez Fernández / B. X. Currás Refojos, La hegemonía del imperio: ideología y cambio social y cultural en el marco de la expansión romana. El Noroeste hispano, in: A. Gonzalez (ed.), Praxis e Ideologías de la Violencia. Para una anatomía de las sociedades patriarcales esclavistas desde la Antigüedad. GIREA Congreso Internacional (38. 2015. Oviedo) (Besançon 2019) 297–329

Sastre Prats et al. 2017: I. Sastre Prats / A. Orejas Saco del Valle / B. X. Currás Refojos / E. Zubiaurre Ibáñez, La formación de la sociedad provincial en el Noroeste hispano y su evolución: *civitates* y mundo rural, Gerión, 35.2, 2017, 537–552

Sastre Prats el al. 2014: I. Sastre Prats / A. Beltrán Ortega / F. Alonso Burgos, La epigrafía de las zonas mineras de *Asturia Augustana*, in: F. J. Sánchez-Palencia (ed.), Minería romana en zonas interfronterizas de Castilla y León y Portugal (Asturia y NE de Lusitania) (León 2014) 35–62

Spaul 2000: J. Spaul, Cohors 2. The evidence for and a short history of the auxiliary infantry units of the Imperial Roman Army, BAR 841 (Oxford 2000)

Spaul 1994: J. Spaul, Ala 2. The Auxiliary Cavalry Units of the pre-Diocletianic Imperial Roman Army (Andover 1994)

Villa Valdés 2010: Á. Villa Valdés, El oro en la Asturias Antigua: beneficio y manipulación de los metales preciosos en torno al cambio de era, in: J. A. Fernández-Tresguerres Velasco (Coord.), Cobre y oro: minería y metalurgia en la Asturias prehistórica y antigua (Oviedo 2010) 83–125

Villa Valdés 2016a: Á. Villa Valdés, Evolución de las comunidades castreñas y la minería aurífera en el Occidente de Asturias tras la conquista de Augusto, in: M. D. Dopico Caínzos / M. Villanueva Acuña (Eds.), *Clausus est Ianus*. Augusto e a transformación do noroeste hispano (Lugo 2016) 231–257

Villa Valdés 2016b: Á. Villa Valdés (Dir.), *Domus*. Una casa romana en el castro de Chao Samartín (Oviedo 2016)

Villa Valdés, Á 2016c: Á. Villa Valdés, Von der eisenzeitlichen Höhensiedlung zum römischen CIVITAS-Hauptort: das Castro de Chao Samartín (Asturien), in: F. Teichner (Ed.), Aktuelle Forschungen zur Provinzialrömischen Archäologie in Hispanien, Kleine Schriften aus dem Vorgeschichtlichen Seminar Marburg 61 (Marburg 2016) 49–54

Villa Valdés 2022: Á. Villa Valdés, *Civitas Ocela*. El castro de Chao Samartín y la singularidad del espacio fronterizo conventual astur-lucense en época altoimperial, in: P. Mateos Cruz / M. Olcina Domenech / A. Pizzo / T. G. Schattner (Eds.), Small Towns, una realidad urbana en la Hispania romana, Mytra 10 (Mérida 2022) 617–627

Zubiaurre Ibáñez 2017: E. Zubiaurre Ibáñez, Estrategias de control y gestión de los paisajes mineros del Noroeste de Hispania (siglos I–III d. C.) (Tesis doctoral, Madrid 2017) https://eprints.ucm.es/id/eprint/45492/ (1.7.2024)

## Antike Autoren

Claudianus: Claudien. Œuvres. Tome IV, Petits poèmes. Texte établi et traduit par : Jean-Louis Charlet. Collection des universités de France Série latine – Collection Budé (Paris 2018)

Florus: Florus. Œuvres. Tome I: Livre I. Texte établi et traduit par: Paul Jal. Collection des universités de France Série latine – Collection Budé (Paris 1967)

Lucanus: Lucain. La Guerre civile. La Pharsale. Tome I: Livres I–V. Texte établi et traduit par: Abel Bourgery. Collection des universités de France Série latine – Collection Budé (Paris 1927)

Plinius: Pline l'Ancien, Histoire naturelle. Livre XXXIII (Nature des métaux). Texte établi et traduit par: Hubert Zehnacker. Collection des universités de France Série latine – Collection Budé (Paris 1983)

Siculus Flaccus: Corpus Agrimensorum Romanorum I. Siculus Flaccus, Les conditions des terres, Texte traduit par M. Clavel-Lévêque, D. Conso, F. Favory, J.-Y. Guillaumin, Ph. Robin. Jovene „Diáphora" (Napoli, 1993)

Silius Italicus: Silius Italicus. La Guerre punique. Tome I: Livres I–IV. Texte établi et traduit par: Georges Devallet / Pierre Miniconi. Collection des universités de France Série latine – Collection Budé (Paris 1979)

Statius: Stace. Silves. Tome I: Livres I–III. Traduit par: H. J. Izaac, Texte établi par : H. Frère. Collection des universités de France Série latine – Collection Budé (Paris 1943)

Alle Autoren sind Mitglieder der Forschungsgruppe „Estructura social y territorio. Arqueología del Paisaje" (Sozialstruktur und Territorium. Landschaftsarchäologie) in der Abteilung für Archäologie und soziale Prozesse des Instituts für Geschichte des Consejo Superior de Investigaciones Científicas, Instituto de Historia (CSIC, IH)

**Almudena Orejas Saco del Valle** ist leitende Professorin an der Abteilung für Archäologie und soziale Prozesse am Historischen Institut des CSIC, der größten öffentlichen Forschungseinrichtung Spaniens. Sie promovierte in Alter Geschichte an der Universität Complutense (Madrid), an der Université de Franche-Comté (Besançon) erwarb sie ein Diplôme d'études approfondies (DEA) in Neuen Techniken und Methoden in den Humanwissenschaften. Sie ist auf Landschaftsarchäologie und antiken Bergbau spezialisiert. Ihre Forschungen konzentrieren sich auf Prozesse der Integration von Territorien und Gemeinschaften im Römischen Reich und beschäftigen sich mit der Ausbeutung der Bodenschätze in den Provinzen als grundlegendem Wirtschaftsfaktor des Imperiums und mit Kontrollinstrumenten wie der Landvermessung und dem Steuerwesen. Sie war als Gastprofessorin an verschiedenen europäischen und nationalen Projekten beteiligt und nimmt an Untersuchungen in Las Médulas (León) und anderen Bergbaugebieten des spanischen Nordwestens sowie weiteren signifikanten archäologischen Stätten, wie denen der Gemeinde von Gijón, teil.

PROF. ALMUDENA OREJAS-SACO DEL VALLE
Grupo de Investigación Estructura social y territorio. Arqueología del Paisaje, Departemento de Arqueología y procesos sociales, Instituto de Historia. CSIC, C/Albasanz, 26–28, 28037 Madrid, España

**Francisco Javier Sánchez-Palencia Ramos** ist Professor am Historischen Institut des CSIC. Er absolvierte sein Studium an der Universität Complutense in Madrid und ist Doktor der Philosophie und Literatur. Er forscht zu Kulturlandschaften und antikem Bergbau. Besonders hervorzuheben sind seine Untersuchungen der Archäologischen Stätte von Las Médulas, die 1997 zum Weltkulturerbe erklärt wurde. Von 2002 bis 2003 war er Mitglied des Wissenschaftlichen Rates der INTAS (Europäische Kommission) (2000-03). Im Jahr 2018 erhielt er den European Archaeological Heritage Prize, der von European Association of Archaeologists verliehen wird.

PROF. F. JAVIER SÁNCHEZ-PALENCIA-RAMOS
Grupo de Investigación Estructura social y territorio. Arqueología del Paisaje, Departemento de Arqueología y procesos sociales, Instituto de Historia. CSIC, C/Albasanz, 26–28, 28037 Madrid, España

**Brais X. Currás Refojos** ist leitender Wissenschaftler am Historischen Institut des CSIC. Sein Studium an der Universidad de Santiago de Compostela schloss er 2014 mit der Promotion ab. In seinen Forschungen beschäftigt er sich mit der Untersuchung der sozialen und territorialen Veränderungen der indigenen Gemeinschaften im Nordwesten der Iberischen Halbinsel zwischen Eisenzeit und Römischer Eroberung, und zwar aus der Sicht der Landschaftsarchäologie. Besonderes Augenmerk gilt dabei den Bergbaulandschaften. Er hat mehrere Projekte zur Untersuchung des Goldbergbaus in Hispanien und den damit zusammenhängenden Veränderungen in der Besiedlung geleitet.

DR. BRAIS X. CURRÁS-REFOJOS
Grupo de Investigación Estructura social y territorio. Arqueología del Paisaje, Departemento de Arqueología y procesos sociales, Instituto de Historia. CSIC, C/Albasanz, 26–28, 28037 Madrid, España

**Inés Sastre Prats**, hat an der Universität Complutense Madrid Geografie und Geschichte studiert und ihre Promotion in Alter Geschichte abgelegt. Derzeit ist sie als wissenschaftliche Mitarbeiterin am Historischen Institut des CSIC tätig. Ihr Forschungsschwerpunkt liegt auf den Provinzgesellschaften des Weströmischen Reiches und deren Veränderungsprozessen sowie auf den Formen sozialer Organisation in der europäischen Eisenzeit. Besondere Aufmerksamkeit widmet sie sozialer Ungleichheit und Ausbeutung sowie den Besonderheiten ländlicher Gebiete. Sie ist Leiterin der Forschungsgruppe „Sozialstruktur und Territorium. Landschaftsarchäologie" und Gastdozentin in mehreren Forschungsprojekten, an denen diese Gruppe beteiligt ist. Sie ist die wissenschaftliche Sekretärin der Archäolgischen Fachzeitschrift Archivo Español de Arqueología (AEspA) sowie deren Monographie-Reihe Anejos de AEspA.

DR. INÉS SASTRE-PRATS
Grupo de Investigación Estructura social y territorio. Arqueología del Paisaje, Departemento de Arqueología y procesos sociales, Instituto de Historia. CSIC, C/Albasanz, 26–28, 28037 Madrid, España

**Damián Romero Perona** ist Historiker und spezialisierter Techniker der Organismos Públicos de Investigación des CSIC. Sein Geschichtsstudium an der Universitat de València hat er mit der Promotion abgeschlossen. Seine Forschungen drehen sich um die sozialen, wirtschaftlichen und territorialen Veränderungen, die von der Eisenzeit bis zur Römerzeit im westlichen Zamora und östlichen Tràs-os-Montes stattfanden. Er verfügt über umfassende

Erfahrung in der archäologischen Prospektion und Identifizierung archäomineralischer Strukturen sowie in der Untersuchung von Materialien und deren Behandlung im Labor.

DR. DAMIÁN ROMERO PERONA
Grupo de Investigación Estructura social y territorio. Arqueología del Paisaje, Departemento de Arqueología y procesos sociales, Instituto de Historia. CSIC, C/Albasanz, 26–28, 28037 Madrid, España

**Juan Luis Pecharroman Fuente** hat Geographie an der Universität Valladolid studiert und ist Experte für GIS, Fernerkundung und geographische Analysen. Im Zentrum seiner Arbeit steht die Anwendung der Geomatik in der Archäologie. Er hat langjährige Erfahrung in der Koordinierung und Durchführung von Feldarbeiten zur Erfassung archäologisch relevanter Daten, ist Teilnehmer an zahlreichen Forschungsprojekten und in verschiedenen Veröffentlichungen in Erscheinung getreten. In den letzten Jahren hat er sich mit der Anwendung von RGB- und Lidar-Sensoren, die von UAVs getragen werden, in der archäologischen Forschung befasst.

JUAN LUIS PECHARROMÁN FUENTE
Grupo de Investigación Estructura social y territorio. Arqueología del Paisaje, Departemento de Arqueología y procesos sociales, Instituto de Historia. CSIC, C/Albasanz, 26–28, 28037 Madrid, España

# Das Potenzial von GIS und Fernerkundung für die Untersuchung von antiken (Fluss-)Landschaften auf der Iberischen Halbinsel

ISIS ALEXANDRA OATES

**Abstract:** Research trips with field work cost a lot of time and money. This problem gave rise to the idea for this article: the attempt to use remote sensing data to make ancient water channels visible with GIS (geographic information system). The ancient gold mine of Las Médulas (León, Spain), which is already well researched, was chosen as the study area because the location of many water channels is already known here. Therefore, it fits the testing of a new method. If it works, it would be a milestone for the preliminary investigation of ancient spaces. False colour images should be used to identify particularly dense or green areas. The assumption behind this is that a lot of vegetation in arid regions indicates wetter areas. In these areas, there could be ancient water channels where moisture still accumulates today. Unfortunately, in this (small) attempt all efforts to detect the water channels failed due to insufficient data availability. Nevertheless, there is hope that in the future, with more and better data, this method can also be applied in ancient historical research, as it is already profitably used for vegetation studies.
**Keywords:** Las Médulas, water channels, arid regions, data analysis, remote sensing

**Zusammenfassung:** Forschungsreisen mit Geländeaufenthalt kosten viel Zeit und Geld. Aufgrund dieser Problematik entstand die Idee für diesen Beitrag: Der Versuch, mit Hilfe von Fernerkundungsdaten antike Wasserkanäle mit GIS (Geoinformationssystem) sichtbar zu machen. Als Untersuchungsraum wurde die bereits gut erforschte antike Goldmine von Las Médulas (León, Spanien) ausgewählt, da hier die Lage von sehr vielen Wasserkanälen bereits bekannt ist. Würde das „neu" entdeckte Netz auf Satellitenbildern und Orthofotos den bereits erforschten entsprechen und auch zum Materialtransport passen, wäre es ein Meilenstein für die Vorabuntersuchung von antiken Räumen. Des Weiteren könnte diese neue Methode den Untersuchungsraum für zukünftige Forschung in der Landschaft erheblich eingrenzen. Dabei sollten mit Hilfe von Falschfarbenbildern besonders dichte bzw. grüne Bereiche identifiziert werden. Die Annahme dahinter ist, dass viel

Vegetation in ariden Regionen auf feuchtere Stellen hinweist. In diesen Bereichen könnten antike Wasserkanäle vorhanden sein, wo sich noch heute vermehrt Feuchtigkeit sammelt. Leider sind in diesem (kleinen) Versuch alle Anstrengungen fehlgeschlagen, die Wasserkanäle zu detektieren. Dies liegt vor allem an der nicht ausreichenden Auflösung der Satellitenbilder und den fehlenden Farbkanälen bei den vorliegenden Orthofotos. Dennoch besteht die Hoffnung, dass bei einer besseren Datengrundlage in Zukunft diese Methode auch für althistorische Forschungsfragen angewandt werden kann.

**Schlagwörter:** Las Médulas, Wasserkanäle, aride Regionen, Datenanalyse, Fernerkundung

Das Potenzial von GIS und Fernerkundung wird in der geographischen Forschung bereits seit langer Zeit genutzt. Auch in den Geschichtswissenschaften erfreut sich der Einsatz mittlerweile wachsender Beliebtheit. Leider ist die kleinräumige geographische Untersuchung häufig mit hohen Kosten für die Datenbeschaffung verbunden. Daraus entstand der Ansatz, kostenlose Fernerkundungsdaten für die Analyse zu nutzen. Da es sich um die Erprobung einer Methode handelt, wurde als Untersuchungsgebiet die bereits sehr gut erforschte Region um Las Médulas, Spanien, ausgewählt.[1] Aufgrund dieser guten Materialgrundlage und Erforschung eignet sich das Fallbeispiel besonders, um an ihm exemplarisch die Methode der Nutzung von Falschfarbenbildern für die Rekonstruktion von antiken Kanalnetzen zu testen. Ziel dieser Arbeit ist es, das bereits bekannte Kanalnetz von Las Médulas auf Satellitenszenen und Orthofotos nachweisen zu können. Sollte dies gelingen, würde es belegen, dass sich die Methode zur Voruntersuchung spezifischer Geländeabschnitte eignet und somit Zeit und Geld bei Geländeaufenthalten sparen könnte.

Die geographische Lage der Iberischen Halbinsel ist einzigartig in Europa. Das Klima reicht von maritim bis kontinental, schroffe Gebirgslandschaften wechseln sich mit Feuchtgebieten ab. Tapiador fasst es am Anfang seiner Geographie Spaniens folgendermaßen zusammen:

> Besides perceptions, there is much objective data that supports the idea of Spain being a privileged geographical space due to its climate, its history, and its people. The strengths of these elements and the opportunities they generate are unique.[2]

Auch durch die römische Literatur zieht sich die Wahrnehmung von einem Überfluss an Naturprodukten in Hispanien. Besonders deutlich wird dies bei *Pomponius Mela*, der selbst aus dieser Region stammt (*Tingentera*, nahe *Carteia*).[3] Mela schreibt:

---

[1] Hervorzuheben sind hier vor allem die Arbeiten aus dem *CSIC* (*Consejo Superior de Investigaciones Científicas-Spanish National Research Council*), vor allem von F. J. Sánchez-Palencia et al. Im vorliegenden Band, s. den Beitrag von A. Orejas et al.

[2] Tapiador 2020, 4.

[3] Mela 2,96.

Es hat Überfluss an Männern, Pferden, Eisen, Zinn, Erz, Silber und sogar Gold und ist so fruchtbar, dass es sogar dort, wo es infolge Wassermangels dürr und sich selbst nicht mehr ähnlich ist, dennoch Flachs und Federgras (Esparto) hervorbringt. (*viris equis ferro plumbo aere argento auroque etiam abundans, et adeo fertilis, ut sicubi ob p{a}enuriam aquarium effete ac sui dissimilis est, linum tamen aut spartum alat.*)[4]

Genau aus diesen Gegebenheiten eignet sich die Iberische Halbinsel hervorragend für die geographisch-historische Forschung, die mit vielfältigen Methoden bereits seit einiger Zeit die rein auf archäologische und literarische Quellen basierte historische Forschung ergänzt.

Die Art der Landnutzung wurde in der Geschichte häufig primär durch die natürlichen Gegebenheiten mitbestimmt. Nicht überall war eine intensive landwirtschaftliche Nutzung möglich, da z. B. das Land nicht fruchtbar genug war oder die topographische Beschaffenheit nur Viehwirtschaft ermöglichte. Was allerdings überall galt, war, dass ohne eine zuverlässige Wasserquelle nur in Ausnahmefällen an eine Besiedelung zu denken war.[5] Wasser allein war nicht ausreichend für die Entstehung von Siedlungen. Auch andere Faktoren wie z. B. die Verfügbarkeit von wertvollen Mineralien oder fruchtbaren Landes sowie die Lage an wichtigen Handelsrouten war entscheidend für die (erfolgreiche) Entwicklung von Siedlungen oder Städten. Dies heißt aber nicht, dass die Iberische Halbinsel ihre Schätze ohne zusätzliche Anstrengungen freigab. Ohne die anthropogenen Veränderungen seit prähistorischer Zeit, vor allem aber seit der Antike, und die menschlichen Innovationen könnten Spanien und Portugal heute nicht auf ihre reiche Geschichte zurückblicken. Gleichzeitig sorgten diese wertvollen Ressourcen auch immer wieder für Konflikte.

Die Expansion des Römischen Reiches fällt in die klimatische Epoche des Subatlantikums, das mit dem sogenannten „römischen Klimaoptimum" begann. Das Klima auf der Iberischen Halbinsel war geprägt „von trockenen-heißen Sommern und gemäßigt kalten, im Vergleich zu heute feuchteren, Wintern". Entscheidend waren die, im Vergleich zu heute, zuverlässigeren Regenfälle, auch im Sommer, die für ein humideres Klima sorgten.[6] Der Süden und Osten hatten ein arides Klima, da hohe Evaporationsraten geringen Niederschlagsmengen gegenüberstanden. Der Norden hatte ein mildes und humides Klima.[7] Es könnte sogar trockener als heute gewesen sein.[8] Es ist davon auszugehen, dass einige Flüsse auch damals nicht ganzjährig Wasser geführt haben.[9]

---

4   Mela 2,86 Übersetzung nach K. Brodersen.
5   Tapiador 2020, 14.
6   Schütt 2004, 5; Gerste 2018, 20. 24; Büntgen et al. 2011, 578–582; Martín-Puertas 2009a, 108–120; Martín-Puertas 2009b, 907–921.
7   Willi 2021, 32.
8   Grove/Rackham 2001, 175.
9   Wagner 2011, 123.

Bei der Betrachtung der anthropogenen Einflüsse auf die Umwelt nach der römischen Invasion auf der Iberischen Halbinsel darf nicht vergessen werden, dass die peninsulare Landschaft auch zuvor nicht unberührt war. Keltische und iberische Stämme sowie Phönizier und Karthager haben bereits vor ihnen deutliche Spuren hinterlassen, nicht nur in den Minen von *Cartago Nova*.[10] Dennoch ist in Regionen wie z. B. Asturien der anthropogene Einfluss nach dem Sieg von Augustus nochmals deutlich gestiegen, was zu bleibenden Veränderungen in der Landschaft geführt hat.[11] Hierzu gehört z. B. die Intensivierung des Bergbaus, aber auch die Ausweitung und veränderte Nutzung von Anbauflächen in der Landwirtschaft.

Die Iberische Halbinsel zeichnet sich sowohl durch eine sehr hohe Biodiversität[12] als auch eine große geographische und geologische Vielfalt aus. Auf erstere wird an dieser Stelle nicht weiter eingegangen. Der Fokus liegt vor allem auf dem Gestein sowie dem Relief und der Topographie in der Region von Las Médulas. Das Material geht teilweise bis in die variskische (hercynische) Orogenese des Paläozoikums vor ca. 250–400 Mio. Jahren vor heute zurück. Vieles wurde in den folgenden Erdzeitaltern noch überprägt, erodiert und an anderer Stelle sedimentiert.[13] Für die Gewinnung von Gold ist z. B. entscheidend, ob es sich um primäre (im Gestein gebunden) oder sekundäre Vorkommen (schon erodiert, in Sedimenten abgelagert) handelt. Letztere lassen sich besser erschließen. Im Duero Becken westlich von *Asturica Augusta*, vor allem in der Region um Las Médulas, gibt es sowohl in den Flüssen als auch den Alluvialschichten sekundäre Goldvorkommen aus dem Miozän (ca. 23–5 Mio. Jahre vor heute). Dies erklärt den Wert der Region für den Abbau.[14] Sánchez-Palencia und Pérez García haben eindrucksvoll die Materialverschiebungen durch den Bergbau dargestellt.[15] Auch Cech bemerkt in ihrer Technikgeschichte: „Im Zuge des römischen Goldbergbaus in Nordwestspanien wurden ganze Berge abgetragen und die Landschaft nachhaltig verändert."[16]

Den hydraulischen Abbau, bei dem das Wasser über die Lagerstätte fließt, beschreibt Plinius aus eigener Anschauung aus seiner Zeit als *procurator* (73 n. Chr.) in der *Hispania Tarraconensis*.[17] Diese Methode wird als *ruina montium*[18] bezeichnet. In Las Médulas wurden verschiedenste Abbaumethoden angewandt, die bei Plinius

---

10   Argüelles Álvarez 2015, 191; Healy 1978, 47 f.
11   Argüelles Álvarez 2015, 191.
12   Das südliche Spanien ist Teil des *hotspot* „Mediterranean Basin" für Biodiversät, der von Myers et al. definiert wurde (Myers et al. 2000, 853–858.).
13   Loidi 2017, 3–14.
14   Hirt 2010, 33; Pérez García / Sánchez-Palencia 2000, 144–148.
15   Sánchez-Palencia / Pérez García 2000b, 225.
16   Cech 2011, 184 vgl. auch Schneider 2012, 47.
17   Lowe 2009, 102; Cech 2011,183; Heil 2012, 167.
18   Plin. nat. 33,21,66 Übersetzung nach R. König.

überliefert sind[19] und von Claude Domergue[20] weiter präzisiert wurden. Im Untersuchungsgebiet waren die piriformen Abbaustellen 15–20 m tief und hatten am Ende einen Gang, der mit Abraum gefüllt wurde.[21] Beim Furchenabbau wurde das Wasser von einem Hauptkanal in die davon abzweigenden Rillen umgeleitet. Diese waren ca. 8–12 m breit und 50–300 m lang. Darin wurden die goldhaltigen Sedimente Richtung Tal gespült, wo sie gewonnen wurden. Alle genannten Abbauformen lassen sich heute im Landschaftsbild nachweisen.[22] Auch der Lago Carucedo im Norden entstand durch das Stauen von Wasser durch Materialablagerungen.

Für die Methode *ruina montium* waren große Mengen an Wasser erforderlich, eine Herausforderung im ariden Nordwesten der Iberischen Halbinsel. Die Römer umgingen dieses Problem durch den Bau zahlreicher Kanäle, die das Wasser teilweise von weit her herantransportierten.

Diese Kanäle wurden direkt in die Felsen geschlagen.[23] Die topographischen Begebenheiten von Las Médulas haben den Abbau mit Wasserkraft vereinfacht.[24] Zum Teil sind die Kanäle noch heute gut erhalten wie z. B. ein 1 km langes Teil in Llamas de Vabrera (Benuza).[25] Im gesamten Gebiet sind verschiedene Kanäle bekannt, die teils mehr als 100 km Länge aufweisen. Insgesamt wurden bislang ca. 550 km in der Region identifiziert. Das Wasser wurde in Becken mit bis zu 24.000 m³ Fassungsvermögen gespeichert. Jeder neu erschlossene Bereich erforderte neue Kanäle. Dadurch entstand ein Netzwerk, von dem einige Abschnitte teilweise recht schnell wieder aufgegeben wurden. Technisch waren die Gegebenheiten sehr anspruchsvoll. Es war das erste Mal in der Geschichte, dass die Wasserscheide überschritten wurde.[26] Die Kanäle waren meist um die 1,20 m hoch, teilweise bis 1,96 m. Wo es keine natürliche Führung gab, wurden Kanäle gemauert. Die Breite belief sich auf 1,20 m bis 1,50 m. Selbst auf einer Höhe von fast 2.000 m gab es in der Sierra del Teleno noch hangparallele Gräben, die das Schmelzwasser in Sammelbecken geleitet haben. Diese Methode ist außergewöhnlich und nur wenige weitere Stellen sind bekannt.[27] Die Veränderungen

---

19 Plin. nat. 33,21,66–78 Übersetzung nach R. König. Ähnliche Beschreibungen finden sich bei Diod. 3,12,1–14,5 Übersetzung nach G. Wirth (für Ägypten) und Strab. 3,2,8 Übersetzung nach S. Radt (für Hispanien).
20 Domergue 1990, 205.
21 Domergue 1990, 468 f. 472.
22 Schwarz 2006, 59; Pérez García / Sánchez-Palencia 2000, 170; Sánchez-Palencia / Pérez García 2000b, 216.
23 Pérez García et al. 2000, 233.
24 Pérez García / Sánchez-Palencia 2000, 151.
25 Lowe 2009, 104.
26 Hirt 2010, 34; Olesti Vila 2014, 299 f. Weitere Literatur: Die Region von Las Médulas wurde in den letzten Jahrzehnten intensiv u. a. von den Teams um Francisco Javier Sánchez-Palencia und Almudena Orejas erforscht. Daraus sind zahlreiche Publikationen entstanden, die ein breites Bild von der antiken Goldmine geben. Siehe hierzu auch im vorliegenden Band den Beitrag von A. Orejas et al.
27 Sánchez-Palencia / Pérez García 2000, 194. 196. 199.

des natürlichen Wasserregimes hatten mit Sicherheit Auswirkungen auf den lokalen Wasserhaushalt, was hier aber nicht Kern der Studie ist.

Läge der zeitliche Fokus auf dem 20. Jahrhundert, wäre eine Untersuchung der Veränderungen der Landschaft und der Führung der Kanäle mit modernen geographischen Methoden kein Problem. *Land use / land cover change* Untersuchungen sind in der aktuellen geographischen Forschung ein fest etabliertes Forschungsfeld und mit Hilfe der Fernerkundung gut zu untersuchen. Dabei werden Satellitenszenen aus zwei (oder mehr) unterschiedlichen Jahren miteinander verglichen und die Abweichungen untersucht. Die Szenen können kostenlos über den *USGS Earth Explorer*[28] heruntergeladen werden. Veränderungen in der Landbedeckung werden so direkt sichtbar. Daraus lassen sich Rückschlüsse auf die Änderung der Landnutzung ziehen. Diese Methode lässt sich auch ohne eine persönliche Anwesenheit von Wissenschaftler:innen vor Ort durchführen. Durch sogenannte untrainierte *Change Detection* werden nutzbare Datensätze generiert, die bereits belastbare Informationen liefern. Dadurch eignen sie sich hervorragend für eine erste Voruntersuchung von designierten Forschungsgebieten und können Zeit und Geld für Forschungsreisen sparen. Hat man so potenzielle kleinräumige Forschungsgebiete eingegrenzt, kann die Datengrundlage verbessert werden, indem der Datensatz mit sogenannten *ground truth* Daten trainiert wird. Dabei wird vor Ort mit Hilfe von GPS-Geräten die tatsächliche Landbedeckung erfasst und diese Informationen in ein Geoinformationssystem (GIS) eingespeist. Bei der anschließenden digitalen Auswertung ist die Unterscheidung verschiedener Vegetationsarten oder auch zwischen bebauten Flächen und Felsen eine Herausforderung.

Doch welchen Nutzen hat dies für die althistorische Forschung? Viele der Ansätze, die als erstes in den Sinn kommen, lassen sich nicht zielbringend einsetzen: Bedrohung von Ruinen durch urbanes Wachstum oder eine Ausweitung der landwirtschaftlichen Nutzung? – eher nicht notwendig, da lokale Archäolog:innen, Historiker:innen und Vereine wahrscheinlich vorher Alarm schlagen würden. Monitoring des Fortschritts von Ausgrabungen – wird vor Ort viel besser erfasst als auf Satellitenszenen. Die Idee für diesen Beitrag war das Auffinden von antiken Wasserkanälen über heutige Vegetation. Die Annahme dahinter ist folgende: Die Region ist relativ trocken, in den antiken Kanälen könnte sich möglicherweise Feuchtigkeit besser als in angrenzenden Bereichen halten und dadurch eine dichtere und/oder dunklere Vegetation ermöglichen. Diese erscheint in einem Falschfarbenbild in einem kräftigeren rot (siehe Abb. 1). Das Problem hierbei ist, dass die Auflösung gerade der älteren Satellitenszenen meist nicht so hoch und für kleinräumige Untersuchungen mit althistorischen Fragestellungen daher eher ungeeignet ist. Aber auch moderne Landsat Szenen (Landsat 8) liefern keine nützlichen Informationen, da sie nur Raster von 30×30 m haben.

---

28  U. S. Geological Survey, Earth Explorer, https://earthexplorer.usgs.gov/.

GIS und Fernerkundung von antiken (Fluss-)Landschaften auf der Iberischen Halbinsel    293

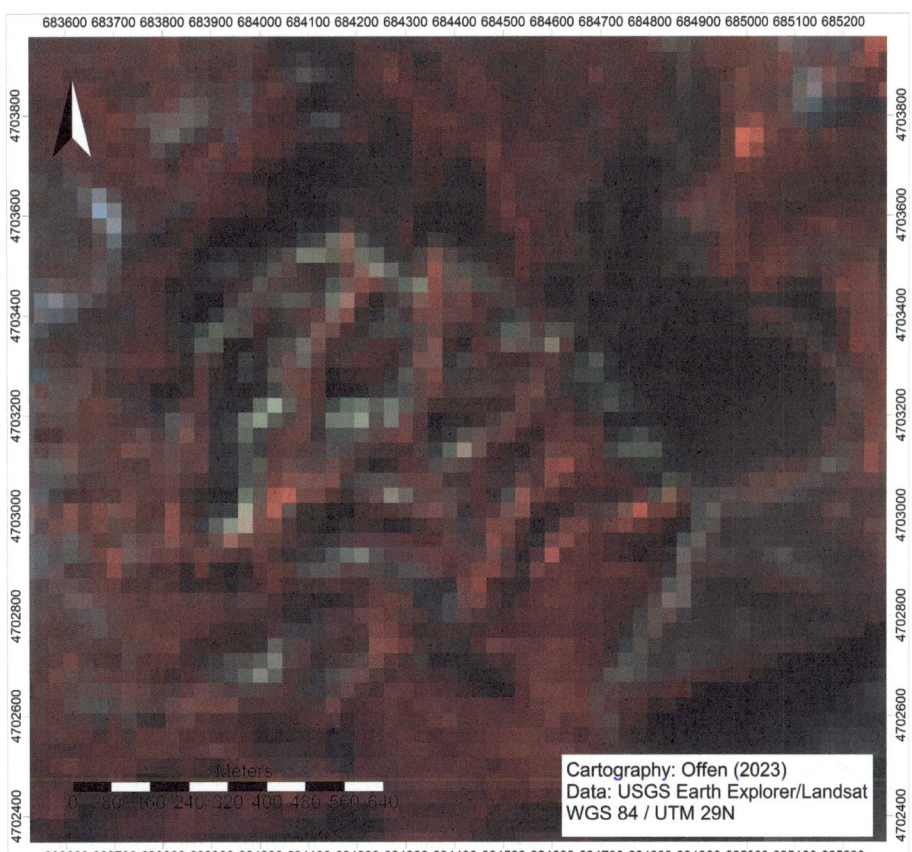

**Abb. 1** Satellitenaufnahme der antiken Mine von Las Médulas, Falschfarbenbild. Eigene Darstellung. (C) Datenquelle: Landsat 8 (04.10.2022), bereitgestellt durch USGS Earth Explorer

Das Betrachten der Satellitenszenen für die Region von Las Médulas war wenig ergiebig, da die Auflösung zu gering ist. Daher wurden sie für diese Untersuchung außer Acht gelassen. Bessere Aufnahmen liefern die Orthofotos des *Centro de Descargas vom Organismo Autónomo Centro Nacional de Información Geográfica*[29] von der spanischen Regierung mit einer Auflösung von 20 cm. Die höchste Auflösung haben jene von 2008.[30] Diese ermöglichen eine grobe Untersuchung der Vegetation der Region. Da-

---

29 Organismo Autónomo Centro Nacional de Información Geográfica, Centro de Descargas, https://centrodedescargas.cnig.es/CentroDescargas/. (19.10.2022)
30 Instituto Geográfico Nacional-Junta de Castilla y León, https://cartografia.jcyl.es/web/es/datos-servicios/ortofoto-castilla-leon.html und http://ftp.itacyl.es/cartografia/01_Ortofotografia/2008/. (19.10.2022)

rüber könnte die antike Wasserführung untersucht bzw. identifiziert werden. Warum scheinen Orthofotos hierfür besonders geeignet? Orthofotos sind georeferenzierte Luftbildaufnahmen, d. h. sie können in GIS visualisiert und bearbeitet, weitere Layer mit Informationen können hinzugefügt oder entwickelt werden; in diesem Fall z. B. Vektordatensätze mit Polygonen, Linien oder Punkten, die die Wasserstellen und -kanäle repräsentieren.

Im Fall von Las Médulas ist die Landschaft schon gut erforscht (siehe vor allem die Arbeiten von Sánchez-Palencia et al.).[31] Zudem wissen wir von Plinius,[32] dass in der Region ein extensives Netz aus Wasserzuflüssen und Leitungen existiert hat, da sonst die wasserintensiven Abbaumethoden im Bergbau nicht ausreichend Wasser zur Verfügung gehabt hätten. Darüber hinaus handelt es sich um eine aride Landschaft, was die Identifikation von feuchten Stellen über Vegetation ermöglicht. Gerade deshalb eignet sich die Region dafür, neue Methoden auszuprobieren, da die Ergebnisse anhand bestehender Forschungsergebnisse validiert werden können. Wenn die Methode zu einem Erfolg führen würde, könnte sie im Idealfall auf andere Regionen übertragen werden, die weniger erforscht sind, um dort die Feldarbeit zu reduzieren bzw. zu beschleunigen. Sie würde die notwendigen Untersuchungsräume für eine Prospektion deutlich einschränken, kann diese aber nicht ersetzen.

Kommen wir nun zur Methodenreflexion: Orthofotos haben durch ihre Georeferenzierung viele Vorteile. Der vorliegende Datensatz hat leider im Gegensatz zur Satellitenszene keine verschiedenen Farbkanäle. Dadurch können keine echten Falschfarbenbilder erstellt werden, die eine Interpretation der Vegetation zulassen würden. Damit lässt sich nur minimal etwas an der Farbdarstellung ändern, was jedenfalls nicht ausreicht, um einen starken Kontrast und damit eine in Anführungsstrichen „einfache" Interpretation zuzulassen.

Wie wir gesehen haben, sind die Ergebnisse des Versuchs ernüchternd. Für die Untersuchung wurde SAGA GIS verwendet.[33] Zur besseren Bearbeitung wurde die Satellitenszene ausgeschnitten, damit die Berechnungen weniger Zeit in Anspruch nahmen. Anschließend wurde ein Falschfarbenbild erstellt, wobei die Vegetation rot erscheint. Je dunkler das rot, desto dichter/grüner ist die Vegetation. Die einzelnen Orthofotos wurden mit dem Mosaiking Tool bei SAGA GIS zu einem einzigen Bild zusammengefügt, um das ganze Gebiet auf einer Karte abbilden zu können. Allerdings reichten die zur Verfügung stehenden Farbkanäle nicht aus, um ausreichend Kontrast zu erzeugen, die eine einfache Abgrenzung ermöglicht hätten. Das größte Problem bei dieser Art der Untersuchung ist, dass die Auflösung der Satellitenszenen nicht hoch genug ist, um sehr kleinräumige Untersuchungen anzustellen. Wenn es hingegen

---

31  Z. B. Sánchez-Palencia / Pérez García 2000a; Sánchez-Palencia / Pérez García 2000b, ebenso wie Orejas et al. im vorliegenden Band mit weiterer Literaturangabe.
32  Plin. nat. 33,21,66–78.
33  Conrad et al. 2015, 1991–2007.

hochauflösende Aufnahmen gibt, sind diese nicht frei verfügbar, was dem Ziel dieses Beitrags, der Kostenminimierung, widerspricht. Dennoch besteht die Hoffnung, dass bei einer besseren Datengrundlage in Zukunft diese Methode auch für die althistorische Forschung angewandt werden kann, zumal sie für Vegetationsuntersuchungen bereits heute gewinnbringend eingesetzt wird.

Mit hochauflösenden Daten lassen sich potenziell auch kleinräumig verschiedene Habitate identifizieren. Die unterschiedliche Vegetationsbedeckung gibt potenziell Aufschluss über die Standortbedingungen. Daraus können im Idealfall Rückschlüsse auf das Vorhandensein von (antiken) Wassergräben etc. gezogen werden. Diese können dann bei einem späteren Geländeaufenthalt gezielt untersucht werden. Natürlich werden so nicht alle antiken Wasserführungen identifiziert werden können, darüber gibt weiterhin nur der Aufenthalt vor Ort Aufschluss. In Gesprächen auf der Toletum-Tagung 2022 kam die Idee auf, die Methode auf die Untersuchung von syrischen Wadis anzuwenden, da deren Größe besser zur Datenlage passt. Dies wäre auf jeden Fall erste Voruntersuchungen wert, da der Zugang aufgrund der aktuellen politischen Lage in dieser Region deutlich erschwert ist.

Nichtsdestotrotz eignen sich die Methoden der Fernerkundung bereits heute, um eine Idee vom Gelände vor Ort zu bekommen und sich vorab Orientierung zu verschaffen. Andere Unterbereiche wie z. B. die Detektion von unterschiedlichen Beschaffenheiten des Geländes, die Rückschlüsse auf ehemalige Siedlungen etc. erlauben, werden schon heute gewinnbringend in der Archäologie eingesetzt.

Daher bleibt für die Zukunft zu wünschen, dass die Zusammenarbeit zwischen Geoinformatiker:innen, Historiker:innen und Archäolog:innen noch weiter intensiviert wird. Wünschenswert wäre z. B. eine Modellierung der Veränderungen in der Hydrologie und Geomorphologie speziell in römischer Zeit. Aus diesen Modellen wiederum könnten dann Informationen zur Herkunft des Wassers und zu Vernetzungen gezogen, aber auch Veränderungen im lokalen Wasserhaushalt identifiziert werden, was Auswirkungen auf die Landbedeckung und -nutzung gehabt haben könnte. Eine Herausforderung ist hierbei z. B. die Erosion der letzten 2000 Jahre und, je nach Region, die anthropogene Folgenutzung. Diese von der Nutzung in römischer Zeit zu unterscheiden wird punktuell teilweise sehr schwierig sein.

Auch wenn dieser Beitrag bestenfalls erste Ideen anregen kann, liegt das Potenzial von Fernerkundung und GIS in der Untersuchung von antiken (Fluss-)Landschaften, nicht nur auf der Iberischen Halbinsel, auf der Hand. Geländeaufenthalte könnten anders vorbereitet werden und dadurch viel Zeit und Geld vor Ort einsparen. GIS und Fernerkundung könnten so zu einem ergänzenden Tool im Werkzeugkasten von klassischen Historiker:innen und Archäolog:innen werden. Auf der anderen Seite muss man sich zu jeder Zeit aber auch der Grenzen dieser Methode bewusst sein; die Forschung im Gelände kann hierdurch bei weitem nicht ersetzt werden. Wie bereits erläutert, ist die kostenlose Verfügbarkeit von hochauflösenden Daten regional sehr unterschiedlich. Es ist zu hoffen, dass sich das in Zukunft ändert. Außerdem sind die

Berechnungen mit Hilfe von GIS nicht fehlerfrei. Wolken, Schatten o. Ä. können die Darstellung verzerren. Darüber hinaus ist die Erfassung von Mikrohabitaten auch mit hochauflösenden Orthofotos nicht immer möglich, da diese sich in der Unschärfe, unter Felsvorhängen oder Baumkronen verstecken können.

Dennoch lassen moderne Forschungsansätze hoffen, dass wir antike Landschaften in Zukunft besser und vielschichtiger verstehen werden. Ein zentraler Forschungsansatz für die kommenden Jahre wäre z. B. die richtungsweisende Arbeit von Julia Pongratz et al. zum Thema der globalen Rekonstruktion von Landbedeckung von 800 bis 1992[34] bis in die Antike auszuweiten und dort hochauflösendes Kartenmaterial auch für die einzelnen Regionen bereitzustellen. Diese könnten dann in Ergänzung zu archäologischen Funden, literarischen Quellen und archäobotanischen Untersuchungen unseren Horizont erweitern und das Verständnis von antiken Landschaften vertiefen.

## Bibliographie

Argüelles Álvarez 2015: P. A. Argüelles Álvarez, Roman Exploitation and New Road Infrastructures in Asturia Transmontana (Asturias, Spain), in: S. T. Roselaar (Ed.), Processes of Cultural Change and Integration in the Roman World (Leiden 2015) 191–200

Büntgen et al. 2011: U. Büntgen / W. Tegel / K. Nicolussi / M. McCormick / D. Frank / V. Trouet / J. O. Kaplan / F. Herzig / K.-U. Heussner / H. Wanner / J. Luterbacher / J. Esper, 2500 Years of European Climate Variability and Human Susceptibility, Science, 331, 2011, 578–582

Chech 2011: B. Cech, Technik in der Antike ²(Darmstadt 2011)

Conrad et al. 2015: O. Conrad / B. Bechtel / M. Bock / H. Dietrich / E. Fischer / L. Gerlitz / J. Wehberg / V. Wichmann / J. Böhner, System for Automated Geoscientific Analyses (SAGA) v. 2.1.4., Geoscientific Model Development, 8.7, 2015, 1991–2007

Domergue 1990: C. Domergue, Les mines de la Péninsule Ibérique dans l'antiquité romaine (Rom 1990)

Gerste 2018: R. D. Gerste, Wie das Wetter Geschichte macht. Katastrophen und Klimawandel von der Antike bis heute ²(Stuttgart 2018)

Grove/Rackham 2001: A. T. Grove / O. Rackham, The Nature of Mediterranean Europe. An Ecological History (New Haven 2001)

Healy 1978: J. F. Healy, Mining and Metallurgy in the Greek and Roman World. Aspects of Greek and Roman Life (London 1978)

Heil 2012: M. Heil, Matthäus, Die Bergwerksprocuratoren der römischen Kaiserzeit, in: E. Olhausen / V. Sauer (Eds.), Die Schätze der Erde – Natürliche Ressourcen in der antiken Welt. Stuttgarter Kolloquium zur Historischen Geographie des Altertums 10, 2008, Geographica Historica 28 (Stuttgart 2012) 155–173

Hirt 2010: A. M. Hirt, Alfred Michael, Imperial Mines and Roman Quarries in the Roman World. Organizational Aspects 27 BC – AD 235 (Oxford 2010)

---

34 Pongratz et al. 2008.

Loidi 2017: J. Loidi, Javier, Introduction to the Iberian Peninsula, general features: Geography, geology, name, brief history, land use and conservation, in: J. Loidi (Ed.), The vegetation of the Iberian Peninsula. Vol. 1, Plant and Vegetation 12 (Cham 2017) 3–14

Lowe 2009: B. Lowe, Roman Iberia. Economy, Society and Culture (London 2009)

Martín-Puertas 2009a: C. Martín-Puertas / B. L. Valero-Garcés / A. Brauer / M. P. Mata / A. Delgado-Huertas / P. Dulski, The Iberian Roman humid period (2600–1600 cal yr BP) in the Zoñar Lake varve record (Andalucía, southern Spain), Quaternary Research 71, 2009, 108–120

Martín-Puertas 2009b: C. Martín-Puertas / B. L. Valero-Garcés / M. P. Mata / P. González-Sampériz / R. Bao / A. Ana / V. Stefanova, Arid and humid phases in southern Spain during the last 4000 years: the Zoñar Lake record, Cordoba, The Holocene 18, 2009, 907–921

Myers et al. 2000: N. Myers / R. A. Mittermeier / C. G. Mittermeier / G. A. B. da Fonseca / J. Kent, Biodiversity hotspots for conservation priorities, Nature 403, 2000, 853–858

Olesti Vila 2014: O. Olesti Vila, Paisajes de la Hispania Romana. La explotación de los territorios del imperio (Sabadell 2014)

Organismo Autónomo Centro Nacional de Información Geográfica, Centro de Descargas, <https://centrodedescargas.cnig.es/CentroDescargas/> (19.10.2022)

Pérez García / Sánchez-Palencia 2000a: L. C. Pérez García / F. J. Sánchez-Palencia, El yacimiento aurífero de Las Médulas: situación y geología, in: F. J. Sánchez-Palencia (Hrsg.), Las Médulas (León). Un paisaje cultural en la Asturia Augustana (León 2000) 144–188

Pérez-García 2000b: L. C. Pérez García / F. J. Sánchez-Palencia / J. Torres-Ruiz, Tertiary and Quaternary alluvial gold deposits of Northwest Spain and Roman mining (NW of Duero and Bierzo Basins), Journal of Geochemical Exploration 71, 2000, 225–240

Pongratz et al. 2008: J. Pongratz / C. Reick / T. Raddatz / M. Claussen, A Global Land Cover Reconstruction AD 800 to 1992 – Technical Description, Berichte zur Erdsystemforschung 51 (Hamburg 2008)

Sánchez-Palencia / Pérez García 2002a: F. J. Sánchez-Palencia / L. C. Pérez García, La infraestructura hidráulica: canales y depósitos, in: F. J. Sánchez-Palencia (Ed.), Las Médulas (León). Un paisaje cultural en la Asturia Augustana (León 2000a) 189–207

Sánchez-Palencia / Pérez García 2002b: F. J. Sánchez-Palencia / L. C. Pérez García, El lavado del oro y la evacuación de los estériles, in: F. J. Sánchez-Palencia (Ed.), Las Médulas (León). Un paisaje cultural en la Asturia Augustana (León 2000b) 208–226

Schneider 2012: H. Schneider, Geschichte der antiken Technik ²(München 2012)

Schütt 2004: B. Schütt, Zum holozänen Klimawandel der zentralen Iberischen Halbinsel, Relief – Boden – Paläoklima 20 (Berlin 2004)

Schwarz 2006: P.-A. Schwarz, Gewässerkorrektionen in römischer Zeit, in: H. Hüster-Plogmann (Ed.), Fisch und Fischer aus zwei Jahrtausenden. Eine fischereiwirtschaftliche Zeitreise durch die Nordwestschweiz, Forschungen in Augst 39 (Augst 2006) 51–62

Tapiador 2020: F. J. Tapiador, The Geography of Spain. A Complete Synthesis (Cham 2020)

U. S. Geological Survey, Earth Explorer, <https://earthexplorer.usgs.gov/> (19.10.2022)

Wagner 2011: H.-G. Wagner, Mittelmeerraum ²(Darmstadt 2011)

Willi 2021: A. Willi, Irrigation of Roman Western Europe, Schriften der Deutschen Wasserhistorischen Gesellschaft 17 (Siegburg 2021)

## Quellenverzeichnis

Diod.: Diodorus Siculus, Griechische Weltgeschichte, Buch 1–10, erster und zweiter Teil, übersetzt von G. Wirth (Buch 1–3) und O. Veh (Buch 4–10), eingeleitet und kommentiert von T. Nothers, Bibliothek der griechischen Literatur 34–35 (Stuttgart 1992–1993)

Mela, übersetzt von K. Brodersen: P. Mela, Kreuzfahrt durch die Alte Welt, zweisprachige Ausgabe von K. Brodersen (Darmstadt 1994)

Plin. nat.: G. Plinius Secundus (d. Ä.), Naturalis historiae – Naturkunde, lateinisch und deutsch. Buch 1–37, herausgegeben und übersetzt von R. König (Tübingen und Darmstadt 1973–1994)

Strab.: Strabo, Strabons Geographika, Bd. 1–2, Prolegomena, Buch 1–17, Text und Übersetzung, mit Übersetzung und Kommentar herausgegeben von S. Radt (Göttingen 2002–2005)


**Isis Alexandra Oates** (née Offen) studied history at Hamburg University and Universidad de Sevilla and graduated in 2021 with a master's thesis about „Romanisierung und Umwelt – das Beispiel der Iberischen Halbinsel". Additionally, she has a master's degree (also from 2021) in teaching with the subjects of geography and Spanish where she wrote about „The impact of tourism on land use/land cover change in the European Alps: A case study of Ischgl (Tyrol, Austria)". During her career she focused on combining her passion for history and geography which has led her to environmental history and land use/land cover change research.

ISIS ALEXANDRA OATES
Universität Hamburg, RomanIslam – Center for Comparative Empire and Transcultural Studies, Edmund-Siemers-Allee 1/R. 019, 20146 Hamburg, isis.offen@yahoo.de

# Los pasos del sur hispano en Sierra Morena*
## *Los valles de Alcudia y del Guadiato como estructuradores del espacio socio-económico*

MIRIAM GONZÁLEZ NIETO /
JOSÉ LUIS DOMÍNGUEZ JIMÉNEZ

**Abstract:** In this contribution we show a socio-economic vision of three main valleys of *Baetica*, such as the Alcudia Valley, Los Pedroches and Guadiato. It synthesizes a study based on geographical and historiographical analysis, with the aim of approaching the optimal areas for the passes through Sierra Morena, allowing us to understand the circuit that would make the materials and more specifically the minerals, one of the most valuable resources of the area.

**Keywords:** *Sisapo*, Majadaiglesia, *Mellaria*, *ager*, mineral y vía, valles de la Bética

**Resumen:** En este contribución mostramos una visión socio-económica de tres valles principales de la *Baetica*, como son el Valle de Alcudia, Los Pedroches y Guadiato. Se sintetiza un estudio que sienta sus bases en análisis geográficos e historiográficos, con el objetivo de aproximarnos a las zonas óptimas para los pasos por Sierra Morena, permitiendo así, entender el circuito que harían los materiales y más concretamente los minerales, uno de los más valiosos recursos de la zona.

**Palabras clave:** *Sisapo,* Majadaiglesia, *Mellaria*, *ager*, minerals and road, valleys of Betica

---

\* Esta investigación está financiada mediante una beca FPI (PRE2020-094517) y una beca FPU (FPU19/01641). Agradecemos también a Mar Zarzalejos Prieto (UNED) y Antonio Monterroso Checa (UCO), junto con todos los compañeros de los equipos de investigación.

## Introducción

Esta investigación se enmarca dentro de dos tesis doctorales encargadas de estudiar ambos lados de Sierra Morena, nutriéndose de dos grandes proyectos de investigación que centran sus esfuerzos en entender y contextualizar el territorio serrano del sur peninsular en época antigua, con especial énfasis en los grandes valles fluviales de la *Baetica*. Desde la romana *Corduba*, "Patricia: Unidad de Investigación y Transferencia en Ciencias del Patrimonio (Universidad de Córdoba)", y desde la UNED el proyecto "Producción y circulación de bienes en el reborde meridional de la meseta (sur de la provincia de ciudad real) entre la prehistoria reciente y el fin de la antigüedad", han dado un impulso renovado al conocimiento de estos espacios intramontanos y su relación con el resto del mundo romano.

Dentro de estos avances se introduce este trabajo que tiene por objetivos analizar tanto el medio geográfico como las fuentes historiográficas, desarrollando una actualización cartográfica de las rutas y yacimientos mineros de interés, con el fin de racionalizar el uso de este espacio en la antigüedad y plantear nuevas hipótesis. Dentro del amplio espacio de Sierra Morena nos centraremos en los Valles de Alcudia, Pedroches y Guadiato, regiones loadas en las fuentes antiguas por su riqueza, dando grandes beneficios a quienes las explotaron (cobre, plata, o el afamado minio sisaponense), de tal forma que esta relación entre los valles y la sierra originó un paisaje nuevo y antropizado, en el que se imbricaban los poblados mineros, las minas, las zonas de control y las grandes vías que daban salida a estas materias. La minería por tanto pasó a ser el verdadero dinamizador que convirtió estos valles en polos de atracción de capital y mano de obra. No son pocos los ejemplos de ello, desde los *oppida* como *Mellaria* o *Sisapo*, los asentamientos mineros, como La Loba o Valderrepisa, y las zonas de transformación mineral que salpican ambos territorios. Y a su vez, los valles fueron surcados por numerosas vías, destacando aquellas de primer orden que unían los ámbitos separados por Sierra Morena: la vía *Corduba-Emerita* y la vía 29 del Itinerario de Antonino.

Aportaremos aquí los primeros resultados de nuestras investigaciones, agregando nuevas interpretaciones para la comprensión de estos valles y su desarrollo a lo largo de los siglos, gracias al estudio de las fuentes histórico-arqueológicas y la aplicación de metodologías SIG.

## Aproximación geográfica de la zona

En todo estudio que busca comprender el pasado de una sociedad hay que detener la mirada en el paisaje. El territorio, además de zona de ocupación o explotación, como resulta en el caso de los minerales del norte del *Conventus Cordubensis*, es siempre condicionador de la movilidad de sus habitantes, y por tanto de las relaciones que estos mantienen con sus espacios vecinos y cómo se integran en los circuitos comerciales. El caso que presentamos es, por la riqueza de sus tierras, de gran interés, ya que supone comprender cómo unos valles insertos en un intrincado espacio serrano se convirtieron en el corazón de la propia capital de la Bética y sus productos eran mencionados por los más famosos autores latinos.

El espacio geográfico que abordaremos a lo largo de este estudio viene caracterizado por estar constituido por Sierra Morena, parte del bloque meseteño cuya litología viene caracterizada por los materiales precámbricos y paleozóicos.[1] Esta sierra es una larga franja de relieves montañosos de baja altura que sirven como borde meridional de la meseta, que desde el norte supone un relieve escaso con una complejización topográfica, mientras que desde el sur se convierte en un verdadero escalón montañoso que dificulta severamente el acceso del valle del Guadalquivir a las tierras de la meseta castellana, encontrándose en esta sierra picos de hasta 1332 metros, como cumbre de Bañuela en Sierra Madrona.[2] Dentro de este límite mariánico podemos distinguir varios valles que articulan el espacio serrano y que nos sirven de eje para comprender este territorio en época romana.

El primero de ellos es el Valle de la Alcudia (Fig. 1), que es un anticlinal que se formó en los plegamientos del orógeno varisco, mientras que los sedimentos ubicados en las terrazas inferiores pertenecen al cuaternario.[3] Este espacio se configura como un gran valle en llanura rodeado por altos relieves montañosos. Al norte está cerrado por la Sierra de la Solana de la Alcudia y la Sierra de Puertollano, mientras que al sur está la Sierra de la Alcudia y Sierra Madrona. Entre los cursos de agua que lo surcan destacan el río de la Alcudia, el río Tablillas y, en su cierre sur, el Jándula, del que más tarde hablaremos.

El Valle de los Pedroches, por su parte, es un valle colindante con la meseta castellana que se constituye en un paisaje de penillanuras adehesadas sobre granitos en su borde sur occidental. Al norte el valle se encuentra con las ya citadas sierras de la Alcudia y Madrona y a su falda el río Guadalmez, mientras que al norte cierra este espacio el Zújar, igual que sucede en el valle del Guadiato. Al oeste hace frontera con el valle del Guadiato, al que podemos acceder mediante el Puerto Calatraveño, que salva las sierras que dividen ambos espacios.[4]

El Valle del Guadiato, presidido por *Mellaria*, linda al norte con Badajoz y Ciudad Real, siendo un espacio de campiña que se comprende dentro de Ossa-Morena, estando sus materiales más antiguos datados en el precámbrico.[5] Se caracteriza en su región norte por verse surcado por el río Zújar, recorriéndolo en dirección norte-sur las sierras del Cambrón, Morata y Trapera, que en el sur conecta con Sierra Chimorra,

1  Vaquerizo Gil et al. 1994, 25.
2  Muñoz Jiménez 1992, 255.
3  Pieren 2009.
4  Cabanas 1967; Zoido Naranjo 2014, 305–309.
5  Villalobos Megía / Pérez Muñoz 2008, 267 s.

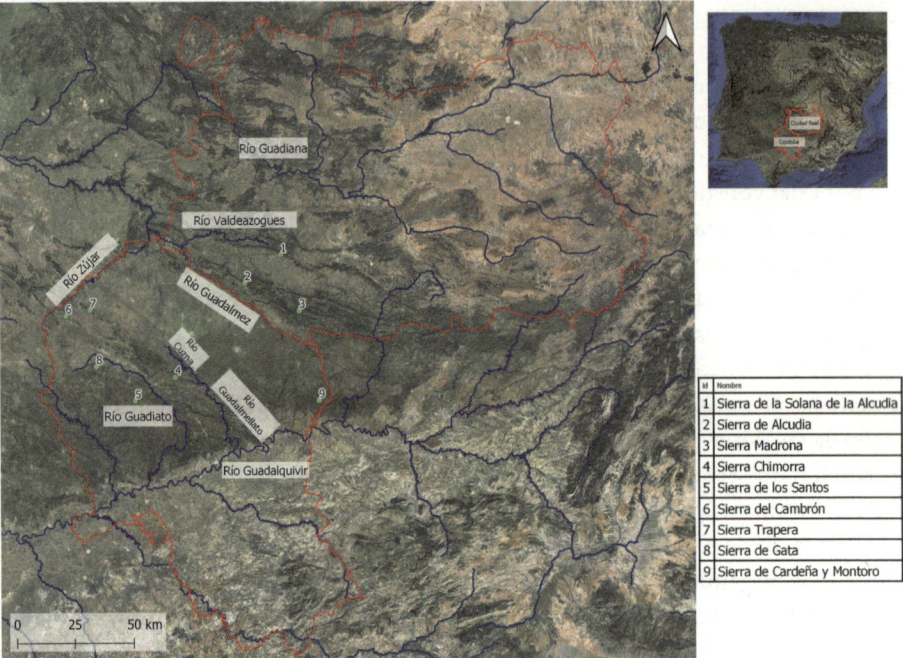

**Fig. 1** Mapa geográfico de la zona estudiada. Imagen propia. ©Google Satellite CC-BY 3.

mientras que al oeste del río Guadiato se dispone la Sierra de Gata y la Sierra de los Santos. Destaca especialmente la región por su abundancia de cursos de agua, con gran cantidad de arroyos y ríos, teniendo especial presencia en la actualidad los embalses realizados en el curso del Guadiato.

## El territorio y la explotación de los valles: los *agri*, sus *limites* y minas

La penetración al interior peninsular siempre ha sido uno de los objetos de interés que ha condicionado el desarrollo socio-económico de España. Desde el reinado de Fernando VII contamos con el paso de Despeñaperros,[6] pero en la antigüedad las difíciles orografías serranas que separan el valle del Guadalquivir de la zona manchega no podían depender de ese acceso artificial. El estudio de una vía tan importante en época romana, como es la vía *Corduba – Sisapo*, ha suscitado gran interés en el tramo de mayor dificultad por su orografía. Conectar el sur con el interior de la meseta, supone hacer frente a Sierra Morena. Esa estructuración del territorio en época romana viene

---

6  Pita 2008, 103.

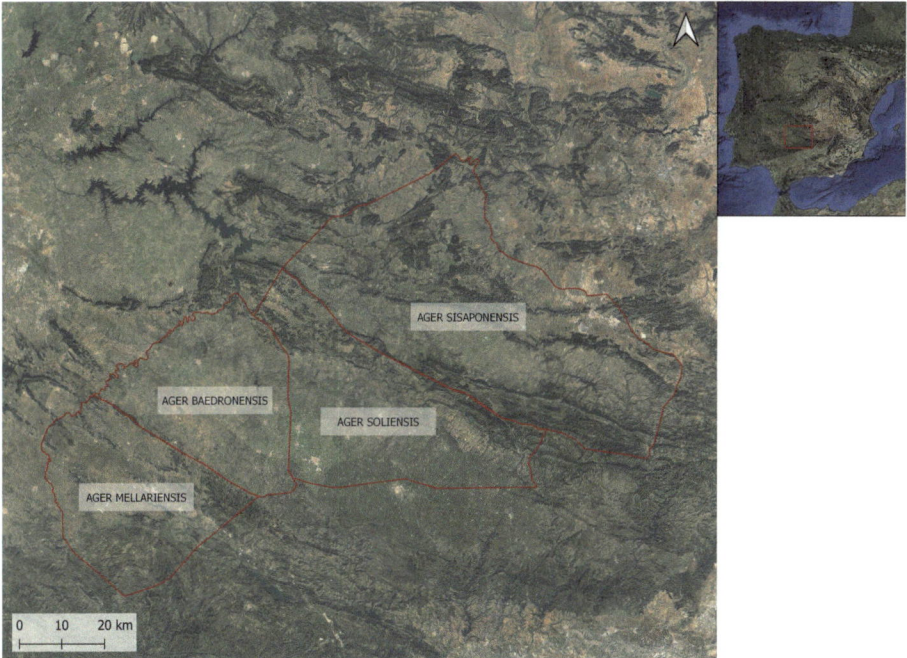

**Fig. 2** *Fines incerti* de los *agri* estudiados. Imagen propia. ©Google Satellite CC-BY 3.

motivada por la explotación de las minas ubicadas en la sierra y que estarían bajo la jurisdicción de *Corduba*, extendiéndose hasta territorios manchegos (Fig. 2.).[7]

El estudio de los pasos viarios necesita obligatoriamente detener su vista sobre las explotaciones minero – metalúrgicas de las zonas serranas que lindan con los valles de estudio (Alcudia, Pedroches y Guadiato). Gracias a estos recursos, podemos comprender la voluntad que tenía Roma por adentrarse en los mismos, generando una infraestructura viaria que diera cabida a la salida y entrada de los diferentes recursos. Las investigaciones realizadas en los diferentes valles nos ofrecen una mirada a la estructuración y organización del poblamiento, así como de la minería.

El Valle de Alcudia, vertebrado por la vía 29 del Itinerario de Antonino y controlado por *Sisapo*, sede las *Societas Sisaponensis*, encuentra en la minería una de sus bases económicas.[8] Los sucesivos estudios han permitido determinar una jerarquía dentro del valle, dicha organización ubica su centro principal en la antigua ciudad de *Sisapo*, desde donde se controla el afamado cinabrio sisaponense y la galena argentífera de la mitad oriental del valle.[9] El *ager* dominado por *Sisapo*, si bien puede simplificarse en el Valle de la Alcudia, se extendería por gran número de montes exógenos al mismo

---

7   Rodríguez Neila 2019, 198.
8   Hevia Gómez 2005, 32.
9   Zarzalejos Prieto et al. 2012, 141.

y que nutrirán su potencia minera. Haciendo un ejercicio teórico de delimitación de las zonas bajo su control, en base a los preceptos romanos, la geografía regional y a las investigaciones de Stylow,[10] podemos plantear unos *fines incerti*. Al suroeste lindaría como hemos dicho con el *ager soliensis*, divididos ambos por la Sierra de la Alcudia hasta el entorno de la cumbre Bañuela, punto más alto de toda Sierra Morena. Desde este punto es probable que el territorio bajo su control fuesen las tierras al oeste del Jándula, ascendiendo el posible *limes* por el río Fresneda y Ojailén. En el entorno de la actual Almodóvar del Campo se acogería al río Tirteafuera hasta topar con el Guadiana al norte, donde comenzaría este *finis* a desplazarse hacia el oeste por la Sierra de la Osa, hasta topar de nuevo con el territorio soliense en la Sierra de las Hoyelas (Fig. 3).

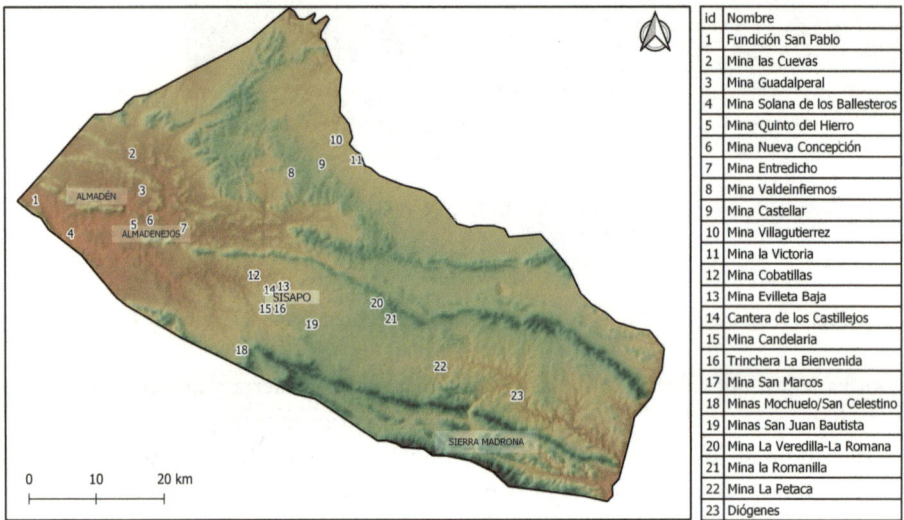

Fig. 3 *Ager sisaponensis* y sus explotaciones mineras principales.
Obra derivada de ©PNOA 2019 CC-BY scne.es.

Este territorio sisaponense era rico en minas, como ya habíamos señalado.[11] En el propio entorno del yacimiento de *Sisapo* observamos diversos puntos de extracción de mineral, como bien reflejan las minas de la Candelaria (galena argentífera); mina de San Marcos – Trinidad (galena argentífera); mina de Evilleta Baja (galena argentífera) y de la trinchera de La Bienvenida (extracción de cobre). Además, contaban con la cantera de Los Castillejos, zona de carácter volcánico.[12] El resto del territorio comprendido por el Valle de Alcudia y Sierra Madrona cuenta con una categorización: Com-

---

10  Stylow 1995; Castillo Pascual 2011, 121; Ventura Villanueva / Gasparrini 2017, 164; Domínguez Jiménez 2023, 51–54.
11  Domergue 1987, 59–85.
12  Zarzalejos Prieto et al. 2017.

plejos minero – metalúrgicos (Mina Diógenes), centros metalúrgicos como pudo ser Valderrepisa, y las propias minas como son Covatillas o San Marcos.[13]

Los proyectos de investigación centrados en esta área han determinado la jerarquización de la zona, lo que en la actualidad se presenta como un territorio yermo en población, se comprende mejor al aplicar este esquema y ligar los centros económicos con los habitacionales. De tal forma que contamos con un centro dinamizador, como es *Sisapo*, controlando la gestión del territorio, y del cual son subsidiarios los poblados que se esparcen por las zonas serranas para la actividad minera. Una imagen similar a lo que sucede en otras ciudades de las estudiadas, como es *Mellaria*, que concentraría en torno a sí las minas serranas y el poblamiento disperso, erigiéndose como un punto de control de las explotaciones y acopio para su salida a través de la vía hacia *Colonia Patricia*.[14] Esta organización, además, no se explicaría sin valorar los dos pilares sobre los que se sustentaría este territorio, por un lado, la vía 29 del Itinerario de Antonino y por el otro la vía *Corduba – Sisapo*, siendo esta última la que, por su orientación norte-sur, buscando la salida natural del Guadalquivir, es objeto de nuestro interés. Los pasos de Alcudia llevarían imperiosamente al valle de los Pedroches, igualmente rico en la explotación de la minería.

Como señalamos arriba, el *ager sisaponensis* hacía frontera al suroeste con el Valle de los Pedroches, que en época romana se dividía en dos *agri*: el *ager soliensis* y el *baedronensis*. Desde la cumbre de Bañuela el límite de territorio de *Solia* descendería por el río Navalmanzano, llegando en su zona meridional hasta las cabeceras de los arroyos de Navaluenga, Membrillo, Guadamorra y Santa María, dejando al sur a Villanueva de Córdoba. Probablemente entraría en contacto con el territorio baedronense en el arroyo García, en las inmediaciones del actual Pozoblanco, manteniéndose esta posible división al este del río Guadarramilla y al oeste del arroyo del Cigüeñuela, llegando al norte hasta Cerro Gordo, cercano a la mina de las Monjas (Fig. 4). A su vez el *ager baedronensis* llegaría algo más al norte siguiendo el arroyo de la Cañada, hasta topar con el río Zújar, frontera norte también para *Mellaria*, con cuyos territorios estaría separado *Baedro* por el eje Sierra Trapera-Sierra Chimorra, cerrando al sur en las cercanías del Cerro de los Castillejos.[15] En este valle destacan gran cantidad de explotaciones mineras, como las minas de Santa Eufemia, la mina La Romana, Las Torcas, Morras del Cuzna, de la Solana o Arroyo Tejada, entre otras[16] (Fig. 5). Este territorio cordubense tiene como punto central de nuestra investigación El Guijo, donde se ubica el yacimiento de Majadaiglesia, considerada por algunos autores como *Solia*, siendo el primero en proponerlo Samuel de los Santos Jener en el Boletín de la Real Academia de Córdoba, considerando el entorno de la Ermita de la Virgen de las Cruces el mayor

---

13   Zarzalejos Prieto et al. 2012.
14   Vaquerizo Gil et al. 1994, 177–192; Domínguez Jiménez 2023.
15   Stylow 1995.
16   Domergue 1987, 86–180; García Romero 2002, 113.

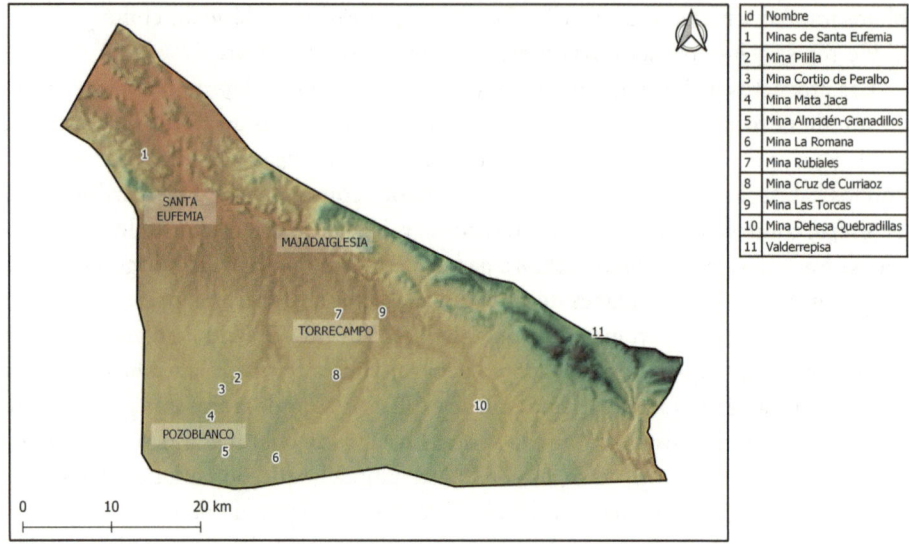

**Fig. 4** *Ager soliensis* y sus explotaciones mineras principales.
Obra derivada de ©PNOA 2019 CC-BY scne.es.

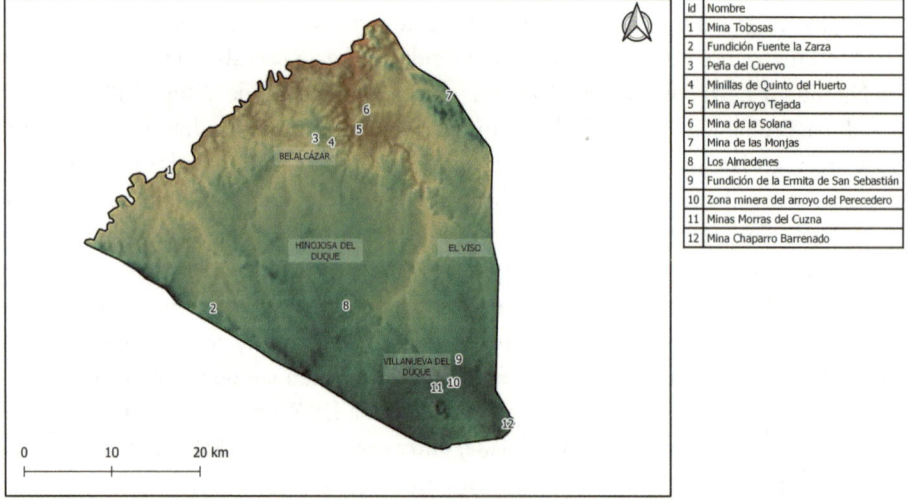

**Fig. 5** *Ager baedronensis* y sus explotaciones mineras principales.
Obra derivada de ©PNOA 2019 CC-BY scne.es.

centro minero de Los Pedroches.[17] En la actualidad el yacimiento destaca por la conservación de estructuras hidráulicas, algunas de ellas destinadas al lavado de mineral,[18] lo que, unido a la proximidad con el Valle de Alcudia, nos hace suponer de este núcleo una posible zona de paso a la meseta.

El mayor ejemplo de relación entre recursos, vías y poblaciones lo tenemos de manifiesto en el Valle del Guadiato. En dicho valle y a las orillas del río, la vía *Cordoba – Emerita* ordena el territorio serrano, eminentemente minero al igual que en los anteriores valles. El *ager mellariensis*, como señalábamos, linda con los Pedroches en el eje Sierra Trapera-Sierra Chimorra y está contenida al norte y noroeste por el río Zújar, manteniéndose a la derecha de la Sierra Albarrana y estando el sur delimitado por Villanueva del Rey.[19] En sus tierras regadas por el Guadiato afloraron las explotaciones mineras de toda clase, como las de La Loba, el Hambre, La Pava, Margarita, el Hoyo, Doña Rama, etc.,[20] y quizás los *montes* sobre los que la *Societas Sisaponensis* tenía control, tal como parece reflejar la inscripción de la *servitus viae* encontrada a las afueras de la capital cordobesa (Fig. 6).[21]

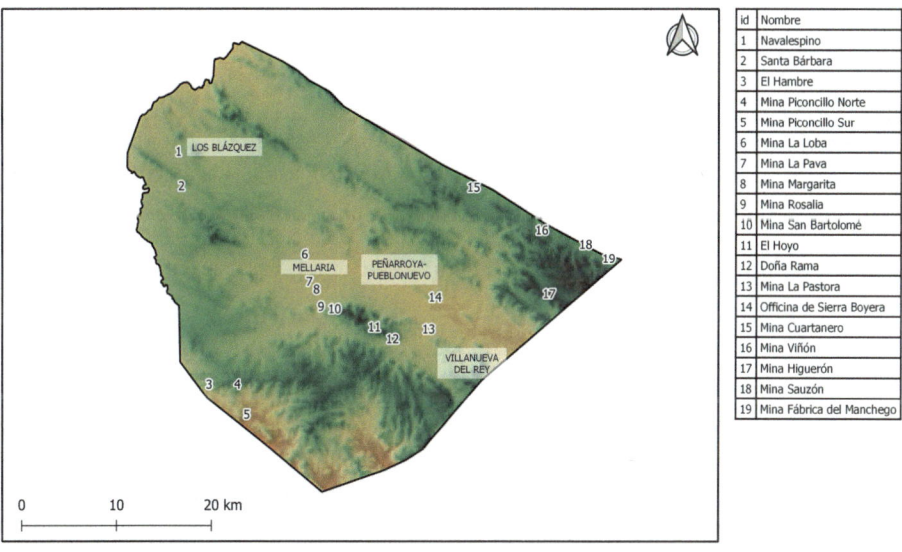

Fig. 6 *Ager mellariensis* y sus explotaciones mineras principales.
Obra derivada de ©PNOA 2019 CC-BY scne.es.

---

17   Santos Gener 1928, 58.
18   Rosas Alcántara 2008; Peña/Teixidó et al. 2012.
19   Iglesias Gil 1996, 172 s.; Vaquerizo Gil et al. 1994, 175 s.; Romero Corral 1997, 173; Stylow 1995; Monterroso Checa / Gasparini 2016, 182 s.; Domínguez Jiménez 2023.
20   Domergue 1987, 86–180; Vaquerizo Gil et al. 1994, 177–192; García Romero 2002, 113.
21   Ventura Villanueva 1993.

Desde los últimos años las investigaciones en torno al valle se han incrementado, ofreciendo la localización de nuevos yacimientos. Entre ellos, destacamos la identificación de algunos de los trazados de la vía *Corduba – Emerita* en el Pantano de Puente Nuevo.[22] Aunque hoy la minería ha perdido su importancia y sea el pastoreo y las labores del campo las que sostienen la economía local, en época romana existió toda una estructura logística que hacía de ese punto el sostén administrativo de la zona central del *Conventus Cordubensis*. Dicha gestión debió desarrollarse desde *Mellaria*, yacimiento que consideramos el centro de gestión del mineral regional, capitalizando todas las explotaciones del valle y sus sierras. Tanta es la relación que guardaría el valle con ser punto de paso que la propia *Mellaria* se dispone adosándose a la vía, según apuntan las últimas interpretaciones.[23] Esa relación entre *municipium-iter-ager* es la que sirve de columna para la estructuración del territorio, siendo Mellaria, asociada a la vía *Corduba-Emerita*, la que serviría de puerta de salida hacia *Corduba*, al unir en sí misma los recursos venidos de las zonas más lejanas del valle. Siguiendo el curso del río y de la vía seguimos observando como el territorio se orienta hacia este eje. Prueba de ello son las muchas estructuras que pueden encontrarse en las inmediaciones del río y de la vía, como el yacimiento de los Escoriales de Doña Rama, el de Sierra Boyera con una *officina* metalúrgica o la zona de Puente Nuevo, donde se concentran gran variedad de actividades, entre las que destacamos el *Vicus* de la Estrella.[24] Es al final del valle del Guadiato cuando todos los espacios estudiados se encuentran, conectándose la vía *Corduba-Sisapo* con la *Corduba-Emerita*. Desde este punto, la conexión del *iter* con *Corduba* y con el Guadalquivir, solo tendría que afrontar un último paso, el descenso de Cerro Muriano.[25]

**El estudio de las vías en el pasado: la discusión historiográfica**

Desde un estudio del territorio y de la economía observaremos que existe una importante cuestión aún abierta, como es la conexión entre los valles de la Alcudia y los Pedroches, antes de que el *iter* marche en dirección al Guadiato y a Córdoba. Por tanto, debemos centrar nuestros esfuerzos en entender que posibles pasos nos ofrece la historiografía. Las fuentes documentales siempre son un rico recurso para las investigaciones, en nuestro caso hemos creído conveniente examinar las fuentes antiguas, medievales y modernas, con el fin de llegar a determinar las zonas de paso que la historiografía ha valorado, además de la idoneidad de las mismas. Esta metodología es imprescindible en los estudios actuales pues nos ha permitido ubicar zonas y trazados a valorar, ahora sí, con metodologías modernas de identificación y cálculos de rutas óp-

---

22  Gasparini et al. 2019; Monterroso Checa / Domínguez Jiménez 2022, 194.
23  Gasparini et al. 2020, 9 s.
24  Monterroso Checa / Domínguez Jiménez 2022, 192 s.
25  Melchor Gil 1993, 66; Melchor Gil 1995, 115–122; Domínguez Jiménez / González Nieto 2019, 21 s.

timas.[26] Baste un breve análisis historiográfico para ilustrar las fuentes más relevantes en el estudio de la vía *Corduba – Sisapo*. Las fuentes clásicas de las que disponemos no son de carácter itinerario, sino de la importancia minera de la región de *Sisapo* como refleja Plinio el Viejo[27] o Estrabón.[28] Las fuentes árabes son más notorias en el estudio de esta vía, pues geógrafos como Al-Idrisi nos aportan posibles itinerarios de las vías que conectaban la capital del Califato con otras zonas,[29] estudio que retomaremos con mayor precisión para abordar los pasos por Sierra Morena. En referencia a las fuentes modernas y contemporáneas contamos con una síntesis de los caminos históricos de Toledo a Córdoba por el Valle de Alcudia,[30] apoyándose dicho autor en documentos de la época como el Libro de Montería de Alfonso XI, el Repertorio de Villuga (1546), el Catastro de la Ensenada (1751), y en las descripciones del propio Al Idrisi. Las publicaciones actuales dan crédito de la importancia de esta vía, que además, se ha visto refrendada por los restos arqueológicos encontrados en diferentes puntos de la zona en relación a la actividad minería, de tal manera que el hallazgo de una moneda minera en Córdoba con las iniciales S. S (*Societas Sisaponensis*) o el descubrimiento de una inscripción donde se refleja la imposición de una servidumbre de paso por las *Societas Sisaponensis*, puso de manifiesto la estrecha vinculación que tendrían ambas ciudades.[31] En último lugar, cabe hacer mención a tres obras claves para nuestro estudio siendo la primera de ellas la publicación de Sillières, obra por excelencia en los estudios de caminería romana y donde encontramos un análisis de la vía en cuestión.[32] Otra obra reseñable es la realizada por Melchor Gil, que recoge de forma sistemática las vías romanas de la provincia de Córdoba, incluyendo la vía *Corduba – Sisapo/Miróbriga*.[33] Ese mismo año tiene lugar la publicación de la tesis doctoral defendida por la investigadora Zarzalejos Prieto, en la que se dedica un capítulo al estudio de esta vía.[34]

Junto con el análisis de las fuentes, se ha implementado el uso de técnicas geomáticas basadas en la observación de los Modelos Digitales del Terreno (MDT) generados por los datos LiDAR, disponibles en el Centro de Descargas del Instituto Geográfico Nacional,[35] y el cálculo de rutas óptimas, permitiendo así poder evaluar el territorio que debe de afrontar la vía en cuestión. El cálculo de rutas óptimas consiste en determinar el camino más corto a partir de un vértice de origen hacia uno de destino, la obtención de este ca-

---

26 González Nieto 2022.
27 Plin. Nat. 33, 118. Traducción de H. Rackham.
28 Estrab., Geog. 3, 2, 3. Traducción de María José Meana / Félix Piñero.
29 Abid Mizal 1989.
30 Sánchez Sánchez 2005.
31 García-Bellido 1986, 20; Ventura Villanueva 1993.
32 Sillières 1990, 496.
33 Melchor Gil 1995, 151–154.
34 Zarzalejos Prieto 1995, 281–287.
35 LiDAR-PNOA 2018 CC-BY 4.0 scne.es.

mino se hace mediante el cálculo de costes mínimos y el cálculo de rutas de menor coste. No obstante, debemos valorar que este tipo de análisis tiene condicionantes, como pueden ser la inclinación de la superficie, entre otros. En nuestro estudio, hemos valorado la pendiente como el factor principal, pues la evaluación del terreno que nos interesa es una zona serrana. Además, la selección del algoritmo se ha visto fundamentada por la consideración de que el desplazamiento conlleva un coste diferente si este es ascendente o descendente, siendo la fórmula usada la que exponen los autores Silva y Pizziolo.[36]

## Análisis de los pasos serranos

El estudio sistemático de los caminos ofrecidos por la historiografía en diferentes etapas nos ha permitido representar cómo serían los pasos de Sierra Morena (Fig. 7). No obstante, nosotros hemos seleccionado el estudio de tres caminos (Fig. 8), por ser los que creemos con mayores posibilidades de su existencia en época romana. En la presente investigación, que aún se encuentra en desarrollo, ofrecemos las primeras hipótesis. Las fuentes nos han guiado a valorar por su disposición en la sierra el paso de Puerto Mochuelo (Almodóvar del Campo, Castilla La Mancha) y el Castillo del Vioque (Santa Eufemia, Córdoba).

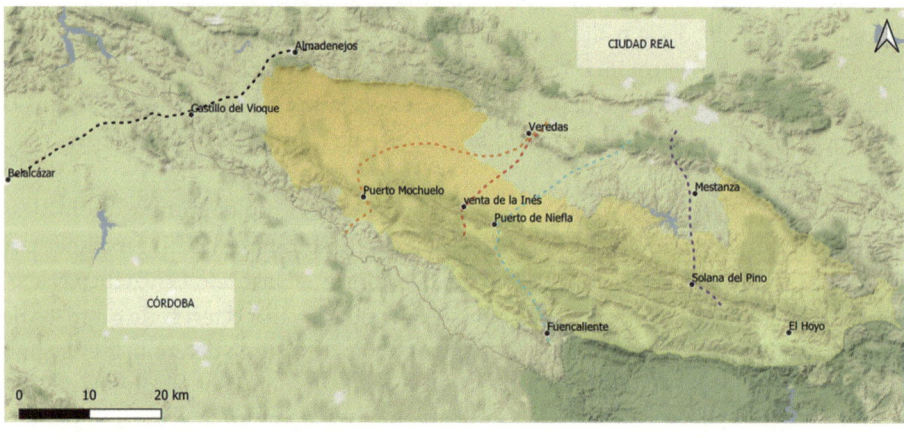

**Fig. 7** Los pasos de Sierra Morena ofrecidos por la historiografía.
Imagen propia. ©Stamen Terrrain CC-BY 3.0

---

36 Silva/Pizziolo 2001.

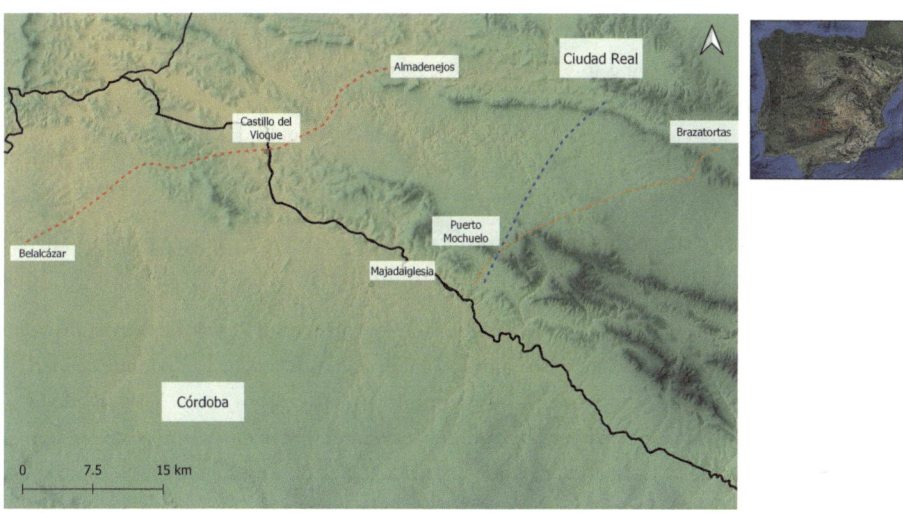

**Fig. 8** Posición del yacimiento Majadaiglesia como punto de control respecto a los caminos factibles en su paso por Sierra Morena. ©PNOA 2019 CC-BY scne.es.

J. Sánchez Sánchez recoge en su estudio de los *Caminos Históricos Toledo – Córdoba por el Valle de Alcudia*, el itinerario de Al – Idrisi, exponiendo lo siguiente:

> sale de Córdoba por la puerta de Talavera o de León, va por Cerro Muriano, *Dar al-Baqar* (Castillo de Vacar), *Gafiq* (Belalcázar), *Yibal Afur* (no es seguro, pero se ha identificado con Almadenejos), *Dar al-Baqar* (Dehesa de Villagutierre) y Calatrava.[37]

Aceptando la descripción del autor y su interpretación de *Yibal Afur* como Almadenejos, encontramos como punto intermedio entre las localidades de Belalcázar y Almadenejos, el Castillo del Vioque, por lo que resulta plausible que el autor árabe, ubicara como paso dicho castillo (Fig.8, camino B). Este mismo recorrido es el que recoge F. Hernández en su obra *El camino de Córdoba a Toledo en época musulmana*.[38]

El segundo de los caminos, también recogido en el estudio de J. Sánchez Sánchez,[39] es el camino de *Balat Al-Arús* (Camino Califal) (Fig. 8 camino A), autor que citando a Feliz Hernández (1997) ofrece la siguiente descripción:

37   Sánchez Sánchez 2005, 7.
38   Hernández Jiménez 1959.
39   Sánchez Sánchez 2005, 6.

Desde Armillat se afrontaría en toda su aspereza la directa ascensión a las navas que respaldan por el N. la, en este tramo, tan abrupta vertiente Sur de Sierra Morena, para, una vez en ellas, ir a pasar por las proximidades del castillo de Almogábar. Iría luego a vadear el Guadalmez para cruzar Sierra Madrona por Puerto Mochuelo; luego cruza el valle de Alcudia y sale de él por el puerto de Caracollera.

El tercer camino, correspondiente al camino Real de Sevilla a Madrid por el Valle de Alcudia seguiría el siguiente trazado (Fig. 8 camino C):

> [...] Sigue el mismo camino y a las cinco leguas de esta villa, en el Real Valle de Alcudia se encuentra la Venta en el santuario de Nuestra Señora de la Bienvenida [...] donde acuden los serranos al santo sacrificio de la misa y cumplir con el precepto anual. Y siguiendo el mismo camino Real de Sevilla para los Pedroches de Córdoba se encuentra a una legua y salida del mismo Real Valle otra [...] que llaman la del Zarzoso [...] con lo que se concluie el tránsito de esta jurisdicción por aquella vía que viene a la Aldea zitada(sic.) de las Veredas.[40]

Expuestos los caminos de mayor interés para nuestra investigación y las descripciones que los autores han arrojado sobre ellos, debemos contextualizar un tercer punto de estudio. El tercer ítem que valoramos como posible paso es el yacimiento de Majadaiglesia en el Valle de los Pedroches, dentro del término municipal de El Guijo. Dicho yacimiento, como hemos mencionado con anterioridad, ha sido identificado con la antigua ciudad de *Solia* y actualmente se están desarrollando labores de prospección aérea. Gracias a estas intervenciones de carácter puntual, es posible valorar el yacimiento como un nodo de conexión entre el *ager sisaponensis* y el resto del *Conventus Cordubensis*.[41]

Majadaiglesia, por su situación estratégica al norte de su *ager* y al pie de Sierra de la Alcudia, tal y como puede apreciarse en la figura 8, respecto a las vías que describe Feliz Hernández en su estudio, ejercería como punto de control de paso en una región en la que únicamente conocemos esta ciudad. Además, habida cuenta de su cercanía con Puerto Mochuelo y la presencia de estructuras hidráulicas para la decantación del mineral, nos hace determinar que el yacimiento debió estar conectado con los principales focos mineros del *Conventus Cordubensis*, no solo para su extracción sino también, para dar salida a estos minerales. Históricamente la salida de estos materiales de la zona de los Pedroches y de Alcudia debió ser por la capital de la Bética, *Corduba*, pudiendo ser por tanto la vía *Corduba – Sisapo* la vía encargada de hacer posible la conexión desde *Sisapo* y pasando por Majadaiglesia con Córdoba, desde donde partirían los minerales camino a Roma. Esta zona, además, no solo estaría conectada por la anterior vía, sino

---

40  Sánchez Sánchez 2005, 7 s.
41  González Nieto et al. 2023.

que contaba también con la vía *Epora-Solia* con una orientación sureste-noreste, vadeando Sierra Morena y entrando al valle por su lado más oriental.

Desde Majadaiglesia, como hemos referenciado con anterioridad, encontramos un paso directo hacia Puerto Mochuelo. Dicho paso ha tenido más defensores en épocas modernas, como son los estudios de Corchado u Ocaña, quienes han mencionado Puerto Mochuelo como el paso óptimo por Sierra Morena hacia el valle de Alcudia.[42] Puerto Mochuelo se encuentra actualmente en unas altitudes de entre los 700–800 m., con pendientes de entre 5′8 % y 8 % con un descenso prolongado, aunque brusco. Los caminos se disponen normalmente al pie de la sierra, adaptando su traza a las formaciones serranas. Existe un punto de paso, en el que convergen varios caminos, la Cañada del Horcajo. Dicha cañada se encuentra entre la cadena montañosa y Puerto Mochuelo, permitiendo el tránsito en esta zona y, una vez superada, su continuación hacia El Guijo.[43]

El tercer paso que valoramos, por la ruta que Al Idrisi describe sobre el camino califal, es la zona del Castillo del Vioque a una cota de 497 m. No obstante, el área de interés es el vado que existe junto a dicho castillo para cruzar el río Guadalmez, ya que como reflejan algunos autores, este vado sería el único accidente geográfico que debería de afrontar la vía para cruzar a Ciudad Real.[44]

## Conclusiones

La mítica riqueza Bética, que fue fundamento del capital de los acaudalados habitantes de *conventus*, y de la cual incluso el emperador Tiberio quiso tener parte[45] nos refiere la necesidad de unos ejes de comunicación que estructurasen el territorio pese a las dificultades que presentase la sierra. Puede comprenderse el *Conventus Cordubensis* como una gran empresa que, desde una exigencia logística, requiere de infraestructuras adecuadas que den cabida a las exportaciones e importaciones de las que obtienen los beneficios. Bajo esta idea, se comprende la importancia que adquieren los diversos *itinera* que surcaban Sierra Morena, y por tanto los pasos necesarios para atravesar la cadena montañosa. Pero no debemos olvidar, que evaluar los pasos no es tarea fácil, los caminos aquí expuestos presentan beneficios e inconvenientes. Es por eso que nuestra investigación ha utilizado todas las fuentes historiográficas a nuestra disposición, ya que un conocimiento completo es indispensable para poder valorar todas las opciones. Estas distintas posibilidades pueden ser contrastadas mediante la utilización de técnicas geomáticas. De ahí las diversas intervenciones que hemos venido realizando con

---

42  Ocaña Torrejón 1962, 27 s.; Corchado 1969, 137 s.
43  Zarzalejos Prieto 1995, 274.
44  Melchor Gil 1995, 151–154.
45  Tác., An. 6, 19,1. Traducción de José L. Moralejo.

herramientas como LiDAR, ortofotografía aérea, fotogrametría desde UAV y prospección geomagnética.

El empleo de estas metodologías ha conllevado la limitación de tres espacios para atravesar la sierra: el Castillo del Vioque, Puerto Mochuelo y Majadaiglesia. Es este último lugar aquel que cubre las necesidades que requiere la organización logística de un territorio tan amplio: se encuentra en una situación estratégica que le permite la recepción de los metales tras su salida de las minas, tiene capacidad para su tratamiento, y para su canalización en dirección a la capital provincial, donde finalmente serían enviados a Roma. De esta forma quedaba asegurada un eje que permitía la evacuación de los productos explotados en el norte, como el afamado minio sisaponense, a la misma vez que posibilitaba el control del gobernador provincial. Así podríamos llegar a una visión completa de cómo sería y estructuraría una región minera orográficamente tan diversa, partida en tres valles y cosida con vías, dominada desde el norte por una compañía y controlada desde el sur por la capital.

## Bibliografía

Abid Mizal 1989: J. Abid Mizal, Los caminos de Al-Andalus en el siglo XII, "Uns al-muhaŷ wa – rawḍ al-furaŷ", Solaz de corazones y prados de contemplación (Madrid 1989)

Cabanas 1967: R. Cabanas, Los Pedroches, Estudios geográficos 28, 1967, 23–88

Castillo Pascual 2011: M. J. Castillo Pascual, Opuscula agrimensorum veterum (Logroño 2011)

Corchado Soriano 1969: M. Corchado Soriano, Estudio sobre vías romanas entre el Tajo y el Guadalquivir, AEspA 42, 1969, 124–158

Domergue 1987: C. Domergue, Catalogue des mines et des fonderies antiques de la Péninsule Ibérique 1 (Madrid 1987)

Domínguez Jiménez 2023: J. L. Domínguez Jiménez, El ager mellariensis: estudio del espacio central del Conventus Cordubensis (Alto Guadiato, Córdoba), en: S. Olivero Guidobono / C. L. Paz Reverol (Eds.), Pueblos y culturas de la prehistoria a la actualidad (Madrid 2023)

Domínguez Jiménez et al. 2022: J. L. Domínguez Jiménez / M. I. Gutiérrez Deza / A. Monterroso Checa / M. Gasparini / J. C. Moreno Escribano, Documentación gráfica mediante Sensores Teledetectivos de naturaleza RGB y Magnética para la definición cartográfica de la ciudad romana de Mellaria (Fuente Obejuna, Córdoba), AnArqAnd, 2022, e. p.

Domínguez Jiménez / Gonzalez Nieto 2019: J. L. Domínguez Jiménez / M. Gonzalez Nieto, Modelos fotogramétricos para el estudio de la rehabilitación medieval de la vía Corduba-Emerita en el entorno del Santuario Linares (Córdoba), Antiqvitas 31, 2019, 21–30

García-Bellido 1986: Mª. P. García-Bellido, Nuevos documentos sobre minería y agricultura romanas en Hispania AEspA 59, 1986, 13–46

García Romero 2002: J. García Romero, El papel de la minería y la metalurgia en la Córdoba romana (Córdoba 2003)

Gasparini et al. 2020: M. Gasparini / J. C. Moreno-Escribano / A. Monterroso-Checa, Photogrammetric acquisitions in diverse archaeological contexts using drones: Background of the Ager Mellariensis Project (North of Córdoba-Spain), Drones 4.3, 2020, 1–20

Gasparini et al. 2019: M. Gasparini / J. C. Moreno-Escribano / A. Monterroso-Checa, Identifying the Roman road from Corduba to Emerita in the Puente Nuevo reservoir (Espiel-Córdoba/Spain), JASc 24, 2019, 363–372

González Nieto 2022: M. González Nieto, Problemáticas del acercamiento metodológico a los estudios sobre calzadas romanas. Nuevos métodos para el territorio sisaponense, en: El arte de Investigar. X Congreso Científico de investigadores en Formación de la Universidad de Córdoba, Córdoba 3.–6. Mayo 2022 (Córdoba 2022) 53–56

González Nieto et al. 2023: M. González Nieto / M. Zarzalejos Prieto / A. Monterroso Checa / J. C. Moreno Escribano / M. Gasparini, Documentación gráfica mediante levantamiento fotogramétrico y LiDAR para el estudio e identificación del yacimiento de Majadaiglesia (El Guijo, Córdoba), AnArqAnd, 2023, e. p.

Hernández Jiménez 1959: F. Hernández Jiménez, El camino de Córdoba a Toledo en la época musulmana, Al-Andalus 24.1, 1959, 1–62

Hevia Gómez 2005: P. Hevia Gómez, Inventario y gestión del Patrimonio minero, Valle de Alcudia y Sierra Madrona (Ciudad Real), De re metallica (Madrid): revista de la Sociedad Española para la Defensa del Patrimonio Geológico y Minero 4, 2005, 29–38

Iglesias Gil 1966: J. M. Iglesias Gil, A propósito del territorio del ager mellariensis y del ager baedronensis en los límites de la Beturia de los túrdulos, AnCord 7, 1966, 163–180

Melchor Gil 1995: E. Melchor Gil, Vías romanas de la provincia de Córdoba (Córdoba 1995)

Melchor Gil 1993: E. Melchor Gil, Vías romanas y explotación de los recursos mineros de la zona norte del Conventus Cordubensis, AnCord 4, 1993, 63–89

Monterroso Checa / Domínguez Jiménez 2022: Monterroso Checa / J. L. Domínguez Jiménez, La gran vía Corduba-Emerita, el territorio y la explotación del corazón aurífero del Conventus Cordubensis, en: Actualidad de la investigación arqueológica en España. Ciclo IV (2022–2022). Conferencias impartidas en el Museo Arqueológico Nacional. (Madrid 2022) 183–200

Monterroso Checa / Gasparini 2016: A. Monterroso Checa / M. Gasparini, Aerial Archaeology and photogrammetric surveys along the roman way from Corduba to Emerita. Digitalizing the ager cordubensis and the ager mellariensis, SCIentific RESearch and Information Technology 6.2, 2016, 175–188

Muñoz Jiménez 1992: J. Muñoz Jiménez, Estructura geológica y modelado fluvial en la diferenciación morfológica de Sierra Morena, Anales de Geografía de la UCM 12, 1992, 256–263

Ocaña Torrejón 1962: J. Ocaña Torrejón, Historia de la Villa de Pedroche y su comarca, (Córdoba 1962)

Peña Ruano et al. 2012: J. A. Peña Ruano / T. Texeidó Ullod / A. Ibáñez Castro, Detección de estructuras hidráulicas romanas mediante métodos geofísicos. La zona arqueológica de majadaiglesia, El Guijo (Córdoba), CuadGranada 22, 2012, 397–412

Pieren Pidal 2009: A. P. Pieren Pidal, Rasgos geológicos de la comarca de Puertollano y del valle de Alcudia (Ciudad Real, España), Memorias de la Real Sociedad Española de Historia Natural 6, 2009, 95–133

Pita González 2008: M. S. Pita González, Carlos Lemaur: ingeniero militar, arquitecto e impulsor del desarrollo económico de Galicia en el siglo xviii, Norba Arte 28–29, 2008, 99–112

Rodríguez Neila 2019: J. F. Rodríguez Neila, Corduba, el Mons Marianus y el Conventus Cordubensis, Conimbriga 58, 2019, 193–232

Romero Corral 1997: R. M. Romero Corral, Aproximación al desarrollo histórico del norte de la provincia de Córdoba en la Antigüedad: Análisis y evolución del poblamiento, CuadPrehistA 24, 1997, 159–188

Rosas Alcántara 2008: E. Rosas Alcántara, Yacimiento Arqueológico de Majadaiglesia, el Guijo (Córdoba): Estudio Histórico y Proyecto de Puesta en Valor, Arte, arqueología e historia 15, 2008, 191–198

Sánchez Sánchez 2005: J. Sánchez Sánchez, Caminos históricos Toledo-Córdoba por el Valle de Alcudia, en: VII Congreso Internacional de Caminería Hispánica, Madrid 28.–3. Junio-Julio 2004 (Madrid 2005) 1–24

Santos Gener 1928: S. Santos Gener, El tesoro celtíbero-romano de los Almadenes de Pozoblanco, Boletín de la Real Academia de Córdoba 21, 1928, 29–62

Sillières 1990: P. Sillières, Les voies de communication de l'Hispanie meridionale (Paris 1990)

Silva/Pizziolo 2001: M. Silva / G. Pizziolo Setting up a "human calibrated" anisotropic cost surface for archaeological landscape investigation, en: Z. Stancic / T. Veljanovski (Eds.), Computing Archaeology for Understanding the Past. Computer Applications and Quantitative Methods in Archaeology, Ljubljana 18.–21. April 2000 (Oxford 2001) 279–286

Stylow 1995: A. U. Stylow, Corpus Inscriptionum Latinarum Volumen Secundum, Inscriptiones Hispaniae Latinae, Pars VII. Conventus Cordubensis (CIL II 2/7) (Berolini 1995)

Vaquerizo Gil et. al. 1994: D. Vaquerizo Gil / J. F. Murillo Redondo / J. R. Carrillo Díaz Pinés / M. F. Moreno González / A. León Muñoz / D. Luna Osuna / A. M. Zamorano Arenas. El valle alto del Guadiato (Fuente Obejuna, Córdoba) (Córdoba 1994)

Ventura Villanueva 1993: A. Ventura Villanueva, Susum ad-montes S(ocietatis) S(iasponensis): nueva inscripción tardorrepublicana de Corduba, AnArqCord 4, 1993, 49–61

Ventura Villanueva / Gasparini 2017: A. Ventura Villanueva / M. Gasparini, El territorio y las actividades económicas, en: J. F. Rodríguez Neila (Eds.), La ciudad y sus legados históricos. Córdoba romana (Córdoba 2017) 153–206

Villalobos Megía / Pérez Muñoz 2008: M. Villalobos Megía / A. B. Pérez Muñoz, Geodiversidad y Patrimonio Geológico de Andalucía (Sevilla 2008)

Zarzalejos Prieto 1995: M. Zarzalejos Prieto, Arqueología de la región sisaponense. Aproximación a la evolución histórica del área SW. de la provincia de Ciudad Real (fines del siglo VIII a. C.- II d. C.) (Madrid 1995)

Zarzalejos Prieto et al. 2017: M. Zarzalejos Prieto / G. Esteban Borrajo / L. Gallardo / J. L. Mansilla Plaza / P. Hevia Gómez, Espacios de explotación minera en la periferia de la ciudad de Sisapo-La Bienvenida (Almodóvar del Campo, Ciudad Real), en: L. J. García Pulido / L. Arboledas Martínez / E. Alarcon García / F. Contreras Cortes (Eds.), VII Congreso Internacional sobre minería y metalurgia históricas en el sudoeste europeo, Granada 11.–15. Junio 2014 (Granada 2017) 397–408

Zarzalejos Prieto et al. 2012: M. Zarzalejos Prieto / C. Fernández Ochoa / G. Esteban Borrajo / Hevía Gómez, El paisaje minero antiguo de la comarca de Almadén (Ciudad Real): nuevas aportaciones sobre el territorium de Sisapo, en: A. Orejas / C. Rico (Eds.), Minería y metalurgia antiguas. Visiones y revisiones. Homenaje a Claude Domergue (Madrid 2012) 129–150

Zoido Naranjo 2014: F. Zoido Naranjo, Bases para la realización del Sistema Compartido de Información sobre el Paisaje de Andalucía (SCIPA) (Sevilla 2014)

## Listado de bibliografía clásica

Estrab., Geog. 3, 2, 3: Estrabón, Geografía III. Traducción de M.J. Meana y F. Piñero, Geografía. Libros III–IV (Madrid 1992)

Plin. Nat. 33, 118: Plinio, Historia Natural XXXIII. Traducción de H. Rackham, Natural History. Volume IX: Books 33–35 (Cambridge 1952)

Tác., An. 6, 19,1: Tácito, Anales 6. Traducción de J. L. Moralejo, Anales. Libros I–VI (Madrid 1979)

**Miriam Gozález Nieto** es becaria FPI del departamento de Prehistoria y Arqueología de la UNED. Doctoranda en el programa de Doctorado en Historia e Historia del arte y Territorio, con la tesis "Métodos SIG para el estudio de las vías de comunicación y la logística de las comarcas del cuadrante suroccidental de la meseta en época Romana" vinculada al proyecto de investigación "Producción y circulación de bienes en el reborde meridional de la meseta (sur de la provincia de Ciudad Real) entre la prehistoria reciente y el fin de la antigüedad" y Patricia: Unidad de Investigación y Transferencia en Ciencias del Patrimonio de la Universidad de Córdoba.

MIRIAM GONZÁLEZ NIETO
Universidad Nacional de Educación a Distancia (PRE2020-094517), C/Senda del Rey, 7, 28040 Madrid. miriamgonzalez@geo.uned.es

**José Luiz Domínguez Jiménez** es becario FPU del departamento de Historia del Arte, Arqueología y Música de la Universidad de Córdoba. Doctorando en el Programa de Doctorado interuniversitario en Patrimonio, con la tesis "La configuración logística del Conventus Cordubensis: paisajes, recursos y estructuración". Miembro del equipo Patricia: Unidad de Investigación y Transferencia en Ciencias del Patrimonio, actualmente realizando estudios en el norte de la provincia de Córdoba relativos a la articulación viaria y ocupación del territorio.

JOSÉ LUIS DOMÍNGUEZ JIMÉNEZ
Universidad de Córdoba (FPU19/01641), Campus Universitario de Rabanales Edificio Charles Darwin, 14014 Córdoba. joseluisdj@uco.es

# El papel del valle del río Sado en la articulación y gestión del territorio a lo largo del tiempo
## *Diálogos entre la Antigüedad y la Época Medieval*

ANA CLÁUDIA SILVEIRA

**Abstract:** The most recent research on the port of Setúbal allows us to hypothesise that many of the aspects that shaped the occupation and structuring of the territory of the Sado river valley in Antiquity persisted beyond the 9th century, with the presence of various elements that characterised its economic profile extending throughout the Middle Ages. Despite the limitations that a regressive study may represent, as far as the Sado valley is concerned, a comparative analysis of the medieval reality of the territory and the exploitation of the respective resources, using both written sources and archaeological evidence, allows us to question and propose new working hypotheses that broaden the hitherto unexplored potential of the exploitation, in Antiquity, of economic resources whose archaeological evidence is traditionally scarce or non-existent, but of which the medieval archival documentation preserves expressive testimonies. This raises the possibility of there being a survival in terms of the management of economic resources and the logics of articulation of a wider territory that transcends the Sado estuary to encompass the entire valley of this river course, revealing the role played by the latter in the construction and hierarchisation of an economic and political space.
**Keywords:** estuary; harbour; river and marine resources; road network

**Resumen:** Las investigaciones más recientes sobre el puerto de Setúbal permiten hipotetizar que muchos de los aspectos que configuraron la ocupación y estructuración del territorio del valle fluvial del Sado en la Antigüedad persistieron más allá del siglo IX, extendiéndose a lo largo de la Edad Media la presencia de diversos elementos que caracterizaron su perfil económico.
A pesar de las limitaciones que un estudio regresivo puede representar, en lo que respecta al valle del Sado, un análisis comparativo de la realidad medieval del territorio y de la explotación de los respectivos recursos, utilizando tanto fuentes escritas como testigos arqueológicos, nos permite cuestionar y esbozar nuevas hipótesis de trabajo, amplian-

do las potencialidades hasta ahora inexploradas sobre el aprovechamiento, en la Antigüedad, de unos recursos económicos cuyas evidencias arqueológicas son tradicionalmente escasas o inexistentes, pero de los que la documentación archivística medieval conserva testimonios expresivos. Esto plantea la posibilidad de supervivencia a nivel de la gestión de recursos económicos y de las lógicas de articulación de un territorio más amplio que transciende el estuario del Sado abarcando todo el valle de este curso fluvial, revelando el papel desempeñado por éste en la construcción y jerarquización de un espacio económico y político.

**Palabras clave:** estuario; puerto; recursos fluviomarinos; red viaria

## Introdución

El carácter estructurante de los cursos fluviales en la construcción de paisajes y sistemas ecológicos no puede disociarse de la centralidad que asumen como elementos fundamentales en la constitución de los sistemas económicos y sociales. Proporcionando acceso a recursos naturales a los que se atribuye relevancia estratégica y valor comercial, desempeñan un papel fundamental en la definición y estructuración de los territorios, en su conexión, permitiendo la comunicación entre diferentes espacios y sistemas organizativos, entre diferentes culturas, posibilitando la creación de complementariedades y articulaciones, dando lugar a procesos planificados de jerarquización territorial asociados, a menudo, a dinámicas de naturaleza económica, social y política. En articulación con la red de calzadas, presentan, además, un papel fundamental en el control jurídico-administrativo del territorio. La comprensión y la evaluación de estas dinámicas presuponen asimismo un estudio multidimensional y un análisis multidisciplinar, cruzando los aspectos medioambientales con las prácticas económicas y representaciones sociales, con el fin de comprender su evolución diacrónica a largo plazo e identificar posibles continuidades, rupturas y determinar los factores que pueden haber contribuido para estos procesos.

Las investigaciones que se han desarrollado en las últimas décadas sobre la Península Ibérica en la Antigüedad y la Edad Media, tanto en el ámbito paleoambiental y arqueológico, como en el de la investigación archivística, han permitido la obtención de datos que nos direccionan hacía una evolución de la lectura de las dinámicas territoriales, posibilitando una revisión de algunas cuestiones sobre la explotación del territorio y la construcción de nuevas interpretaciones e hipótesis de trabajo. Así, el esquema interpretativo dominante hasta algunos años, que supuso una ruptura entre los siglos IV y IX, está siendo puesto en cuestión e ahora se considera que, en muchos ámbitos, se puede constatar una continuidad,[1] más en concreto, en las actividades eco-

---

1 Panzram 2018, 1–12.

nómicas desarrolladas en gran parte de las ciudades marítimas entre los siglos IV y VI,[2] mientras que se produzco una reestructuración y una retracción del perímetro urbano en las ciudades estudiadas.[3]

Con relación a este proceso de transición entre la Antigüedad tardía y la Edad Media, se presenta el caso de Setúbal y del estuario del Sado. Se trata de un caso paradigmático en distintos aspectos, que es estudiado desde hace muchos años y por variados autores desde una perspectiva arqueológica.[4] Sobre él se ha elaborado, recientemente, una síntesis histórica que permite revisar un conjunto de cuestiones urbanas y económicas relativas a la villa medieval, contextualizando su inclusión en el dominio señorial de la Orden Militar de Santiago de Espada en Portugal.[5] Las investigaciones más recientes sobre este núcleo urbano nos permiten plantear algunas hipótesis sobre los muchos aspectos que configuraron la ocupación y estructuración de este territorio en la Antigüedad, llegando a persistir más allá del siglo IX, debido a la presencia de diversos elementos que caracterizaron no sólo su perfil económico, sino también su organización y articulación con el espacio circundante a lo largo de la Edad Media.

A pesar de las limitaciones que puede representar un estudio regresivo, en lo que se refiere al valle del Sado, consideramos que puede ser útil un análisis comparativo de la realidad medieval del territorio y de la explotación de los respectivos recursos, utilizando tanto fuentes escritas como testigos arqueológicos, con lo cual nos es posible cuestionar y plantear nuevas hipótesis de trabajo, ampliando potencialidades hasta ahora inexploradas sobre la explotación, en la Antigüedad, de algunos recursos económicos cuyas evidencias arqueológicas son tradicionalmente escasas o inexistentes. Sino embargo, sobre ellos, la documentación archivística medieval conserva testimonios expresivos. Esto plantea la posibilidad de haber una continuidad, ya sea en lo que concierne a algunos parámetros relativos a la organización topográfica y urbanística de la ciudad, ya sea en lo que concierne a la explotación de los recursos económicos y las lógicas de articulación de un territorio más amplio que va más allá del estuario del Sado para abarcar todo el valle de este curso fluvial, revelando el papel desempeñado por éste en la construcción y jerarquización de un espacio económico y político.

A través de un análisis que empieza por presentar el marco institucional y económico de Setúbal medieval, contextualizado en relación con lo que se conoce sobre la evolución de su contexto ambiental, se vay a sistematizar e interrogar la información conocida para los periodos de presencia musulmana, romana y fenicia, identificando

---

2   Teichner 2008, 211–215; Fabião 2009, 558. 571; Bernal Casasola 2010, 68–70; Bernal Casasola 2018, 105–117; García Vargas 2012, 259; Mantas, 2012, 285; Bernardes 2014, 124–137; Fernández 2014, 447–455; Bombico 2017, 108 s.
3   Panzram 2018, 1–12; Bernal Casasola 2012, 226–230; Ribeiro/Martins 2016, 31 s.
4   Entre las síntesis más relevantes, cabe citar: Étienne et al. 1994; Mayet/Silva 1997, 255–273; Mayet/Silva 2010, 119–132; Soares 2000, 101–130; Pinto et al. 2014a, 145–157; Pinto et al. 2016, 309–333; Silva 2018, 65–79.
5   Silveira 2022.

posibles hipótesis de trabajo a explorar para promover una revisión interpretativa de la evolución del territorio en cuestión.

### El valle fluvial del Sado: contexto ambiental y historico

Desde hace tiempo que se reconocen la importancia de las actividades y recursos existentes en el valle del Sado y el papel estratégico desarrollado a lo largo de la historia por su estuario, uno de los mayores estuarios portugueses, lo cual ha sido una unidad geográfica de gran relevancia para la economía, un factor de atracción para la instalación de diversas civilizaciones y un elemento fundamental para la articulación del territorio y su jerarquización. Los recursos existentes en el interior del territorio complementaban los de su amplio estuario, un humedal de gran riqueza biológica en la que existen amplios recursos ictiologicos.

La especificidad paisajística del estuario del Sado, inherente al hecho de que se trata de una zona de transición entre el medio marítimo y el interior del territorio, constituyendo un sistema particularmente dinámico en virtud de su vulnerabilidad a los cambios climáticos y a la intervención humana, implica que en su estudio debe subyacer una lectura geoarqueológica del paisaje actual. En este sentido, en su análisis se deben considerar aspectos relacionados con los cambios en la exposición a la influencia mareal, las variaciones del nivel del mar o la dinámica de sedimentación.[6] Estos factores son cruciales para comprender la evolución de los patrones de asentamiento y para evaluar el impacto ambiental asociado a la ocupación humana, la gestión de los recursos y a las interacciones entre la comunidad humana y el medio ambiente.

El río Sado, que nace en Ourique, en Alentejo, y recorre 180 kilómetros del sur al norte, desemboca en el océano Atlántico a través de un estuario de tipo lagunar, formando una bahía interior de considerables dimensiones, que se comunica con el exterior a través de un canal relativamente estrecho pero profundo, la barra del Sado, con fondos arenosos y dotada de un profundo fondeadero que alcanza los 40 metros de profundidad, cuyo acceso se ve dificultado en marea baja por la presencia de un gran banco de arena a la entrada de la barra, que, por otra parte, defiende a la ciudad de Setúbal de los ataques enemigos. Aprovechando las características naturales de un espacio situado entre la escarpa rocosa de la vertiente sur de la montaña de Arrábida y el extremo norte de la península de Tróia, protegido de los vientos dominantes, disfruta de la existencia de numerosos brazos de mar y caños marismeños que favorecen la penetración de las aguas saladas y el paso de las embarcaciones. Las características descritas anteriormente favorecieron a este puerto en términos de conexiones marítimas, facilitando el uso de embarcaciones de mayor capacidad y tonelaje como las que

---

6   Alonso/Ménanteau 2010, 13.

se han construído en la época romana como respuesta al aumento del volumen del tráfico comercial. En consecuencia, se redujeron los costes de transporte, un aspecto fundamental para la competitividad económica de la región a lo largo de la historia.[7]

El carácter articulador del río Sado es particularmente visible a partir del siglo XIII tras la integración de este territorio alrededor de su valle fluvial en el dominio de la Orden de Santiago asumiéndose el núcleo urbano de Setúbal, ubicado en su estuario, como el principal núcleo portuario dentro de la jurisdicción de la Orden de Santiago, como punto de confluencia de los flujos terrestres, fluviales y marítimos, con un papel de relevancia en la gestión de la dinámica del transporte y del suministro, como lugar de concentración de mercancías y centro de distribución de las producciones de la totalidad del señorío santiaguista, siendo el centro polarizador del comercio regional y elemento central de la red progresivamente jerarquizada de encomiendas que estructuró todo el dominio territorial de la institución, lo que ha resultado de la conjugación de múltiples variables. En primer lugar, las derivadas de las condiciones físicas y geográficas ya descritas anteriormente, que hacían de este espacio un buen puerto natural y proporcionaban una gran variedad de recursos. Como plataforma de distribución de personas, mercancías y capitales, este puerto tenía una función de "gateway", por lo que era el vértice organizador de toda la red de encomiendas de la Orden de Santiago en Portugal.[8]

Es sintomático que la Orden de Santiago, cuya presencia en Setúbal remonta por lo menos a 1235, no haya favorecido la instalación de su estructura administrativa en la colina de Santa María, donde se han identificado los más antíguos vestigios de estructuras urbanas, que se remontan al siglo VIII a. C. Y, también, los testimonios de la ciudad romana de *Caetobriga,* sobre la cual nuestro conocimiento es todavía escaso, debido a la densidad de ocupación de la urbe a lo largo de la historia. Sólo se conoce la localización de una necrópolis,[9] los indicios de barrios fabriles y algunas casas privadas con su arquitectura sofisticada.[10] La opción consistió en promocionar la ocupación de una zona palustre que quedaba al margen del núcleo urbano ya existente, en la zona de confluencia del arroyo Livramento con el río Sado, que habrían tenido que someter a operaciones de drenaje y organización parcelaria en el ámbito de una intervencíon inmobiliaria de urbanismo planificado, ya que el lugar se integraba en un paleoestuario que, en el período anterior a la ocupación romana, cubría gran parte de lo que es hoy la Baja Setúbal, coincidiendo con lo que sería el curso final del arroyo Livramento.[11] Su colmatación ha sido progresiva, posiblemente siguiendo procesos de sedimentación similares a los que han ocurrido en varios paleoestuarios del litoral de Lusitania y de la

---

7    Mateo Corredor 2016, 346.
8    Silveira 2022, 223.
9    Soares/Silva 1986, 89.
10   Soares/Silva 2019, 11–21.
11   Soares 2000, 117 s; Blot 2003, 260–264; Silveira 2022, 176–179.

Bética relacionados con los cambios paleoambientales que se produjeron desde finales de la Edad del Bronce hasta el periodo islámico, confirmados por análisis sedimentológicos y palinológicos.[12]

En la orilla oriental del arroyo Livramento, que constituyó en la época un paleocanal, y a partir de la colina de Santa María, se desarrolló progresivamente en dirección E-O un arenal de arenas fluviales que se extendió hasta la actual Praça de Bocage, debido a la influencia de los vientos, de las mareas y del reflujo del Sado, arenal que fue ocupado durante la época romana con fabricas de salazón.[13] Todavía ese espacio fue abandonado debido a las transgresiones marítimas atestiguadas entre el siglo V y el siglo IX,[14] durante el período conocido como la *Late Antique Little Ice Age*, que ha sucedido al *Optimum* Climatico Romano.[15] Como se ha confirmado, tanto por la investigación arqueológica como por el análisis de la documentación escrita, ese lugar de desembocadura del arroyo Livramento quedaba, aún durante la Edad Media, al menos parcialmente, sujeto a la influencia de las mareas, lo que ha condicionado la evolución geológica de ese espacio, donde, no solo se han producido procesos naturales de colmatación, pero también se registraron intervenciones antrópicas de drenaje y desecación de suelos hasta el siglo XV, que incluían la colocación de estacas de madera, como se ha detectado en las intervenciones arqueológicas llevadas a cabo hace uns años.[16]

En la orilla occidental del arroyo Livramento, una zona de terreno estaría también ya inmersa desde el periodo de la ocupación romana, quedando en el siglo XIV a salvo de los embates de las mareas, a diferencia de lo que ocurrió en algunas zonas cercanas, todavía sujetas en ese momento a transgresiones marinas debido a su inserción en terrenos pantanosos o a la proximidad de canales de drenaje de agua. En efecto, en 1957, la apertura de fosas para la instalación de estructuras de saneamiento permitió identificar un depósito numismático con más de 18 000 monedas acuñadas en el siglo IV d. C., que se hallaron en el interior de dos ánforas,[17] importante testigo de ocupación de esse espacio en la época romana que permitió valorar el dinamismo económico entonces logrado por *Caetobriga* y su puerto.[18] Además, las recientes excavaciones arqueológicas realizadas en el sótano de una casa allí ubicada atestiguan la presencia de materiales que no sólo prueban la presencia romana, sino que también apuntan para la posibilidad de ocupación del lugar desde la época visigoda hasta la Edad Media, identificándose aún materiales del periodo de transición de los visigodos a los musulmanes.[19]

---

12  Teichner 2006, 71; Teichner 2008, 377–383; Teichner 2016, 242; Teichner 2017, 410; Teichner et al. 2014, 150–155; Ferrer Albelda et al. 2008, 217–225; Rodríguez-Ramírez et al. 2016, 111–116.
13  Soares 2000, 117–120; Blot 2003, 260–264; Soares/Silva 2018, 16.
14  Soares 2000, 123; Silveira 2022, 155.
15  Mouthon 2017, 74 s.
16  Soares 2000, 123 s; Soares et al. 2007, 83–87; Silveira 2022, 176, 351 s.
17  Costa 1960, 5–9; Soares 2000, 105 s.; Soares/Silva 2018, 12.
18  Soares 2000, 121.
19  Seromenho et al. 2007, 21–23.

## De la Setúbal medieval a la Setúbal antigua: parámetros de gestión de recursos y organización territorial

La presencia institucional de la Orden de Santiago en Setúbal se materializó en ese espacio de formación geológica reciente, en el arenal que evolucionó a partir de la colina de Santa María, a través de la construcción, a la orilla del Sado, de estructuras administrativas articuladas alrededor de las casas de la Orden (los Paços de la Orden), ubicadas en las inmediaciones de la iglesia de São Julião.[20] En las primeras décadas del siglo XIV, se trataba de una estructura dotada de espacios residenciales y de almacenaje de productos, con funciones administrativas y fiscales asociadas a la gestión señorial del núcleo urbano, la cual simbolizaba la presencia y jurisdicción de la institución sobre el núcleo urbano (Fig. 1).

La ubicación junto al río del *Paço da Ordem* no fue casual, sino que permitió al instituto religioso-militar beneficiarse de la existencia de un espacio todavía libre de estructuras, en cierto modo repulsivo por tratarse de una zona regularmente invadida por aguas salobres, cuya urbanización sólo fue viable tras la construcción de un muro en la orilla del río Sado, la cual contribuyó a la progresiva consolidación del solo urbano. Además, la construcción de la estructura en ese emplazamiento corresponde a una implantación estratégica por motivos defensivos, asegurando el control de la navegación en el estuario, y permitió la formación de un muelle apto para el atraque de embarcaciones, apoyando las operaciones portuarias, el control del movimiento portuario y la recepción de rentas y exacciones fiscales, convirtiéndose en la zona de mayor dinamismo económico de la urbe. Por lo tanto, la puerta de la Ribeira, que se abría directamente al río Sado y estaba situada cerca de la casa de la Orden, se convertiría en el principal acceso marítimo de la ciudad y en el centro de su organización portuaria, mereciendo un cuidado especial en el ámbito de las obras de fortificación realizadas.[21]

Las investigaciones de los últimos años han cambiado nuestra imagen de las órdenes militares como instituciones con reduzida presencia en el mundo urbano y demuestran, en contraste, su intervención en la ejecución de programas de desarrollo urbano, siendo especialmente notoria la preferencia que las órdenes militares parecen tener por los espacios periféricos de los núcleos urbanos, instalándose en ocasiones fuera de los muros, aunque cerca de las respectivas puertas y de los principales ejes de circulación, viarios o fluviales, garantizando así una estrecha vigilancia sobre zonas estratégicas para el control de los recursos y la actividad económica.[22] Se destaca también el interés que el litoral despertó por la generalidad de las órdenes militares, desde el Báltico hasta Tierra Santa, teniendo en cuenta, no sólo su inversión en la explotación de los recursos existentes en las zonas costeras, en particular en la pesca y en

---

20   Silveira 2022, 180–186.
21   Soares et al. 2018, 71–75; Silveira 2022, 187. 241.
22   Bonnin 2002, 307–315; Carraz 2005, 261–264.

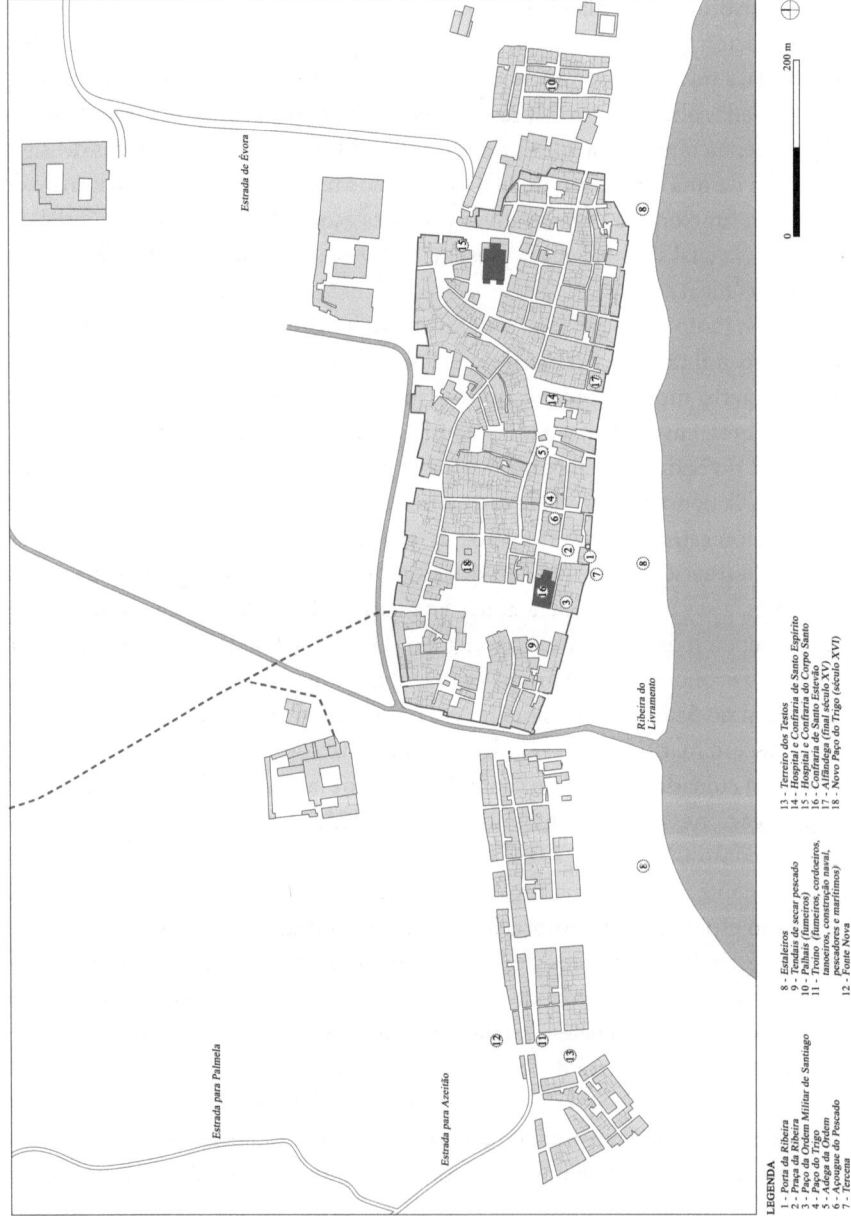

**Fig. 1** Ubicación del Paço da Ordem en el espacio portuario de Setúbal medieval (siglo XV) – imagen propia

la producción de sal,²³ pero también el importante papel que las ciudades portuarias desempeñaban en la organización de operaciones militares, asegurando el transporte de contingentes militares, suministros y peregrinos a Tierra Santa, aprovechando los viajes para lucrarse con el transporte de mercancías, desarrollando el flujo de productos de las explotaciones rurales que gestionaban y la rentabilidad económica de sus domínios señoriales.²⁴ Lo mismo ocurrió en la Península Ibérica, donde los arsenales instalados en ciudades marítimas controladas por las órdenes militares desempeñaron un papel fundamental en la conquista de territorios a los musulmanes por parte de los contingentes militares de los reinos cristianos en los siglos XI al XIII.²⁵

En este contexto, se compreende la relevancia de la actividad portuaria desarrollada en Setúbal tenía para el Orden de Santiago en Portugal, garantizando la viabilidad, tanto de sus estrategias militares de conquista y defensa territorial del espacio al sur del Tajo, como el éxito económico de la explotación de su dominio señorial, configurado con base en la complementaridad de ecosistemas ecológicos y ambientales, lo que posibilitava el aprovechamiento de distintos recursos naturales y de vías de circulación, terrestres y fluviales (Fig. 2).

En Portugal, hay evidencias de una construcción progresiva de los dominios santiaguistas de acuerdo con una orientación que parece surgir desde el maeztrazgo de Paio Peres Correia (1242–1275), materializándose a través de la implantación de una organización institucional y de la constitución de una red de encomiendas que se ha estabilizado en 1327, con los Establecimientos del Maestre Pero Escacho.²⁶ La reagrupación de bienes que está en la base de la geografía patrimonial, cuya administración se enmarcó en la formación de las diversas encomiendas, parece testimoniar y consolidar las opciones estratégicas del Orden. En esta época, la institución parece desarrollar intereses relativos a la producción de cereales en los campos del Alentejo, a la explotación de los recursos pastoriles y del montado del Campo de Ourique, la explotación de recursos fluviomaritimos en el valle y estuario del Sado²⁷ y es también necesario reflexionar sobre los posibles intereses asociados al flujo de mineral desde Aljustrel y la sierra de Grândola.

Sobre la minería, es hoy posible atestiguar la relevancia de la explotación de los recursos metálicos de la Península Ibérica desde la Antigüedad, ya que son artículos buscados por los Fenícios,²⁸ adquiriendo una relevancia particular en la economía del

---

23  Garcia-Guijarro Ramos 1978, 99; Stouff 1995, 66–72; Rodríguez Aguilera 2000, 180–186; Carraz 2005, 214–217; 238–240; Carraz 2009a, 29 s; Carraz 2013, 151; Sarrazin 2009, 864 s.
24  Czaja 1999, 548–555; Bonnin 2002, 308–311; Toomaspoeg 2003a, 602; Toomaspoeg 2003b, 151 156; Sarnowsky 2008, 41–50; Bonneaud 2009, 97 s; Carraz 2009b, 756–767.
25  Rabassa i Vaquer 2005, 1269–1290; Josserand 2009, 80–82.
26  Barbosa 1998, 231–236.
27  Silveira 2022, 465 s.
28  Soares/Silva 1986, 90 s; Silva 2011, 58 s; Silva et al. 2018, 35; Arruda 1993, 20–33.

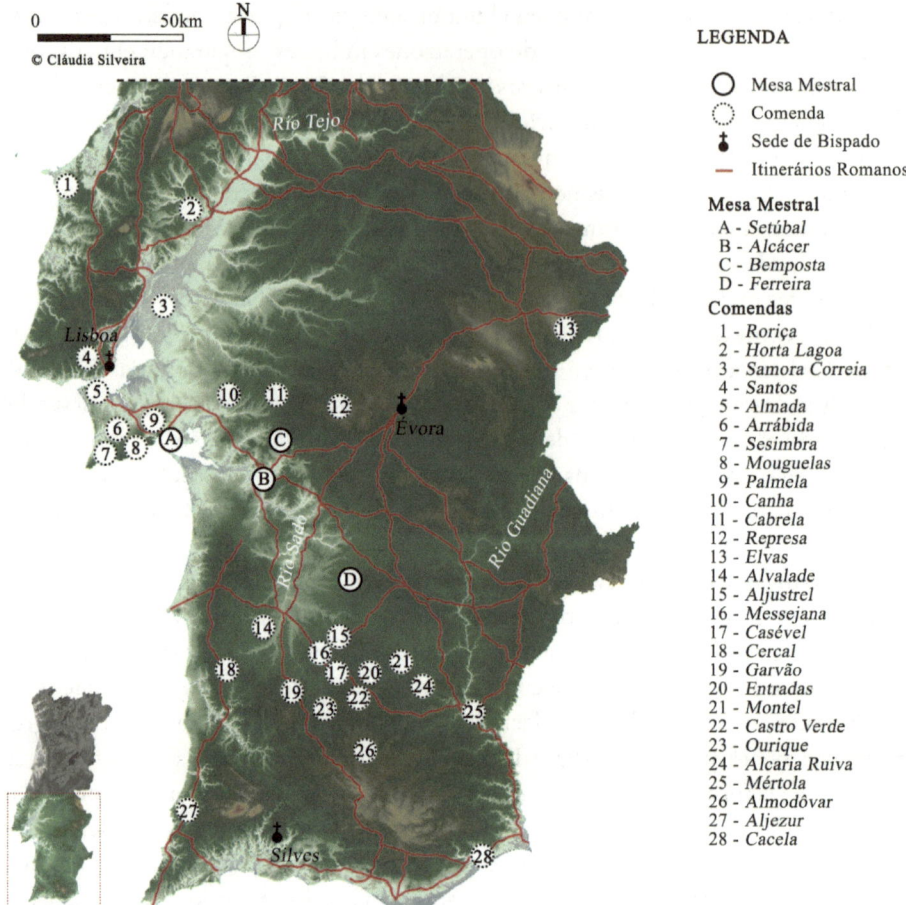

**Fig. 2** Red de las encomiendas de la Órden de Santiago al sur del Tajo en 1327 – imagen propia

Imperio Romano.²⁹ Entre los yacimientos importantes identificados hasta ahora se encuentran los de piritas situados en el suroeste de la Península Ibérica, en una franja de unos 230 km entre la zona de Sevilla y la Serra de Caveira, cerca de Grândola, en la que se incluyen las minas de Aljustrel, donde se encontraron las importantes *Tabulae* de *Vipasca*, que contienen un texto legal que regulaba su funcionamento,³⁰ y también S. Domingos, Caveira, Lousal, Panóias y Chança, de las varias que se explotan desde la

---

29 Domergue 1990, 372–385; Sánchez-Palencia / Orejas 2012, 261.
30 Fabião 1993, 240–249; 357 s.

Antigüedad,[31] seguiendo activas en la Edad Media y, además, volvieron a valorarse en la segunda mitad del siglo XIX.[32] En época romana, los recursos metálicos procedentes de estas minas supondrían un importante complemento a la economía agrícola y ganadera que caracterizaba este territorio, de forma similar a lo que ocurrió en otras zonas peninsulares, como demuestran los recientes trabajos relacionados con Munigua entre los siglos I a. C. y IV d. C.[33] La producción de la mina de Caveira se exportaría por el estuario del Sado, por el que también podría fluir el mineral de Aljustrel,[34] que aún sería explotado en el siglo XIII, como se puede justificar a través de la referencia en la carta de donación de esta villa a el Orden de Santiago por el rey Afonso III en 1255, a las herrerías y a la *adiça* (mina de oro) de Aljustrel, cuya explotación y rentas el rey, en esas fechas, se reservaba para sí mismo,[35] aunque es posible que el Orden se beneficiara de los derechos del transporte asociado a estos recursos.

De hecho, el Orden asumió en este territorio el control de las principales vías de circulación, incluso el curso del río Sado, importante no solo para el transporte del mineral, sino también para otras producciones y recursos. En este ámbito, hay también que destacar la importancia de las cañadas que conducían el ganado trashumante desde el norte y el centro de la Península Ibérica, de los pastos de verano de las sierras, hasta a la principal zona de pastoreo del sur de Portugal, situada cerca de Campo de Ourique, con sus pastos invernales, recibiendo el Orden de Santiago las rentas y derechos asociados a eses recursos.

En Portugal, ya se ha señalado la escasez de estudios sobre la ganadería y el pastoreo desde una perspectiva histórica, quedando por evaluar y revisar las cuestiones de la trashumancia y de la trasterminancia en la Antigüedad y en la Edad Media y también el impacto de este recurso desde un punto de vista económico y de organización territorial,[36] aunque se reconozca la importancia que la ganadería tuvo en la economía desde el dominio romano.[37] Es también coñocida la valoración de la lana hispana en el mundo romano[38] y se plantea aún la hipótesis de que parte de su producción se exportara a través del valle fluvial del Sado y de los puertos de *Salacia* (Alcácer do Sal) y *Caetobriga* (Setúbal), siendo conocida la mención de las lanas de *Salacia* por Plinio.[39] Aunque para la Edad Media no tengamos datos para evaluar el impacto del aumento

---

31 Domergue 1983, 5–194; Domergue 1990, 49–62; Cauuet et al. 1999, 279–306; Cauuet 2004, 34–43; Delgado Domínguez et al. 2017, 911–919.
32 Guimarães 2001, 77–111.
33 Schattner et al. 2012, 162–168.
34 Mantas 2004, 445.
35 Livro dos Copos 2006, 176.
36 Boissellier 2006, 163–182.
37 Trindade 1981; Douglas 2015, 31; López Medina 2015, 18.
38 Salina de Frías 1999, 43–51; Gómez-Pantoja 2001, 177–213; Alfaro Giner 2001, 216–231; Mantas 2012, 35–39. 110 s.
39 Lagóstena Barrios 2001, 54.

de la demanda de carne, lana y cuero en las estrategias económicas y en la implantación territorial de la mayoría de las instituciones señoriales medievales portuguesas, se presume que el pastoreo y la trashumancia hayan sido recursos valorados, habiendo testigos de su importancia para las órdenes militares en Iberia, como en otras regiones europeas,[40] no sólo si se habla de la oveja, pero también de especies como el cerdo, el ganado bovino y los caballos. Se ha demostrado desde hace tiempo la importancia que tenían para el Orden de Santiago en la Península Ibérica los ingresos asociados tanto al paso del ganado trashumante como al diezmo sobre el ganado.[41] La coincidencia de la red de encomiendas progresivamente estructurada por el Orden de Santiago en Extremadura con las rutas trashumantes ya conocidas puede considerarse una prueba de su relevancia,[42] aspecto también señalado por otros autores,[43] constituyendo una estrategia de implantación seguida por otros órdenes militares peninsulares como la de Calatrava después de que la estabilización militar tras la batalla de las Navas de Tolosa (1212), la conquista de Sevilla (1248) y la conquista del Algarve (1249) hicieran posible la organización del territorio.[44] Lo mismo ha sucedido en otros territorios como es el caso del Sur de Italia, en los cuales es posible establecer una correspondencia entre la ubicación de las encomiendas de los órdenes militares y las antíguas vias romanas y las principales rutas de trashumancia.[45] La matriz económica entonces esbozada se anclaría naturalmente en las características del paisaje y sus recursos, pero no se debe disociar del progresivo aumento de la demanda de lana y cuero tanto en Castilla como en Italia y Flandes, sobre todo a partir del segundo cuartel del siglo XIV, adquiriendo estas producciones un creciente interés especulativo.[46]

Aunque todavía no se disponga de un estudio sistemático de las rutas de la trashumancia en territorio portugués, y a pesar de su carácter dinámico, ya que las rutas podían ser reajustadas periódicamente por las autoridades municipales, existen indicios de que la ruta de las cañadas podría haber coincidido con el trazado de las antiguas calzadas romanas de la región, a saber, la que iba de *Emerita Augusta* (Mérida) por *Nova Civitas Aruccitana* (Moura), Serpa y, por fin, *Myrtilis* (Mértola), que se cruzaba con

---

40  Gerbet 1986, 97–101; Gerbet 2001, 21–36; Stouff 1995, 66–72; Josserand 2002, 167–192; Almagro Vidal 2012, 596 s; Carraz 2013, 143–160; Salerno 2013, 133 s; Tréton 2013, 337–360.
41  Gerbet 1986, 92–97.
42  Gerbet 1986, 97–101; Gerbet 2001, 21–36.
43  Rodríguez Blanco 1985, 248–265; Carmona Ruiz 1978, 517 s; Carmona Ruiz 1993, 113–116; Carmona Ruiz 1994, 79; Valdeón Baruque 1994, 52 s; Rodríguez-Picavea Matilla 1994, 174–182; Rodríguez-Picavea Matilla 2001, 181–204; López Fernández 2005, 241; Fernandes 2013, 201 s.
44  Rodríguez-Picavea Matilla 2001, 184–202; Rodríguez-Picavea Matilla 2009, 322 s; Rodríguez-Picavea Matilla 2010, 325–346; Barquero Goñi 2003, 86; Ayala Martínez 2009, 787 s; Almagro Vidal 2012, 596 s; Silveira 2020, 106–117; Silveira 2022, 64–77.
45  Salerno 2013, 117–120. 133 s.
46  Asenjo González 2001, 74–81.

otra ruta que iba de *Arandis* (Garvão) a *Pax Iulia* (Beja), pasando por Ourique, Castro Verde y *Vipasca* (Aljustrel),[47] que permaneció activa durante la ocupación islámica.[48]

Considerando el peso económico de los recursos asociados al pastoreo, es comprensible que el Orden de Santiago buscara asegurar el control sobre la principal zona de pastoreo en Portugal, a la zona de Campo de Ourique, y al redor de sus más importantes circuitos a lo largo de las antiguas rutas romanas, concentrando en esa zona un conjunto significativo de encomiendas. La intencionalidad subyacente a esta estrategia, que se concretiza progresivamente, queda patente en los acuerdos realizados en torno a la gestión patrimonial de los territorios abarcados a lo largo de los siglos XIII y XIV.[49]

Existen indicios de que parte de los recursos producidos en los dominios territoriales del Orden de Santiago serían drenados a través del valle fluvial del Sado, desembocando en el puerto de Setúbal, un privilegiado fondeadero marítimo que cumpliría la función de comunicar con el interior del territorio y posibilitar la salida de las producciones al océano Atlántico, asumiendo este núcleo urbano un papel determinante en la articulación económica de todo el conjunto territorial integrado en la jurisdicción institucional santiaguista y en la respectiva jerarquización. Además, la institución controlaba todo un amplio territorio en la península de Setúbal, desde la orilla sur del Tajo hasta Alcácer do Sal, en lo cual se integraba la sierra de Arrábida, los castillos de Almada, Palmela, Sesimbra y Alcácer do Sal y también el estuário del Sado, un espacio de grande importancia estratégica por la defensa del estuário del Tajo y de la ciudad de Lisboa, convirtiéndose en un espacio económico muy importante, con abundantes recursos marítimos, cuya demanda estaba en franco crecimiento, en particular, de sal y pescado, tanto en el mercado nacional como en el internacional. En complemento a los recursos de los territorios ubicados en torno del Campo de Ourique, el estuario del Sado se caracterizaba por disponer de una grande abundancia de especies piscícolas y presentaba terrenos marismeños con condiciones ambientales óptimas para el establecimiento de instalaciones salineras.

El acuerdo firmado entre el rey y el maestre del Orden de Santiago, Paio Peres Correia, en 1274, sobre la división de los derechos fiscales sobre el puerto de Setúbal es esclarecedor a respecto de su potencial económico, al mencionar, además de la producción local, en la cual se incluye la sal y la pesca, incluso de grandes especies como *"ballea, baleato, seream, foca, roaz, musarana ou outro pescado grande"*, también la exportación de otros artículos como madera, pieles (*coiros*), hierro, cobre u otros metales.[50]

Muchas de las producciones que caracterizaron el movimiento portuario de Setúbal en el siglo XIII continuaron presentes en los siglos siguientes, en algunos casos con una demanda creciente en los mercados nacionales e internacionales, lo que justificaría la

---

47  Alarcão 1987, 67; 82 s; Mantas 2012, 207–216.
48  Picard 2000, 175 s.
49  Silveira 2022, 44 s. 70–78.
50  Livro dos Copos 2006, 267–269.

inclusión de este puerto en los circuitos comerciales existentes, tanto los dirigidos hacia el norte de Europa, como los que tenían como destino el Mediterráneo.[51] Entre los artículos más importantes figuran bienes que adquieren cada vez más importancia en el contexto de la política de abastecimiento urbano y de la afirmación de una economía especulativa, como la sal,[52] el vino, la miel, la cera, el pescado, especialmente las sardinas, y, también los cereales.[53] A ellos hay que añadir otros dos artículos a los que, pese a su gran relevancia comercial, no se ha prestado hasta ahora la debida atención. A saber los cueros, que llegaban al puerto de Setúbal desde el sur y eran, al menos desde el siglo XIV, objeto de comercio con Toscana a través de importantes compañías comerciales establecidas en Portugal, como fue el caso de la compañía de Francesco di Marco Datini y, más tarde, de las compañías Cambini y Salviati-Da Colle,[54] y también la grana, una materia colorante muy buscada para la producción de tintes que se extraía del insecto *Kermes vermilio*, cuyo hábitat eran algunos arbustos abundantes en la época en Arrábida, Sintra, Aljustrel, Beja y Olivença. La grana de las sierras de Arrábida y São Luís, cerca de Setúbal, era coñocida en la época romana[55] y considerada por muchos como la "más fina y mejor"[56] y su explotación, almacenamiento y exportación se documentan en Setúbal en el siglo XV,[57] siendo objeto de una creciente importancia.[58]

Por todo esto, la opción tomada por el Orden de Santiago en promocionar la implantación de sus estructuras en el estuario del Sado, en Setúbal, donde se produzco una intervención en el espacio urbano, con el objetivo de organizar las infraestructuras portuarias. Esto adquirió una gran relevancia y, además, es esclarecedor en cuanto a la conceptualización del territorio integrado en su dominio. El núcleo urbano portuario de Setúbal ha asumido así el papel de *capita viarum*, estableciendo la relación entre las rutas marítimas y las principales rutas terrestres, siendo un nudo de comunicaciones entre la costa y el interior del territorio con una función de interrupción del tráfico y de concentración, distribución y flujo de mercancías.[59] Como eje de rutas y tráficos a nivel regional o suprarregional, posibilitaba la dinamización de cadenas productivas que se desarrollaban a distancia, asumiendo, paralelamente, una participación activa, tanto en redes comerciales que trascienden el mercado local, como, asociadas a éstas, en redes financieras más complejas, esenciales para el comercio de larga distancia,

---

51  Rau 1984, 113–156; Silveira 2018, 374–401; Silveira 2022, 412–420.
52  Rau 1984, 95–112; Silveira 2018, 375–378; Silveira 2022, 420–423.
53  Silveira 2022, 167 s.
54  Berti 1994, 81–105; Sequeira 2014, 112–114; Sequeira 2015, 24; Russo 2019, 51–60; Bruscoli 2015, 125–146; Silveira 2022, 418–420.
55  Cardoso 2018, 131.
56  Duarte Nunes de Leão 2002, 199.
57  Silveira 2022, 414–419.
58  Lo mismo se há verificado en Cádiz: Martín Gutiérrez 2021, 513 s.
59  Mantas 2004, 427–443.

estableciendo vínculos entre sistemas económicos distintos pero complementarios.⁶⁰ Se ha convertido, así, en una interfaz donde se conectaban múltiples redes que estructuraban y jerarquizaban los espacios urbanos, recreaban complejos económicos, construyan sistemas fiscales e influyan en la dinámica política. Asumiéndose las infraestructuras portuarias como centros neurálgicos que aseguraban la circulación de personas y mercancías, el flujo de la producción, el abastecimiento y el acceso a los productos exógenos, así como la recaudación de impuestos, funciones que exigen una alta organización logística y cuyo desempeño presupone el ejercicio de competencias de gobierno, los puertos se afirman como lugares estratégicos con potencial elevado y elementos fundamentales de los sistemas económicos. Su control y defensa era, por lo tanto, de gran importancia, y era habitual la implantación de estructuras fortificadas y sistemas de defensa y vigilancia cuya robustez era generalmente proporcional a la importancia relativa de cada espacio portuario en relación con el sistema en el que se integraba. Teniendo en cuenta todos estos aspectos, los puertos deben entenderse como un sistema complejo e interdependiente de factores geográficos y medioambientales, militares, demográficos, comerciales, económicos, políticos, sociales, culturales y técnicos.⁶¹

Por lo tanto, el proceso de urbanización llevado a cabo por el Orden de Santiago en el entorno de sus casas de Setúbal y en la zona a orillas del río de este núcleo urbano se debe analizar en el contexto de la afirmación de una de las zonas portuarias portuguesas más importantes y, además, hay que tener en cuenta que la evolución topográfica de ese espacio estuvo condicionada por la presencia del Orden, que ha desarrollado allí una operación de urbanización a través de la conquista del espacio al mar y de la consolidación del suelo urbano, promoviendo el drenaje de suelos, la desecación de pantanos y la apropiación de terrenos baldíos.⁶² Esto ha permitido la constitución de un conjunto patrimonial compacto en las inmediaciones de la casa de la encomienda, influyendo en la organización topográfica en torno a la respectiva zona de implantación, condicionando la organización de la red viaria y la parcelación. Así, la microtopografía urbana circundante se caracteriza por la adopción de un trazado geométrico, que influyó en la posterior evolución del asentamiento.⁶³

Todavía, la notable regularidad del trazado de estas arterias, que presentan una malla reticular, organizada a partir del cruce de ejes ortogonales, parece dar continuidad a una ocupación anterior del espacio, pois ya estaba presente en la zona correspondiente al centro administrativo y residencial de la ciudad romana de *Caetobriga*, como han demostrado las recientes investigaciones arqueológicas realizadas en la colina de

---

60  Blockmans 2013, 135.
61  Jackson 2007, 22–27; Antunes/Sicking 2007, 274–286; van Cauwelaert 2015, 14 s; Polónia/Antunes 2016, 21–31.
62  Buccheit 2013, 197; Bessey 2013, 101–105.
63  Silveira 2022, 269–272.

**Fig. 3** Configuración de *Caetobriga* romana e sobreposición de sus vías en la planta actual (Fuente: J. Soares / C. T. da Silva, Vestígios de Domus na Setúbal Romana, en: A. C. Bento / I. G. de Pinho / M. J. P. Coutinho (Eds.), Património Arquitectónico Civil de Setúbal e Azeitão (S.l., 2019), 15)

Santa María, que identificaron la presencia de restos habitacionales y de un importante reservorio de la época romana, así como algunos tramos de probables calzadas en dirección ESE-WNW, paralelas a la orilla de la bahía, y otras que se desarrollaron en dirección NNE-SSW.[64] Esta tenía en esa época una intensa actividad portuaria, aunque los datos disponibles hasta ahora no nos permiten conocer las estructuras que estaban asociadas a ella (Fig. 3).

## De la Setúbal antigua a la Setúbal medieval: continuidad urbana y económica

Las investigaciones arqueológicas realizadas hasta ahora permiten remontar la organización territorial y social de la zona correspondiente a la actual ciudad de Setúbal hasta el siglo VII a. C., cuando se estableció un enclave comercial fenicio en la colina de Santa María, a través de lo cual se promovió la navegación en el interior del estuario del Sado, facilitando los contactos con las regiones mineras del interior del Alentejo en busca de estaño, un metal escaso en el Mediterráneo oriental, y también de oro, plata, cobre y sal.[65] La presencia fenicia se confirma también en Alcácer do Sal[66] y en Abul, donde se establecieron almacenes comerciales que parecen encajar en la política expansionista emprendida por la colonia de Gadir (Cádiz), fundada hacia el 1100 a. C. y que se convertiría en la colonia fenicia más importante del Mediterráneo occidental, cuyo apogeo comercial se habría alcanzado precisamente entre los siglos VII y VI a. C. En su ámbito de influencia económica y cultural se encuentran la actual costa marroquí, la costa portuguesa al sur del Tajo y la costa occidental de Andalucía, donde se ha documentado una intensa actividad minera.[67]

La progresiva colonización del territorio por parte de los ejércitos de Roma a partir del siglo II a. C. ha producido un cambio político lo cual, todavía, no parece traducirse en una devaluación del territorio correspondiente al valle y al estuario del Sado. De hecho, como en otros territorios del mundo romano, sus humedales se asumen como áreas de gran relevancia económica, gracias a la explotación salinera y pesquera, esenciales para la producción de salsas y salazones de pescado, productos conserveros que generarían una intensa actividad comercial y portuária. Para el éxito de estas industrias, la producción de sal sería fundamental y el estuario del Sado presenta óptimas condiciones ambientales para el establecimiento de *salinae maritimae*, aunque non se hayan identificado testigos arqueológicos de su actividad en ese período, como sucede con frecuencia, dado el carácter de eses espacios y la continuidad de la exploración de

---

64 Silva et al. 2010, 177; Silva et al. 2014, 186–188; Soares/Silva 2019, 14 s.
65 Soares et al. 1986, 90–100; Silva 2011, 58 s; Silva et al. 2018, 35.
66 Arruda 2021, 273–284.
67 Silva 1990, 267–270; Mayet/Silva 1997, 269.

muchos de ellos,⁶⁸ aunque en algunos territorios haya sido posible la identificación de estructuras de este tipo.⁶⁹

Por lo tanto, bajo el impulso de la colonización romana de la Península Ibérica, el estuario del Sado fue testigo de la organización de un centro de producción altamente especializado a través de la creación de un importante complejo industrial y portuario, considerado el centro de salazón de pescado más importante del oeste peninsular. Entre los vestigios de ocupación romana en esta ciudad fueron identificadas, en la orilla izquierda del arroyo Livramento, varias estructuras, las más antiguas del segundo cuartel del siglo I d. C., que demuestran que hacia el año 75 d. C. funcionaba un centro de producción industrial, seguramente asociado a una intensa actividad mercantil y portuaria. De hecho, en la Travessa de Frei Gaspar, en la Calle Januário da Silva y en la actual Plaza de Bocage, todas ellas situadas en lo que entonces era una playa formada por la colina de Santa María y bañada tanto por el Sado como por el arroyo Livramento, se instalaron desde el siglo I d. C. varias fábricas de salazón, cuyo funcionamiento presuponía el desarrollo de actividades complementarias. Entre ellas, la instalación de talleres de producción de ánforas necesarias como envases para el transporte de alimentos en conserva, conociéndose el que estaría en funcionamiento en el segundo cuartel del mismo siglo, situado en el actual Plaza de da Misericórdia, que sería sólo uno de los varios identificados hasta ahora en el estuario del Sado,⁷⁰ incluso en Herdade do Pinheiro y en Abul, superponiéndose en este último caso a las estructuras del entrepuesto comercial fenicio fundado allí en torno al siglo VII a. C. Las arcillas y los recursos madereros del entorno han sido importantes para su establecimiento en ese local.⁷¹

Estos establecimientos de salazones en *Caetobriga* no estaban aislados, sino que integraban un complejo conjunto de estructuras para la elaboración de preparados de pescado, cuya articulación permanece, sin embargo, desconocida. Su actividad presuponía la necesidad de que se dispusiera de una red de embarcaderos que permitiera el transporte de la sal y también la salida de productos de los alfares y de los establecimientos de salazones que se han identificado en los alrededores de Setúbal, concretamente en Comenda,⁷² cerca de la Ribeira da Rasca y en Creiro,⁷³ todos ellos situados cerca de la costa, en las estribaciones de Arrábida, y también en la restinga de Tróia. Este último, con sus 25 talleres y 159 cetarias identificados hasta el momento, ha sido calificado como uno de los complejos industriales de salazón de pescado más importantes del Mediterráneo occidental, beneficiándose de la riqueza ictiológica del

---

68  Fabião 2009, 564–578.
69  Lagóstena Barrios 2021, 258–262.
70  Silva 1980; Silva et al. 1986, 155–160; Silva 1995, 43–45; Mayet/Silva. 2010, 123 s; Silva/Soares 2018, 81; Soares 2000, 117–120; Lagóstena Barrios 2001, 64–69; Teichner / Pons Pujol 2007, 304–308; Bombico 2017, 100. 136.
71  Mayet/Silva 2010, 121–125; Silva 2011, 58; Soares/Silva 2018, 14–31.
72  Quintela et al. 1986, 52 s, 71–73, 148; Trindade/Diogo 1996, 7–12.
73  Soares 2000, 121; Bombico 2017, 116 s.

Atlántico y del estuario del Sado en particular, cuya capacidad productiva proporcionada por los casi cuatro kilómetros de cetarias allí existentes superaba a la de todos los demás centros conocidos en Occidente. Fue tal vez una de las más extensas del Imperio Romano, alimentando un lucrativo circuito de comercio regional y de exportación a larga distancia, que se remonta a mediados del siglo I o un poco antes y que continúa, aunque con reestructuraciones, hasta la primera mitad del siglo V (Fig. 4).[74]

Fig. 4 Ubicación de Setúbal y yacimientos arqueológicos de época romana en el estuario del Sado (Fuente: J. Soares / C. T. da Silva, *Caetobriga*: uma cidade fabril e polinucleada na foz do Sado, en: Setúbal Arqueológica, vol. 17, 2018, 15)

En el tránsito del siglo II al III, un fuerte evento de alta energía, probablemente de naturaleza sísmica, habría afectado a la costa suroeste de la Península Ibérica, al que se atribuye la responsabilidad de las destrucciones repentinas que se produjeron entonces, tanto en el complejo industrial de Tróia como en los yacimientos de *Caetobriga*, así como en los conocidos establecimientos de salazón de Sines e Ilha do Pessegueiro, coincidiendo con la ralentización de la producción detectable en todo el suroeste peninsular y en el norte de Marruecos y con la destrucción de los centros productores de ánforas.[75] Los efectos de este tipo de eventos de impacto de alta energía, como tsunamis o tormentas, en la fragmentación de unidades de producción es un indicio de recesión o incluso de colapso económico, provocando la colmatación de los estuarios de la costa del Algarve y del Golfo de Cadiz como fue atestiguado por algunas investigaciones geoarqueológicas.[76]

---

74  Étienne et al. 1994, 30–36. 118; Étienne/Mayet 1997, 197–206; Pinto et al. 2014a, 145 s.; Pinto et al. 2014b, 104–123.
75  Mayet/Silva 2010, 122 s.
76  Teichner 2006, 80 s.; Teichner et al. 2014, 155; Teichner 2016, 252; Teichner 2017, 410–420; Pinto et al. 2016, 312 s.; Rodríguez-Ramírez 2016, 107–113; Bombico 2017, 107 s.

Todavía, se ha producido una reestructuración de la actividad económica como quedó claro con el reciente descubrimiento, en el área urbana de Setúbal, de un gran reservorio, con más de cuatro metros de longitud y tres de profundidad, atribuido al Bajo Imperio, y cuya función habría sido el abastecimiento público de agua, con lo cual se confirma la existencia de una dinámica demográfica suficientemente importante en aquella época que permite justificar la inversión en un equipamiento urbano que asumió funciones estructurantes en la organización espacial de la ciudad.[77] Se sabe que durante la segunda mitad del siglo I la ciudad romana de *Salacia Urbs Imperatoria* (Alcácer do Sal), hasta entonces capital de civitas,[78] decayó, y que el desarrollo económico de Setúbal pudo justificar la aparición de un nuevo polo de atracción regional.[79] Las intervenciones arqueológicas han permitido también identificar algunas estructuras habitacionales, entre ellas algunas *domus* con cierto protagonismo, concretamente en la actual Calle António Joaquim Granjo, nº 19, en la Calle Arronches Junqueiro, nº 75, en la Bocacalle de Frei Gaspar y en la Calle de Vasco Soveral, nº 8–12, donde se han podido identificar mosaicos, pinturas murales, peristilos, galerías porticadas y patios, en una cronología que se extiende desde el siglo I hasta comienzos del siglo V.[80] En la actual Bocacalle de los Apóstoles también se han identificado tiendas del siglo II, y también se ha exhumado lo que se cree que corresponde a las estructuras de un foro en la Bocacalle de João Galo.[81]

La amplia diacronía presentada en varias excavaciones arqueológicas realizadas en el antiguo núcleo urbano de Setúbal muestra, además, la continuidad de la ocupación del espacio a lo largo de todo el periodo tardorromano, y permite atestiguar la reestructuración de las factorías de salazón existentes y la reactivación de la actividad económica que tuvo lugar en los siglos IV y V. El fin de su actividad sólo se produjo en el curso del siglo V y comienzo del siglo VI,[82] como atestiguan los restos arqueológicos que sugieren su conversión en vertederos. De este modo, el caso de *Caetobriga* confirma la continuidad económica en torno a la producción de salazones, aunque con algunas transformaciones, en diversas localidades de la frontera marítima de Lusitania Meridional, Bética y el Círculo del Estrecho, incluyendo *Olisipo, Gades, Baelo Claudia, Malaca, Iulia Traducta, Septa* y otras durante por lo menos en el segundo cuartel del siglo VI d. C.[83] En Setúbal, tras un periodo de abandono, las estructuras situadas en la actual Plaza de Bocage y otras identificadas en algunos puntos de la ciudad baja quedaron sumergidas, lo que indica una fase de ascenso del nivel del mar que determinó la

---

77 Silva et al. 2010, 177; Silva et al. 2014, 186–188.
78 Mantas 2012, 151.
79 Alarcão 1990, 364; Soares 2000, 122.
80 Silva et al. 2015, 93; Soares et al. 2019, 165–176; Silva/Soares 2020, 165–176.
81 Soares 2000, 118.
82 Pinto et al. 2016, 328; Bombico 2017, 108 s. 293 s; Soares/Silva 2018, 30 s.
83 Fabião 2009, 557–577; Bernardes 2014, 124–137; Fernández 2014, 447–455; Bernal Casasola 2018, 105–117.

progresión hacia el norte de la anterior línea de costa, hecho que vino acompañado de una retracción del poblamiento en esta ciudad a lo largo de la Alta Edad Media y que probablemente continuó durante el periodo islámico.[84]

Además, la escasez de evidencias materiales de la presencia musulmana en territorio peninsular es generalizada hasta el siglo IX, como han destacado algunos autores, hecho que puede estar relacionado con el modelo de gestión territorial adoptado por las nuevas potencias, que habrían favorecido una ocupación del interior en detrimento de la costa.[85] A nivel local, podemos interpretar a la luz de este contexto la escasez de testimonios en Setúbal, aunque se conozca una necrópolis y algunas estructuras portuárias,[86] siendo más expresiva su presencia en la vecina Palmela, donde fue posible exhumar cerámicas de finales del siglo VIII.[87]

Sin embargo, este modelo territorial cambiaría radicalmente tras las ofensivas vikingas, la primera de las cuales, registrada en 844, que promovió el saqueo de Sevilla, con nuevos ataques en 858–859 y posiblemente en 860–861. En este marco, el emirato omeya emprendió un proceso de militarización y ocupación de la costa atlántica de sus dominios, organizando y estructurando una red de ciudades con potencial portuario y militar, geoestratégicamente relevantes, muchas de las cuales estaban situadas en zonas de estuario que permitían la penetración en el interior del territorio. En estas zonas se estableció un sistema de defensa, basado en la construcción de estructuras defensivas y en la instalación de atarazanas, donde se posicionaron flotas para asegurar el patrullaje de la costa, que dependió, en una primera fase, de Sevilla.[88] En Garb al-Andaluz, las ciudades portuarias fueron objeto de campañas de fortificación y se establecieron varios puntos de patrulla costera, no sólo en el territorio que corresponde a la actual costa del Algarve, sino también en los estuarios del Tajo y del Sado, región en la que se estableció un fuerte dispositivo militar musulmán a partir del siglo IX, cuya articulación sigue siendo poco conocida, pero que estaba constituida por fortalezas (husūn), estructuras de vigilancia marítima, a menudo asociadas a la presencia de edificios religiosos (rabitas), y un importante arsenal que se ubicaría en Alcácer do Sal.[89]

Bajo el dominio omeya, en el año 929, Alcácer do Sal se convertiría en la capital de un nuevo distrito (kūra) como resultado del protagonismo alcanzado en la vertebración del territorio,[90] que se reflejó localmente en el desarrollo económico, demográfico y urbanístico, detectable a través de la investigación arqueológica, que identificó la di-

---

84   Soares/Silva 1986, 89; Silva et al. 1986, 156; Étienne/Mayet 1997, 199; Soares 2000, 123–128; Pinto et al. 2016, 328.
85   Picard 2005, 130–133.
86   Soares/Silva 2018, 34–37.
87   Fernandes 2004, 147.
88   Picard 2001, 163–166.
89   Picard 1993, 188; Picard 2000, 134 s.; Picard 2001, 171 s.; Picard 2002, 204–206.
90   Picard 1997, 81, 195 s.; Picard 2001, 169; Picard/Fernandes 1999, 67.

fusión de la cerámica califal y la construcción de nuevos barrios, parámetros también detectados en núcleos urbanos como Lisboa o Mértola en el mismo periodo.[91]

De este modo, a finales del siglo X, Alcácer do Sal volvió a ser el núcleo urbano dominante en el Bajo Sado, constituyendo una importante base militar y naval que permitió controlar la costa atlántica, reforzando su posición geoestratégica debido a que por allí pasaban dos importantes rutas terrestres que establecían conexión tanto con el territorio del sur, siguiendo una ruta paralela a la costa, permitiendo llegar al cabo de San Vicente, como con los territorios al norte, permitiendo la travesía del Sado y la conexión con Lisboa y Santarém, y con el territorio al este, conectando también la costa con Badajoz a través de Évora y Elvas.[92] Este núcleo urbano se asumió como un importante polo de articulación del territorio y como uno de los más preponderantes astilleros navales peninsulares, estatus que mantuvo en la época de los reinos de taifas, y asimismo, capitalizó la abundancia de recursos económicos de su entorno, desarrollando actividades pesqueras, así como la explotación de recursos ambarinos y minerales, y de abundantes recursos forestales.

Es comprensible, por lo tanto, que la presencia islámica esté menos documentada en el tejido urbano de Setúbal, una vez que se beneficiaba de unas condiciones naturales de defensa inferiores a las que ofrecían Alcácer do Sal y Palmela, se mantuvo en segundo plano con respecto a otras áreas urbanas regionales a lo largo de este periodo. Sin embargo, existen algunos indicios de asentamiento islámico en esta ciudad, concretamente en la Calle Francisco Augusto Flamengo, donde se localizó una necrópolis musulmana que reutilizó parcialmente el gran reservorio de agua romano mencionado anteriormente, y donde se han identificado enterramientos desde finales del siglo X hasta mediados del siglo XII.[93] La ocupación humana de este período también se documentó en los silos excavados en la Calle António Joaquim Granjo y en las cerámicas atribuidas a la transición del siglo XI al XII encontradas en la Plaza de Bocage y en la – Plaza de la Misericórdia.[94]

Confirmando el carácter determinante de las funciones portuarias, hay aún que señalar la reciente identificación en la antigua orilla fluvial, hoy ocupada por la Avenida Luísa Todi, de muelles de zancos de cronología islámica, así como una rampa en piedra, situada en el sótano de un inmueble allí construido, entre las calles dos Mareantes y Pereira Cão, que podría señalar el lugar de carga y descarga de productos, con lo cual se configuraría un muelle de atraque de embarcaciones.[95] El hecho de que la muralla del siglo XIV se levantara allí confirma la prevalencia de las funciones portuarias existentes anteriormente en relación con el trazado y la ubicación que llegó a adoptar la muralla.[96]

---

91   Picard 2005, 136.
92   Picard 1997, 52, 81 s., 98; Picard 1993, 188; Picard 2000, 195 s.
93   Silva et al. 2010, 177 s.; Silva et al. 2014, 161–214.
94   Soares 2000, 123.
95   Duarte 2018, 207; Soares/Silva 2018, 30 s.; Soares et al. 2019, 176.
96   Soares et al. 2018, 52.

## El estuario del Sado a través de un enfoque comparativo: ampliación de temas y renovación de perspectivas

A través del recorrido presentado, del análisis diacrónico sobre la ocupación antigua y medieval del valle fluvial del Sado y de un estudio comparativo con otros espacios similares coetáneos, es posible constatar la continuidad de la explotación de los recursos fluviomaritimos y la relevancia de las funciones portuarias de Setúbal, su papel en la articulación del territorio y su inserción en las dinámicas económicas y culturales del Círculo del Estrecho. Todavía, con base en lo que se conoce de las dinámicas económicas medievales, es también posible plantear nuevas perspectivas, ampliando las hipotésis sobre la explotación de los recursos del territorio, algunos de los cuales, por su propia naturaleza, pueden haber dejado pocos testigos materiales de su relevancia económica.

Este podría ser el caso de los moluscos, un recurso muy abundante en la costa portuguesa, con importancia económica asociada tanto a la alimentación como, en algunos casos, a la producción de tintes, a pesar del reducido numero de análisis que le há dedicado y la escasa valoración que ha tenido en las investigaciones arqueológicas realizadas.[97] Sin embargo, los trabajos realizados en el Cerro da Vila han demostrado que allí se procesaban bocinas de *Murex brandaris* para la producción de púrpura,[98] como parece ocurrir también en otras localidades costeras, entre las cuales Cascais,[99] Fuengirola,[100] Carteia,[101] Águilas[102] o Ceuta,[103] por nombrar sólo algunas hasta ahora identificadas en las costas atlánticas y mediterráneas de Hispania, de Mauritânia y de las Islas Baleares, siendo posible plantear la cuestión de que esta actividad podría también haberse llevado a cabo incluso en el estuario del Sado, donde es probable la existencia de este recurso. No parece creíble que no se utilizara, dado el alto valor económico que tenía, ligado a su estatus simbólico.[104]

La ostricultura es otro recurso abundante en Setúbal sobre el cual nada sabemos para la época romana, constituyendo así una línea de investigación que necesita de desarrollo en el futuro. Son ya conocidos algunos ejemplos de la presencia de *ostrearum vivaria* en yacimientos de la orla marítima no sólo en aguas del *Fretum Gaditanum*, sino también en el Adriático y en el Norte de Itália donde se han descubierto evidencias de fosas-vivero y de estructuras palafíticas.[105] Lo mismo se puede afirmar sobre otras prác-

---

97 Teichner 2016, 251; Fernández Uriel 2017, 933 s.
98 Teichner 2006, 77–80; Teichner 2007, 121.
99 Teichner 2007, 117–119; Cardoso 2018, 130 s.
100 Teichner 2007, 122 s.
101 Bernal Casasola et al. 2008, 211–223; Bernal Casasola 2009, 260 s.
102 Fernández Uriel 2017, 934–939.
103 Bernal Casasola et al. 2008, 211–223; Bernal Casasola et al. 2014, 339–353.
104 Becker 2021, 40–47; Olson/Wharton 2021, 51–56.
105 Bernal Casasola 2009, 260 s; Bernal Casasola 2011, 137–149; Lagóstena Barrios 2018, 340–342.

ticas demonstradas en aguas del *Fretum Gaditanum* como la pesca, el aprovechamiento de recursos derivados de las ballenas, rorcuales y de otros cetáceos y de su utilización para la producción de harina de pescado,[106] sin olvidar la captura de delfines,[107] especie aún presente en los días de hoy, y además, es emblemática e identitaria del estuario del Sado.

Paralelamente, conociendo la relevancia del uso del cuero en el mundo romano y la importancia que su producción y comercio suscitaron en el territorio portugués a lo largo de la Edad Media, y en particular en Setúbal como se ha explicado anteriormente, donde además abundaba la sal, esencial en el proceso de curtido. A pesar de la sorprendente escasez de evidencias arqueológicas de su elaboración en el período romano,[108] mas en concreto, de peleterías, curtidurías o tenerías, las cuales están documentadas en la ciudad medieval. Lo mismo se ha observado en el caso de *Britannia*, sugiriendo que algunas estructuras son difíciles de identificar por su similitud con las que están asociadas a otras actividades y porque se subestima también el peso y la escala de esta industria en la época romana:[109]

> The structures/facilities required for a tannery – pits, tanks/vats, drying frames, workshop space are not particularly unusual or difficult to create and on excavation such features might easily be misinterpreted as relating to some other occupation.[110]

Son igualmente difíciles de identificar y datar las estructuras como molinos, almanzaras y batanes, debido no sólo al hecho de que en muchas ocasiones siguieron funcionando a pesar de las transformaciones políticas y sociales que se estaban produciendo,[111] pero también gracias a su complejidad[112] y vulnerabilidad, ya que a menudo se les han retirado sus mecanismos. Por otra parte, se procedió a su despliegue en lugares más excéntricos o se han transformado debido a cambios ambientales que han ocurrido en determinadas zonas donde se han implantado, dificultando su interpretación o incluso su excavación. Esto es claramente evidente en el caso de los molinos mareales. Esta es una tipología común en la Edad Media en muchos puertos marítimos europeos desde el siglo VI[113] y, más tarde, documentados también en la Península Ibérica. De este modo se garantizaba el suministro de las flotas que se preparaban en los susodichos puertos, como ocurrió en Setúbal.[114] Se supone que en épocas anteriores también

---

106 Bernal Casasola 2009, 68–76. 260–261; Bernal Casasola 2011, 117; Bernal Casasola / Monclova Bohórquez 2011, 109–117. 137–139.
107 Bernal Casasola / Monclova Bohórquez 2011, 96.
108 Aspecto ya señalado por Cardoso 2018, 129.
109 Douglas 2015, 35–41.
110 Douglas 2015, 40.
111 Teichner 2008, 211–215; Bernardes 2014, 133–136.
112 Teichner 2008, 304; Sürmelihindi et al. 2018, 6.
113 Bernard et al. 2021, 57–72.
114 Silveira 2019, 75 s.

existieran estructuras de este tipo, de cualquier tipología, como equipamiento esencial para garantizar una producción a gran escala cuando la demanda superaba las necesidades de abastecimiento doméstico, como parece demostrar el *pistrinum* excavado en Tamuda, en el norte de Marruecos.[115] Estas necesidades de suministro aumentarían exponencialmente en particular en las ciudades portuarias marítimas, donde había que garantizar una alta productividad para satisfacer las necesidades logísticas asociadas a la organización de las flotas comerciales, como parece haber sido el caso del complejo de los molinos de Barbegal, que apoyaban las operaciones del puerto de Arles en la época romana.[116] En definitiva, este tipo de equipamientos se deben también valorar en el contexto de los análisis asociados a la restituición de la paleotopografía de estas ciudades, a la reconstrucción de sus infraestructuras y del complejo portuario en torno de lo cual se organizaban.

## Conclusiones

El caso de Setúbal nos aclara la relevancia de promover un análisis diacrónico y un trabajo colaborativo entre la historia y la arqueología, permitiendo revisar la cuestión de la continuidad de las actividades asociadas a la explotación de los recursos marítimos y fluviales y de la dinámica portuaria de ese espacio urbano, insertándolo en un contexto más dilatado para una mejor comprensión sobre la explotación integral del territorio. Esta perspectiva basada en una amplia cronología permite la valorización de la industria conservera como motor económico en el ámbito local, siguiendo parámetros idénticos a los observados en muchas comunidades costeras peninsulares desde la Antigüedad, confirmando también la continuidad de estas actividades hasta el siglo VI y aún más adelante. Además de subrayar la puesta en valor de los humedales y del litoral en cuestión desde una época temprana, lo que ha permitido afirmarse en época romana como uno de los más importantes y afamados centros pesqueros-conserveros de las provincias occidentales, con una elevada productividad, es también interesante analizar la conexión de esta zona con todo el valle del río Sado. Es precisamente esta relación la que nos permite ampliar nuestra percepción sobre su relevancia, entendiéndola más allá de su dimensión como centro de producción de sal y de preparados de pescado, un punto clave que se destacó de forma sucesiva desde el siglo VIII a. C. hasta la época contemporánea, cuando se estableció un importante polo de industria conservera.

De hecho, un análisis más amplio de su localización geográfica y también un análisis regresivo que tenga en cuenta todas las dinámicas económicas que marcaron la organización del territorio del valle del Sado, donde se encuentra el puerto de Setúbal, per-

---

115   Bernal Casasola et al. 2020.
116   Sürmelihindi et al. 2018, 1–6.

mitiendo, según paralelismos ya conocidos para otras zonas costeras peninsulares con características idénticas, cuestionar el potencial de la diversificación de las actividades productivas del estuario del Sado durante la Antigüedad como la posible explotación de recursos como las ostras, los cetáceos, los moluscos y la grana, estos últimos utilizados para la producción de tintes.

Cabe también destacar el papel desempeñado por este curso fluvial como eje comercial de capital importancia, posibilitando la circulación de artículos y recursos producidos en el interior de la región meridional del territorio, como cereales, corcho, lana, cuero y minerales. Así pues, la excepcionalidad alcanzada por el estuario del Sado y el puerto de Setúbal en particular en el contexto portugués sólo puede entenderse plenamente a partir de su marco como centro de redistribución de la producción y de los recursos de este amplio territorio. En este sentido, el río Sado viabilizó económicamente, organizó y estructuró un vasto espacio que se extendía mucho más allá de su valle fluvial y del respectivo estuario, asumiéndose el puerto de Setúbal como *gateway*, convirtiéndolo en un lugar fundamental en la articulación del territorio y en su desarrollo económico, como fue observado en varios momentos de su historia.

Habrá que esperar por futuros trabajos que posibiliten la identificación de las redes comerciales que operaron desde Setúbal en diferentes cronologías, su integración en rutas de media y larga distancia, su lugar en la reconstitución de jerarquías portuarias y su respectiva evolución, aportándonos una visión más completa en cuanto a las continuidades y rupturas históricas.

## Bibliografía

Alarcão 1990: J. de Alarcão, O Reordenamento Territorial, en: J. de Alarcão (Ed.), Portugal das Origens à Romanização, en: J. Serrão / A. H. de O. Marques (Eds.), Nova História de Portugal 1 (Lisboa 1990) 352–382

Alarcão 1987: J. de Alarcão, Portugal Romano (Lisboa 1987)

Alfaro Giner 2001: C. Alfaro Giner, Vías pecuarias y romanización en la Península Ibérica, en: J. Gómez-Pantoja (Ed.), Los Rebaños de Gerión. Pastores y trashumancia en Iberia antigua y medieval (Madrid 2001) 215–231

Almagro Vidal 2012: C. Almagro Vidal, Frontera, Medio Ambiente y Organización del Espacio: de la Cuenca del Guadiana a Sierra Morena (Edad Media) (Granada 2012)

Alonso/Ménanteau 2010: C. Alonso / L. Ménanteau, Les portes antiques de la côte atlantique de l'Andalousie, du bas Guadalquivir au détroit de Gibraltar. Problématique et étude de cas (*Baelo*, Tarifa), en: L. Hugot / L. Tranoy (Eds.), Les Structures Portuaires de l'Arc Atlantique dans l'Antiquité (Bordeaux 2010) 13–38

Antunes/Sicking 2007: C. Antunes / L. Sicking, Ports on the Border of the State, 1200–1800: an introduction, International Journal of Maritime History 19, 2007, 274–286

Arruda 2021: A. M. Arruda, Alcácer do Sal e os Fenícios no Baixo Sado, en: V. S. Gonçalves (Ed.), Terra e Sal. Das antigas sociedades camponesas ao fim dos tempos modernos. Estudos oferecidos a Carlos Tavares da Silva (Lisboa 2021) 273–284

Arruda 1993: A. M. Arruda, O Oriente no Ocidente, en: J. Medina (Ed.), História de Portugal 2 (Amadora 1993) 17–44

Asenjo González 2001: M. Asenjo González, Los espacios ganaderos. Desarrollo e impacto de la ganadería trashumante en la Extremadura castellano-oriental a fines de la Edad Media, en: J. Gómez-Pantoja (Ed.), Los Rebaños de Gerión. Pastores y trashumancia en Iberia antigua y medieval (Madrid 2001) 74–81

Ayala Martínez 2009: C. de Ayala Martínez, Revenus, en: N. Bériou / P. Josserand (Eds.), Prier et Combattre. Dictionnaire européen des ordres militaires au Moyen Âge (Paris 2009) 787–788

Barbosa 1998: I. M. Barbosa, A Ordem de Santiago em Portugal nos finais da Idade Média (Normativa e prática), Militarium Ordinum Analecta 2, 1998, 93–288

Barquero Goñi 2003: C. Barquero Goñi, Los Caballeros Hospitalarios en España durante la Edad Media (siglos XII–XV) (Burgos 2003)

Becker 2021: H. Becker, Technology and Trade, en: D. Wharton (Ed.), A Cultural History of Colour in Antiquity 1 (London 2021) 35–48

Bernal Casasola 2018: D. Bernal Casasola, Continuidad y cesura en las ciudades tardorromanas del estrecho de Gibraltar: El *Fretum Gaditanum*, un ámbito hispano-africano singular, en: S. Panzram / L. Callegarin (Eds.), Entre civitas y madīna. El mundo de las ciudades en la Península Ibérica y en el Norte de África (siglos IV–IX) (Madrid 2018) 105–117 <http://books.openedition.org/cvz/23657> (17.04.2023)

Bernal Casasola 2012: D. Bernal Casasola, El Puerto Romano de Gades: novedades arqueológicas, en: S. Keay (Ed.), Rome, Portus and the Mediterranean, BSR 21 (Roma 2012) 225–244

Bernal Casasola 2011: D. Bernal Casasola, Piscicultura y ostricultura en Baetica. Nuevos tempos, nuevas costumbres, en: D. Bernal Casasola (Ed.), Pescar con Arte. Fenicios y Romanos en el Orígen de los aparejos andaluces. Catálogo de la exposición – Baelo Claudia, Diciembre 2011 – Julio 2012 (Cádiz 2011) 137–159

Bernal Casasola 2010: D. Bernal Casasola, Rome and Whale Fishing. Archaeological Evidence from the *Fretum Gaditanum*, en: C. Carreras / R. Morais (Eds.), The Western Roman Atlantic Façade. A study of the economy and trade in the Mar exterior from the Republic to the Principate, BAR International Series 2162 (Oxford 2010) 67–80

Bernal Casasola 2009: D. Bernal Casasola, Roma y la pesca de ballenas. Evidencias en el Fretum Gaditanum, en: D. Bernal Casasola (Ed.), Arqueología de la Pesca en el Estrecho de Gibraltar. De la Prehistoria al fin del Mundo Antiguo (Cádiz 2009) 259–285

Bernal Casasola 2008: D. Bernal Casasola, Un taller de púrpura Tardorromano en Carteia (Baetica, Hispania) avance de las excavaciones preventivas en el conchero de Villa Victoria (2005), en: C. Alfaro Giner / L. Karali (Eds.), *Purpurae Vestes*. II Symposio Internacional sobre Textiles y Tintes del Mediterráneo en el mundo antiguo (Valencia 2008) 209–216

Bernal Casasola / Monclova Bohórquez 2011: D. Bernal Casasola / A. Monclova Bohórquez, Captura y aprovechamiento haliêutico de cetáceos en la Antigüedad. De *Iulia Taducta* a Atenas, en: D. Bernal Casasola (Ed.), Pescar con Arte. Fenicios y Romanos en el Orígen de los aparejos andaluces. Catálogo de la exposición Baelo Claudia, Diciembre 2011 – Julio 2012 (Cádiz 2011) 95–117

Bernal Casasola et al. 2020: D. Bernal Casasola / M. Bustamante-Álvarez / J. J. Díaz / J. A. López-Saéz / M. Gutiérrez-Rodríguez, Milling cereals / legumes and stamping bread in Mauretanian Tamuda (Marocco): na interdisciplinar study, African Archaeology Review, 2020 <doi.org/10.1007/s10437-020-09413-7> (29.07.2023)

Bernal Casasola et al. 2014: D. Bernal Casasola / A. M. Sáez / M. Bustamante / J. J. Cantillo / M. C. Soriguer, Un taller de producción de púrpura getúlica en Septem, en: J. J. Cantillo / D. Bernal /

J. Ramos (Eds.), Moluscos y Púrpura en Contextos Arqueológicos Atlántico-Mediterráneos. Nuevos datos y reflexiones en clave de proceso histórico (Cádiz 2014) 339–354

Bernal Casasola et al. 2008: D. Bernal Casasola / L. Roldán / J. Blánquez / J. J. Díaz / F. Prados, Un taller de púrpura tardorromano en Carteia (Baetica, Hispania). Avance de las excavacones preventivas en el conchero de Villa Victoria (2005), en: C. Alfaro / I. Karali (Eds.), Purpurae Vestes. II Symposio Internacional sobre textiles y tintes del Mediterráneo en el mundo antiguo (Valencia 2008) 209–226

Bernard et al. 2021: V. Bernard / Y. Couturier / F. Epaud / Y Le Digol / F. Le Gall, Landounic: le plus vieux moulin à marée est désormais breton!, en: E. Sonnic (Ed.), L'Énergie des Marées. Hier, aujourd'hui, demain (Rennes 2021) 57–73

Bernardes 2014: J. P. Bernardes, Estruturas de produção no mundo rural do sul da Lusitânia durante a Antiguidade Tardia (século V–VII d. C.), en: S. Gómez Martínez / S. Macias / V. Lopes (Eds.), O Sudoeste Peninsular Entre Roma e o Islão (Mértola 2014) 124–137

Berti 1994: M. Berti, La azienda da Colle: una finestra sulle relazioni commerciali tra la Toscana ed il Portogallo a metà del Quattocento, en: Toscana e Portogallo, Miscellanea Storica nel 650º anniversario dello Studio Generale di Pisa (Pisa 1994) 61–105

Bessey 2013: V. Bessey, L'implantation du Temple et de l'Hôpital dans les villes du nord du royaume de France (1100–1350), en: D. Carraz (Ed.), Les Ordres Militaires dans la ville médiévale (1100–1350). Actes du Colloque International de Clermont-Ferrand, 26–28 mai 2010 (Clermont-Ferrand 2013) 97–112

Blockmans 2013: W. Blockmans, L'unification européenne par les circuits portuaires, en: A. A. Andrade / A. M. da Costa (Eds.), La Ville Médiévale en Débat (Lisboa 2013) 133–144

Blot 2003: M. L. Blot, Os Portos na Origem dos Centros Urbanos. O contributo para a arqueologia das cidades marítimas e flúvio-marítimas em Portugal, Trabalhos de Arqueologia 28 (Lisboa 2003)

Boissellier 2006: S. Boissellier, Les recherches sur les déplacements de bétail au Portugal au Moyen Âge. Bilan des travaux et éléments de réflexion, en: P.-Y. Laffont (Ed.), Transhumance et estivage en Occident des origines aux enjeux actuels. Actes des XXVIe Journées Internationales d'Histoire de l'Abbaye de Flaran – 9, 10, 11 Septembre 2004 (Toulouse 2006) 163–182

Bombico 2017: S. Bombico, Economia Marítima da Lusitânia Romana: exportação e circulação dos bens alimentares (Évora 2017)

Bonneaud 2009: P. Bonneaud, Hospitaliers catalans en Méditerranée au cours du XVe siècle, en: M. Balard (Ed.), Les Ordres Militaires et la Mer (s. l. 2009) 93–102

Bonnin 2002: J.-C. Bonnin, Les Templiers et la mer: l'exemple de La Rochelle, en: A. Luttrell / L. Pressouyre (Eds.), La Commanderie. Institution des ordres militaires dans l'Occident médiéval (Paris 2002) 307–315

Bruscoli 2015: F. G. Bruscoli, Il mercanti italiani, Lisbona e l'Atlantico (XV–XVI secolo), en: J. Á. Solórzano Telechea / B. Arízaga Bolamburu / L. Sicking (Eds.), Diplomacia y comercio en la Europa Atlántica Medieval (Logroño 2015) 125–146

Buccheit 2013: N. Buccheit, Strasbourg et les Hospitaliers de Saint-Jean de Jérusalem au XIVe siècle: histoire d'une intégration urbaine, en: D. Carraz (Ed.), Les Ordres Militaires dans la ville médiévale (1100–1350). Actes du Colloque International de Clermont-Ferrand, 26–28 mai 2010 (Clermont-Ferrand 2013) 189–203

Cardoso 2018: G. Cardoso, A circulação de bens entre *Olisipo* e o seu *Ager*, à luz do material anfórico e da "indústria" de tinturaria, en: J. C. Senna-Martínez / A. C. Martins / A. Caessa / A. Marques / I. Carreira (Eds.), Meios, Vias e Trajetos … Entrar e sair de Lisboa, Fragmentos de Arqueologia de Lisboa 2 (Lisboa 2018) 123–134

Carmona Ruiz 1994: M. A. Carmona Ruiz, Notas sobre la ganadería de la sierra de Huelva en el siglo XV, Historia. Instituciones. Documentos 21, 1994, 63–81

Carmona Ruiz 1993: M. A. Carmona Ruiz, La penetración de las redes de trashumancia castellana en la sierra norte de Sevilla, Anuario de Estudios Medievales 23, 1993, 111–118

Carmona Ruiz 1978: M. A. Carmona Ruiz, La Mesta y el Monasterio de Guadalupe. Un problema jurisdiccional a mediados del siglo XIV, Anuario de Historia del Derecho Español 48, 1978, 507–542

Carraz 2013: D. Carraz, L'emprise économique d'une commanderie urbaine: l'ordre du Temple à Arles en 1308, en: A. Baudin / G. Brunel / N. Dohrmann (Eds.), L'économie templière en Occident. Patrimoines, commerce, finances. Actes du colloque international (Troyes-Abbaye de Clairvaux, 24–26 octobre 2012) (Langres 2013) 141–175

Carraz 2009a: D. Carraz, Causa defendende et extollende christianitatis. La vocation maritime des ordres militaires en Provence (XII$^e$–XIII$^e$ siècles), en: M. Balard (Ed.), Les Ordres Militaires et la Mer (Paris 2009) 21–46

Carraz 2009b: D. Carraz, Les Lengres à Marseille au XIV$^e$ siècle. Les activités militaires d'une famille d'armateurs dans un port de croisade, Revue Historique 652, 2009.4, 756–767

Carraz 2005: D. Carraz, L'Ordre du Temple dans la Basse Vallée du Rhône (1124–1312). Ordres militaires, croisades et sociétés méridionales (Lyon 2005)

Cauuet 2004: B. Cauuet, Apport de l'archéologie minière à l'étude de la mise en concessions des mines romaines aux II$^e$ et III$^e$ siècles. L'exemple de Vipasca (Aljustrel, Portugal) et d'Alburnus Maior (Rosia Montana, Roumanie), en: J.-G. Gorges / E. Cerrillo / T. Nogales Busarrate (Eds.), V Mesa Redonda Internacional sobre Lvsitania Romana: Las comunicaciones. Cáceres, Facultad de Filosofía y Letras, 7, 8 y 9 de noviembre de 2002 (Madrid 2004) 33–60

Cauuet et al. 1999: B. Cauuet / C. Domergue / C. Dubois / R. Poulu / F. Tollon, La production de cuivre dans la province romaine de Lusitanie. Un atelier de traitement du minerai à Vipasca, en: J.-G. Gorges / F. G. Rodríguez Martín (Eds.), Économie et territoire en Lusitanie romaine. Actes et travaux (Madrid 1999) 279–306

Costa 1960: J. M. da Costa, Novos Elementos para a Localização de Cetóbriga. Os achados romanos na cidade de Setúbal (Setúbal 1960)

Czaja 1999: R. Czaja, Tra l'economia e la politica. Il commercio dell'Ordine Teutonico e le città prussiane, en: S. Cavaciocchi (Ed.), Poteri economici e poteri politici, secc. XIII–XVIII. Atti della Trentesima Settimana di Studi, 27 aprile-1 maggio 1998 (Florencia 1999) 547–555

Delgado Domínguez et al. 2017: A. Delgado Domínguez / M. Bustamante-Álvarez / A. Martins, La Faja Pirítica Ibérica en Época de Augusto, Gerión 35, 2017, 895–924

Domergue 1990: C. Domergue, Les Mines de la Péninsule Ibérique dans l'Antiquité Romaine (Roma 1990)

Domergue 1983: C. Domergue, La mine antique d'Aljustrel (Portugal) et les tables de bronze de Vipasca, Conimbriga 22, 1983, 5–194

Douglas 2015: C. R. Douglas, A Comparative Study of Roman Period Leather from Northern Britain. MPhil thesis (Glasgow 2015) <https://theses.gla.ac.uk/7384/7/2015douglasmphil.pdf> (19.04.2023)

Duarte 2018: S. Duarte, Ocupação do Período Islâmico Caetobriga. O sítio arqueológico da Casa dos Mosaicos, Setúbal Arqueológica 17, 2018, 207–228

Étienne et al. 1994: R. Étienne / Y. Makaroun / F. Mayet, Un grand complexe industriel à Tróia (Portugal) (Paris 1994)

Étienne/Mayet 1997: R. Étienne / F. Mayet, La place de Tróia dans l'industrie romaine des salaisons de poisson, en: R. Étienne / F. Mayet (Eds.), Itineraires Lusitaniens. Trente années de collaboration archéologique luso-française. Actes de la réunion tenue à Bordeaux les 7 et 8 avril 1995 à l'occasion du trentième anniversaire de la Mission Archéologique Française au Portugal (Paris 1997) 195–208

Fabião 2009: C. Fabião, Cetárias, Ânforas e Sal: a exploração de recursos marinhos na Lusitânia, Estudos Arqueológicos de Oeiras 17, 2009, 555–594

Fabião 1993: C. Fabião, A Economia, en: J. Medina (Ed.), História de Portugal 2 (Amadora 1993) 240–249. 357–358

Fernandes 2004: I. C. F. Fernandes, O Castelo de Palmela: do islâmico ao cristão (Lisboa 2004)

Fernandes 2013: H. Fernandes, A reorientação das vias de comunicação no Alentejo após a Reconquista Cristã, en: L. A. da Fonseca (Ed.), Comendas das Ordens Militares: perfil nacional e inserção internacional. Noudar e Vera Cruz de Marmelar (Porto 2013) 195–205

Fernández 2014: A. Fernández, El Comercio Tardoantiguo (ss. IV–VII) en el Noroeste peninsular a través del registro cerámico de la Ría de Vigo. Roman and Late Antique Mediterranean Pottery 5 (Oxford 2014) 447–455

Fernández Uriel 2017: P. Fernández Uriel, Productos de la Hispania romana: miel y púrpura, Gerión, 35.1, 925–943

Ferrer Albelda et al. 2008: E. Ferrer Albelda / E. García Vargas / F. García Fernández, Inter Aestuaria Baetis. Espacios naturales y territorios ciudadanos prerromanos en el Bajo Guadalquívir, Mainake 30, 2008, 217–246

Garcia-Guijarro Ramos 1978: L. Garcia-Guijarro Ramos, Datos para el Estúdio de la Renta Feudal Maestral de la Orden de Montesa en el siglo XV (Valencia 1978)

García Vargas 2012: E. García Vargas, Hispalis (Sevilha, España) y el comercio mediterráneo en el Alto Imperio romano. El testimonio de las ánforas, en: S. Keay (Ed.), Rome, Portus and the Mediterranean, BSR 21 (Roma 2012) 245–266

Gerbet 1986: M.-C. Gerbet, Les ordres militaires et l'élevage dans l'Espagne médiévale (jusqu'à la fin du XV$^e$ siècle), en: Les Ordres Militaires, la vie rurale et le peuplement en Europe occidentale (XII$^e$-XVIII$^e$ siècles). Sixièmes Journées Internationales d'Histoire, 21–23 septembre 1984 (Toulouse 1986) 79–105

Gerbet 2001: M.-C. Gerbet, Une voie de transhumance méconnue. La cañada Soria-Portugal à l'époque des Rois Catholiques, en: J. Gómez-Pantoja (Ed.), Los Rebaños de Gerión. Pastores y trashumancia en Iberia antigua y medieval (Madrid 2001) 21–36

Gómez-Pantoja 2001: J. Gómez-Pantoja, *Pastio agrestis*. Pastoralismo en Hispania Romana, en J. Gómez-Pantoja (Ed.), Los Rebaños de Gerión. Pastores y trashumancia en Iberia antigua y medieval (Madrid 2001) 177–213

Guimarães 2001: P. E. Guimarães, A economia das pirites alentejanas, en: P. E. Guimarães (Ed.), Indústria e conflito no meio rural: Os mineiros alentejanos (1858–1938) (Évora 2001) 77–111 <http://books.openedition.org/cidehus/130 > (19.04.2023)

Jackson 2007: G. Jackson, Early Modern European Seaport Studies: Highlights and Guidelines, en: A. Polónia / H. Osswald (Eds.), European Seaport Systems in the Early Modern Age / A Comparative Approach. International Workshop Porto 21–22 October 2005 (Porto 2007) 22–27

Josserand 2009: P. Josserand, Les ordres militaires et la bataille du détroit de Gibraltar sous le règne d'Alphonse X de Castille, en: M. Balard (Ed.), Les Ordres Militaires et la Mer (S. l. 2009) 79–91

Josserand 2002: P. Josserand, Nourir la guerre. L'exploitation domaniale des ordres militaires en Castille aux XIII$^e$ et XIV$^e$ siècles, en: M. Bourin / S. Boissellier (Eds.), L'espace rural au Moyen Âge. Portugal, Espagne, France (XII$^e$-XIV$^e$ siècle). Mélanges en l'honneur de Robert Durand (Rennes 2002) 167–192

Lagóstena Barrios 2021: L. G. Lagóstena Barrios, Aproximación a la problemática y el paisaje de las salinas de Gades, en: J. Mangas Manjarrés / A. R. Padilla Arroba / C. González Román (Eds.), *Gratias tibi agimus*. Homenaje al Prof. Crístóbal González Román (Granada 2021) 243–270

Lagóstena Barrios 2018: L. G. Lagóstena Barrios, La ostricultura romana, en: D. Bernal Casasola / R. Jiménez-Camino Álvarez (Eds.), Las *Cetariae* de *Iulia Traducta*. Resultados de las excavaciones arqueológicas en la calle San Nicolás de Algeciras (2001–2006) (Cadiz 2018) 335–342

Lagóstena Barrios 2001: L. G. Lagóstena Barrios, La Producción de Salsas y Conservas de Pescado en la Hispania Romana (II a. C – VI d. C) (Barcelona 2001)

López Fernández 2005: M. López Fernández, La Órden de Santiago en Extremadura: la encomienda mayor de Leon en la Edad Media, en: M. González Marín (Ed.), Patrimonio Cultural de la Provincia de Huelva. Actas de las XVII Jornadas del Patrimonio de la Comarca de la Sierra. Cumbres Mayores (Huelva) (Huelva 2005) 231–260

López Medina 2015: M. J. López Medina, Lagos y humedales en época romana: algunas reflexiones a partir del Digesto, en: L. G. Lagóstena Barrios (Ed.), *Qui Lacus Aquae Stagna Paludes Sunt…* Estudios históricos sobre humedales en la Bética (Cadiz 2015) 1–28

Mantas 2012: V. G. Mantas, As Vias Romanas da Lusitânia (Mérida 2012)

Mantas 2004: V. G. Mantas, Vias e portos na Lusitânia Romana, en: J.-G. Gorges / E. Cerrillo / T. Nogales Basarrate (Eds.), V Mesa Redonda Internacional sobre Lvsitania Romana: Las comunicaciones. Cáceres, Facultad de Filosofía y Letras, 7, 8 y 9 de noviembre de 2002 (Lisboa 2004) 427–453

Martín Gutiérrez 2021: E. Martín Gutiérrez, El aprovechamiento de los recursos naturales: la grana en Andalucía ocidental durante el siglo XV, EspacioHist 3.34, 2021, 501–522

Mateo Corredor 2016: D. Mateo Corredor, Comercio anfórico y relaciones mercantiles en Hispania Ulterior (ss. II AC – II DC) (Barcelona 2016)

Mayet/Silva 2010 : F. Mayet / C. T. da Silva, Production d'amphores et production de salaisons de poisson: rythmes chronologiques sur l'estuaire du Sado, Conimbriga 49, 2010, 119–132

Mayet/Silva 1997: F. Mayet / C. T. da Silva, L'établissement phénicien d'Abul (Alcácer do Sal), en: R. Étienne / F. Mayet (Eds.), Itineraires Lusitaniens. Trente années de collaboration archéologique luso-française. Actes de la réunion tenue à Bordeaux les 7 et 8 avril 1995 à l'occasion du trentième anniversaire de la Mission Archéologique Française au Portugal (Paris 1997) 255–273

Mouthon 2017: F. Mouthon, Le Sourire de Prométhée. L'Homme et la Nature au Moyen Âge (Paris 2017)

Olson/Wharton 2021: K. Olson / D. Wharton, Power and Identity, en: D. Wharton (Ed.), A Cultural History of Colour in Antiquity 1 (London 2021) 49–61

Panzram 2018: S. Panzram, El mundo de las ciudades en la Península Ibérica y en el Norte de África, en: S. Panzram / L. Callegarin (Eds.), Entre civitas y madīna. El mundo de las ciudades en la Península Ibérica y en el Norte de África (siglos IV–IX) (Madrid 2018) 1–12 <https://books.openedition.org/cvz/23592> (19.04.2023)

Picard 2005: C. Picard, Le changement du paysage urbain dans le Gharb al-Andalus (X–XIIe siècle): les signes d'une dynamique, en: M. J. Barroca / I. C. F. Fernandes (Eds.), Muçulmanos e Cristãos entre o Tejo e o Douro (sécs. VIII a XIII). Actas dos Seminários realizados em Palmela, 14–15 Fevereiro 2003 / Porto, 4–5 Abril 2003 (Palmela 2005) 129–143

Picard 2002: C. Picard, Les Ribats au Portugal à l'époche musulmane: sources et définitions, en: I. C. F. Fernandes (Eds.), Mil Anos de Fortificações na Península Ibérica e no Magreb (500–1500). Actas do Simpósio Internacional sobre Castelos (Lisboa 2002) 203–212

Picard 2001: C. Picard, Les défenses côtières de la façade atlantique d'Al-Andaluz, en: J.-M. Martin (Ed.), Castrum 7. Zones côtières littorales dans le monde méditerranéen au Moyen Âge:

défense, peuplement, mise en valeur, Collection de la Casa de Velázquez 76 (Madrid 2001) 163–176

Picard 2000: C. Picard, Le Portugal musulman (VIII$^e$-XIII$^e$ siècle). L'Occidente d'Al-Andalus sous domination islamique (Paris 2000)

Picard 1997: C. Picard, L'Ocean Atlantique Musulman: de la conquête arabe à l'époque almohade. Navigation et mise en valeur des côtes d'al-Andalus et du Maghreb occidental (Portugal – Espagne – Maroc) (Paris 1997)

Picard 1993: C. Picard, Les etapes de l'essor des relations maritimes sur l'ocean Atlantique entre l'Andalus et le Maghreb occidental, Arqueologia Medieval 3, 1993, 187–199

Picard/Fernandes 1999: C. Picard / I. C. F. Fernandes, La défense côtière au Portugal à l'époque musulmane: l'exemple de la presqu'île de Setúbal, Archéologie Islamique 8–9, 1999, 67–94

Pinto et al. 2016: I. V. Pinto / A. P. Magalhães / P. Brum, Tróia na Antiguidade Tardia, en: J. d'Encarnação / M. C. Lopes / P. C. Carvalho (Eds.), A Lusitânia entre Romanos e Bárbaros (Coimbra 2016) 309–333

Pinto et al. 2014a: I. V. Pinto / A. P. Magalhães / P. Brum, An Overview of the Fish-Salting Production Centre at Tróia (Portugal), en: E. Botte / V. Leitich (Eds.), Fish and Ships. Production et commerce des salsamenta durant l'Antiquité (Arles 2014) 145–157

Pinto et al. 2014b: I. V. Pinto / A. P. Magalhães / P. Brum / J. P. Almeida, Novos dados sobre a Tróia cristã, en: S. Gómez Martínez / S. Macias / V. Lopes (Eds.), O Sudoeste Peninsular Entre Roma e o Islão (Mértola 2014) 104–123

Polónia/Antunes 2016: A. Polónia / C. Antunes, Port-Cities in the First Global Age. Portuguese Agents, Networks and Interactions (1500–1800). An Introduction, en: A. Polónia / C. Antunes (Eds.), Seaports in the First Global Age. Portuguese Agents, Networks and Interactions (1500–1800) (Porto 2016) 21–31

Quintela et al. 1986: A. de C. Quintela / J. L. Cardoso / J. M. Mascarenhas, Aproveitamentos hidráulicos romanos a sul do Tejo. Contribuição para a sua inventariação e caracterização (Lisboa 1986)

Rabassa i Vaquer 2005: C. Rabassa i Vaquer, Funcions econòmiques del port de Peníscola durant la Baixa Edat Mitjana, en R. Narbona Vizcaíno (Ed.), XVIII Congrés Internacional d'Història de la Corona de Aragó. La Mediterrània de la Corona d'Aragó, segles XIII–XVI & VII Centenari de la Sentència arbitral de Torrellas, 1304–2004, 2 (Valencia 2005) 1269–1290

Rau 1984: V. Rau, Estudos sobre a História do Sal Português (Lisboa 1984)

Ribeiro/Martins 2016: M. C. Ribeiro / M. Martins, O papel das vias romanas na formação e desenvolvimento periférico da cidade de Braga, desde a época romana até à actualidade, en J. Correia / M. Bandeira (Eds.), Os espaços da morfologia urbana. Atas da 5ª Conferência Internacional da Rede Lusófona de Morfologia Urbana (S. l. 2016) 27–38

Rodríguez Aguilera 2000: Á. Rodríguez Aguilera, Las salinas del señorío de la Orden Militar de Calatrava en Andalucía: estudio histórico y arqueológico, en: R. Izquierdo Benito / F. Ruiz Gómez (Eds.), Las Órdenes Militares en la Península Ibérica 1. Edad Media (Cuenca 2000) 180–186

Rodríguez Blanco 1985: D. Rodríguez Blanco, La Orden de Santiago en Extremadura en la Baja Edad Media (siglos XIV y XV) (Badajoz 1985)

Rodríguez-Picavea Matilla 2010: E. Rodríguez-Picavea Matilla, La ganadería y la orden de Calatrava en la Castilla medieval (siglos XII–XV), En la España Medieval 33, 2010, 325–346

Rodríguez-Picavea Matilla 2009: E. Rodríguez-Picavea Matilla, Élevage, en: N. Bériou / P. Josserand (Eds.), Prier et Combattre. Dictionnaire européen des ordres militaires au Moyen Âge (Paris 2009) 322–323

Rodríguez-Picavea Matilla 2001: E. Rodríguez-Picavea Matilla, La ganadería en la economía de frontera: una aproximación al caso de la meseta meridional castellana en los siglos XI–XIV, en: C. de Ayala Martínez / P. Buresi / P. Josserand (Eds.), Identidad y representación de la frontera en la España Medieval (siglos XI–XIV) (Madrid 2001) 181–204

Rodríguez-Picavea Matilla 1994: E. Rodríguez-Picavea Matilla, La Formación del Feudalismo en la Meseta Meridional Castellana. Los señoríos de la Orden de Calatrava en los siglos XII–XIII (Madrid 1994)

Rodríguez-Ramírez et al. 2016: A. Rodríguez-Ramírez / J. Villarías-Robles / J. Pérez-Asensio / A. Santos / A. Morales, Geomorphological record of extreme wave events during Roman times in the Guadalquivir estuary (Gulf of Cadiz, SW Spain): an archaeological and paleogeographical approach, Geomorphology 261, 2016, 103–118

Russo 2019: M. Russo, Os italianos e o porto de Lisboa nos séculos XV e XVI, en: N. Alessandrini / M. Russo / G. Sabatini (Eds.), Chi fa questo camino è ben navigato. Culturas e dinâmicas nos portos de Itália e Portugal (séculos XV–XVI) (Lisboa 2019) 51–60

Salerno 2013: M. Salerno, Les templiers dans le sud de l'Italie (Abruzzes, Campanie, Basilicate, Calabre): domaines et activités, en: A. Baudin / G. Brunel / N. Dohrmann (Eds.), L'économie templière en Occident. Patrimoines, commerce, finances. Actes du colloque international (Troyes-Abbaye de Clairvaux, 24–26 octobre 2012) (Langres 2013) 115–137

Salina de Frías 1999: M. Salina de Frías, Guerra, trashumancia y ocupación del territorio del Suroeste peninsular durante la República romana, en: J.-G. Gorges / F. G. Rodríguez Martín (Eds.), Économie et territoire en Lusitanie romaine (Madrid 1999) 39–53

Sánchez-Palencia / Orejas 2012: F. J. Sánchez-Palencia / A. Orejas, Alcance e impacto de la minería provincial hispanorromana, en: A. Orejas / C. Rico (Eds.), Minería y Metalurgia Antiguas. Visiones y revisiones. Homenaje a Claude Domergue (Madrid 2012) 261–272

Sarnowsky 2008: J. Sarnowsky, The Military Orders and Their Navies, en: J. Upton-Ward (Eds.), On Land and by Sea, The Military Orders 4 (Aldershot 2008) 41–56

Sarrazin 2009: J.-L. Sarrazin, Sel, en: N. Bériou / P. Josserand (Eds.), Prier et Combattre. Dictionnaire européen des ordres militaires au Moyen Âge (Paris 2009) 864–865

Schattner et al. 2012: T. G. Schattner / G. Ovejero Zappino / J. A. Pérez Macías, Minería y metalurgia antiguas en Munigua. Estado de la cuestión, en: A. Orejas / C. Rico (Eds.), Minería y Metalurgia Antiguas. Visiones y revisiones. Homenaje a Claude Domergue (Madrid 2012) 151–168

Sequeira 2015: J. Sequeira, Michelle Da Colle: um mercador pisano em Lisboa no século XV, en: N. Alessandrini / S. B. Mateus / M. Russo / G. Sabatini (Eds.), Con Gran Mare e Fortuna. Circulação de mercadorias, pessoas e ideias entre Portugal e Itália na época moderna, (Lisboa 2015) 21–34

Sequeira 2014: J. Sequeira, O Pano da Terra. Produção têxtil em Portugal nos finais da Idade Média (Porto 2014)

Seromenho et al. 2007: L. Seromenho / M. J. Cândido / J. L. Neto, Duas intervenções arqueológicas no Troino, en: Subsídios para o Estudo da História Local 3 (Setúbal 2007) 21–25

Silva 1990: A. C. F. da Silva, A Primeira Idade do Ferro, en: J. Serrão / A. H. de O. Marques (Eds.), Nova História de Portugal 1 (Lisboa 1990) 263–288

Silva 2018: C. T. da Silva, Ocupação da Idade do Ferro, en: Cactobriga. O sítio arqueológico da Casa dos Mosaicos, Setúbal Arqueológica 17 (Setúbal 2018) 65–79

Silva 2011: C. T. da Silva, No Baixo Sado: da presença fenícia à *Imperatoria Salacia*, en: J. L. Cardoso / M. Almagro-Gorbea (Eds.), *Lucius Cornelius Bocchus*. Escritor Lusitano da Idade da Prata da Literatura Latina (Lisboa 2011) 57–71

Silva 1995: C. T. da Silva, Produção de ânforas na área urbana de Setúbal: a oficina romana do largo da Misericórdia, en: G. Filipe / J. Raposo (Eds.), Ocupação romana dos estuários do Tejo e do Sado. Actas das primeiras Jornadas sobre romanização dos estuários do Tejo e do Sado (Lisboa 1995) 43–54

Silva 1980: C. T. da Silva, Escavações arqueológicas na Praça de Bocage. 2000 anos de história (Setúbal 1980)

Silva/Soares 2020: C. T. da Silva / J. Soares, Caetobriga (Setúbal, Portugal), Mytra 6, 2020, 165–176

Silva/Soares 2018: C. T. da Silva / J. Soares, Ocupação da Época Romana. Estruturas arquitectónicas, en: Caetobriga. O sítio arqueológico da Casa dos Mosaicos, Setúbal Arqueológica 17 (Setúbal 2018) 81–98

Silva et al. 2018: C. T. da Silva / A. Coelho-Soares / S. Duarte, Preexistências de Setúbal. Intervenção arqueológica na Rua Arronches Junqueiro, 32–34, Musa / Museus, arqueologia e outros patrimónios 5, 2018, 17–38

Silva et al. 2015: C. T. da Silva / J. Soares / L. Wrench, Mosaicos romanos de Setúbal. Exemplo da excelência da arte musiva urbana na periferia do mundo romano ocidental, en: Encontro Portugal-Galiza. Mosaicos Romanos – fragmentos de cultura nas proximidades do Atlântico. Actas (2015) 92–105

Silva et al. 2014: C. T. da Silva / J. Soares / A. Coelho-Soares / S. Duarte / R. M. Godinho, Preexistências de Setúbal. 2ª campanha de escavações arqueológicas na Rua Francisco Augusto Flamengo, nº 10–12 Da Idade do Ferro ao Período Medieval, Musa – museus, arqueologia e outros patrimónios, 4, 2014, 161–214

Silva et al. 2010: C. T. da Silva / J. Soares / A. Coelho-Soares / S. Duarte / R. M. Godinho, Preexistências de Setúbal. Intervenção arqueológica na Rua Francisco Augusto Flamengo, nº 10–12, Musa – museus, arqueologia e outros patrimónios 3, 2010, 165–178

Silva et al. 1986: C. T. da Silva / A. Coelho-Soares / J. Soares, Fábrica de Salga de Época Romana da Travessa de Frei Gaspar (Setúbal), Trabalhos de Arqueologia 3, 1986, 155–160

Silveira 2022: A. C. Silveira, Setúbal, um Pólo de Poder da Ordem Militar de Santiago no Final da Idade Média [Tese de Doutoramento apresentada à Universidade NOVA de Lisboa] (Lisboa 2022)

Silveira 2020: A. C. Silveira, The commanderies of the Military Order of Santiago around Campo de Ourique (Portugal) in the Middle Ages. Properties, resources and administration, en: N. Morton (Eds.), Piety, Pugnacity and Property, The Military Orders 7 (London 2020) 106–117

Silveira 2019: A. C. Silveira, Les moulins à marée du Portugal (XIIIe-XVIIIe siècles): une ressource énergétique pour les expéditions maritimes, en: C.-F. Mathis / G. Massard-Guilbaud (Eds.), Sous le Soleil. Systèmes et transitions énergétiques du Moyen Âge à nos jours (Paris 2019) 63–78

Silveira 2018: A. C. Silveira, Lavrar o Mar: a dinâmica da produção de sal em Setúbal no contexto dos salgados portugueses. Etapas de uma afirmação internacional, Revista de Guimarães 126/127, 2018, 339–429

Soares 2000: J. Soares, Arqueologia urbana em Setúbal: problemas e contribuições, en: Actas do Encontro sobre Arqueologia da Arrábida (Lisboa 2000) 101–130

Soares/Silva 2019: J. Soares / C. T. da Silva, Vestígios de *Domus* na Setúbal Romana, en: A. C. Bento / I. G. de Pinho / M. J. P. Coutinho (Eds.), Património Arquitectónico Civil de Setúbal e Azeitão (S. l., 2019) 11–21

Soares/Silva 2018: J. Soares / C. T. da Silva, *Caetobriga*: uma cidade fabril e polinucleada na foz do Sado, Setúbal Arqueológica 17, 2018, 11–42

Soares/Silva 1986: J. Soares / C. T. da Silva, Ocupação pré-romana de Setúbal: escavações arqueológicas na Travessa dos Apóstolos, Trabalhos de Arqueologia 3, 1986, 87–101

Soares et al. 2019: J. Soares / L. Fernandes / C. T. da Silva / T. R. Pereira / S. Duarte / A. Coelho-Soares, Preexistências de Setúbal: intervenção arqueológica na Rua Vasco Soveral 8–12, Ophiussa – Revista do Centro de Arqueologia da Universidade de Lisboa 3, 2019, 155–183

Soares et al. 2018: J. Soares / T. R. Pereira / S. Duarte / C. Moura, Fortificação medieval de Setúbal. Identificação do núcleo defensivo da Ribeira ou "Castelo", en: Musa – museus, arqueologia e outros patrimónios 5, 2018, 51–78

Soares et al. 2007: J. Soares / S. Duarte / C. T. da Silva, Sismos e Arqueologia Urbana. Intervenção arqueológica na Rua Augusto Cardoso 69, Setúbal, en: Musa – museus, arqueologia e outros patrimónios 2, 2005/2007, 83–102

Stouff 1995: L. Stouff, Les hospitaliers de Saint-Jean de Jérusalem dans l'économie et la société arlésienne des XIV$^e$ et XV$^e$ siècles, Provence Historique, 179, 1995, 66–72

Sürmelihindi et al. 2018: G. Sürmelihindi / P. Leveau / C. Spötl / V. Bernard / C. W. Passchier, The second century CE Roman watermills of Barbegal: Unraveling the enigma of one of the oldest industrial complexes, Science Advances 4, 2018, 1–6 <https://advances.sciencemag.org> (27.04.2020)

Teichner 2017: F. Teichner, Cerro da Vila: a rural comercial harbour beyond the Pillars of Hercules, en: J. Campos Carrasco / J. Bermejo Meléndez (Eds.), Los Puertos Romanos Atlánticos, Béticos y Lusitanis y su relación comercial con el Mediterráneo, Hispania Antigua, ser. Arqueologica 7.17, 2017, 403–435

Teichner 2016: F. Teichner, A multi-disciplinary approach to the maritime economy and paleo-environment of Southern Roman Lusitania en: I. V. Pinto / R. R. de Almeida / A. Martin (Eds.), Lusitanian Amphorae: Production and Distribution (Oxford 2016) 241–255

Teichner 2008: F. Teichner, Zwischen Land und Meer – Entre tierra y mar. Studien zur Architektur und Wirtschaftsweise ländlicher Siedlungen im Süden der römischen Provinz Lusitanien. Stvdia Lvsitana 3 (Mérida 2008)

Teichner 2007: F. Teichner, Casais Velhos (Cascais), Cerro da Vila (Quarteira) y Torreblanca del Sol (Fuengirola): factorías de transformación de salsas y salazones de pescado o de tintes?, en: Actas del Congreso Internacional Cetariae. Salsas y salazones de pescado en Occidente durante la Antiguidad BAR Int. Series 1686, Cádiz 2005 (Cádiz 2005) 117–125

Teichner 2006: F. Teichner, Cerro da Vila: paleo-estuário, aglomeração secundária e centro de transformação de recursos marítimos, Setúbal Arqueológica 13, 2006, 69–82

Teichner / Pons Pujol 2007: F. Teichner / L. Pons Pujol, Roman Amphora Trade Across the Straits of Gibraltar: an ancient 'anti-economic practice'?, OxfJA 27.3, 2008, 303–314

Teichner et al. 2014: F. Teichner / R. Mäussbacher / G. Daut / D. Höfer / H. Schneider / C. Trog, Investigações geo-arqueológicas sobre a configuração do litoral algarvio durante o Holoceno, RPortA 17, 2014, 141–158

Toomaspoeg 2003a: K. Toomaspoeg, La base economique de l'expansion des bourgs siciliens. L'exemple des possessions de l'Ordre Teutonique dans la zone Corleone-Vicari-Castronovo, 1220–1310, en: S. Claremunt (Eds.), XVII Congrés d'Història de la Corona de Aragón. El Món Urbà a la Corona de Aragó del 1137 als Decrets de Nova Planta. Barcelona, Poblet, Lleida 2000 (Barcelona 2003) 595–606

Toomaspoeg 2003b: K. Toomaspoeg, Le ravitaillement de la Terre Sainte. L'exemple depossessions des ordres militaires dans le royaume de Sicile au XIII$^e$ siècle, en: L'Expansion Occidentale (XI$^e$–XV$^e$ siècles). Formes et conséquences. XXXIII$^e$ Congrès de la Société des Historiens Médiévistes de l'Enseignement Supérieur Public, Madrid 2002 (Paris 2003) 143–158

Tréton 2013: R. Tréton, Aux origines de la transhumance entre Méditerranée et Pyrénées: templiers, cisterciens et essor do pastoralisme (XII$^e$-XIII$^e$ siècles), en: A. Baudin / G. Brunel / N. Dohrmann (Eds.), L'économie templière en Occident. Patrimoines, commerce, finances. Actes du colloque international, Troyes-Abbaye de Clairvaux, 2012 (Langres 2013) 337–360

Trindade 1981: M. J. L. Trindade, Alguns problemas do pastoreio, em Portugal, nos séculos XV e XVI, Do Tempo e da História 1, 1965, 113–134

Trindade/Diogo 1996: L. Trindade / A. M. D. Diogo, Materiais provenientes do sítio romano da Comenda (Setúbal), Al-Madan 2.5, 1996, 7–12

Valdeón Baruque 1994: J. Valdeón Baruque, La Mesta y el pastoreo en Castilla en la Baja Edad Media (1273–1474), en: G. A. Álvarez de Castrillón / Á. García Sanz (Eds.), Mesta, Trashumancia y Vida Pastoril (Valladolid 1994) 49–64

van Cauwelaert 2015: V. M. van Cauwelaert, En guise d'introduction, villes portuaires et insularités en Méditerranée occidentale, en: J.-A. Cancellieri / V. M. van Cauwelaert (Eds.), Villes Portuaires de Méditerranée Occidentale au Moyen Âge. Îles et continents, XII$^e$–XV$^e$ siècles (Palermo 2015) 14–15

## Fuentes

Duarte Nunes de Leão, Descrição do Reino de Portugal, Ed. Orlando Gama (Lisboa 2002)

Livro dos Copos, vol. I, en: L. Adão da Fonseca (Ed.), Militarium Ordinum Analecta – Fontes para o estudo das ordens religioso-militares, vol 7 (Porto 2006)

**Ana Cláudia Silveira** es Doctora en Historia por la Universidad NOVA de Lisboa (2022) con una tesis sobre la ciudad portuaria de Setúbal y su inserción en los dominios de la Orden Militar portuguesa de Santiago. Es investigadora del Instituto de História Medieval (NOVA) y forma parte del equipo de la Cátedra UNESCO "El Patrimonio Cultural de los Océanos", que funciona bajo la coordinación del CHAM – Centro de Humanidades (NOVA). Ha participado como investigadora en algunos proyectos científicos y ha coordinado el proyecto internacional "Molinos de mareas de Europa Occidental", financiado por el Programa Cultura 2000. Sus intereses de investigación son los asentamientos portuarios, la explotación de los recursos marítimos (producción de sal, recursos pesqueros, aprovechamiento de la energía de las mareas para la molienda, conexiones marítimas), las órdenes militares y la topografía urbana.

DR. ANA CLÁUDIA SILVEIRA
Instituto de Estudos Medievais – Universidade NOVA de Lisboa, Colégio Almada Negreiros, 3º piso, Gabinete 320, Campus de Campolide, 1070–312 Lisboa/Portugal,
Correo electronico: clsilveira99@gmail.com

Flüsse im literarischen Diskurs

# Los ríos de la Península Ibérica
## *Plinio el Viejo versus Claudio Ptolomeo*

### VALERY A. BERTHOUD FRÍAS

**Abstract:** We compare the "Natural History" of Pliny the Elder and the "Geography" of Claudio Ptolemy with an approach from the digital humanities regarding the river valleys of the Iberian Peninsula. The work's question is to determine the function of the rivers in both authors. We take advantage of natural language processing to answer this question. The Digital Revolution in which we find ourselves is not only apparent in the increasingly smart devices that have become essential. Thanks to new technologies, researchers related to human culture can reach more precise conclusions (more directly).
**Keywords:** Pliny the Elder, Claudius Ptolemy, Digital Humanities

**Resumen:** Comparamos la "Historia Natural" de Plinio el Viejo y la "Geografía" de Claudio Ptolomeo con un enfoque desde las humanidades digitales respecto a los valles fluviales de la Península Ibérica. El planteamiento del trabajo es determinar cuál es la función de los ríos en ambos autores. Sacamos provecho del procesamiento de lenguaje natural para responder esta cuestión. La Revolución Digital en la que nos encontramos no sólo es aparente en los dispositivos cada vez más inteligentes que se han vuelto imprescindibles. Gracias a las nuevas tecnologías los investigadores relacionados con la cultura humana pueden llegar a conclusiones más precisas (más directamente).
**Palabras clave**: Plinio el Viejo, Claudio Ptolomeo, Humanidades Digitales

A medida que los recursos digitales se vuelvan cada vez más frecuentes, los académicos tendrán un acceso más directo e inmediato de los textos que estén buscando en su área de investigación. Para este trabajo hemos hecho uso de la versión inglesa de la "Naturalis Historia" de Henry Thomas Riley disponible en la Biblioteca digital de Perseo de la Tufts University.[1]

---

1    La librería de software que utilizamos fue spaCy, programada en lenguaje de Python.

Hay un detalle que es importante dejar claro antes de presentar los resultados. En ocasiones aparece la palabra "río" sin mencionar el nombre del río, ya que sus nombres fueron mencionados en oraciones anteriores. En comparación, la forma *informativa* une el nombre común "río" con un nombre propio. Luego existe la tercera variante de referirse a un río, utilizando solamente el nombre propio, por ejemplo, al decir "el Guadalquivir" o "el Guadiana".

Los libros específicos sobre la Península Ibérica son el tercero[2] y el cuarto.[3] Además, hay tres capítulos que no son específicamente sobre la Península Ibérica, pero Plinio menciona al Guadalquivir en un capítulo sobre las mareas[4] y al Tajo en un capítulo sobre las brisas[5] y en otro sobre los yacimientos auríferos.[6]

Con los métodos computacionales, todo el texto fue segmentado, oración por oración. En un siguiente paso, al extraer las oraciones que son relevantes para la investigación de los valles fluviales, podemos estudiar los pasajes relevantes y determinar con precisión qué función jugaron los ríos en la antigüedad.

### ¿Cuántos ríos menciona Plinio en la "Historia Natural"?

Encontramos todos los ríos que Plinio menciona de forma informativa, es decir, "río" seguido de un nombre propio. El resultado fueron 28 ríos[7] que se encuentran solamente en la Península Ibérica.[8]

Sin embargo, son 31 ríos en la Península Ibérica que son mencionados en total. Plinio menciona ríos a veces de maneras que no incluyen la forma informativa, es decir, la palabra río seguida del nombre del río.[9] Plinio habla del pueblo de "*Barbesula* con su río" (actual Guadiaro), también "*Maenoba* con su río" (actual Guadiamar) y "*Malaca* con su río" (actual Guadalmedina).[10] Casos que no fueron identificados en la cuenta de la forma informativa, así que a los 28 ríos hay que agregarle estos tres ríos más. Estos casos son una cuarta forma de referirse a algún río, en el que el nombre del asentamien-

---

2   Plin. nat. [1885], 3.2, 3.3, 3.4.
3   Plin. nat. [1885], 4.34, 4.35.
4   Plin. nat. [1885], 2.100.
5   Plin. nat. [1885], 8.67.
6   Plin. nat. [1885], 33.2.
7   Esta lista ya ha sido limpiada, en el sentido que Plinio menciona varios ríos más de una vez y así la lista no contiene todas las menciones de los ríos, sino los nombres de los ríos únicos.
8   En toda la "Historia Natural" son 346 ríos en total de forma informativa.
9   Ésta fue la primera mitad del trabajo, que llamamos informacional, o sea un primer conteo rápido. Ahora en un segundo paso, es importante leer el texto para *verificar* el resultado computacional. Así encontré tres ríos más, llegando a 31 ríos que Plinio menciona en la Península Ibérica. La razón por la cual el método computacional no encontró estos otros tres ríos es que Plinio no escribe el nombre propio, pero únicamente menciona que una localidad también tiene un río.
10  Plin. nat. [1885], 3.3.

to nombra al río; contrario al caso en el que el nombre del río nombra a la población, como en el ejemplo clásico del río Ebro.

### Los 31 ríos de la Península Ibérica a través de la "Naturalis Historia" de Plinio

| Nombre antiguo | Nombre moderno | Función principal |
|---|---|---|
| Ana | Guadiana | Límites, distancia |
| Betis | Guadalquivir | Fertilidad, navegación |
| Luxia | Odiel | Río entre el Ana y el Betis |
| Urium | Tinto | Río entre el Ana y el Betis |
| Barbesula | Guadiaro | Asentamiento |
| Malaca | Guadalmedina | Asentamiento |
| Menoba | Guadiamar | Asentamiento, navegación |
| Tader | Segura | Asentamiento |
| Singilis | Genil | Asentamiento |
| Sucro | Júcar | Asentamiento |
| Turium | Turía | Asentamiento |
| Uduba | Palancia | Asentamiento |
| Iberus | Ebro | Comercio, navegación |
| Subi | Segre | Asentamiento |
| Rubricatum | Llobregat | Asentamiento |
| Larnum | Tordera | Asentamiento |
| Alba | Ter | Asentamiento |
| Ticher | Ter | Asentamiento |
| Sicoris | Segre | Asentamiento |
| Tagus | Tajo | Manantial, distancia |
| Navilubio | Navia | Asentamiento |
| Areva | Duero | Asentamiento |
| Florius | Castro | Asentamiento |
| Sauga | Sauga | Asentamiento |
| Nelo | Navia | Asentamiento |
| Minius | Minho | Asentamiento, distancia |
| Limia | Lima | Asentamiento |
| Durius | Duero | Asentamiento, límites |
| Vaga | Duero | Asentamiento |
| Eminius | Mondego | Asentamiento |
| Munda | ¿? | Río entre el Duero y el Tajo |

## ¿Cuáles son los ríos que Plinio menciona con mayor frecuencia sobre la Península Ibérica en la "Historia Natural"?

### El *Betis* o Guadalquivir

Plinio menciona con mayor frecuencia al hoy en día llamado Guadalquivir (nueve menciones), que es el más bonito de la Península Ibérica, al que muchos poetas le dedicaron poesía. Desde tiempos de Plinio ya se le daba el atributo de belleza: "La Bética, así llamada por el río que la corta por medio, aventaja al resto de las provincias merced a sus ricos cultivos y a una especie de peculiar y espléndida fertilidad."[11]

En muchos pasajes vemos que se hace referencia a este río con tan sólo el nombre propio, lo que deja clara la importancia que jugaba el Guadalquivir en la vida de los romanos que vivían en Hispania.

El Guadalquivir es el primer río de la Península Ibérica que se menciona en la "Historia Natural". Al final del segundo libro, Plinio describe que algunas mareas se comportan de manera inusual, y un ejemplo de un lugar donde hay mareas con comportamiento extraño es el Guadalquivir.[12] En el tercer libro, Plinio prosigue a darnos una lista de los lugares más relevantes de la Península Ibérica para el Imperio Romano.

Otro aspecto que Plinio no se olvida de escribir son las colonias y municipios romanos, pero tampoco de los pueblos que vivían en las diferentes zonas de Hispania, en este caso, los asentamientos que se formaron cerca de los ríos.

Determinar dónde nace un manantial de verdad conlleva cierta dificultad, hecho que vemos reflejado en la siguiente cita, en la que Plinio precisa el lugar del manantial del Guadalquivir en la sierra de Tugia:

> El Betis, que no nace en la población de Mentesa de la provincia Tarraconense, como han dicho algunos, sino en la sierra de Tugia (junto a donde el río Táder riega el territorio cartaginés), esquiva luego en Ilurco el monumento funerario de Escipión y, volviendo su curso hacia poniente, se dirige al Océano Atlántico, adoptando como hija suya a la provincia, pequeño al principio, pero enriquecido por muchos afluentes a los que roba fama y aguas.[13]

Asimismo, nos da la desembocadura del Guadalquivir correctamente en el Océano Atlántico. Un aspecto que Plinio no tematiza sobre todos los ríos, sino solamente de los ríos más importantes es el de los manantiales y desembocaduras.

Lo mismo sucede con el atributo de la navegabilidad de los ríos. Es un detalle que no se tematiza siempre, pero sí del Guadalquivir: "Desde allí, donde empieza a ser navegable el *Betis*, se hallan las poblaciones de Cárbula, Detuma, y el río Genil que

---

11   Plin. nat. [1998], 3.3, 11.
12   Plin. nat. [1885], 2.100.
13   Plin. nat. [1998], 3.3, 13.

desemboca en el *Betis* por el mismo lado."[14] La cita anterior revela el hecho que el Guadalquivir es navegable y en tiempos romanos lo era en mayor extensión que hoy en día. En el resto de las citas relacionadas con el Guadalquivir, descubrimos otros afluentes y poblados conectados. Los célticos estaban en la frontera con Lusitania y los túrdulos se encontraban en el punto más lejano de la Lusitania.[15] En pocas palabras, podemos leer las descripciones geográficas sobre los valles fluviales.

## El *Tagus* o Tajo

El Tajo es el río que Plinio menciona en segundo lugar con mayor frecuencia (ocho veces). Cabe mencionar que este río también se individualiza utilizando sólo el nombre propio en muchas ocasiones, siendo de la misma manera que el Guadalquivir de crucial importancia para los pueblos que habitaban la Península Ibérica. A continuación, una cita en el original latín que Plinio escribió y su traducción al español:

> *primi in ora bastuli, post eos quo dicetur ordine intus recedentes mentesani, oretani et ad tagum carpetani, iuxta eos vaccaei, vettones et celtiberi arevaci.*[16]

> Los primeros en la costa son los bástulos, tras ellos yendo hacia el interior, en el orden en que se les nombrará, los mentesanos, los oretanos y, junto al Tajo, los carpetanos.[17]

Aparte de estos pueblos, en el cuarto libro, Plinio agrega el pueblo de los vetones que también habitaban cerca del Tajo.[18] Plinio nos hace saber también que *Toletum*, la capital de *Carpetania*, se encontraba cerca del Tajo.[19] Comprobar la información que Plinio nos da sobre los asentamientos requiere de un trabajo no solamente geográfico e histórico, sino también arqueológico.

Pero hay una información en específico que es claramente errónea, ya que tiene que ver con la descripción geográfica que Plinio establece. Plinio hace el siguiente grave error en su descripción geográfica sobre la Península Ibérica. Él dice que en el noroeste extremo de Hispania se encuentra Artabrum, la costa a un lado mirando hacia el norte y el Océano Gálico, por el otro hacia el oeste y el Océano Atlántico, pero considera que esto se encuentra por el Tajo y agrega que lo llamaban Lisboa, comete este error porque confunde dos nombres que se parecen, Artabrum y Arrotrebæ, asignando toda la costa occidental de la Península Ibérica a la desembocadura del Tajo.[20]

14    Plin. nat. [1998], 3.3, 14.
15    Plin. nat. [1906], 3.3.
16    Plin. nat. [1906], 3.3.
17    Plin. nat. [1998], 4.35, 18.
18    Plin. nat. [1885], 4.35.
19    Plin. nat. [1906], 3.3.
20    Plin. nat. [1885], 4.35.

Además, Plinio nos da algunas aproximaciones de distancias también. Por ejemplo, entre el Duero y el Tajo hay una distancia de 200 millas y de por medio se encuentra el río Munda.[21] En Bética existía una colonia llamada Munda, donde de hecho hubo un enfrentamiento militar que fue decisivo para que Julio César consiguiera poder absoluto. Sin embargo, esas llanuras y cerros de Munda no se encuentran entre el Duero y el Tajo. Plinio se refiere tal vez a la región de Dão en Portugal, dando una distancia de un río entre el Duero y el Tajo. No podemos saber con exactitud si se refiere a la actual Munda en España o a la región de Dão en Portugal, ya que, como acabamos de exponer, al principio de este capítulo Plinio se confunde en detallar correctamente la geografía de la Península Ibérica.

Después hay una oración de interés. Plinio nos regala un detalle sobre el Tajo por ser famoso por su arena dorada.[22] Este detalle se relaciona con una parte que aparece en otro capítulo que no habla generalmente de Hispania, pero donde Plinio menciona este río de la Península Ibérica, al relatar cómo trabajar en los yacimientos auríferos, tal es el caso del Tajo.[23] Es de interés porque da a entender que ubicar dónde se encontraban los recursos naturales era valioso para el Imperio Romano.

Por último, Plinio habla de una ciudad llamada *Olisipo* cerca del Tajo (hoy en día Lisboa) conocida por la brisa de sus mares. Lo menciona dos veces en la "Historia Natural". Primero donde hace el error geográfico hablando sobre Lusitania,[24] y luego en un capítulo donde habla generalmente de las brisas.[25]

## El *Anas* o Guadiana

En tercer lugar, de los ríos más mencionados por Plinio en la "Historia Natural" se encuentra el río Guadiana (siete menciones en total). Como ya vimos, el Guadiana marcaba claramente el límite entre Lusitania y Bética.[26] Por eso hoy en día el Guadiana es el río cultural de la Península Ibérica, donde hay un muy importante patrimonio arqueológico.

Plinio también da distancias citando a Varrón, diciendo que del río Guadiana hay una distancia de 126 millas al Promontorio de *Olisipo* (Lisboa).[27]

---

21 Plin. nat. [1885], 4.35.
22 Plin. nat. [1885], 4.35.
23 Plin. nat. [1885], 33.21.
24 Plin. nat. [1885], 4.35.
25 Plin. nat. [1885], 8.67.
26 Plin. nat. [1885], 3.2.
27 Plin. nat. [1885], 4.35.

De la misma forma que relató de los ríos Tajo y Guadalquivir, en dos ocasiones Plinio nombra a los pueblos asentados cerca del río Guadiana, en el capítulo sobre la provincia romana de Bética[28] y en el capítulo sobre Lusitania.[29]

### El *Iberus* o Ebro

Uno de los pasajes más conocidos respecto a los ríos de la Península Ibérica hace referencia al Ebro, que podemos leer en la siguiente cita:

> El territorio de los ilergaones; el río Ebro, rico por el comercio fluvial, nacido en el país de los cántabros no lejos de Julióbriga, que discurre a lo largo de cuatrocientos cincuenta mil pasos y admite naves hasta doscientas sesenta mil desde la localidad de Vareya. Por este río llamaron los griegos Iberia a toda Hispania.[30]

Plinio menciona el comercio fluvial del Ebro. Es plausible que se pueda explicar este comercio porque de los cinco ríos más importantes de la Península Ibérica, el Ebro es el único que desemboca en el Mar Mediterráneo (los otros cuatro desembocan en el Océano Atlántico). Además, el Ebro es el río que más agua tiene de toda la Península Ibérica. También podemos indicar que el Ebro solía ser navegable en tiempos de Plinio, pero hoy en día lamentablemente ya no.

### El *Durius* o el Duero

Finalmente, en quinto lugar, se encuentra el Duero con aún tres menciones. Primero, Plinio nos cuenta que es uno de los ríos más grandes de la Península Ibérica.[31] Igualmente se menciona al Duero como línea divisoria marcando el lugar donde comienza Lusitania.[32] Últimamente la tercera vez que se menciona al Duero es la parte donde Plinio aproxima una distancia de 200 millas entre el Duero y el Tajo.[33] Para Plinio son cruciales los recursos naturales, mencionando que en esta zona hay oro, plata, hierro y plomo.

---

28  Plin. nat. [1885], 3.3.
29  Plin. nat. [1885], 4.35.
30  Plin. nat. [1998], 3.4, 19.
31  Plin. nat. [1885], 4.34.
32  Plin. nat. [1885], 4.35.
33  Plin. nat. [1885], 4.35.

## Conexión histórica entre Plinio el Viejo y Claudio Ptolomeo

¿Por qué comparar a Plinio y Ptolomeo? Ambos tienen en común que fueron ciudadanos romanos que vivieron durante la Pax Romana y sobre todo comparten que fueron autores de obras esenciales en la historia de la ciencia antigua. Además, tanto Plinio como Ptolomeo escribieron sobre los ríos de la Península Ibérica.

Históricamente comenzamos con Plinio (23/24 A. D. – 79 A. D.), en su época, Hispania, Galia y otras veinticinco administraciones habían sido conquistadas y el Imperio Romano había llegado hasta Judea. Además, empezó la extensión del imperio hacia todo el este de Europa, como también Plinio vivió el inicio de la conquista de Britania y Mauritania por el emperador Claudio. Después el emperador Vespasiano, que era amigo de Plinio, llegó hasta el sur de Anatolia. A Plinio ya no le tocó la anexión de Germania en el 83 A. D., cuatro años después de la erupción del Vesubio en el año 79 A. D., razón por la cual Plinio falleció.

Ptolomeo nació una generación después (~100 A. D. – ~160 A. D.), Germania ya era parte del Imperio Romano, aunque todavía había guerra en Britania y la expansión hacia el este aún no había terminado. Durante la vida de Ptolomeo, el emperador Trajano, originario de la provincia romana de Bética, la actual Andalucía, fue el que anexó principalmente territorio en el Oriente Próximo, pero también aseguró territorio en el este de Europa.

## La revolución de Claudio Ptolomeo

Ptolomeo vivía en Alejandría donde frecuentaba la famosa biblioteca. Él es conocido por sus dos obras magnas "Almagesto" desarrollando el modelo geocéntrico que perduró hasta el siglo 17, y la "Geografía", donde introduce un sistema de longitudes y latitudes. De esta manera cada punto de la tierra queda definido por coordenadas. Por lo menos algunas de las fuentes que Plinio había utilizado también las tuvo Ptolomeo a su disposición. A pesar de seguro tener facsímiles de las mismas obras, la forma en la que Ptolomeo nos presenta los ríos de Hispania es muy diferente a la de Plinio.

¿La pregunta es qué tan diferente puede ser la perspectiva de Ptolomeo? Para empezar lo más importante es que Ptolomeo reconstruye el espacio geográfico a través de puntos de latitud y longitud. Aunque las latitudes de Ptolomeo son casi exactas, sus longitudes son erróneas porque utiliza dimensiones de la Tierra inferiores a las reales. Si bien comparando con las coordenadas modernas las referencias de Ptolomeo no son exactas, fue un aporte muy valioso para la geografía.

Ptolomeo divide los ríos en tres partes, naciente, trayectoria y desembocadura. De trayectorias de ríos sólo menciona cuatro coordenadas. La trayectoria es el punto medio del curso del río. Tan sólo se incluyen las trayectorias (coordenadas) del Ebro, Duero, Guadiana y Tajo.

Hay dos recensiones principales de Ptolomeo, Xi y Omega, así se establecieron, pero en realidad es más complejo porque hay más grupos de códices, pero éstos son los principales, es decir, se ha generalizado a dos interpretaciones gráficas principales.

En la siguiente tabla[34] podemos ver las coordenadas de los manantiales desde Xi y Omega. Vemos que tampoco son muchos los manantiales que Ptolomeo determina. Igual que las trayectorias, se trata de los ríos más significativos de la Península Ibérica, agregando el río Guadalquivir y el río Miño.

| Nacientes | Long. Omega | Lat. Omega | Long. Xi | Lat. Xi |
|---|---|---|---|---|
| Guadiana | 14 | 40 | 14 | 40 |
| Guadalquivir | 12 | 38,5 | 12 | 38,5 |
| Miño | 11,5 | 44,25 | 11,5 | 44,25 |
| Ebro | 12,5 | 44 | 12,5 | 44 |
| Duero | 12,6667 | 41,6667 | 12,6667 | 41,6667 |
| Tajo | 11,6667 | 40,75 | 11,6667 | 40,75 |

Enfatizamos que no es sencillo determinar dónde nace un río. En la antigüedad tampoco era fácil encontrar el punto medio para definir las trayectorias. En cambio, las desembocaduras son más fáciles de localizar. Por esta razón, la lista de las desembocaduras es mucho más larga.

| Desembocaduras | Long. Omega | Lat. Omega | Long. Xi | Lat. Xi |
|---|---|---|---|---|
| Guadalquivir | 5,083333333 | 37,16666667 | 5,08333 | 37,1667 |
| Guadalquivir | 5,33333 | 37 | 5,33333 | 37 |
| Río del Valle | 6,16667 | 36,1667 | 6,16667 | 36,0833 |
| Ave | 5,5 | 42,25 | 5,5 | 42,25 |
| Neiva | 5,66667 | 42,75 | 5,66667 | 42,75 |
| Limia | 5,5 | 43,25 | 5,5 | 43,25 |
| Miño | 5,33333 | 43,6667 | 5,33333 | 43,6667 |
| Ulla | 5,66667 | 44,3333 | 5,66667 | 44,3333 |
| Tambre | 5,66667 | 44,6667 | 5,66667 | 44,6667 |
| Mera | 9 | 45,75 | 9 | 45,75 |
| Eo | 10,3333 | 45,6667 | 10,3333 | 45,6667 |
| Navia | 11,3333 | 45,75 | 11,6667 | 45,75 |
| Nervión | 13,1667 | 44,6667 | 13,1667 | 44,6667 |

34  Ptol. geo. [2019]. https://zenodo.org/records/3380078 (28.06.2024).

| Desembocaduras | Long. Omega | Lat. Omega | Long. Xi | Lat. Xi |
|---|---|---|---|---|
| Deva | 13,75 | 44,4167 | 13,8333 | 44,0833 |
| Ebro | 16 | 40,5 | 16 | 40,5 |
| Llobregat | 17,5 | 41 | 17,5 | 41,25 |
| Fluvià | 19 | 42,5 | 19 | 42,5 |
| Duero | 5,33333 | 41,8333 | 5,33333 | 41,8333 |
| Guadiana | 4,08333 | 37,6667 | 4,08333 | 37,6667 |
| Guadiana | 4,33333 | 37,5 | 4,33333 | 37,5 |
| Guadiaro | 7,66667 | 36,6667 | 7,66667 | 36,6667 |
| Guadalhorce | 8,5 | 37 | 8,5 | 37 |
| Sado | 5 | 39 | 5 | 39 |
| Tajo | 9 | 40,1667 | 9 | 40,5 |
| Mondego | 5,16667 | 40,8333 | 5,16667 | 40,8333 |
| Vouga | 5,16667 | 41,3333 | 5,5 | 41,3333 |
| Segura | 12,5 | 38,5 | 12,5 | 38,5 |
| Albaida | 13 | 38,75 | 13 | 38,75 |
| Xúquer | 14 | 38,3333 | 14 | 38,8333 |
| Palantia | 14,6667 | 38,9167 | 14,5 | 38,9167 |
| Turia | 15 | 39 | 15 | 39 |
| Sambroca | 18,5 | 42,1667 | 18,5 | 42,1667 |

## Comparación entre Plinio y Ptolomeo respecto a los ríos de la Península Ibérica

Los ríos no solamente suministran agua a los habitantes de los asentamientos, pero gracias al agua subterránea las tierras a lo largo de los ríos son más fértiles, lo que conduce a una mayor producción agrícola. Por todos estos beneficios, los diferentes poblados se fueron formando en diferentes secciones cerca de los ríos. Plinio dedicó esfuerzo a la descripción de los valles fluviales, ya que, entre mayor cantidad de asentamientos, mejor la posibilidad para el comercio. Al mismo tiempo los ríos dividían grupos de gente actuando como una barrera natural, es decir, separando las poblaciones. Además de delimitar, los ríos a veces han fungido nombrando, como en la cita clásica que se presentó del Ebro. Después podemos remarcar que las distancias aparecen esporádicamente. Por último, otras funciones que son tratadas son específicas de los ríos como la navegación, el comercio y la fertilidad.

Entonces mientras en la obra de Plinio encontramos descripciones con los nombres de los ríos, en la obra de Ptolomeo no hay mucho texto, sino más bien una lista de lugares con coordenadas de las nacientes, trayectorias y desembocaduras de los ríos. Ptolomeo añadió así a lo descriptivo y enciclopédico de Plinio una capa de precisión matemática. Ambos contribuyeron al hecho de que podamos leer hoy en día sobre cualquier río del mundo en una enciclopedia y encontrar algo tan básico como los nombres con sus coordenadas.

A pesar de que Plinio ya tenía un interés de dar al lector distancias, es la obra de Ptolomeo, donde las distancias (siendo la diferencia entre dos coordenadas) se vuelven el núcleo del resultado de su obra, proveyendo una herramienta excelente para planear viajes.[35] La información que encontramos sobre los ríos de Hispania en Plinio y Ptolomeo es complementaria.

No toda la información que Plinio recopiló o que Ptolomeo teorizó resultó verdadera, pero el trabajo que nos dejaron fue revolucionario y ya desde la antigüedad nos regalaron un entendimiento científico que hasta la fecha se ha mantenido. Plinio es recordado por ser la primera persona que escribió una enciclopedia a nuestro recuento de la humanidad. Y gracias a Ptolomeo existen las coordenadas, siendo así Ptolomeo más preciso geográficamente que Plinio. Para concluir podemos decir que tanto Plinio como Ptolomeo son autores que aportaron a la humanidad una manera de hacer ciencia que se utilizó desde los siglos posteriores a sus vidas y que hasta la actualidad seguimos utilizando.

En resumen, el análisis de los ríos mencionados por Plinio en su "Historia Natural" revela una lista detallada de 31 ríos en la Península Ibérica. Inicialmente, se identificaron 28 ríos mencionados directamente por métodos computacionales, usando la palabra "río" seguida del nombre propio. Sin embargo, se añadieron tres ríos más (Guadiaro, Guadiamar y Guadalmedina) mencionados en relación con asentamientos cercanos. El río Guadalquivir, conocido en tiempos de Plinio como *Betis*, es el más frecuentemente mencionado, reflejando su importancia en la vida y el comercio de los romanos en Hispania. Plinio destaca aspectos como la belleza, navegabilidad y fertilidad del río. El Tajo, o *Tagus*, es el segundo río más mencionado, conocido por su importancia estratégica y sus arenas doradas. El Guadiana, o *Anas*, ocupa el tercer lugar en frecuencia de menciones, siendo una frontera natural significativa entre Lusitania y Bética.

En conclusión, la comparación entre Plinio y Ptolomeo muestra dos enfoques complementarios sobre la geografía de los ríos. Mientras Plinio proporciona descripciones detalladas sobre la importancia cultural y estratégica de los ríos, Ptolomeo ofrece mayor precisión al establecer coordenadas de nacientes, trayectorias y desembocaduras. Ambos autores, a pesar de sus diferencias metodológicas, contribuyeron significativamente, sentando las bases para la cartografía y el estudio de la geografía en la antigüedad.

---

35   Si Plinio y Ptolomeo supieran que, en nuestro mundo moderno, en las aplicaciones de mapas en la web, podemos saber la distancia de cualquier lugar a otro lugar del mundo en segundos, quedarían rotundamente perplejos de los frutos que sus obras plantaron.

## Bibliografía

Plin. nat. 1906: P. the Elder, Naturalis Historia. Ed. K. F. Th. Mayhoff, Perseus (Lipsiae 1906)
Plin. nat. 1855: P. the Elder, The Natural History. Trad. H. Th. Riley. Ed. John Bostock, Perseus (London 1855)
Plin. nat. 1998: P. el. Viejo, Historia Natural. Libros III–VI, Trad. A. Fontán, et al, Editorial Gredos (Madrid 1998)
Ptol. geo. 2019: G. Graßhoff & O. Defaux, Ptolemy's Catalogue of Localities of the Iberian Peninsula. Zenodo. doi: 10.5281/zenodo.3380078.

**Valery A. Berthoud Frías** completó la licenciatura en filosofía en la Universidad de Stuttgart, pasando un trimestre en la primavera de 2014 en CUNY (Universidad de la Ciudad de Nueva York). Continuó la maestría en la Humboldt-Universität zu Berlin, durante este periodo trabajó tres años como asistente de investigación para el profesor Gerd Graßhoff. En el presente se encuentra aún en la Humboldt-Universität zu Berlin como estudiante de doctorado en el programa "Ancient Philosophy and History of Ancient Science" por BerGSAS (Berlin Graduate School of Ancient Studies), becada por el "Einstein Center Chronoi".

VALERY A. BERTHOUD FRÍAS
Humboldt-Universität zu Berlin, Facultad de Filosofía, – BerGSAS –, Unter den Linden 6, 10099 Berlin, valeryberthoud@gmail.com

# Strom der Zeit, fließende Geschichte
## *Zur Bedeutung des Flusses in der frühneuzeitlichen Dichtung Spaniens*

GERO FASSBECK

**Abstract:** For a long time, rivers were regarded merely as passive natural entities. In environmental history research, however, the concept of the river as an 'organic machine' (R. White) has prevailed in recent decades, making visible numerous relationships between humans and their history. But rivers are also attracting increased interest within research oriented towards cultural studies. In fact, the river lends itself as an object of study for historical cultural analysis because it has both a spatial and a temporal dimension. This paper builds on existing studies in river studies and examines the prominent role of the river in early modern Spanish poetry. It is shown that rivers in late medieval and Renaissance texts fulfil various functions as geographical and symbolic boundaries, as spatial metaphors for cultural transfer and as political instruments of power.
**Keywords:** River, history, cultural studies, early modern Spanish poetry

**Resumen:** Durante mucho tiempo, los ríos se consideraron meras entidades naturales pasivas. En la investigación de la historia ambiental, sin embargo, ha prevalecido en las últimas décadas el concepto del río como 'máquina orgánica' (R. White), que hace visibles numerosas relaciones entre los seres humanos y su historia. Pero los ríos también suscitan cada vez más interés en la investigación orientada a los estudios culturales. De hecho, el río es un objeto de estudio ideal para el análisis histórico cultural, ya que posee una dimensión tanto espacial como temporal. Este artículo se basa en estudios ya existentes sobre el río y examina el destacado papel del mismo en la poesía española de principios de la Edad Moderna. Se muestra que los ríos en los textos bajomedievales y renacentistas cumplen diversas funciones, como límites geográficos y simbólicos, como metáforas espaciales de la transferencia cultural y como instrumentos políticos de poder.
**Palabras clave:** Río, historia, estudios culturales, poesía española moderna

## Einleitung

Auf die Bedeutung von Flüssen in der Geschichte hinzuweisen, ist so naheliegend wie banal. An den großen Flüssen dieser Erde entstanden die ersten menschlichen Kulturen, viele Siedlungen und Städte wurden an Flussläufen gegründet und ganze Weltreiche verdanken ihre Entstehung unter anderem auch der Geografie ihrer großen Ströme.[1] Flüsse formen nicht nur die Gestalt der Erde, sondern nehmen zugleich Einfluss auf das Geschick des Menschen. Sie verbinden weit entfernte Räume und ermöglichen auf diese Weise ihre territoriale Ausdehnung. Als Transport- und Verkehrswege bilden sie eine wichtige Quelle des wirtschaftlichen Wohlstands, des Austauschs und des Kontaktes. Flüsse sind aber nicht nur Verbindungslinien, sondern auch Grenzen. Sie verbinden Völker und Kulturen genauso wie sie diese voneinander trennen. Daneben haben Flüsse seit jeher auch eine religiöse und eine ästhetische Bedeutung. Ihre Verehrung ist uralt und findet sich in nahezu allen Kulturen. Nicht zuletzt sind Flusslandschaften auch ein beliebtes Thema der Kunst und der Fluss selbst ist eine wichtige Erkenntnismetapher der Philosophie.[2]

Die fließende Bewegung des Flusses eignet sich in besonderer Weise dazu, die Veränderbarkeit des Menschen und das Geworden-Sein der Dinge sinnlich dar- bzw. vorzustellen. Nicht zufällig gilt der Fluss seit der Antike als Sinnbild für Identitätsproblematiken schlechthin.[3] Aber Flüsse repräsentieren nicht nur das Vergehen der Zeit, sie sind selbst „flüssige Geschichte"[4]. Mit Flüssen verbindet man historische Ereignisse (z. B. Schlachten oder kriegerische Auseinandersetzungen), aber auch aktuelle Problematiken (z. B. Umweltzerstörungen, Wasserverschmutzung) oder Zukunftsentwürfe (z. B. technische Visionen). Der Fluss bietet sich als Untersuchungsgegenstand für eine historische Herangehensweise somit gerade deshalb an, weil er die unterschiedlichen Zeitebenen von Vergangenheit, Gegenwart und Zukunft zusammenbindet.

Denn Flüsse sind nicht nur physische Objekte, die zur materiellen Umwelt gehören, sondern auch kulturelle Entitäten, die mit dem Gesellschaftssystem interagieren. Sie prägen die Selbstwahrnehmung von Regionen und nehmen eine Schlüsselrolle in der Identität, Kultur und Erinnerung von Nationen ein. An Flüssen bilden sich kulturelle

---

1     Smith 2021.
2     Vgl. etwa Blumenberg 1987.
3     Man steigt bekanntlich niemals zweimal in denselben Fluss, wie schon Heraklit gesagt haben soll. Für eine Diskussion der vorsokratischen *panta rhei*-Weisheit und das paradoxale Spannungsverhältnis von Identität und Persistenz des Flusses vgl. die Ausführungen bei Rapp 2007, 67–72.
4     So eine Umschreibung der Themse, die im Zusammenhang mit Flüssen oft zitiert wird und die dem englischen Politiker John Burns (1774–1850) zugeschrieben wird: „I have seen the Mississippi. That is muddy water. I have seen the Saint Lawrence. That is crystal water. But the Thames is liquid history." Zit. nach Coates 2013, 28.

Besonderheiten heraus und umgekehrt wirkt die Kultur auf den Fluss zurück.[5] Für die Selbstbeschreibung einer Gesellschaft können Flüsse zu Kristallisationspunkten nationaler Vergangenheit werden, indem sie der Geschichte einen Sinn geben und integrierend für die Gemeinschaft wirken.[6] Umgekehrt können sie aber auch zum Kreuzungspunkt konkurrierender nationaler Diskurse werden, an denen sich langlebige Feindschaften und Rivalität ausbilden.[7]

Als materielle Objekte sind Flüsse einerseits statische, andererseits aber auch höchst dynamische Gebilde. Sie können ihren Lauf verändern und aus dem Flussbett treten, austrocknen oder ihre Fließgeschwindigkeit ändern. Nicht minder dynamisch sind die immateriellen Dimensionen des Flusses. Denn genauso wie sich der Flusslauf mit der Zeit verändert, wandeln sich auch die institutionalisierten Wissensstrukturen und diskursiven Bedeutungszusammenhänge, die mit dem Fluss verknüpft sind. Das einzige Beständig des Flusses ist, dass er sich fortwährend bewegt. Man muss den Fluss somit in seiner Eigenschaft als relativ beständiges Naturphänomen ernst nehmen und gleichzeitig beachten, dass er als kulturelle Ordnungsleistung einem historischen Wandel unterliegt. Gerade dieses Spannungsverhältnis von Statik und Veränderung macht den Fluss als Untersuchungsgegenstand für eine kulturwissenschaftliche Analyse interessant, wie ich im Folgenden anhand der frühneuzeitlichen Dichtung Spaniens illustrieren möchte.

Dabei soll gezeigt werden, welche Bedeutung den iberischen Flüssen in literarischen Texten des 16. und 17. Jahrhunderts zukommt, welche Fragen damit verknüpft sind und wie anhand des Flusses kulturelle, politische und ideologische Probleme verhandelt werden. Konkret beziehe ich mich dabei auf den Zeitraum von 1474, dem Geburtsjahr Isabella von Kastiliens, bis etwa 1700, dem Todesjahr Karls II., da der politische Einigungsprozess auf der iberischen Halbinsel in dieser Periode abgeschlossen wird und sich die spanische Monarchie auf Grundlage einer ethnisch-religiösen Identität als Staatsgewalt konstituiert. Die Argumentation selbst erfolgt in drei Schritten: Auf Grundlage bereits existierender Fluss-Studien soll in einem ersten Schritt gezeigt werden, wie Flüsse in der Forschung konzeptualisiert werden. In einem zweiten Schritt werde ich auf die Besonderheiten der iberischen Flüsse und ihre spezielle Geografie

---

5   Zudem wurden Flusssysteme in den vergangenen Jahrhunderten durch Eingriffe des Menschen so stark verändert, dass heute kaum noch ein Fluss als „natürlich" bezeichnet werden kann. Der Umwelthistoriker Richard White hat dafür die Metapher der „organischen Maschine" geprägt, um die komplexe Wechselwirkung zwischen dem Fluss und seiner anthropogenen Gestaltung zu beschreiben.

6   Exemplarisch hat Guido Hausmann dies anhand der Wolga unter Rückgriff auf das von Pierre Nora entwickelte Konzept der „Erinnerungsorte" in einer Studie ausführlich untersucht. Vgl. Hausmann 2009.

7   In dem englischen Wort *river* („Fluss") und dem französischen Ausdruck *rive* („Flussufer") schwingt die etymologische Nähe von lateinisch *rivus* und *rivalis* noch heute mit. Letzterer Begriff bezog sich ursprünglich auf Menschen, die einen Fluss teilten, wurde jedoch auch im übertragenen Sinne für Rivalität und Eifersucht verwendet. Vgl. Bernhardt et al. 2019, 2.

eingehen, ehe ich in einem letzten Schritt anhand konkreter Textbeispiele erläutere, welche Funktionen dem Fluss in der frühneuzeitlichen Dichtung Spaniens zukommen und wie sich diese Funktionen im Laufe der Zeit wandeln.

## Flüsse als Forschungsgegenstand

Die Untersuchung von Flüssen hat in den letzten Jahren zunehmend an Resonanz gewonnen.[8] In der inzwischen kaum noch zu überblickenden Fluss-Forschung haben sich mehrere Schwerpunkte herausgebildet. Einen ersten Schwerpunkt bilden dabei Studien aus dem Bereich der Umweltgeschichte, die sich seit den 1980er Jahren vor allem in der angloamerikanischen Forschung zu einem intensiven Forschungsfeld entwickelt hat. Zu erwähnen ist hier vor allem die wegweisende Untersuchung zum Colorado River von Richard White, der erstmals die Metapher der „organischen Maschine" eingeführt hat, um die Wechselwirkungen zwischen dem Fluss und seiner anthropogenen Gestaltung zu beschreiben.[9] Im Anschluss daran sind eine ganze Reihe weiterer Studien entstanden, die sich mit dem komplexen Verhältnis von Mensch und Natur, Umwelt und Technologie beschäftigen.[10]

Einen weiteren Schwerpunkt neben der umwelthistorischen Forschung bildet das weite Feld der Flussbiografien. Prägend war hier sicherlich Claudio Magris mit seinem Buch über die Donau.[11] Magris entwirft darin eine Kulturgeschichte des Flusses, die von der Überschneidung unterschiedlicher wirtschaftlicher, politischer und kultureller Räume ausgeht und damit der lange Zeit vorherrschenden Auffassung eines einheitlichen Donauraumes widerspricht. Seit der Veröffentlichung von Magris' Donau-Buch lässt sich ein regelrechter „Boom" an Flussbiografien beobachten.[12] Gemeinsam ist diesen eher populärwissenschaftlich ausgerichteten Büchern, dass sie persönliche Erlebnisse mit historischen Ereignissen verknüpfen und sich bei der Darstellung der Flussgeschichte am räumlichen Verlauf des Flusses von der Quelle bis zur Mündung orientieren.[13] Nur selten beschäftigen sich die Autoren dabei auch mit theo-

---

8  Tatsächlich sind Flüsse in den vergangenen Jahren „stark in Mode" gekommen, wie unlängst sogar in einem Dossier der Bundeszentrale für politische Bildung bemerkt wurde. Vgl. Rada 2012.
9  White 1996.
10 Cioc 2002; Coates 2013; Blackbourn 2006; Bernhardt et al. 2019; Mauch/Zeller 2008; Zeisler-Vralsted 2015.
11 Magris 2018 [1986].
12 Allein in Deutschland sind in den letzten Jahren zahlreiche Neuveröffentlichungen zum Rhein (Tümmers 1999; Balmes 2021; Göttert 2021), zur Donau (Weithmann 2012), Elbe (Rada 2013; Küster 2007), Memel (Rada 2010) und Oder (Rada 2005) erschienen. In Großbritannien hat Peter Ackroyd unlängst eine Flussbiografie über die Themse geschrieben (Ackroyd 2007). Für Spanien fällt der Befund weniger eindeutig aus, wenngleich auch hier einzelne Bücher über den Duero (Ferrer-Vidal 1980) oder den Guadalquivir (Eslava Galán 2016) vorliegen.
13 Vgl. Platen 2015.

retischen Überlegungen, wie Flüsse für eine kulturwissenschaftliche Analyse operationalisiert werden können.[14]

Einen letzten Schwerpunkt bilden historisch ausgerichtete Flussgeschichten, die das Verhältnis von Fluss- und Kulturraum vor dem Hintergrund der geografischen Gegebenheiten untersuchen. Relevant sind in diesem Zusammenhang nach wie vor zwei ältere Pionierstudien aus der französischen *Annales*-Schule.[15] In seinem längst zum „Klassiker" avancierten Rhein-Buch aus dem Jahr 1935 wendet sich Lucien Febvre gegen die damals vorherrschenden nationalistischen Bestrebungen in der Geschichtsschreibung, den Rhein zu einer ‚natürlichen' Grenzen zu machen.[16] Die Städte des Rheinlandes dienten ihm zufolge als „Scharnier" zwischen Frankreich und Deutschland. In der Folge entwickelten sie sich zu Zentren des Reichtums und des Handelns, in denen ein reiches Wirtschaftsleben stattfinden konnte. Fernand Braudel, ein weiterer Vertreter der *Annales*-Schule, überträgt die von seinem Lehrer Febvre entwickelte Methode auf einen anderen geografischen Raum und eine andere Epoche. In seiner 1949 veröffentlichten Studie *La Méditerranée et le monde méditerranéen à l'époque de Philippe II.* untersucht Braudel die wirtschaftlichen, politischen und kulturellen Verflechtungen im Mittelmeer über einen längeren Zeitverlauf. Unter dem Aspekt der *longue durée* versucht er das Mittelmeer als einen Raum zu konzeptualisieren, dessen Einheit durch menschliche Aktivitäten wie Reisen, Transport, Austausch, Handel, Annäherung und Krieg hergestellt wird.[17] Den angrenzenden Flüssen des Mittelmeerrau-

---

14  Eine Ausnahme bildet in dieser Hinsicht erneut das Donau-Buch des italienischen Germanisten Claudio Magris. Zwar stellt der Literaturwissenschaftler Magris seinem Reisebericht keine methodischen Überlegungen zur Seite; doch verbindet er seine Schilderungen des Flusses mit Reflexionen über das Schreiben, hinter denen ein postmodernes Verständnis von Identität zum Tragen kommt. Die Donau ist für Magris „eine Metapher für die Komplexität, für die vielschichtige Widersprüchlichkeit der zeitgenössischen Identität – jeder Identität, weil die Donau ein Strom ist, der sich nicht mit einem Volk, mit einer Kultur identifiziert, sondern so viele unterschiedliche Länder, Kulturen, Sprachen, Traditionen, Grenzen, politische und soziale Systeme durchfließt." Magris 1995, 16.
15  Febvre 2006 [1935]; Braudel 1998a [1949].
16  Febvre zufolge ist der Rhein weder ein „deutscher" noch ein „französischer" Strom, sondern ein Raum des Übergangs und des Kontaktes. Erst im 19. Jh. wurde der Fluss nationalistisch aufgeladen und zur ‚natürlichen' Grenze umgedeutet. Bereits in römischer Zeit kam es am Rhein zu einer Vielzahl von Austauschprozessen, weshalb der Fluss niemals eine echte Trennlinie zwischen Kelten und Germanen dargestellt habe.
17  Bekanntlich entwickelt Braudel in seinem dreibändigen Hauptwerk eine Methode der Geschichtsschreibung, die auf der Unterscheidung von drei Zeitebenen beruht: Die erste Ebene („histoire immobile" bzw. „géohistoire") umfasst die geografischen Gegebenheiten, die sich historisch nicht verändern, aber dennoch Einfluss auf die Geschichte nehmen. Auf der zweiten Ebene („longue durée") sollen strukturelle Veränderungen in der Sozial- und Wirtschaftsgeschichte untersucht werden. Die dritte Ebene („histoire événementielle") betrifft historische Ereignisse von kürzerer Reichweite, wie z. B. politische Entscheidungen. Für eine Übersicht der *Annales*-Schule und ihrer Geschichtsauffassung siehe Hesse/Teupe 2019, 13 f.

mes widmet Braudel dabei allerdings nur wenig Aufmerksamkeit.[18] Dennoch wird seine Studie oft zitiert, wenn es um das Verhältnis von Menschheits- und Flussgeschichte geht, da Braudel erstmals systematisch die geografischen Voraussetzungen bei der Beschreibung einer historischen Epoche mitgedacht hat.[19]

Im Anschluss an diese zwei frühen Pionierstudien sind in den vergangenen Jahren zahlreiche weitere Publikationen erschienen, die das von Febvre und Braudel angestoßene Projekt fortführen.[20] Für die Geschichtswissenschaften ist hier vor allem die Studie von Jacques Rossiaud über die mittelalterliche Rhône zu nennen, die anhand von historischem Quellenmaterial ausführlich belegt, wie sich entlang des Flusses zwischen 1300 und 1550 eine gemeinsame Kultur entwickelte, die durch Netzwerke und Kooperationen zusammengehalten wurde, aber auch von Konflikten geprägt war. Im Bereich der Altertumswissenschaften hat Brian Campbell in einer groß angelegten Studie untersucht, wie Flüsse und Wasserwege von den Römern genutzt wurden, um die Kontrolle über das Reich zu bewahren.[21] In eine ähnliche Richtung argumentiert auch Tricia Cusack in ihrer Studie über das Verhältnis von Landschaftsmalerei und Nationenbildung. Darin zeigt sie, wie Bilder von Flüssen im ausgehenden 19. und beginnenden 20. Jahrhundert (als der entscheidenden Periode in der Entstehung und Konsolidierung des Nationalstaates) dazu beitrugen, bestimmte Mythen über den

---

18   Allerdings beschäftigt sich Braudel in einer späteren Studie sehr intensiv mit der Bedeutung der Rhône für die Formierung einer französischen Identität. Im ersten Band („Espace et Histoire") seiner posthum erschienenen Studie *L'Identité de la France* geht Braudel u. a. auf die Kontinuität des grenzhaften Charakters der Rhône von der Antike bis in die Neuzeit ein. Vgl. Braudel 1998b, 283–298.

19   In jüngerer Zeit wurde versucht, Braudels Auffassung eines einheitlichen Mittelmeerraumes durch eine Betrachtung der angrenzenden Flusseinzugsgebiete in Richtung eines „fluvialen Mittelmeers" zu erweitern. So wollen die Herausgeber eines aktuellen Sammelbandes den Mittelmeerraum analytisch in maritime, litorale, insulare und fluviale Teilräume zergliedern, die dann anhand ihrer verschiedenen Formen der Vernetzung genauer bestimmt werden sollen. Vgl. Bernhardt et al. 2019, 4. 28.

20   An Braudels Mittelmeerstudien schließen u. a. die Arbeiten von Horden/Purcell 2000 und Abulafia 2011 an. Febvres Rheinbuch diente u. a. als Anstoß für die Studien von Backouche 2000 und Rossiaud 2007.

21   Campbell behandelt zunächst das geografische Wissen über den Fluss, das in antiken Geschichtswerken oder in Form von Karten vorlag. Anschließend geht er auf einzelne Aspekte der Fluss-Nutzung in den römischen Provinzen ein. Dazu gehört u. a. die Funktion des Flusses in Religion und Kultur, etwa die Anbetung lokaler Flussgottheiten oder die medizinische Verwendung von Flussquellen als Orte der Erholung, oder die militärische Nutzung des Flusses als Wasserstraße für den Transport von Nachschub und Soldaten. Daneben geht Campbell aber auch auf Aspekte der Wasserversorgung ein und skizziert die Bedeutung des Flusses für Landwirtschaft, Handel und Transport. All diese Aspekte der Fluss-Nutzung wurden laut Campbell von mächtigen Eliten in Rom oder in den lokalen Verwaltungszentren gesteuert, weshalb er zu dem Schluss gelangt, dass „[t]his mastery of the natural world came with military victory and the extension of conquests but went beyond that in the intellectual and cultural appropriation of the rivers of foreign peoples" (Campbell 2012, 44).

Charakter einer Landschaft zu vermitteln und die damit verknüpften Erzählungen in eine nationale Geschichte aufzunehmen.[22]

Die meisten dieser Fluss-Studien beziehen sich auf einzelne Epochen wie Antike, Mittelalter oder Moderne, lassen jedoch die Frühe Neuzeit außer Acht. Eine Ausnahme bildet in dieser Hinsicht die Studie von Wyman Herendeen zum englischen Fluss-Gedicht des 16. und 17. Jahrhunderts. Die Studie versucht aufzuzeigen, wie der Fluss im Übergang vom Spätmittelalter zur Renaissance aus dem Bereich der Geografie in die Literatur vordringt und dort zu einem Thema wird, auf das sich die nachfolgenden Dichter wegen der Vielzahl an Assoziationen, welche der Fluss in sich trägt, immer wieder berufen.[23]

Sowohl die frühen Pionierstudien von Lucien Febvre und Fernand Braudel wie auch die Studien von Tricia Cusack und Wyman Herendeen bieten Anknüpfungspunkte für eine historisch ausgerichtete Untersuchung des Flusses in der frühneuzeitlichen Dichtung Spaniens. Der spanische Kontext erweist sich jedoch aufgrund seiner Geschichte und Geografie als überaus komplex, so dass im nächsten Schritt zunächst einige Besonderheiten der iberischen Flüsse erläutert werden müssen.

## Geografie und Geschichte der iberischen Flüsse

Der knappe Überblick zum Forschungsstand macht deutlich, dass Flüsse ganz unterschiedlich konzeptualisiert werden, je nachdem, welches Erkenntnisinteresse mit ihnen verknüpft ist. Tatsächlich verwenden die genannten Studien zum Teil sehr verschiedene Konzepte oder Begrifflichkeiten, um die Rolle des Flusses in der Geschichte zu beschreiben. Doch egal, ob von „fluid pasts"[24], von einer „histoire liquide"[25] oder von „fließenden Räumen"[26] die Rede ist, stets teilen die Konzepte die gemeinsame Prä-

---

22 Vgl. Cusack 2010. Exemplarisch zeigt Cusack dies anhand von Bildern der sogenannten „Hudson River School", einer Gruppe von Landschaftsmalern aus dem 19. Jh. Die Flussdarstellungen dieser Maler trugen ihr zufolge ganz wesentlich dazu bei, ein nationales Bild der amerikanischen Heimat zu entwerfen. Wie Cusack zeigt, führten die Bilder des Hudson River zur Konstruktion einer mythischen „Wildnis" und zur Erschaffung des männlichen „Pioniers", der als Figur des prototypischen Amerikaners diente und mit dem Begriff der „Auserwähltheit" verknüpft wurde.
23 Vgl. Herendeen 1986. Die Studie geht davon aus, dass der Fluss als Thema der Literatur eine Konvention darstellt, die sich im Laufe der Geschichte wandelt. Entsprechend zeichnet Herendeen zunächst die literarische Entwicklung des Flusses ausgehend von seiner Verwendung in biblischen und mythologischen Kosmogonien über die spätrömische und mittelalterliche Literatur bis in die Zeit der Renaissance nach. Er konzentriert sich dabei hauptsächlich auf England und die zwei Renaissance Dichter Edmund Spenser (1522–1599) und Michael Drayton (1563–1631). Anhand von Texten dieser beiden Dichter versucht er nachzuweisen, wie sich das englische Flussgedicht im 16. und 17. Jahrhundert als eigenständige Gattung konsolidiert.
24 Edgeworth 2011.
25 Rossiaud 2007, 12.
26 Rau 2010.

misse, dass Flüsse keine statischen Naturobjekte sind; sie gehen vielmehr davon aus, dass Flüsse als geografische Gebilde aktiv an der Konstituierung von wirtschaftlichen, politischen und kulturellen Räumen beteiligt sind und dass sich diese Räume – genauso wie der Fluss – über die Zeit hinweg verändern können.

Mit Blick auf Spanien trifft diese Beobachtung in besonderer Weise zu. Betrachtet man allein die geografische Ausrichtung der iberischen Flüsse, so fällt auf, dass alle großen Ströme eher in Ost-West-Richtung als in Nord-Süd-Richtung fließen. Der Verlauf der großen Flüsse Duero, Tajo, Guadiana und Guadalquivir wird von den Bergketten der äußeren Randgebirge und der zentralen Hochebene (span. Meseta) bestimmt. Zusammen mit diesen strukturieren sie weite Teile der Landschaft auf der iberischen Halbinsel. Ganz im Süden durchfließt der Guadalquivir (röm. Baetis) auf seinem Weg zum Meer nicht nur die beiden Städte Córdoba und Sevilla, sondern auch weite Teile der historischen Region Hispania Baetica. Etwas weiter nördlich durchquert der Fluss Guadiana (röm. Anas) die Extremadura mit der ehemaligen römischen Hauptstadt Mérida, bevor er sich wie der Guadalquivir in südliche Richtung zum Atlantik wendet. Die nordspanischen Flüsse Tajo (röm. Tagus) und Duero (röm. Durius), an denen die zwei historisch bedeutsamen Städte Toledo und Numantia liegen, kommen von der zentralen Hochebene und bedecken mit ihrem Einzugsgebiet fast ganz Kastilien. Lediglich im Osten der iberischen Halbinsel teilt der Ebro (röm. Iberus), der einzige größere Fluss Spaniens, der ins Mittelmeer mündet, den Raum zwischen dem Kantabrischen Gebirge und den Pyrenäen in Nord-Süd-Richtung.

Die besondere Lage der iberischen Flüsse spielte eine entscheidende Rolle bei der Besiedelung und Eroberung des Landes. Ausschlaggebend dafür waren zwei Gründe: Zum einen konnten fast alle Flüsse vom Meer aus bis weit ins Landesinnere mit Schiffen befahren werden und zum anderen folgten militärische Expeditionen und politische Grenzziehungen häufig den geografischen Gegebenheiten.[27] Dank ihrer frühen Schiffbarkeit waren Flüsse neben den Römerstraßen bereits in der Antike die meistgenutzten Transport- und Handelsrouten.[28] Ebenso lässt sich die mehrfache Eroberung

---

27  Auf die Schiffbarkeit der spanischen Flüsse verweist schon Strabon. Über den Fluss Baetis, nach dem die römische Provinz Hispania Baetica benannt ist, schreibt er: „Der Baetis ist sehr dicht umwohnt und wird stromaufwärts fast eintausendundzweihundert Stadien [222 km] weit vom Meer bis nach Corduba und der etwas höher hinaus gelegenen Gegend mit Schiffen befahren. Daher ist denn auch sein Stromgebiet, ebenso wie die kleinen Inseln in dem Fluss, außerordentlich intensiv kultiviert" (Strab. III 2, 3–4, Übers. Nach S. Radt 2002, 351). Auch die Einteilung der römischen Provinzen orientiert sich an geografischen Merkmalen wie Gebirgszügen oder Flüssen. Vgl. Plinius, nat. III, 3, Übers. nach Winkler/König 2002, 14 ff.

28  Ihre Bedeutung für den transnationalen Warenverkehr nahm in späteren Jahrhunderten sogar noch zu. Nach der Entdeckung Amerikas wurde die Stadt Sevilla, die über den Guadalquivir mit dem Atlantik verbunden ist, zum wichtigsten Verkehrsknotenpunkt im Handel mit den westindischen Kolonien. Über den Fluss gelangten neben Waren auch Unmengen an Gold und Silber nach Europa, was vorübergehend zu drastischen Preissteigerungen führte und die spanische Wirtschaft enorm schwächte. Hauptgrund dafür war, dass die große Menge an Edelmetallen, die aus

Spaniens im Verlauf der Geschichte durch Karthager, Römer, Westgoten und Araber kaum ohne den Fluss denken. Über die Bedeutung der Geografie der iberischen Flüsse schreibt der Historiker und Mediävist Klaus Herbers:

> Wichtig war diese geografische Struktur für den Verlauf der Geschichte sicherlich, denn nicht nur Siedlung und Handel folgten den Flußläufen, sondern auch kriegerische Eroberungen orientierten sich an diesen Gegebenheiten. Die geographischen Voraussetzungen begünstigten damit je nach Zeit und Konstellation zwei verschiedene Tendenzen: eine gewisse durch die Lage als Halbinsel vorgegebene Einheit, aber vor allem ebenso die Vielfalt.[29]

Tatsächlich lässt die Geografie der iberischen Halbinsel vermuten, dass die besondere Lage der Flüsse zur Herausbildung unterschiedlicher Raumwahrnehmungen beitrug. Denn die durch Bergketten getrennten Flussläufe erschlossen zum Teil sehr unterschiedliche Räume, die eine gewisse Vielfalt der Regionen ermöglichte. Für die Selbstwahrnehmung dieser Räume waren Flüsse überaus wichtig, wie an späterer Stelle noch ausführlicher gezeigt werden soll. Umgekehrt beeinflussten sie aber auch den politischen Einigungsprozess auf der iberischen Halbinsel. Über das gesamte Mittelalter hinweg waren militärische Gebietszugewinne und -verluste im Kampf zwischen dem christlichen Norden und dem muslimischen Süden überaus häufig. Oftmals erfolgten sie von einer Flussgrenze zur nächsten, wobei die territoriale Zugehörigkeit der umkämpften Gebiete vielfach wechseln konnte. In den Räumen zwischen zwei Flussgrenzen kam es entsprechend zu einer Vielzahl an Akkulturationsprozessen.[30] Die mit dem Flusslauf verbundenen Grenzlinien waren somit höchst bewegliche (d. h. fluide) Gebilde. Dies änderte sich erst mit Abschluss der *Reconquista*, die als ein schrittweises

---

den peruanischen Minen importiert wurden, in Spanien nicht produktiv wurde, sondern vor allem zur Finanzierung von Militärausgaben verwendet wurde. Nachdem der Fluss Guadalquivir dazu beigetragen hatte, die spanische Monarchie reich zu machen, beförderte er somit paradoxerweise auch deren Niedergang. Von zeitgenössischen Dichtern wird der Fluss im 17. Jh. oft nur als ein Kanal beschrieben, durch den der Reichtum Spaniens in die übrigen europäischen Monarchien abfließt. In einem Gedicht (Soneto 157) aus den *Rimas humanas y divinas* (1634) beispielsweise lässt der Barock-Dichter Lope de Vega den Fluss Manzanares über den Bau einer Brücke klagen, die viel zu groß für den kleinen Fluss sei und sich besser für den Guadalquivir eigne. Dieser wird nicht namentlich genannt, sondern aufgrund seiner Bedeutung als Transportweg für das Silber lediglich als „el Camino de la Plata" bezeichnet. Vgl. Vega 2003, 643.

29 Herbers 2006, 22. Zur Bedeutung der iberischen Geografie speziell für die Geschichte Spaniens in frühmittelalterlicher Zeit siehe etwa Wickham 2005, 37–41.

30 Die Forschung längst darauf hingewiesen, dass im historischen Al-Andalus über einen längeren Zeitraum christlich, muslimische und jüdische Elemente zu einer „hybriden" Kultur verschmolzen. Dem französischen Historiker André Clot zufolge ist es in den ersten drei Jahrhunderten nach der islamischen Eroberung zu einer gegenseitigen „Durchdringung", wenn nicht sogar „Verschmelzung" der unterschiedlichen Bevölkerungsgruppen gekommen. Vor allem die christlich gebliebenen *Mozaraber*, die sich in Sprache und Lebensweise den arabischen Herrschern angepasst hatten, und die zum Islam konvertierten Christen (*Muwalladun*) seien im Alltag niemals wirklich getrennt gewesen. Vgl. Clot 2002, 200–205.

Vorrücken von einer Flussgrenze zur nächsten betrachtet werden kann.[31] Mit der Eroberung Granadas, dem letzten muslimischen Königreich auf der iberischen Halbinsel, begann ab etwa 1605 eine Politik der Ausgrenzung und Diskriminierung, die mit der nahezu vollständigen Vertreibung aller in Spanien lebenden Juden und Muslime endete. In dieselbe Zeit fällt auch die Erneuerung der spanischen Dichtung, in deren Folge die traditionelle Symbolik des Flusses als Grenze um weitere literarische Funktionen ergänzt wird.

### Der Fluss als Grenze in der spätmittelalterlichen Romanze

In der Geschichte der iberischen Halbinsel übernehmen Flüsse seit jeher die Funktion von Grenzen. Der andalusische Fluss Guadalquivir beispielsweise, den die Römer Baetis nannten, markierte bereits in der Antike die Grenze zwischen den militärischen Einfluss-Sphären Roms und Karthagos. Berühmtheit erlangte der Fluss unter anderem durch die Schlacht bei Baecula, wo die karthagischen Truppen, angeführt von Hasdrubal, dem Bruder Hannibals, im Jahr 208 v. Chr. von dem römischen Heerführer Publius Cornelius Scipio („dem Afrikaner') geschlagen wurden. Nicht weniger berühmt ist die Schlacht am Guadalete-Fluss im Jahr 711 n. Chr., die gemeinhin mit dem Beginn der islamischen Expansion auf der Iberischen Halbinsel gleichgesetzt wird.[32] Zwar konnte Alfons III., genannt der „Große" (866–910), die Grenzen seines Staates gegen Ende des 9. Jh. noch einmal bis zum Ufer des Duero ausdehnen; dies änderte jedoch nichts daran, dass Hispanien um die Mitte des 10. Jh. ein Land mit einer überwiegend islamischen Mehrheit war.[33] Die territoriale Zugehörigkeit der umkämpften Gebiete konnte sich jedoch von Zeit zu Zeit ändern, gerade wenn die politischen und militärischen Grenzen mit einem Flusslauf verbunden waren.[34]

Davon zeugt unter anderem auch die spätmittelalterliche Romanze, eine genuin spanische Form der Volksdichtung, die zunächst mündlich überliefert wurde, seit

---

31    Vgl. O'Callaghan 1983, 26.
32    Vgl. Herbers, 2006, 77–79.
33    Vgl. Bossong 2020, 66 f.; Bulliet 1979, 116.
34    Am Beispiel Kastiliens lässt sich dies sehr gut illustrieren. Die Demarkationslinie zwischen christlichen und muslimischen Gebieten folgte lange Zeit dem Lauf des Duero von Porto bis Osma und verlief dann nach Norden ins Baskenland. Nachdem der Norden Asturiens von den Muslimen erobert wurde, ließ Alfons I. (739–757), genannt der „Katholische", weite Teile des Duero-Tales verwüsten. Alfonso III. (886–910) der „Große" eroberte Teile des Gebietes später zurück und begann mit der Wiederbesiedelung der Region zwischen dem Duero und dem Mino. Außerdem ließ er an seiner Ostgrenze zahlreiche Burgen errichten, um weitere muslimische Einfälle in dieses Gebiet abzuwehren. Auf diese Weise entstand Kastilien, das Land der Burgen, als westliches Bollwerk des Königreichs Asturien. Vgl. O'Callaghan 1983, 100. 113.

dem 15. Jh. aber auch schriftlich festgehalten wurden.[35] Innerhalb der Romanzengattung entwickelten sich ab dem 16. Jh. verschiedene Untergattungen, darunter auch die *romance fronteriza*, die von Grenzkonflikten, Stadtbelagerungen oder Eroberungen berichtet. Um eine solche handelt es sich auch bei der Romanze über den Mauren Abenámar, die auf historische Umstände während der Regierungszeit Juans II. von Kastilien (1406–1454) anspielt und die mit der Erwähnung eines Flusses einsetzt.

> Por el Guadalquivir arriba
> el buen rey don Juan camina;
> encontrara con un moro
> que Abenámar se decía.
> El buen rey desque lo vido
> desta suerte le decia [...].[36]

Von den Ufern des Guadalquivir aus betrachtet der christliche König Juan die maurische Stadt Granada und ihr berühmtes Wahrzeichen: die Alhambra. Abenámar erzählt dem König die Legende ihrer Erbauung und Don Juan ist von der Erzählung des Mauren so begeistert, dass er den Einwohnern der Stadt eine Allianz vorschlägt („Granada, si tú quisieses, contigo me casaría"). Diese lehnen sein Angebot jedoch mit der Begründung ab, dass sie schon einen König hätten, woraufhin Don Juan die Stadt mit Kanonen beschießen lässt. Die Erwähnung des andalusischen Flusses zu Beginn erfüllt im Kontext der Romanze keineswegs die Funktion einer präzisen geografischen Ortsangabe.[37] Der Hinweis auf den Fluss dient vielmehr dazu, die Ereignisse der Romanzenhandlung im andalusischen Grenzgebiet zu verordnen. Dieses Grenzgebiet entspricht jedoch keiner binären Ordnung, sondern erweist sich als ein fluider Raum des Übergangs. Der titelgebende Maure Abenámar ist nämlich in Wahrheit gar kein „echter" Maure, sondern Sohn eines maurischen Vaters und einer christlichen Mutter. Die territoriale Trennung durch den Fluss entspricht somit gerade nicht einer ethnisch-religiösen Unterscheidung zwischen Christen und Mauren. Der Flussraum erweist sich vielmehr als ein hybrider Raum, in dem die Kategorien der Abstammung und Herkunft verschwimmen.

---

35  Interessant ist, dass die Romanze aufgrund ihrer historischen Langlebigkeit, ihrem „flüssigen" Handlungsverlauf und ihrer offenen, ins Unendlich fortsetzbaren Struktur von dem spanischen Dichter Juan Ramón Jiménez im 20. Jh. mit einem Fluss verglichen wurde. Vgl. Jiménez 1982.
36  Zit. nach Díaz Mas 1994, 189–192.
37  Bekanntlich fließt der Guadalquivir überhaupt nicht durch Granada. Um eine geografische Unstimmigkeit handelt es sich auch bei der Auflistung der architektonischen Wahrzeichen der Stadt. Als sich König Juan während der Belagerung von Granada nach den prachtvollen Festungsanlagen erkundigt, antwortet ihm der Maure Abenámar: „El Alhambra era señor, y la otra es la mezquita, / los otros los Alixares labrados a la maravilla" (V. 16 f.). Die Verortung der Mezquita in Granada zeigt ebenfalls, dass es dem anonymen Romanzendichter keineswegs um historische Genauigkeit geht.

Beispiele wie diese finden sich überaus häufig in den spätmittelalterlichen Romanzen. Meist geht die Überquerung eines Flusses dabei zugleich mit einer ethisch-moralischen Grenzüberschreitung einher, wie z. B. in der „Romance de los infantes de Salas".[38] Darin taucht der Fluss gleich an zwei strukturell bedeutsamen Stellen des Textes auf, nämlich einmal zu Beginn und einmal gegen Ende der Romanze. Sie beginnt mit dem Sieg von Don Rodrigo Velázquez (genannt de Lara), der die Mauren bei einer Auseinandersetzung am Guadiana-Fluss in die Flucht schlägt. Dank der Kriegsbeute kann er um die Hand von Doña Lambra anhalten, doch anlässlich der Hochzeit kommt es zum Streit zwischen den Söhnen von Rodrigos Bruder, den sieben Infanten von Salas, und der Familie der Braut. Rodrigo schwört im Namen seiner Braut Rache und lockt die Söhne seines Bruders in einen Hinterhalt des maurischen Heeres. Unmittelbar zuvor werden sie jedoch gewarnt, unter keinen Umständen den Fluss zu überqueren. Der Fluss dient in diesem Beispiel nicht nur als räumliche Grenze zwischen dem christlichen Norden (Burgos) und dem muslimischen Süden (Córdoba), sondern zudem als Symbol für die moralischen Grenzüberschreitungen der beteiligten Personen.[39]

## Der Fluss als Kreuzungspunkt für Identitätsdiskurse

Das Beispiel der Romanze hat gezeigt, dass bereits im Mittelalter ein Bewusstsein für die ambivalente Funktion des Flusses als identifikatorische (d. h. einschließende und ausschließende) Grenze existierte. Mit der Konsolidierung der spanischen Monarchie zu Beginn des 16. Jahrhunderts verschärft sich diese Problematik. Vor allem die Vertreibung der Morisken, zwangskonvertierten Muslimen, stellt die christlichen Herrscher vor eine Bewährungsprobe. In der Literatur der damaligen Zeit wird dieses Thema überwiegend ausgespart. Eine Ausnahme findet sich bei Cervantes, der die historische Vertreibung der Morisken im *Don Quijote* relativ freimütig thematisiert.[40]

---

38   Vgl. Díaz Mas 1994, 56–64.
39   Die Schuld Rodrigos liegt ganz offensichtlich in dem Verrat seiner Neffen. Diese sind mitverantwortlich an der Eskalation des Geschehens, da sie Rodrigos Braut durch ihre Beleidigungen überhaupt erst dazu bringen, die Rachepläne umzusetzen. Man kann die Flussüberquerung, die zum Tod der sieben Infanten führt, somit als einen Hinweis auf die Normverstöße interpretieren, die Anlass für den ursächlichen Streit gaben. Am Ende der Romanze wird die eigentliche Schuld für den Tod der Infanten jedoch dem Hauslehrer zugewiesen, der sie zu spät, nämlich erst *nach* den von ihnen ausgesprochenen Beleidigungen, vor den Gefahren warnt.
40   Die historische Vertreibung der Morisken ist Gegenstand der „Ricote Episode" im zweiten Teil des Romans. Darin wird die Geschichte des Morisken Ricote erzählt, der aus seinem Heimatdorf vertrieben wurde und nun als Pilger verkleidet auf dem Weg zurück nach Spanien ist, um seine Frau und Tochter mitzunehmen. Die Geschichte des Morisken Ricote wird an später Stelle des Romans fortgesetzt, als es auf einer Galeere zum Wiedersehen mit seiner Tochter Ana Félix kommt. Vgl. Cervantes 2010, II/54 & 63.

Interessanterweise wird die Identitätsproblematik auch dort am Beispiel einer Flussüberschreitung diskutiert. Als Sancho Panza für kurze Zeit das Amt des Gouverneurs auf der fiktiven Insel Barataria übernimmt, muss er ein Urteil in einem komplizierten Gerichtsverfahren fällen: Er soll entscheiden, ob ein Mann leben oder sterben soll, nachdem er einen Fluss überquert hat. Dem Gesetz zufolge darf er dies nur, wenn er die Wahrheit sagt; lügt er jedoch, droht ihm der Galgen. Bevor der Mann den Fluss überquert, schwört er jedoch unter Eid, er werde am Galgen sterben.[41] Die Ausgangslage stellt Sancho somit vor ein unlösbares Problem: Spricht der Mann nämlich die Wahrheit und stirbt am Galgen, so müsste er nach dem Gesetz freigesprochen werden und dürfte den Fluss überqueren; hängt man ihn jedoch nicht auf, so hat er die Unwahrheit gesagt und verdient nach eben jenem Gesetz, dass man ihn aufhängt. Es liegt nahe, dieses fiktive Gerichtsszenario mit der historischen Debatte über die ethnische und religiöse Zugehörigkeit der Morisken in Verbindung zu bringen, wie sie zur Entstehungszeit des Romans tatsächlich diskutiert wurde.[42] Um einer Ausweisung zu entgehen, waren viele spanische Muslime bereits lange vor dem königlichen Vertreibungsedikt von 1605 zum Christentum übergetreten, so dass sie rein „technisch" betrachtet Christen waren. Die Befürworter einer harten Exilpolitik am Hof von König Philipp III. (1598–1621) argumentierten jedoch, die Morisken seien lediglich zum Schein konvertiert und würden ihren alten Glauben im Geheimen weiterpraktizieren. Im Kern ging es also um die Frage, wie man aufrichtiges Verhalten von unaufrichtigem unterscheiden könne. Cervantes greift diese Frage in dem fiktiven Gerichtsszenario auf, ohne sie explizit beim Namen zu nennen.[43] Die Debatte um die Schein-Konversion der Morisken, die in der Fluss-Überquerung des Mannes angedeutet wird, macht deutlich, dass Flüsse auch in späterer Zeit ein geeignetes Symbol darstellen, um Fragen der religiösen oder nationalen Zugehörigkeit literarisch zu verhandeln.

Gleichwohl lässt sich im 16. Jh. ein Wandel im Umgang mit dem Fluss beobachten, was sich vor allem in der Umbenennung einzelner Flussnamen niederschlägt. Beispielhaft dafür steht der Guadalquivir oder Baetis, der von den Römern auch der „afrikanische" Fluss genannt wurde und dessen heutiger Name sich von dem arabischen Wort *al-Wadi-al-Kabir* (dt. ‚der große Fluss') ableitet. In der spanischen Dichtung des 16. Jahrhunderts wurde der arabische Name meist durch sein lateinisches Toponym er-

---

41   Cervantes 2010, II/51, 425.
42   Für eine Übersicht der historischen Debatte um die Morisken-Vertreibung vgl. Márquez Villanueva 2011.
43   Cervantes bezieht in der Debatte um die Morisken-Vertreibung eindeutig Position, indem er seine Romanfigur ein Urteil fällen lässt, das mit dem offiziellen Erlass des Königs in Widerspruch steht. Während Philipp III. den Hardlinern in seiner Regierung beipflichtet und die endgültige Ausweisung aller in Spanien lebenden Morisken anordnet, fällt Sancho im Roman das Urteil, man möge den Mann ungestraft über den Fluss ziehen lassen, da sich die Gründe für eine Begnadigung und eine Strafe die Waage hielten: „pues siempre es alabado más el hacer bien que mal, y esto lo diera firmado de mi nombre, si supiera firmar." Cervantes 2010, 427.

setzt.⁴⁴ Man kann die Umbenennung des Flusses als Versuch deuten, die muslimische Vergangenheit auszublenden, um eine imaginäre Kontinuität zwischen dem christlichen Spanien und seiner römischen Vorgeschichte herzustellen. Der Sevillaner Dichter Fernando de Herrera (1534–1597) etwa verwendet in seinen Gedichten fast ausschließlich den lateinischen Namen Baetis. Ähnlich verfahren auch andere spanische Dichter der damaligen Zeit wie Gutierre de Cetina (1519–1554) oder Lope de Vega (1562–1635). Die Übernahme des antiken Flussnamens steht selbstverständlich ganz im Zeichen der Renaissance-Poetik und ihrer Wiederbelebung der Antike. Interessanterweise wird die Namensänderung im Übergang zum 17. Jh. jedoch wieder rückgängig gemacht, als sich der kulturelle Einfluss Italiens abschwächt und sich die spanischen Dichter auf ihre eigene Dichtungstradition, allen voran die spätmittelalterliche Romanze, zurückbesinnen. Die beiden Barock-Dichter Luis de Góngora (1561–1627) und Francisco de Quevedo (1580–1645) beispielsweise verwenden in ihren Texten bevorzugt den arabischen Namen Guadalquivir zur Bezeichnung des andalusischen Stromes.

Die Umbenennung der Flüsse in der frühneuzeitlichen Dichtung verweist auf diskursive Verschiebungen, die mit einer Aufwertung der spanischen Regionen zusammenhängen. So steht im Werk des Renaissance-Dichters Garcilaso de la Vega (um 1501–1536) der Tajo stellvertretend für dessen Heimatstadt Toledo und Kastilien, während sein Sevillaner Schüler Fernando de Herrera und der aus Córdoba stammende Luis de Góngora den Fluss Baetis (bzw. Guadalquivir) mit Andalusien gleichsetzen. Einigermaßen typisch für die Dichtung des 16. und 17. Jh. ist darüber hinaus, dass die Identifikation von Flüssen und Regionen zumeist mit einer Glorifizierung der eigenen Heimat einhergeht: Garcilaso findet an den Ufern seines Tajo „la más felice tierra de la España" (Égloga tercera); Herrera erkennt im Baetis einen „heiligen" und „ewigen" Fluss (soneto XXIV); und Góngora stilisiert den Guadalquivir zum „rey de los otros ríos" (romance XXIV), zum „gran rey de Andalucía" (soneto 244) oder zum „rey tan absoluto" (comp. arte mayor 386).⁴⁵

Umgekehrt bietet die Identifikation des Flusses mit Regionen den Dichtern auch Gelegenheit für Spott. So macht sich Góngora in einem Sonett über den Manzanares (Soneto 254) über die Einwohner der Stadt Madrid lustig, indem er das Anschwellen des Flusses auf das Schelmenstück eines Esels zurückführt, der sich im Fluss erleichtert.⁴⁶ Man kann vermuten, dass es dabei nicht nur um eine Satire der Hauptstadt, sondern ebenso um eine Diffamierung der aus Madrid stammenden Dichterkollegen

---

44  Lope de Vega sieht sich in der „Exposición" seiner *Arcadia* (1585) sogar genötigt, eigens eine Erklärung für den arabischen Flussnamen anzuführen: „Betis, [...] llamáse Guadalquivir, nombre que, como a otros rios, le pusieron los africanos cuando ganaron a Espana". Vgl. Vega 1599.
45  Vgl. Vega 2014, 127; Herrera 1984, 85; Góngora 1961, 64. 455. 573.
46  „Duélete de esa puente, Manzanares; / mira que dice por ahí la gente / que no eres río para media puente, / y que ella es puente para muchos mares [...] me di, ¿cómo has menguado y has crecido, / cómo ayer te vi en pena, y hoy en gloria? / – Bebióme un asno ayer, y hoy me ha meado." Góngora 1961, 460.

geht.⁴⁷ Die Herabsetzung des Flusses wäre demnach mit dem Ziel verknüpft, die eigene Leistung als Dichter im Wettstreit mit Autoren aus anderen Regionen aufzuwerten.

## Der Fluss als Modell für den Kulturtransfer

Flüsse dienten den frühneuzeitlichen Dichtern aber nicht nur zur Selbstidentifikation mit einzelnen *Regionen*; mittels Flüssen konnten sich die humanistisch ausgebildeten Autoren des 16. Jahrhunderts auch ihres *nationalen* Stellenwertes im Vergleich mit anderen Kulturen vergewissern, allen voran mit Italien und der als vorbildlich angesehenen Literatur der Antike. Beispielhaft dafür steht die Beschreibung des Tajo in Garcilaso de la Vegas dritter Ekloge. Garcilaso orientiert sich, wie es die Dichtungspraxis der Renaissance vorsieht, an der antiken Bukolik, allen voran an den *Bucolicae* des römischen Dichters Vergil. Die Darstellung der Flussland in der Ekloge entspricht ganz dem Topos eines *locus amoenus* und präsentiert eine idealisierte Natur fernab der menschlichen Gesellschaft.

Zu Beginn der Eklogenhandlung tauchen vier Fluss-Nymphen am Ufer des Tajo auf, um sich im Schatten einiger Bäume ihren Webarbeiten zu widmen. Die Tätigkeit des Webens (sp. *tejer*) steht in besonderer Verbindung mit der Dichtkunst und ist bereits in der Antike als poetologische Metapher für das Erzählen geläufig.⁴⁸ Garcilaso macht sich darüber hinaus die Etymologie des lat. Verbs *texere* zunutze, um auf den gemeinsamen Ursprung von Text (*textus*) und Gewebe (*textum*) aufmerksam zu machen. Auf diese Weise erhält die Ekloge einen selbstreferentiellen Charakter, d. h. der Text erzählt nur vordergründig eine Geschichte; diese dient vielmehr dazu, die poetischen Voraussetzungen des Textes zu reflektieren, einschließlich der literarischen Traditionen, die ihn ermöglichen. Sinn und Zweck dieser poetologischen Selbstreflexion ist es, die eigene *spanische* Kultur gegenüber der Antike aufzuwerten.

Die Stoffe, aus denen die vier Nymphen ihre Webarbeiten herstellen, sind aus dem Gold des Tajo angefertigt. In die Webarbeiten selbst sind verschiedene mythologische „Stoffe" eingewebt: Während ihre Schwestern allesamt antike Mythen darstellen, wählt Nise, die jüngste der vier Nymphen, keinen bekannten Gegenstand, sondern beschließt, den „vielgepriesenen Ruhm" des „klaren Tajo" (*la celebrada gloria ... de su claro Tajo*, v. 197 f.) auf ihrem Webstück darzustellen. In der anschließenden Ekphrasis

---

47  Zu denken wäre hier etwa an den Dichterwettstreit zwischen Luis de Góngora und Francisco de Quevedo. Mit dem aus Madrid stammenden Quevedo verband den in Córdoba geborenen Góngora bekanntlich eine lebenslange Rivalität, wenn nicht sogar Feindschaft. Vgl. Savelsberg 2014, 8–13.
48  Zu denken wäre an die Episode der beiden Minyas-Töchter in Ovids *Metamorphosen*, die beim Spinnen der Wolle ihre Geschichten erzählen (met. 4,1–415), oder an die Geschichte von Philomena, die ihre Leidensgeschichte in einen Teppich einwebt, nachdem sie von ihrem Schwager Tereus vergewaltigt wurde (met. 6,412–674).

wird der Verlauf des Flusses von seiner Quelle in den Bergen der Sierra de Albarracín bis in die Ebene südlich von Toledo beschrieben:

> Pintado el caudaloso río se vía,
> que, en áspera estrecheza reducido,
> un monte casi alrededor ceñía,
> con ímpetu corriendo y con ruïdo;
> querer cercallo todo parecía
> en su volver, mas era afán perdido;
> dejábase correr, en fin, derecho,
> contento de lo mucho que había hecho.
>
> Estaba puesta en la sublime cumbre
> del monte, y desde allí por él sembrada,
> aquella illustre y clara pesadumbre,
> de antiguos edificios adornada.
> De allí va siguiendo su jornada,
> el Tajo va siguiendo su jornada,
> y regando los campos y arboledas
> con artificio de las altas ruedas.[49] (V. 201–216)

Man kann den räumlichen Flusslauf mit dem Weg gleichsetzt, den die Ekloge im Besonderen und die Dichtkunst im Allgemeinen von ihren Ursprüngen („Quellen") in der Antike bis in die Renaissance zurückgelegt haben. Auf dem Gipfel eines Berges, den der Fluss umrundet, thronen in majestätischer Höhe antike Gebäude (*antiguos edificios*). Von dort stürzt der Fluss, eingeengt von zerklüfteten Felsen, rauschend und mit voller Wucht hinab ins Tal, um mit großer Kunstfertigkeit (*con artificio de las altas ruedas*) das Land zu bewässern. Der Fluss dient hier als poetologisches Bild für den Transfer des antiken Kulturguts und seine Übertragung in einen anderen geografischen Kontext. Damit einher geht eine implizite Wertung: Nachdem der wasserreiche Tajo (*el caudaloso río*) zunächst unkontrolliert und gewaltsam dahinströmt, gelangt er in der flachen Ebene an sein ihm vorausbestimmtes Ziel, wo er zur Ruhe kommen darf und zufrieden geradeaus läuft (*contento de lo mucho que había hecho*). Dass dieses Ziel in der Ekloge in Spanien liegt, lässt sich als Indiz eines gestiegenen kulturellen Selbstbewusstseins der Dichter deuten: So wie der Fluss zufrieden sein kann mit dem, was er auf seinem Weg erreicht hat, genauso kann der Dichter gewiss sein, dass die klassische Kultur der Antike im Spanien des 16. Jahrhunderts zur Vollendung gelangen wird.

Der Fluss dient somit als Kulturmodell, um den Prozess der Übernahme des fremden Kulturguts poetologisch zu reflektieren. Dieses Kulturmodell speist sich bekannt-

---

49   Vega 2014, 127 f.

lich aus unterschiedlichen „Zuflüssen" und „Quellen". Neben der antiken Bukolik ist vor allem Petrarca im 16. Jh. eine zentrale Autorität, die es nachzuahmen und zu überbieten gilt. Mit dem Petrarkismus gelangt im 15. Jh. nicht nur die italienische Sonett-Mode nach Spanien, sondern auch eine spezielle Form der Liebesdarstellung, die den Fluss funktional in die zugrunde liegende Liebessemantik einbaut. Bei Petrarca dient der reißende Strom als Metapher für die Heftigkeit und Widersprüchlichkeit der Liebe. Beispielsweise wendet sich der Sprecher des Sonetts „Rapido fiume che d'alpestre vena" (*Rime* 208) in einer Apostrophe direkt an den Fluss, der zum Ort der Geliebten strömt, um die Distanz zwischen sich und der Geliebten zu überbrücken.[50] Eine zentrale Referenz in Petrarcas *Canzoniere* ist der französische Fluss *Sorge* (ital. Sorga) im Tal der Vaucluse, wo sich die angebetete Laura aufgehalten haben soll. Die Dichter des 16. Jahrhunderts übernehmen dieses Fluss-Modell von Petrarca und übertragen es auf den spanischen Kontext, wie ein Sonett des Sevillaner Dichters Fernando de Herrera zeigt. Darin lässt Herrera Petrarca selbst zu Wort kommen, ohne ihn indes beim Namen zu nennen, um ihm nach einer längeren Lobrede, die Petrarcas Leistungen als Dichter unterstreicht, in Form eines fiktiven Zitats das folgende abschließende Urteil über die eigenen Verse in den Mund zu legen: „O es está la suave lira mía / o Betis, cual mi Sorga, tiene a Laura"[51]. Die ironische Botschaft dieser fast schon arrogant anmutenden Schlussverse lautet, dass Herrera die Rolle des Dichterkönigs für sich beansprucht und dass Italien, das Heimatland Petrarcas, in Zukunft von Spanien, der Heimat des Flusses Baetis, als neuem Musterland der Dichtung abgelöst wird.

## Die politische Instrumentalisierung des Flusses

Wie gezeigt wurde, verliert der Fluss im 16. Jh. seine Funktion als Grenze und dient fortan als räumliches Modell für den Kulturtransfer. Mit Hilfe des Flusses werden nicht mehr nur Fragen der ethnischen und religiösen Zugehörigkeit verhandelt, sondern auch Fragen des kulturellen Selbstverständnisses. Die Gleichsetzung von geografischen Räumen und Flüssen führt im Verlauf des territorialen Einigungsprozesses auf der iberischen Halbinsel zunächst zu einer stärkeren Betonung regionaler Unterschiede; diese werden durch die intensive Beschäftigung mit der antiken Literatur sowie durch den Kulturaustausch mit Italien sodann jedoch allmählich zugunsten einer nationalen Perspektive relativiert. In dem Maße, wie sich die spanische Dichtung von ihren antiken Vorbildern und dem Modell Petrarcas emanzipiert, tritt dabei auch der Fluss zunehmend in den Dienst einer nationalen Ideologie.

---

50 „Rapido fiume, che d'alpestra vena / rodendo intorno, onde 'l tuo nome prendi, / notte et dí meco disioso scendi / ov'Amor me, te sol natura mena [...] Basciale 'l piede o la man bella et bianca: / dille, e 'l basciar sie 'n vece di parole: / Lo spirto è pronto, ma la carne è stanca." Petrarca 1989, 566.
51 Herrera 1975, 187 (Soneto CXIX, n° 324).

Auch hierfür kann Fernando Herrera erneut als Beispiel dienen. In einem Sonnet, dass Baltasar de Escobar gewidmet ist, fordert Herrera seinen Sevillaner Dichterkollegen dazu auf, das Erbe der Antike zu vergessen und sich stattdessen dem eigenen Heimatland zuzuwenden:

> Esas columnas y arcos, grande muestra
> del antiguo valor, que admira el suelo,
> olvidad, Escobar; moved el vuelo
> a la insigne y dichosa patria vuestra;
>
> que no menos alegre acá se muestra
> o menos favorable el claro cielo,
> antes en dulce paz y sin recelo
> vida suave y ocio y suerte diestra.
>
> No con menor grandeza y ufanía
> que el generoso Treno [Tebro] al mar Tirreno,
> Betis honra al Océano pujante;
>
> mas si oye vuestra lira y armonía,
> no temerá vencer, de gloria lleno,
> la corriente del Nilo resonante.[52]

Herrera wird nicht müde, den heroischen Charakter seines spanischen Heimatflusses hervorzuheben, indem er ihn auf eine Stufe mit dem römischen Fluss Tiber stellt. Der Vergleich soll zeigen, dass der *Baetis* für das spanische Weltreich dieselbe Aufgabe erfüllt, wie einst der Tiber für das römische Imperium. Am Ende stürzt sich der südspanische Fluss *Baetis* sogar ins Meer, um den afrikanischen Nil zu bezwingen – eine Anspielung auf die muslimische Herrschaft im historischen Al-Andalus, die mit der christlichen „Rückeroberung" beendet wurde und so den Grundstein für eine neue, christliche Monarchie gelegt hat.

Noch deutlicher aber zeigt sich die ideologische Funktion des Flusses in einem anderen Gedicht Herreras. In einer Kanzone über den Triumph von König Ferdinand III. von Kastilien (1199–1252), durch den die Stadt Sevilla im Jahr 1242 aus maurischer Herrschaft zurückerobert wurde, streckt der „heilige Baetis" (*el sagrado Betis*) seinen von grünem Moos bedeckten Bart zum Himmel. Der Text beginnt mit einer Lobpreisung der Heldentaten des christlichen Königs, vor dessen Antlitz sich der Kriegsgott Mars und Karl der Große verneigen, weil er das Land aus den Händen der „Barbaren" befreit hat. Mit dem triumphalen Einzug des Eroberers schwillt der Fluss an und dehnt sein Wasser bis zum äußersten Rand des Ozeans aus. Auf diese Weise wird die

---

52  Herrera 1975, 178 (Soneto CVII, n° 314).

territoriale Rückeroberung von Sevilla mit der imperialen Expansion Spaniens in den Kolonien in Verbindung gebracht:

> Cubrió el sagrado Betis de florida
> púrpura y blandas esmeraldas llena
> y tiernas perlas la ribera ondosa,
> y al cielo alzó la barba revestida
> de verde musgo, [...] creciendo
> la abundosa corriente dilatada,
> su imperio en el Océano extendiendo,
> que al cerco de la tierra en vario lustre
> de soberbia corona hace ilustre.[53] (V. 40–52)

Ein besonderer Effekt des Textes ergibt sich daraus, dass die Ereignisse, die mit der territorialen Eroberung auf der iberischen Halbinsel zusammenhängen, im Vergangenheitstempus stehen, während diejenigen Passagen, die mit der imperialen Expansion in Übersee verbunden sind, in der präsentischen Verlaufsform, dem Gerundio, berichtet werden.[54] Dadurch soll offenbar zum Ausdruck gebracht werden, dass die glorreiche Epoche der spanischen Monarchie nicht in der Vergangenheit liegt, sondern gerade erst begonnen hat.

Beispiele einer solchen Geschichtsverklärung sind keine Seltenheit in der spanischen Literatur der Frühen Neuzeit. Man darf nicht vergessen, dass die spanische Monarchie im 17. Jh. ihre größte Machtentfaltung erreicht und König Philipp II. (1527–1598) über ein Weltreich herrscht, in dem – einem geflügelten Wort zufolge – die Sonne niemals untergeht. In vielen Fällen tritt die Instrumentalisierung der Geschichte in Texten der damaligen Zeit im Gewand der Allegorie auf. Das bekannteste Beispiel ist sicherlich die Fluss-Weissagung des Tajo in einem Gedicht des Augustinermönches Fray Luis de Léon (1527–1591). Darin wird die Legende vom Sündenfall des letzten Gotenkönigs Roderich (Rodrigo) nacherzählt, der sich an einer Tochter seines Vasallen Don Julián vergreift, woraufhin dieser ein Bündnis mit den Mauren eingeht – um den Preis, dass die Mauren nahezu 700 Jahre im Land bleiben werden.[55]

Bei Luis de Léon erscheint der Fluss personifiziert als Gottheit, die die nationale Katastrophe schon erahnt, während der Gotenkönig noch seinem persönlichen Genuss frönt. Selbst als der Flussgott in einer prophetischen Vision die maurische Invasion über die Meerenge von Gibraltar vor dessen Augen entfaltet, rührt sich der König nicht. Fünf Tage wechselt das Schlachtenglück zwischen den Lagen hin- und her, bevor das Schicksal Spaniens entschieden wird. Am Ende bleibt dem Flussgott Tajo nichts Anderes übrig, als den Fluss Baetis zu beweinen, weil er die Waffen und die Lei-

---

53 Herrera 1984, 175 (Canción V).
54 Vgl. Arroyo Rodríguez 2006.
55 Vgl. Léon 1984, 87–90.

chen der Gefallenen zum Meer trägt. Die ideologische Funktion des Textes liegt auf der Hand: Während die Mauren dem Land nur Kummer und Schmerz gebracht haben, wird Spanien unter christlicher Herrschaft zu neuem Glanz gelangen. Es ist kein Zufall, dass Fray Léon den Baetis in diesem Zusammenhang ebenfalls als „göttlich" (*y tu Betis divino*, v. 71) apostrophiert, denn der andalusische Fluss, dessen Geschichte aufs Engste mit der maurischen Vergangenheit verknüpft ist, ist dem Selbstverständnis des Dichters und der damaligen Zeit zufolge ganz zweifellos ein „spanischer" Fluss.

Das literarische Pendant zur Weissagung des Tajo liefert die Prophezeiung des Duero in Cervantes' Verstragödie *El cerco de Numantia* (1585). Das Stück, in dem verschiedene allegorische Figuren auftreten, handelt von dem vergeblichen Freiheitskampf der keltiberischen Numantiner, die sich gegen die römische Fremdherrschaft unter Scipio Africanus auflehnen. Gleich zu Beginn tritt der Flussgott Duero auf, um den belagerten Iberern Trost zu spenden, indem er Spanien eine vielversprechende Zukunft voraussagt: Zwar können die Numantiner für den Moment der römischen Eroberung nichts entgegensetzen, doch ihre Nachfahren, die Goten, werden ihren mutigen Kampf einst fortführen und so den Weg bereiten für die noch spätere Allianz von Christentum und Monarchie, die mit dem Erscheinen eines neuen Königs schließlich ihren (teleologischen) Abschluss findet:

> [...] un rey será, de cuyo intento sano
> grandes cosas me muestra el pensamiento.
> Será llamado, siendo suyo el mundo,
> el segundo Felipe sin segundo. (V. 509–512)

Mit Philipp II. wird ein König kommen, der ohne seines Gleichen ist, weil er den Ruhm Spaniens über die Meere weithin in alle Welt trägt: „haciendo que el valor del nombre hispano / tenga entre todos el mejor asiento."[56] (V. 507–508)

### Fazit

Flüsse, das haben die vorangehenden Ausführungen gezeigt, sind ausgezeichnete Untersuchungsgegenstände für eine historische Kulturanalyse. Tatsächlich werden Flüsse in der Forschung schon lange nicht mehr bloß als passive Naturgebilde betrachtet. Vielmehr hat sich in den vergangenen Jahrzehnten die Auffassung vom Fluss als einer ‚organischen Maschine' (R. White) durchgesetzt. Vor allem umwelthistorische Studien versuchen, das komplexe Wechselverhältnis von Mensch und Geschichte, Umwelt und Technik zusammenzudenken. Aber auch innerhalb der Kulturwissenschaft bieten sich Flüsse als Untersuchungsgegenstände an, da sie sowohl eine räumliche als eine

---

56 Cervantes 1994, 77.

zeitliche Dimension besitzen. Einerseits sind Flüsse materielle Gebilde, die sich durch eine gewisse Kontinuität auszeichnen; andererseits erweist sich der Fluss durch seine permanente Fließbewegung als ein höchst dynamisches und wandelbares („mäanderndes") Gebilde. Er ändert nicht nur seinen Lauf, sondern nimmt gleichzeitig auch neue, veränderte Bedeutungen in sich auf. Somit gilt es, Flüsse als naturräumliche Gegenstände ernst zu nehmen, ohne sie auf ihre Rolle als passive Landschaftselemente zu reduzieren. Flüsse sind keineswegs nur statische Naturobjekte, sondern aktiv an der Hervorbringung von Räumen beteiligt. Gleichzeitig sorgen sie dafür, dass diese Räume fortwährend in Bewegung bleiben. Gerade dieses Verhältnis von Statik und Dynamik, Kontinuität und Veränderung macht es möglich, die Perspektive einer Wechselwirkung zwischen Kultur und dem Fluss im Sinne einer *longue durée* zu erweitern.

Hinsichtlich des spanischen Kontextes wurde ersichtlich, dass Flüsse für den politischen Einigungsprozess auf der iberischen Halbinsel von enormer Bedeutung waren. Lange Zeit waren die iberischen Flüsse vor allem Demarkationslinien zwischen dem christlichen Norden und dem islamischen Süden. Davon zeugt etwa noch die spätmittelalterliche Romanze, in der räumliche Flussgrenzen zugleich auf moralisch-ethische Grenzüberschreitungen hinweisen. Mit dem Ende der *Reconquista* werden die iberischen Flüsse zunehmend bedeutsamer für die Selbstwahrnehmung regionaler Identitäten. Gleichzeitig kommt es zu einem Ausblenden der muslimischen Vergangenheit. Namensänderungen von Flüssen in Texten des 16. Jahrhunderts lassen Veränderungen in der nationalen Erinnerungspolitik erkennen. Daneben spielt der Fluss eine zentrale Rolle im Prozess der kulturellen Selbstfindung des Landes. Diese erfolgt in erster Linie durch den Kontakt mit Italien und der antiken Literatur. In der Renaissance-Dichtung fungiert der Fluss als räumliche Metapher für den Kulturtransfer und Austausch mit Italien. Die spanischen Dichter übernehmen das petrarkistische Sonett und mit ihm auch das Modell des Flusses, übertragen es aber auf den iberischen Kontext. Dies lässt auf ein gestiegenes kulturelles Selbstbewusstsein gegenüber Italien schließen. Gegen Ende des 16. Jahrhunderts emanzipiert sich die spanische Dichtung allmählich von der als vorbildlich angesehenen Literatur Italiens und der Antike. Auch der Fluss tritt nun verstärkt in den Dienst nationaler Interessen und wird zu einem wichtigen Herrschaftsmittel der Monarchie. Die Dichter betreiben vielfach Geschichtsklitterung und stellen ihre eigene christliche Gegenwart in ein verklärtes Licht.

Die Untersuchung des Flusses und seiner poetischen Funktionen in der frühneuzeitlichen Dichtung Spaniens erweist sich als überaus nützlich im Hinblick auf die Formierung des spanischen Nationalstaates. Denn die Bedeutungszuschreibungen und medialen Repräsentationen, die in der Vergangenheit mit dem Fluss verknüpft waren, verraten etwas über den Wandel des kulturellen Selbstbildes im 16. und 17. Jahrhundert. Sie weisen auf diskursive Verschiebungen hin, die zur Hervorbringung neuer kultureller Ordnungsmuster geführt haben. Möglich ist dies nur, weil der Fluss als kulturelle Konstruktion ein Kreuzungspunkt von unterschiedlichen Diskursen ist und Wissensformationen über die Zeit hinweg verfügbar macht. Dies gilt insbesondere auch für die ökonomischen Diskurse, die mit dem Fluss verknüpft sind. Hier könnte eine Untersuchung des Flusses in der frühneuzeitlichen Dichtung Spaniens weiter ansetzen und beispielsweise erforschen, inwiefern die iberischen Flüsse in ihrer Funktion als koloniale Warenströme zur ideologischen Aufwertung der Monarchie beigetragen haben. Zu untersuchen wäre ferner, inwiefern die Poesie der Frühen Neuzeit auch Raum für literarische Gegendiskurse zulässt, die einen kritischen oder ironischen Umgang mit dem Fluss beinhalten.

## Bibliografie

Abulafia 2011: D. Abulafia, The Great Sea. A Human History of the Mediterranean (London 2011)

Ackroyd 2007: P. Ackroyd, Thames. Sacred River (London 2007)

Arroyo Rodríguez 2006: D. Arroyo Rodríguez, Traslación de la tradición poética petrarquista a la ribera bética en la poesía herreriana, in: Lemir 10 [online], <http://parnaseo.uv.es/Lemir/Revista/Revista10/Arroyo/Arroyo.pdf> (26.1.23)

Backouche 2000: I. Backouche, La trace du fleuve. La Seine et Paris, 1750–1850 (Paris 2000)

Balmes 2021: H. J. Balmes, Der Rhein. Biographie eines Flusses (Frankfurt a. M. 2021)

Bernhardt et al. 2019: J. C. Bernhardt / M. Koller / A. Lichtenberger (Eds.), Mediterranean Rivers in Global Perspective (Paderborn 2019)

Blackbourn 2006: D. Blackbourn, The Conquest of Nature. Water, Landscape and the Making of Modern Germany (London 2006)

Blumenberg 1987: H. Blumenberg, Die Sorge geht über den Fluß (Frankfurt a. M. 1987)

Bossong 2020: G. Bossong, Das maurische Spanien. Geschichte und Kultur [4](München 2020)

Braudel 1998a: F. Braudel, Das Mittelmeer und die mediterrane Welt in der Epoche Philipps II. (Frankfurt a. M. 1998, frz. Paris 1949)

Braudel 1998b: F. Braudel, L'identité de la France, Espace et histoire 1 (Paris 1998)

Bulliet 1979: R. W. Bulliet, Conversion to Islam in the Medieval Period. An Essay in Quantitative History (Cambridge 1979)

Campbell 2012: B. Campbell, Rivers and the Power of Ancient Rome (Chapel Hill 2012)

Cioc 2002: M. Cioc, The Rhine. An Eco-Biography, 1815–2000 (Seattle 2002)

Clot 2002: A. Clot, Al Andalus. Das maurische Spanien. Aus dem Französischen von Harald Ehrhardt (Düsseldorf 2002)

Coates 2013: P. A. Coates, A Story of Six Rivers. History, Culture and Ecology (London 2013)

Cusack 2010: T. Cusack, Riverscapes and National Identities (Syracuse 2010)

Edgeworth 2011: M. Edgeworth, Fluid Pasts. Archeology of Flow, Debates in Archaeology (Bristol 2011)

Eslava Galán 2016: J. Eslava Galán, Viaje por el Guadalquivir y su historia de los orígenes de Tarteso al esplendor del oro de América y los pueblos de sus riberas (Madrid 2016)

Febvre 2006: L. Febvre, Der Rhein und seine Geschichte. Hrsg. und übers. v. Peter Schöttler [3](Frankfurt a. M. 2006, frz. Paris 1935)

Ferrer-Vidal 1980: J. Ferrer-Vidal, Viaje por la frontera del Duero (Madrid 1980)

Göttert 2021: K.-H. Göttert, Der Rhein. Eine literarische Reise (Ditzingen 2021)

Hausmann 2009: G. Hausmann, Mütterchen Wolge. Ein Fluss als Erinnerungsort vom 16. bis ins frühe 20. Jahrhundert (Frankfurt a. M. – New York 2009)

Herendeen 1986: W. Herendeen, From Landscape to Literature. The River and the Myth of Geography (Pittsburgh 1986)

Herbers 2006: K. Herbers, Geschichte Spaniens im Mittelalter. Vom Westgotenreich bis zum Ende des 15. Jahrhunderts (Stuttgart 2006)

Hesse/Teupe 2019: J.-O. Hesse / S. Teupe, Wirtschaftsgeschichte ²(Frankfurt a. M. 2019)

Horden/Purcell 2000: P. Horden / N. Purcell, The Corrupting Sea. A Study of Mediterranean History (Oxford 2000)

Jiménez 1982: J. R. Jiménez, El romance, río de la lengua española, in: Politica poética (Madrid 1982) 249–294

Küster 2007: H. Küster, Die Elbe. Landschaft und Geschichte (München 2007)

Magris 2018: C. Magris, Donau. Biographie eines Flusses ¹¹(München 2018, ital. 1986)

Magris 1995: C. Magris, Donau und Post-Donau. Aus dem Italienischen von Ragni Maria Gschwend (Bozen 1995)

Márquez Villanueva 2011: F. Márquez Villanueva, El morisco Ricote o la hispana razón de estado, in: ders., Persones y temas del Quijote ²(Madrid 2011) 235–341

Mauch/Zeller 2008: C. Mauch / Th. Zeller (Eds.), Rivers in History. Perspectives on Waterways in Europe and North America (Pittsburgh 2008)

O'Callaghan 1983: J. F. O'Callaghan, A History of Medieval Spain (London 1983)

Platen 2015: E. Platen, Von den Quellen bis ins Meer. Flussbiographien und ihre transkulturelle Kulturgeschichtsschreibung am Beispiel der Donau, in: M. J. Briški / I. Samide, Irena (Eds.), The Meeting of the Waters. Fluide Räume in Literatur und Kultur (München 2015) 46–61

Rada 2013: U. Rada, Die Elbe. Europas Geschichte im Fluss (München 2013)

Rada 2012: U. Rada, Die besten Botschafter Europas, in: Geschichte im Fluss. Flüsse als europäische Erinnerungsorte. Online-Dossier der Bundeszentrale für Politische Bildung <https://www.bpb.de/themen/europaeische-geschichte/geschichte-im-fluss/135929/die-besten-botschafter-europas/> (12.7.22)

Rada 2010: U. Rada, Die Memel: Kulturgeschichte eines Europäischen Stromes ²(München 2010)

Rada 2005: U. Rada, Die Oder. Lebenslauf eines Flusses (Berlin 2005)

Rapp 2007: C. Rapp, Vorsokratiker ²(München 2007)

Rau 2010: S. Rau, Fließende Räume oder: Wie läßt sich die Geschichte des Flusses schreiben?, HZ 291, 2010, 103–116.

Rossiaud 2007: J. Rossiaud, Le Rhône au Moyen Âge. Histoire et représentations d'un fleuve européen, Collection historique (Paris 2007)

Savelsberg 2014: F. Savelsberg, Verbale Obszönität bei Quevedo (Berlin 2014)

Smith 2021: L. C. Smith, Weltgeschichte der Flüsse. Wie mächtige Ströme Reiche schufen, Kulturen zerstörten und unsere Zivilisation prägen. Aus dem Amerikanischen von Jürgen Schröder (München 2021, engl. Original New York 2020)

Tümmers 1999: H. J. Tümmers, Der Rhein. Ein europäischer Fluss und seine Geschichte ²(München 1999)

Weithmann 2012: M. Weithmann, Die Donau. Geschichte eines europäischen Flusses (Wien 2012)

White 1996: R. White, The Organic Machine. The Remaking of the Columbia River (New York 1996)

Wickham 2005: C. Wickham, Framing the Early Middle Ages. Europe and the Mediterranean 400–800 (Oxford 2005)

Zeisler-Vralsted 2015: D. Zeisler-Vralsted, Rivers, Memory and Nation Building. A History of the Volga and Mississippi River (New York 2015)

## Schriftquellen

Radt 2002: S. Radt, Strabons Geographika (Göttingen 2002)
Winkler/König 2002: G. Winkler / R. König, C. Plinius Secundus d. Ä.: Naturkunde. Lateinisch-Deutsch. Bücher III/IV – Geographie: Europa ²(München 2002)

## Zitierte Primärquellen

Cervantes 2010: M. de Cervantes, El ingenioso hidalgo Don Quijote de la Mancha. Ed. de Luis Andrés Murillo (Madrid 2010)
Cervantes 1994: M. de Cervantes, La destruición de Numancia. Ed., introd. y notas de Alfredo Hermenegildo (Madrid 1994)
Díaz Mas 1994: P. Díaz Mas, *Romancero* (Barcelona 1994)
Góngora 1961: L. de Góngora y Argote, Obras completas. Ed. de Juan y Isabel Millé y Giménez (Madrid 1961)
Herrera 1984: F. de Herrera, Poesía. Ed. de S. Fortuño Llorens (Barcelona 1984)
Herrera 1975: F. de Herrera, Obra poética. 2 Bde. Ed. de J. M. Blecua (Madrid 1975)
Léon 1984: Fray L. de Léon, Profecía del Tajo, in: Poesía. Ed. de M. Durán y M. Atlee (Madrid 1984) 87–90
Petrarca 1989: F. Petrarca, Canzoniere. Nach einer Interlinearübersetzung von G. Gabor in dt. Verse gebracht von E.-J. Dreyer (Basel/Frankfurt a. M. 1989)
Vega 2014: G. de la Vega, Poesía castellana completa. Ed. de C. Burell (Madrid 2014)
Vega 2003: L. de Vega, Rimas humanas y divinas del licenciado Tomé de Burguillos, in: Poesía II. Ed. de A. Carreño (Madrid 2003)
Vega 1599: L. de Vega Carpio, Arcadia, prosas, y versos, con una exposición de los nombres Históricos, y Poéticos (Madrid 1599)

**Gero Faßbeck**, geb. 1985, Dr. phil., unterrichtet Französisch und Gemeinschaftskunde an einem Freiburger Gymnasium. Zuvor war er Postdoc und wissenschaftlicher Mitarbeiter am Institut für Romanistik der Heinrich-Heine-Universität Düsseldorf. Seine Forschungsschwerpunkte liegen im Bereich der französischen und spanischen Gegenwartsliteratur, der Literatur der Moderne und im Bereich der frühneuzeitlichen Dichtung. Zuletzt erschienen sind seine Dissertation *Wirklichkeit im Wandel. Schreibweisen des Realismus bei Balzac und Houellebecq* (Bielefeld 2021) und seine Übersetzung (zusammen mit Luca Viglialoro) des Buches *Ikonografie des Autors* (Wien 2021) von Federico Ferrari und Jean-Luc Nancy.

DR. GERO FASSBECK
Wentzinger-Gymnasium Freiburg, Falkenberger Str. 21, 79110 Freiburg,
gerofassbeck@gmx.de